机械工人技能速成丛书

钳工

自学·考证·上岗

一本通

邱言龙　王　兵　雷振国　编著

U0209757

化学工业出版社

·北京·

内 容 简 介

本书根据钳工实际工作的需求，详细讲解了钳工必备技能，主要内容包括：钳工基础知识，钳工基本操作技能，钻床与钻床夹具，钻孔、扩孔、锪孔和铰孔，攻螺纹和套螺纹，铆接、粘接和焊接，矫正、弯形和绕弹簧，刮削和研磨，机械装配与调整，模具的装配与调试，液压系统的清洗、安装调试与维护保养，典型机床的安装调试与修理，机床电气维修技术，机床的合理使用与维护保养等。

书后提供钳工技能考核试题库，手机扫码即可答题。

本书图文并茂，内容浅显易懂，既便于机械工人自学，又可作为求职者转岗、上岗再就业的培训用书。本书还可供机械制造专业人员及职业院校钳工、机修钳工和装配钳工专业师生参考。

图书在版编目（CIP）数据

钳工自学·考证·上岗一本通 / 邱言龙，王兵，雷振国编著. —北京：化学工业出版社，2021.7
（机械工人技能速成丛书）
ISBN 978-7-122-39059-2

Ⅰ. ① 钳… Ⅱ. ① 邱…②王…③雷… Ⅲ. ① 钳工 - 基本知识 Ⅳ.①TG9

中国版本图书馆 CIP 数据核字（2021）第 080949 号

责任编辑：贾　娜　毛振威　　　　　装帧设计：刘丽华
责任校对：宋　玮

出版发行：化学工业出版社（北京市东城区青年湖南街13号　邮政编码100011）
印　　刷：北京京华铭诚工贸有限公司
装　　订：三河市振勇印装有限公司
880mm×1230mm　1/32　印张24　字数794千字
2021年9月北京第1版第1次印刷

购书咨询：010-64518888　　　　　　售后服务：010-64518899
网　　址：http://www.cip.com.cn
凡购买本书，如有缺损质量问题，本社销售中心负责调换。

定　　价：99.00元　　　　　　　　　　版权所有　违者必究

人类社会跨入 21 世纪 20 年代之际，一场突如其来的疫情席卷全球，世界经济遭受重创。这次疫情过后，世界各国为了维持经济稳定发展，都会出台相应的政策来刺激经济复苏。不可避免的是，疫情会对我国经济社会的正常运行带来一定的影响，也会给机械制造行业带来前所未有的冲击。

与此同时，企业"用工荒"和工人"就业难"这对矛盾越发突出，当前，我国高端制造业缺乏大量高级技工。据权威数据统计，目前我国高级技工的缺口高达 2200 万人。在工业领域，高级技工是生产的中流砥柱，1 个科学家需要匹配 100 个技能人才。

在日本，整个产业工人队伍中高级技工占比 40%，德国更是高达 50%，而我国这一比例仅为 5% 左右。而 2200 万的人才缺口，也成为我国当前正在进行中的制造业转型的掣肘。

因此，各地劳动部门、职业技术院校、技工学校应定期开展技能培训，广泛开展校企合作和新型学徒制培训，培育"自我造血"功能，提高求职者的素质。

为配合工人自学、培训、考证、上岗的需要，为他们提供一套内容起点低、层次结构合理的培训教材，我们组织了一批职业技术院校、技师学院、高级技工学校有多年丰富理论教学经验和高超实际操作水平的教师，编写了"机械工人技能速成丛书"。这套丛书包括：《钳工自学·考证·上岗一本通》《焊工自学·考证·上岗一本通》《铆工自学·考证·上岗一本通》。作为机械工人的专业技能培训、考证上岗指导书，各分册都由两大部分组成。第一部分为专业知识，主要介绍各工种工人生产实际中所需要使用的工、量、夹具及机床设备，刀具辅具及磨料、磨具等；第二部分具体介绍各工种的典型加工工艺方法和加工工艺实例，特别分析了各工种的加工工艺。

丛书力求简明扼要，不过于追求系统及理论的深度、难度，突出实用的特点，而且从材料、工艺、设备及标准、名词术语、计量单位等各方面都贯穿着一个"新"字，以便于工人尽快与现代工业化、智能化生产接轨，与时俱进，开拓创新，更好地适应未来机械工业发展的需要。

丛书根据人力资源和社会保障部制定的《国家职业技能标准》中初级、中级技术工人等级标准及职业技能鉴定规范编写，主要具有以下几个鲜明的特点。

一、突出技能与技巧

1. 归纳典型性、通用性、可操作性强的加工工艺实例。

2. 总结技术工人操作中的工作要求、加工方法、操作步骤等技能、技巧。

二、把握诀窍与禁忌

1. 对"不宜做""不应做""禁止做"和"必须注意""不容忽视"的事情，以反向思维，用具体的实例加以说明和表达。

2. 理论联系实际，总结操作过程中具有典型性的禁忌问题，在进行必要的工艺分析的基础上，给出适当的预防方法，提出合理的解决措施。

三、保证考证与上岗

1. 为各工种上岗基础理论问题进行详细解答。汇集了机械工人应知应会的基础理论及安全文明生产等方面的问题，进行深入浅出的解答，突出实用性；全书采用图文并茂的方式，使内容更易于理解和接受。

2. 按初级工、中级工上岗、鉴定应知和应会的要求选编了上岗、鉴定题库，以供广大读者自学、培训之用，为其顺利上岗提供强有力的技术支持。

本丛书通俗、易懂、简明、实用，旨在让读者通过相应工种基础理论的学习，了解本工种的基本专业知识和基本操作技能、技巧，轻松掌握一技之长，通过技能鉴定考核，信步迈入机械工人的行列。

《钳工自学·考证·上岗一本通》是"机械工人技能速成丛书"中的一本，全书共 16 章，主要内容包括：什么是钳工；钳工基础知识；钳工基本操作技能，包括划线、錾削、锯削和锉削；钻床及钻床夹具；钻孔、扩孔、锪孔和铰孔；攻螺纹和套螺纹；铆接、粘接和焊接；矫正、弯形和绕弹簧；刮削和研磨；机械装配调整及修理；模具的装配与调试；液压系统的安装调试与维护保养；典型机床的安装调试与修理；机床电气维修技术；机床的合理使用与维护保养等。详细叙述各种钳工工艺特点，钳工工具、钻床设备和钻床夹具的选择和使用特点，基本操作技能、技巧与诀窍；机械装配与调整，各种模具、液压系统、典型机床的安装与调试、合理使用、维护与保养；总结实践中的经验教训，提炼实际工作中应遵守的操作规程、注意事项与操作禁忌。

　　书后提供了钳工技能考核试题库，手机扫码即可答题。

　　本书图文并茂，内容浅显易懂，既便于工人自学，又可作为求职者转岗、上岗再就业的培训用书。本书还可供机械制造专业人员及职业院校钳工、机修钳工和装配钳工专业师生参考。

　　本书由邱言龙、王兵、雷振国编著，由崔先虎、胡新华、汪友英担任审稿工作，崔先虎任主审。全书由邱言龙统稿。

　　由于编者水平所限，加之时间仓促，书中疏漏在所难免，望广大读者不吝赐教。欢迎读者通过 E- mail（qiuxm6769@sina.com）与作者联系。

编著者

目录

第3章 划线 75

第4章 錾削、锯削和锉削 97

第11章　机械装配调整及修理

第12章　模具的装配与调试

第14章　典型机床的安装与调试　569

第 15 章　机床电气维修技术　654

扫码获取在线题库

第1章

什么是钳工

1.1 钳工的工作内容与行业需要

1.1.1 钳工的工作内容

（1）钳工的工作内容

钳工原本是指切削加工、机械装配和修理作业中的手工作业，因常在钳工工作台上用台虎钳夹持工件进行加工操作而得名。

随着现代工业技术的不断发展，机械制造业越来越成为一种技术密集型行业，钳工更是机械制造业中的一个重要工种，同时也是起源较早、技术性很强的工种之一。从工作性质来讲，钳工可定义为：使用手工工具或设备，主要从事工件的划线与加工、机器的装配与调试、设备的安装与维修、模具和工具的制造与维修等工作的人员。

在机械设备的制造过程中，任何一种机械产品的制造，一般都是按照先生产毛坯、经机械加工等步骤生产出零件，最终将零件装配成为机器的生产步骤完成的，为了完成整个生产过程，机械制造企业一般都有铸工、锻工、焊接工、热处理工、车工、钳工、铣工、磨工等多个工种。

在各类机械制造的工种中，只有钳工工作贯穿于机械产品的零件生产、机器组装全过程的始终。首先是毛坯在加工前，需经过钳工进行划线或矫正操作才能往下道工序进行；有些零件在机械加工完成后，往往根据技术要求，还需要钳工进行刮削、研磨等操作才能最终完成；在零件机械加工完成后，则需要通过钳工把这些零件按照技术要求进行组件、部件装配、总装配和调试才能成为一个完整的机械产品。因此，钳工工作对机械产品最终质量负有重要责任。

在不同规模、不同行业的企业，钳工的工作内容也有所不同。目前，《钳工国家职业技能标准》将钳工分为装配钳工、机修钳工和工具钳工三类。

① 装配钳工的职业定义为：操作机械设备或使用工装、工具，进行机械设备零件、组件或成品组合装配与调试的人员。根据工厂企业的实际情况，装配钳工一般又细分为机械装配钳工和内燃机装配钳工等，而在大中型机械加工企业，工种划分更细、更专业化，机械装配钳工，又进一步划分为机械加工钳工、装配钳工、划线钳工等。

② 机修钳工职业定义为：从事设备机械部分维护和修理的人员。机修钳工一般又细分为机械维修钳工和内燃机维修钳工等。

具体地说，机修钳工是以手工操作为主，对各类动力机械（如柴油机、汽油机、蒸汽机、水轮机和燃气轮机等）和工作机械（如空气压缩机、压力机、轻工机械及大量的金属切削机床等）进行维护保养、故障诊断及排除、修理、改装及安装调试，以确保其正常运转的一个工种。有机械设备工作的场所就有机修钳工。机修钳工在国民经济的各行各业生产中发挥着至关重要、不可替代的作用。

a. 机修钳工的工作任务。机修钳工所承担的工作任务有如下的几个方面。

a）大修。即将设备全部解体，修理基准件，更换和修理磨损件，刮研或磨削全部导轨面，全面消除缺陷，恢复设备原有精度、性能和效率，接近或达到出厂标准。

b）中修。即将设备局部解体、修复或更换磨损机件，校正各零部件间的一些不协调环节，调整坐标以恢复并保持设备的精度、性能、效率。

c）小修。即清洗设备，部分拆检零部件，更换和修复少量磨损件，调整、紧定机构，保证设备能满足生产工艺要求。

d）二级保养。即以机（电）修工人为主，操作工人为辅，对设备进行部件解体检查和修理，修复或更换严重磨损机件，清洗检查，恢复局部精度，达到工艺要求。

e）项修。即针对精、大、稀设备进行大修，需要投入一定的人力、物力和财力，而且还需要较长停台时间，对设备进行分部修理，使其处于完好状态，满足工艺要求。

f）定期性的精度检查与精度调整。即指对精密机床和担负关键加工工序的重点设备，特别是高精度设备，除计划检修外，还要在修理间隔对其进行定期的精度检查。若发现超差或异常现象则机修钳工进行调校，如需刮研或更换较大零件才能调校精度时，在不影响加工质量的情况下，可在最近一次计划修理时消除。

g）故障修理。设备临时损坏而组织的修理。

h）事故修理。设备发生了事故而进行的修理。

i）设备改装。即为解决设备的两种磨损（自然磨损和无形磨损），特别是无形磨损（技术老化），采用先进、成熟可靠的新技术、新材料、新工艺，对老设备、老机床进行合理、经济、实用及有效的改造，以便满足生产发展的需要。

j）新设备的安装、调试。即对更新或新增的设备进行安装、调试，直至验收投入使用。

b. 机修钳工的技能要求。随着科学技术的迅速发展，高精度、高自动化、多功能、高效率的先进机械设备不断涌现，应用这些机械设备的现代化生产节拍也愈来愈快。随之而来的是对修理这些机械设备的技术含量、复杂程度及可能永远不能取代的刮研、研磨、划线、矫正等手工操作技能的要求也就会愈来愈高。这就必然要求承担上述工作任务的机修钳工具有更准、更快、更强的分析、判断能力，在实际操作中真正做到得心应手、游刃有余，以求得手到病除、立竿见影的最佳效果。

因此，机修钳工不但应具备扎实的理论基础、丰富的专业知识和高超的操作技能，而且知识与技能要珠联璧合、与时俱进。

③ 工具钳工的职业定义为：从事操作钳工工具、钻床等设备，进行刀具、量具、模具、夹具、索具、辅具等（统称工具，又称工艺装备）的零件加工和修整、组合装配、调试与修理的人员。工具钳工一般也细分为模具钳工、夹具钳工、量具钳工、划线钳工等。

作为钳工，无论是哪种钳工，首先必须了解其工作任务、场地设置原则及有关工艺规范；其次，能正确使用常用设备、工具、量具与器具；还要注重安全操作并做好必要的作业准备。

不论从事何种职业性质的钳工，其所具备的基本操作技能都是相同的，即应掌握划线、锯切、锉削、錾削、钻孔、扩孔、锪孔、铰孔、攻螺纹、套螺纹、矫正、弯形、铆接、刮削、锉配、装配和简单的热处理等基本操作技能，而要掌握上述操作技能，应具备一定的机械识图能力、掌握一定的公差与配合基本知识、能较熟练地使用测量的各类常用工具、具有一定的金属材料与热处理基本知识以及一定的金属加工等基础常识，其中，尤以图样的识读、常用量具的使用及测量方法的掌握最为根本。

（2）钳工的工作性质和特点

① 钳工是从事比较复杂、细微、工艺要求较高的以手工操作为主的工作。

② 钳工工具简单，操作灵活，可以完成用机械加工不方便或难以完成的工作。

③ 钳工可加工形状复杂和高精度的零件。技艺精湛的钳工可加工出比使用现代化机床加工还要精密和光洁的零件，可以加工出连现代化机床也无法加工的形状非常复杂的零件，如高精度量具、样板，复杂的模具等。

④ 钳工加工所用工具和设备价格低廉、携带方便。

⑤ 钳工的生产效率较低，劳动强度较大。

⑥ 钳工工作质量的高低取决于钳工技术熟练程度的高低。

⑦ 不断进行技术创新，改进工具、量具、夹具、辅具和工艺，以提高劳动生产率和产品质量，也是钳工的重要工作。

⑧ 钳工应该不断适应现代科学技术水平的发展，掌握先进加工设备的使用方法，适应现代化生产的需要。

（3）钳工工作场地设置原则和规范

① 钳工工作场地设置原则。钳工的工作场地设置应以安全、文明生产、提高劳动生产效率为总原则。即场地要有合理的工作面积，常用设备布局安全、合理，工作场地远离振源，没有振动，照明符合要求，道路畅通，通行门尺寸满足设备进、出要求，起重、运输设施安全可靠。

② 钳工工作场地的有关规范。

a.工作场地应保持安全、整洁。不应有垃圾、油污和切屑。工作结束后，场地要及时整理、清扫。

b.能源要安全、可靠。电源要有保险箱或保险罩，使用时要有标识。气源、水源要求无泄漏。

c.使用的工具、器具、量具要定置管理，摆放要整齐，不要堆放、混放，以防损坏和取用不便，用后要清洁、整理。

d.起重、吊运零件要遵守操作规程。

e.常用的设备应有安全设施，设备用后要清理，定期、及时保养。

f.工作场地的零件摆放要有规则。大件摆放要平稳、安全，小件的摆放要整齐有序，避免碰伤已加工的零件表面；零件摆放要便于存、取、起吊。

（4）钳工常用的设备、工具、量具

钳工常用的设备与器具很多，如孔加工设备、起重设备、清洗设备、轴承加热设备等。常用工具有划线工具、錾削工具、锉削工具、锯削工具；孔加工用的各种麻花钻、锪钻和铣刀；攻螺纹、套螺纹用的各种丝锥、板牙和铰杠，刮削用的各种平面刮刀和曲面刮刀；拆卸、装配机械设备用的各种装配拆卸工具等。常用的量具有：游标卡尺、千分尺、钟表式百分表等，游标万能角度尺、水平仪、塞尺、量块、钢直尺等。

钳工常用设备、器具的规格、性能、用途、使用和维护保养方法将在第3章～第10章中分别进行介绍。下面主要介绍钳桌和台虎钳。

① 钳桌。主要用来安装台虎钳、放置工具和工件等的钳工操作台，如图1-1所示。钳桌高度约800～900mm，以方便钳工工作。正面的挂图架可放置装配图及零件图。桌内可定置摆放常用工具。有的钳桌还配有照明灯具。

② 台虎钳。台虎钳是用来夹持工件的通用夹具（图1-2），分固定式和回转式两种。

图1-2（a）为回转式台虎钳外形图，图1-2（b）为结构图。它的主体部分用铸铁制造，由固定钳身5和活动钳身2组成。活动钳身通过方形导轨与固

(a) 钳桌的高度　　(b) 台虎钳的高度

图1-1　钳桌及台虎钳的适宜高度

定钳身的方孔导轨配合，可做前后滑动。丝杠装在活动钳身上，可以旋转，但不能轴向移动，它与安装在固定钳身内的螺母6配合。当摇动手柄13使丝杠旋转，便可带动活动钳身相对固定钳身做进退移动，起夹紧或放松工件的作用。弹簧12靠挡圈11和销10固定在丝杠上，当放松丝杠时，能使活动钳身在弹簧力的作用下及时退出。在固定钳身和活动钳身上各装有钢质钳口4，并用螺钉3固定，钳口的工作表面刨有交叉的网纹，使工件夹紧后不易产生滑动，钳口经热处理淬硬，具有较好的耐磨性。固定钳身装在转座9上，并能绕转座轴心线转动，当转到所需位置时，扳动手柄7使夹紧螺钉旋紧，便可在夹紧盘8的作用下把固定钳身紧固。转座通过三个螺栓与钳台固定。台虎钳的规格以钳口的宽度表示，有100mm、125mm、150mm等几种。台虎钳安装在钳台时，必须使固定钳身的钳口处于钳台边缘以外，以保证能垂直夹持较长工件。

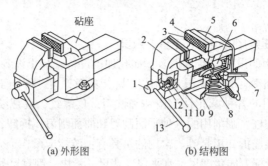

砧座

(a) 外形图　　　　　　　(b) 结构图

图 1-2　台虎钳

1—丝杠；2—活动钳身；3—螺钉；4—钳口；5—固定钳身；6—螺母；7, 13—手柄；
8—夹紧盘；9—转座；10—销；11—挡圈；12—弹簧

1.1.2　钳工的行业需要

就钳工主要工作内容来说，钳工行业需要主要包括以下几个方面。

① 加工零件：一些采用机械方法不适宜或不能解决的加工，都可由钳工来完成。如零件加工过程中的划线，精密加工（如刮削、锉削样板和制作模具等）以及检验、修配等。

② 装配：把零件按机械设备的装配技术要求进行组件、部件装配和总装配，并经过调整、检验和试车等，使之成为合格的机械设备。

③ 设备维修：当机械设备在使用过程中产生故障，出现损坏或长期使用后精度降低，影响使用时，也要通过钳工进行维护和修理。

④ 工具的制造和修理：制造和修理各种工具、卡具、量具、模具和各种专业设备。

⑤ 相关职业：模具工、机床装配维修工、飞机装配工、工程机械维修工等。

⑥ 本专业或相关专业：机电一体化技术、机械设备装配与维修、数控机床装配与维修、工程机械维修、新能源汽车制造与装配、船舶建造与检修、飞机制造与装配等。

1.2　钳工技能鉴定及等级考核

1.2.1　钳工的技能鉴定

《钳工国家职业技能标准（2020 年版）》于 2020 年 6 月 29 日公布，

以《中华人民共和国职业分类大典（2015年版）》为依据，严格按照《国家职业技能标准编制技术规程（2018年版）》有关要求，以"职业活动为导向、职业技能为核心"为指导思想，对钳工从业人员的职业活动内容进行规范细致描述，对各等级从业者的技能水平和理论知识水平进行了明确规定。

（1）职业能力特征

钳工必须具有一定的学习能力和计算能力，有一定的空间感，能辨识实物和图形资料中的细部结构，手指、手臂灵活，动作协调，无色盲，有一定的沟通表达能力。

（2）普通受教育程度

钳工普通受教育程度必须达到初中毕业（或相当文化程度）。

（3）培训参考学时

五级/初级工500标准学时，四级/中级工400标准学时，三级/高级工350标准学时，二级/技师300标准学时，一级/高级技师250标准学时。

（4）职业资格等级申报条件

①具备以下条件之一者，可申报五级/初级工：

a.累计从事本职业或相关职业工作1年（含）以上。

b.本职业或相关职业学徒期满。

②具备以下条件之一者，可申报四级/中级工：

a.取得本职业或相关职业五级/初级工职业资格证书（技能等级证书）以后，累计从事本职业或相关职业工作4年（含）以上。

b.累计从事本职业或相关职业工作6年（含）以上。

c.取得技工学校本专业或相关专业毕业证书（含尚未取得毕业证书的在校应届毕业生）；或取得经评估论证、以中级技能为培养目标的中等及以上职业学校本专业或相关专业毕业证书（含尚未取得毕业证书的在校应届毕业生）。

③具备以下条件之一者，可申报三级/高级工：

a.取得本职业或相关职业四级/中级工职业资格证书（技能等级证书）以后，累计从事本职业或相关职业工作5年（含）以上。

b.取得本职业或相关职业四级/中级工职业资格证书（技能等级证书），并具有高级技工学校、技师学院毕业证书（含尚未取得毕业证书的在校应届毕业生）；或取得本职业或相关职业四级/中级工职业资格证书（技能等级证书），并具有经评估论证、以高级技能为培养目标的高等及以上职业学校本专业或相关专业毕业证书（含尚未取得毕业证书的在校应届毕业生）。

c.具有大专及以上本专业或相关专业毕业证书，并取得本职业或相关职业四级/中级工职业资格证书（技能等级证书）后，累计从事本职业或相关职业工作2年（含）以上。

④具备以下条件之一者，可申报二级/技师：

a.取得本职业或相关职业三级/高级工职业资格证书（技能等级证书）以后，累计从事本职业或相关职业工作4年（含）以上。

b.取得本职业或相关职业三级/高级工职业资格证书（技能等级证书）的高级技工学校、技师学院毕业生，累计从事本职业或相关职业工作3年（含）以上；或取得本职业或相关职业预备技师证书的技师学院毕业生，累计从事本职业或相关职业工作2年（含）以上。

⑤具备以下条件之一者，可申报一级/高级技师：

取得本职业或相关职业二级/技师职业资格证书（技能等级证书）以后，累计从事本职业或相关职业工作4年（含）以上。

1.2.2 钳工的等级考核要求

（1）钳工职业资格等级划分

本职业共设五个等级，分别为：初级工（国家职业资格五级）、中级工（国家职业资格四级）、高级工（国家职业资格三级）、技师（国家职业资格二级）、高级技师（国家职业资格一级）。

（2）钳工职业资格等级鉴定方式

①鉴定方式：分理论知识考试、技能操作考核以及综合评审。

②理论知识考试采用闭卷笔试、机考等方式，主要考核从业人员从事本职业应掌握的基本要求和相关知识要求；技能操作考核采用现场实际操作、模拟操作等方式进行，主要考核从业人员从事本职业应具备的技能水平；综合评审主要针对技师、高级技师，通常采取审阅申报材料、答辩等方式进行全面评议和审查。

理论知识考试和技能操作考核均实行百分制，成绩皆达60分（含）以上者为合格。

（3）监考人员、考评人员与考生配比

理论知识考试中的监考人员与考生的配比为1∶15，且每个考场不少于2名监考人员；技能考核中的考评人员与考生的配比为1∶5，且考评人员为 3 人（含）以上单数，综合评审委员为 3 人（含）以上单数。

（4）鉴定时间

理论知识考试时间不少于 120min。技能考核时间：五级 / 初级工不少于 240min；四级 / 中级工不少于 300min；三级 / 高级工不少于 330min；二级 / 技师、一级 / 高级技师不少于 360min。综合评审时间不少于 30min。

（5）鉴定场所设备

理论知识考试在标准教室或机房进行，技能考核在具有钳台、台虎钳、台钻、平板、砂轮机、钳工工具等设施设备的场所进行。

（6）钳工的等级考核要求

①工作要求。《钳工国家职业技能标准（2020 年版）》对五级 / 初级工、四级 / 中级工、三级 / 高级工、二级 / 技师、一级 / 高级技师的技能要求和相关知识依次递进，高级别涵盖低级别的要求。

a. 五级 / 初级工工作要求，见表 1-1。

表 1-1　五级 / 初级工工作要求

职业功能	工作内容	技能要求	相关知识要求
1.基本作业	1.1 锯削、锉削、錾削加工	1.1.1 能锯削断面平面度公差 0.8mm、尺寸精度 IT12、直径 $\phi30 \sim 50mm$ 的圆钢 1.1.2 能锉削平面度公差 0.08mm、尺寸精度 IT9、表面粗糙度 $Ra3.2\mu m$、50mm×25mm× 25mm 的钢件 1.1.3 能錾削尺寸精度 IT12、20mm×3mm×2mm 的沟槽	1.1.1 型材的锯削方法 1.1.2 六方体的锉削加工方法 1.1.3 方槽的錾削方法
	1.2 孔、螺纹加工	1.2.1 能钻削位置度公差 $\phi0.3mm$、孔径尺寸精度 IT9、直径 $\phi10mm$ 的孔 1.2.2 能铰削尺寸精度 IT8、表面粗糙度 $Ra1.6\mu m$、直径 $\phi10mm$ 的孔 1.2.3 能根据不同材料确定直径 $\phi20mm$ 以下孔攻螺纹和套螺纹前的底孔直径和圆杆直径，并能使用丝锥（或板牙）攻（或套）内（或外）螺纹	1.2.1 砂轮机的使用注意事项 1.2.2 钻头的刃磨方法 1.2.3 钻孔的相关知识 1.2.4 铰孔的相关知识 1.2.5 攻螺纹与套螺纹的工艺知识

职业功能	工作内容	技能要求	相关知识要求
1. 基本作业	1.3 刮削、研磨加工	1.3.1 能刮削 25mm×25mm 范围内接触点不少于 12 点、精度 2 级的平板 1.3.2 能研磨表面粗糙度 $Ra0.8\mu m$、平面度公差 0.03mm、100mm×100mm 的平面	1.3.1 平面刮削的工艺知识 1.3.2 平板精度检测方法和量具、仪器使用知识 1.3.3 研磨工艺知识 1.3.4 研具及研磨剂的种类、特点和选用知识
	1.4 工具制作和刀具刃磨	1.4.1 能制作误差在 ±8″ 内的 90°、60° 等特殊角度样板 1.4.2 能刃磨平面刮刀、錾子等刀具	1.4.1 万能量角器的使用方法 1.4.2 金属材料及热处理知识 1.4.3 平面刮刀、錾子的刃磨方法
2. 机械设备装调	2.1 设备装配	2.1.1 能按技术要求装配台钻塔轮、砂轮机主轴等小型简单设备的部件 2.1.2 能按技术要求装配气缸、冷却水泵等气动或冷却机构部件	2.1.1 台钻的结构与工作原理 2.1.2 带传动机构的装配方法 2.1.3 砂轮机的结构与工作原理 2.1.4 气缸、冷却水泵等气动或冷却机构部件的安装方法
	2.2 设备调试	2.2.1 能按技术要求调试台钻塔轮、砂轮机主轴等部件 2.2.2 能按技术要求调试气缸、冷却水泵等气动或冷却机构部件	2.2.1 台钻皮带传动装置的调试方法 2.2.2 砂轮机主轴空运行的检测方法 2.2.3 气缸、冷却水泵的检测方法
3. 机械设备保养与维修	3.1 设备维护与保养	3.1.1 能维护与保养台钻、台虎钳等钳工常用设备 3.1.2 能进行车床、铣床等设备的一级维护与保养	3.1.1 钳工常用工具、夹具、量具的使用及维护与保养知识 3.1.2 车床、铣床等设备的一级维护与保养知识
	3.2 设备维修	3.2.1 能进行台钻皮带、砂轮机轴承等的更换作业 3.2.2 能进行油水分离器、安全阀等气动或冷却机构元器件的故障判别和更换作业	3.2.1 台钻皮带传动机构的常见故障及维修知识 3.2.2 砂轮机轴承等的更换知识 3.2.3 常见气动或冷却机构元器件故障的判别知识

b. 四级 / 中级工工作要求，见表 1-2。

表 1-2　四级 / 中级工工作要求

职业功能	工作内容	技能要求	相关知识要求
1. 基本作业	1.1 锯削、锉削、錾削加工	1.1.1 能锯削断面平面度公差 0.5mm、尺寸精度 IT11、直径 $\phi30 \sim 50$mm 的圆钢 1.1.2 能按照加工要求选择锉刀，并锉削平面度公差 0.05mm、尺寸精度 IT8、表面粗糙度 $Ra3.2\mu$m、50mm×25mm×25mm 的钢件 1.1.3 能錾削尺寸精度 IT11、20mm×3mm×2mm 的沟槽	1.1.1 錾子的种类、制造材料和热处理知识 1.1.2 錾子的切削角度和刃磨要求 1.1.3 锯弓的种类及锯条的规格和选用知识 1.1.4 锉刀的种类、规格、选用和保养知识 1.1.5 尺寸精度及测量知识
	1.2 孔、螺纹加工	1.2.1 能钻削尺寸精度 IT9、位置度公差 $\phi0.2$mm、表面粗糙度 $Ra2.5\mu$m 的孔 1.2.2 能铰削尺寸精度 IT7、表面粗糙度 $Ra0.8\mu$m 的孔 1.2.3 能攻制 M20 以下的螺纹	1.2.1 标准麻花钻的切削特点、刃磨和一般修磨方法 1.2.2 群钻的结构特点和切削特点 1.2.3 铰刀的切削特点、结构、种类、选用和铰削用量的选择知识 1.2.4 丝锥折断的处理方法
	1.3 刮削、研磨加工	1.3.1 能刮削平板、方箱，并达到以下要求：25mm×25mm 范围内接触点不少于 16 点、表面粗糙度 $Ra0.8\mu$m、直线度公差 0.02mm/1000mm 1.3.2 能刮削轴瓦，并达到以下要求：25mm×25mm 范围内接触点为 16 ~ 20 点、圆柱度公差 $\phi0.2$mm、表面粗糙度 $Ra1.6\mu$m 1.3.3 能研磨 $\phi80$mm×400mm 的轴孔，并达到以下要求：圆柱度公差 $\phi0.02$mm、表面粗糙度 $Ra0.8\mu$m	1.3.1 原始平板的刮研方法 1.3.2 机床导轨的技术要求、类型特点、截面形状及组合形式 1.3.3 机床导轨的精度和检测方法 1.3.4 圆柱表面的研磨方法 1.3.5 导轨刮削的基本方法及检测方法 1.3.6 曲面刮削的基本方法及检测方法 1.3.7 孔的研磨方法及检测方法

职业功能	工作内容	技能要求	相关知识要求
1.基本作业	1.4 工具制作和刀具刃磨	1.4.1 能制作简单的辅助工具及夹具 1.4.2 能刃磨标准麻花钻 1.4.3 能研磨铰刀、修磨磨损的丝锥，以使其恢复切削功能	1.4.1 夹具的分类、作用和组成，以及典型夹具的结构特点 1.4.2 夹具的装配、调试知识 1.4.3 铰刀的研磨方法 1.4.4 丝锥的修磨方法
2.机械设备装调	2.1 设备装配	2.1.1 能按技术要求进行机床主轴、齿轮泵、变速箱、工作台等部件的装配 2.1.2 能按技术要求进行液压千斤顶、液压卡盘控制系统、数控车床门开关气动控制系统等气动或液压系统的装配 2.1.3 能按技术要求进行活塞组件、缸盖组件等内燃机部（组）件的装配	2.1.1 机械传动装置的结构及工作原理 2.1.2 车床、铣床、磨床等中型机床的工作原理和结构 2.1.3 装配尺寸链知识 2.1.4 机床装配、检测方法及标准 2.1.5 变速箱的装配工艺 2.1.6 内燃机的结构、组成和工作原理
	2.2 设备调试	2.2.1 能按技术要求进行机床主轴、齿轮泵、变速箱、工作台等部件的调试 2.2.2 能按技术要求进行液压千斤顶、液压卡盘控制系统、数控车床门开关气动控制系统等气动或液压系统的调试 2.2.3 能按技术要求进行活塞组件、缸盖组件等内燃机部（组）件的调试	2.2.1 机床主轴、齿轮泵、变速箱、工作台等部件的运行及调试知识 2.2.2 常见机床夹具调试知识 2.2.3 设备安全运行知识 2.2.4 滚动轴承、滑动轴承调试方法 2.2.5 设备调试工具、仪器的选用知识
3.机械设备保养与维修	3.1 设备维护与保养	3.1.1 能按技术要求进行车床、铣床等中型切削机床的二级维护与保养 3.1.2 能按技术要求进行弯管机、油压机等中型压力机床的维护与保养 3.1.3 能按技术要求进行小功率内燃机的维护与保养	3.1.1 车床、铣床等中型切削机床的二级维护与保养相关知识 3.1.2 润滑油脂的分类及应用知识 3.1.3 小功率内燃机的维护与保养知识

续表

职业功能	工作内容	技能要求	相关知识要求
3.机械设备保养与维修	3.2 设备维修	3.2.1 能按技术要求进行机床主轴、齿轮泵、变速箱、工作台等部件的维修 3.2.2 能按技术要求进行液压千斤顶、液压卡盘控制系统、数控车床门开关气动控制系统等气动或液压系统的维修 3.2.3 能按技术要求进行活塞组件、缸盖组件等内燃机部（组）件的维修	3.2.1 车床、铣床等常用设备的故障诊断及排除方法 3.2.2 零件的拆卸方法 3.2.3 设备故障检测工具、仪器的选用知识

② 技能等级考核权重表。

a. 理论知识权重表，见表 1-3。

表 1-3　理论知识权重表

项目		技能等级考核权重 /%				
		五级 /初级工	四级 /中级工	三级 /高级工	二级 /技师	一级 /高级技师
基本要求	职业道德	5	5	5	5	5
	基础知识	15	15	10	10	10
相关知识要求	基本作业	35	30	20	—	—
	机械设备装调	30	30	30	25	20
	机械设备保养与维修	15	20	35	30	30
	技术指导与革新	—	—	—	30	35
合计		100	100	100	100	100

b. 技能要求权重表，见表 1-4。

表 1-4　技能要求权重表

项目		技能等级考核权重 /%				
		五级 / 初级工	四级 / 中级工	三级 / 高级工	二级 / 技师	一级 / 高级技师
技能要求	基本作业	35	30	20	—	—
	机械设备装调	35	35	40	40	30
	机械设备保养与维修	30	35	40	25	30
	技术指导与革新	—	—	—	35	40
	合计	100	100	100	100	100

1.3　钳工岗位职责及就业方向

1.3.1　钳工的岗位职责

① 在车间主任或班组长的领导下，负责全公司（企业）机械设备的维修及管理工作。

② 熟悉维修设备结构、性能、润滑工作原理，熟悉设备主要零件和易损件、消耗件，材质及性能技术要求。

③ 负责机械、设备的维护、保养、检修、润滑等项目工作，应按期有计划开展工作，并填写好记录。

④ 设备检修完后，必须会同有关人员共同验收，经检验确认设备达到许可运转条件后，方可交付生产使用。

⑤ 会同有关人员制定大修、中修、小修计划，提前落实检修所需零部件和材料的准备情况。

⑥ 负责电焊、气焊及其他专用设备和工具的保管、使用、维护和保养，必须严格执行本工种安全操作规程。

⑦ 做到文明检修、杜绝乱丢、乱堆、乱放，检修完毕应及时清理，检修专用设备和工具要合理、整齐存放。

⑧ 每月初上报维修设备备件及材料。

⑨ 严格遵守工厂（企业）各项规章制度，认真执行交接班制度。

1.3.2 钳工安全操作规程及注意事项

(1) 钳工安全操作规程

① 工作前，先检查工作场地及工具是否安全，若有不安全之处及损坏现象，应及时清理和修理，并安放妥当。

② 使用錾子，首先应将刃部刃磨锋利，尾部毛头磨掉，錾切时，严禁錾口对人，并注意切屑飞溅方向，以免伤人；使用锤子，首先要检查把柄是否松脱，并擦净油污。握锤子的手不得戴手套。

③ 使用的锉刀必须带锉刀柄，操作中除锉圆面外，锉刀不得上下摆动；应重推出、轻拉回，保持水平运动；锉刀不得沾油；存放时，不得互相叠放。

④ 使用扳手一定要符合螺母的要求，站好位置，同时要注意旁人，以防扳手滑脱伤人。扳手不允许当锤子使用。

⑤ 使用电钻前，应检查是否漏电（如有漏电现象应交电工处理），并将工件放稳，人要站稳，手要握紧，两手用力要均衡，并掌握好方向，保持钻杆与被钻工件表面垂直。

⑥ 使用台虎钳，应根据工件精度要求加放钳口铜，不允许在钳口上猛力敲打工件，扳紧台虎钳时，用力应适当，不能使用加力杆，台虎钳使用完毕，须将台虎钳打扫干净，并将钳口松开。

⑦ 使用卡钳测量时，卡钳一定要与被测工件表面垂直或平行。

⑧ 使用游标卡尺、千分尺等精密量具测量时，均应轻而平稳，不可在毛坯等粗糙表面上测量，不允许测量发热的工件，以免卡脚摩擦损坏。

⑨ 使用千分表时，应使表与表架在表座上装夹稳固，以免造成倾斜和摆动。

⑩ 使用水平仪时，要轻拿轻放，不要碰击，接触面未擦净之前，不得将水平仪摆上使用。

⑪ 攻螺纹与铰孔时，丝锥与铰刀中心均要与孔的中心一致，用力要均匀，并按先后顺序进行；攻、套螺纹时，应注意反转，并根据材料性质，必要时加润滑油，以免损坏板牙和丝锥；铰孔时，不准反转，以免刀刃崩坏。

⑫ 刮研时，工件应放置平稳，工件与标准面相互接触时，应轻而平稳，并且不使棱角接触与碰击，以免损坏表面。刮削工件边缘时，刮刀方向应与边缘成一定角度进行。

⑬ 锡焊时，被焊接部位应仔细进行清洁处理，然后加热到焊料的熔化温度，速度要快，以免表面产生氧化物。焊好的物件应逐步冷却，浇轴承合金应严格按其工艺规程进行。

⑭ 工件热装时，油温应低于油的闪点20℃，被加热的工件不得接触油箱底，应加垫支撑或悬吊起来。加热时，不允许有大火苗，同时应有防火措施。

⑮ 检查设备时，首先必须切断电源。拆卸修理过程中，拆下的零件应按拆卸顺序有条理地摆放，并做好标记，以免安装时弄错；拆修完毕，要认真清点工具、零件是否丢失，要严防工具、零件掉入转动的机器内部。经盘车后方可进行试车，办理移交手续。

⑯ 设备在安全和检修过程中，应认真做好安装和检修的技术数据记录，如设备有缺陷，或进行了技术改进，应全面做好处理缺陷或改进施工的详细记录。

⑰ 工作完毕后，应收好工具、量具，擦洗设备，清理工作台和工作场所，精密量具应仔细擦净，放在专用盒子内保存。

（2）钳工安全注意事项

① 锉刀是右手工具，应放在台虎钳的右面，放在钳台上时锉刀柄不可露在钳桌外面，以免碰落掉地上砸伤脚或损坏锉刀。

② 没有装柄的锉刀或锉刀柄裂开的锉刀不可使用。

③ 锉削时锉刀柄不能撞击到工件，以免锉刀柄脱落造成事故。

④ 不能用嘴吹锉屑，防止铁屑进入眼睛，也不能用手擦摸锉削表面。

⑤ 锉刀不可作撬棒或手锤用。

（3）钳工锉刀的使用与保养

① 为防止锉刀过快磨损，不要用锉刀锉削毛坯件的硬皮（特别是铸件、锻件）或工件的淬硬表面，而应先用其他工具或用锉刀的前端、边齿加工。

② 锉削时应先用锉刀的一面，待这个面用钝后再用另外一面，因为使用过的锉齿易锈蚀。

③ 锉削时要充分利用锉刀的有效工作面，避免局部磨损。

④ 不能用锉刀作为装拆、敲击和撬物的工具，防止锉刀因材质较脆而折断。

⑤ 用整形锉和小锉时，用力不能太大，防止把锉刀折断。

⑥ 锉刀要防水防油。沾水后锉刀易生锈，沾油后锉刀在工作时易打滑。

⑦ 锉削过程中，若发现锉纹上嵌有切屑，要及时将其除去，以免切屑刮伤加工表面。锉刀用完后，要用锉刷或铜片顺着锉纹刷掉残留下的切屑，以防生锈。千万不能用嘴吹切屑，以防止切屑飞入眼内。

⑧ 放置锉刀时要避免与硬物相碰，避免锉刀与锉刀重叠堆放，防止损坏锉刀。

1.3.3　钳工的就业方向

钳工的就业方向明确，就业前景很乐观，其工作面很广，属于机械行业不可缺失的部分。

钳工就业主要方向如下：

① 机械加工前的准备工作，如清理毛坯、在工件上划线等；

② 在单件小批生产中，制造一般的零件；

③ 加工精密零件，如样板、模具的精加工，刮削或研磨机器和量具的配合表面等；

④ 装配、调整和修理机器等。

1.3.4　如何成为一个"好钳工"

（1）什么是"好钳工"

一个好的钳工所应具备的条件，一方面是对操作技术人员的行为要求，另一方面也是机械加工行业对社会所应承担的义务与责任的概括。

① 有良好的职业操守和责任心，爱岗敬业，具备高尚的人格与高度的社会责任感。

② 遵守法律、法规和行业、企业与公司等有关的规定。

③ 着装整洁，符合规定，工作认真负责，有较好的团队协作和沟通能力，并具有安全生产常识、节约环保意识和文明生产的习惯。

④ 有持之以恒的学习态度，并能不断更新现有知识。

⑤ 有较活跃的思维能力和较强的理解能力以及丰富的空间想象能力。

⑥ 能成功掌握和运用机械加工的基本知识，贯彻钳工加工理论知识与实践技能，做到理论与实践互补与统一。

⑦ 严格执行工作程序，并能根据具体加工情况做出正确评估并完善生产加工工艺。

⑧ 保持工作环境的清洁，具备独立的生产准备、设备维护和保养能力，能分析判断加工过程中的各种质量问题与故障，并加以解决。

(2)"好钳工"需要哪些技术积累

① 掌握钳工常用量具和量仪的结构与原理、使用及保养方法。

② 理解金属切削过程中常见的物理现象及其对切削加工的影响。

③ 掌握钳工常用刀具的几何形状、作用和刃磨方法。

④ 掌握钻床的结构，能使用钻床完成钻、扩、锪、铰等加工。

⑤ 掌握钳工应具备的理论知识和有关计算，并能熟练查阅钳工方面的手册和资料。

⑥ 掌握钳工应会的操作技能，能对钳工加工制造的工件、装配质量进行分析，能解决实际生产中的一般技术问题。

⑦ 理解钳工常用夹具的有关知识，掌握工件定位、夹紧的基本原理和方法。

⑧ 能独立制订中等复杂工件的加工工艺。

⑨ 了解钳工方面的新工艺、新材料、新设备、新技术，理解提高劳动生产率的有关知识。

⑩ 熟悉文明生产的有关科研课题，养成安全文明生产的习惯。

⑪ 掌握如何节约生产成本，提高生产效率，保证产品质量的技能。

(3)好钳工如何拿到"职场通行证"

一般来讲，获得职场通行证，应该做好下面几步。

① 必须要取得相应职业技术资格（等级）证书。

职业技术资格（等级）证书是一个人相应专业水平的具体表现形式，只有取得了职业资格证书，才能证明其接受过专门的专业技术训练，并达到了所掌握的相应专业技术能力，才有可能去适应和面对相应的专业技术要求，做好相应的准备，为进军职场打下一个扎实的技术基础。

② 完善职场面试智慧。

a. 诚恳面试。面试是一种动态的活动，随时会发生各种各样的情况，且时间又非常短促，可能还来不及考虑就已经发生了。因此，事先要充分调查，对用人单位的招聘岗位需要有足够的了解，也一定要意识到参加面试时最重要的是用耳朵听，然后对所听到的话做出反应。这样就能很快地把自己从一个正在求职的人转变成一个保证努力工作和解决问题的潜在合作者。

b. 突出特性。要采取主动，用各种方法来引起对方的注意，如形体语言、着装、一句问候语，都会在有限的时间里引起对方的关注。让对方记住你的姓名和你的特点，其目的是在短短的面试期间，给聘用者留下深刻的印象。

c.激发兴趣。要说服人是一件比较难的事情，必须能不断地揣摩对方说话的反应，听出"聘用信号"。证明自己作为受聘者的潜在价值，从某方面来激发聘用者的兴趣。努力把自己想说的话表达出来，才能达到目的。

③具备完善的职业性格。

a.尽忠于与自己相关的人和群体，并忠实地履行职责，以充沛的精力准时并圆满地完成工作。

b.在认为有必要的时候，会排除万难去完成某些事情，但不会去做那些自己认为是没有意义的事情。

c.专注于人的需要和要求，会建立有次序的步骤，去确保那些需要和要求得到满足。

d.对事实抱有一种现实和实际的尊重态度，非常重视自己的岗位和职责。

1.4 钳工作业准备技巧与诀窍

1.4.1 设备与器具的合理安置技巧

①钳台要放在便于工作和光线适宜的位置。

②工具、辅具、量具、器具箱应安置在钳台附近，方便取放。

③钻床、砂轮机应安置在工作场地的边沿地带，以保证生产的安全。

④零件清洗箱、手压机等应安置在方便工作且安全的地点，如钳台的附近。

⑤零件摆放架应置于便于装配、存取零件方便的位置。

⑥起重设备的摆放根据自己的具体情况，既要合理安全，又要方便工作。

1.4.2 钳工操作的安全知识、技巧与诀窍

（1）基本操作安全知识与诀窍

①钳台上的台虎钳安装要牢靠，钳台要配装安全网。台虎钳装夹工件时应用手扳动手柄、不要用锤子敲击手柄或随意套上加长管扳手柄。台

虎钳的丝杠、螺母和其他活动表面要时常加油并保持清洁。

② 使用砂轮机时，应在起动后待砂轮转动正常，再进行磨削，磨削时要防止刀具或工件与砂轮发生剧烈的撞击或施加过大的压力；砂轮表面跳动严重时，应及时修整，砂轮机的搁架与砂轮外圆间的距离一般保持在3mm 以内。操作者使用砂轮机时应站在砂轮的侧面或斜侧面。

③ 常用的机械设备要合理使用，经常维护保养，发现问题及时报修。

④ 集体作业时，要互相配合、互相关心，协调工作。

⑤ 起重、搬运、吊装较大工件或精度较高的工件时，应尽量以专职起重人员为主，避免发生安全事故。

⑥ 使用的电动工具要有绝缘保护及安全接地。

⑦ 使用的工、量器具应分类，依次整齐地排列，常用的放在工作位置附近，但不要放在钳台的左边缘处。精密量具要检验后使用，轻取轻放，用后擦净，涂油保护。工具在工具箱内应固定位置、整齐安放。

⑧ 工作场地应保持整洁、安全。

（2）钻孔操作安全知识与诀窍、禁忌

钻床主要用来对工件进行各类圆孔的加工，常见的有台钻、立钻、摇臂钻等。钻孔属于机械加工操作，有一定的危险性，使用时的注意事项与禁忌如下。

① 操作钻床时不可戴手套，袖口必须扎紧，长发职工必须戴工作帽。

② 工件必须夹紧，特别是在小工件上钻较大直径孔时，装夹必须牢固，孔将钻穿时，要尽量减小进给力。

③ 开动钻床前，应检查是否有钻夹头钥匙或斜铁插在钻轴上。

④ 钻孔时不可用手和棉纱头或用嘴吹来清除切屑，必须用毛刷清除，钻出长的切屑时可用专用钩子钩断后去除。

⑤ 操作者的头部不准与旋转的主轴靠得太近，停车时应让主轴自然停止，不可用手刹住。

⑥ 严禁在开车状态下装拆工件。检验工件时必须在停车状态下进行。

⑦ 清洁机床或加油润滑时，必须切断电源。

1.4.3　钳工作业中清理与洗涤的技巧与诀窍

设备修理工作中的清理和洗涤是指对拆卸解体后及装配前零件表面的

油污、锈垢等脏物进行清洁、整理和用清洗剂进行洗涤。由于零件表面油污、锈垢的存在，看不清零件的磨损痕迹和其他的破损缺陷，无法对零件的各部分尺寸、形位精度作出正确的判断，无法制定正确的设备修理方案。在设备进行拼装时，零件表面的灰尘、油污和杂物等也将直接影响装配质量。因此，必须对设备拆卸后及装配前的零件进行清理和洗涤。

(1) 清理与洗涤范围

① 鉴定前的清洗。为了准确地判断零件的破损形式和磨损程度，对拆后零件的基准部位和检测部位必须进行彻底清洗，这些部位清洗不净，就不能制定出正确的修理方案，甚至由于未发现已经产生的裂纹而造成隐患。

② 装配前的清洗。影响装配精度的零件表面的杂物、灰尘要认真地洗涤。如果清洗不合格，就会导致机械的早期磨损或事故损坏。

③ 液压、气动元件及各类管件也属清洗范围。这类零件清洗质量不高将直接影响工作性能，甚至完全不能工作。

(2) 清洗液的种类和特点

清洗液可分为有机溶液和化学清洗液两类。

有机溶液包括：煤油、柴油、工业汽油、酒精、丙酮、乙醚、苯及四氯化碳等。其中汽油、酒精、丙酮、乙醚、苯、四氯化碳的去污、去油能力都很强，清洗质量好，挥发快，适用于清洗较精密的零部件，如光学零件、仪表部件等。煤油和柴油同汽油相比，清洗能力不及汽油，清洗后干燥也较慢，但比汽油使用安全。

化学清洗液中的合成清洗剂对油脂、水溶性污垢具有良好的清洗能力，且无毒、无公害、不燃烧、不爆炸、无腐蚀、成本低、以水代油、节约能源，正在被广泛地利用。

碱性溶液是氢氧化钠、磷酸钠、碳酸钠及硅酸钠按不同的含量加水配制的溶液。用碱溶液清洗时应注意：油垢过厚时，应先将其擦除；材料性质不同的工件不宜放在一起清洗；工件清洗后应用水冲洗或漂洗干净，并及时使之干燥，以防残液损伤零件表面。

(3) 清洗的方法与诀窍

零件的清洗包括除油、除锈和除垢等。

1) 除油

① 有机溶剂除油。一般拆后零件的清洗常采用煤油、汽油、轻柴油

等有机溶剂。使用有机溶剂可以溶解各种油、脂，不损坏零件，无特殊要求也不需要特殊设备，成本不高，操作简易。对有特殊要求的贵重仪表、光学零件还可用酒精、丙酮、乙醚、苯等其他有机溶剂。

② 金属清洗剂除油。特点是采用合成洗涤剂代替传统的洗涤剂，通过浸洗或喷洗对零件进行洗涤，也可采用超声波清洗。

③ 碱溶液除油。特点是在单一的碱溶液中再加入乳化剂、然后用来对零件进行浸洗或喷洗。由于碱对金属有腐蚀作用，较活泼的有色金属不宜用强碱清洗。清洗后的零件要用热水冲净、晾干，避免残留碱液腐蚀零件。

2）除锈

① 机械除锈法。即用钢丝刷、刮刀、砂布等工具，或用喷砂、电动砂轮、电动钢丝轮等方法对零件表面的锈蚀进行去除。

② 化学除锈法。即用酸洗的方法去除零件表面呈碱性的氧化物锈斑。

③ 电化学除锈。在化学除锈的溶液内通以电流，可加快除锈速度，减少基体金属腐蚀及酸消耗量。

3）清除污垢

设备长期使用后，基础件内积存的切屑、磨屑、润滑油污、冷却水污等也必须进行清理和去除。清除时，不应乱扔乱倒。废旧全损耗系统用油应回收再利用，废旧黄甘油可用木锯屑和擦布清理后，再用煤油清洗、擦布擦净。

（4）注意事项与禁忌

① 碱溶液清洗的零件干燥后，应涂以全损耗系统用油保护，防止生锈。

② 有色金属、精密零件不宜采用强碱溶液浸洗。

③ 洗涤及转运过程中，注意不要碰伤零件的已加工表面。

④ 洗涤后要注意使油路、通道等畅通无阻，不要掉入或沉积污物而影响装配质量。

第2章

钳工基础知识

2.1 机械识图基础知识

2.1.1 图样

准确地表达物体的形状、尺寸及其技术要求的图，称为图样。图样是制造工具、机器、仪表等产品和进行建筑施工的重要技术依据，不同的生产部门对图样有不同的要求，机械制造业中使用的图样称为机械图样。

图样是表达设计意图、交流技术思想的重要工具，是工业生产的重要技术文件，也是工程界的技术语言。对机械工人来说，正确地读出图样的内容是非常必要和重要的。

（1）图线的种类及应用

物体的形状在图样上是用各种不同的图线画成的。为了使图样清晰，便于读图，绘制图样时，应采用表2-1中国家标准《机械制图 图样画法图线》（GB/T 4457.4—2002）对图线的规定。

表 2-1　图线及部分应用

图线名称	图线形式、图线宽度	一般应用
粗实线	宽度：d=0.5 ～ 2mm	可见轮廓线、可见棱边线
细实线	宽度：$d/2$	尺寸线、尺寸界线、剖面线、重合断面的轮廓线、辅助线、指引线、螺纹牙底线及齿轮的齿根线

图线名称	图线形式、图线宽度	一般应用
波浪线	宽度：$d/2$	机件断裂处的边界线、视图与剖视图的分界线
细双折线	宽度：$d/2$	断裂处的边界线
细虚线	2～6　1　宽度：$d/2$	不可见轮廓线、不可见棱边线
细点画线	15～20　3　宽度：$d/2$	轴线、对称中心线、节圆及节线
粗点画线	宽度：d	限定范围表示线
细双点画线	15～20　5　宽度：$d/2$	极限位置的轮廓线、相邻辅助零件的轮廓线、假想投影轮廓线中断线、轨迹线

各种图线的部分应用示例如图 2-1 所示。

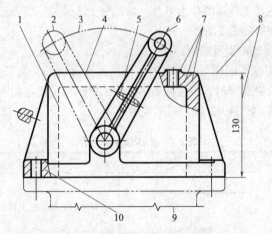

图 2-1　图线的部分应用示例

1—不可见轮廓线（虚线）；2—运动件极限位置轮廓线（细双点画线）；3—轨迹线（细双点画线）；4—可见轮廓线（粗实线）；5—重合断面轮廓线（细实线）；6—中心线、对称中心线（点画线）；7—剖面线、螺纹牙底线（细实线）；8—尺寸线、尺寸界线（细实线）；9—机件断裂处的边界线（细双折线）；10—视图和剖视图的分界线（波浪线）

（2）图样的基本规定

① 图样幅面、格式及比例。图样幅面应优先采用表 2-2 及图 2-2 规定的图样幅面尺寸，必要时可沿长边加长。对于 A0、A2、A4 幅面的加长量应按 A0 幅面长边的 1/8 的倍数增加；对于 A1、A3 幅面的加长量应按 A0 幅面短边的 1/4 的倍数增加；A0 及 A1 幅面也允许同时加长两边，如图 2-3 所示。

表 2-2　图样幅面尺寸（摘自 GB/T 14689—2008）　　　mm

幅面代号（见图 2-4）	A0	A1	A2	A3	A4
$B \times L$	841×1189	594×841	420×594	297×420	210×297
e	20			10	
c	10			5	
a	25				

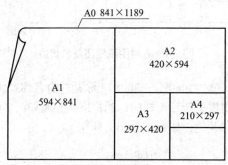

图 2-2　图样基本幅面的尺寸关系

需装订的图样，其图框格式如图 2-4（a）、（b）所示；不需装订的图样，其图框格式如图 2-5（a）、（b）所示。图框线用粗实线绘制。

绘制图样时一般应采用表 2-3 中规定的比例。

表 2-3　机械图样比例（摘自 GB/T 14690—1993）

种　类	比　　　　例
原值比例	1∶1
缩小比例	1∶2　1∶5　1∶10　1∶2×10^n　1∶5×10^n　1∶1×10^n
放大比例	5∶1　2∶1　5×10^n∶1　2×10^n∶1　1×10^n∶1

注：n 为正整数。

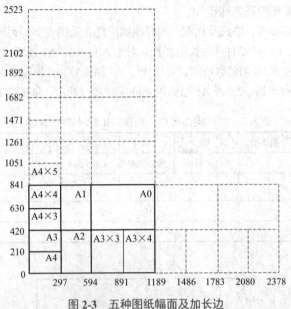

图2-3 五种图纸幅面及加长边

② 标题栏（GB/T 10609.1—2008）。标题栏由名称及代号区、签字区、更改区和其他区组成，产品图样的标题栏格式绘制如图2-6（a）所示，有时可采用简化的标题栏，如图2-6（b）所示。

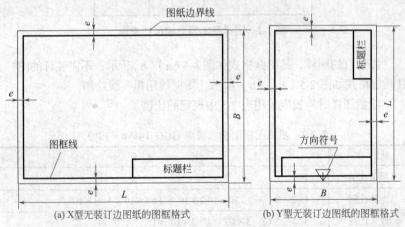

(a) X型无装订边图纸的图框格式　　(b) Y型无装订边图纸的图框格式

图2-4 不留装订边的图纸的图框格式

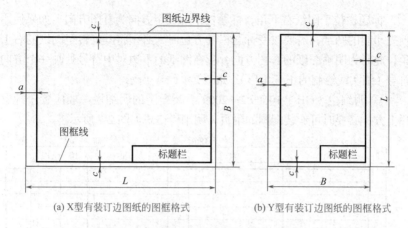

(a) X型有装订边图纸的图框格式　　(b) Y型有装订边图纸的图框格式

图 2-5　留有装订边的图纸的图框格式

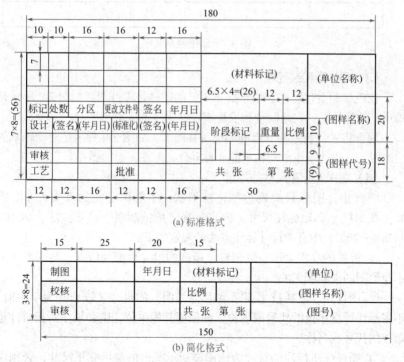

(a) 标准格式

(b) 简化格式

图 2-6　产品图样的标题栏格式

标题栏位于图纸右下角，标题栏中的文字方向为看图方向。如果使用预先印制的图纸，需要改变标题栏的方位时，必须将其旋转至图纸的右上角，此时为明确图纸的看图方向，应在图纸的下边对中符号处画一个方向符号（细实线绘制的正三角形），如图2-4（b）所示。

③ 明细栏（GB/T 10609.2—2009）。装配图的明细栏一般应置于标题栏上方，必要时可作装配图的附页。明细栏格式如图2-7所示。

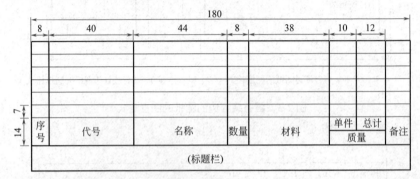

图2-7　明细栏格式

（3）零件图和装配图

在机械制造过程中，用于加工零件的图样是零件图。如图2-8所示是轴承座的零件图，它是制造和检验该零件的技术依据。

用于将零件装配在一起的图样是装配图。如图2-9所示是滑动轴承的装配图，它表达了该滑动轴承的8种零件装配在一起的图样。

（4）图样上标注尺寸的规定

图样中，图形只能表达物体的形状，不能确定它的真实大小。因此，在图样上必须标注尺寸。国家标准《机械制图　尺寸注法》（GB/T 4458.4—2003）中有关尺寸标注方法的规定如下。

① 机件的真实大小应以图样上所注的尺寸数值为依据，与图形的大小及绘图的准确度无关。

② 图样中（包括技术要求和其他说明）的尺寸，以mm为单位时，不需标注计量单位的代号或名称，如采用其他单位，则必须注明相应计量单位的代号或名称。

③ 图样中所标注的尺寸为该图样所示机件的最后完工尺寸，否则应另加说明。

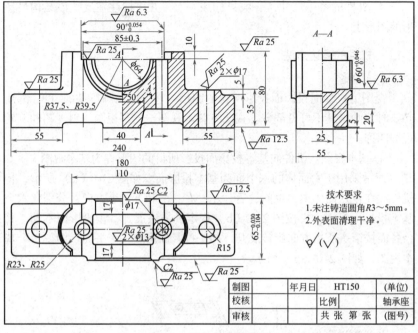

图 2-8 轴承座的零件图

技术要求
1. 未注铸造圆角 $R3\sim5$mm。
2. 外表面清理干净。

制图		年月日	HT150	(单位)
校核			比例	轴承座
审核			共 张 第 张	(图号)

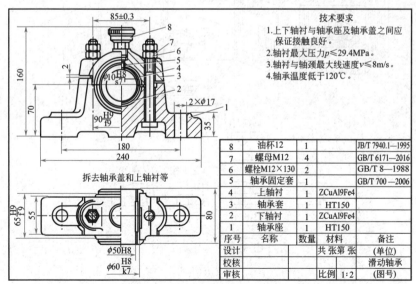

技术要求
1. 上下轴衬与轴承座及轴承盖之间应保证接触良好。
2. 轴衬最大压力 $p\leqslant29.4$MPa。
3. 轴衬与轴颈最大线速度 $v\leqslant8$m/s。
4. 轴承温度低于120℃。

拆去轴承盖和上轴衬等

8	油杯12	1		JB/T 7940.1—1995
7	螺母M12	4		GB/T 6171—2016
6	螺栓M12×130	2		GB/T 8—1988
5	轴承固定套	1		GB/T 700—2006
4	上轴衬	1	ZCuAl9Fe4	
3	轴承套	1	HT150	
2	下轴衬	1	ZCuAl9Fe4	
1	轴承座	1	HT150	
序号	名称	数量	材料	备注
设计			共 张第 张	(单位)
校核				滑动轴承
审核			比例 1:2	(图号)

图 2-9 滑动轴承装配图

④ 机件的每一尺寸，一般只标注一次，并应标注在反映该结构最清晰的图形上。

2.1.2 机件的表达方法

（1）视图

视图为机件向投影面投影所得的图形。它一般只画机件的可见部分，必要时才画出其不可见部分。视图有基本视图、局部视图、斜视图和旋转视图四种。

① 基本视图。机件向基本投影面投影所得的图形称为基本视图。

通常采用正六面体的六个面为基本投影面。如图 2-10（a）所示，将机件放在正六面体中，由前、后、左、右、上和下六个方向，分别向六个基本投影面投影，再按图 2-10（b）规定的方法展开，正投影面不动，其余各面按箭头所指方向旋转展开，与正投影面展成一个平面，即得六个基本视图，如图 2-10（c）所示。

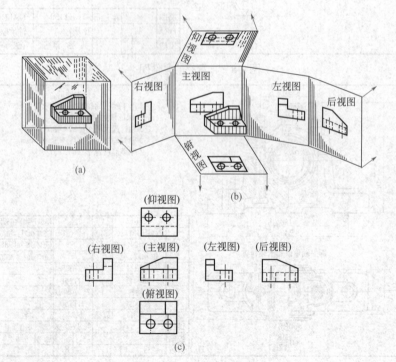

图 2-10 六个基本视图

六个基本视图的名称和投影方向为：

主视图——由前向后投影所得的视图；

俯视图——由上向下投影所得的视图；

左视图——由左向右投影所得的视图；

右视图——由右向左投影所得的视图；

仰视图——由下向上投影所得的视图；

后视图——由后向前投影所得的视图。

六个基本视图中，最常应用的是主、俯、左三个视图，各视图的采用应根据机件形状特征而定。

② 局部视图。机件的某一部分向基本投影面投影而得到的视图称为局部视图。局部视图是不完整的基本视图。利用局部视图可以减少基本视图的数量，补充基本视图尚未表达清楚的部分。

如图 2-11 所示机件，主、俯两基本视图，已将其基本部分的形状表达清楚，唯有两侧凸台和左侧肋板的厚度尚未表达清楚，因此采用 *A* 向、*B* 向两个局部视图加以补充，这样就可省去两个基本视图，简化表达方式，节省了画图工作量。

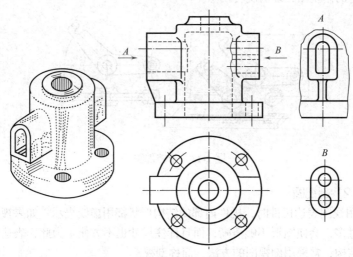

图 2-11　局部视图

③ 斜视图。机件向不平行于任何基本投影面的平面投影所得的视图，称为斜视图。

如图 2-12 所示弯板形机件,其倾斜部分在俯视图和左视图上都不能得到实形投影,这时就可以另加一个平行于该倾斜部分的投影面,在该投影面上画出倾斜部分的实形投影,即斜视图。

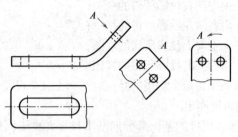

图 2-12   斜视图

④ 旋转视图。假想将机件的倾斜部分旋转到与某一选定的基本投影面平行后再向该投影面投影所得到的视图,称为旋转视图。

如图 2-13 所示连杆的右端对水平面倾斜,为将该部分结构形状表达清楚,可假想将该部分绕机件回转轴线旋转到与水平面平行的位置,再投影而得的俯视图,即为旋转视图。

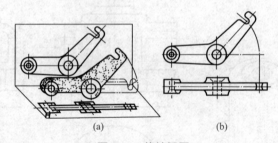

(a)   (b)

图 2-13   旋转视图

(2) 剖视图

用视图表达机件时,机件内部的结构形状都用虚线表示。如果视图中虚线过多,会使图形不够清晰,而且标注尺寸也不方便。为此,表达机件内部结构,常采用剖视图的方法,简称剖视。

假想用剖切面剖开机件,将处在观察者和剖切面之间的部分移去,而将其余部分向投影面投影所得到的图形称为剖视图。

如图 2-14 所示,在机件的视图中,主视图用虚线表达其内部形状,不够清晰。假想沿机件前后对称平面将其剖开，去掉前部，将后部向正投影面投影，就得到一个剖视的主视图。

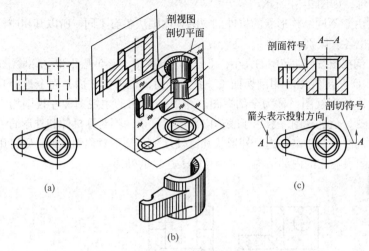

图 2-14 剖视图的形成

剖视图中，凡被剖切的部分应画上剖面符号。各种材料的剖面符号见表 2-4。

表 2-4 各种材料的剖面符号

材料		剖面符号	材料	剖面符号
金属材料（已有规定剖面符号者除外）			木质胶合板（不分层）	
非金属材料（已有规定剖面符号者除外）			钢筋混凝土	
木材	纵断面		液 体	
	横断面			

剖视图的标注：一般在剖视图上方用字母标出剖视图的名称"×—×"，在相应视图上用剖切符号表示剖切位置，用箭头表示投影方向并注上相同的字母，如图 2-14 所示。

由于不同结构形状的机件剖视图具体画法各有不同，所以其相应标注形式也各有区别。

剖视图按剖切范围的大小，可分为全剖视图、半剖视图和局部剖视图。

① 全剖视图。用剖切面（一般为平面，也可为柱面）完全地剖开机件所得的剖视图，称为全剖视图。图 2-15 所示的主视图和左视图均为全剖视图。全剖视图一般用于表达内部形状复杂的不对称机件和外形简单的对称机件。对于某些内、外形状都比较复杂而又不对称的机件，则可用全剖视图表达它的内部结构，再用视图表达它的外形。

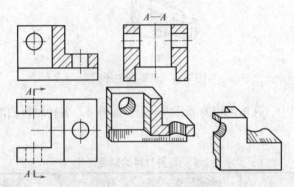

图 2-15　全剖视图

全剖视图的标注，应按不同的情况分别对待。当剖切平面通过机件对称（或基本对称）平面，且剖视图按投影关系配置，中间又无其他视图隔开时，可省略标注，如图 2-15 中主视图；而左视图剖切平面不是对称平面，则必须按规定方法标注，但它按投影关系配置，故箭头可省略。

② 半剖视图。当机件具有对称平面时，在垂直于对称平面的投影所得的图形，以对称中心线为界，一半画成剖视，另一半画成视图，这种图形称为半剖视图。

图 2-16 所示机件的主视图和俯视图均为半剖视图，其剖切方法如立体图所示。半剖视图既充分地表达了机件的内部形状，又保留了机件的外部形状，所以它是内、外形状都比较复杂的对称机件常采用的表达方式。

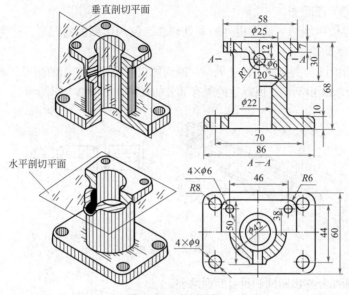

图 2-16　半剖视图

半剖视图的标注与全剖视图相同。

③ 局部剖视图。用剖切平面局部地剖开机件，所得的剖视图称为局部剖视图。

图 2-17 所示的主视图和左视图，均采用了局部剖视图画法。局部剖视图，既能把机件局部的内部形状表达清楚，又能保留机件的某些外形，其剖切范围可根据需要而定，是一种很灵活的表达方式。

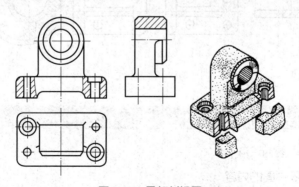

图 2-17　局部剖视图

(3) 断面图

假想用剖切平面将机件的某处切断，仅画出断面的图形，称为断面图，简称断面。

断面图与剖视图不同之处是：断面图仅画出机件断面的图形，而剖视图则要求画出剖切平面以后的所有部分的投影，如图 2-18 所示。

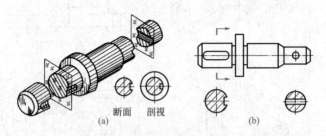

断面   剖视
(a)   (b)

图 2-18   断面图

断面分移出断面和重合断面两种。

① 移出断面。画在视图轮廓之外的断面称为移出断面。图 2-18（b）所示断面即为移出断面。

② 重合断面。画在视图轮廓之内的断面称为重合断面，如图 2-19 所示。

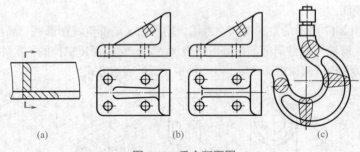

(a)   (b)   (c)

图 2-19   重合断面图

2.2 机械图样的识读

2.2.1 零件图的识读

(1) 零件图的内容

机器都是由许多零件装配而成的，制造机器必须首先制造零件。零件工作图（简称零件图）就是直接用于制造和检验零件的图样。

一张完整的零件图（如图 2-20 所示电动机端盖零件图）应包括下列内容：

① 一组图形。用必要的视图、剖视、剖面及其他规定画法，正确、完整、清晰地表达零件各部分内、外结构和形状。

② 完整的尺寸标注。能满足零件制造和检验时所需要的正确、完整、清晰、合理的尺寸标注。

③ 必要的技术要求。利用代（符）号标注或文字说明，表达出制造、检验和装配过程中应达到的一些技术上的要求。如尺寸公差、形状和位置公差、表面粗糙度、热处理和表面处理要求等。

④ 填写完整的标题栏。标题栏中应包括零件的名称、材料、图号和图样的比例以及图样的责任者签字等内容。

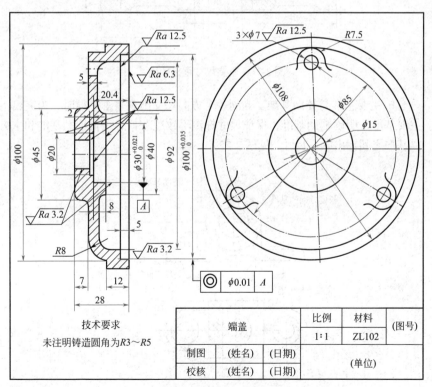

图 2-20　电动机端盖零件图

（2）零件图的尺寸标注

① 零件图中标注尺寸的注意事项。

a. 重要尺寸的标注。设计中的重要尺寸，要从基准单独直接标出。

零件的重要尺寸，主要是指表示零件在整个机器中的工作性能和位置关系的尺寸，如配合表面的尺寸、重要的定位尺寸等。它们的精度直接影响零件的使用性能，因此需直接标出［见图 2-21（a）］，而不应像图 2-21（b）中重要尺寸 A、B 要靠其他尺寸（C、D、L、E）间接计算而得。

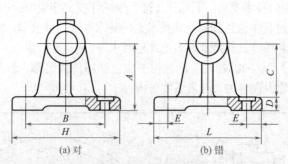

图 2-21　重要尺寸直接标出

b. 主要基准与辅助基准。当同一个方向尺寸出现多个基准时，为突出主要基准，明确辅助基准，保证尺寸标注不致脱节，必须在辅助基准和主要基准之间标出联系尺寸（见图 2-22）。

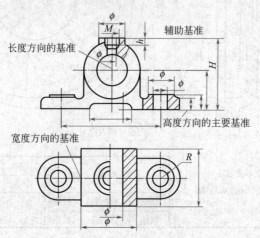

图 2-22　辅助基准与主要基准直接标出联系尺寸

c. 不能封闭尺寸链。标注尺寸时不允许出现封闭的尺寸链。如图 2-23（a）是不正确的，而应选择一个不重要的尺寸不予标出［见图 2-23（b）］。

d. 方便加工与测量。标注尺寸要便于加工与测量（见图 2-24 和图 2-25）。

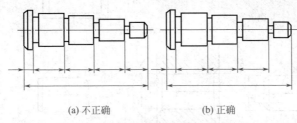

(a) 不正确   (b) 正确

图 2-23 尺寸链的封闭与开口

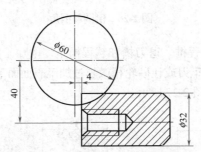

图 2-24 尺寸标注符合加工方法要求

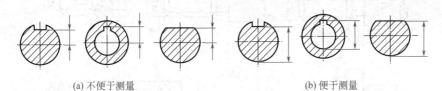

(a) 不便于测量   (b) 便于测量

图 2-25 尺寸标注便于测量

② 其他尺寸标注方法。

a. 倒圆和倒角。倒圆如图 2-26（a）所示标注，倒角为 45° 时，标注方法如图 2-26（a）所示；非 45° 的倒角标注如图 2-26（b）所示，当倒角采用省略画法时，其标注方法如图 2-26（c）所示。

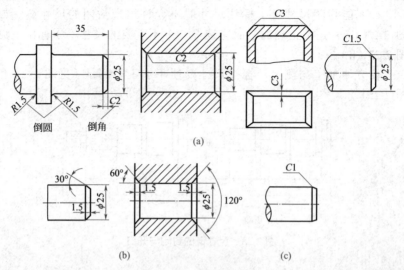

图 2-26　倒圆和倒角

　　b. 退刀槽和越程槽。退刀槽和越程槽是切削加工内外圆柱面或螺纹前，为了便于退出车刀或让砂轮稍微越过加工表面而事先加工出的沟槽，其尺寸标注方法如图 2-27 所示。

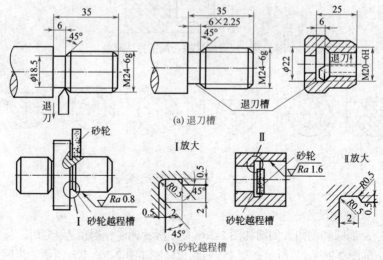

图 2-27　退刀槽和越程槽

（3）零件图的识读

正确、熟练地识读零件图，是技术工人必须掌握的基本功。

① 识读零件图的要点。识读零件图就是要弄清零件图中所表达的各种内容，以便于制造和检验。识读零件图主要从以下四个方面着手：

a.看标题栏，了解零件概貌（零件名称、材料、图样的比例等）；

b.看视图，了解视图名称和视图数目，弄清零件的结构形状和表达方法；

c.看尺寸标注，了解零件的大小及各部分尺寸所允许的尺寸偏差，注意尺寸基准和主要尺寸；

d.看技术要求，了解质量标准。

② 典型零件图的识读。识读如图 2-28 所示车床尾座空心套零件图的方法和步骤如下。

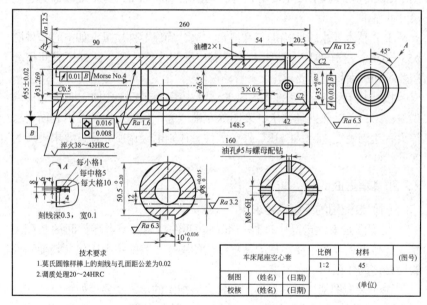

图 2-28　车床尾座空心套零件图

a.看标题栏。可以知道这个零件的名称为车床尾座空心套，材料为45 钢，比例 1 ∶ 2，说明此零件图中的线性尺寸比实物缩小一半。

b.分析图形，想象零件的结构形状。首先要根据视图的排列和有关的标注，从中找出主视图，并按投影关系，看清其他视图以及采用的表达方法。图中采用了主、左视图，两个剖面图和一个斜视图。

主视图为全剖视图，表达了空心套内部基本形状。左视图只有一个作用，就是为 A 向视图表明位置和投影方向。A 向斜视图是表示空心套上方处外圆表面上的刻线情况。

在主视图的下方有两个移出剖面，都画在剖切位置的延长线上。与主视图对照，可看清套筒外轴面下方有一宽度为 10mm 的键槽，距离右端148.5mm 处还有一个轴线偏下 12mm 的 φ8mm 孔。右下端的剖面图，清楚地显示了两个 M8 的螺孔和一个 φ5mm 的油孔，此油孔与一个宽度为2mm、深度为 1mm 的油槽相通。此外，该零件还有内、外倒角和退刀槽。

c. 分析尺寸标注、了解各部分的大小和相互位置，明确测量基准。如图中 20.5、42、148.5、160 等尺寸，均从右端面标出，这个端面即为这些尺寸的基准。

d. 看技术要求，明确加工和测量方法，确保零件质量。如空心套外圆φ55±0.01，这样的尺寸精度，一般需经磨削才能达到。此外还有几何公差要求和表面粗糙度要求。

图中还有文字说明的技术要求。第一条规定了锥孔加工时尺寸检验误差；第二条是热处理要求，表明除左端"90"长的一段锥孔内表面要求淬火，达到硬度 38～43HRC 外，零件整体则需经调质处理，要求硬度为20～24HRC。

2.2.2 装配图的识读

（1）装配图的用途及要求

装配图是表达产品中部件与部件、部件与零件或者零件间的装配关系、连接方式以及主要零件的基本结构的图样。装配图中还包括装配和检验所必需的数据和技术要求。

由于装配图使用的场合不同，常见装配图的形式及要求如下。

① 新设计或测绘装配图。在新设计或测绘装配体时，要求画出装配图，用来确定各零件的结构、形状、相对位置、工作原理、连接方式和传动路线等，以便在图样上判别、校对各零件的结构是否合理，装配关系是否正确、可行等。这种装配图要求把各零件的结构、形状尽可能表达完整，基本上能根据它画出各零件的零件图。钻模装配图如图 2-29 所示。

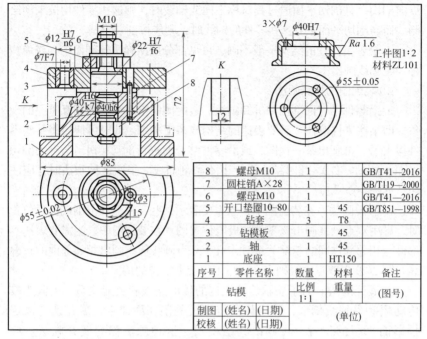

8	螺母M10	1		GB/T41—2016
7	圆柱销A×28	1		GB/T119—2000
6	螺母M10	1		GB/T41—2016
5	开口垫圈10—80	1	45	GB/T851—1998
4	钻套	3	T8	
3	钻模板	1	45	
2	轴	1	45	
1	底座	1	HT150	
序号	零件名称	数量	材料	备注
钻模		比例 1:1	重量	（图号）
制图	（姓名）（日期）		（单位）	
校核	（姓名）（日期）			

图 2-29　钻模装配图

②对加工好的零件进行装配的装配图。当对加工好的零件进行装配时，要求画出装配图来指导装配工作顺利进行。这种装配图着重表达各零件间的相对位置及装配关系，而对每个零件的结构、同装配无关的尺寸没有特别要求。

③只表达机器安装关系及各部件相对位置的装配图。这种装配图只要求画出各部件的外形。

（2）装配图的表达方式

①装配图的规定画法。

a.相邻零件的接触面和配合面间只画一条线，而当相邻两零件有关部分基本尺寸不同时，即使间隙很小，也必须画两条线。

b.装配图中，同一零件在不同视图中，剖面线的方向和间隔应保持一致；相邻零件的剖面线，应有明显区别，或倾斜方向相反或间隔不等，以便在装配图内区分不同零件。

c.装配图中，对于螺栓等紧固件及实心件（如杆、球、销等），若按纵向剖切，且剖切平面通过其对称平面或轴线时，则这些零件均按未剖绘制。而当剖切平面垂直这些零件的轴线时，则应按剖开绘制。

d. 被弹簧挡住的结构一般不画，可见部分应从弹簧丝剖面中心或弹簧外径轮廓线画出。

② 装配图的特殊画法。

a. 沿零件结合面剖切和拆卸画法。装配图中常有零件间相互重叠的现象，即某些零件遮住了需要表达的结构或装配关系。此时可假想将某些零件拆去后，再画出某一视图，或沿零件结合面进行剖切（相当于拆去剖切平面一侧的零件），此时结合面上下不画剖面线。采用这种画法时，应注明"拆去××"。

b. 假想画法。在装配图中，当需要表示某些零件运动范围或极限位置时，可用双点画线画出该零件的极限位置图。在装配图中，当需要表达本部件与相邻部件间的装配关系时，可用双点画线假想画出相邻部件的轮廓线。图 2-29 中双点画线则表示假想工件装夹定位的情况。

c. 展开画法。为了展示传动机构的传动路线和装配关系，可假想按传动顺序沿轴线剖切，然后依次将弯折的剖切面伸直，展开到与选定投影面平行的位置，再画出其剖视图，这种画法称为展开画法。应用展开画法时，必须在相关视图上用剖切符号和字母表示各剖切面的位置和关系，用箭头表示投影方向，在展开图上方注明"×—× 展开"字样。

d. 夸大画法。在装配图中，当图形上孔的直径或薄片的厚度等于或小于 2mm 以及需要表达的间隙、斜度和锥度小于 2mm 时，均允许将该部分不按原比例画，而用夸大画出。

e. 简化画法。对于装配图中螺栓紧固等若干相同零件组允许只画出一组，其余用点画线表示出中心位置即可。如图 2-30 中的螺钉画法。装配图中，零件某些较小工艺结构可省略不画，如图 2-29 中螺钉和螺母的倒角等。

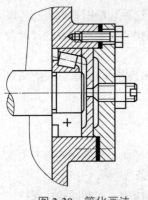

图 2-30 简化画法

装配图中，当剖切面通过某些标准产品的组合件（如油杯、油标、管接头等）的轴线时，可只画外形。装配图中的滚动轴承，允许采用如

图 2-29 所示的简化画法或示意画法。

（3）装配图的内容

装配图（见图 2-29）应包括以下内容。

① 一组图形。用来表达装配体的结构、形状及装配关系。

② 必要的尺寸。注明装配体的性能、规格及装配、检验、安装时所需的尺寸。

③ 技术要求。用符号或文字注明装配体在装配、试验、调整、使用时的要求、规则和说明等。

④ 零件序号和明细表。组成装配体的每个零件，都必须按照顺序编上序号，并在标题栏上方列出明细表。表中注明各零件的名称、数量、材料等，以便读图和生产准备工作。

⑤ 标题栏。注明装配图的名称、图号、比例以及责任者签名和日期等。

（4）装配图的识读方法

① 识读装配图要点

a. 了解装配图的名称、用途、结构及工作原理。

b. 了解各零件间的连接方式及装配关系。

c. 弄清各零件的结构形状和作用，想象出装配体中各零件的动作过程。

② 典型装配图的识读。识读如图 2-31 所示齿轮泵装配图的方法和步骤如下。

a. 概括了解，弄清表达方法。由标题栏可知，图 2-31 所示装配体为一齿轮泵，采用的比例是 1∶1。明细表中列出该齿轮泵共由 15 种（共 19 件）零件构成，结构不太复杂。

齿轮泵的表达方案共用了三个基本视图。主视图采用局部剖视图，剖切部分表达齿轮轴与从动齿轮的啮合情况及它们与泵体、泵盖的配合情况，同时表达了齿轮轴输入端的密封情况。未剖部分与俯视、左视图的对应部分表达泵体和泵盖的外形。俯视图中有两处局部剖，顶部的局部剖表示泵体与泵盖是采用的螺钉连接。中部剖切表达该齿轮泵安全装置的内部结构，以及输入油口的形状。未剖部分与左视图相应部分表达底板的形状和安装孔的位置、结构。左视图主要表达泵盖的外形和螺钉连接的分布情况。

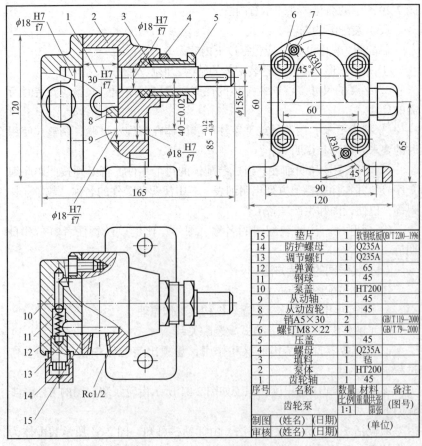

图 2-31 齿轮泵装配图

b. 具体分析，掌握形体结构。该齿轮泵主要由泵体、泵盖、齿轮轴、从动齿轮和从动轴构成。其中齿轮轴上的齿轮与从动齿轮结构一样，两齿轮正确啮合的中心距由泵体和泵盖保证。泵体和泵盖由锥销定位，螺钉连接，齿轮的齿宽和齿顶分别与泵体与泵盖形成的内腔相配合，这样两齿轮就将泵体与泵盖的内腔分隔成两部分，即高压区和低压区，低压区的油只能经齿轮啮合区压缩后进入高压区。为保证输出油压不致太高，泵盖上有安全装置和低压区相连。

c. 综合归纳，获得完整的概念。该齿轮泵是一个供油液压泵，图示前面带锥螺纹的通孔接进油管，后面的接出油管。齿轮轴正转时，油液由前端在大气压力作用下进入齿轮啮合区增压后由后端输出。输出油的最大压力可由安全装置中的弹簧 12 调定（旋转调节螺钉 13，可以改变弹簧的压缩量，从而调节弹簧压力，以控制油压大小）。当输出区压力大于调定压力时，泵盖上与输出端相连的小孔内压力增大，推动钢球压缩弹簧，油液可直接回到输入区，起溢流的作用，直到输出端压力等于调定压力。

2.3 技术测量基础

（1）技术测量概述

要实现互换性，除了合理地规定公差，还需要在加工的过程中进行正确的测量或检验，只有通过测量和检验判定为合格的零件，才具有互换性。测量技术基础主要介绍零件几何量的测量和检验。

"测量"是指以确定被测对象量值为目的的全部操作。实质上是将被测几何量与作为计量单位的标准量进行比较，从而确定被测几何量是计量单位的倍数或分数的过程。一个完整的测量过程应包括测量对象、计量单位、测量方法和测量精度四个方面要素。

"检验"只确定被测几何量是否在规定的极限范围之内，从而判断被测对象是否合格，而无须得出具体的值。

测量过程包括的四个方面要素如下。

① 测量对象。测量对象主要指几何量，包括长度、角度、表面粗糙度、几何形状和相互位置等。由于几何量的种类较多，形式各异，因此应熟悉和掌握它们的定义及各自的特点，以便进行测量。

② 计量单位。为了保证测量的正确性，必须保证测量过程中单位的统一，为此我国以国际单位制为基础确定了法定计量单位。我国的法定计量单位中，长度计量单位为米（m），平面角的角度计量单位为弧度（rad）及度（°）、分（′）、秒（″）。机械制造中常用的长度计量单位为毫米（mm），$1mm=10^{-3}m$。在精密测量中，长度计量单位采用微米（μm），$1μm=10^{-3}mm$。在超精密测量中，长度计量单位采用纳米（nm），$1nm=10^{-3}μm$。机械制造中常用的角度计量单位为弧度、微弧度（μrad）和度、分、秒。$1μrad=10^{-6}rad$，$1°=0.0174533rad$。度、分、秒的关系采用六十进制，即$1°=60′$，$1′=60″$。

确定了计量单位后，要取得准确的量值，还必须建立长度基准。

1983 年第十七届国际计量大会规定"米"的定义：1m 是光在真空中 1/299792458s 的时间间隔内所经路径的长度。按此定义确定的基准称为自然基准。

在机械制造中，自然基准不便于直接应用。为了保证量值的统一，必须把国家基准所复现的长度计量单位量值经计量标准逐级传递到生产中的计量器具和工件上去，以保证测量所得量值的准确和一致，为此需要建立严密的长度量值传递系统。在技术上，长度量值通过两个平行的系统向下传递：一个系统是由自然基准过渡到国家基准米尺、工作基准米尺，再传递到工程技术中应用的各种刻线线纹尺，直至工件尺寸，这一系统称为刻线量具系统，另一系统是由自然基准过渡到基准组量块，再传递到各等级工作量块及各种计量器具，直至工件尺寸，这一系统称为端面量具系统。

③ 测量方法。测量方法是指测量时所采用的计量器具和测量条件的综合。测量前应根据被测对象的特点，如精度、形状、质量、材质和数量等来确定需用的计量器具，分析研究被测参数的特点及与其他参数的关系，以确定最佳的测量方法。

④ 测量精度。测量精度是指测量结果与真值的一致程度。任何测量过程总不可避免出现测量误差，误差大，说明测量结果离真值远，精度低；反之，误差小，则精度高。因此精度和误差是两个相对的概念。由于存在测量误差，任何测量结果都只能是要素真值的近似值。以上说明测量结果有效值的准确性是由测量精度确定的。

（2）计量器具的分类

计量器具按结构特点可以分为以下四类。

① 量具。量具是以固定形式复现量值的计量器具，一般结构比较简单，没有传动放大系统。量具中有的可以单独使用，有的也可以与其他计量器具配合使用。

量具又可分为单值量具和多值量具两种。单值量具是用来复现单一量值的量具，又称为标准量具，如量块、直角尺等。多值量具是用来复现一定范围内的一系列不同量值的量具，又称为通用量具。通用量具按其结构特点划分有以下几种：固定刻线量具，如钢尺、卷尺等；游标量具，如游标卡尺、游标万能角度尺等；螺旋测微量具，如内、外径千分尺和螺纹千分尺等。

② 量规。量规是把没有刻度的专用计量器具，用于检验零件要素的

实际尺寸及形状、位置的实际情况所形成的综合结果是否在规定的范围内,从而判断零件被测的几何量是否合格。如用光滑极限量规检验光滑圆柱形工件的合格性,用螺纹量规综合检验螺纹的合格性等。量规检验不能获得被测几何量的具体数值。

③ 量仪。量仪是能将被测几何量的量值转换成可直接观察的指示值或等效信息的计量器具。量仪一般具有传动放大系统。按原始信号转换原理的不同,量仪又可分为如下四种。

a. 机械式量仪。机械式量仪是指用机械方法实现原始信号转换的量仪,如指示表、杠杆比较仪和扭簧比较仪等。这种量仪结构简单,性能稳定,使用方便,因而应用广泛。

b. 光学式量仪。光学式量仪是指用光学方法实现原始信号转换的量仪,具有较大放大比的光学放大系统。如万能测长仪、立式光学计、工具显微镜、干涉仪等。这种量仪精度高,性能稳定。

c. 电动式量仪。电动式量仪是指将原始信号转换成电信号的量仪。这种量仪具有放大和运算电路,可将测量结果用指示表或记录器显示出来。如电感式测微仪、电容式测微仪、电动轮廓仪、圆度仪等。这种量仪精度高,易于实现数据自动化处理和显示,还可实现计算机辅助测量和检测自动化。

d. 气动式量仪。气动式量仪是指以压缩空气为介质,通过其流量或压力的变化来实现原始信号转换的量仪。如水柱式气动量仪、浮标式气动量仪等。这种量仪结构简单,可进行远距离测量,也可对难以用其他计量器具测量的部位(如深孔部位)进行测量;但示值范围小,对不同的被测参数需要不同的测头。

④ 计量装置。计量装置是指为确定被测几何量值所必需的计量器具和辅助设备的总体。它能够测量较多的几何量和较复杂的零件,有助于实现检测自动化或半自动化,一般用于大批量生产中,以提高检测效率和检测精度。

(3) 测量方法的分类

广义的测量方法是指测量时所采用的测量器具和测量条件的综合,而在实际工作中往往从获得测量结果的方式来理解测量方法,即按照不同的出发点,测量方法有各种不同的分类。

① 根据所测的几何量是否为要求被测的几何量,测量方法可分为以下两种。

a. 直接测量。直接用量具和量仪测出零件被测几何量值的方法。例如，用游标卡尺或者是比较仪直接测量轴的直径。

b. 间接测量。通过测量与被测尺寸有一定函数关系的其他尺寸，然后通过计算获得被测尺寸量值的方法。如图 2-32 所示零件，显然无法直接测出中心距 L，但可通过测量 L_1 或 L_2、ϕ_1 和 ϕ_2 的值，并根据关系式

$$L = L_1 - \frac{\phi_1 + \phi_2}{2} \quad 或 \quad L = L_2 + \frac{\phi_1 + \phi_2}{2}$$

间接得到 L 的值。间接测量法存在着基准不重合误差，故仅在不能或不宜采用直接测量的场合使用。

② 根据被测量值是直接由计量器具的读数装置获得，还是通过对某个标准值的偏差值计算得到，测量方法可分为以下两种。

a. 绝对测量。测量时，被测量的全值可以直接从计量器具的读数装置获得。例如用游标卡尺或测长仪测量轴颈。

b. 相对测量（又称比较测量或微差测量）。将被测量与同它只有微小差别的已知同种量（一般为标准量）相比较，通过测量这两个量值间的差值以确定被测量值。例如用图 2-32 所示的机械式比较仪测量轴颈，测量时先用量块调整零位，再将轴颈放在工作台上测量。此时指示出的示值为被测轴颈相对于量块尺寸的微差，即轴颈的尺寸等于量块的尺寸与微差的代数和（微差可以为正或为负）。

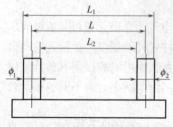

图 2-32　用间接测量法
测两轴中心距

③ 根据工件上同时测量的几何量的多少，测量方法可分为以下两种。

a. 单项测量。对工件上的每一几何量分别进行测量的方法，一次测量仅能获得一个几何量的量值。例如用工具显微镜分别测量螺纹单一中径、螺距和牙侧角的实际值，分别判断它们是否合格。

b. 综合测量。能得到工件上几个有关几何量的综合结果，以判断工件是否合格，而不要求得到单项几何量值。例如用螺纹通规检验螺纹的作用中径是否合格。实质上综合测量一般属于检验。

单项测量便于进行工艺分析，找出误差产生的原因，而综合测量只能

判断零件合格与否，但综合测量的效率比单项测量高。

④ 根据被测工件表面是否与计量器具的测量元件接触，测量方法可分为以下两种。

a. 接触测量。测量时计量器具的测量元件与工件被测表面接触，并有机械作用的测量力。例如用机械式比较仪测量轴颈，测头在弹簧力的作用下与轴颈接触。

b. 非接触测量。测量时计量器具的测量元件不与工件接触。例如用光切显微镜测量表面粗糙度。

接触测量会引起被测表面和计量器具的有关部分产生弹性变形，因而影响测量精度，非接触测量则无此影响。

⑤ 根据测量在加工过程中所起的作用，测量方法可分为以下两种。

a. 主动测量。指在加工过程中对工件的测量，测量的目的是控制加工过程，及时防止废品的产生。

b. 被动测量。指在工件加工完后对其进行的测量，测量的目的是发现并剔除废品。

主动测量常应用在生产线上，使测量与加工过程紧密结合，根据测量结果随时调整机床，以最大限度地提高生产效率和产品合格率，因而是检测技术发展的方向。

⑥ 根据测量时工件是否运动，测量方法可分为以下两种。

a. 静态测量。在测量过程中，工件的被测表面与计量器具的测量元件处于相对静止状态，被测量的量值是固定的。例如，用游标卡尺测量轴颈。

b. 动态测量。在测量过程中，工件被测表面与计量器具的测量元件处于相对运动状态，被测量的量值是变动的。例如，用圆度仪测量圆度误差和用偏摆仪测量跳动误差等。

动态测量可测出工件某些参数连续变化的情况，经常用于测量工件的运动精度参数。

（4）计量器具的基本计量参数

计量器具的计量参数是表征计量器具性能和功用的指标，是选择和使用计量器具的主要依据。基本计量参数如下。

① 刻度间距。刻度间距是指标尺或刻度盘上两相邻刻线中心的距离。一般刻度间距在 1 ～ 2.5mm 之间，刻度间距太小，会影响估读精度；刻度间距太大，会加大读数装置的轮廓尺寸。

② 分度值。分度值又称刻度值,是指标尺或刻度盘上每一刻度间距所代表的量值。常用的分度值有 0.1mm、0.05mm、0.02mm、0.01mm、0.002mm 和 0.001mm 等。一般来说,分度值越小,计量器具的精度越高。

③ 示值范围。示值范围是指计量器具标尺或刻度盘所指示的起始值到终止值的范围。

④ 测量范围。测量范围是指计量器具能够测出的被测尺寸的最小值到最大值的范围,如千分尺的测量范围就有 0 ~ 25mm、25 ~ 50mm、50 ~ 75mm、75 ~ 100mm 等多种。

以图 2-33 所示机械式比较仪为例,说明以上 4 个参数。该量仪的刻度间距是图中两条相邻刻线间的距离 c;分度值为 1μm,即 0.001mm;标尺的示值范围为 ±15μm;测量范围如图中标注所示,其数值一般为 0 ~ 180mm。

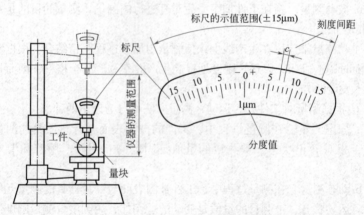

图 2-33　刻度间距、分度值、示值范围、测量范围的比较

⑤ 示值误差。示值误差是指计量器具的指示值与被测尺寸真值之差。示值误差由仪器设计原理误差、分度误差、传动机构的失真等因素产生,可通过对计量器具的校验测得。

⑥ 示值稳定性。在工作条件一定的情况下,对同一参数进行多次测量所得示值的最大变化范围称为示值的稳定性,又可称为测量的重复性。

⑦ 校正值。校正值又称为修正值。为消除示值误差所引起的测量误

差，常在测量结果中加上一个与示值误差大小相等符号相反的量值，这个量值就称为校正值。

⑧ 灵敏阈。能够引起计量器具示值变动的被测尺寸的最小变动量称为该计量器具的灵敏阈。灵敏阈的高低取决于计量器具自身的反应能力。灵敏阈又称为鉴别力。

⑨ 灵敏度。灵敏度是指计量器具反映被测量变化的能力。对于给定的被测量值，计量器具的灵敏度用被观察变量（即指示量）的增量 ΔL 与其相应的被测量的增量 ΔX 之比表示，即 $\Delta L/\Delta X$。当 ΔL 与 ΔX 为同一类量时，灵敏度也称为放大比，它等于刻度间距与分度值之比。

灵敏度和灵敏阈是两个不同的概念。如分度值均为 0.001mm 的齿轮式千分表与扭簧比较仪，它们的灵敏度基本相同，但就灵敏阈来说，后者比前者高。

⑩ 测量力。测量力是指计量器具的测量元件与被测工件表面接触时产生的机械压力。测量力过大会引起被测工件表面和计量器具的有关部分变形，在一定程度上降低测量精度；但测量力过小，也可能降低接触的可靠性而引起测量误差。因此必须合理控制测量力的大小。

2.4 钳工常用量具与量仪

2.4.1 测量长度尺寸的常用计量器具

（1）量块

① 量块的形状、用途及尺寸系列。量块是没有刻度的平行端面量具，也称块规，是用特殊合金钢制成的长方体，如图 2-34 所示。量块具有线胀系数小、不易变形、耐磨性好等特点。量块具有经过精密加工很平很光的两个平行平面，叫作测量面。两测量面之间的距离为工作尺寸 L，又称标称尺寸，该尺寸具有很高的精度。量块的标称尺寸大于或等于 10mm 时，其测量面的尺寸为 35mm×9mm；标称尺寸在 10mm 以下时，其测量面的尺寸为 30mm×9mm。

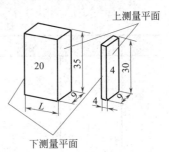

图 2-34　量块

量块的测量面非常平整和光洁，用少许压力推合两块量块，使它们的测量面紧密接触，两块量块就能贴合在一起。量块的这种特性称为研合性。利用量块的研合性，就可用不同尺寸的量块组合成所需的各种尺寸。

量块的应用较为广泛，除了作为量值传递的媒介以外，还用于检定和校准其他量具、量仪，相对测量时调整量具和量仪的零位，以及用于精密机床的调整、精密划线和直接测量精密零件等。量块还可搭配附件使用（如图2-35）。

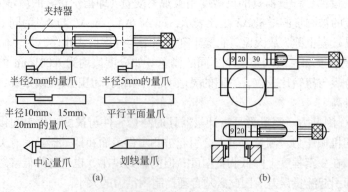

图 2-35　量块附件及其应用

在实际生产中，量块是成套使用的，每套量块由一定数量的不同标称尺寸的量块组成，以便组合成各种尺寸，满足一定尺寸范围内的测量需求。按照 GB/T 6093—2001《几何量技术规范（GPS）　长度标准　量块》的规定，我国生产的成套量块有 91 块、83 块、46 块、38 块等几种规格。常用成套量块的级别、尺寸系列、间隔和块数如表 2-5 所示。

表 2-5　成套量块尺寸表

套别	总块数	级别	尺寸系列 /mm	间隔 /mm	块数
1	91	0, 1	0.5		1
			1		1
			1.001，1.002…1.009	0.001	9
			1.01，1.02…1.49	0.01	49
			1.5，1.6…1.9	0.1	5
			2.0，2.5…9.5	0.5	16
			10，20…100	10	10

续表

套别	总块数	级别	尺寸系列 /mm	间隔 /mm	块数
2	83	0, 1, 2	0.5		1
			1		1
			1.005		1
			1.01, 1.02…1.49	0.01	49
			1.5, 1.6…1.9	0.1	5
			2.1, 2.5…9.5	0.5	16
			10, 20…100	10	10
3	46	0, 1, 2	1		1
			1.001, 1.002…1.009	0.001	9
			1.01, 1.02…1.09	0.01	9
			1.1, 1.2…1.9	0.1	9
			2, 3…9	1	8
			10, 20…100	10	10
4	38	0, 1, 2	1		1
			1.005		1
			1.01, 1.02…1.09	0.01	9
			1.1, 1.2…1.9	0.1	9
			2, 3…9	1	8
			10, 20…100	10	10

　　根据标准规定，量块的准确度级别为：0 级、1 级、2 级和 3 级。其中 0 级最高，其余依次降低，3 级最低。此外还规定了校准级——K 级。标准还对量块的检定精度规定了六等：1、2、3、4、5、6。其中 1 等最高，精度依次降低，6 等最低。量块按"等"使用时，所根据的是量块的实际尺寸，因而按"等"使用时可获得更高的精度效应，可用较低级别的量块进行较高精度的测量。

　　② 量块的尺寸组合及使用方法。为了减少量块组合的累积误差，使用量块时，应尽量减少使用的块数，一般要求不超过 4 ～ 5 块。选用量块时，应根据所需组合的尺寸，从最后一位数字开始选择，每选一块，应使尺寸数字的位数减少一位，以此类推，直至组合成完整的尺寸。

【例2-1】 要组成38.935mm的尺寸，试选择组合的量块。

解：最后一位数字为0.005，因而可采用83块一套或38块一套的量块。

① 若采用83块一套的量块，则有

38.935

$\underline{-1.005}$ ——第一块量块尺寸

37.93

$\underline{-1.43}$ ——第二块量块尺寸

36.5

$\underline{-6.5}$ ——第三块量块尺寸

30 ——第四块量块尺寸

共选取四块，尺寸分别为：1.005mm，1.43mm，6.5mm，30mm。

② 若采用38块一套的量块，则有

38.935

$\underline{-1.005}$ ——第一块量块尺寸

37.93

$\underline{-1.03}$ ——第二块量块尺寸

36.9

$\underline{-1.9}$ ——第三块量块尺寸

35

$\underline{-5}$ ——第四块量块尺寸

30 ——第五块量块尺寸

共选取五块，其尺寸分别为：1.005mm，1.03mm，1.9mm，5mm，30mm。可以看出，采用83块一套的量块要好些。

（2）游标量具

① 游标卡尺的结构和用途。游标卡尺的结构种类较多，最常用的三种游标卡尺的结构和测量指标见表2-6。

从结构图中可以看出，游标卡尺的主体是一个刻有刻度的尺身，其上有固定量爪。有刻度的部分称为尺身，沿着尺身可移动的部分称为尺框。尺框上有活动量爪，并装有游标和紧固螺钉。有的游标卡尺上为调节方便还装有微动装置。在尺身上滑动尺框，可使两量爪的距离改变，以完成不同尺寸的测量工作。游标卡尺通常用来测量内外径尺寸、孔距、壁厚、沟槽及深度等。由于游标卡尺结构简单，使用方便，因此生产中使用极为广泛。

表 2-6　常用游标卡尺的结构和测量指标

种类	结构图	测量范围 /mm	游标读数值 /mm
三用卡尺 （Ⅰ型）	刀口内测量爪　紧固螺钉　深度尺 尺框　游标 尺身 外测量爪	0～125	0.02
		0～150	0.05
双面卡尺 （Ⅲ型）	刀口外测量爪 尺身　尺框　游标　紧固螺钉 微动装置 内外测量爪　b	0～200	0.02
		0～300	0.05
单面卡尺 （Ⅳ型）	尺身 尺框　游标 紧固螺钉 微动装置 内外测量爪　b	0～200	0.02
		0～300	0.05
		0～500	0.02
			0.05
			0.1
		0～1000	0.05
			0.1

　　② 游标卡尺的刻线原理和读数方法。游标卡尺的读数部分由尺身与游标组成。其原理是利用尺身刻线间距和游标刻线间距之差来进行小数读数。通常尺身刻线间距 a 为 1mm，尺身刻线 n-1 格的长度等于游标刻线 n 格长度。常用的有 n=10、n=20 和 n=50 三种，相应的游标刻线间距

$b = \dfrac{(n-1)a}{n}$，分别为 0.90mm、0.95mm、0.98mm 三种。尺身刻线间距与游标刻线间距之差，即 $i=a-b$ 为游标读数值（游标卡尺的分度值），此时 i 分别为 0.10mm、0.05mm、0.02mm。根据这一原理，在测量时，尺框沿着尺身移动，根据被测尺寸的大小尺框停留在某一确定的位置，此时游标上的零线落在尺身的某一刻度间，游标上的某一刻线与尺身上的某一刻线对齐，由以上两点，得出被测尺寸的整数部分和小数部分，两者相加，即得测量结果。

下面将读数的方法和步骤以图 2-36 为例进行说明。

图 2-36（a）上图为读数值 $i=0.05$mm 的游标卡尺的刻线图。尺身刻线间距 $a=1$mm，游标刻线间距 $b=0.95$mm，游标刻线格数 20 格，游标刻线总长 19mm。下图为某测量结果。游标的零线落在尺身的 10～11mm 之间，因而读数的整数部为 10mm。游标的第 18 格的刻线与尺身的一条刻线对齐，因而小数部分值为 0.05×18=0.9mm。所以被测量尺寸为 10+0.9=10.9mm。

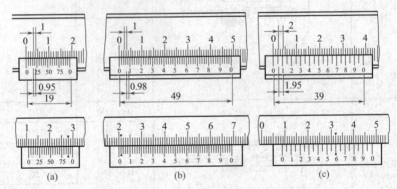

图 2-36　游标卡尺的刻线原理和读数示例

图 2-36（b）上图为读数值 $i=0.02$mm 的游标卡尺的刻线图。尺身刻线间距 $a=1$mm，游标刻线间距 $b=0.98$mm，游标的刻线格数为 50 格，游标刻线总长为 49mm。下图为某测量结果。游标的零线落在尺身的 20～21mm 之间，因而整数部分为 20mm。游标的第 1 格刻线与尺身的一条刻线对齐，因而小数部分值为 0.02×1=0.02mm。所以被测尺寸为 20.02mm。

使用游标卡尺时，当游标上的某一刻线与尺身上的一条刻线对齐，此刻线左、右相邻的两条刻线也与尺身上的另外刻线近似对齐，因而易发生判断错误而产生测量误差，此误差属粗大误差。

为使读数更加清晰，可把游标的刻线间距分别增大为 1.90mm 或 1.95mm，使尺身两格与游标刻线一格的间距差为 0.10mm 或 0.05mm，此时 $i=\gamma a-b$，式中的 γ 为游标系数。图 2-36（c）上图为 $\gamma=2$、$i=0.05$mm 的游标卡尺的刻线图，其中 $a=1$mm，$b=1.95$mm，游标格数 20 格，游标刻线总长 39mm。下图为某测量结果。其整数部分为 8mm，小数部分为 $0.05\times12=0.60$mm，因而被测尺寸为 8.60mm。

③其他类型的游标量具。其他游标量具的类型及作用见表 2-7。

表 2-7 其他游标量具的类型及作用

种 类	结构图	使用特点
游标深度尺	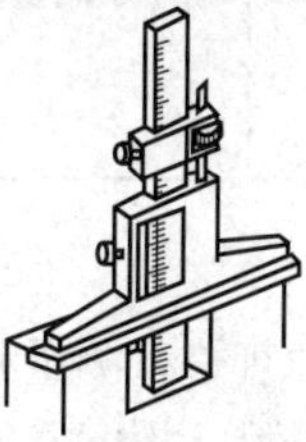	游标深度尺（也叫深度游标尺），主要用于测量孔、槽的深度和阶台的高度
游标高度尺	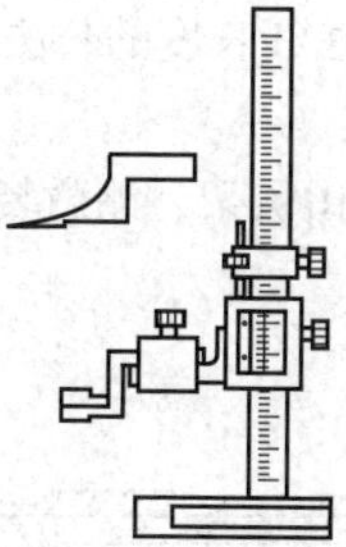	游标高度尺（也叫高度游标尺），主要用于测量工件的高度尺寸或进行划线
游标齿厚尺	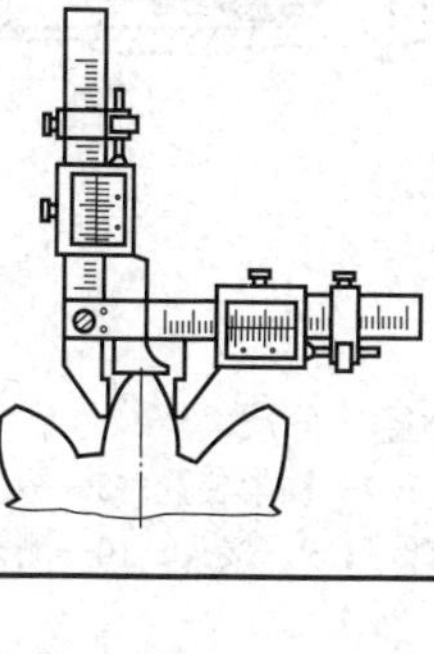	游标齿厚尺，结构上是由两把互相垂直的游标卡尺组成，用于测量直齿、斜齿圆柱齿轮的固定弦齿厚

种 类	结构图	使用特点
带表卡尺	量爪　百分表　毫米标尺	有的卡尺上还装有百分表，成为带表卡尺。由于这种卡尺采用了新的更准确的百分表读数装置，因而减小了测量误差，提高了测量的准确性
数显卡尺	上量爪　游框显字机构　尺身 19.85 mm DIGIT-CAL 05.300 00 下量爪	有的卡尺上还装有数显装置，成为数显卡尺。由于这种卡尺采用了新的更准确的数显读数装置，因而减小了测量误差，提高了测量的准确性

（3）测微螺旋量具

测微螺旋量具是利用螺旋副的运动原理进行测量和读数的一种测微量具。按用途可分为外径千分尺、内径千分尺、深度千分尺及专用的测量螺纹中径尺寸的螺纹千分尺和测量齿轮公法线长度的公法线千分尺。

①外径千分尺。

a. 外径千分尺的结构。外径千分尺由尺架、测微装置、测力装置和锁紧装置等组成，如图 2-37 所示。

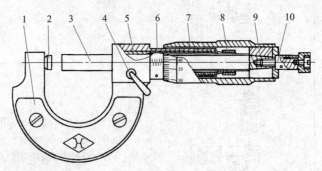

图 2-37　外径千分尺

1—尺架；2—砧座；3—测微螺杆；4—锁紧装置；5—螺纹轴套；
6—固定套管；7—微分筒；8—螺母；9—接头；10—测力装置

图中测微螺杆由固定套管用螺钉固定在螺纹轴套上，并与尺架紧配结合成一体。测微螺杆的一端为测量杆，它的中部外螺纹与螺纹轴套上的内螺纹精密配合，并可通过螺母调节配合间隙；另一端的外圆锥与接头的内圆锥相配，并通过顶端的内螺纹与测力装置连接。当此螺纹旋紧时，测力装置通过垫片紧压接头，而接头上开有轴向槽，能沿着测微螺杆上的外圆锥胀大，使微分筒与测微螺杆和测力装置结合在一起。当旋转测力装置时，就带动测微螺杆和微分筒一起旋转，并沿精密螺纹的轴线方向移动，使两个测量面之间的距离发生变化。

千分尺测微螺杆的移动量一般为 25mm，少数大型千分尺也有制成 50mm 的。

b. 外径千分尺的读数原理和读数方法。在千分尺的固定套管上刻有轴向中线，作为微分筒读数的基准线。在中线的两侧，刻有两排刻线，每排刻线间距为 1mm，上下两排相互错开 0.5mm。测微螺杆的螺距为 0.5mm，微分筒的外圆周上刻有 50 等分的刻度。当微分筒转一周时，螺杆轴向移动 0.5mm。如微分筒只转动一格时，则螺杆的轴向移动为 0.5/50=0.01mm，因而 0.01mm 就是千分尺的分度值。

读数时，从微分筒的边缘向左看固定套管上距微分筒边缘最近的刻线，从固定套管中线上侧的刻度读出整数，从中线下侧的刻度读出 0.5mm 的小数，再从微分筒上找到与固定套管中线对齐的刻线，将此刻线数乘以 0.01mm 就是小于 0.5mm 的小数部分的读数，最后把以上几部分相加即为测量值。

【例 2-2】 读出图 2-38 中外径千分尺所示读数。

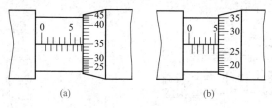

图 2-38 外径千分尺读数示例

解：从图 2-38（a）中可以看出，距微分筒最近的刻线为中线下侧的刻线，表示 0.5mm 的小数，中线上侧距微分筒最近的为 7mm 的刻线，表示整数，微分筒上的 35 的刻线对准中线，所以外径千分尺的读数为 7+0.5+0.01×35=7.85mm。

从图 2-38（b）中可以看出，距微分筒最近的刻线为 5mm 的刻线，而微分筒上数值为 27 的刻线对准中线，所以外径千分尺的读数为 5+0.01×27=5.27mm。

c.外径千分尺的特点。外径千分尺使用方便，读数准确，其测量精度比游标卡尺高，在生产中使用广泛；但千分尺的螺纹传动间隙和传动副的磨损会影响测量精度，因此主要用于测量中等精度的零件。常用的外径千分尺的测量范围有 0～25mm、25～50mm、50～75mm 等多种，最大的可达 2500～3000mm。

千分尺的制造精度主要由它的示值误差（主要取决于螺纹精度和刻线精度）和测量面的平行度误差决定。制造精度可分为 0 级和 1 级两种，0 级精度较高。

② 其他类型千分尺简介。其他类型千分尺的读数原理与读数方法与外径千分尺相同，只是由于用途不同，在外形和结构上有所差异。

a.内径千分尺。内径千分尺如图 2-39（a）所示，它用来测量 50mm 以上的内尺寸，其读数范围为 50～63mm。为了扩大其测量范围，内径千分尺附有成套接长杆［图 2-39（b）］，连接时去掉保护螺母，把接长杆右端与内径千分尺左端旋合，可以连接多个接长杆，直到满足需要为止。

b.深度千分尺。深度千分尺如图 2-40 所示，其主要结构与外径千分尺相似，只是多了一个基座而没有尺架。深度千分尺主要用于测量孔和沟槽的深度及两平面间的距离。在测微螺杆的下面连接着可换测量杆，测量杆有四种尺寸，测量范围分别为 0～25mm、25～50mm、50～75mm、75～100mm。

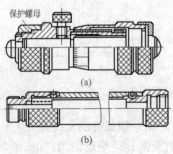
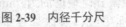

图 2-39　内径千分尺

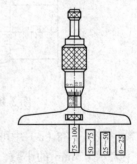

图 2-40　深度千分尺

c.螺纹千分尺。螺纹千分尺如图 2-41 所示，主要用于测量螺纹的中径尺寸，其结构与外径千分尺基本相同，只是砧座与测量头的形状有所不同。其附有各种不同规格的测量头，每一对测量头用于一定的螺距范围，测量时可根据螺距选用相应的测量头。测量时，V 形测量头与螺纹牙型的凸起部分相吻合，锥形测量头与螺纹牙型沟槽部分相吻合，从固定套管和微分筒上可读出螺纹的中径尺寸。

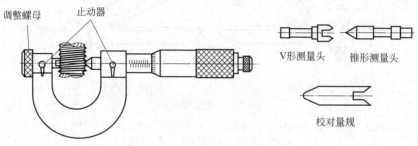

图 2-41　螺纹千分尺

2.4.2　测量角度的常用计量器具

（1）万能角度尺

万能角度尺是用来测量工件内外角度的量具。按其游标读数值（即分度值）可分为 2′和 5′两种；按其尺身的形状不同可分为圆形和扇形两种。以下仅介绍读数值为 2′的扇形万能角度尺的结构、刻线原理、读数方法和测量范围。

① 万能角度尺的结构。如图 2-42 所示，万能角度尺由尺身、角尺、游标、制动器、扇形板、基尺、直尺、夹块、捏手、小齿轮和扇形齿轮等组成。游标固定在扇形板上，基尺和尺身连成一体。扇形板可以与尺身做相对回转运动，形成和游标卡尺相似的读数机构。角尺用夹块固定在扇形板上，直尺又用夹块固定在角尺上。根据所测角度的需要，也可拆下角尺，将直尺直接固定在扇形板上。制动器可将扇形板和尺身锁紧，便于读数。

测量时，可转动万能角度尺背面的捏手，通过小齿轮转动扇形齿轮，使尺身相对扇形板产生转动，从而改变基尺与角尺或直尺间的夹角，满足各种不同情况测量的需要。

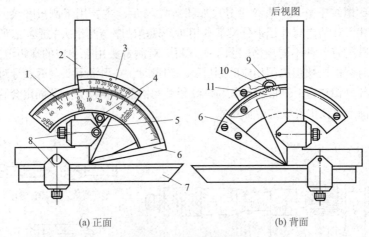

(a) 正面　　　　　　　　　　　　　　(b) 背面

图 2-42　万能角度尺

1—尺身；2—角尺；3—游标；4—制动器；5—扇形板；6—基尺；7—直尺；8—夹块；
9—捏手；10—小齿轮；11—扇形齿轮

② 万能角度尺的刻线原理及读数。万能角度尺的尺身刻线每格 1°，游标刻线将对应于尺身上 29°的弧长等分为 30 格，如图 2-43（a）所示，即游标上每格所对应的角度为 $\dfrac{29°}{30}$ ，因此尺身 1 格与游标上 1 格相差

$$1° - \frac{29°}{30} = \frac{1°}{30} = 2'$$

即万能角度尺的读数值（分度值）为 2′。

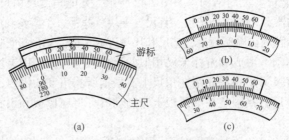

图 2-43　万能角度尺的刻线原理及读数

万能角度尺的读数方法和游标卡尺相似，即先从尺身上读出游标零刻

度线指示的整度重。再判断游标上的第几格的刻线与尺身上的刻线对齐，就能确定角度"分"的数值，然后将两者相加，就是被测角度的数值。

在图 2-43（b）中，游标上的零刻度线落在尺身上 69°到 70°之间，因而该被测角度的"度"的数值为 69°；游标上第 21 格的刻线与尺身上的某一刻度线对齐，因而被测角度的"分"的数值为 2′×21=42′。所以被测角度的数值为 69°42′。利用同样的方法，可以得出图 2-43（c）中的被测角度的数值为 34°8′。

③ 万能角度尺的测量范围。由于角尺和直尺可以移动和拆换，因而万能角度尺可以测量 0°～320° 间的任何大小的角度，如图 2-44 所示。

图 2-44（a）为测量 0°～50° 时的情况，被测工件放在基尺和直尺的测量面之间，此时按尺身上的第一排刻度读数。

图 2-44（b）为测量 50°～140° 时的情况，此时应将角尺取下来，将直尺直接装在扇形板的夹块上，利用基尺和直尺的测量面进行测量，按尺身上的第二排刻度表示的数值读数。

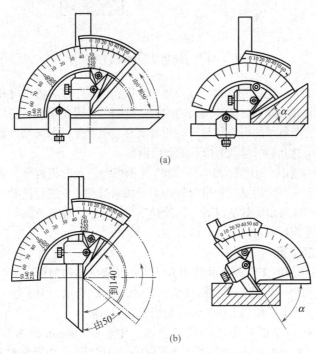

图 2-44

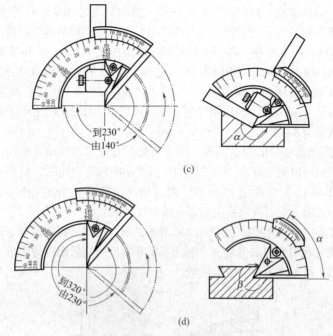

(c)

(d)

图 2-44　万能角度尺的测量范围

　　图 2-44（c）为测量 140°～230°时的情况，此时应将直尺和角尺上固定直尺的夹块取下，调整角尺的位置，使角尺的直角顶点与基尺的尖端对齐，然后把角尺的短边和基尺的测量面靠在被测工件的被测量面上进行测量，按尺身上第三排刻度所示的数值读数。

　　图 2-44（d）为测量 230°～320°时的情况，此时将角尺、直尺和夹块全部取下，直接用基尺和扇形板的测量面对被测工件进行测量，按尺身上第四排刻度所示的数值读数。万能角度尺的维护、保养方法与游标卡尺的维护、保养基本相同。

　　（2）正弦规

　　① 正弦规的工作原理和使用方法。正弦规的结构简单，主要由主体工作平板和两个直径相同的圆柱组成，如图 2-45 所示。为了便于被检工件在平板表面上定位和定向，装有侧挡板和后挡板。

　　正弦规两个圆柱中心距精度很高，中心距 100mm 的极限偏差为±0.003mm 或±0.002mm，同时工作平面的平面度精度，以及两个圆柱的形状精度和它们之间的相互位置精度都很高。因此，可以作精密测量用。

使用时，将正弦规放在平板上，一圆柱与平板接触，而另一圆柱下垫以量块组，使正弦规的工作平面与平板间形成一角度。从图 2-46 可以看出

$$\sin\alpha = \frac{h}{L}$$

式中　α——正弦规放置的角度；

　　　h——量块组尺寸；

　　　L——正弦规两圆柱的中心距。

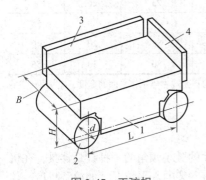

图 2-45　正弦规

1—主体；2—圆柱；3—侧挡板；4—后挡板

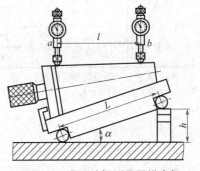

图 2-46　用正弦规测量圆锥塞规

图 2-46 是用正弦规检测圆锥塞规的示意图。用正弦规检测圆锥塞规时，首先根据被检测的圆锥塞规的基本圆锥角，由 $h=L\sin\alpha$ 算出量块组尺寸并组合量块，然后将量块组放在平板上与正弦规一圆柱接触，此时正弦规主体工作平面相对于平板倾斜 α 角。放上圆锥塞规后，用千分表分别测量被测圆锥上 a、b 两点。a、b 两点读数之差 n 与 a、b 两点距离 l（可用直尺量得）之比即为锥度偏差 Δc，并考虑正负号，即

$$\Delta c = \frac{n}{l}$$

式中，n、l 的单位均取 mm。

锥度偏差乘以弧度对秒的换算系数后，即可求得圆锥角偏差，即

$$\Delta\alpha = 2\Delta c \times 10^5$$

式中，$\Delta\alpha$ 的单位为（''）。

用此法也可测量其他精密零件的角度。

② 正弦规的结构形式和基本尺寸。正弦规的结构形式分为窄型和宽型两类，每一类型又按其主体工作平面长度尺寸分为两类。正弦规常用的精度等级为 0 级和 1 级，其中 0 级精度为高。正弦规的基本尺寸如表 2-8 所示。

表 2-8 正弦规的基本尺寸   mm

形式	精度等级	主要尺寸			
		L	B	d	H
窄型	0 级 1 级	100	25	20	30
		200	40	30	55
宽型	0 级 1 级	100	80	20	40
		200	80	30	55

注：表中 L 为正弦规两圆柱的中心距，B 为正弦规主体工作平面的宽度，d 为两圆柱的直径，H 为工作平面的高度。

（3）水平仪

水平仪是测量被测平面相对水平面的微小倾角的一种计量器具，在机械制造中，常用来检测工件表面或设备安装的水平情况。如检测机床、仪器的底座、工作台面及机床导轨等的水平情况；还可以用水平仪检测导轨、平尺、平板等的直线度和平面度误差，以及测量两工作面的平行度和工作面相对于水平面的垂直度误差等。

水平仪按其工作原理可分为水准式水平仪和电子水平仪两类。水准式水平仪又有条式水平仪、框式水平仪和合像水平仪三种结构形式。水准式水平仪目前使用最为广泛，以下仅介绍水准式水平仪。

① 条式水平仪。条式水平仪的外形如图 2-47 所示。它由主体、盖板、水准器和调零装置组成。在测量面上刻有 V 形槽，以便放在圆柱形的被测表面上测量。图 2-47（a）中的水平仪的调零装置在一端，而图 2-47（b）中的调零装置在水平仪的上表面，因而使用更为方便。条式水平仪工作面的长度有 200mm 和 300mm 两种。

② 框式水平仪。框式水平仪的外形如图 2-48 所示。它由横水准器、主体把手、主水准器、盖板和调零装置组成。它与条式水平仪的不同之处在于：条式水平仪的主体为一条形，而框式水平仪的主体为一框形。框式

水平仪除有安装水准器的下测量面外，还有一个与下测量面垂直的侧测量面，因此框式水平仪不仅能测量工件的水平表面，还可用它的侧测量面与工件的被测表面相靠，检测其对水平面的垂直度。框式水平仪的框架规格有 150mm×150mm、200mm×200mm、50mm×250mm、300mm×300mm 等几种，其中 200mm×200mm 最为常用。

③ 合像水平仪。合像水平仪主要由水准器、放大杠杆、测微螺杆和光学合像棱镜等组成，如图 2-49（a）、（b）所示。

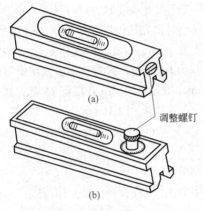

图 2-47 条式水平仪

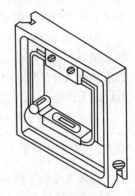

图 2-48 框式水平仪

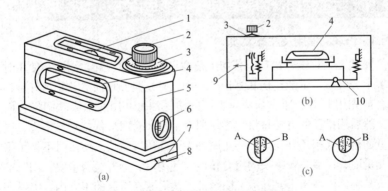

图 2-49 合像水平仪的结构和工作原理

1—观察窗；2—微动旋钮；3—微分盘；4—主水准器；5—壳体；6—毫米 / 米刻度；
7—底工作面；8—V 形工作面；9—指针；10—杠杆

合像水平仪的水准器安装在杠杆架的底板上，它的位置可用微动旋钮通过测微螺杆与杠杆系统进行调整。水准器内的气泡，经三个不同位置的棱镜反射至观察窗放大观察（分成两半合像）。当水准器不在水平位置时，气泡 A、B 两半不对齐，当水准器在水平位置时，气泡 A、B 两半就对齐，如图 2-49（c）所示。

使用读数值为 0.01mm/1000mm 的光学合像水平仪时，先将水平仪放在工件被测表面上，此时气泡 A、B 一般不对齐，用手转动微分盘的旋钮，直到两半气泡完全对齐为止。此时表示水准器平行水平面，而被测表面相对水平面的倾斜程度就等于水平仪底面对水准器的倾斜程度，这个数值可从水平仪的读数装置中读出。读数时，先从刻度窗口读出 mm 数值，此 1 格表示 1000mm 长度上的高度差为 1mm，再看微分盘刻度上的格数，每 1 格表示 1000mm 长度上的高度差为 0.01mm，将两者相加就得所需的数值。例如窗口刻度中的示值为 1mm，微分盘刻度的格数是 16 格，其读数就是 1.16mm，即在 1000mm 长度上的高度差为 1.16mm。

如果工件的长度不是 1000mm，而是 1mm，则在 1mm 长度上的高度差为：1000mm 长度上的高度差 $\times \dfrac{l}{1000}$。

合像水平仪主要用于精密机械制造中，其最大特点是使用范围广，测量精度较高，读数方便、准确。

2.5 钳工常用计量器具使用技能与技巧、诀窍与禁忌

2.5.1 量块的使用及注意事项

量块是一种精密量具，其加工精度高，价格也较高，因而在使用时一定要十分注意，不能碰伤和划伤其表面，特别是测量面。量块选好后，在组合前先用航空汽油或苯洗净表面的防锈油，并用麂皮或软绸将各面擦干，然后用推压的方法将量块逐块研合。在研合时应保持动作平稳，以免测量面被量块棱角划伤。要防止腐蚀性气体侵蚀量块。使用时不得用手接触测量面，以免影响量块的组合精度。使用后，拆开组合量块，用航空汽油或苯将其洗净擦干，并涂上防锈油，然后装在特制的木盒内。绝不允许将量块结合在一起存放。

为了扩大量块的应用范围，可采用量块附件。量块附件主要有夹持器

和各种量爪，见图 2-35（a）。量块及其附件装配后，可测量外径、内径或作精密划线等，见图 2-35（b）。

2.5.2 游标卡尺的使用及维护保养

① 使用游标卡尺的注意事项。测量前要将卡尺的测量面用软布擦干净，卡尺的两个量爪合拢，应密不透光。如漏光严重，需进行修理。量爪合拢后，游标零线应与尺身零线对齐。如对不齐，就存在零位偏差，一般不能使用，如要使用，需加校正值。游标在尺身上滑动要灵活自如，不能过松或过紧，不能晃动，以免产生测量误差。

测量时，应使量爪轻轻接触零件的被测表面，保持合适的测量力，量爪位置要摆正，不能歪斜。

读数时，视线应与尺身表面垂直，避免产生视觉误差。

② 游标卡尺的维护保养。

a. 不准把卡尺的两个量爪当扳手或划线工具使用，不准用卡尺代替卡钳、卡板等在被测件上推拉，以免磨损卡尺，影响测量精度。

b. 带深度尺的游标卡尺，用完后应将量爪合拢，否则较细的深度尺露在外边，容易变形，甚至折断。

c. 测量结束时，要把卡尺平放，特别是大尺寸卡尺，否则易引起尺身弯曲变形。

d. 卡尺使用完毕要擦净并上油，放置在专用盒内，防止弄脏或生锈。

e. 不可用砂布或普通磨料来擦除刻度尺表面及量爪测量面的锈迹和污物。

f. 游标卡尺受损后，不允许用锤子、锉刀等工具自行修理，应交专门的修理部门修理，并经检定合格后才能使用。

2.5.3 千分尺的使用及维护保养

（1）千分尺的合理使用

只有正确合理地使用千分尺，才能保证测量的准确性，因此在使用时应注意如下几点。

① 根据不同公差等级的工件，正确合理地选用千分尺。一般情况下，0 级千分尺适用于测量 IT8 级公差等级以下的工件，1 级千分尺适用于测量 IT9 级公差等级以下的工件。

② 使用前，先用清洁纱布将千分尺擦干净，然后检查其各活动部分

是否灵活可靠。在全行程内活动套管的转动要灵活，轴杆的移动要平稳。锁紧装置的作用要可靠。

③ 检查零位时应使两测量面轻轻接触，并无漏光间隙，这时微分筒上的零线应对准固定套筒上纵刻线，微分筒锥面的端面应与固定套筒零刻线相对。如有零位偏差，应进行调整。调整的方法是：先使砧座与测微螺杆的测量面合拢，然后利用锁紧装置将测微螺杆锁紧，松开固定套管的紧固螺钉，再用专用扳手插入固定套管的小孔中，转动固定套管使其中线对准微分筒刻度的零线，然后拧紧紧固螺钉。如果零位偏差是由于微分筒的轴向位置相差较远而致，可将测力装置上的螺母松开，使压紧接头放松，轴向移动微分筒，使其左端与固定套管上的零刻度线对齐，并使微分筒上的零刻度线与固定套管上的中线对齐，然后旋紧螺母，压紧接头，使微分筒和测微螺杆结合成一体，再松开测微螺杆的锁紧装置。

④ 在测量前必须先把工件的被测量表面擦干净，以免脏物影响测量精度。

⑤ 测量时，要使测微螺杆轴线与工件的被测尺寸方向一致，不要倾斜。转动微分筒，当测量面将与工件表面接触时，应改为转动棘轮，直到棘轮发出"咔咔"的响声后，方能进行读数，这时最好在被测件上直接读数。如果必须取下千分尺读数时，应用锁紧装置把测微螺杆锁住再轻轻滑出千分尺。如图 2-50 所示，读数要细心，看清刻度，特别要注意分清整数部分和 0.5mm 的刻线。

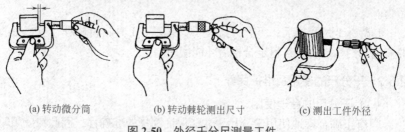

(a) 转动微分筒　　　　(b) 转动棘轮测出尺寸　　　　(c) 测出工件外径

图 2-50　外径千分尺测量工件

⑥ 测量较大工件时，有条件的可把工件放在 V 形块或平板上，采用双手操作法，左手拿住尺架的隔热装置，右手用两指旋转测力装置的棘轮。

⑦ 测量中要注意温度的影响，防止手温或其他热源的影响。使用大规格的千分尺时，更要严格地进行等温处理。

⑧ 不允许测量带有研磨剂的表面和粗糙表面，更不能测量运动中的工件。注意绝对不能在工件转动时去测量。

（2）千分尺的使用禁忌及维护保养

千分尺在使用中要经常注意维护保养，才能长期保持其精度，因此必须做到以下几点：

① 测量时，不能使劲拧千分尺的微分筒。

② 不允许把千分尺当卡规用。

③ 不要拧松后盖，否则会造成零位改变，如果后盖松动，必须校对零位。

④ 不许手握千分尺的微分筒旋转晃动，以防止丝杠磨损或测量面互相撞击。

⑤ 不允许在千分尺的固定套筒和微分筒之间加进酒精、煤油、柴油、凡士林和普通机油等；不准把千分尺浸入上述油类和切削液里。如发现上述物质浸入，要用汽油洗净，再涂以特种轻质润滑油。

⑥ 要经常保持千分尺的清洁，使用完毕用软布或棉纱等擦干净，同时还要在两测量面上涂一层防锈油。要注意勿使两个测量面贴合在一起，然后放在专用盒内，并保存在干燥的地方。

2.5.4 百分表的使用及维护保养

百分表是精密量仪，使用和维护保养时要注意以下几点。

① 提压测量杆的次数不要过多，距离不要过大，以免损坏机件及加剧零件磨损。

② 测量时，测量杆的行程不要超过它的示值范围，以免损坏表内零件。

③ 调整时应避免剧烈振动和碰撞，不要使测量头突然撞击在被测表面上，以防测量杆弯曲变形，更不能敲打表的任何部位。

④ 表架要放稳，以免百分表落地摔坏。使用磁性表座时要注意表座的旋钮位置。

⑤ 严防水、油、灰尘等进入表内，不要随便拆卸表的后盖。

⑥ 百分表使用完毕，要擦净放回盒内，使测量杆处于自由状态，以免表内弹簧长期受压失效。

2.5.5 水平仪的使用技巧与诀窍

（1）水平仪的测量精度的确定方法

水平仪的测量精度（即分度值）是以气泡移动 1 格，被测表面在 1m

距离上的高度差表示，或以气泡移动 1 格被测表面倾斜的角度数值表示。如读数值为 0.02/1000mm 的水平仪，表示气泡移动 1 格时，1000mm 距离上的高度差为 0.02mm。如以倾斜角表示，则

$$\theta = \frac{0.02}{1000} \times 206265 \approx 4''$$

利用水平仪来测量某一平面的倾斜程度时，如用倾斜角表示，则：倾斜角 = 每格的倾斜角 × 格数；如用平面在长度上的高度差表示，则：高度差 = 水准器的读数值 × 平面长度 × 格数。如利用读数值为 0.02mm/1000mm（4″）的水平仪测量长度为 600mm 的导轨工作面倾斜程度，如气泡移动 2.5 格，则倾斜角为

$$\theta = 4'' \times 2.5 = 10''$$

高度差为

$$h = (0.02mm/1000mm) \times 600mm \times 2.5 = 0.03mm$$

（2）水平仪的两种读数方法与技巧

① 绝对读数法。水平器气泡在中间位置时读作 0。以零线为基准，气泡向任意一端偏离零线的格数，就是实际偏差的格数。通常都把偏离起端向上的格数作为"+"，而把偏离起端向下的格数作为"-"。在测量中，习惯上大都是由左向右进行测量，把气泡向右移动作为"+"，向左移动作为"-"。如图 2-51（a）所示为 +2 格。

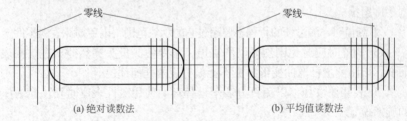

图 2-51　水平仪读数方法

② 平均值读数法。当水准器的气泡静止时，读出气泡两端各自偏离零线的格数，然后将两格数相加除以 2，取其平均值作为读数。如图 2-51（b）所示，气泡右端偏离零线为 +3 格，气泡左端偏离零线为 +2 格，其平均值为 $\frac{(+3)+(+2)}{2} = 2.5$ 格。

第3章

划线

3.1 划线概述

3.1.1 划线定义与特点

① 划线定义。根据图样要求，在毛坯或工件上划出零件的加工界线，这一操作称为划线。

② 划线特点。划线不仅在毛坯表面进行，也经常在已加工过的表面上进行。划线能确定各表面的加工余量和孔的加工余量，使加工时有明显的尺寸界线，还能及时发现和处理不合格的毛坯，避免加工后造成损失。划线还便于复杂工件在机床上安装、找正和定位，采用借料划线，通过对加工偏差量的合理分配，可以使误差不大的毛坯得以补救。

3.1.2 划线分类

划线分平面划线和立体划线两种。

① 平面划线。平面划线是在工件的一个表面上划线，如图3-1所示为在板料上的划线。

② 立体划线。立体划线是在工件几个不同表面（通常是互相垂直的表面）上的划线，如图3-2所示为在支架箱体上划线。

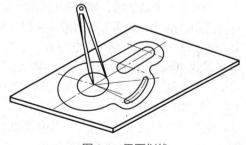

图3-1 平面划线

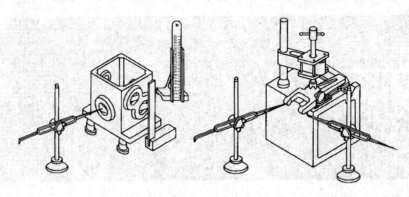

(a) 用千斤顶进行立方体划线   (b) 用方箱进行立方体划线

图 3-2　立体划线

由于划线不可能绝对准确，通常不能依靠划线直接确定加工的最后尺寸，而应在加工中通过测量来保证尺寸的准确度。

3.1.3　划线工具及使用

在划线工作中，为了保证既准确又迅速，必须熟悉并掌握各种划线工具以及显示涂料的作用。

（1）划线平板

划线平板是划线的基本工具，其表面的平整性直接影响划线的质量，如图 3-3 所示。安装时要使平面水平，使用时要保持表面清洁，防止杂物刺伤平面。平板各处要平均使用，防止重物撞击平板，避免局部凹陷，影响平整性。平板使用后应擦拭干净，并涂上防锈油保护。

（2）划针

划针是用来划线的，如图 3-4 所示，常与钢直尺、90°角尺等导向工具一起使用。划针一般用工具钢或弹簧钢丝制成，长度约为 200～300mm，直径约为 3～6mm，还可焊接硬质合金后磨锐。尖端磨成 10°～20°，尖角端部约 20mm 左右的长度上，经淬火硬化处理。划线时要做到一次划成，不要重复。不用时，最好套上塑料管，不使针尖外露。

（3）划规

划规的作用是划圆和圆弧、等分线段、等分角度以及量取尺寸等，如图 3-5 所示。钳工用的划规有普通划规，弹簧划规和长划规等。划规的脚尖必须坚硬，使用时才能在工件表面划出清晰的线条。划圆时，作为旋转中心的一脚应加以较大的压力，以避免圆的中心滑动。

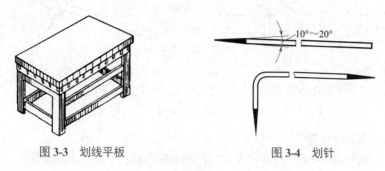

图3-3　划线平板　　　　　　　　　图3-4　划针

① 普通划规。如图3-5（a）所示为普通划规，结构简单。

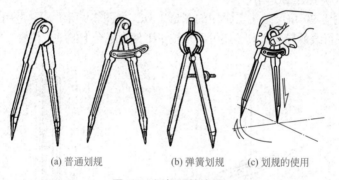

(a) 普通划规　　　　(b) 弹簧划规　　　(c) 划规的使用

图3-5　划规及其使用

② 弹簧划规。如图3-5（b）所示为弹簧划规，使用时旋转调节螺母来调节尺寸，此划规适用在光滑面上划线。

③ 长划规。如图3-6所示为长划规，也叫滑动划规，用来划大尺寸的圆。滑杆上带刻度或微调装置，使用时在滑杆上滑动划规脚可以得到所需要的尺寸。

（4）划线盘

划线盘一般用于立体划线和用来校正工件位置，如图3-7所示。它由底座、立柱、划针和夹紧螺母等组成。划针的直头端用来划线，弯头端用来找正工件的位置。划线时，划针应尽量处于水平位置，不要倾斜太大；划线盘在移动时，底座底面始终要与划线平台平面贴紧，无摇晃或跳动。使用完后，应将划针的直头端向下，处于垂直状态。

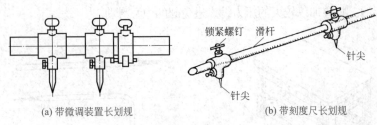

(a) 带微调装置长划规　　　　　　　　(b) 带刻度尺长划规

图 3-6　长划规

（5）高度尺

如图 3-8 所示，高度尺由钢直尺和底座组成，它配合划线盘使用，以确定划针在平板上的高度。

（6）宽座 90°角尺

宽座 90°角尺是钳工常用的测量工具，如图 3-9 所示。它是用来划垂直或平行线的导向工具，还可用来校正工件在平台上的垂直位置。

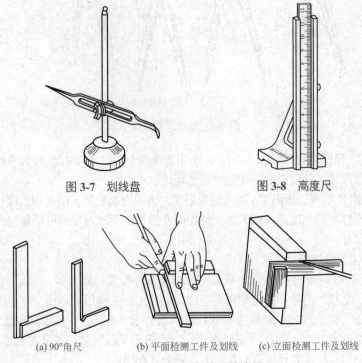

图 3-7　划线盘　　　　　　　图 3-8　高度尺

(a) 90°角尺　　　(b) 平面检测工件及划线　　　(c) 立面检测工件及划线

图 3-9　宽座 90°角尺及其使用

（7）游标高度尺

游标高度尺是高度尺和划线盘的组合，它是精密工具，读数值一般为 0.02mm，不允许在毛坯上划线。如图 3-10 所示。

（8）样冲

样冲是在划出的线上冲眼用的工具，如图 3-11 所示。冲眼可使划出的线条具有永久性的标记，还可作为圆心的定心点。冲眼时，先将样冲外倾使尖端对准线的正中，然后再将样冲立直冲眼。冲眼距离根据线条长短而定，一般在长直的线段间距应大些。在线条的交叉转折处必须冲眼。冲眼时薄壁零件要浅些，精加工表面禁止冲眼。

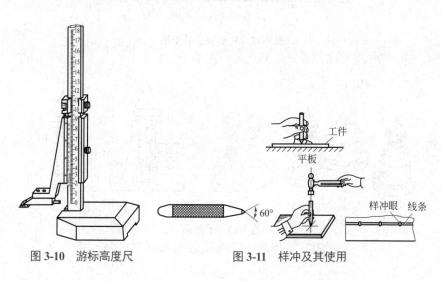

图 3-10　游标高度尺　　　　图 3-11　样冲及其使用

（9）各种支承工具

① V 形块。用于安放圆形工件（如轴类）的工具，如图 3-12 所示。V 形块一般用铸铁制成。V 形块应成对加工，制成相同的尺寸，避免因尺寸不同而引起误差。

② 千斤顶。用来支承毛坯或不规则工件进行立体划线时使用，并可调整高度，如图 3-13 所示。使用千斤顶支承工件时以三个为一组，在工件较重的部分放两个千斤顶，较轻的部位放一个。工件上的支承点尽量不要选择在容易发生滑动的地方。

除此之外，支承工具还有方箱、角铁等，如图 3-14 所示。

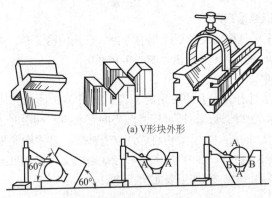

(a) V形块外形

(b) 利用特殊V形块划线

图 3-12　V 形块及其使用

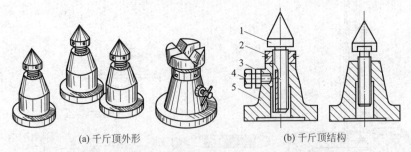

(a) 千斤顶外形

(b) 千斤顶结构

图 3-13　千斤顶

1—螺杆；2—螺母；3—锁紧装置；4—螺钉；5—底座

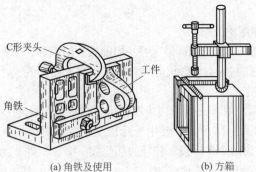

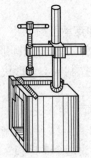

(a) 角铁及使用

(b) 方箱

图 3-14　角铁和方箱

（10）划线涂料

为了使工件上划出的线条清晰，划线前需在划线部位涂上一层涂料。常见的涂料如下：

① 白喷漆。适用于铸、锻件毛坯工件。

② 蓝油。适用于已加工表面的划线。

此外，小毛坯件可涂粉笔，一些半成品可涂硫酸铜溶液。涂料使用时都应涂得薄而均匀，才能保证划线清晰，防止脱皮。

3.2 划线基准及其选择

划线时用来确定零件上其他点、线、面位置的依据，称为划线基准。正确划线应从基准开始。

（1）平面划线基准的确定技巧

在零件图上用来确定其他点、线、面位置的依据，称为设计基准。划线时，应使划线基准与设计基准一致。

平面划线基准一般有三种类型。

① 以两个相互垂直的平面（或直线）为基准，如图3-15所示，该零件上有垂直两个方向的尺寸，外缘线为确定这两个方向的划线基准。

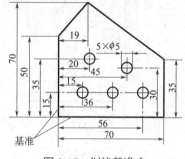

图3-15　划线基准Ⅰ

② 以一个平面（或直线）和一条中心线为基准，如图3-16所示。该工件上高度方向的尺寸是以底面为依据的，而宽度方向的尺寸对称于中心线，所以，底平面和中心线分别为该零件两个方向上的划线基准。

③ 以两条相互垂直的中心线为基准，如图3-17所示。该工件上两个方向的尺寸与其中心线具有对称性，并且其他尺寸也从中心线起始标注，此时，两条中心线分别为两个方向的划线基准。

划线时在零件的每个方向都需要选择一个基准，因此，平面划线时要选择两个划线基准，立体划线时要选择三个划线基准。

（2）平面划线基准的选择诀窍

划线基准选择实例：Y形压模划线，如图3-18所示，按Y形压模各部分尺寸标注情况分析，压模在两个方向上有尺寸要求，其高度方向尺寸如下：$30_0^{+0.052}$ mm，$65_{-0.003}^0$ mm，均以 A 面（线）开始标注，其宽度方向尺寸如：$15_{-0.018}^0$ mm，$45_{-0.025}^0$ mm，$10_{-0.036}^0$ mm 以及 $90°\pm5'$ 的直角均对称于中心线 I-I，故 A 面（线）及中心线 I-I 为该压模的设计基准，按划线基准选择原则，压模在划线时应选择 A 面（线）、以及中心线 I-I 作为划线基准。

（3）立体划线基准的选择诀窍

立体划线基准选择实例：轴承座划线，如图 3-19 所示。

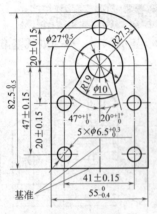

图 3-16　划线基准 II

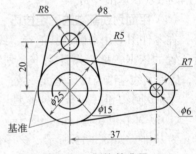

图 3-17　划线基准 III

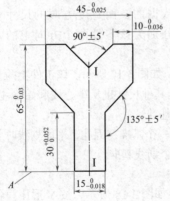

图 3-18　平面划线基准

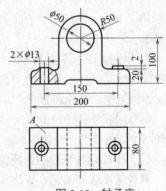

图 3-19　轴承座

轴承座加工的部位有底面、轴承座内孔、两个螺钉孔及其上平面。划线的尺寸共有三个方向，划线需要三个划线基准，属于立体划线。划线时，工件在平板上要安放三次才能完成所有线条。

① 第一划线位置应该选择待加工表面和非加工表面均比较重要且集中的位置，同时支承面要比较平直，所以第一划线位置应以底平面作安放支承面，如图 3-20（a）所示，调节千斤顶，使两端孔的中心基本调到同一高度，划出基准线 I-I、底平面加工线及其有关线条。

② 第二划线位置应安放轴承座，使底平面加工线垂直于平板，并调整千斤顶，使两端孔的中心基本在同一高度，如图 3-20（b）所示，然后划基准线 II-II，并划出两螺钉孔中心线。

③ 第三划线位置，以轴承座某一端面为安放支承面，调节千斤顶，使轴承座底面加工线和基准线 I-I 垂直于平台，如图 3-20（c）所示。然后以两螺钉孔的中心（初定）为依据，试划两大端面加工线。如一端面出现余量不够，可适当调整螺孔中心位置（借料）。当中心确定后即可划出 III-III 基准线和两大端面的加工线。

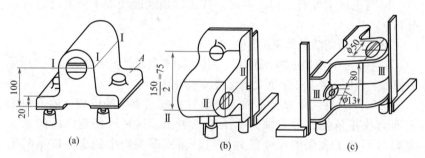

图 3-20　轴承座的划线位置

经过分析，可见轴承座三个尺寸方向上的基准分别为图中的 I-I、II-II、III-III。上述划线完成且经复验正确后需打上样冲眼。

3.3　划线技能、技巧与实例

3.3.1　划线时找正和借料的技巧、诀窍与禁忌

立体划线在很多情况下是对铸、锻件毛坯划线，各种铸、锻件毛坯由于种种原因，会形成歪斜、偏心、各部分壁厚不均匀等缺陷。当形位误差

不大时，可以通过划线找正和借料的方法补救。

（1）找正的诀窍与禁忌

对于毛坯件，划线前一般要先做好找正工作。找正就是利用划线工具使工件上有关的表面处于合适的位置。

① 找正的目的。

a. 当毛坯上有不加工表面时，通过找正后再划线，可使待加工表面与已加工表面之间保持尺寸均匀。如图 3-21 所示的轴承座毛坯，内孔和外圆不同心，底面和上平面 A 不平行，划线前应找正。在划内孔加工线之前，应先以外圆为找正依据，用单脚规找出其中心，然后按求出的中心划出内孔的加工线，这样内孔与外圆就可达到同心要求。在划轴承座底面之前，同样应以上平面（不加工表面 A）为依据，用划

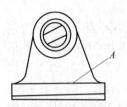

图 3-21　毛坯件的找正

线盘找正成水平位置，然后划出底面加工线，这样底座各处的厚度就比较均匀。

b. 当毛坯上没有不加工面时，找正后划线能使加工余量均匀合理分布。

② 找正时的禁忌及注意事项。

a. 毛坯上有不加工的表面时，应按不加工表面找正后再划线，这样可以使加工表面和不加工表面之间保持尺寸均匀。

b. 工件上有两个以上不加工表面时，应选重要的或较大的不加工表面为找正依据，并兼顾其他不加工表面，这样可使划线后的加工表面与不加工表面的尺寸较为均匀，而使误差集中到次要或不明显的位置。

c. 工件上没有不加工表面时，可通过对各自需要加工的表面自身位置找正后再划线。这样可以使各个加工表面的加工余量均匀，避免加工余量相差悬殊。

d. 对体积小的工件，不宜采用千斤顶支承，应固定在方箱或夹具上进行划线。

e. 对找正中容易出现倾倒、位移等不安全现象的工件，应准备相应的辅助夹具，采取可靠的措施，如吊链、垫木等以增加保护作用。

f. 选择第一划线位置时，应以工件加工部位的主要中心线和重要加工线都平等或垂直于划线平台的基准为依据，以便找正。

（2）借料的技巧与诀窍

一些铸、锻件毛坯在尺寸、形状和位置上的误差缺陷用找正后的划线方法不能补救时，可采用借料的方法。通过试划线和调整，可以使各个加工面的加工余量合理分配，加工后缺陷和误差都会得到排除。如果毛坯误差超出许可范围，就不能利用借料来补救了。

借料的技巧与具体过程，举例说明如下。

① 圆环划线借料的技巧。图 3-22 所示的圆环，是一个锻造毛坯，其内、外圆都要加工。如果毛坯形状比较准确，就可以按图样尺寸进行划线。此时划线工作简单［如图 3-22（b）］。现在因锻造圆环的内、外圆偏心较大，划线就不是那样简单了。若按外圆找正划内孔加工线，则内孔有个别部分的加工余量不够［如图 3-23（a）］；若按内圆找正划外圆加工线，则外圆个别部分的加工余量不够［如图 3-23（b）］。只有在内孔和外圆都兼顾的情况下，适当地将圆心选在锻件内孔和外圆圆心之间的一个适当的位置上划线，才能使内孔和外圆都有足够的加工余量［如图 3-23（c）］。这说明通过划线借料技巧，使有误差的毛坯仍能很好地利用。当然，误差太大时则无法补救。

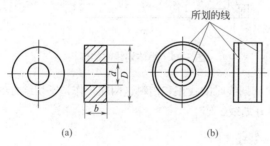

图 3-22　圆环工作图及划线

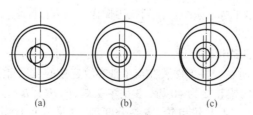

图 3-23　圆环划线的借料

② 箱体毛坯划线的借料技巧。图 3-24 所示为箱体毛坯划线时的借料方法。图中 A、B 两个孔的中心距要求为 $150^{+0.30}_{+0.10}$mm，由于铸造缺陷，A 孔中心偏移了 6mm，使毛坯件的孔距只有 144mm，所以在划线时，若以 ϕ125mm 凸台外圆划 A、B 孔的中心［如图 3-24（a）］，如果这样 A 孔就没有加工余量了。此时应把两个中心各向外借 3mm［如图 3-24（b）］，这样划线后可使两孔都能分配到加工余量，从而使毛坯得以利用。

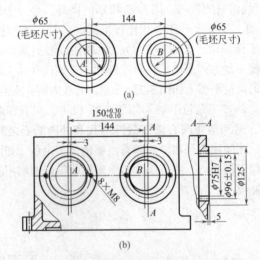

图 3-24　箱体划线时的借料

应该指出，划线时的找正和借料这两项工作是密切结合的，只有相互兼顾，才能做好划线工作。

3.3.2　分度头划线技巧

分度头是用来对工件进行等分、分度的重要工具，其外形如图 3-25 所示。划线时把分度头放在划线平板上，将工件夹持，即可对工件进行分度、等分、划水平线、垂线、倾斜线等操作，其方法简单，适用于大批量中、小零件的划线。

（1）分度头的传动原理

如图 3-26 所示，将工件装在与主轴螺纹连接的三爪自定心卡盘 1 上，固定在主轴上的蜗轮 2 为 40 齿，3 是单头蜗杆。B_1、B_2 是齿数相同的两个圆柱齿轮，A_1、A_2 是锥齿轮，5 是分度盘，7 是分度手柄，6 是定位销。

拔出定位销 6，转动分度手柄 7 时，分度盘不动，通过传动比为 1：1 的圆柱齿轮 B_1、B_2 的传动，带动蜗杆 3 转动，然后通过传动比为 1：40 的蜗杆传动机械带动主轴（工件）转动分度。

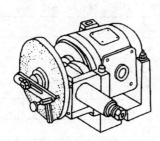

图 3-25　分度头

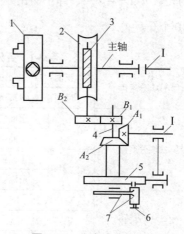

图 3-26　分度头传动原理

1—三爪自动定心卡盘；2—蜗轮；3—单头蜗杆；
4—心轴；5—分度盘；6—定位销；7—分度手柄

（2）简单分度法划线技巧

由图可知，分度手柄心轴 4 与蜗杆之间传动比为 1：1，蜗杆为单头，蜗轮齿数为 40，因此分度手柄的转数可按下式算出：

$$n=40/Z$$

式中　n——分度手柄转数；

　　　Z——工件等分数。

【例 3-1】　要划出均匀分布在工件圆周上的 10 个孔，试求每划一个孔的位置后，分度手柄应转几周后再划第二个孔的位置？

解：根据公式　$n=40/Z=40/10=4$，即每划完一个孔的位置后，手柄应转动 4 周，再划第二个孔的位置，依次类推。

有时，由工件等分计算出来的手柄数不是整数。如，要把某圆周 30 等分，$n=40/30=1\frac{1}{3}$。这时要利用分度盘，根据分度盘上现有的各种孔眼的数目（见表 3-1），把 $\frac{1}{3}$ 分子、分母同乘以相同的倍数，使分母为表中的某个孔数，而扩大后的分子就是手柄应转过的孔数。把 $\frac{1}{3} \times \frac{10}{10} = \frac{10}{30}$，则手柄的转数 $n = 1\frac{1}{3} = 1\frac{10}{30}$，即手柄在分度盘中有 30 个孔的一圈上要转动 1 周加 10 个孔。

表 3-1　各分度盘孔眼数

第一块分度盘		正面：24，25，28，30，34，37，38，39，41，42，43
		反面：46，47，49，51，53，54，57，58，59，62，66
第二块分度盘	第一块	正面：24，25，28，30，34，37
		反面：38，39，41，42，43
	第二块	正面：46，47，49，51，53，54
		反面：57，58，59，62，66
第三块分度盘		第一块 15，16，17，18，19，20
		第二块 21，23，27，29，31，33
		第三块 37，39，41，43，47，49

在转动手柄前要调整分度叉。手柄不应摇过应摇的孔数，否则需把手柄多退回一些再正摇，以消除传动和配合间隙所引起的误差。

3.3.3　划线前的准备工作技巧

（1）清理毛坯的技巧
其清理要求和技巧说明如下。

图 3-27　用毛刷扫除掉工件上的尘土

① 铸件毛坯应先对残余型砂、毛刺、浇口及冒口进行清理、錾平，并且锉平划线部位的表面，再用毛刷扫除工件上的尘土，如图 3-27 所示。

② 锻件毛坯应将氧化皮除去，对于"半成品"的已加工表面，若有锈蚀应用钢丝刷将浮锈刷去，修钝锐边、擦净油污。

③ 毛坯工件清理后，要检查是否存在缺陷，如缩孔、气泡、裂纹、歪斜等，并对照图纸检查工件各部分的尺寸，对一些明显无加工余量的工

件，应剔除。

（2）确定划线基准的诀窍与技巧

① 以两个相互垂直的平面（或直线）为基准，如图 3-28 所示。

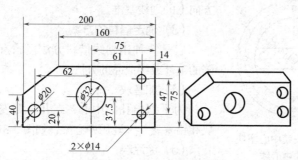

图 3-28　以垂直平面为基准

这个零件的高度方向的尺寸 40、20、37.5、75 等是以底面为基准的，长度方向的尺寸 200、1675、14 是以右端面为基准的，因此应以底平面和右面两个相互垂直的平面为划线基准。

② 以一个平面（或直线）和一条中心线为基准，如图 3-29 所示。

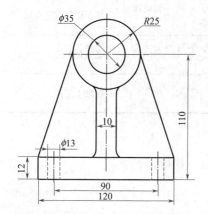

图 3-29　以底平面和中心线为基准

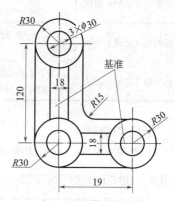

图 3-30　垂直中心线为基准

该零件宽度方向的尺寸 10、90、120 以中心线为对称轴，而高度方向的尺寸 12、110 是以底面为基准的，因此应选底平面和中心线分别为零件两个方向上的划线基准。

③ 以两条相互垂直的中心线为基准，如图 3-30 所示。

在图示零件中，零件的两个方向上的尺寸都是以其中心线为对称轴，因此应选水平中心线和垂直中心线为该零件两上方向上的划线基准。

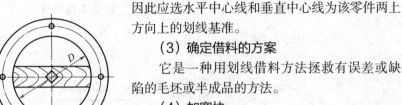

图 3-31 安装中心塞块划孔的中心线

（3）确定借料的方案

它是一种用划线借料方法拯救有误差或缺陷的毛坯或半成品的方法。

（4）加塞块

为了划出孔的中心，在孔中要安装中心塞块和铅塞块，大孔用中心架，如图 3-31 所示。

（5）涂涂料

划线部位清理后应涂上涂料，涂料要涂得薄而均匀。常用的涂料及调制见表 3-2。

表 3-2 常用的涂料及调制

名称	配方	应用
白灰浆	石灰水，3% 的乳胶	铸件、锻件毛坯
龙胆紫（品紫）溶液	2% ～ 3% 的龙胆紫，3% ～ 4% 的漆片，93% ～ 95% 的酒精	铜、铝等有色金属
硫酸铜（蓝矾）溶液	5% ～ 6% 的硫酸铜，94% ～ 95% 的酒精	磨削加工件
孔雀绿（品绿）溶液	3% ～ 4% 的孔雀绿，2% ～ 3% 的漆片，93% ～ 95% 的酒精	精加工工件

（6）刃磨划针

刃磨划针针尖，同时清理划针表面，保持其干净。

3.3.4 划线工作技巧与诀窍

（1）划直线的步骤、方法和诀窍

① 用划针划纵直线的诀窍。在平板上划直线时应选好位置后用左手紧紧按住钢尺。划线时针尖要贴于钢直尺的直边，上部向外侧倾斜 15°～ 20°，向划线运动方向倾斜 45°～ 75°，如图 3-32 所示。划线一定要用力适当，一次划成，不要重复划同一条线。

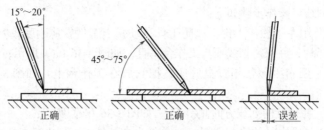

图 3-32　划针的倾斜方向

在圆柱形工件上划与轴线平行的直线时，可用角钢来粗划，如图 3-33 所示。

② 用划针划横直线的诀窍。如图 3-34 所示。

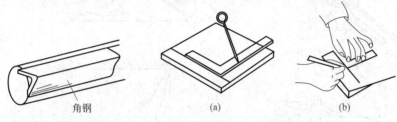

图 3-33　用角钢划直线　　　图 3-34　划横直线的方法

其操作步骤为：

a. 选好位置后，角尺边紧紧靠住基准面；

b. 左手紧紧握住钢尺；

c. 划线时，从下向上划线，方法与划纵直线相同。

③ 用划针盘划直线的诀窍。其步骤内容分为两个方面。

a. 取划线尺寸，如图 3-35 所示。

其操作为：

（a）松开蝶形螺母，针尖稍向下对准，并刚好接触到钢尺的刻度；

（b）用手旋紧蝶形螺母，然后用小锤轻轻敲击固紧，如图 3-35（a）所示；

（c）进行微调时，使划针紧靠钢尺刻度，如图 3-35（b）所示。用左手紧紧按住划针盘底座，同时用小锤轻轻敲击，使划针的针尖正确地接触到刻线，再紧固蝶形螺母。

b. 划线。操作步骤如下：

（a）用左手握住工件，以防工件移动，当工件较薄刚度较差时，可添加 V 形块，并保持划线面与工作台垂直，如图 3-36（a）所示；

（b）用右手握住划针盘底座，把它放在工作台上，如图 3-36（a）所示；

（c）使划针向划线方向倾斜 15°，如图 3-36（b）所示；

（d）按划线方向移动划针盘，使针尖在工件表面划出清晰的直线。

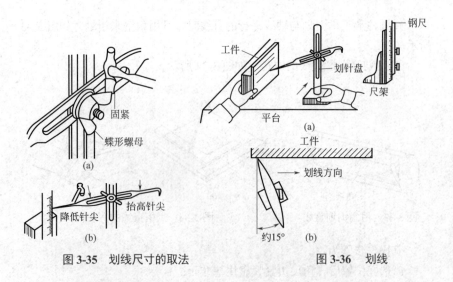

图 3-35　划线尺寸的取法　　　　图 3-36　划线

（2）划圆的步骤、方法和诀窍

划圆的操作步骤如下。

① 检查圆规的脚尖是否有磨损，若有则应用油石磨尖。

② 划线找圆心。

③ 在找到的圆心处打样冲眼。

④ 调整圆规，将圆规张开至需要的尺寸。

⑤ 将圆规脚尖对准工件样冲眼，划圆，见图 3-5（c）。

（3）划线盘操作使用技巧

划线盘可以用来在平台上对工件进行划线或进行相对位置找正。

① 用划线盘进行划线时，划针应尽量处于水平位置，不要倾斜太大，划针伸出部分应尽量短些，并牢固地夹紧；划较长的直线时，应采用分段

连接划法。

② 划线盘在移动时，底座表面应始终与划线平台贴紧，划针与工件划线表面沿划线方向之间的夹角约为 40°～60°，如图 3-37 所示。

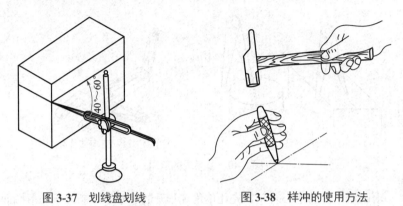

图 3-37 划线盘划线   图 3-38 样冲的使用方法

（4）样冲操作使用技巧

① 样冲用于在工件所划加工线条上打样冲眼（冲点）和作划圆弧或钻孔时的定位中心（称为中心样冲眼）。样冲一般用工具钢制成，尖端处淬硬，其顶尖角度在用于加强界限标记时大约为 40°，用于钻孔定中心时约 60°。

② 使用时先将样冲外倾，使尖端对准十字线中心，然后再将样冲立直，用手锤敲击样冲的尾部进行冲点，如图 3-38 所示。作加强界限标志冲点时，要求在粗糙表面上冲点要深些，在薄壁件或加工表面上冲点要浅些，精加工过的表面禁止冲点。图 3-39 所示的样冲眼中，图（a）所示为正确，图（b）、（c）所示都是错误的。

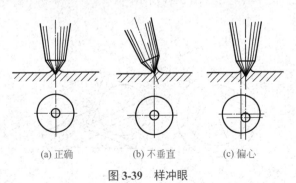

(a) 正确   (b) 不垂直   (c) 偏心

图 3-39 样冲眼

（5）单角规操作使用技巧

单角规用中碳钢制成，用来求圆形工件和孔的中心，也用于划平行于工件边缘的线条，如图3-40所示。

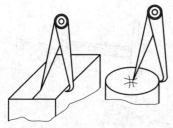

(a) 用单角规划平行线、找中心 　　(b) 用单角规找正毛坯工件对称中心

图 3-40　单角规的应用

求圆形工件的中心时，首先让单角规张开的尺寸尽可能等于圆形端面的半径尺寸，按图示在圆形端面上分别划出四个圆弧，四个圆弧相交合围的中心轻打一样冲眼，然后以该冲眼为圆心，用单角规弯脚沿圆形端面的外径检查样冲眼是否在该圆形端面中心上，如有差异，则重新修正该样冲眼，该样冲眼即为圆形端面的中心点。

（6）定心器操作使用技巧

定心器也是求圆形工件中心时所用的专用器具，原理是定心器中心尺的工作面 K 垂直平分两只定位面（脚）的连线，使用时将定心器定位面（脚）靠在轴（孔）的外圆（内孔）上，用划针沿中心尺的工作面划一直线，再将定心器转动一定的角度划另一直线，工件端面上两条连线的交点即为轴（孔）的中心点，如图3-41所示。

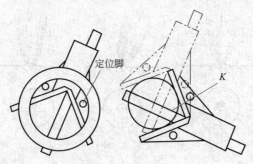

图 3-41　定心器划圆中心

（7）楔铁及其使用技巧

楔铁，又叫斜铁，如图 3-42 所示，用中碳钢制成，主要用于微量调节毛坯工件高低，如图 3-43 所示。

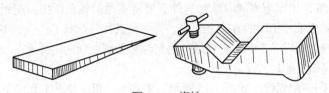

图 **3-42** 楔铁

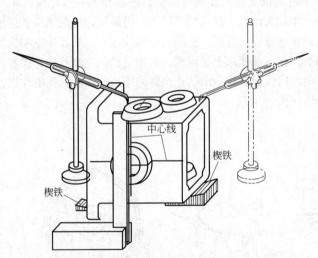

图 **3-43** 工件用楔铁调节高低用角尺进行找正

（8）划线的步骤与诀窍

① 把工件夹持稳当，调整支承，找正。

② 先划基准线和位置线，再划加工线，最后划圆、弧线和曲线。

③ 立体工件按上述方法进行翻转放置，依次划线。

3.3.5 仿划线、配划线和样板划线的技巧与诀窍

（1）仿划线操作技巧

仿划线如图 3-44 所示，将已损坏的轴承座和轴承座的毛坯件同时放置在划线平台上，找正时先找正损坏的原件，然后找正毛坯件，用划线盘的划针直接在原件上量取尺寸，再在毛坯件相应的位置上划出加工线。

(2) 配划线操作技巧

① 用工件直接配划线。将零件直接压在被连接的工件上,直接用划针在连接件的表面上划出待加工的位置。

② 纸片拓印配划线。某些工件需要将不通的螺孔反拓到配划的工件上,可采用纸片拓印的方法来划线。将一块纸片粘贴到工件上,用木锤沿着孔口的边缘轻轻击穿,再将纸片用黄油粘贴到配划的工件上,按照纸片上的孔来确定配划工件上的位置。

③ 印迹配划线。如图 3-45 所示,要将电动机支座孔配划到电动机底板上,由于电动机支座孔底部与电动机底板相隔一段距离,如用划针围划,容易产生较大误差,在这种情况下,可采用印迹配划线。这种方法是将电动机位置确定后,利用一根端面与轴线垂直、外径比电动机支座孔略小的空心套,在其端部涂上显示剂,插入电动机支座孔内,接着转动空心套,使在电动机底板上显示出钻孔位置的印迹,然后去掉电动机,冲上样冲即可开始钻孔。

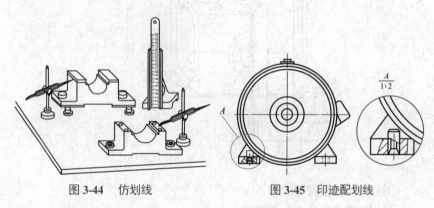

图 3-44　仿划线　　　　　　图 3-45　印迹配划线

(3) 样板划线操作技巧

对于形状复杂、加工面多的工件(如凸轮、大型齿轮等),宜采用样板来划线,可提高效率,减少划线误差。操作时将样板平铺在工件上,用手或压板固定,沿样板的边缘用划针划出图形线条即可。

第4章

錾削、锯削和锉削

4.1 錾子和錾削

錾削是用锤子打击錾子对金属工件进行切削加工的方法。这是钳工较为重要的基本操作，目前主要用在不便于机械加工的场合，如去除大型或重型工件毛坯上的凸缘、毛刺，分割材料，錾削平面及沟槽等。

4.1.1 錾子和锤子

（1）錾子

錾子是錾削中的主要工具。一般用优质碳素工具钢锻成，并经过刃磨和热处理，其硬度达到 56 ～ 62HRC。

錾子由头部、切削部分及柄部三部分组成。头部是锤子的打击部分，有一定锥度，顶端略带球形，以便锤击时作用力易于通过錾子中心，使錾子容易保持平稳切削；切削部分担负主要錾削工作；柄部是手握部分，多成八棱形，这样握起来既舒适，錾削时錾子又不会转动。

① 錾子的种类与作用。钳工常用的錾子有扁錾、尖錾和油槽錾等三种，如图 4-1 所示。

a. 扁錾。切削部分扁平，刃口略带弧形。用来錾削凸缘、毛刺和分割材料。

b. 尖錾。切削刃较短，切削刃两端侧面略带倒锥，防止在錾削沟槽时，錾子被卡住。用来錾销沟槽和分割曲线形板料。

c. 油槽錾。切削刃很短且呈圆弧形。錾子斜面制成弯曲形，便于在曲面上錾削沟槽，主要用于錾削油槽。

② 錾子的切削部分。錾子的切削部分包括前、后两个刀面和一条切

削刃。

前刀面 A_γ ——切屑流过的表面；

后刀面 A_α ——与工件上切削表面相对的表面；

切削刃 ——刀具前面与后面的交线。

③ 錾子切削时的几何角度。为了认识錾子在切削时的角度，需要选定两个坐标平面，如图 4-2 所示。切削平面就是通过切削刃与切削表面相切的平面。在图 4-2 中切削平面与切削表面重合。基面是指通过切削刃选定点与该点切削速度 v_c 垂直的平面。切削平面与基面相互垂直，构成了确定錾子几何角度的坐标平面。

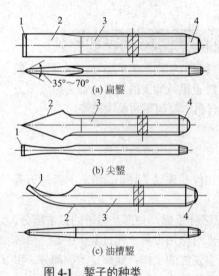

图 4-1　錾子的种类

1—锋口；2—斜面；3—柄；4—头部

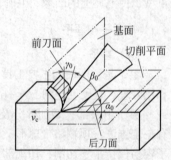

图 4-2　錾子錾削时的角度

錾子在錾削时的几何角度主要有以下三个：

① 楔角 β_0。是前刀面与后刀面之间的夹角，楔角越小越省力，但刃口薄弱，强度不高，容易崩裂。其值通常根据工件材料的硬度来选择，錾削硬材料（如硬钢和铸铁）楔角取 $60°\sim70°$；錾削软材料（如铜和铝）楔角取 $30°\sim50°$；錾削一般材料楔角取 $50°\sim60°$。

② 后角 α_0。是后刀面与切削平面之间的夹角。后角的作用是减少后刀面与切削平面之间的摩擦，引导錾子顺利切入材料。一般錾削时后角取 $5°\sim8°$。

③ 前角 γ_0。是前刀面与基面之间的夹角，其作用是减少錾削时切屑的变形并使切削轻快。前角愈大，切削愈省力。由于存在 $\alpha_0+\beta_0+\gamma_0=90°$ 的关系，当后角 α_0 一定时，前角 γ_0 的大小由 β_0 决定。

（2）锤子

錾削是利用锤子的打击力而使錾子切入工件的。锤子是錾削工作中的重要工具，也是钳工装拆零件时的重要工具。它由锤头、木柄和楔子组成，如图 4-3 所示。

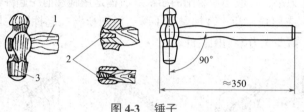

图 4-3 锤子

1—木柄；2—楔子；3—锤头

锤头的质量大小表示锤子的规格，通常有 0.25kg、0.5kg 和 1kg 等几种。锤头用 T7 钢制成，锤柄由比较坚固的木材做成，当木柄敲紧在锤头孔中后，再打入带倒刺的铁楔子，锤头则不易松动，可防止锤击时因錾子脱落而造成事故。木柄安装在锤头孔中必须牢固可靠，防止锤头脱落造成事故。

4.1.2 錾削方法

（1）手锤的握法

① 紧握法。用右手五指紧握锤柄，拇指合在食指上，木柄伸出 15～30mm，在挥锤和锤击过程中，五指始终紧握，如图 4-4 所示。

② 松握法。只有拇指和食指始终紧握锤柄。在挥捶时，小指、无名指、中指依次放松；在锤击时，又以相反的次序收拢握紧。此法不易疲劳，且锤击力大，如图 4-5 所示。

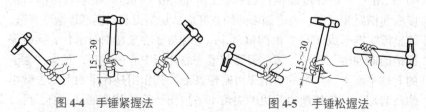

图 4-4 手锤紧握法　　　　　　图 4-5 手锤松握法

（2）錾子的握法

① 正握法技巧。手心向下，腕部伸直，用中指、无名指握住錾子，錾子头部伸出约 20mm。

② 反握法技巧。手心向上，手指自然捏住錾子，手掌自然悬空，如图 4-6 所示。

（3）挥锤方法

挥锤有腕挥、肘挥和臂挥三种方法，如图 4-7 所示。腕挥只有手腕运动，锤击力小，一般用于錾削的始末。肘挥是用腕和肘一起挥锤，其锤击力较大，应用最广泛。臂挥是用手腕、肘和全臂一起挥锤，其锤击力最大，用于需要大力錾削的工件。

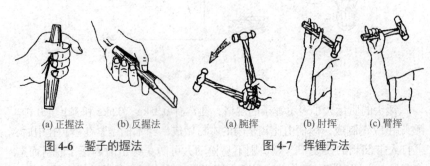

(a) 正握法　　(b) 反握法　　　　　(a) 腕挥　　　(b) 肘挥　　(c) 臂挥

图 4-6　錾子的握法　　　　　　图 4-7　挥锤方法

（4）锤击速度的选择

錾削时的锤击要稳、准、狠，其动作要有节奏，一般肘挥约 40 次 /min，腕挥约 50 次 /min。

4.1.3　錾削技巧、诀窍与禁忌

（1）錾子的刃磨及热处理技巧与诀窍

① 錾子刃磨的一般要求。錾子楔角 β 的大小，要根据加工材料的硬度来决定。錾削较软的金属，可取 30°～ 50°；錾削较硬的金属，可取 60°～ 70°；一般硬度的钢件或铸铁，可取 50°～ 60°。狭錾的切削刃长度应与槽宽相对应，两个侧面间的宽度应从切削刃起向柄部逐渐变狭窄，使錾槽时能形成 1°～ 3°的副偏角，以避免錾子在錾槽时被卡住，同时保证槽的侧面錾削平整。切削刃要与錾子的几何中心线垂直，且应在錾子的对称平面上。阔錾的切削刃可略带弧形，其作用是在平面上錾去微小的凸起部分，使切削刃两边的尖角不易损伤平面的其他部分。前、后刀面要光洁、平整。

② 錾子的刃磨方法与技巧。

a. 普通錾子的刃磨方法如图 4-8 所示，握錾时右手在前、左手在后前翘握持，在旋转着的砂轮缘上进行刃磨，这时錾子的切削刃应高于砂轮中心，在砂轮全宽上做左右来回平稳的移动，并要控制錾子前、后刀面的位置，保证磨出合格的楔角。刃磨时加在錾子上的压力不能过大，刃磨过程中錾子应经常浸水冷却，防止过热退火。

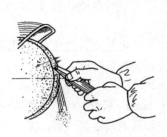

图 4-8 錾子的刃磨

图 4-9 錾子的淬火

b. 油槽錾的刃磨方法与技巧：油槽錾两切削刃的形状应和图样上油槽断面形状刃磨一致。其楔角大小仍根据被錾材料的性质而定，在铸铁上錾油槽，楔角 β 可取 $60°\sim70°$。錾子后面（圆弧面）的两侧应逐步向后缩小，保证錾削时切削刃各点都能形成一定的后角，并且后面应用油石进行修光，以使錾出的油槽表面较为光洁。在曲面上錾油槽的錾子，为保证錾削过程中的后角基本一致，其整体前部应锻成弧形。此时，錾子圆弧刃刃口的中心点仍应在錾子整体中心线的延长线上，使錾削时的锤击作用力方向能朝向刃口的錾切方向。

③ 錾子热处理方法、技巧及注意事项。錾子的热处理一般包括淬火和回火两个过程。

a. 淬火的技巧与禁忌。錾子是用碳素工具钢（T7A 或 T8A）锻造制成的，经锻造成的錾子要经过淬火、回火后才能使用。

淬火时把已磨好的錾子切削部分约 20mm 长的一段，加热到 $760\sim780℃$（呈暗橘红色）后，迅速从炉中取出，并垂直地把錾子放在水中冷却，浸入深度约 $5\sim6$mm，如图 4-9 所示。同时将錾子沿着水面缓慢移动，由此造成水面波动，可使淬硬与不淬硬部分不致有明显的界限，避免出现錾子在淬硬与不淬硬的界限处断裂。待冷却到錾子露出水面部分呈黑色时，再由水中取出。这时还可利用錾子上部的余热进行回火。

b. 回火的技巧与禁忌。首先迅速擦去錾子前、后刀面上的氧化层和污物，然后观察切削部分随温度升高而颜色发生变化的情况，錾子刚出水时呈白色，随后由白色变为黄色、再由黄色变为蓝色。当变成黄色时，把錾子全部浸入水中冷却，这种情况下的回火俗称"黄火"。如果变成蓝色时，把錾子全部浸入水中冷却，这种情况的回火俗称为"蓝火"。"黄火"的硬度比"蓝火"的硬度高些，不易磨损，但"黄火"的韧性比"蓝火"的差些。所以一般采用两者之间的硬度"黄蓝火"，这样既能达到较高的硬度，又能保持一定的韧性。

但应注意錾子出水后，由白色变为黄色，由黄色变为蓝色，时间很短，只有数秒钟，所以要取得"黄蓝火"就必须把握好时机。

(2) **錾削平面的技巧、诀窍与禁忌**

錾削平面采用扁錾，每次錾削量约 0.5～2mm。起錾时应从工件的侧面夹角处轻轻起錾，如图 4-10 所示，使切削刃抵紧起錾部位后，把錾子头部向下倾斜至与工件端面基本垂直，再轻敲錾子。

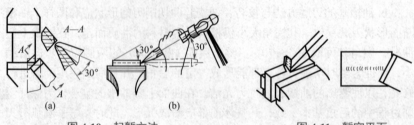

图 4-10　起錾方法　　　　　　　　图 4-11　錾窄平面

錾削较窄平面时，錾子的刃口与錾削方向保持一定角度，使錾子容易掌握，如图 4-11 所示。錾削较大平面时，可先用狭錾间隔开槽，槽深一致，在錾槽时，必须采用正面起錾，錾出一个斜面，接着按正常角度錾削，然后用扁錾錾去剩余部分，如图 4-12 所示。

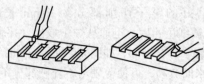

图 4-12　錾宽平面的技巧

在錾削过程中，一般每錾削两三次后，可将錾子退回一些，作一次短暂的停顿，然后将刃口顶住錾削处继续錾削，錾屑要用刷子刷掉。当錾削接近尽头约 10～15mm 时，必须调头錾去余下的部分，当錾削脆性材料时更应如此，否则尽头处就会崩裂，如图4-13所示。

（3）錾削板料的技巧、诀窍与禁忌

在没有剪切设备的情况下，可用錾削的方法分割薄板料或薄板工件。

切断薄板料（厚度在2mm以下），可将其夹在台虎钳上錾切，如图4-14所示。錾切时，将板料按划线夹成与钳口平齐，用阔錾沿着钳口并斜对着板料（约45°）自右向左錾切。

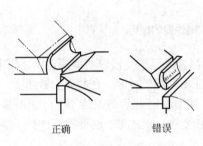

图4-13 錾削尽头的方法

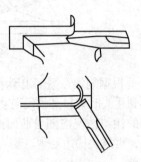

图4-14 薄板料的錾切

对尺寸较大的板料或錾切线有曲线而不能在台虎钳上錾切，可在铁砧或旧平板上进行，如图4-15所示，并在板料下面垫上废软材料，以免损伤刃口。錾切时，錾子应先放斜些，似剪切状，然后逐步放垂直，依次錾切。

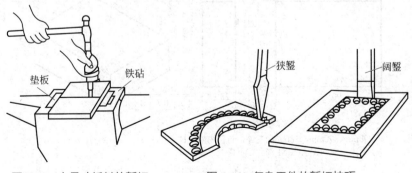

图4-15 大尺寸板料的錾切　　　　图4-16 复杂工件的錾切技巧

凿切较为复杂的板料时，一般先按轮廓线钻出密集的排孔，再用扁凿、尖凿逐步凿切。如图 4-16 所示。

（4）凿削油槽的技巧、诀窍与禁忌

油槽的作用是输送和储存润滑油，因而要求槽形粗细均匀、深浅一致，槽面光洁圆滑。凿削前首先根据图样上油槽的断面形状和尺寸，刃磨好凿子的切削部分，并在工件上划好线，如图 4-17 所示。

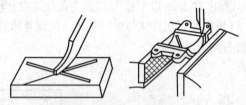

图 4-17　凿削油槽的技巧

根据划线在平面上凿油槽时，起凿的凿子要慢慢地加深至尺寸要求，凿到尽头时刃口必须慢慢翘起，保证槽底圆滑过渡。在曲面上凿油槽，凿子的倾斜情况应随着曲面而变动，使凿削时的后角保持不变。油槽凿好后，再修去槽边毛刺。凿油槽时一般要求一次成形，必要时可进行一定的修整。

（5）凿削实例及质量分析

① 工件名称：长方铁（如图 4-18 所示）。材料：HT150。材料尺寸：95mm×75mm×34mm。

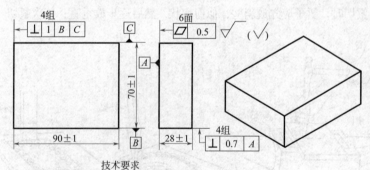

技术要求

90mm、70mm、28mm的三处，各自的最大尺寸和最小尺寸的差值(控制平行度)不得大于1.6mm

图 4-18　凿削实例

② 操作步骤与技巧：

a. 检查来料尺寸并清理毛坯件。

b. 在平板上利用划线盘将工件四周划出厚度为（28±1）mm 的平面加工线（一面须划出直向开槽线，另一面仅划出平面加工线）。

c. 先用狭鏨鏨出直槽，然后用阔鏨以较大的鏨削量鏨去槽间凸起部分，最后顺直向做平面的修鏨鏨削，达到平面度 0.5mm 的要求，且鏨痕整齐（作基准面 A）。

d. 用阔鏨顺直向粗、细鏨另一面，达到图样有关技术要求。

e. 划出宽度为（70±1）mm 的平面加工线，用阔鏨粗、细鏨，达到图样有关技术要求。

f. 划出长度为（90±1）mm 的平面加工线，用阔鏨粗、细鏨，达到图样有关技术要求。

g. 复检全部鏨削质量，并做必要的修整加工。

鏨平面时常会出现的质量问题及原因见表 4-1。

表 4-1　鏨平面的质量问题及原因

质量问题	产生原因
表面粗糙	①鏨子刃口爆裂或刃口卷刃不锋利 ②锤击力不均匀 ③鏨子头部已锤平，使受力方向经常改变
表面凹凸不平	①鏨削中，后角在一段过程中过大，造成鏨面凹下 ②鏨削中，后角在一段过程中过小，造成鏨面凸起
表面有梗痕	①左手未将鏨子放正、握稳，而使鏨子刃口倾斜，鏨削时刃角梗入 ②鏨子刃磨时刃口磨成中凹
崩裂或塌角	①鏨到尽头时未调头鏨，使棱角崩裂 ②起鏨量太多造成塌角
尺寸超差	①起鏨时尺寸不准 ②测量检查不及时

（6）鏨削禁忌与注意事项

① 鏨子要经常刃磨保持锋利，过钝的鏨子不但工作费力，鏨出的工件表面还不平整，而且容易产生打滑现象而引起手部划伤事故。

② 錾子头部有明显的毛刺时（如图 4-19 所示）要及时磨掉，避免伤手。

③ 发现手锤木柄有松动或损坏时，要立即装牢或更换，以免锤头脱落飞出伤人。

④ 錾削工作中，必要时要戴防护眼镜，避免錾削碎屑飞出伤人。

⑤ 錾子、手锤都不应沾油，防止脱手，产生事故。

⑥ 削疲劳时要适当休息，手臂过度疲劳时，容易击偏伤手。

图 4-19　錾子头部的毛刺

4.2　手锯和锯削

用手锯对材料或工件进行切断或切槽等加工叫锯削。大型原材料或工件的分割通常利用机械锯进行，不属于钳工的范围。常见的锯削工作如图 4-20 所示。

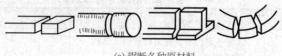

(a) 锯断各种原材料

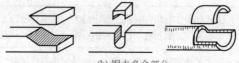

(b) 锯去多余部分

(c) 在工件上锯出沟槽

图 4-20　锯削的应用

4.2.1　手锯

手锯是钳工用来进行锯削的手动工具。

（1）手锯的组成

手锯由锯弓和锯条两部分组成。锯弓是用来安装锯条的，它有可调式和固定式两种。固定式锯弓只能安装一种长度的锯条［图 4-21（a）］；可调式锯弓通过调整可安装几种长度的锯条，并且可调式锯弓的锯柄形状便于用力，所以目前被广泛使用，如图 4-21（b）所示。

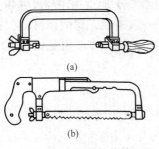

(a)

(b)

图 4-21　锯弓的构造

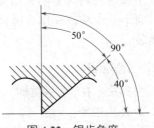

图 4-22　锯齿角度

锯条在锯削时起切削作用，一般用渗碳钢冷轧而成。锯条的长度规格是以其两端安装孔的中心距来表示的，钳工常用的锯条长度为 300mm。

（2）锯条的选用

合理选用锯条，必须先了解以下几点。

锯削时要达到较高的工作效率，需使切削部分具有足够的容屑空间；同时要使锯齿有一定的强度，则需较大的楔角。目前使用的锯条的锯齿角度是：$\alpha_0 = 40°$，$\beta_0 = 50°$，$\gamma_0 = 0°$，如图 4-22 所示。

锯削时，锯入工件越深，锯缝两边对锯条的摩擦阻力越大，甚至卡住锯条，因此制造时将锯条上的锯齿按一定规律左右错开排成一定的形状，即锯路，如图 4-23 所示。它使工件的锯缝宽度大于锯条背部的厚度，可减少摩擦阻力。锯路有交叉形、波浪形等。

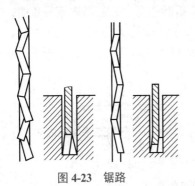

图 4-23　锯路

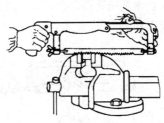

图 4-24　手锯的握法

锯条根据锯齿的牙距大小，有细齿（1.1mm）、中齿（1.4mm）和粗齿（1.8mm）之分，使用时根据所锯材料的软硬和厚薄来选用。锯削软材料（如纯铜、铸铁和中、低碳钢等）且较厚的材料时应选用粗齿锯条；锯削硬材料（如工具钢、合金钢、角铁等）时应选用细齿锯条；锯削管子和薄材料时必须选用细齿锯条。一般来说，锯削薄材料，在锯削截面上至少应有三个齿能同时参加锯削，这样才能避免锯齿被卡住或崩裂。

4.2.2 锯削姿势

① 握法。右手满握锯柄，左手轻扶锯弓前端，如图 4-24 所示。

② 压力控制。锯削时，右手控制推力与压力，左手配合右手扶正锯弓，压力不要过大。返回行程不切削，不加压。

③ 运动和速度控制。手锯推进时，身体略向前倾，左手上翘，右手下压，回程时右手上抬，左手自然跟进。锯削运动的速度一般为 40 次/min 左右，锯削硬材料慢些。同时，锯削行程应保持均匀，返回行程应相对快些。

4.2.3 锯削操作方法

（1）工件的夹持

工件一般应夹在台虎钳的左面，工件伸出钳口不应过长（应使锯缝离钳口侧面为 20mm 为宜），锯缝线要与钳口侧面保持平行，夹紧要牢靠，避免将工件夹变形或夹坏已加工面。

（2）锯条的安装

手锯是在前推时才起切削作用，故安装时应使齿尖的方向朝前，如图 4-25 所示。在调节锯条时，太紧会折断锯条，太松则锯条易扭曲，锯缝容易歪斜，其松紧程度以用于扳动锯条，感觉硬实即可。安装好后，还应检查锯条安装得是否歪斜、扭曲，这对保证锯缝正直和防止锯条折断都比较有利。

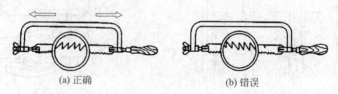

(a) 正确　　　　　　　　(b) 错误

图 4-25　锯条的安装

(3) 起锯方法

起锯是锯削工作的开始，它的好坏影响锯削质量。起锯有远起锯和近起锯两种，如图4-26所示。起锯时，左手拇指靠住锯条，使锯条能正确地锯在所需要的位置上，行程要短，压力要小，速度要慢，起锯角要小，约在15°左右。

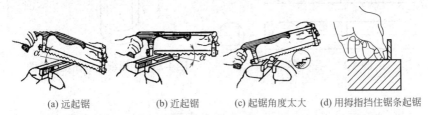

(a) 远起锯   (b) 近起锯   (c) 起锯角度太大   (d) 用拇指挡住锯条起锯

图4-26 起锯方法

一般采用远起锯较好，因为远起锯锯齿逐步切入材料，锯齿不易卡住，起锯也较方便。起锯锯到槽深有2～3mm，左手拇指即可离开锯条，扶正锯弓逐渐使锯痕向后成为水平，然后往下正常锯削。正常锯削时应使锯条的全部有效齿在每次行程中都参加切削。

(4) 锯弓的运动方式控制

锯弓的运动方式有两种：一是直线往复运动，它适用手锯缝底面要求平直的沟槽和薄型工件；二是摆动式，前进时右手下压而左手上提，操作自然，适用于锯断。

4.2.4 锯削技巧、诀窍与禁忌

(1) 棒料和轴类零件的锯削技巧

如果锯削的断面要求平整，则应从开始连续锯到结束。若锯出的断面要求不高，为提高工作效率，可分几个方向锯下，最后一次锯断。如锯削毛坯材料，如图4-27所示。

(2) 管子的锯削技巧

锯削管子前先划出垂直于轴线的锯削线。最简单的方法是用矩形纸条按锯削尺寸绕住工件外圆粘牢，纸条边作为锯削尺寸线，如图4-28所示。锯削时须把管子夹正，对于薄壁管子和精加工过的管子，应夹在有V形槽的两个木衬垫之间，防止将管子表面夹坏或夹扁，见图4-29（a）。

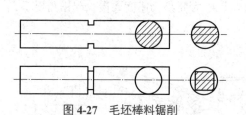

图 4-27　毛坯棒料锯削

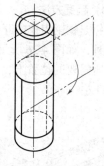

图 4-28　矩形纸条绕住管子外圆

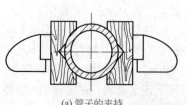

(a) 管子的夹持　　　　(b) 管子的转位锯削　　(c) 管子的错误锯削方法

图 4-29　管子的夹持和锯削

　　锯削管子时，当锯到接近管子内壁处，应将管子向推锯方向转过一个角度，仍旧锯到管子内壁处，如此逐渐改变方向，直至锯断为止，如图 4-29（b）所示；切不可从一个方向锯削到结束，这样锯削锯齿易被卡住，而且锯缝也不平整，如图 4-29（c）所示。

　　（3）薄板料的锯削技巧

　　锯削时尽可能从宽面上锯下去。当只能在板料的狭面上锯下去时，可用两块木板夹持，连木块一起锯下，这样避免锯齿卡住，也增加了板料的刚度，使锯削时不发生颤动，如图 4-30（a）所示。也可以把薄板料直接夹持在台虎钳上，用手锯做横向斜推锯，使锯齿与薄板接触的齿数增加，避免齿锯崩裂，如图 4-30（b）所示。

　　（4）深沟缝的锯削技巧

　　当锯沟缝的深度超过锯弓的高度时，应将锯条转 90° 重新装夹，使锯弓转到工件的旁边，当锯弓横下来其高度仍不够时，也可把锯条装夹成使锯齿朝向锯内（锯条转 180° 装夹）进行锯削，如图 4-31 所示。

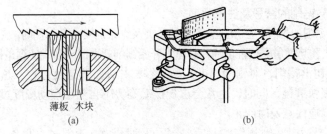

薄板 木块
(a)   (b)

图 4-30 薄板料的锯削

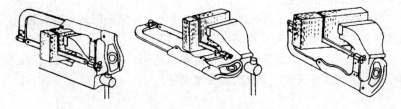

(a) 正常锯削   (b) 锯条转90°装夹锯削   (c) 锯条转180°装夹锯削

图 4-31 深缝的锯削

(5) 锯削的质量问题及原因

锯削加工时会出现一些质量问题，常见的问题及产生原因见表 4-2。

表 4-2　锯削的质量问题及原因

质量问题	产生原因
锯条折断	①工件未夹紧，锯削时工件有松动 ②锯条装得过松或过紧 ③锯削压力过大或锯削方向突然偏离锯缝方向 ④强行纠正歪斜的锯缝或调换新锯条后，仍在原锯缝过猛地锯下 ⑤锯削时锯条中间局部磨损，当拉长锯削时而被卡住引起折断 ⑥中途停止使用时，手锯未从工件中取出而碰断
锯齿崩裂	①锯条选择不当，如锯薄板料、管子时用粗齿 ②起锯时起锯角太大 ③锯削运动突然摆动过大以及锯齿有过猛的撞击
锯缝歪斜	①工件安装时，锯缝线未能与铅垂线方向一致 ②锯条安装太松或相对锯弓平面扭曲 ③使用锯齿两面磨损不均的锯条 ④锯削压力过大使锯条左右偏摆 ⑤锯弓未扶正或用力歪斜，使锯条背偏离锯缝中心平面，而斜靠在锯削断面的一侧

（6）锯削的禁忌及注意事项

① 锯削加工时，必须注意工件的装夹及锯条的安装是否正确，并要注意起锯方法和起锯角度是否正确，避免一开始锯削就造成废品或使锯条损坏。

② 初学锯削，对锯削速度不易掌握，往往推出速度过快，这样容易使锯条很快磨钝，同时，也常会出现摆动姿势不自然、摆动幅度过大等错误姿势，应注意及时纠正。

③ 要适时注意锯缝的平直情况，及时借正（歪斜过多再作借正时，就不能保证锯削的质量）。

④ 在锯削钢件时，可在锯条上点滴机油，以减少锯条与锯削断面的摩擦，并能冷却锯条，可以提高锯条的使用寿命。

⑤ 锯削完毕，应将锯弓上的张紧螺母适当放松，但不要拆下锯条，防止锯弓上的零件失散，并应将其妥善放好。

4.3　锉刀和锉削

用锉刀对工件表面进行切削加工，使其尺寸、形状、位置和表面粗糙度等都达到要求的加工方法叫锉削。它可加工工件的内外平面、内外曲面、内外角、沟槽和各种复杂形状的表面，还可在装配中修整工件，是在錾、锯之后对工件进行的较高精度加工，精度可达 0.01mm，表面粗糙度可达 $Ra\,0.8\mu m$。

4.3.1　锉刀

锉刀用 T13 或 T12 等材料制成，经热处理后硬度可达 62 ～ 72HRC。

（1）锉刀的构造

锉刀的构造如图 4-32 所示。

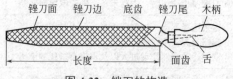

图 4-32　锉刀的构造

锉刀由锉身和锉柄两部分组成。锉刀面是锉削的主要工作面，其前端做成凸弧形，上下两面都有锉齿，便于进行锉削。锉刀边是指锉刀的两个侧面，有的没有齿，有的其中一边有齿。没有齿的一边叫光边，它可使锉削内直角的一个面时，不伤着邻面。

锉刀有锉齿和锉纹。锉削时每一个锉齿相当于一把錾子，对金属进行切削。锉纹是锉齿排列的图案，有单锉纹和双锉纹两种，如图 4-33 所示。单锉纹是指锉刀上只有一个方向的锉纹，由于全齿宽同时参与切削，需要较大的切削力，因而适用于软材料的锉削。双锉纹是指锉刀上有两个方向排列的锉纹，这样形成的锉齿，沿锉刀中心线方向形成倾斜、有规律排列。锉削时，每个齿的锉痕交错而不重叠，锉面比较光滑，锉削时切屑是碎断的，比较省力，锉齿强度也高，适用于锉削硬材料。

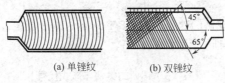

(a) 单锉纹 (b) 双锉纹

图 4-33 锉刀的锉纹

（2）锉刀的种类

锉刀可分为钳工锉、异形锉和整形锉三类，钳工常用的是钳工锉。

① 钳工锉。按其断面形状可分为齐头扁锉、半圆锉、三角锉、方锉和圆锉等，这样来适应各种表面的锉削，如图 4-34 所示。

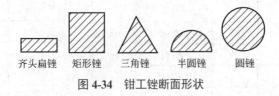

齐头扁锉　矩形锉　三角锉　半圆锉　圆锉

图 4-34 钳工锉断面形状

② 异形锉。用来加工零件上特殊表面用的，有弯头和直头两种，如图 4-35 所示。

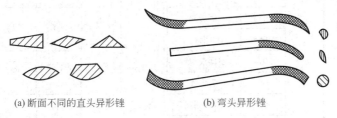

(a) 断面不同的直头异形锉 (b) 弯头异形锉

图 4-35 异形锉

③ 整形锉。用于修整工件上的细小部分，它可由 5 把、6 把、8 把、10 把或 12 把不同断面形状的锉刀组成一组，如图 4-36 所示。

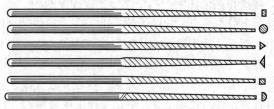

图 4-36　整形锉

各种类别、规格的锉刀，按 GB/T 5806—2003 规定，可用锉刀编号表示。锉刀的类别与形式代号见表 4-3。

表 4-3　锉刀的类别与形式代号

类别	类别代号	形式代号	形式	类别	类别代号	形式代号	形式
钳工锉	Q	01	齐头扁锉	整形锉	Z	01	齐头扁锉
		02	尖头扁锉			02	尖头扁锉
		03	半圆锉			03	半圆锉
		04	三角锉			04	三角锉
		05	矩形锉			05	矩形锉
		06	圆锉			06	圆锉
异形锉	Y	01	齐头扁锉			07	单面三角锉
		02	尖头扁锉			08	刀形锉
		03	半圆锉			09	双半圆锉
		04	三角锉			10	椭圆锉
		05	矩形锉				
		06	圆锉			11	圆边扁锉
		07	单面三角锉				
		08	刀形锉			12	菱形锉
		09	双半圆锉				
		10	椭圆锉				

锉刀的锉纹号反映锉刀的规格，按每 10mm 轴向长度内锉纹条数的多少划分为 1～5 号，1 号锉纹至 5 号锉纹，锉齿由粗到细，见表 4-4。其中主锉纹是指起主要作用的锉纹。

表 4-4　锉刀锉纹粗细的规定

规格 /mm	主锉纹条数（10mm 内）				
	锉纹号				
	1	2	3	4	5
100	14	20	28	40	56
125	12	18	25	36	50
150	11	16	22	32	45
200	10	14	20	28	40
250	9	12	18	25	36
300	8	11	16	22	32
350	7	10	14	20	—
400	6	9	12	—	—
450	5.5	8	11	—	—

锉刀编号示例见表 4-5。

表 4-5　锉刀的编号示例

锉刀编号	锉刀类型、规格
Q-02-200-3（QB/T 2569.1—2002）	钳工锉类的尖头扁锉 200mm 3 号锉纹
Y-01-170-2（QB/T 2569.4—2002）	异形锉类的齐头扁锉 170mm 2 号锉纹
Z-04-140-0（QB/T 2569.3—2002）	整形锉类的三角锉 140mm 0 号锉纹
Q-03h-250-1（QB/T 2569.1—2002）	钳工锉类的半圆锉厚型 250mm 1 号锉纹

（3）锉刀的选用技巧

每一种锉刀都有一定的用途，如果选择不当，就不能充分发挥它的作用，甚至会过早丧失切削能力。因此锉削之前必须正确选择锉刀。

锉刀断面形状的选择，决定于锉削工件的表面形状，如图 4-37 所示。锉刀的锉纹号的选择，决定于工件材料的性质、加工余量的大小、加工精度和表面粗糙度的要求。如 1 号、2 号锉刀一般用于锉削软材料及加工余量大、精度低的工件。表 4-6 所示锉刀齿纹的粗细规格供选择参考。

表 4-6　锉刀齿纹的粗细规格选择

锉刀粗细	适用条件		
	锉削余量 /mm	尺寸精度 /mm	表面粗糙度
1 号（粗齿锉刀）	0.5 ～ 1	0.2 ～ 0.5	Ra 100 ～ 25
2 号（中齿锉刀）	0.2 ～ 0.5	0.05 ～ 0.2	Ra 25 ～ 6.3
3 号（细齿锉刀）	0.1 ～ 0.3	0.02 ～ 0.05	Ra 12.5 ～ 3.2
4 号（双细齿锉刀）	0.1 ～ 0.2	0.01 ～ 0.02	Ra 6.3 ～ 1.6
5 号（油光锉）	0.1 以下	0.01	Ra 1.6 ～ 0.8

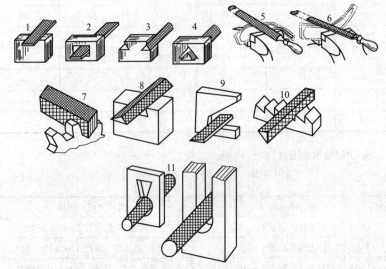

图 4-37　不同表面的锉削

1，2—锉平面；3，4—锉燕尾和三角孔；5，6—锉曲面；7—锉楔角；
8—锉内角；9—锉菱形；10—锉三角形；11—锉圆孔

4.3.2　锉削姿势

（1）锉刀握法

锉刀长度大于 250mm 的握法如图 4-38 所示。右手紧握刀柄，柄端抵在拇指根部的手掌上，拇指放在刀柄上部，其余手指由下而上地握着刀柄，左手的基本握法是将拇指根部的肌肉压在锉刀头上，拇指自然伸直，其余四指弯向手心，用中指、无名指捏住锉刀前端。锉削时右手推动锉刀并决定推动方向，左手协同右手使锉刀保持平衡。图 4-39 所示为中、小型锉刀的握法。

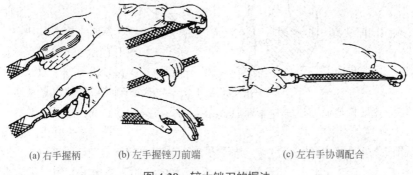

(a) 右手握柄　　　(b) 左手握锉刀前端　　　　(c) 左右手协调配合

图 4-38　较大锉刀的握法

(a) 中型锉刀的握法　　(b) 小型锉刀的握　　(c) 最小型锉刀的握法

图 4-39　中、小型锉刀的握法

（2）锉削姿势

锉削时的站立步位和姿势及锉削动作如图 4-40、图 4-41 所示，两手握住锉刀放在工件上，左臂弯曲。锉削时，身体先于锉刀并与之一起向前，右脚伸直并稍向前倾，重心在左脚，左膝呈弯曲状态。当锉刀锉至约 3/4 行程时，身体停止前进，两臂则继续将锉刀向前锉到头，同时，左脚伸直重心后移，恢复原位，并将锉刀收回。然后进行第二次锉削。

（3）锉削用力及速度控制

锉削时右手的压力要随锉刀推动而逐渐增加，左手的压力则逐渐减小。回程时不加压力，以减少锉齿的磨损。锉削速度一般应在 40 次 /min 左右，推出时稍慢，回程时稍快，动作要自然协调。

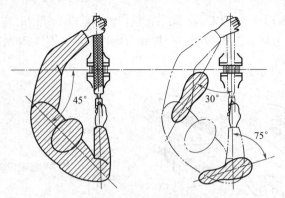

图 4-40 锉削时的站立步位和姿势

图 4-41 锉削动作

4.3.3 锉削技巧、诀窍与禁忌

（1）工件的装夹要求与技巧

① 工件尽量装夹在台虎钳钳口宽度之间。

② 装夹要牢固稳定，但又不能使工件变形。

③ 工件锉削面离钳口不要太远，以免锉削时工件产生振动。

④ 工件形状不规则时，要加适宜的衬垫后夹紧。

（2）平面的锉法与技巧

① 顺向锉法与技巧。锉刀运动方向与工件夹持方向始终一致。在锉宽平面时，每次退回锉刀，应在横向做适当移动。顺向锉法的锉纹整齐一致，比较美观，这是最基本的一种锉削方法，不大的平面和最后锉光都用这种方法。如图 4-42 所示。

② 交叉锉法与技巧。锉刀运动方向与工件夹持方向约成 30°～40°，且锉纹交叉（图 4-43）。由于锉刀与工件的接触面大，锉刀容易掌握平稳，同时从刀痕上可以判断出锉削面的高低情况，表面容易锉平，一般适于粗锉。精锉时为了使刀痕变为正直，在平面将锉削完成前应改用顺向锉法。

③ 推锉法与技巧。用两手对称横握锉刀，用拇指推动锉刀顺着工件长度方向进行锉削。此法一般用来锉削狭长平面。如图 4-44 所示。

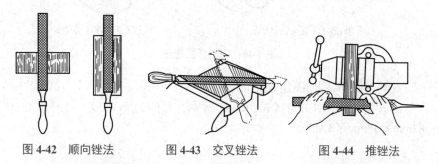

图 4-42　顺向锉法　　　图 4-43　交叉锉法　　　图 4-44　推锉法

（3）曲面的锉法与技巧

最基本的曲面是单一的外圆弧面和内圆弧面，其锉法也分为两种。

① 外圆弧面锉法。余量不大或对外圆弧面作修整时，一般采用锉刀顺着圆弧锉削，如图 4-45（a）所示，当锉刀做前进运动时，还应绕工件圆弧的中心做摆动。

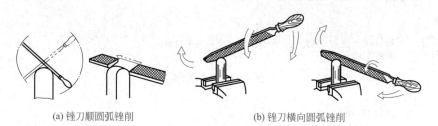

(a) 锉刀顺圆弧锉削　　　　　　　(b) 锉刀横向圆弧锉削

图 4-45　外圆弧面锉法

当锉削余量较大时，可采用横着圆弧锉的方法，如图 4-45（b）所示，按圆弧要求锉成多棱形，然后再用顺着圆弧锉削，精锉成圆弧。

② 内圆弧面锉法。如图 4-46 所示，锉刀要同时完成三个运动：前进运动、向左或向右的移动和绕锉刀中心线转动（按顺时针或逆时针方向转

动约 90°）。三种运动必须同时进行，才能锉好内圆弧面，如图 4-46（b）
所示；如不同时完成上述三种运动，如图 4-46（a）所示，就不能锉出合
格的内圆弧面。

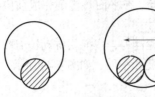

(a) 锉刀不正确锉削方法　　　　　(b) 锉刀不正确锉削方法

图 4-46　内圆弧面锉法

（4）锉削实例与质量分析

工件名称：四方体（如图 4-47 所示）。材料：HT150。材料尺寸：
82mm×37mm×37mm。

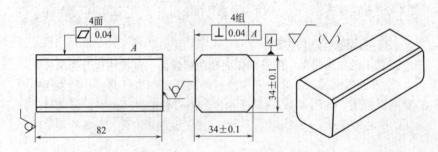

技术要求

1. 34mm 尺寸处，其最大与最小尺寸的差值不得大于 0.1mm。
2. 各锐边倒角 C1。

图 4-47　锉削实例

操作步骤：

① 粗、精锉基准面 A。粗锉用 300mm 粗板锉，精锉用 250mm 细板
锉。达到平面度 0.04mm、表面粗糙度 $Ra \leqslant 3.2\mu m$ 的要求。

② 粗、精锉基准面 A 的对面。用游标高度尺划出相距为 34mm 的
平面加工线，先粗锉，留 0.15mm 左右的精锉余量，再精锉达到图样
要求。

③ 粗、精锉基准面 A 的任一邻面。用 90°角尺和划针划出平面加工

线，然后锉削达到图样有关要求。

④ 粗、精锉基准面 A 的另一邻面。先以相距对面 34mm 尺寸划出平面加工线，然后粗锉，留 0.15mm 左右的精锉余量，再精锉达到图样有关要求。

⑤ 全部精度复检，并做必要的修整锉割。最后将各锐边均匀倒角 1mm×45°。

锉削加工时会出现一些质量问题，常见锉削平面不平的形式和原因见表 4-7。

表 4-7　锉削平面不平的形式和原因

形式	产生原因
平面中凸	①锉削时双手的用力不能使锉刀保持平衡 ②锉刀在开始推出时，右手压力太大，锉刀被压下，锉刀推到前面，左手压力太大，锉刀被压下，形成前、后面多锉 ③锉削姿势不正确 ④锉刀本身中凹
对角扭曲或塌角	①左手或右手施加压力时重心偏在锉刀的一侧 ②工件未夹正确 ③锉刀本身扭曲
平面横向中凸或中凹	锉刀在锉削时左右移动不均匀

（5）锉削禁忌与注意事项

① 不使用无锉刀柄或锉刀柄已裂开的锉刀，锉刀柄要装紧，否则不但用不上力，而且容易因锉刀柄脱落而发生事故。

② 不能用嘴吹切屑，防止切屑飞入眼睛造成伤害；也不能用手清除切屑，防止切屑伤手。

③锉刀放置时不要露出在钳台边外，防止跌落伤脚或损坏锉刀。

④锉削时不要用手触摸锉削表面，因手上有油污易造成锉刀打滑。

第 5 章

钻床及钻床夹具

5.1 钻床

钻床是钳工最常用的孔加工机床设备之一。钻床主要有台式钻床（简称台钻）、立式钻床（简称立钻）和摇臂钻床三种；此外，随着数控技术的不断发展，数控钻床的应用也越来越广泛。

钻床类、组、系划分见表 5-1。

表 5-1　钻床类、组、系划分（摘自 GB/T 15375—2008）

组		系		主参数	
代号	名称	代号	名称	折算系数	名称
0		0 1 2 3 4 5 6 7 8 9			
1	坐标镗钻床	0 1 2 3 4 5 6 7 8 9	台式坐标镗钻床 立式坐标镗钻床 转塔坐标镗钻床 定臂坐标镗钻床	1/10 1/10 1/10 1/10	工作台面宽度 工作台面宽度 工作台面宽度 工作台面宽度

组		系			主参数
代号	名称	代号	名称	折算系数	名称
2	深孔钻床	0			
		1	深孔钻床	1/10	最大钻孔直径
		2			
		3			
		4			
		5			
		6			
		7			
		8			
		9			
3	摇臂钻床	0	摇臂钻床	1	最大钻孔直径
		1	万向摇臂钻床	1	最大钻孔直径
		2	车式摇臂钻床	1	最大钻孔直径
		3	滑座摇臂钻床	1	最大钻孔直径
		4	坐标摇臂钻床	1	最大钻孔直径
		5	滑座万向摇臂钻床	1	最大钻孔直径
		6	无底座式万向摇臂钻床	1	最大钻孔直径
		7	移动万向摇臂钻床	1	最大钻孔直径
		8			
		9			
4	台式钻床	0	台式钻床	1	最大钻孔直径
		1	工作台台式钻床	1	最大钻孔直径
		2	可调多轴台式钻床	1	最大钻孔直径
		3	转塔台式钻床	1	最大钻孔直径
		4	台式攻钻床	1	最大钻孔直径
		5			
		6	台式排钻床	1	最大钻孔直径
		7			
		8			
		9			
5	立式钻床	0	圆柱立式钻床	1	最大钻孔直径
		1	方柱立式钻床	1	最大钻孔直径
		2	可调多轴立式钻床	1	最大钻孔直径
		3	转塔立式钻床	1	最大钻孔直径
		4	圆方柱立式钻床	1	最大钻孔直径
		5			
		6	立式排钻床	1	最大钻孔直径
		7	十字工作台立式钻床	1	最大钻孔直径
		8			
		9	升降十字工作台立式钻床	1	最大钻孔直径

续表

组		系			主参数
代号	名称	代号	名称	折算系数	名称
6	卧式钻床	0 1 2 3 4 5 6 7 8 9	卧式钻床	1	最大钻孔直径
7	铣钻床	0 1 2 3 4 5 6 7 8 9	台式铣钻床 立式铣钻床 龙门式铣钻床 十字工作台立式铣钻床 镗铣钻床 磨铣钻床	1 1 1 1 1 1	最大钻孔直径 最大钻孔直径 最大钻孔直径 最大钻孔直径 最大钻孔直径 最大钻孔直径
8	中心孔钻床	0 1 2 3 4 5 6 7 8 9	中心孔钻床 平端面中心孔钻床	1/10 1/10	最大工件直径 最大工件直径
9	其他钻床	0 1 2 3 4 5 6 7 8 9	双面卧式玻璃钻床 数控印制板钻床 数控印制板铣钻床	1 1 1	最大钻孔直径 最大钻孔直径 最大钻孔直径

5.1.1　台式钻床与手持式电钻

（1）台式钻床

台式钻床简称台钻，是一种小型钻床，可放在工作台上使用。一般用来钻削直径在 ϕ13mm 以下的孔，且为手动进给。台钻的主要特点是结构简单、体积小、操作方便灵活，常用于小型零件上钻、扩孔。

① 台式钻床的结构与组成。如图 5-1 所示就是一台应用广泛的台钻。这种台钻灵活性较大，可适应各种情况钻孔的需要，它的电动机 6 通过五级 V 带可使主轴得到五种转速。其头架本体 5 可在立柱 10 上进行上下移动，并可绕立柱中心转移到任何位置，将其调整到适当位置后用手柄 7 锁紧。9 是保险环。如果头架要放低一点，可靠它把保险环放到适当位置，再扳螺钉 8 把它锁紧，然后略放松手柄 7，靠头架自重落到保险环上，再把手柄 7 扳紧。工作台 3 也可在立柱上进行上下移动，并可绕立柱转动到任意位置。当松开锁紧螺钉 2 时，工作台在垂直平面内还可左右倾斜 45°。

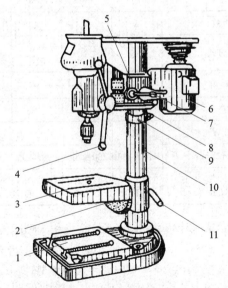

图 5-1　台式钻床结构组成

1—底座；2—锁紧螺钉；3—工作台；4—进给手柄；5—头架本体；6—电动机；7—锁紧手柄；8—螺钉；9—保险环；10—立柱；11—工作台锁紧手柄

工件较小时，可放在工作台上钻孔；当工件较大时，可把工作台转开，直接放在钻床底座 1 上钻孔。这类钻床的最低转速较高，往往在 400 r/min 以上，不适于锪孔和铰孔。

② 台式钻床型号与技术参数。台式钻床型号与技术参数见表 5-2。

表 5-2　台式钻床型号与技术参数

技术参数	型号				
	Z4002A	Z4006C	Z4012	Z4015	Z4116-A
最大钻孔直径 /mm	2	6	12	15	16
主轴行程 /mm	25	65	100	100	125
主轴孔莫氏锥度号（Morse No.）			1	2	2
主轴端面至底座距离 /mm	20～120	90～215	30～430	30～430	560
主轴中心线至立柱表面距离 /mm	80	152	190	190	240
主轴转速范围 /r·min⁻¹	3000～8700	2300～11400	480～4100	480～2800	335～3150
主轴转速级数	3	4	4	4	5
主轴箱升降方式	手托	丝杠升降	蜗轮蜗杆	蜗轮蜗杆	±180
主轴箱绕立柱回转角 /（°）	±180	±180	0	0	±180
主轴进给方式	手动	手动	手动	手动	手动
电机功率 /kW	0.09	0.37	0.55	0.55	0.55
工作台尺寸 /mm×mm	110×100	200×200	295×295	295×295	300×300
机床外形尺寸（长×宽×高）/mm×mm×mm	320×140×370	545×272×730	790×365×800	790×365×850	780×415×1300

③ Z4012 型台式钻床传动系统。Z4012 型台式钻床传动系统如图 5-2 所示，主运动：

$$
电动机 - \frac{主动 \text{ V 带轮（直径）}}{从动 \text{ V 带轮（直径）}} - 主轴
\begin{cases}
(4100\text{r/min}) \\
(2440\text{r/min}) \\
(1420\text{r/min}) \\
(840\text{r/min}) \\
(480\text{r/min})
\end{cases}
$$

Z4012 钻床进给运动：

三球式手轮 — 齿轮/齿条

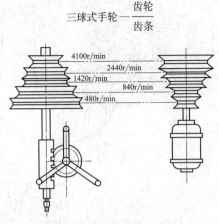

图 5-2　台式钻床传动系统

（2）手持式电钻

手持式电钻是一种手持式电动工具，如图 5-3 所示。手持式电钻最大的特点是操作简单、使用灵活，携带方便。在大型夹具和模具装配和修理时，当受工件形状或加工部位限制不能用钻床钻孔时，可使用手持式电钻加工。

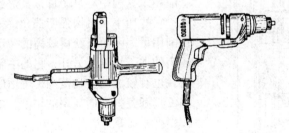

图 5-3　手持式电钻

手持式电钻的电源电压分单相（220V、36V）和三相（380V）两种。采用单相电压的电钻规格有 6mm、10mm、13mm、19mm 和 23mm 五种。采用三相电压的电钻规格有 13mm、19mm 和 23mm 三种。

手持式电钻的传动系统，以 $J_1Z\text{-}6$ 型手持式电钻为例，如图 5-4 所示，单相串励电动机的轴端带有小齿轮 z_1，它带动中间轴上的双联齿轮 z_2，又经齿轮 z_3 带动钻轴上的齿轮 z_4，使钻轴旋转运动。

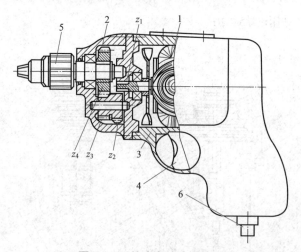

图 5-4　手持式电钻结构简图

1—电动机；2—减速箱；3—外壳；4—开关；5—钻夹头；6—电源线

5.1.2　立式钻床

立式钻床可钻削直径 $\phi 25 \sim 50mm$ 各种孔。这类钻床最大钻孔直径

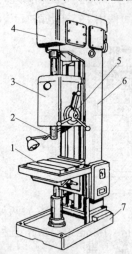

图 5-5　立式钻床的结构组成

1—工作台；2—主轴；3—走刀变速箱；4—主轴变速箱；5—进给手柄；6—立柱床身；7—底座

有 25mm、35mm、40mm、50mm 等几种，它一般用来钻削中心型工件，其进给可自动走刀；它的功率和机构强度都允许采用较高的切削用量，因而可获得较高的劳动生产率及较高的加工精度。另外，它的主轴转速与进给量也有较大的变动范围，可适应不同材料的刀具和各种不同需要的钻削，如锪孔、铰孔、攻螺纹等。

（1）立式钻床的结构与组成

图 5-5 所示就是一台应用较为广泛的立式钻床，它由底座 7、立柱床身 6、主轴变速箱 4、电动机 8、主轴 2、走刀变速箱 3 和工作台 1 等主要部件组成。

立钻的床身 6 固定在底座 7 上，主轴变速箱 4 就固定在箱形立柱床身 6 的顶部。走刀变速箱 3 装在床身 6 的导轨面上。床身内装有平衡用的链条，绕过滑轮与主轴套筒相连，以平衡主轴的重量。工作台1装在床身导轨的下方，旋转手柄，工作台可沿床身导轨上下移动。在钻削大工件时，工作台还可以全部拆掉，工件直接固定在底座7上。这种钻床的走刀变速箱3也可在床身导轨上移动，以适应特殊工件的需要。不过无论是拆工作台或是移动很重的走刀变速箱都非常麻烦，所以在钻削较大工件时就不适用了。

（2）立式钻床的主要技术参数

立式钻床型号与技术参数、联系尺寸分见表5-3和表5-4。

表5-3　立式钻床型号与技术参数

技术参数	型号					
	Z5125A	Z5132A	Z5140A	Z5150A	Z5163A	ZQ5180A
最大钻孔直径/mm	25	32	40	50	63	80
主轴中心线至导轨面距离/mm	280	280	335	350	375	375
主轴端面至工作台距离/mm	710	710	750	750	800	800
主轴行程/mm	200	200	250	250	315	315
主轴箱行程/mm	200	200	200	200	200	200
主轴转速范围/（r/min）	50～2000	50～2000	31.5～1400	31.5～1400	22.4～1000	22.4～1000
主轴转速级数	9	9	12	12	12	12
进给量范围/（mm/r）	0.056～1.8	0.056～1.8	0.056～1.8	0.056～1.8	0.063～1.2	0.063～1.2
进给量级数	9	9	9	9	8	8
主轴孔莫氏锥度号	3	3	4	4	5	5
主轴最大进给抗力/N	9000	9000	16000	16000	30000	30000
主轴最大扭矩/N·m	160	160	350	350	800	800
主电动机功率/kW	2.2	2.2	3	3	5.5	5.5
总功率/kW	2.3	2.3	3.1	3.1	5.75	5.75
工作台行程/mm	310	310	300	300	300	300
工作台尺寸/mm	550×400	550×400	560×480	560×480	650×550	650×550
机床外形尺寸（长×宽×高）/mm×mm×mm	980×807×2302	980×807×2302	1090×905×2530	1090×905×2530	1300×980×2790	1300×980×2790

表 5-4　立式钻床联系尺寸　　　　　　　　　　　　mm

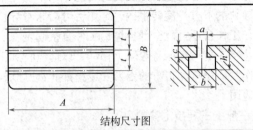

结构尺寸图

机床联系尺寸	型号					
	Z5125A	Z5132A	Z5140A	Z5150A	Z5163	ZQ5180A
工作台尺寸（A×B）	550×400	550×400	560×480	560×480	650×550	650×550
T形槽数/个	3	3	3	3	3	3
t	100	100	150	150	150	150
a	14	14	18	18	22	22
b	24	24	30	30	36	36
c	11	11	14	14	16	16
h	26	26	30	30	36	36

（3）Z5125 型立式钻床的传动系统

Z5125 型立式钻床外形和传动系统如图 5-6 所示。

① 主运动。电动机经过一对 V 带轮 ϕ114mm 及 ϕ152mm，将运动传给 I 轴。轴 I 上的三联滑移齿轮将运动传给 II 轴，使 II 轴获得三种速度。II 轴三联滑移齿轮将运动传给 III 轴，使 III 轴获得 9 种速度。轴 III 是带内花键的空心轴，主轴上部的花键与其相配合，使主轴也有 9 种不同的转速。主运动传动链的结构式是：

$$电动机 - \frac{114}{152} - I - \left\{ \begin{array}{c} \dfrac{25}{54} \\ \dfrac{37}{58} \\ \dfrac{23}{72} \end{array} \right\} - II - \left\{ \begin{array}{c} \dfrac{18}{63} \\ \dfrac{54}{27} \\ \dfrac{36}{45} \end{array} \right\} - 主轴 III$$

其主轴转速的传动方程式为：

$$n_{主轴} = n_{电动机} \times \frac{d_1}{d_2} \times \mu_{变}$$

式中　$n_{主轴}$——主轴转速，r/min；

　　　$n_{电动机}$——电动机转速，r/min；

　　　d_1——电动机 V 带轮直径，min；

　　　d_2——从动轴（Ⅰ轴）V 带轮直径，mm；

　　　$\mu_{变}$——主轴变速箱的传动比。

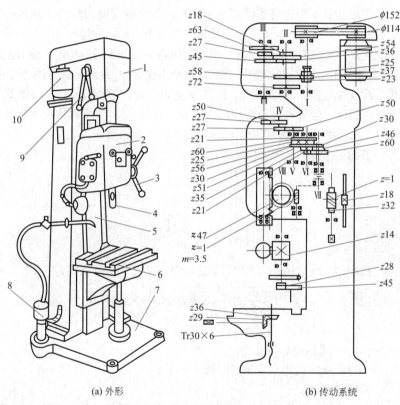

(a) 外形　　　　　　　　　　(b) 传动系统

图 5-6　**Z5125 型立式钻床**

1—主轴变速箱；2—进给箱；3—进给手柄；4—主轴；5—立柱；6—工作台；
7—底座；8—冷却系统；9—变速手柄；10—电动机

根据传动链结构式和方程式，可求出主轴最高和最低转速如下：

$$n_{最高}=n_{电动机} \times \frac{d_1}{d_2} \times \mu_{变}=1420 \times 114/152 \times 37/58 \times 54/27 \approx 1360（r/min）$$

$$n_{最低}=n_{电动机} \times \frac{d_1}{d_2} \times \mu_{变}=1420 \times 114/152 \times 23/72 \times 18/63 \approx 97（r/min）$$

因带轮传动不能保证较为精确的传动比，故而主轴实际的转速会比计算的要低一些。

② 进给运动。钻床有手动进给与机动进给两种。手动进给是靠手自动控制的，机动进给是靠钻床进给箱内的传动系统控制的。

主轴经 $z27$ 传递给进给箱内的轴Ⅳ，轴Ⅳ经空套齿轮将运动传给轴Ⅴ。轴Ⅴ为空心轴，轴上三个空套齿轮内装有拉键，通过改变二个拉键与三个空套齿轮键槽的相对位置，可使Ⅵ轴得到三种不同的转速。轴Ⅵ上有5个固定齿轮，通过改变轴Ⅶ上三个空套齿轮键槽与拉键的相对位置，可Ⅶ得到9种转速，再经轴Ⅶ上钢球安全离合器，使蜗杆（$z1$）带动蜗轮（$z47$）旋转，最后通过与蜗轮的小齿轮（$z14$）将运动传递给主轴组件的齿条，从而使旋转运动变为主轴轴向移动的进给运动。

进给运动传动链的结构式为：

$$主轴Ⅲ - \frac{27}{50} - Ⅳ - \frac{27}{50} - Ⅴ \begin{Bmatrix} \frac{21}{60} \\ \frac{25}{56} \\ \frac{30}{51} \end{Bmatrix} - Ⅵ - \begin{Bmatrix} \frac{51}{30} \\ \frac{35}{46} \\ \frac{21}{60} \end{Bmatrix} - Ⅶ - \frac{1}{47} - Ⅷ - 14齿条（m=3）$$

根据传动链结构式可列出计算进给量时的传动链方程式为：

$$f=1 \times \frac{27}{50} \times \frac{27}{50} \times \mu_{进给} \times \frac{1}{47} \times \pi m \times 14$$

式中　f——主轴进给量，mm/r；

　　$\mu_{进给}$——进给箱总传动比；

　　m——$z14$ 齿轮和齿条的模数（$m=3$）。

③ 辅助进给。

a. 进给箱的升降移动。摇动手柄使蜗杆带动蜗轮转动，再通过与蜗轮同轴的齿轮与固定在立柱上的齿条啮合，来带动进给箱升降移动。

b. 工作台升降移动。摇动工作台升降手柄，使 $z29$ 的锥齿轮带动 $z36$ 的锥齿轮，再通过与 $z36$ 的锥齿轮同轴的丝杠旋转，使工作台升降移动。

5.1.3　摇臂钻床

（1）摇臂钻床结构和组成

摇臂钻床适用于笨重的大工件或多孔工件上的钻削工作。如图5-7所示，它主要是靠移动钻轴去对准工件上的孔中心来钻孔的。由于主轴变速箱8能在摇臂9上大范围地移动，而摇臂又能回转360°，故其钻削范围较大。

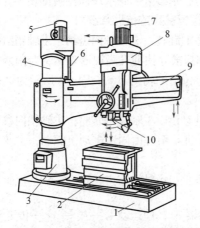

图5-7　Z3040型摇臂钻床结构组成

1—底座；2—工作台；3—内立柱；4—外立柱；5—摇臂升降电动机；6—摇臂
升降丝杠；7—主电动机；8—主轴变速箱；9—摇臂；10—主轴

当工件不太大时，可压紧在工作台2上加工，如果工作台放不下，可把工作台吊走，再把工件直接放在底座1上加工。根据工件高度的不同，摇臂9可用电动胀闸锁紧在立柱3上，主轴变速箱8也可用电动锁紧装置固定在摇臂9上。这样在加工时主轴的位置就不会变动，刀具也不会产生振动。

摇臂钻床的主轴转速和进给量范围很广，适用于钻孔、扩孔、锪平面、锪柱坑、锪锥坑、铰孔、镗孔、环切大圆孔和攻螺纹等各种工作。

以Z3040型摇臂钻床为例说明如下。

Z3040型摇臂钻床是以移动钻床主轴来找正工件的，其操作方便灵活。主要适用于较大型、中型与多孔工件的单件、小批或中等批量的孔加工。它的立柱为双层结构，内立柱3安装于底座上，外立柱4可绕内立柱3

转动，并可带着夹紧在其上的摇臂 9 摆动。主轴箱 8 可在摇臂 9 的水平导轨上移动，有很大的移动范围，其摇臂可绕外立柱 4 做 360°回转，并可通过摇臂升降电动机 5 和摇臂升降丝杠 6 带动做上下运动。通过摇臂和主轴箱的上述运动，可以方便地在一个扇形面内调整主轴 10 至被加工孔的位置。另外，摇臂可沿外立柱 4 轴向上下移动，以调整主轴箱及刀具的高度。

（2）摇臂钻床型号和技术参数

摇臂钻床型号与技术参数、联系尺寸分别见表 5-5 和表 5-6。

（3）Z3040 型摇臂钻床的传动系统

摇臂钻床具有主轴旋转、主轴轴向进给、主轴箱沿摇臂水平导轨的移动、摇臂的摆动及摇臂沿立柱的升降等 5 个运动。前两个运动为表面成形运动，后 3 个为调整位置的辅助运动。图 5-8 所示为 Z3040 型摇臂钻床的传动系统图。

由于钻床轴向进给量以主轴每一转时，主轴轴向移动量来表示，所以钻床的主传动系统及进给系统由同一电动机驱动，主变速机构及进给变速机构均装在主轴箱内。

① 主运动。主电动机由轴 I 经齿轮 $\dfrac{35}{35}$ 等传至轴 II，并通过轴 II 上双向多片式摩擦离合器 M_1，使运动由 $\dfrac{37}{42}$ 或 $\dfrac{36}{36} \times \dfrac{36}{38}$ 传至轴 III，从而控制主轴作正转或反转。轴 III - VI 间有三组由液压操纵机构控制的双联滑移齿轮组；轴 VI - 主轴 VII 间有一组内齿式离合器（M_3）变速组，运动可由轴 VI 通过齿轮副 $\dfrac{20}{80}$ 或 $\dfrac{61}{39}$ 传至轴 VII，从而使主轴获得 16 级转速，转速范围为 25～2000r/min。当轴 II 上摩擦离合器 M_1 处于中间位置，切断与主传动的联系时，通过多片式液压制动器 M_2 使主轴制动。主运动传动路线表达式为：

$$
\text{电动机} - \text{I} - \frac{35}{55} - \text{II} - \begin{bmatrix} M_1 \uparrow - \dfrac{37}{42} \\ (\text{换向}) \\ M_1 \downarrow - \dfrac{36}{36} \times \dfrac{36}{38} \end{bmatrix} - \text{III} - \begin{bmatrix} \dfrac{29}{47} \\ \dfrac{38}{38} \end{bmatrix}
$$

$$
- \text{IV} - \begin{bmatrix} \dfrac{20}{50} \\ \dfrac{39}{31} \end{bmatrix} - \text{V} - \begin{bmatrix} \dfrac{22}{44} \\ \dfrac{44}{34} \end{bmatrix} - \text{VI} - \begin{bmatrix} \dfrac{20}{80} \\ M_3 - \dfrac{61}{39} \end{bmatrix} - \text{VII}（主轴）
$$

电动机 3kW 1440 r/min

表 5-5 摇臂钻床型号与技术参数

技术参数	型号					
	Z3025B×10	Z3132	Z3035B	Z3040×16	Z3063×20	Z3080×25
最大钻孔直径 /mm	25	32	35	40	63	80
主轴中心线至立柱表面距离 /mm	300～1000	360～700	350～1300	350～1600	450～2000	500～2500
主轴端面至底座面距离 /mm	250～1000	110～710	350～1250	350～1250	400～1600	550～2000
主轴行程 /mm	250	160	300	315	400	450
主轴孔莫氏锥度号	3	4	4	4	5	6
主轴转速范围 /（r/min）	50～2350	63～1000	50～2240	25～2000	20～1600	16～1250
主轴转速级数	12	8	12	16	16	16
进给量范围 /（mm/r）	0.13～0.56	0.08～2.00	0.06～1.10	0.04～3.2	0.04～3.2	0.04～3.2
进给量级数	4	3	6	16	16	16
主轴最大扭矩 /N·m	200	120	375	400	1000	1600
最大进给抗力 /N	8000	5000	12500	16000	25000	35000
摇臂升降距离 /mm	500	600	600	600	800	1000
摇臂升降速度 /（m/min）	1.3	1.5	1.27	1.2	1.0	1.0
主电动机功率 /kW	1.3		2.1	3	5.5	7.5
总装机容量 /kW	2.3		3.35	5.2	8.55	10.85
摇臂回转角度 /（°）	±180	±180	360	360	360	360
主轴箱水平移动距离 /mm	700		850	1250	1550	2000
主轴箱在水平面回转角度 /（°）		±180				

注：Z3132 为万向摇臂钻床。

表5-6　摇臂钻床联系尺寸　　　　　　mm

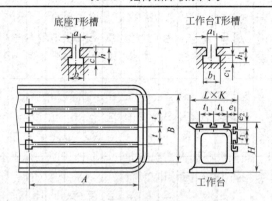

底座T形槽　　　工作台T形槽

$L \times K$

工作台

结构尺寸图

机床联系尺寸	型号					
	Z3025B×10	Z3132	Z3035B	Z3040×16	Z3063×20	Z3080×25
底座T形槽数/个	3	2	3	3	4	5
工作台上面T形槽数/个	3	—	3	3	4	5
工作台侧面T形槽数/个	2	—	2	2	3	3
$A \times B$	1052×654	650×450	1270×740	1590×1000	1985×1080	2450×1200
t	200	225	190	200	250	276
a	22	14	24	28	28	28
b	36	24	42	46	50	46
c	16	11	20	20	24	20
h	36	23	45	45	54	48
$L \times K \times H$	450×450×450	—	500×600×500	500×630×500	630×800×500	800×1000×560
t_1	150	—	150	150	150	150
e_1	75	—	100	100	90	175
e_2	75	—	75	100	105	115
a_1	18	—	24	22	22	22

机床联系尺寸	型号					
	Z3025B×10	Z3132	Z3035B	Z3040×16	Z3063×20	Z3080×25
b_1	30	—	42	36	36	36
c_1	14	—	20	16	16	16
h_1	32	—	41	36	36	36
机床外形尺寸（长×宽×高）	1730×800×2055	1610×710×2080	2160×900×2570	2490×1035×2645	3080×1250×3205	3730×1400×3825

②轴向进给。主轴的旋转运动由齿轮 $\dfrac{37}{48}\times\dfrac{22}{41}$ 传至轴 Ⅷ，再经轴 Ⅷ-Ⅻ间四组双联滑移齿轮变速组传至轴 Ⅻ。轴 Ⅻ 经安全离合器 M_5（常合），内齿式离合器 M_4，将运动传至轴Ⅷ，后经蜗杆蜗轮副 $\dfrac{2}{77}$、离合器 M_6 使空心轴ⅩⅣ上的 $z=13$ 小齿轮传动齿条，从而使主轴套筒连同主轴一起做轴向进给运动。传动路线表达式如下：

$$\text{主轴Ⅶ}-\frac{37}{48}\times\frac{22}{41}-\text{Ⅷ}-\begin{bmatrix}\dfrac{18}{36}\\[4pt]\dfrac{30}{24}\end{bmatrix}-\text{Ⅸ}-\begin{bmatrix}\dfrac{16}{41}\\[4pt]\dfrac{22}{35}\end{bmatrix}-\text{Ⅹ}-\begin{bmatrix}\dfrac{16}{40}\\[4pt]\dfrac{31}{25}\end{bmatrix}-\text{Ⅺ}-\begin{bmatrix}\dfrac{16}{41}\\[4pt]\dfrac{40}{16}\end{bmatrix}-$$

$$\text{Ⅻ}-M_5-M_4（\text{合}）-\text{ⅩⅢ}-\frac{2}{77}-M_6（\text{合}）-\text{ⅩⅣ}-z13-$$

$$\text{齿条}（m=3）-\text{主轴轴向进给}$$

脱开离合器 M_4，合上离合器 M_6 可用手轮 A 使主轴做微量轴向进给；将 M_4、M_6 都脱开，可用手柄 B 操纵，使主轴做手动粗进给，或使主轴做快速上下移动。

主轴箱沿摇臂导轨的移动可由手轮 C，通过装在空心轴ⅩⅣ内的轴ⅩⅤ及齿轮副 $\dfrac{20}{35}$，使 $z=35$ 齿轮在固定于摇臂上的齿条（$m=2mm$）上滚动，从而带动主轴箱沿摇臂导轨移动。

③ 辅助运动。摇臂的升降运动由装在立柱顶部的升降电动机（1.1kW）驱动。在松开夹紧机构后，电动机可经减速齿轮副 $\dfrac{20}{42} \times \dfrac{16}{54}$ 传动升降丝杠（丝杠的螺距 P=6mm）旋转，使固定在摇臂上的螺母连同摇臂沿立柱做升降运动。

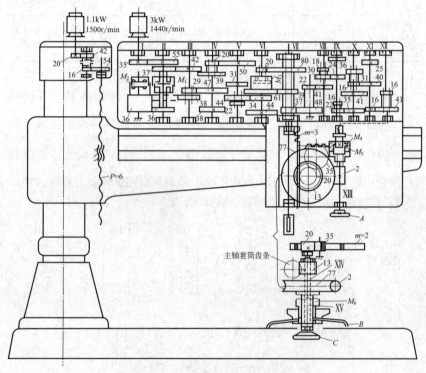

图 5-8　Z3040 型摇臂钻床传动系统图

A, C—手轮；B—手柄；P—丝杠的螺距

5.1.4　钻床使用技能与操作技巧、诀窍与禁忌

（1）手持式电钻操作技巧、禁忌与注意事项

① 手持式电钻主要组成部分（图 5-4）。

a. 单相串励电动机。它由定子、电枢、整流子、碳刷及风扇组成。通过齿轮减速，带动钻轴旋转。

b. 减速箱。它是二级齿轮减速传动机构。

c. 外壳。它是用铝合金压铸而成。表面光滑、重量轻且坚固耐用。

d. 开关。电钻的手柄上装有手揿式快速切断自动复位开关，操作方便、可靠。

e. 钻夹头。用于夹持钻头。

f. 电源线。一般使用三芯橡胶软线，安全可靠。

g. 插头。电源线端头有单相三柱式插头。一柱接地线，其他两柱连接电源。

② 手持式电钻操作步骤与操作技巧。

a. 选取带有钻夹头钥匙、功率合适的手持式电钻。准备好钻头。

b. 请电工检查手持式电钻是否漏电，并接上电源。

c. 用钥匙夹紧钻头，并取下钥匙。

d. 戴好橡胶绝缘手套，点动手持式电钻开关，查看手持式电钻运转是否正常。

e. 用钻头抵住工件钻孔冲眼，找正钻头与工件加工表面的垂直位置，保持正确的钻孔姿势，双手稳握手持式电钻，接通开关，试钻一浅坑。

f. 检查孔位是否正确。若有偏差，调整钻头角度，修正孔位中心；若无偏差则均匀加力，进刀钻孔。

g. 钻孔时，手持式电钻不要摇晃，应时常退刀清除切屑。通孔钻到末尾时，要缓慢进刀。

h. 钻孔结束后，卸下钻头，及时拆掉电源线或拔下电源开关，整理好电源线。

i. 清理工作现场。

③ 手持式电钻使用禁忌与注意事项。

a. 手持式电钻工作时，电源线应放置在不易被人绊着或踩着的地方。

b. 使用前，需开机空转 1min，检查传动部件是否正常，如有异常，应排除故障后再使用。

c. 钻孔时，一定要双手握紧手持式电钻，否则容易发生人身事故。

d. 使用手电钻时，应轻拿轻放，避免摔坏外壳。

e. 手持式电钻应定期进行检查，对各部件发现的问题要及时进行处理，并注意做好维护保养。

（2）台式钻床操作技巧、禁忌与注意事项

① 台式钻床操作步骤与操作技巧。

a. 选取台式钻床一台。

b. 调整塔轮上 V 带的位置，选择主轴合适的转速。

（a）按下 V 带罩开启按钮，打开台式钻床上部的 V 带罩（图 5-9）。

（b）松开电动机紧固手柄，把电动机左移，使 V 带松开（图 5-10）。

（c）调整 V 带位置，使主轴转速符合或接近切削用量要求的转速（图 5-11）。

（d）将电动机右移张紧 V 带。

（e）用拇指稍用力按压 V 带中部，检查 V 带的松紧程度，其松紧以拇指感觉富有弹性为宜（图 5-12）。

（f）锁紧电动机固定手柄。

（g）用手下压 V 带罩，使其回位（图 5-13）。

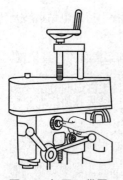　　

图 5-9　打开 V 带罩　　　图 5-10　松开手柄　　　图 5-11　调整 V 带

c. 调整头架上下位置。

（a）松开头架锁紧手柄（图 5-14）。

（b）转动台式钻床顶部的手柄（顺时针转动头架上升，反之头架下降），调整头架的上下位置至要求，如图 5-15 所示。

（c）锁紧头架手柄。

（d）找正工件位置，定位并夹紧。

（e）装夹选取的钻夹头、钻头。

（f）扳转电动机开关，使主轴正转。

（g）站在机床正面，轻握主轴上、下操纵手柄并逆时针转动，实现进给，直至钻孔完毕（钻孔深时，可时常退刀清屑），如图 5-16 所示。

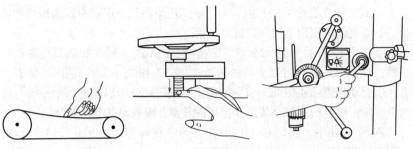

图 5-12 检查松紧 　　图 5-13 V 带罩回位 　　图 5-14 松开头架锁紧手柄

 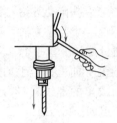

图 5-15 调整头架 　　　　　图 5-16 进给

（h）退回主轴，关闭电动机，卸下工件、钻夹头及钻头。

（i）钻孔结束，整理设备，清理现场。

② 台钻操作禁忌及注意事项。

a. 台钻的转速较高，不适用于锪孔和铰孔，更不能用丝锥进行机攻螺纹。

b. 钻通孔时，要使钻头能通过工作台面上的让刀孔，或在工件下面垫上垫铁，以免钻坏工作台面。

c. 当用工具拨动 V 带进行变速时，要防止手指被卷入。

d. 台钻用完后，必须将机床外露滑动面及工作台面擦净，并对各滑动面及各润滑点加注润滑油。

③ 台钻维护保养诀窍。

a. 要经常保持台钻的整洁，钻孔完毕要及时清理切屑，擦净工作台面。

b. 外露滑动面及各润滑点要及时加注润滑油。

c. 设备要定期检查，发现问题，及时报修。

（3）立式钻床操作技巧、禁忌与注意事项

① 立式钻床进给量确定及转数选择诀窍。

立式钻床在进给箱的右侧装有三星式进给手柄，用它可以选择机动进给、手动进给、超越进给和攻螺纹进给。

如图 5-17 所示为 Z5125 型立钻进给变速机构。轴Ⅳ和轴Ⅵ是两根空心轴，轴上分别装有可以空转的齿轮 3、2、1 和 7、8、9，轴内均装有拉键。当扳动进给箱正面两个较短的变速手柄时，就可以改变两个拉键与这六个空转齿轮键槽的配合状态，使主轴获得九级机动进给速度。

在图 5-18 中，将端盖 1 向外拉，固定在端盖 1 上的销子 3 同时被拉出，再将三星手柄 2 逆时针方向旋转 20°，手柄座也随其逆时针旋转 20°，挂上机动进给装置。按进给量标牌变动拉键合适位置，可使主轴按选定的进给量自动进给。将端盖 1 向里推至原来位置，再逆时针旋转三星手柄 2，可实现主轴手动进给。当机动进给时，若以高于机动进给速度逆时针旋转三星手柄 2，就可使主轴获得超越进给运动。攻螺纹时，必须将端盖 1 向里推至手动进给位置，并先用手动进给使丝锥切入，切入后，由攻出的螺纹自身带动主轴进给。攻螺纹完成后，使主轴反转，丝锥自行退回。

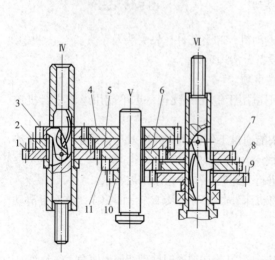

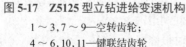

图 5-17　Z5125 型立钻进给变速机构

　　1～3,7～9—空转齿轮；

　　4～6,10,11—键联结齿轮

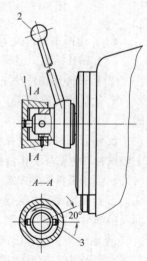

图 5-18　机动进给操纵装置简图

1—端盖；2—三星手柄；3—销子

在主运动变速箱（即主轴箱）的左侧有两个手柄，参照变速标牌，扳动这两个手柄，改变变速箱内两个三联滑移齿轮的位置，就能得到九种不同的主轴转速。

②立式钻床操作步骤与操作技巧。

a. 选取立式钻床一台。

b. 工件找正、定位、夹紧。

c. 选取适合的钻头、钻夹头，安装并夹紧。

d. 扳动主轴箱左侧两个主轴变速手柄，对照主轴转速标牌，选取所需转速（图5-19）。

e. 扳动进给箱左侧两个进给变速手柄，对照进给量标牌，选取所需的进给量（图5-20）。

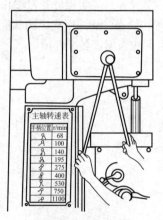

图 5-19　主轴变速

图 5-20　进给变速

f. 选定机动进给方式，将进给手柄座处的端盖向外拉出。

g. 扳动钻床左侧的电动机起动手柄。手柄在中间位置为空挡，向下为主轴正转，向上为主轴反转。

h. 主轴自动进给，至钻孔深度。

i. 向里推回手柄座处的端盖，退回主轴，钻孔结束，关闭电动机。

j. 卸下工件，整理设备，清理现场。

③立式钻床操作禁忌与注意事项。

a. 立钻使用前，需先将各操纵手柄移到正确位置，空转试车，在各部分机构都能正常工作时，方可操作使用。

b. 变换主轴转速或机动进给时，必须在停车后进行调整。

c.变换主轴转速或机动进给时，必须将手柄座端盖向里推，断开机动进给运动。

d.严禁在主轴旋转状态下装夹、检测工件。

④立式钻床的一级保养技巧与诀窍。

机床设备除必须按照正确的操作规程合理使用外，还需做好日常的维护保养工作。这对于减少设备事故、延长机床使用寿命和提高设备完好率等有着十分重要的作用。

钻床的日常维护保养包括：班前、班后由操作者认真检查、擦拭钻床各个部位并注油保养，使钻床经常保持润滑、清洁；班中钻床发生故障，要及时给予排除，并认真做好记录。

钻床在累计运转满500h后应进行一级保养。一级保养是以操作者为主，维修工人配合，对钻床进行局部解体和检查，清洗所规定的部位，疏通油路，更换油线油毡，调整各部位配合间隙，紧固各个部位。

立式钻床一级保养主要内容和诀窍：

a.外保养。

a）外表清洁，无锈蚀，无污秽。

b）检查并补齐螺钉、手柄球、手柄。

c）清洁工作台丝杠、齿条、锥齿轮。

b.润滑。

a）油路畅通，清洁、无铁屑。

b）清洗油管、油孔、油线、油毡。

c）检查油质，保持良好油质，油表、油位、油窗明亮。

c.冷却。

a）清洗冷却水泵和过滤器。

b）清洗全部冷却液槽。

c）根据情况调换冷却液。

d.电气维护。

a）清扫电器箱、电动机。

b）电气装置固定整齐。

(4) 摇臂钻床操作技巧、禁忌与注意事项

①摇臂钻床的操作技巧与诀窍。摇臂钻床的操纵如图5-21所示。在开动钻床前先将电源开关2接通，然后进行操纵，有以下几部分。

a.主轴起动操纵。如图5-22所示，按下按钮9（按钮中指示灯亮），再将手柄 13 转至正转或反转位置，则可进行主轴起动、正转或反转操纵。

　　b. 主轴空挡转动操纵。如图 5-21 所示，将手柄 13 转至空挡位置，此时主轴就处于空挡位置了，这时就可自由地用手转动主轴了。

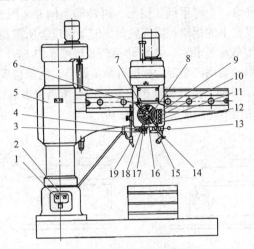

图 5-21　摇臂钻床操纵图

1,2—电源开头；3,4—预选旋钮；5—摇臂；6 ～ 8,13,14—手柄；
9 ～ 12, 16,18—按钮；15—手轮；17—主轴；19—冷却液管

　　c. 主轴及进给运动变速操纵。转动预选旋钮 3 或 4，使所需要的转速或进给量数值对准上部的箭头，然后按图 5-22 所示的手柄 13 向下压至变速位置，待主轴开始旋转时就可松开手柄，这时手柄 13 则可自动复位，主轴转速和进给量便变换完成。预选旋钮 3 或 4 在钻削过程中也可转动。

　　d. 主轴进给操纵。其形式有机动进给、手动进给、微量进给和定程进给。

　　a）机动进给：将手柄 14 向下压至极限位置，再将手柄 6 向下拉出，这时机动进给便被接通了；若主轴正转，则主轴向下机动进给；若主轴反转，则主轴向上做退刀运动。想断开机动进给，只需把手柄 14 抬起即可。

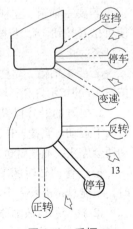

图 5-22　手柄 13
操纵位置

b）手动进给：先将手柄6向里推进，然后顺时针或逆时针转动手柄6，即可使主轴向下或向上做进给运动。

c）微量进给：将手柄14向上抬至水平位置，再把手柄6向外拉出，转动手轮15即可实现微量进给运动。

d）定程进给：先将手柄7拉出，再转动手柄8至图5-23（a）所示位置，此时刻度盘上的蜗轮与蜗杆脱离，转动刻度至所需要的背吃刀量值与箱体上副尺零线大致相对，再转动手柄8至图5-23（b）所示位置，这时就使刻度盘蜗轮与蜗杆啮合，再进行微量调节，直至与零位刻度线准确对齐为止，推动手柄7接通机动进给。当切至所需深度后，手柄14自动抬起，断开机动进给，实现定程进给运动。

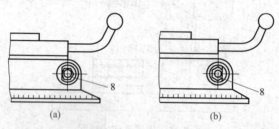

（a）　　　　　　　（b）

图5-23　定位进给操纵位置

e. 主轴箱、立柱的夹紧与松开操纵。

若要主轴箱、立柱夹紧，按下按钮18。若按钮指示灯亮，则已夹紧，便可松开按钮18；若按钮指示灯不亮，则未夹紧，可持续按按钮18，直至灯亮为止。

若要主轴箱、立柱松开，可按下按钮16，按钮18的指示灯不亮，但按钮16的指示灯亮，则主轴箱和立柱已经松开了。

f. 摇臂的升降操纵。按下按钮11，摇臂向上运动；按下按钮12，摇臂向下运动。当摇臂向上或向下运动到所需位置时，只要松开按钮11，运动便会停止，而摇臂也被自动夹紧在立柱上。

g. 摇臂回转时的禁忌。因摇臂钻床没有汇流环装置，故当摇臂回转时，不能总是沿着一个方向旋转。

②摇臂钻床故障原因分析及排除方法、技巧与诀窍。

a. 摇臂钻床主轴变速箱摩擦离合器失效的故障原因及排除方法与技巧：

a）摩擦片磨损后厚度减薄，片间接触不良，轴向压紧环推紧后仍无法传递扭转力矩。可采用摩擦片喷砂或更换厚度稍厚的摩擦片的方法排除。

b）操纵拨叉脚磨损间隙增大，使轴向压紧环的移动距离减少，失去对摩擦片的压紧作用。应更换拨叉，或在旧的拨叉脚两平面处铜焊后修平。

c）由于润滑不良、断油，造成摩擦片咬合烧伤。应检查润滑油路，保持油路畅通，更换烧损的摩擦片，或将烧伤的摩擦片经喷砂修复后继续使用。

d）摩擦片装配顺序不对，造成空转时摩擦片不能脱开而引起发热。由于摩擦片内槽不一，因此装配时要检查空转时摩擦片能否相互脱开。

e）拨叉锥销脱开。应重新铰孔装紧。

b.摇臂钻床主轴箱在摇臂上移动时轻重不匀的故障原因及排除方法：

a）摇臂导轨面的直线度误差太大。应修刮平导轨，直线度误差在（1000 ： 0.02）mm 以内。

b）摇臂上导轨面的弹簧钢条承压变形。可更换新的弹簧钢条；或在大修时在上导轨面改用镶淬硬钢导轨面板，可分三段拼接而成，并保证接缝处平直光滑。

c）主轴箱承压导轨滚动轴承损坏。应更换新轴承。

d）左右偏心调节滚轮不处于同一水平面上，使主轴箱单面受力或主轴箱整体重心向后偏移，造成主轴箱下燕尾导轨面配合过紧。应调整滚轮，用塞尺检查左右间隙在 0.04mm 以内并保持一致，或将平衡配重支架缩短，使配重的重心向摇臂移近，改变主轴箱重心位置。

e）主轴箱背面的平面垫铁磨损，造成滑动面配合间隙过大，使主轴箱上端前倾。应松开紧固螺钉，调节偏心轴，保持主轴箱水平位置，拧紧紧固螺钉，防止偏心轴转动。

f）主轴箱齿轮与导轨齿条之间有毛刺及碰伤现象。应清除脏物，修整毛刺或碰伤处。

c.摇臂钻床主轴在主轴箱内上下快速移动时松紧不匀的故障原因及排除方法：

a）主轴花键局部弯曲或拉毛。重新矫正弯曲部分花键，修整拉毛部分。

b）主轴套筒变形。应修整套筒，更换套筒导向套。

c）主轴套筒配重失调。应适当增减主轴套筒配重，使主轴在全部行程范围内任何位置都处于平衡状态。

d）套筒齿条与齿轮拉毛研伤。应修整套筒齿条和传动齿轮。

e）主轴箱体与主轴箱盖中心偏移。应移动箱盖，校准两孔中心后，拧紧螺钉，重新铰孔定位。

d.摇臂钻床自动进给手柄推入后出现拉不出来的故障原因及排除方法：

a）操纵手柄齿轮与内齿轮啮合时有顶齿现象和研伤，啮合后由于切削力作用使啮合的内、外齿产生较大摩擦力。应将内外齿轮倒角处修圆滑，并把研伤部位修光滑。

b）进给手柄定位转动轴弯曲，造成手柄回转失灵。应更换定位转动轴。

e.摇臂钻床定程切削精度不准的故障原因及排除方法：

a）主轴轴向间隙太大。应调整主轴上的背向锁紧螺母，消除轴向间隙。

b）切削定程装置的滚轮拨叉机构损坏和离合器调整不当。检查修复损坏零件，调整离合器，使撞块与滚轮相碰时离合器应立即脱开。

f.摇臂钻床摇臂升降时有冲击现象或啸叫声的故障原因及排除方法：

a）摇臂孔和立柱有研伤、变形等缺陷，表面粗糙度太大。应修复摇臂孔，研伤严重的部分可用锡铝合金补焊或镗孔镶套修复，并抛光外立柱表面。

b）摇臂孔与立柱外圆表面配合过紧。摇臂上升时，由于滑动面摩擦阻力过大，引起升降丝杠顶端轴承向上位移；下降时整个摇臂由于自重下沉，恢复到原有间隙而造成摇臂下降时的突然冲击现象。相反，如果摇臂孔与立柱外圆配合过松，也同样会引起升降时的振动。先将摇臂锁紧，重新调整夹紧螺钉并用塞尺检查，摇臂松开后测量间隙保持在 0.08 ～ 0.10mm，再将螺钉拧紧。

c）升降丝杠与螺母配合间隙过大，并有啸叫声。应修复或更换升降螺母。

d）升降丝杠上部的钢球过载保护离合器的弹簧疲劳和损坏。应更换离合器弹簧，调整螺母保证弹簧压力适当，防止钢球打滑。

e）丝杠副、立柱缺少润滑油或丝杠螺母型面接触不良。每次升降前必须擦净丝杠及立柱，加润滑油，并要求丝杠副型面接触面积不少于70%。

g. 摇臂钻床加工件孔径偏大、圆度超差的原因及消除方法：

a）主轴套筒与箱体导向轴套配合间隙太大。应修整套筒，更换导向轴套。

b）主轴轴向窜动太大。应调整主轴上背向锁紧螺母，减少轴向间隙，保证在 0.01mm 之内。

c）主轴锥孔与钻头锥柄配合不好。应用铸铁莫氏锥棒研磨锥孔，保证与标准检验芯棒的接触面积不少于 70%。

d）工件装夹过紧或夹紧部位不当，造成工件变形。应合理选择夹紧部位，正确夹紧工件。

e）夹紧部位重复精度差及夹紧不牢固。应重新调整夹紧部位，保证重复定位精度和夹紧牢固。

f）主轴锥孔内有毛刺或研伤，造成钻头倾斜。应用刮刀修刮内锥孔毛刺或研伤部位，保证锥孔轴心线的径向圆跳动误差靠主轴端小于 0.02mm。

g）钻头主切削刃长短不一。应重新正确刃磨钻头，保证主切削刃长短一致，刃口对称且锋利。

5.2 钻床夹具

5.2.1 钻床夹具概述

（1）钻床夹具的定义

在机床上加工一批工件时，为了保证工件被加工表面的尺寸精度、几何形状和相互位置精度等技术要求达到图样要求，必须在加工前使工件在夹具中相对于刀具和机床占有确定的正确加工位置（这个过程叫工件的定位），并把工件压紧夹牢，以保证这个确定了的位置在加工过程中稳定不变（这个过程叫工件的夹紧），这就是工件在机床上的正确装夹。而用以装夹工件（和引导刀具）的装置，称为机床夹具。

钻床夹具是用在钻床上借钻模导套来保证钻头与工件间相互位置精度的夹具。在钻床、组合机床等设备上进行钻孔、扩孔、铰孔时所用的夹具，统称钻床夹具。钻床夹具简称钻模，在机床夹具中所占的比例较大，约占 20%。

在钻床上装夹工件的方法，一般有两种：

① 直接装夹。直接在钻床工作台上装夹工件叫直接装夹，采用这种方法时，工件与刀具的相对位置是按划线找正的，故生产率低，精度也不高，多用于单件小批生产。

② 用夹具装夹。使用通用的或专用的夹具装夹工件时，夹具起到机床与工件、刀具之间的桥梁作用。但使用夹具装夹工件，也有找正和不找正之分。例如，在用机用平口虎钳一类的通用夹具装夹时，仍要先行找正工件的位置；而使用专用的钻床夹具时，就能够直接装夹工件而无需划线和找正，故生产率和加工精度都较高，常用于成批和大量生产中。

（2）钻床夹具的组成

图 5-24 所示的工件是一轴套。图 5-25 所示是钻削该工件上 $\phi 10mm$ 孔的一个简单固定式钻床夹具（钻模）。工件 4 以 $\phi 40mm$ 孔和 12mm 键槽安装在夹具的心轴 5 和定位圆柱销 2 上，用来确定其位置。钻头通过钻套 3 引导，保证在工件上钻 $\phi 10mm$ 孔的位置。为了不使工件在加工过程中产生位移，用螺母 6 和开口垫圈 7 把工件压紧在夹具体 1 上。

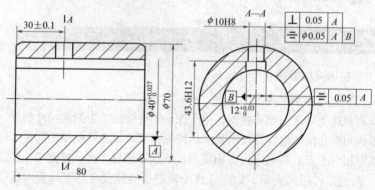

图 5-24　轴套零件图

在实际生产中，应用的钻模结构是多种多样的。随着生产技术的发展，新型的钻模层出不穷。虽然夹具的形式各异，种类繁多，但按各元件在夹具的作用归纳，夹具一般由以下几部分组成。

① 定位装置。定位装置也称定位元件，它是使工件在夹具中处于正确位置的装置。

② 夹紧装置。夹具中将工件压紧夹牢，从而保证工件已确定的正确位置在加工过程中不发生变化或防止产生振动的装置称为夹紧装置。

③ 夹具体。夹具体是夹具的基础件，其作用是把夹具上的所有组成部件连接成一个整体，并用于与机床有关部件的连接，以确定夹具在机床中的正确位置。

④ 辅助装置。根据夹具特殊需要而设置的一些附属装置，称为辅助装置。

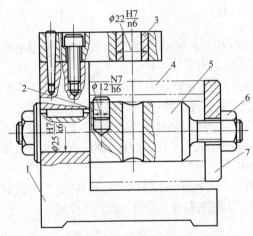

图 5-25　固定式钻床夹具

1—夹具体；2—定位圆柱销；3—钻套；4—工件；5—心轴；6—螺母；7—开口垫圈

要组成一个夹具，一定要有定位装置、夹紧装置和夹具体，而辅助装置则根据夹具需要来确定。

5.2.2　钻床夹具结构

（1）钻套

钻套是钻床夹具特有的零件，属于夹具的基础元件，装夹在夹具体或钻模板上，用来引导钻头、铰刀等孔加工刀具，加强刀具的刚度，并保证所加工的孔和工件其他表面准确的相对位置。用钻套比不用钻套平均可以减少 50% 的孔径误差。图 5-26 所示就是采用钻套对刀钻孔的情形。

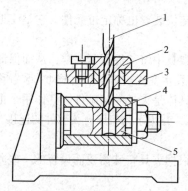

图 5-26　用钻套对刀
1—钻头；2—钻套；3—钻模板；4—工件；5—心轴

钻套按其结构不同分为固定钻套、可换钻套、快换钻套和特殊钻套等四种，前三种已经标准化。

① 固定钻套。固定钻套以 H7/h6 配合或 H7/g6 过盈配合直接压在钻模板中，磨损后不能直接更换，必须从座孔内压出衬套，并重新修正座孔，再配换新钻套，修配复杂且费工。此外，这种钻套不能进行多工步的孔加工，而只局限于钻孔、扩孔、铰孔中的一种。主要适用于孔径不大或两孔间距较小的场合。

固定钻套有无肩式和带肩式两种，见图 5-27。带肩式钻套主要用于较薄的钻模板，其肩部还有防止切屑进入套内的作用。

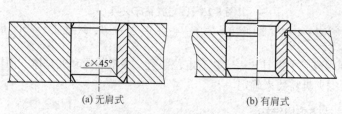

(a) 无肩式　　　　　　　　　　(b) 有肩式

图 5-27　标准固定式钻套

② 可换钻套。为了克服固定钻套磨损后无法更换的缺点，设计出如图 5-28 所示的可换钻套。可换式钻套的外圆以间隙配合装入固定衬套的孔中，有时也可用过渡配合直接装在钻模板或夹具体的孔内。为防止钻套随刀具转动或被切屑顶出，常用固定螺钉紧固。更换这种钻套不需要重新

修正座孔，故适用于大批量生产用的钻模中。

③ 快换钻套。当工件的孔需要依次进行钻、扩、铰等多次加工时，由于刀具直径逐渐增大，需要使用外径相同而内径不同的钻套来引导刀具，此时用快换钻套才能满足生产需要。图 5-29 所示为快换钻套的结构。

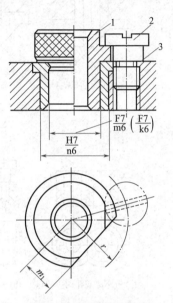

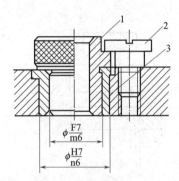

图 5-28　标准可换钻套

1—可换钻套；2—钻套螺钉；3—衬套

图 5-29　标准快换钻套

1—快换钻套；2—钻套螺钉；3—钻套用衬套

这种钻套的主要特点是：在钻套凸台边缘铣出一削边平面，当削边平面转至钻套螺钉位置时，便可向上快速取出。

④ 特殊钻套。当工件的形状或工序的加工条件不宜采用上述标准钻套时，就必须采用特殊钻套。它常用于特殊情况下的钻孔，是根据具体情况专门设计的。

图 5-30 所示就是几种特殊钻套的结构。图 5-30（a）是斜面上加工孔用的固定式特殊钻套，图 5-30（b）是斜坡带深坑上加工孔用的固定式特殊钻套，图 5-30（c）是近距离小孔钻孔可换特殊钻套。

如图 5-31（a）所示是两孔位置很近时所用的切边钻套；图 5-31（b）是在工件凹腔内钻孔用的钻套，装卸工件时钻套可以提起，钻套的上部孔径必须扩大，以减少与刀具的接触长度，减轻摩擦；图 5-31（c）为加工间断孔时用的特殊钻套，其特点是带有中间钻套，以防刀具的偏斜；图 5-31（d）、（e）为弧面和斜面上加工孔用的特殊钻套。

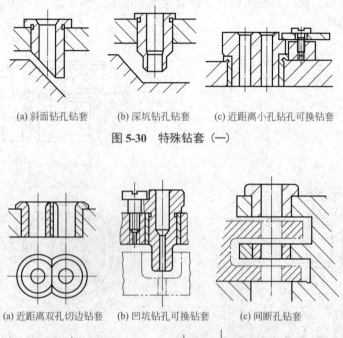

(a) 斜面钻孔钻套　　(b) 深坑钻孔钻套　　(c) 近距离小孔钻孔可换钻套

图 5-30　特殊钻套（一）

(a) 近距离双孔切边钻套　(b) 凹坑钻孔可换钻套　(c) 间断孔钻套

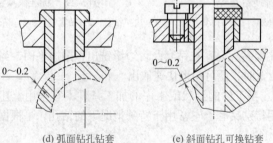

(d) 弧面钻孔钻套　　　　(e) 斜面钻孔可换钻套

图 5-31　特殊钻套（二）

（2）钻套及衬套材料与尺寸公差的选择

① 钻套及衬套的材料。各种钻套都直接与刀具接触，故必须有很高的硬度和耐磨性。当被加工孔的直径小于 25 mm 时，一般采用 T10A、

T12A 钢淬硬至 58 ~ 62HRC；当被加工孔的直径大于 25 mm 时，也可用 20 钢表面渗碳 0.8 ~ 1.2 mm，淬硬至 55 ~ 60HRC。

② 钻套孔的尺寸和公差的选择。

a. 钻套孔直径的基本尺寸一般应等于被引导刀具的最大极限尺寸。

b. 因被引导的刀具通常均为定尺寸的标准化刀具，所以钻套引导孔与刀具间应按基轴制选定。

c. 为防止刀具在使用时发生卡死或咬住现象，刀刃与引导孔间应留有配合间隙。应随刀具的种类和加工精度合理地来选取钻套孔的公差。通常情况下，钻孔与扩孔时取 F7；粗铰孔时取 G7，精铰孔时取 G6 等。

d. 当采用标准铰刀加工 H7（或 H9）孔时，则不必按刀具最大极限尺寸计算。可直接按被加工孔的基本尺寸选取 F7（或 E7）作钻套孔的基本尺寸和公差，用以来改善其引导精度。

e. 由于标准钻床的最大极限尺寸都是被加工孔的基本尺寸，因而用标准钻头的钻套孔就只需要按加工孔的基本尺寸来取公差为 F7 即可。

f. 如果钻套引导的不是刀具切削部分，而是刀具的导向部分，这时可按基孔制的相应配合来选取。

③ 钻套主要尺寸的确定。

a. 钻套内外径配合的选择诀窍。三种标准钻套已有行业标准，可分别按 JB/T 8045.1—1999，JB/T 8045.2—1999 和 JB/T 8045.3—1999 的规定选择。

标记示例：内径 d=18mm，高度 H=16mm 的 A 型固定钻套标记为：

钻套 A18×16　JB/T 8045.1—1999

钻套与刀具、衬套或钻模板之间的配合如表 5-7 所示。

表 5-7　钻套的配合性质

配合关系		配合性质选择			
钻套与刀具		钻套孔径公差可选 F7、G7、G6 的基轴制配合			
钻套与衬套	固定式	$\dfrac{H7}{g6}$	$\dfrac{H7}{f6}$	$\dfrac{H7}{h6}$	$\dfrac{H6}{g5}$
	可换式 快换式	$\dfrac{F7}{m6}$	$\dfrac{F7}{k6}$		
钻套（或衬套）与钻模板		$\dfrac{H7}{n6}$	$\dfrac{H7}{r6}$		

b. 钻套高度的确定依据。钻套的高度 H 对于刀具在钻套中的正确位置影响很大（图 5-31），H 越大则刀具轴线的偏斜越小，因此钻孔精度也越高。但 H 与 d 之比越大，则刀具带入钻套的切屑越易使刀具和钻套受到磨损。一般取 $H=(1.5\sim2)d$。较小的孔可取上限，较大的孔则取下限。

（3）钻模的排屑

排屑是钻模设计时应当考虑的一个重要问题，它直接影响工件的精度，会伤害夹具或机床的工作表面，且容易发生安全事故。

① 设计钻模时处理切屑的注意事项。

a. 应使切屑靠自身的重量或靠其运动时所具有的离心力无障碍地远离钻模。

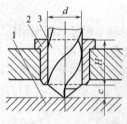

b. 可在钻模夹具体壁上开一窗口或通槽以利于切屑的排出。

c. 切屑通过的地方要平整，避免不易通过处的内部有棱角和凸台。

d. 定位面和支承面应略高于周围的平面。

② 钻套底面到工件端面的距离。

如图 5-32 所示，钻套的下端必须离工件端面有一定距离 c，以使大部分的切屑容易从四周排出，而不会被刀具带到钻套中去，避免刀具被

图 5-32　钻套的高度
1—工件；2—导套；3—刀具

卡死或造成切削刃在钻套中加快磨钝。一般可取 $c=\dfrac{1}{3}d\sim d$，被加工材料越硬，则 c 值应越小；若材料越软，则 c 值越大。

5.2.3　典型的钻床夹具

（1）钻床夹具的结构与类型

钻床夹具的种类繁多，根据使用要求不同，其结构形式也各不相同，一般分为固定式、回转式、翻转式和盖板式等，习惯上都称之为钻模。

① 固定式钻模。在使用过程中，钻模和工件在钻床上的位置固定不动，用于在立钻上加工较大的单孔或在摇臂钻床、镗床、多轴钻床上加工平行孔系。若要在立钻上使用这种钻模加工平行孔系，则需要在钻床主轴上安装多轴传动头。

　　在立钻上安装钻模时，一般应先将装在主轴上的定尺寸刀具（精度要求高时用心轴代替刀具）伸入钻套中，以确定钻模在钻床上的位置，然后将其紧固。这种加工方式钻孔精度较高。

　　如图 5-33 所示是一钻削 ϕ10mm 孔用的固定式钻模。工件以 ϕ68 孔、端面和键槽与定位元件 3、4 接触定位，转动螺母 8 使螺杆 2 右移，钩形开口垫圈 1 将工件夹紧。钻套 5 用以确定钻孔位置并引导钻头。

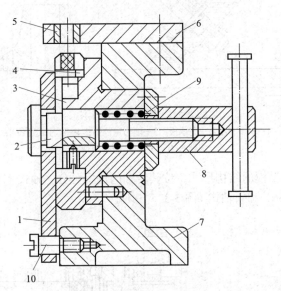

图 5-33　固定式钻模（一）

1—钩形开口垫圈；2—螺杆；3—定位法兰；4—定位块；5—钻套；6—钻模板；
7—夹具体；8—快速夹紧螺母；9—弹簧；10—螺钉

　　如图 5-34 所示是一钻削斜孔用的固定式钻模。夹具体 1 底面可固定在工作台上，夹具上支承板 2、圆柱式定位销 4 和削边定位销 3 为定位元件。为了使工件易快速装卸，采用快速夹紧螺母 5，并采用特殊快换钻套 6，这样就能保证钻头良好起钻和正确引导。

　　② 回转式钻模。这类钻模主要用于工件被加工孔的轴线平行分布于圆周上的孔系。该夹具大多采用标准回转台与专门设计的工作夹具联合成的钻模。由于该类钻模采用了回转式分度装置，可实现一次装夹进行多工位加工，既可保证加工精度，又提高了生产率。

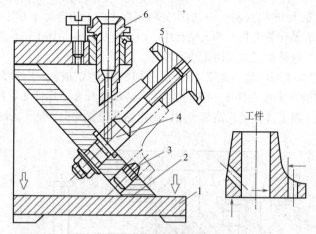

图 5-34 固定式钻模（二）

1—夹具体；2—支承板；3—削边定位销；4—圆柱式定位销；
5—快速夹紧螺母；6—特殊快换钻套

回转式钻模的结构形式，按其转轴的位置可分立轴式（图 5-35）、卧轴式（图 5-36）和斜轴式（图 5-37）三种。

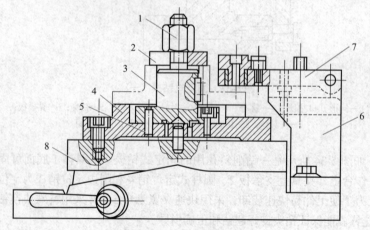

图 5-35 立轴式回转钻模

1—螺母；2—开口垫圈；3—定位心轴；4—定位盘；5—中心销；
6—支架；7—铰链钻模板；8—转台

③ 翻转式钻模。这类钻模主要用于加工小型工件分布在不同表面上的孔，如图 5-38 所示为加工套筒工件上四个互成 60°角径向孔的翻转式钻

模。当钻完一组孔后，翻转 60°钻另一组孔。夹具的结构虽较简单，但每次钻孔前都需找正钻套对于钻头的位置，辅助时间较长，且翻转费力。因此钻模和工件的总重量不能太重，一般以不超过 10kg 为宜，且加工批量也不宜过大。

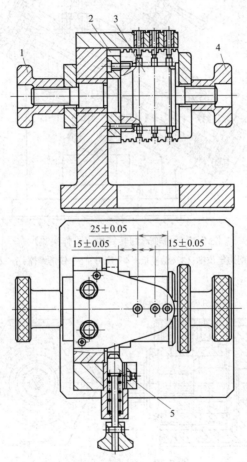

图 5-36　卧轴式回转钻模
1,4—滚花螺母；2—分度盘；3—定位心轴；5—对定销

箱式和半箱式钻模也是翻转式钻模的典型结构，它们主要用来加工工件上不同方位的孔。其钻套大多直接装在夹具体上，整个夹具呈封闭或半封闭状态，夹具体的一面至三面敞开，以便于安装工件。

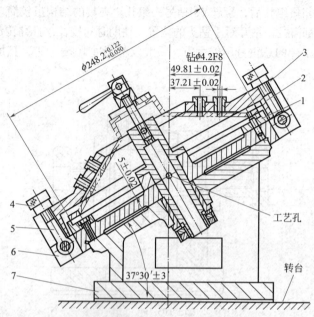

图 5-37　斜轴式回转钻模（工作夹具）

1—定位环；2—削边定位销；3—钻模板；4—螺母；5—铰链螺栓；6—转盘；7—底座

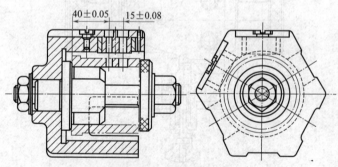

图 5-38　60°翻转式钻模

　　图 5-39 所示是箱式翻转钻模。利用它来加工沿径向均布的 8 个小孔。为了方便加工，整个钻模设计成正方形，正方形的平面和专门设置的 V 形块即为适应不同方向的多工位加工的支承面。工件在夹具体的内孔及定位板 5 上定位，滚花螺母 2 通过开口垫圈 3 将工件夹紧。

图 5-40 是适应小件钻孔的翻转支柱式钻模，它用四个支脚来支承钻模。装卸工件时，必须将钻模翻转 180°。装好工件后，再翻转回来进行加工。

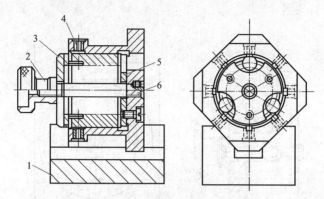

图 5-39　箱式翻转钻模

1—V 形块；2—滚花螺母；3—开口垫圈；4—钻套；5—定位板；6—螺栓

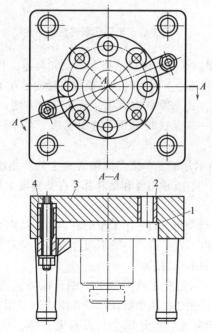

图 **5-40**　翻转支柱式钻模

1—工件；2—钻套；3—钻模板；4—压板

图 5-41 所示为半箱式翻转钻模，利用它加工某壳体工件上有 5°30′±10′要求的两个小孔 φ6F8。用带捏手的螺母通过从后面装上的开口垫圈将工件夹紧。

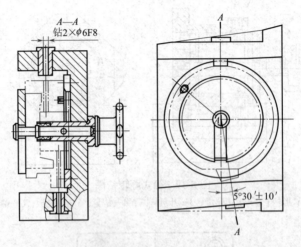

图 5-41 半箱式翻转钻模

④ 盖板式钻模。这类钻模在结构上不设夹具体，并将定位、夹紧元件和钻套均装在钻模板上。加工时，钻模板直接覆盖在工件上来保证加工孔的位置精度。盖板式钻模结构简单，清除切屑方便；但每加工完一个工件后都需要拆装一次，比较麻烦。故而它适于在体积大且笨重的工件上钻孔。

a. 如图 5-42 所示是加工车床溜板箱 A 面上的孔用盖板式钻模，由图可知，其定位销 2、3，支承钉 4 和钻套都装在钻模板 1 上，且免去了夹紧装置。

盖板式钻模结构简单，省去了笨重的夹具体，特别对大型工件更为必要。但盖板的重量也不宜太重，一般不超过 10kg。它常用于大型工件（如床身、箱体等）上的小孔加工。

b. 如图 5-43 所示是在工件上加工小端孔的盖板式钻模。其主体是钻模板 1，利用定位销 2 和两个摇动压块 3 组成的 V 形槽对中夹紧机构，实现工件的定位和夹紧。该钻床夹具没有夹具体，供定位用的定位元件和夹紧机构全部安装在钻模板上。使用时，钻模板像盖子一样盖在工件上。

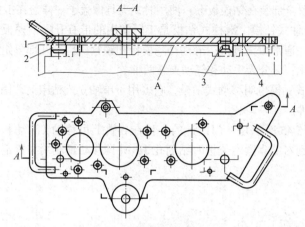

图 5-42 盖板式钻模（一）

1—钻模板；2,3—定位销；4—支承钉

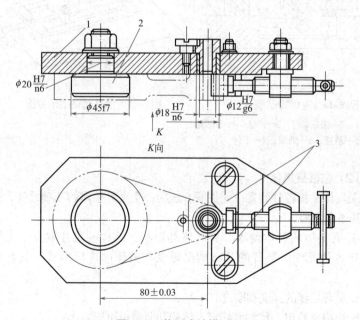

图 5-43 盖板式钻模（二）

1—钻模板；2—定位销；3—摇动压块

c. 如图 5-44 所示的盖板式钻模，这种夹具没有夹具体，其定位元件和夹紧装置全部装在钻模板上，使用时，夹具像盖子一样盖在工件上。

⑤ 滑柱式钻模。滑柱式钻模是工厂常用的带有升降钻模板的通用可调整夹具。通常由夹具体、滑柱升降模板和锁紧机构等几部分组成，其结构已标准化；可分为手动和气动夹紧两种。

滑柱式钻模也叫移动式钻模，它多用于单轴立式钻床上，用来加工平行多孔工件。

如图 5-45 所示是专门设计的一种在导轨上可移动（滑动）钻模，当夹具移动到右端靠紧定位板时钻削孔 1，夹具移动到左端靠紧定位板时钻削孔 2。

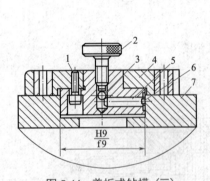

图 5-44　盖板式钻模（三）

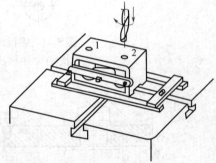

图 5-45　滑柱式钻模示意图

1—螺钉；2—滚花螺钉；3—钢球；4—钻模板；
5—滑柱；6—锁圈；7—工件

（2）钻模夹具体

夹具体是将各种装置或元件联合成为一个夹具整体的基础元件，是夹具的基座和骨架。

① 夹具体的基本要求。夹具体的形状、结构的尺寸取决于工件的外形和各种元件、装置的分布情况以及与机床的连接形式。其基本要求为：

a. 要有足够的强度和刚度；

b. 结构要简单，尺寸要稳定，体积和质量也可能减小；

c. 要具有很好的工艺性；

d. 要有足够的排屑空间。

② 夹具体的种类。夹具体按其毛坯制造方法可分为下面几类。

a. 铸造夹具体。铸造夹具体可获得各种复杂形状、且刚度、强度较好的夹具体，但生产周期过长。

　　b. 焊接夹具体。焊接夹具体易于制造，生产周期短，重量轻，适用于结构简单的夹具体。

　　c. 锻造夹具体。锻造夹具体只适用于尺寸不大、形状简单的夹具体。

　　d. 装配式夹具体。这种夹具体是由标准毛坯件连接装配而成的夹具体。常用于封闭式或半封闭式结构中。

　　③ 夹具体与机床的连接。固定式钻模与机床工作台大多数是平面接触，用螺栓连接固定。如果夹具需要在机床工作台上移动时，则在夹具体底面应有支脚，这样就便于清除切屑，并使夹具放得准确。每一个夹具一般都有四个支脚。

第6章

钻孔、扩孔、锪孔和铰孔

孔加工在金属切削加工中应用非常广泛，一般占机械加工总量的近1/3。孔加工刀具分为两大类：一类是在实体材料上加工出孔的刀具，如麻花钻、扁钻、深孔钻、中心钻等；另一类是对已有孔进行加工的刀具，如铰刀、扩孔钻、锪钻、内孔车刀、镗刀等。

6.1 钻头及钻孔

6.1.1 钻头概述

用钻头在实心材料上加工孔的方法称为钻孔。钻孔在生产中是一项很重要的工作，钻削时钻头是在半封闭的状态下进行的，转速高，切削量大，排屑又困难，因此主要加工精度要求不高的孔或作为孔的粗加工，尺寸精度一般为 IT11 ～ IT10，表面粗糙度 $Ra \geqslant 12.5\mu m$。

钻孔时，钻头装夹在钻床主轴上，依靠钻头与工件之间的相对运动来完成钻削加工。钻头的切削运动如下，如图 6-1 所示。

① 主运动。钻头绕本身轴线的旋转运动为主运动。

② 进给运动。钻头沿轴线方向的直线移动为进给运动。

钻孔时这两种运动是同时连续进行的，所以钻头是按照螺旋运动来钻孔的。

6.1.2 麻花钻

钻头的种类较多，有麻花钻、扁钻、深孔钻、中心钻等。麻花钻是最常用的一种钻头，一般用高速钢制成，淬火后达硬度 62 ～ 68HRC。

（1）麻花钻的组成

参照 GB/T 20954—2007《金属切削刀具　麻花钻术语》，麻花钻的组成和结构如图 6-2 所示。

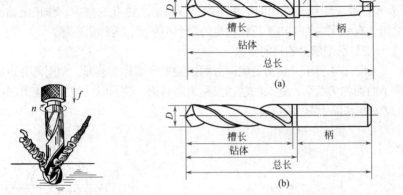

图 6-1　钻头的切削运动　　　图 6-2　麻花钻的组成和结构

① 钻头的柄。钻头上用于夹固和传动的部分，有圆柱形直柄和圆锥形锥柄两种。直径小于 $\phi13\text{mm}$ 的采用直柄，直径大于 $\phi13\text{mm}$ 的采用锥柄，圆锥形锥柄通常为莫氏锥柄。钻头直柄又分为圆柱直柄和带榫形扁尾传动的直柄两种。

莫氏锥柄麻花钻的直径见表 6-1。

表 6-1 莫氏锥柄麻花钻的直径　　　　　mm

莫氏锥柄号	1	2	3	4	5	6
钻头直径	3～14	14～23.02	23.02～31.75	31.75～50.8	50.8～75	75～80

② 钻头的空刀。钻体上直径减小的部分。为磨制钻头时的砂轮退刀槽，一般用来打印商标和规格。

③ 钻体和钻尖。钻头上由柄部延伸至横刃的部分称为钻体。钻尖是由产生切屑的诸要素组成钻头的工作部分。钻尖要素包括两条主切削刃、

一条横刃、两个前面和两个后面等，如图 6-3 所示，其作用是担任主要切削工作。槽长部分有两条螺旋槽和两条窄的刃带，其作用是用来保持工作时的正确方向并起修光孔壁的作用，此外还能排屑和输送切削液。

钻头直径由切削部分向柄部逐渐减小，形成倒锥，可减少钻头与孔壁的摩擦。

④ 扁尾。钻头锥柄的削平尾端，以备嵌入锥孔的槽中，作顶出钻头之用。直柄尾端加工出平行且相对的两个小平面作为榫形扁尾。

（2）切削部分的几何参数

如图 6-4 所示，钻头切削部分的螺旋槽表面称为前面，切削部分顶端两个曲面称为后面，钻头的棱边又称为副后面。钻孔时的切削平面见图中的 *P-P*，基面为图中的 *Q-Q*。

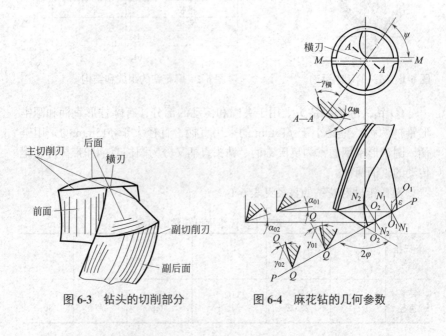

图 6-3　钻头的切削部分　　　　图 6-4　麻花钻的几何参数

① 顶角 2φ。顶角是两主切削刃在其平行平面 *M-M* 上投影之间的夹角。钻孔时顶角的大小依工件材料而定，标准麻花钻的顶角 $2\varphi=118°\pm2°$。表 6-2 列出了麻花钻顶角的大小对加工的影响及适用加工的材料。

表 6-2　麻花钻顶角的大小对切削刃形状和加工的影响

顶角	2φ>118°	2φ=118°	2φ<118°
两主切削刃的形状	凹曲线　切削刃凹　>118°	直线　切削刃直线　118°	凸曲线　切削刃凸　<118°
对加工的影响	顶角大，则切削刃短，定心差，钻出的孔容易扩大，同时前角也会增大，使切削省力	介于两者之间	顶角小，则切削刃长，易定心，钻出的孔不容易扩大，同时前角也减小，会增大切削力
适用加工的材料	适用于钻削较硬的材料	适用于钻削中等硬度的材料	适用于钻削较软的材料

② 前角 γ_0。指在主截面内，前刀面与基面之间的夹角，见图 6-4 中的 N_1-N_1 面、N_2-N_2 面。麻花钻的前角大小是变化的，其值自外缘向中心逐渐减小，最大可达 30°，在 $D/3$ 处转为负值，横刃处 $\gamma_横$=-54°～ -60°。前角越大，切削越省力。

③ 后角 α_0。是后面与切削平面之间的夹角，见图 6-4 中 O_1-O_1、O_2-O_2 面。后角的大小也是不等的，其变化与前角相反。直径 D=15 ～ 30mm 的钻头，外缘处 α_{01}=9°～ 12°，钻心处 α_{02}=20°～ 26°，横刃 $\alpha_横$=30°～ 60°。后角的作用是为了减少后面与加工表面之间的摩擦。

④ 横刃斜角 ψ。是横刃与切削刃在垂直于钻头轴线平面上投影所夹的角。标准麻花钻的横刃斜角 ψ=50°～ 55°。当后角刃磨偏大时，ψ 就会减小，故可用来判断后角刃磨是否正确。

6.1.3　装夹钻头的工具

① 钻夹头。钻夹头用来装夹 13mm 以内的直柄钻头，如图 6-5 所示。夹头体 1 上端锥孔与夹头柄装配，夹头柄做成莫氏锥体装入钻床主轴锥孔

内。钻夹头中的三个夹爪4用来夹紧钻头的直柄，当带有小锥齿轮的钥匙3带动夹头套2上的大锥齿轮转动时，与夹头套紧配的内螺纹圈5也同时旋转。因螺纹圈与三个夹爪上的外螺纹相配，于是三个夹爪便伸出或缩进，使钻柄被夹紧或放松。

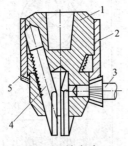

图 6-5　钻夹头

1—夹头体；2—夹头套；3—钥匙；
4—夹爪；5—内螺纹圈

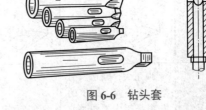

图 6-6　钻头套

② 钻头套。钻头套用来装夹锥柄钻头，如图6-6所示。当用较小直径的钻头钻孔时，用一个钻头套有时不能直接与钻床主轴锥孔相配，可用几个钻头套配接起来使用。钻头套共有五种，见表6-3。一般立钻主轴的锥孔为莫氏锥度 Morse No.3 或 Morse No.4。

表 6-3　钻头套标号与内外锥孔莫氏锥度

标号	内锥孔（Morse No.）	外圆锥（Morse No.）
1 号钻头套	1	2
2 号钻头套	2	3
3 号钻头套	3	4
4 号钻头套	4	5
5 号钻头套	5	6

③ 快换钻夹头。在钻床上加工同一工件时，往往需要调换直径不同的钻头。使用快换钻夹头可做到不停车换装刀具，大大提高生产效率，也减少了对钻床精度的影响。快换钻夹头结构如图6-7所示。

更换刀具时，只要将滑套 1 向上提起，钢珠 2 受离心力的作用而贴于滑套端部的大孔表面，使可换套筒 3 不再受到钢珠的卡阻。此时，另一手就可把装有刀具的可换套筒取出，然后再把另一个装有刀具的可换套筒装上。放下滑套，两粒钢珠重新卡入可换套筒凹坑内，于是更换上的刀具便跟着插入主轴锥孔内的夹头体一起转动。弹簧环 4 可限制滑套的上下位置。

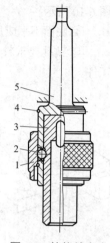

图 6-7　快换钻夹头

1— 滑 套；2— 钢 珠；
3—可换套筒；4—弹簧
环；5—夹头体

6.1.4　工件的夹持

一般钻 8mm 以下的小孔，工件又能用手握牢时，就用手拿住工件钻孔，比较方便。除此以外，钻孔前一般需将工件夹紧固定，方法如下。

① 平整的工件可用平口虎钳装夹，钻直径大于 8mm 孔时，必须将平口虎钳用螺栓、压板固定，减少钻孔时的振动，如图 6-8 所示。

② 圆柱形的工件可用 V 形块装夹并配以压板压紧，以免工件在钻孔时转动，如图 6-9 所示。

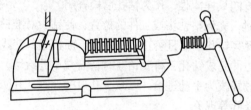

图 6-8　用平口虎钳夹持

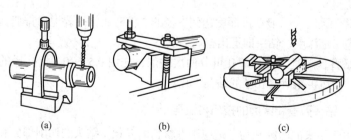

(a)　　　　　　　　(b)　　　　　　　　(c)

图 6-9　V 形块、压板夹持

③ 对较大的工件且钻孔直径在 10mm 以上时，可用压板夹持，如图 6-10 所示。

④ 底面不平或加工基准在侧面的工件，可用角铁进行装夹。

⑤ 钻孔要求较高、批量较大的工件，可采用专用的钻床夹具来夹持工件。

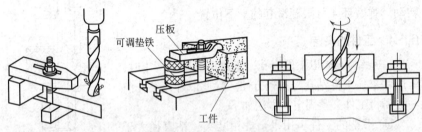

图 6-10　用压板夹持工件

6.1.5　一般工件的钻孔方法

钻孔前应在工件上划出所要钻孔的十字中心线和直径，并在孔的圆周上（90°位置）打四只样冲眼，作为钻孔后检查用。

钻孔开始时，先调整钻头或工件的位置，使钻尖对准钻孔中心，然后试钻一浅坑，观察钻孔位置是否正确，并要不断校正，使浅坑与划线圆同轴。然后压紧工件完成钻孔，将要钻穿时，需减小进给量，若采用的是自动进给，此时最好改为手动进给，以减少孔口的毛刺，并防止出现钻头折断或钻孔质量降低等现象。

钻不通孔时，可按钻孔深度调整挡块，并通过测量实际尺寸来控制钻孔深度。

钻深孔时，一般钻进深度达到直径的 3 倍时，钻头要退出排屑。以后每钻进一定深度，钻头即退出排屑一次。

钻直径超过 30mm 的孔可分两次钻削，先用 0.5 ~ 0.7 倍孔径的钻头钻孔，然后再用所需孔径的钻头扩孔。

6.1.6　钻头刃磨和修磨的技巧与诀窍

由于钻头的磨钝和为了适应工件材料的变化，钻头的切削部分和角度需要经常刃磨与修磨。

（1）标准麻花钻的刃磨要求

① 顶角约为118°±2°。

② 外缘处的后角 α 为10°～14°。

③ 横刃斜角 ψ 为50°～55°。

④ 两条主切削刃应对称等长，顶角 2φ 应被钻头轴线所平分。

麻花钻的刃磨质量对加工质量的影响见表6-4。

表6-4　麻花钻的刃磨质量对加工质量的影响

刃磨质量	刃磨正确	刃磨不正确		
		顶角不对称	切削刃长度不等	顶角不对称且切削刃长度不等
图示				
钻削情况	两条主切削刃同时切削，两边受力平衡，钻头磨损均匀	只有一条主切削刃在切削，两边受力不平衡，钻头磨损很快	麻花钻的工作中心由O-O移到O'-O'，切削不均匀，钻头磨损很快	两条切削刃受力不平衡，且麻花钻的工作中心由O-O移到O'-O'，钻头磨损很快
对钻孔质量的影响	钻出的孔质量较好	使钻出的孔孔径扩大或倾斜	使钻出的孔径扩大	钻出的孔不仅孔径扩大，而且还会产生台阶

（2）标准麻花钻的刃磨技巧及检验方法与诀窍

① 右手握住钻头的头部，刃磨时使钻头绕其轴心线转动，左手握住柄部做扇形上下摆动。

② 钻头轴心线与砂轮中心线水平线一致，主切削刃保持水平，如图6-11所示。

③ 刃磨时将主切削刃在略高于砂轮水平中心平面处先接触砂轮，右手缓慢地使钻头绕自己的轴线由下向上转动，同时施压，这样可使整个后面都能磨到。左手配合右手做缓慢的同步下压运动，压力逐渐增大，这样就便于磨出后角，下压的速度及其幅度随要求的后角大小而变；为保证钻

头近中心处磨出较大后角，还应做适当的右移运动。刃磨时两手动作的配合要协调、自然。按此不断反复，两后面经常轮换，直至达到刃磨要求。

④ 钻头要经常蘸水冷却，防止因过热退火。

⑤ 砂轮选择粒度为 F46～F80、硬度为中软级的氧化铝砂轮为宜，砂轮旋转必须平稳。

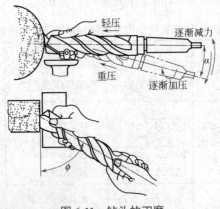

图 6-11　钻头的刃磨

⑥ 刃磨检验最常用的方法是目测。检验时，把钻头切削部分向上竖立，两眼平视，由于两主切削刃一前一后会产生偏差，往往感到左刃高而右刃低，故要旋转 180°后反复看几次，如果结果一样，就说明对称了。

（3）标准麻花钻的缺点

① 主切削刃上各点的前角变化大，致使各点切削性能不同。

② 横刃太长，横刃处前角为负值，切削时横刃呈挤压刮削状态，产生很大轴向力，钻头容易发生抖动，定心性不好。

③ 主切削刃长，全宽参加切削，切屑较宽，排屑不利。

（4）标准麻花钻的修磨技巧

由于标准麻花钻存在着上述缺点，故在使用前通常要对其切削部分有选择地进行修磨。修磨的部位主要如下。

① 修磨横刃。横刃修磨几何参数如图 6-12 所示，修磨后横刃的长度为原来的 1/3～1/5，并形成内刃，使内刃斜角 $\tau=20°～30°$，内刃处前角 $\gamma_\tau=0°～15°$，切削性能得以改善。

修磨时，钻头与砂轮的相对位置保持钻头轴线在水平面内与砂轮侧面左倾约 15°夹角，在垂直平面内与刃磨点的砂轮半径方向约成 55° 下摆角，如图 6-13 所示。

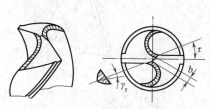

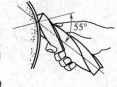

图 6-12　横刃修磨几何参数　　图 6-13　横刃修磨方法

② 修磨主切削刃。如图 6-14 所示。修磨出钻头第二顶角 $2k_r$ 和过渡刃 f_0，$2k_r=70°\sim 75°$，$f_0=0.2D$。修磨后增加主切削刃的总长度和刀尖角 ε_r 以增加刀齿强度，改善散热条件，延长钻头寿命。

③ 修磨分屑槽。如图 6-15 所示，在两个后刀面上磨出几条相互错开的分屑槽，使切屑变窄，以利排屑。

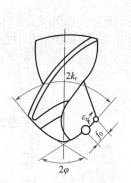
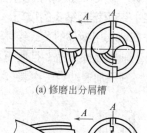

(a) 修磨出分屑槽

(b) 前刀面分屑槽

图 6-14　修磨主切削刃　　图 6-15　修磨分屑槽

④ 修磨棱边。如图 6-16 所示，修磨是在靠近主切削刃的一段棱边上，磨出副后角 $\alpha_0'=6°\sim 8°$，并保留棱边宽度为原来的 1/3 ～ 1/2，以减小对孔壁的摩擦，提高钻头寿命。

⑤ 修磨前面。如图 6-17 所示，修磨时将主切削刃和副切削刃交角处

的前面磨去一块，以减小前角，达到提高刀齿强度的目的。

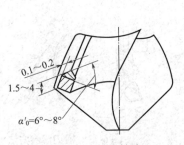

图 6-16　修磨棱边

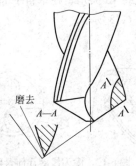

图 6-17　修磨前面

6.1.7　钻头的装拆技巧与诀窍

（1）装拆直柄钻头的技巧

直柄钻头用钻夹头夹持。先将钻头柄塞入钻夹头的三卡爪内，其夹持长度不能小于 15mm，然后用钻夹头钥匙旋转外套，使环形螺母带动三只卡爪移动，做夹持或放松的动作，如图 6-18 所示。

（2）装拆锥柄钻头的技巧

锥柄钻头用柄部的莫氏锥体直接与钻床主轴连接。连接时必须将钻头锥柄及主轴锥孔擦干净，且使矩形舌部的方向与主轴上的腰形孔中心线方向一致，利用加速冲力一次装接，如图 6-19（a）所示。

图 6-18　装拆直柄钻头

(a) 加速冲力装接　(b) 过渡套连接　(c) 用斜铁拆卸

图 6-19　装拆锥柄钻头

当钻头锥柄小于主轴锥孔时，可加过渡套来连接，如图 6-19（b）。对套筒内的钻头和在钻床主轴上的钻头的拆卸，是用斜铁敲入套筒或钻床主轴上的腰形孔内，斜铁带圆弧的一边要放在上面，利用斜铁斜面向下，使钻头与套筒或主轴分离，如图6-19（c）所示。

6.1.8 特殊孔的钻孔方法、技巧与诀窍

（1）大型箱体上钻孔

1）操作步骤与技巧

① 读图。大型箱体上钻孔直径为$\phi8.5mm$，孔深5mm，工件材料为45钢。

② 准备工具。选取带钻夹头钥匙且功率足够的手电钻、游标卡尺、样冲、锤子及$\phi8.5mm$钻头各一件。钻头应无损、锋利、顶角可磨成100°左右，后角略大，并将横刃修窄，以减小切削阻力。

③ 检查工件。用样冲、锤子在基体零件钻孔处冲出钻孔的中心。

④ 钻孔操作步骤与诀窍：

a. 请电工正确接线，戴好绝缘手套。

b. 将钻头插入钻夹头，再用钻夹头钥匙按顺时针方向将钻头拧紧后，退出钥匙。

c. 根据孔位状况选择适合的钻孔姿势，如图6-20所示。身体稍下蹲，两腿微呈弓步，右手握电钻，左手扶电钻柄部，将钻头抵在冲眼凹坑内，并保持钻头与被加工平面垂直。

d. 起动电钻，用膝盖顶住左手，靠腿部力量朝钻孔方向均匀用力，使钻头进给。要防止钻头摆动、摇晃。注意时常移出钻头，清除钻屑，钻至孔深。

图6-20　钻孔站位和姿势

2）钻孔操作禁忌与注意事项

① 电线接线要安全，电线要放在不会绊着或碰着的地方。

② 钻孔时，一定要用双手握紧电钻，否则容易发生人身事故。

③ 孔位要找准，加力方向要正，防止钻头摆动、摇晃。

④ 通孔钻削快钻通时，一定要双手紧握电钻，减轻进给压力，思想要高度集中，保证钻孔顺利。

⑤ 自检。用卡尺检查孔径，孔深合格方可卸下工件。

⑥ 工作结束，一定要清理现场。

（2）在圆柱形工件上钻孔的技巧

在轴类或套类等圆柱形工件上钻与轴心线垂直相交的孔，特别是当孔的中心线和工件中心线对称度要求较高时，常采用定心工具如图6-21（a）所示。在钻孔工件的端面划出所需的中心线，用90°角尺找正端面中心线使其保持垂直如图6-21（b）所示。换上钻头将钻尖对准钻孔中心后，再把工件压紧，然后钻孔。

对称度要求不高时，不必用定心工具，而用钻头的顶尖来找正V形块的中心位置，然后用90°角尺找正工件在端面的中心线，并使钻尖对准钻孔中心，压紧工件，进行试钻和钻孔。

（3）钻半圆孔的技巧与诀窍

① 钻普通半圆孔的技巧。对所钻半圆孔的工件，若孔在工件的边缘，可把两工件合起来夹持在机用平口钳内钻孔，如图6-22（a）所示。若只需一件，可取一块相同材料与工件拼合夹持在机用平口虎钳内钻孔。若在图6-22（b）所示工件上钻半圆孔，则可先用同样材料嵌入工件内，与工件合钻一个圆孔，然后去掉嵌入材料，工件上即留下半圆孔。

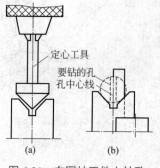

图6-21 在圆柱工件上钻孔

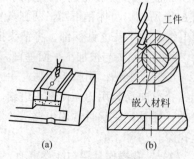

图6-22 在工件上钻半圆孔

② 钻腰圆孔的技巧和注意事项。钻如图6-23所示的腰圆孔时，先在一端钻出整圆孔，另一端用半孔钻头加工。半孔钻头的几何参数如图6-24所示。其主要特点是将切削刃磨成内凹凸形，钻孔时使切削表面形成凹筋，这样就能避免把钻头推向一边，而且又能限制住钻头的晃动，不让它偏离远定位孔位置，可以进行单边钻削。

③ 钻骑马孔的技巧和注意事项。如图6-25所示，壳体材料为45钢，

衬套材料 QSn4-3，螺孔底径 ϕ8.5mm，孔深 16mm。

选取划针、金属直尺、卡尺、样冲、锤子、压板、双头螺栓、螺母及扳手各一件。选取尽量短的 ϕ8.5mm 钻头一件，并修磨横刃，使其尽量窄。选用摇臂钻床一台。

检查毛坯时应注意轴和轴套材料不一样，故硬度也不一样。

钻孔的诀窍与步骤如下。

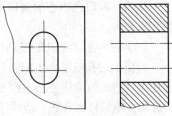

图 6-23　腰圆孔工件

a. 用金属直尺、划针在轴、轴套的端面上划出螺纹底孔中心线。并用样冲、锤子打出底孔圆心冲眼。样冲眼离开中心略偏向 45 钢硬材料一边 0.3mm。

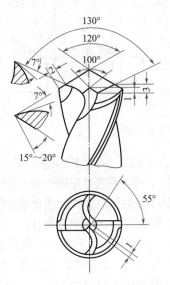

图 6-24　半孔钻头

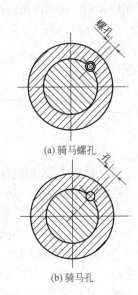

(a) 骑马螺孔

(b) 骑马孔

图 6-25　骑马螺孔和骑马孔

b. 使轴、轴套端面向上，装夹、固定在摇臂钻床工作台上。装夹钻头，使钻头、主轴伸出部分尽量短。

c. 选样合理的切削用量，起动钻床，主轴正常运转后，手动降下主轴，使钻头抵住钻孔冲眼，试钻一浅坑，观察偏移量是否合适，钻孔至深度。

d. 退出主轴，停机，卸下工件。

注意：冲眼孔中心的偏移量要控制好，偏移量过大、过小都会影响切削力的平衡。

（4）在斜面上钻孔的技巧与诀窍

斜面上的孔或平面上的斜孔统称为斜孔，其特点是孔的中心线与平面不垂直，钻头的轴线也与平面不垂直。钻孔时钻头受到斜面的作用力，使钻头向一侧偏移而弯曲，造成钻头不能钻进工件甚至被折断。

钻斜孔的各种方法与技巧如下。

① 在表面倾斜角为 α 的斜面上钻孔，可先把斜面放置成水平面，如图 6-26（a）所示，用钻头对准孔的中心预钻一个浅孔（中心线与斜面垂直）；然后将斜面放置得稍倾斜一些，浅孔又被钻深一点（中心线与斜面不垂直了）；再将斜面放置得多倾斜一些，重复操作多次……最后斜面与水平面成 α 角，同时将孔钻好。

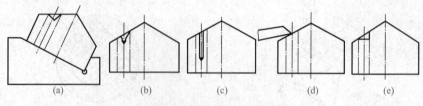

（a）　　　　（b）　　　　（c）　　　　（d）　　　　（e）

图 6-26　在工件的斜面上钻孔

② 先用中心钻钻出锥孔，如图 6-26（b）所示，中心钻的钻尖很短，柄部直径较大，故刚性好，钻斜孔时不易弯曲。中心孔要在正确位置上且锥孔尽量大些，再用钻头钻出位置正确的孔（因不受斜面的影响）。也可用小钻头钻一个孔，如图 6-26（c）所示，钻头有了良好的定位导向再钻成孔。

③ 在压板的端面上加工出一个斜面，装夹压板时其斜面的端线通过孔的中心，且压板的斜面与工件的斜面正好构成一个对称的 V 形槽，然后在槽中间，钻头对准孔的中心线钻孔，如图 6-26（d）所示。

④ 自制一个锥角小于 α/2 的顶尖，把顶尖装夹到钻床主轴上，对准待钻孔的中心。在保证主轴与工件的相对位置不变的条件下，卸下顶尖换上一把立铣刀，在斜面上铣出一个平面。如图 6-26（e）所示，换上钻头进行钻孔即可。钳工用凿子錾出一个同样的平面（平面与孔的中心线垂直），然后先用中心钻或小直径钻头在小平面上钻出一个浅坑，最后可直接用钻

头钻成孔。

（5）钻小孔的注意事项与诀窍

①选用精度较高的钻床和钻夹头。

②钻头的装夹应尽可能短，以增加钻头的刚性。

③开始钻削时，进给力应小些，防止钻头滑移和弯曲。

④进给时注意手的力度和感觉，防止钻头弹跳，以免折断钻头。

⑤钻削过程中应经常提起钻头以利于排屑及冷却。

⑥钻小孔时钻床的转速一般在 2500 ～ 10000r/min 内选取。

6.1.9　钻孔时的切削用量与刀具冷却

（1）切削用量

切削用量包括切削速度、进给量和背吃刀量三要素。

① 切削速度 v_c。指钻孔时钻头切削刃上最大直径处的线速度（m/min），可由下式计算

$$v_c = \frac{n\pi D}{1000}$$

式中　D——钻头的直径，mm；

　　　n——钻头的转速，r/min。

② 进给量 f。指主轴每转一转钻头对工件沿主轴轴线相对移动量，单位为 mm/r。

③ 背吃刀量 a_p。指工件已加工表面与待加工表面之间的垂直距离。对钻削而言，$a_p=D/2$，如图 6-27所示。

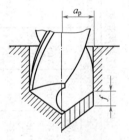

图 6-27　钻孔时的切削用量

（2）切削用量的选择诀窍

钻削时合理选择切削用量，可提高钻孔精度和生产效率，并能防止机床过载或损坏。

由于钻孔时背吃刀量已由钻头直径所定，所以只需选择切削速度 v_c 和进给量 f。对钻孔的生产率来说，v_c 和 f 的影响是相同的；对钻头使用寿命来说，v_c 比 f 的影响大；对钻孔的表面粗糙度来说，f 比 v_c 的影响大。因此，钻孔时切削用量的选用原则是：在允许范围内，尽量选择较大的进给量，当进给量受到表面粗糙度和钻头刚度的限制时，再考虑选择较大的切削速度。

具体选择时应考虑几方面，一般情况可查表 6-5 和表 6-6。当加工条件特殊时，可按表做一定的修整或按试验确定。

表 6-5　钻钢料时的切削用量表（加切削液）

进给量 f/(mm/r)

钢材的性能 好 → 差									
0.20	0.27	0.36	0.49	0.66	0.88				
0.16	0.20	0.27	0.36	0.49	0.66	0.88			
0.13	0.16	0.20	0.27	0.36	0.49	0.66	0.88		
0.11	0.13	0.16	0.20	0.27	0.36	0.49	0.66	0.88	
0.09	0.11	0.13	0.16	0.20	0.27	0.36	0.49	0.66	0.88

切削速度 v/(m/min)

钻头直径/mm														
≤4.6	43	37	32	27.5	24	20.5	17.7	15	13	11	9.5	8.2	7	6
≤9.6	50	43	37	32	27.5	24	20.5	17.7	15	13	11	9.5	8.2	7
≤20	55	50	43	37	32	27.5	24	20.5	17.7	15	13	11	9.5	8.2
≤30	55	55	50	43	37	32	27.5	24	20.5	17.7	15	13	11	9.5
≤60	55	55	55	50	43	37	32	27.5	24	20.5	17.7	15	13	11

注：钻头为高速钢标准麻花钻。

表 6-6 钻铸铁时的切削用量表

铸铁硬度 HBS	进给量 f/(mm/r)												
140～152	0.20	0.24	0.30	0.40	0.53	0.70	0.95	1.3	1.7				
153～166	0.16	0.20	0.24	0.30	0.40	0.53	0.70	0.95	1.3	1.7			
167～181	0.13	0.16	0.20	0.24	0.30	0.40	0.53	0.70	0.95	1.3	1.7		
182～199		0.13	0.16	0.20	0.24	0.30	0.40	0.53	0.70	0.95	1.3	1.7	
200～217			0.13	0.16	0.20	0.24	0.30	0.40	0.53	0.70	0.95	1.3	1.7
218～240				0.13	0.16	0.20	0.24	0.30	0.40	0.53	0.70	0.95	1.3
钻头直径 φ/mm	切削速度 v/(m/min)												
≤3.2	40	35	31	28	25	22	20	17.5	15.5	14	12.5	11	9.5
≤8	45	40	35	31	28	25	22	20	17.5	15.5	14	12.5	11
≤20	51	45	40	35	31	28	25	22	20	17.5	15.5	14	12.5
>20	55	53	47	42	37	33	29.5	26	23	21	18	16	14.5

注：钻头为高速钢标准麻花钻。

（3）钻孔时的切削液选择诀窍

为了使钻头散热冷却，减少钻削时钻头与工件、切屑之间的摩擦，以及消除黏附在钻头和工件表面上的积屑瘤，从而降低切削抗力，提高钻头寿命和改善加工孔表面的质量，钻孔时要加注足够的切削液。钻钢件时，可用 3% ～ 5% 的乳化液；钻铸铁时，一般可不用或用 5% ～ 8% 的乳化液连续加注。

（4）手动进给操作的诀窍与注意事项

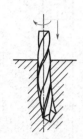

图 6-28　钻孔时轴线的歪斜

手动进给时，进给用力不应使钻头产生弯曲现象，以免钻孔轴线歪斜，如图 6-28 所示；钻小直径孔或深孔时，进给力要小，并要经常退钻排屑，以免切屑阻塞而扭断钻头，一般在钻孔深度达到直径的 3 倍时，一定要退钻排屑；孔将钻穿时，进给力必须减小，以防进给量突然过大，增大切削抗力，造成钻头折断，或使工件随着钻头转动而造成事故。

（5）钻孔时出现的问题及注意事项

钻孔加工时会出现一些问题，常见的问题及产生原因见表 6-7。

表 6-7　钻孔时可能出现的问题及产生原因

出现问题	产生原因
孔大于规定尺寸	①钻头两切削刃长度不等，高低不一致 ②钻床主轴径向偏摆或工作台未锁紧，有松动 ③钻头本身弯曲或装夹不好，使钻头有过大的径向跳动现象
孔壁粗糙	①钻头不锋利 ②进给量太大 ③切削液选用不当或供应不足 ④钻头过短、排屑槽堵塞
孔位偏移	①工作划线不正确 ②钻头横刃太长，定心不准，起钻过偏而没有校正
孔歪斜	①工件上与孔垂直的平面与主轴不垂直或钻床主轴与台面不垂直 ②工件安装时，安装接触面上的切屑未清除干净 ③工件装夹不牢，钻孔时产生歪斜，或工件有砂眼 ④进给量过大使钻头产生弯曲变形
钻孔呈多角形	①钻头后角太大 ②钻头两主切削刃长短不一，角度不对称

出现问题	产生原因
钻头工作部分折断	①钻头用钝仍继续钻孔 ②钻孔时未经常退钻排屑，使切屑在钻头螺旋槽内阻塞 ③孔将钻通时没有减小进给量 ④进给量过大 ⑤工件未夹紧，钻孔时产生松动 ⑥在钻黄铜一类软金属时，钻头后角太大，前角又没有修磨小，造成扎刀
切削刃迅速磨损或碎裂	①切削速度太高 ②没有根据工件材料硬度来刃磨钻头角度 ③工件表面或内部硬度高或有砂眼 ④进给量过大 ⑤切削液不足

钻孔时的注意事项如下：

① 钻孔时工件一定要紧固。在通孔将钻穿时要特别小心，尽量减小进给量，以防进给量突然增加而发生工件甩出等事故。

② 钻孔时不准戴手套，手中也不能拿棉纱，以免不小心被切屑勾住发生人身事故。

③ 不准用手去拉切屑或用嘴吹碎屑。清除切屑应用钩子或刷子，并尽量在停车时清除。

④ 钻孔时，工作台面上不准放置刀具、量具及其他物品。钻通孔时，工件下面必须垫上垫块或使钻头对准工作台的T形槽，以免损坏工作台。钻床未停止不准去捏停钻夹头。松、紧钻夹头必须用钥匙，不准用手锤或其他东西敲击。

⑤ 严禁在开车状态下装拆工件，检查工件和主轴变速必须在停车状态下进行。

6.2 扩孔

用扩孔钻或麻花钻将工件上原有的孔进行扩大的加工方法称为扩孔。

6.2.1 扩孔的应用

由于扩孔的切削条件比钻孔有较大的改善，所以扩孔钻的结构与麻花钻相比有较大区别，如图 6-29 所示。扩孔钻的结构特点是：因中心不切削，没有横刃。因扩孔产生切屑体积小，钻心粗，刀齿增加，使之具有较好的刚度、导向性和切削稳定性，能增大切削用量。扩孔一般应用于孔的半精加工和铰孔前的预加工，一般尺寸精度一般为 IT10 ～ IT9，表面粗糙度 $Ra\,25 ～ 6.3\mu m$。

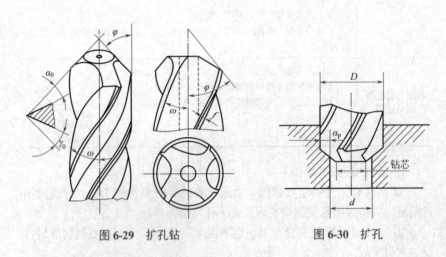

图 6-29 扩孔钻   图 6-30 扩孔

6.2.2 扩孔时切削用量的选择

（1）扩孔前钻孔直径的确定

用麻花钻扩孔时，钻孔直径为 0.5 ～ 0.7 倍的要求孔径，用扩孔钻扩孔，钻头直径为 0.9 倍的要求孔径。

（2）背吃刀量

如图 6-30 所示，扩孔时背吃刀量为

$$a_p = \frac{D - d}{2}$$

式中 d——原有孔的直径，mm；

D——扩孔后的直径，mm。

扩孔的切削速度为钻孔的 1/2，扩孔的进给量为钻孔的 1.5 ～ 2 倍。

实际生产中，一般可用麻花钻代替扩孔钻使用。扩孔钻使用于成批大量扩孔加工。

6.2.3　用麻花钻扩孔的诀窍与注意事项

（1）用麻花钻扩孔的步骤

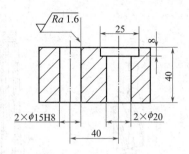

如图 6-31 所示，工件材料 HT100，扩前孔径 ϕ8mm，扩后孔径 ϕ15H8，表面粗糙度值为 Ra 1.6μm。选取 ϕ15mm 麻花钻头及卡尺各一件，选用立式钻床一台。用游标卡尺检查扩前孔径应为 ϕ8mm。

扩孔操作步骤与技巧：

① 将工件置于主钻工作台面上，装夹麻花钻头，手动降下主轴，对正工件扩前孔中心，用压板压紧，固定工件。

② 选择合理的切削用量，确定手动进给方式，起动钻床，使主轴转动正常。

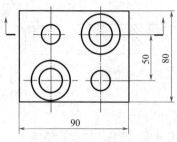

图 6-31　扩孔、锪孔零件

③ 按下主轴，手动进刀扩孔至深度。扩孔时，可采用毛刷加注切削液。

④ 退回主轴，停机。用卡尺检查扩孔孔径是否合格。

⑤ 卸下零件，关闭电源，清理现场。

（2）扩孔时的注意事项

① 对扩孔余量较大的孔，可先用小钻头钻孔后，再用扩孔钻扩。

② 对要求较高且后续还要铰孔的孔，除先用小钻头钻以外，还要用不同的钻头进行两次扩孔，以保证铰前孔的质量。

6.3　锪孔

用锪钻对工件孔口加工出平底或锥形沉孔的操作叫做锪孔，如图 6-32 所示。其作用是：在工件的连接孔端锪出柱形或锥形埋头孔，用埋头螺钉埋入孔内把有关零件连接起来，使外观整齐，结构紧凑；将孔口端锪平，并与孔中心线垂直，能使连接螺栓的端面与连接件保持良好接触。

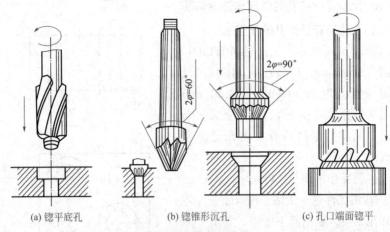

(a) 锪平底孔　　　　　(b) 锪锥形沉孔　　　　(c) 孔口端面锪平

图 6-32　锪孔的应用

6.3.1　锪钻的种类和特点

锪孔钻分柱形锪钻、锥形锪钻和端面锪钻三种。

（1）柱形锪钻

锪圆柱形埋头孔的锪钻称为柱形锪钻，如图 6-33 所示。柱形锪钻起主要切削作用的是端面切削刃 1，外圆切削刃 2 为副切削刃，起修光孔壁的作用。锪钻前端有导柱，导柱与工件原有的孔为间隙配合，以保证有良好的定心和导向作用。一般导柱是可拆的，也可把导柱和锪钻做成一体。

柱形锪钻的螺旋角就是它的前角，即 $\gamma_0=\beta_0=15°$，后角 $\alpha_0=8°$。

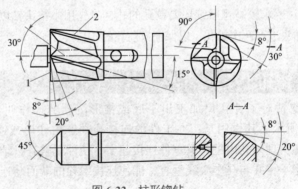

图 6-33　柱形锪钻

（2）锥形锪钻

锪锥形埋头孔的锪钻称为锥形锪钻，如图 6-34 所示。按其锥角大小可分 60°、75°、90°和 120°四种，其中 90°使用最多。锪钻直径 d=12 ～ 60mm，齿数为 4 ～ 12 个，前角 γ_0=0°，后角 α_0=6°～ 8°。为了改善钻尖处的容屑条件，每隔一齿将此处的切削刃磨去一块。

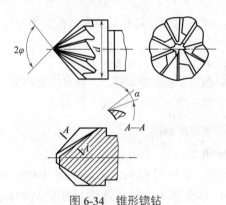

图 6-34　锥形锪钻

（3）端面锪钻

专门用来锪平孔口端面的锪钻称为端面锪钻，如图 6-35 所示。其端面刀齿为切削刃，前端导柱用来导向定心，以保证孔端面与孔中心线的垂直度。

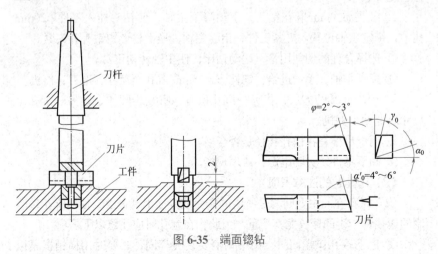

图 6-35　端面锪钻

标准锪钻虽有多种规格，但一般适用于成批大量生产，不少场合采用麻花钻改制的锪钻。

6.3.2 锪孔工作要点

锪孔方法与钻孔方法基本相同，但锪孔时刀具容易振动，故锪孔时应注意以下几点。

① 锪孔时的切削速度应比钻孔低，为钻孔时的 1/3 ～ 1/4，进给量为钻孔的 2 ～ 3 倍。

② 手动进给压力不宜过大，且要均匀。

③ 锪钻的刀杆和刀片装夹要牢固，工件夹持要稳定。

④ 锪钢件时，要在导柱和切削表面加切削液。

6.3.3 锪孔的诀窍与注意事项

(1) 锪孔的步骤

如图 6-31 所示，工件材料 HT100，锪前孔径 $\phi20mm$，锪孔直径 $\phi25mm$，深 8mm，锪孔加工两处。选取尺寸合适的标准柱形锪钻头、$\phi20mm$ 麻花钻头、游标卡尺各一件，压板、螺栓、螺母及扳手等数件，摇臂钻床一台。用卡尺检查毛坯各部分尺寸是否符合图样要求。

锪孔的操作步骤与技巧：

① 将工件锪孔部位朝上，放入摇臂钻工作台上的机用虎钳的钳口中，并适度夹紧。

② 装夹 $\phi20mm$ 麻花钻头，手动降下主轴，使钻头插入工件 $\phi20mm$ 孔中，锁定主轴位置。夹紧工件，抬起主轴，换上柱形锪钻头并夹紧。

③ 选择合理的切削用量，起动钻床，使主轴转动正常。

④ 降下主轴，手动进给，锪柱形 $\phi25mm$ 沉孔至尺寸，退刀，停机。

⑤ 用步骤②的方法，找另一沉孔位置，重复步骤④，锪另一沉孔至尺寸。退钻，停机。

⑥ 用卡尺检查各锪孔孔径是否合格。

⑦ 卸下零件，关闭电源，清理现场。

(2) 锪孔时的注意事项

锪孔时存在的主要问题是所锪的端面或锥面出现振纹，使用麻花钻改制的锪孔钻产生的振纹尤其严重。为此，在锪孔时应注意以下事项。

① 锪下端孔口端面时，锪钻钻柄要装夹牢固，必要时用横销楔紧以

防锪钻在进刀时掉下来。

② 锪孔时，进给量为钻孔的 2～3 倍，切削速度为钻孔的 1/3～1/2。精锪孔时，可利用钻床停车后主轴的惯性来锪孔，以减少振纹而获得较小的表面粗糙度值。

③ 若用麻花钻改制的锪钻，应选用较短的钻头，以增强刚性，刃磨时要保证两切削刃高低一致、角度对称并注意修磨前刀面，减小切削刃外缘处的前角，以防止产生"扎刀"和振动。刃磨成较小的后角后，用油石粗修后再精修。

④ 用柱形锪钻锪孔时，钻锪导柱与工件上已有的定位孔之间应加润滑液以减少摩擦热的产生。

6.4 铰孔

用铰刀对已粗加工的孔进行精加工叫做铰孔，一般可加工圆柱形孔，也可加工锥形孔。由于铰刀的刀刃数量多、导向性好、尺寸精度高且刚度好，因此加工精度高，一般可达 IT9～IT7，表面粗糙度小，可达 $Ra\,1.6\mu m$。

6.4.1 铰刀的种类及结构特点

铰刀的种类很多，常用的有以下几种。

（1）整体圆柱铰刀

整体圆柱铰刀主要用来铰削标准直径系列的孔，可分机用和手用两种，其结构如图 6-36 所示。它由工作部分、颈部和柄部三个部分组成。主要用来铰削标准系列的孔。

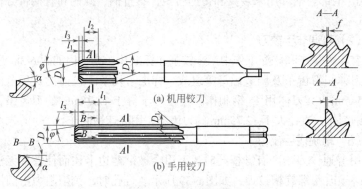

图 6-36　整体圆柱铰刀

① 工作部分。包括引导部分、切削部分和校准部分。

a. 引导部分。引导部分的作用是便于铰刀放入孔中。

b. 切削部分。切削部分担负主要切削工作。顶角 φ 很小，切削部分较长，这样定心作用好，工作省力。

c. 校准部分。校准部分是用来引导铰孔方向和校准孔的尺寸，也是铰刀的后备部分。为减少与孔壁的摩擦，防止孔口的扩大，该部位的切削刃上留有无后角、宽度很窄的棱边 f。

一般手铰刀的齿距在圆周上不是均匀分布的，为了便于制造和测量，不等齿距的铰刀常制成 180° 对称的不等齿距（如图 6-37 所示）。采用不等齿距的铰刀，铰孔时切削刃不会在同一地点停歇而使孔壁产生凹痕，从而能将硬点切除，提高了铰孔质量。

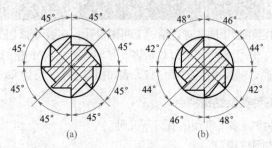

图 6-37 铰刀刀齿分布

② 颈部。颈部为磨制铰刀时供退刀用，也用来刻印商标和规格。

③ 柄部。柄部用来装夹和传递转矩，有直柄、锥柄和直柄带方榫三种形式。

（2）可调节手铰刀

在单件生产和修配工作中用来铰削非标准孔，其结构如图 6-38 所示，它由刀体、刀齿条及调节螺母等组成。标准可调节手铰刀的直径范围为 6～54mm。其刀体用 45 钢制作。直径小于等于 12.75mm 的刀齿条，用合金钢制作；直径大于 12.75mm 的刀齿条，用高速钢制作。

（3）螺旋槽手铰刀

用普通铰刀铰削有键槽孔时，刀刃会被键槽边卡住而使铰削无法进行，必须改用螺旋槽铰刀，如图 6-39 所示。铰孔时，铰削阻力沿圆周均匀分布，铰削平稳，铰孔光滑。铰刀螺旋槽方向一般左旋，以避免因顺时针转动而产生自动旋进的现象，同时，左旋刀刃易将切屑推出孔外。

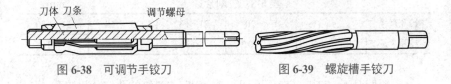

图 6-38　可调节手铰刀　　　　图 6-39　螺旋槽手铰刀

（4）锥铰刀

用来铰削圆锥孔的铰刀，如图 6-40 所示。常见的锥铰刀有以下四种。

① 1∶10 锥铰刀用来铰削联轴器上与锥销配合的锥孔。

② 莫氏锥铰刀用来铰削 0～6 号莫氏锥孔。

③ 1∶30 锥铰刀用来铰削套式刀具上的锥孔。

④ 1∶50 锥铰刀用来铰削定位销孔。

1∶10 锥孔和莫氏锥孔的锥度较大，为了铰孔省力，这类铰刀一般制成二至三把一套，其中一把是精铰刀，其余是粗铰刀，如图 6-40（a）所示。

锥度较大的锥孔，铰孔前的底孔应钻成阶梯孔，如图 6-41 所示。阶梯孔的最小直径按锥铰刀小端直径确定，其余各段直径可根据锥度推算。

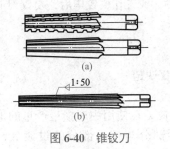

(a)

1∶50

(b)

图 6-40　锥铰刀

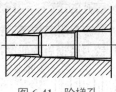

图 6-41　阶梯孔

6.4.2　铰孔方法

（1）铰削余量的确定

铰削余量是指上道工序（钻孔或扩孔）完成后，在直径方向所留下的加工余量。如余量太大，不但孔铰不光，而且铰刀易磨损；余量太小，则不能去掉上道工序留下的刀痕，达不到要求的表面质量。具体数值可参照

表6-8。

表 6-8　铰削余量　　　　　　　　　　　　mm

铰孔直径	<5	5～20	21～32	33～50	51～70
铰孔余量	0.1～0.2	0.2～0.3	0.3	0.5	0.8

一般情况下，IT9、IT8级孔可一次铰出；IT7级的孔应分粗铰和精铰；孔径大于20mm的孔可先钻孔，再扩孔，然后进行铰孔。

（2）机铰的切削速度和进给量

为了获得较小的加工表面粗糙度，必须避免产生积屑瘤，减少切削热及变形，应取较小的切削速度。铰钢件时，切削速度v_c=4～8m/min，铰铸铁件时，v_c=6～8m/min。铰钢件及铸铁件的进给量可取f=0.5～1mm/r，铰铜件、铝件可取f=1～1.2mm/r。

（3）铰孔操作方法与技巧

① 手铰起铰时，用右手通过铰孔轴线施加进刀压力，左手转动铰刀；正常铰削时，两手用力要均匀、平稳，不得有侧向压力，同时适当加压，使铰刀均匀地进给。

② 铰刀铰孔或退出铰刀时，铰刀不能反转，防止刃口磨钝并将孔壁划伤。

③ 机铰时应使工件一次装夹进行钻、铰工作，铰毕后，要铰刀退出后再停车，以防孔壁拉出痕迹。

6.4.3　铰孔的技巧、诀窍与注意事项

（1）铰刀研磨技巧及铰削用量的选择诀窍

① 铰刀磨损后的研磨技巧与诀窍。

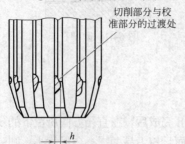

图 6-42　铰刀磨损的情况

a. 铰刀在使用中磨损最严重的地方是切削部分与校准部分的过渡处，如图6-42所示。当此处因磨损而破坏了刃口之后（一般规定后面的磨损高度h：高速钢铰刀h=0.6～0.8mm；硬质合金铰刀h=0.3～0.7mm；加工淬火工件的铰刀h=0.3～0.35mm），就应在工具磨床上进行修磨。

b. 研磨或修磨后的铰刀，为了使切削刃顺利地过渡到校准部分，还需要用油石仔细地将过渡的尖角修成小圆弧，并要求各齿大小一致，以免因小圆弧半径不一样而产生颈向偏摆。

c. 铰刀刃口有毛刺或黏结切屑时，要用油石小心地磨掉。

d. 切削刃后面磨损不严重时，可用油石沿切削刃的垂直方向轻轻推动，加以修光，如图 6-43 所示。如要将刃带宽度磨窄时，也可用上述方法将刃带研出 1° 左右的小斜面，如图 6-44 所示，并保持需要的刃带宽度。但研磨后面时，不能将油石沿切削刃方向推动，如图 6-45 所示。如果这样推动，容易使油石产生沟痕，稍有不慎就可能将刀齿刃口磨圆，从而降低其切削性能。

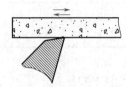

图 6-43　铰刀后刀面磨损后的研磨

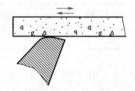

图 6-44　铰刀刃带过宽时的研磨

e. 当刀齿前面需要研磨时，应将油石贴紧在前面上，沿齿槽方向轻轻推动。特别应注意不要损伤刃口。铰刀在研磨时，切勿将刃口研凹下去，要保持铰刀原有的几何形状。

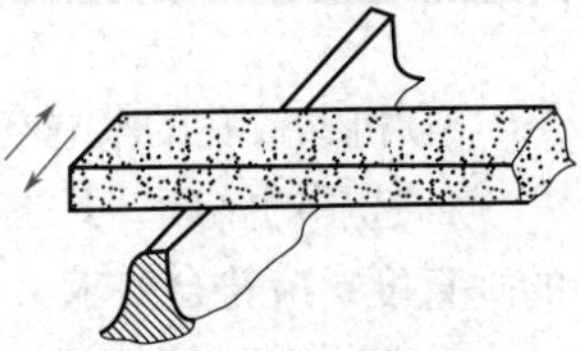

② 机铰时切削参数的选择技巧。

a. 机铰时切削速度的选择技巧。为了得到较小的表面粗糙度值，必须避免产生刀瘤，减少切削热及变形，因而应采取较小的切削速度。用高速钢铰刀铰钢件时，$v_c=4 \sim 8$mm/min；铰铸铁件时，$v_c=6 \sim 8$m/min；铰钢件时，$v_c=8 \sim 12$m/min。

图 6-45　不正确的研磨方法

b. 机铰时进给量的选择技巧。机铰时进给量要适当，过大铰刀易磨损，也影响加工质量；过小则很难切下金属材料，形成对材料的挤压，使其产生塑性变形和表面硬化，最后导致刀刃撕去大片切屑，使表面粗糙度增大，并加快铰刀磨损。

机铰钢件及铸铁件时，$f=0.5 \sim 1$mm/r；机铰铜和铝件时，$f=1 \sim 1.2$mm/r。

③ 铰削时铰削余量的选择诀窍。铰削时铰削余量是否合适，对铰出孔的表面粗糙度和精度影响很大。铰孔余量太大，不但孔铰不光，而且铰刀容易磨损；铰孔余量太小，则不能去掉上道工序预加工孔留下的刀痕，也达不到要求的表面粗糙度。

在一般情况下，对 IT9、IT8 级精度的孔可一次铰削完成；对精度 IT7 级的孔，应分粗铰和精铰；对孔径大于 20mm 的孔，可先钻孔，再扩孔，然后再进行铰孔。铰削余量的选择参见表 6-9。

表 6-9　铰削余量的选择　　　　　　　　　　mm

铰刀直径	铰削余量
≤ 6	0.05 ～ 0.1
>6 ～ 18	一次铰：0.1 ～ 0.2 二次铰精铰：0.1 ～ 0.15
>18 ～ 30	一次铰：0.2 ～ 0.3 二次铰精铰：0.1 ～ 0.15
>30 ～ 50	一次铰：0.3 ～ 0.4 二次铰精铰：0.15 ～ 0.25

④ 机动铰孔的禁忌与注意事项。

a. 选用的钻床，其主轴锥孔中心线的跳动，主轴中心线对工作台表面的垂直度，应符合要求。

b. 铰孔时，应使工件一次装夹进行钻铰工作，以保证铰刀中心线与钻出的孔中心线一致。

c. 开始铰削时，为了引导铰刀铰进，可采用手动进给，当铰进 2 ～ 3mm 时，即改用机动进给，以获得均匀的进给量。

d. 在铰削过程中，特别是铰盲孔时，可分几次不停车退出铰刀，以清除铰刀上的切屑，同时也便于输入冷却润滑液。铰孔完毕，应不停车退出铰刀，以防孔壁拉出痕迹。

⑤ 铰削时切削液的选择诀窍。铰削的切屑细碎且易黏附在刀刃上，甚至挤在孔壁与铰刀之间，将已加工表面拉伤。铰削时，必须选择适当的切削液冲掉切屑，减少摩擦，并降低工件和铰刀温度。

铰削时切削液的选择参考表 6-10。

表 6-10　铰削时切削液的选择

加工材料	切削液
钢	① 10% ～ 20% 乳化液 ② 30% 工业植物油加 70% 的浓度为 3% ～ 5% 的乳化液 ③ 工业植物油
铸铁	① 干切削 ② 煤油（但会引起孔径缩小） ③ 3% ～ 5% 乳化液
铝	① 煤油 ② 5% ～ 8% 乳化液
铜	5% ～ 8% 乳化液

（2）手工铰孔的诀窍与技巧

① 手工铰孔的诀窍与注意事项。

a. 工件要夹正，使操作者在铰削时，对铰刀的垂直方向，有一个正确的视角和标志；对薄壁零件的夹持不要用力过大，以免将工件孔夹扁，铰孔后产生椭圆度。

b. 铰刀的中心要与孔的中心尽量保持重合，不得歪斜，特别是铰削浅孔时，如果导正性不良，使铰刀歪斜，很容易将孔铰偏。

c. 在铰削过程中，两手用力要平衡，旋转铰杠的速度要均匀；铰刀不得左右摇摆，以保持其稳定性，避免在孔的进口处出现喇叭口或将孔径扩大。

d. 铰削进刀时，不要猛力压铰杠，要随着铰刀的旋转轻轻加力，这样才能进刀均匀，将铰刀缓慢地引进孔内，以保证良好的加工粗糙度。

e. 在铰削过程中，铰刀被卡住时，不要猛力扳转铰杠，以防止铰刀折断；而是应该将铰刀取出，清除切屑，检查铰刀是否崩刃，如有轻微磨损或崩刃，可进行研磨，再涂上润滑油，继续铰削。

f. 注意变换铰刀每次停歇的位置，以消除铰刀常在同一处停歇所造成的振痕。

g. 工件孔处于水平位置铰削时，为了不使铰刀在铰杠的压力下产生偏斜，应用手轻轻托住铰杠，使铰刀中心与孔中心保持重合。当工件结构限制铰杠做整圈圆周旋转时，一般是用扳手扳转铰刀，每扳一次使其作少量的旋转，这时须用一只手轻轻按住铰刀，起到进刀和保持铰刀中心与铰孔中心重合的作用；一只手托住扳手柄部，慢慢转动铰刀进行铰削。

h. 当一个孔快铰完时，不能让铰刀的校准部分全部出头，以免将孔的下端划伤。另外，当受到工件装夹或工件结构的限制，不允许从孔的下面取出铰刀时，如果铰刀的校准部分全部出头以后，再从孔的上方退出铰刀，就会将已加工孔的表面刮伤，损坏孔的精度和表面粗糙度。降低手工铰孔表面粗糙度的诀窍与技巧：

a）将铰刀切削部分的刃口用细油石研磨成 0.1mm 左右的小圆角，如图 6-46 所示。工作时，先用粗铰刀将孔粗铰一道，留余量 0.04～0.08mm，然后用上述铰刀进行精铰。

b）在塑性较大的金属上铰孔时，为了避免铰刀在"扎刀"以后，将金属一层层撕裂下来，破坏加工表面粗糙度，如 6-47 所示，可在铰刀切削部分的刃口前面，用细油石研磨出 0.5mm 宽的棱带，并形成 2°～3°的前角，保留刃带宽度为原有的 2/3，如图 6-48 所示，从而减弱刃口的锋利程度，使刀刃形成刮削状态，降低孔壁粗糙程度。

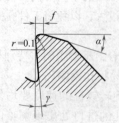

图 6-46　铰刀切削部分的
刃口研磨成小圆角

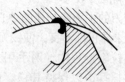

图 6-47　刀齿"扎刀"

i. 铰刀退出时，不能反转，因为铰刀有后角，反转会使切屑塞在铰刀刀齿后刀面和孔壁之间，将孔壁划伤，同时，铰刀也容易磨损。

j. 铰刀使用完毕，要清理干净，涂上机油，套上塑料保护套单独存放，以免混放时碰伤刃口。

② 铰锥孔的诀窍与技巧。铰尺寸较小的圆锥孔，可先按小端直径并留取圆柱孔精铰余量钻出圆柱孔，然后用锥铰刀铰削即可。对尺寸和深度较大的锥孔，为减少铰削余量，铰孔前可先钻出阶梯孔，见图 6-22，然后再用铰刀铰削。铰削过程中要经常用相配的锥销来检查铰孔尺寸，如图 6-49 所示。

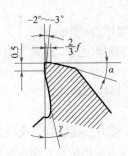

图 6-48　刀口前刀面研磨出棱带

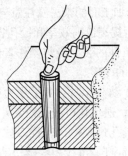

图 6-49　用锥销检查铰孔尺寸

（3）铰削加工常见问题产生的原因及注意事项

铰削加工时会出现一些问题，常见的问题及产生原因见表 6-11。

表 6-11　铰削加工常见问题产生的原因

废品形式	产生的原因
粗糙度达不到要求	①铰刀刃口不锋利或有崩裂，铰刀切削部分和修整部分粗糙 ②切削刃上黏有积屑瘤，容屑槽内切屑黏积过多 ③铰削余量太大或太小 ④切削速度太高，以致产生积屑瘤 ⑤铰刀退出时反转，手铰时铰刀旋转不平稳 ⑥润滑冷却液不充足或选择不当 ⑦铰刀偏摆过大
孔径扩大	①铰刀与孔的中心不重合，铰刀偏摆过大 ②进给量和铰削余量太大 ③切削速度太高，使铰刀温度上升，直径增大
孔径缩小	①铰刀磨损严重超过磨损标准继续使用 ②铰刀已钝继续使用，而引起过大的孔径收缩 ③铰钢料时加工余量太大，铰好后内孔弹性复原而孔径缩小 ④铰铸铁时加了煤油
孔中心不直	①铰孔前的预加工孔不直，铰小孔时铰刀刚度差，未能纠正原有的弯曲度 ②手铰时，两手用力不均
孔呈多棱形	①铰削余量太大和铰刀刃口不锋利，使铰削发生"啃切"现象，发生振动而出现多棱形 ②预加工孔不圆，使铰孔时铰刀发生弹跳现象 ③钻床主轴振摆太大

铰削加工时的禁忌及注意事项如下。

① 为提高铰削效率和铰孔省力，应尽量减少铰削余量。

② 工件的装夹应与操作者保持正确的铰削位置。夹紧力适当，不要引起工件的变形。

③ 手动铰孔时，两手用力要平衡，旋转铰杠速度要均匀，铰刀不得左右偏摆，避免孔口或孔径变大。

④ 铰孔过程中，若铰刀被卡住，不要猛力扳动铰杠，应反正交替地轻轻晃动铰杠，待铰刀轻微松动后，再将铰刀取出检查，如有磨损或轻微崩刃，应经修磨后再使用。

⑤ 铰刀用后，要擦拭干净，涂油防锈，用专用塑料套妥善保管，以防损伤切削刃。

第7章

攻螺纹和套螺纹

7.1 螺纹的基本知识

7.1.1 螺纹的种类及应用

① 螺纹。螺纹是指螺钉、螺栓、螺母和丝杠等零件的圆柱或锥面上，沿着螺旋线所形成的具有相同剖面的连续凸起和沟槽。在圆柱或圆锥的外表面上加工出的螺纹叫外螺纹，在内表面上加工出的螺纹叫内螺纹。

② 螺纹的种类。螺纹的种类很多，按用途的不同，可分为紧固螺纹、管螺纹和传动螺纹。螺纹按牙型截面不同可分为三角形螺纹、梯形螺纹、矩形螺纹、锯齿形螺纹和圆弧螺纹等；按螺纹旋向不同可分为左旋和右旋；按螺旋线条数不同可分为单线螺纹和多线螺纹；按螺纹母体形状不同可分为圆柱螺纹和圆锥螺纹等。

螺纹的分类如图 7-1 所示。

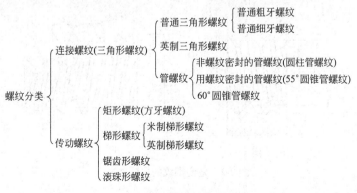

图 7-1　螺纹的分类

钳工加工的螺纹多为三角螺纹，作为连接使用。各种螺纹的应用见表 7-1 所示。

表 7-1　常用螺纹的应用

种类	螺纹类型	应用场合
连接螺纹	普通螺纹	牙型角为 60°（代号 M），同一直径按螺距大小分为粗牙螺纹和细牙螺纹两类。一般连接多用粗牙螺纹，细牙螺纹用于薄壁零件，也常用于受冲击、振动的场合和微调机构中
	圆柱管螺纹	牙型角为 55°（代号 G），公称直径近似为管子直径。多用于水、油、气的管路以及电子管路系统的连接中
	圆锥管螺纹	牙型角为 55°（代号：圆锥内螺纹用 Rc，圆柱内螺纹用 Rp，圆锥外螺纹用 R），螺纹分布在 1：16 的圆锥管螺纹上。适用于管子、管接头、旋塞、阀门和其他螺纹连接的附件或用螺纹密封的管螺纹中
传动螺纹	梯形螺纹	牙型角为 30°（代号 Tr），内径与外径处有相等间隙。广泛应用于传力或螺旋传动中
	锯齿形螺纹	工作面的牙型角为 3°，非工作面的牙型角为 30°。广泛应用于单向受力的传动机构
	矩形螺纹	牙型为正方形，牙厚为螺距的一半。多用于传力或螺旋传动中

7.1.2　普通螺纹的主要参数

普通螺纹的主要参数有：大径、小径、中径、螺距、导程、线数、牙型角和螺纹升角等 8 个，如图 7-2 所示。

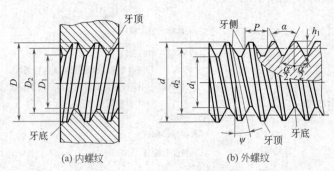

(a) 内螺纹　　　(b) 外螺纹

图 7-2　普通螺纹的主要参数

① 螺纹大径（D、d）。螺纹大径是指与外螺纹牙顶或内螺纹牙底重合

的假想圆柱面的直径。内螺纹用 D 表示，外螺纹用 d 表示。螺纹的公称直径是指螺纹大径的基本尺寸。

② 螺纹小径（D_1、d_1）。螺纹小径是指与外螺纹牙底或内螺纹牙顶重合的假想圆柱面的直径。

③ 螺纹中径（D_2、d_2）。螺纹中径是指一个假想圆柱的直径，该圆柱的母线通过牙型上沟槽和凸起宽度相等的地方。

④ 螺距（P）。螺距是相邻两牙在中径线上对应两点间的轴向距离。

⑤ 线数（n）。线数是一个螺纹零件的螺旋线数目。

⑥ 导程（P_h）。导程是同一条螺旋线上的相邻两牙在中径上对应两点间的轴向距离。单线螺纹 $P=P_h$，多线螺纹 $P_h=nP$。

⑦ 牙型角（α）。牙型角是在螺纹牙型上相邻两牙侧间的夹角。

⑧ 螺纹升角（ψ）。螺纹升角是中径圆柱或中径圆锥上螺旋线的切线与垂直于螺纹轴线的平面的夹角，如图 7-3 所示。

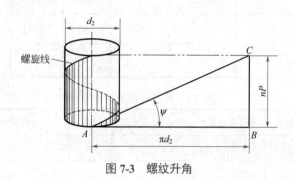

图 7-3　螺纹升角

7.1.3　螺纹的标注方法和标记示例

螺纹的完整标记由螺纹的特征代号、螺纹公差代号和旋合长度代号组成，按国家标准规定如下。

① 螺纹公称直径和螺距用数字表示。细牙普通螺纹、梯形螺纹和锯齿形螺纹必须加注螺距（其他螺纹不加）。

② 多线螺纹在公称直径后面需要标出"导程/线数"（单线螺纹不标注）。

③ 左旋螺纹必须标注出"LH"字样（右旋螺纹不标注）。

④ 螺纹公差带代号包括中径公差带代号与顶径公差带代号。

⑤ 特殊要求时可注明旋合长度。螺纹旋合长度是指两个相互配合的螺纹，沿螺纹轴向方向相互旋合部分的长度。一般分为三组，即短旋合长度 S、中等旋合长度 N 和长旋合长度 L，中等旋合长度 N 可省略不标。如 M12—5g6g—S，"S"表示短旋合长度。

⑥ 螺纹精度由旋合长度和螺纹公差带组成。根据螺纹配合的要求可得出各种公差带，一般按表 7-2、表 7-3 选用，常用的精度等级为中级；大量生产的精制紧固螺纹，推荐采用带方框的公差带；有 * 的公差带优先选用，无 * 的公差带次之，括号内的公差带尽可能不用。

表 7-2　内螺纹选用公差带

精度	公差带位置 G			公差带位置 H		
	S	N	L	S	N	L
精密				4H	4H5H	5H6H
中等	（5G）	（6G）	（7G）	*5H	*6H	*7H
粗糙		（7G）			7H	

表 7-3　外螺纹选用公差带

精度	公差带位置 e			公差带位置 f			公差带位置 g			公差带位置 h		
	S	N	L	S	N	L	S	N	L	S	N	L
精密										（3h4h）	*4h	（5h4h）
中等		*6g			*6f		（5g6g）	*6g	（7g6g）	（5h6h）	*6h	（7h6h）
粗糙								8g			（8h）	

标准螺纹的规定代号及示例如下：

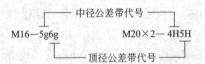

各种螺纹的剖面形状如图 7-4 所示。常用螺纹的标记见表 7-4。

表 7-4　螺纹标记

螺纹种类		特征代号	牙型角	标 记 实 例	标 记 说 明
普通螺纹	粗牙	M	60°	M16LH—6g—L 示例说明： M—粗牙普通螺纹 16—公称直径，mm LH—左旋 6g—中径和顶径公差带代号 L—长旋合长度	①粗牙普通螺纹不标螺距 ②右旋不标旋向代号 ③旋合长度有长旋合长度 L、中等旋合长度 N 和短旋合长度 S，中等旋合长度不标注 ④螺纹公差带代号中，前者为中径公差带代号，后者为顶径公差带代号，两者相同时则只标一个
	细牙	M	60°	M16×1—6H7H 示例说明： M—细牙普通螺纹 16—公称直径，mm 1—螺距，mm 6H—中径公差带代号 7H—顶径公差带代号	
管螺纹	55°非密封管螺纹	G	55°	G1A 示例说明： G—55°非密封管螺纹 1—尺寸代号，in A—外螺纹公差等级代号	尺寸代号：在向米制转化时，已为人熟悉的、原来代表螺纹公称直径（单位为 in）的简单数字被保留下来，没有换算成 mm，不再称作公称直径，也不是螺纹本身的任何直径尺寸，只是无单位的代号 右旋不标旋向代号
	55°密封管螺纹 圆锥内螺纹	Rc	55°	Rc1½—LH 示例说明： Rc—圆锥内螺纹，属于 55°密封管螺纹 1½—尺寸代号，in LH—左旋	
	圆柱内螺纹	Rp			
	与圆柱内螺纹配合的圆锥外螺纹	R1			
	与圆锥内螺纹配合的圆锥外螺纹	R2			

螺纹种类		特征代号	牙型角	标 记 实 例	标 记 说 明
管螺纹	60°密封管螺纹 圆锥管螺纹（内外）	NPT	60°	NPT3/4—LH 示例说明： NPT—圆锥管螺纹，属于60°密封管螺纹 3/4—尺寸代号，in LH—左旋	尺寸代号：在向米制转化时，已为人熟悉的、原来代表螺纹公称直径（单位为in）的简单数字被保留下来，没有换算成mm，不再称作公称直径，也不是螺纹本身的任何直径尺寸，只是无单位的代号 右旋不标旋向代号
	与圆锥外螺纹配合的圆柱内螺纹	NPSC	60°	NPSC3/4 示例说明： NPSC—与圆锥外螺纹配合的圆柱内螺纹，属于60°密封管螺纹 3/4—尺寸代号，in	
	米制锥螺纹（管螺纹）	ZM	60°	ZM14—S 示例说明： ZM—米制锥螺纹 14—基面上螺纹公称直径，mm S—短基距（标准基距可省略）	右旋不标旋向代号
梯形螺纹		Tr	30°	Tr36×12（P6）—7H 示例说明： Tr—梯形螺纹 36—公称直径，mm 12—导程，mm P6—螺距为6mm 7H—中径公差带代号 右旋，双线，中等旋合长度	①单线螺纹只标螺距，多线螺纹应同时标导程和螺距 ②右旋不标旋向代号 ③旋合长度只有长旋合长度和中等旋合长度两种，中等旋合长度不标 ④只标中径公差带代号
锯齿形螺纹		B	33°	B40×7—7A 示例说明： B—锯齿形螺纹 40—公称直径，mm 7—螺距，mm 7A—公差带代号	
矩形螺纹			0°	矩形 40×8 示例说明： 40—公称直径，mm 8—螺距，mm	

注：1in=25.4mm。

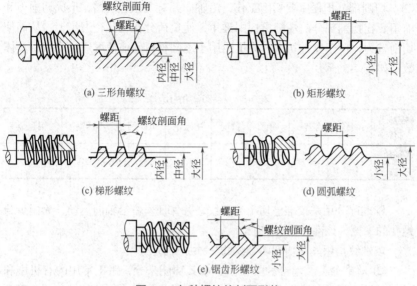

(a) 三形角螺纹　　　　　　　　(b) 矩形螺纹

(c) 梯形螺纹　　　　　　　　　(d) 圆弧螺纹

(e) 锯齿形螺纹

图 7-4　各种螺纹的剖面形状

7.2　攻螺纹

钳工用丝锥切削加工内螺纹的操作叫攻螺纹。

7.2.1　攻螺纹的工具

（1）丝锥

丝锥也叫丝攻，是一种加工内螺纹的成形多刃刀具，其本质为一螺钉，开有纵向沟槽，以形成切削刃和容屑槽。其结构简单，使用方便，在小尺寸的内螺纹加工上应用极为广泛。

① 丝锥的构造。丝锥由工作部分和柄部组成，如图 7-5 所示。工作部分包括切削部分和校准部分。

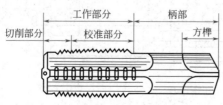

图 7-5　丝锥的构造

切削部分担任主要切削工作,沿轴向开有几条容屑槽,形成切削刃和前角。在切削部分前端磨出切削锥角,使负荷分布在几个刀齿上,从而使切削省力,便于丝锥切入。为了适用于不同材料,前角可适当增减,具体数值如表7-5所示。

表7-5   丝锥前角的选择

被加工材料	铸青铜	铸铁	硬钢	黄铜	中碳钢	低碳钢	不锈钢	铝合金
前角 γ_0	$0°$	$5°$	$5°$	$10°$	$10°$	$15°$	$15°\sim 20°$	$20°\sim 30°$

校准部分用来校准已切出的螺纹,并保证丝锥沿轴向运动,为减少与螺孔的摩擦,该部分设有倒锥。

攻螺纹是用丝锥切削内螺纹的一种加工方法。

② 丝锥分类。丝锥种类很多,按其功能来分,钳工常用的有机用和手用普通三角螺纹丝锥、螺母丝锥、板牙丝锥、梯形螺纹丝锥、圆柱管螺纹丝锥、圆锥管螺纹丝锥等。

a. 手用丝锥。它是用手工切削内螺纹的工具,现已标准化。常用于单件、小批量生产或修配工作。尾部为方榫圆柄,如图7-6所示。

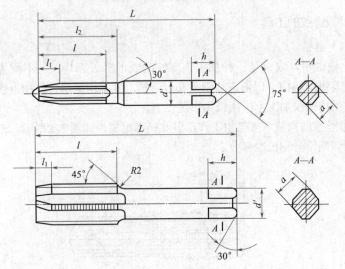

图7-6   手用丝锥

当直径小于 6mm 时，柄部直径应大于或等于工作部分的直径，为了便于制造，两端做成反顶尖形式。直径大于 6mm 时，柄部直径小于工作部分的直径。

手用丝锥通常由两把或三把组成，依次进行切削。一般多用 T12A 或 SiCr 制造。

b. 机用丝锥。如图 7-7 所示，它的外形与手用丝锥较为相同，但由于机用丝锥是要装夹在机床上切削螺纹的，因而其柄部有半圆截面的环槽，以防止丝锥从机床夹头中脱落。一般机用丝锥一组只有一个；仅在加工直径较大、材料硬度或韧性较大的工件或盲孔时，采用两把或三把一组的丝锥；机用丝锥均需铲磨后刀面。

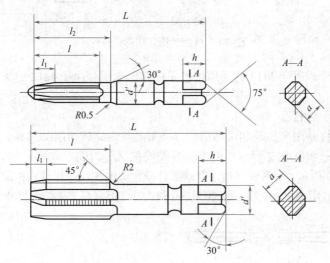

图 7-7 机用丝锥

③ 成组丝锥切削用量分配。为了减少切削力和延长丝锥的使用寿命，通常将整个切削工作量分配给几支丝锥来担当。一般 M6～M24 丝锥一套有两支，M6 以下及 M24 以上的丝锥一套有三支，细牙螺纹丝锥为两支一组。

成套丝锥中，切削量的分配有两种形式，如图 7-8 所示。

a. 锥形分配，如图 7-8（a）所示。每套中丝锥的大径、中径、小径都相等，只是切削部分的长度及锥角不同。头锥的切削部分长度为 5～7 个螺距，二锥切削部分长度为 2.5 ～ 4 个螺距，三锥切削部分长度为 1.5 ～ 2 个螺距。

b. 柱形分配，如图 7-8（b）所示。柱形分配其头锥、二锥的大径、中径、小径都比三锥小。头锥、二锥的中径一样，大径不一样，头锥的大径小，二锥的大径大。柱形分配的丝锥，其切削量分配比较合理，切削省力，每支丝锥磨损均匀。

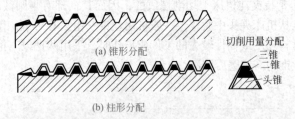

图 7-8　成组丝锥切削用量分配

大于或等于 M12 的手用丝锥采用柱形分配，小于 M12 的采用锥形分配。

（2）绞杠

绞杠是用来夹持丝锥柄部的方榫带动丝锥旋转切削的工具。常用绞杠有普通绞杠和 T 形绞杠两类，各类绞杠又分为固定式和可调式两种，如图 7-9 所示。T 形绞杠适用在攻工件凸台旁的螺纹或机体内的螺纹，固定式绞杠用在攻 M5 以下的螺纹，可调式绞杠可以调节夹持孔尺寸。

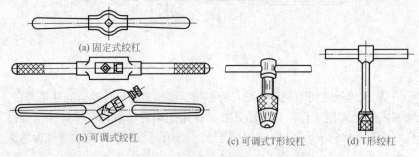

图 7-9　绞杠

另外，根据工作的需要在普通绞杠的基础上又发展出多种绞杠。

① 滑块多用丝锥绞杠。如图 7-10 所示。由绞杠体和四个滑块组成了

四种大小不同的夹持丝锥的位置，拧紧活动绞杠就能够将丝锥夹牢。当使用最外边的夹持位置时，可在绞杠较短的一头多施加一些力量，以维持绞杠旋转的平衡。

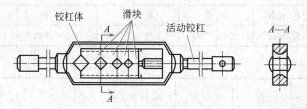

图 7-10　滑块多用丝锥绞杠

　　② 柱形多用丝锥绞杠。如图 7-11 所示。在中心轴上用销钉固定一个固定套筒，活动套筒由键控制，只能做轴向移动而不能转动。在两个套筒的圆周上有四个大小不等的夹持丝锥的位置，拧紧螺母即可夹牢丝锥。

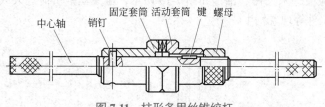

图 7-11　柱形多用丝锥绞杠

　　③ 活动组合丝锥绞杠。如图 7-12 所示。两根绞杠用固定螺钉和调节螺钉组装起来，即可使用。通过调节调整螺钉，使夹持方孔增大或缩小来增加夹持范围。如果绞杠的回转范围因受到工件形状的限制而不能旋转整个圆周时，可用图 7-12（a）的组合方法，用最外的夹持位置进行工作。

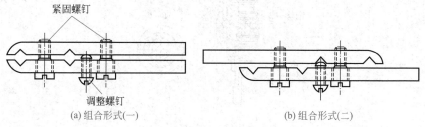

(a) 组合形式(一)　　　　　　　　　　(b) 组合形式(二)

图 7-12　活动组合丝锥绞杠

攻螺纹时，绞杠长度应根据丝锥尺寸大小的选择，以便控制一定的攻螺纹扭矩，可参考表 7-6 选用；活络绞杠长度的选择，可参考表 7-7 选用。

表 7-6　攻螺纹绞杠的长度选用

丝锥直径 /mm	≤ 6	8 ～ 10	12 ～ 14	≥ 16
绞杠长度 /mm	150 ～ 200	200 ～ 250	250 ～ 300	400 ～ 450

表 7-7　活络绞杠适用范围

活络绞杠规格 /m	6	9	11	15	19	24
适用丝锥范围	M5 ～ M8	M8 ～ M12	M12 ～ M14	M14 ～ M16	M16 ～ M22	M24 以上

(3) 保险夹头

当螺纹加工数量很大时，为提高生产效率，可在钻床上攻螺纹，此时要用保险夹头来夹持丝锥，如图 7-13 所示，避免丝锥负荷过大或丝锥折断损坏工件等现象发生。

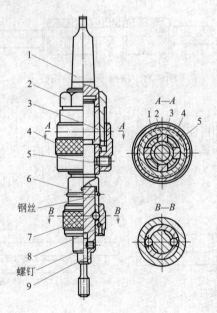

图 7-13　保险夹头

1—本体；2—螺套；3—摩擦块；4—螺母；5—螺钉；6—轴；7—钢珠；8—滑环；9—可换夹头

7.2.2 攻螺纹的方法

攻螺纹时应确定螺纹底孔直径和深度以及掌握正确的操作方法。

（1）底孔直径的确定

攻螺纹时，每个切削刃一方面在切削金属，一方面也在挤压金属，因而会产生金属凸起并向牙尖流动的现象，被丝锥挤出的金属会卡住丝锥甚至将其折断，因此底孔直径应比螺纹小径略大，这样挤出的金属流向牙尖正好形成完整螺纹，又不易卡住丝锥。

确定底孔直径的大小要根据工件的材料、螺纹直径大小来考虑，其方法可查表 7-8 或用下列经验公式得出。

表 7-8　攻普通螺纹钻底孔的钻头直径　　　　　　　　mm

螺纹大径 D	螺距 P	钻头直径 D_0	
		铸铁、青铜、黄铜	钢、可锻铸铁、纯铜、层压板
5	0.8	4.1	4.2
	0.5	4.5	4.5
6	1	4.9	5
	0.75	5.2	5.2
8	1.25	6.6	6.7
	1	6.9	7
	0.75	7.1	7.2
10	1.5	8.4	8.6
	1.25	8.6	8.7
	1	8.9	9
	0.75	9.1	9.2
12	1.75	10.1	10.2
	1.5	10.4	10.5
	1.25	10.6	10.7
	1	10.9	11
14	2	11.8	12
	1.5	12.4	12.5
	1	12.9	13

螺纹大径 D	螺距 P	钻头直径 D_0	
		铸铁、青铜、黄铜	钢、可锻铸铁、纯铜、层压板
16	2	13.8	14
	1.5	14.4	14.5
	1	14.9	15
18	2.5	15.3	15.5
	2	15.8	16
	1.5	16.4	16.5
	1	16.9	17
20	2.5	17.3	17.5
	2	17.8	18
	1.5	18.4	18.5
	1	18.9	19

普通螺纹的底孔直径经验计算式：

脆性材料：
$$D_0=D-1.05P$$

塑性材料：
$$D_0=D-P$$

式中　D_0——底孔直径，mm；

　　　D——螺纹大径，mm；

　　　P——螺距，mm。

（2）不通孔深度的确定

由于丝锥的切削部分不能攻出完整的螺纹，所以底孔的钻孔深度一定要大于所需的螺孔深度，一般取：

$$钻孔深度 = 所需螺孔深度 +0.7D$$

式中　D——螺纹大径，mm。

（3）攻螺纹的操作步骤

①划线，钻底孔。

②在底孔的孔口倒角，倒角处直径可略大于螺孔大径。

③用头锥起攻。起攻时，一手用手掌按住绞杆中部沿丝锥轴线用力加压，另一手配合做顺向旋进，如图7-14（a）所示；或两手握住绞杠两端均匀施加压力，并将丝锥顺向旋进，如图7-14（b）所示。丝锥必须尽量放正，当丝锥切入1～2圈时，用90°角尺在两个互相垂直的方向检查

并校正，如图 7-15 所示。

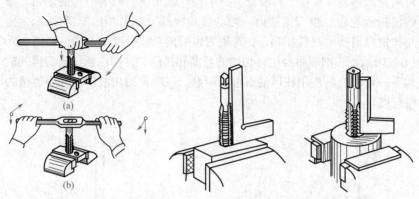

图 7-14　起攻方法　　　　图 7-15　用 90°角尺检查丝锥位置

④ 当丝锥的切削部分全部进入工件时，就不需要再施力，而靠丝锥自然旋进切削。此时，两手旋转用力要均匀，并要经常倒转 1/4 ～ 1/2 圈，使切屑碎断后易排出。

⑤ 攻螺纹时，必须以头锥、二锥、三锥顺序攻削至标准尺寸。在较硬材料上攻螺纹时要各丝锥交替使用。

⑥ 攻塑性材料时要加切削液，以减少切削阻力，提高丝锥寿命。

⑦ 攻不通孔时，可在丝锥上做好深度标记，并要经常退出丝锥，清除留在孔内的切屑。

7.2.3　丝锥的修磨技巧与诀窍

（1）修磨丝锥后面的技巧

当丝锥的切削部分磨损时，可修磨其后面，如图 7-16 所示。修磨时要注意保持各刃瓣的半锥角 φ 及切削部分长度的准确性和一致性。

（2）修磨丝锥前面的技巧

当丝锥校正部分有显著磨损时，可用棱角修圆的片状砂轮修磨其前面，如图 7-17 所示，并控制好一定的前角 γ_0。

（3）丝锥切削刃前角的刃磨和修磨技巧与诀窍

当丝锥的切削刃已经因钝化或有新屑，而降低其锋利性时，可用柱形油石研磨切削刃的前刀面，如图 7-18 所示。研磨时，在油石上涂一些机油，油石要掌握平稳，注意不要将刀齿的刃尖磨出小圆角，研磨后将丝锥清洗干净。当丝锥的刃齿磨损到表 7-9 规定的磨损极限或有崩刃时，可用片状砂轮（可在工具磨床上，手持丝锥刃磨）修磨刀齿的前角，修磨前把砂轮靠丝锥刀齿前面一侧的棱角修圆，如图 7-19（a）所示，使与丝锥容屑槽的圆弧相吻合，否则刀齿的前角将会磨出沟棱，如图 7-19（b）所示，攻削时将会阻碍切屑的卷曲和排除，并需注意每条刀齿的前角要一致，磨后再用柱形油石进行研磨，以降低刀齿前刀面和容屑槽的粗糙度。

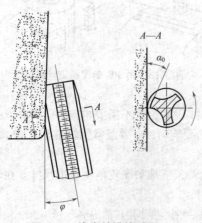

图 7-16　修磨丝锥的后面

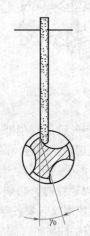

图 7-17　修磨丝锥的前面

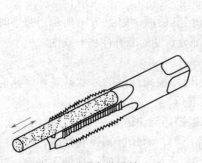

图 7-18　研磨丝锥前刀面

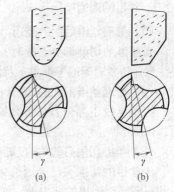

图 7-19　丝锥前角的刃磨

表 7-9　丝锥的合理磨损极限　　　　　　mm

螺距 t	磨损量 Δ	图示
1	0.25	
1.25	0.3	
1.5	0.4	
1.75	0.4	
2	0.5	
2.5	0.7	

7.2.4　攻螺纹的技巧、诀窍与禁忌

(1) 攻普通英制螺纹底孔直径的确定

攻普通英制螺纹，确定底孔直径的大小要根据工件的材料性质、螺纹直径的大小来考虑，可查表 7-10，或用下列经验公式得出：

脆性材料

$$D_0 = 25\left(D - \frac{1}{n}\right)$$

韧性材料

$$D_0 = 25\left(D - \frac{1}{n}\right) + (0.2 \sim 0.3)$$

式中　D_0——底孔直径，mm；

　　　D——螺纹大径，mm；

　　　n——每英寸牙数。

表 7-10　普通英制螺纹攻螺纹底孔直径

螺纹公称直径 /in	每英寸牙数	底孔直径 /mm		螺纹公称直径 /in	每英寸牙数	底孔直径 /mm	
		铸铁	钢			铸铁	钢
1/4	20	5.1	5.2	5/8	11	13.6	13.8
3/8	16	8	8.1	3/4	10	16.6	16.8
1/2	12	10.6	10.7	1	8	22.3	22.5

(2) 攻（锥）管螺纹前螺纹底孔直径的确定

攻（锥）管螺纹前螺纹底孔直径可查表 7-11 来确定。

表 7-11　管螺纹攻螺纹底孔直径

螺纹公称直径 /in	每英寸 牙数	底孔直径 /mm	螺纹公称直径 /in	每英寸 牙数	底孔直径 /mm
G1/8	28	8.8	G1/2	14	18.9
Z1/8	27	8.6	Z1/2	14	18
ZG1/8	28	8.4	ZG 1/2	14	18.3
G1/4	19	11.7	G3/4	14	24.3
Z1/4	18	11.1	Z3/4	14	23.2
ZG1/4	19	11.2	ZG3/4	14	23.6
G3/8	19	15.2	G1	11	30.5
Z3/8	18	14.5	Z1	11.5	29.2
ZG3/8	19	14.7	ZG1	11	29.7

注：G：55°圆柱管螺纹。ZG：55°圆锥管螺纹。Z：60°圆锥管螺纹。

（3）加工螺纹底孔的禁忌与注意事项

①严格按照计算或查表，选择加工底孔的钻头或扩孔钻头。钻头的切削刃要锋利，刃带要光滑，不得有磨损等现象，以免将孔壁刮伤或使底孔产生锥度等缺陷。

②钻孔时要选择适当的转速和进给量，以防止产生过高的切削热，从而加厚冷硬层，给攻螺纹造成困难。

③底孔表面粗糙度 Ra 应不高于 12.5μm，孔的中心线应垂直，不得弯曲和倾斜，以免导致螺纹牙型不完整和歪斜。

④底孔直径大于 10mm 时，最好经过钻孔和扩孔，使达到所要求的孔径和粗糙度，从而提高底孔质量。

（4）手工攻螺纹的技巧、诀窍与禁忌

①工件的装夹要正确，一般情况下，应将工件需要攻螺纹的一面，置于水平或垂直的位置。

②在开始攻削时，尽量把丝锥放正，然后用一手压住丝锥的轴心方向，用另一手轻轻转动绞杠，见图 7-14（a）。当丝锥旋转 1～2 圈后，从正面和侧面观察丝锥是否和工件平面垂直，必要时用 90°角尺进行校正（图 7-15）。一般在攻削 3～4 圈螺纹后，丝锥的方向就可以基本确定。如果开始丝锥攻得不正，可将丝锥旋出，用二锥加以纠正，然后再用头锥攻削。当丝锥的切削部分全部进入工件时，就不需要再施加轴向力，靠螺纹

的自然旋进即可。

③ 攻螺纹时，每次扳转绞杠，丝锥的旋进不应太多，一般每次旋进 $1/2 \sim 1$ 圈为宜。M5 以下的丝锥一次旋进不得大于 $1/2$ 圈；加工细牙或精度要求高的螺纹时，每次的旋进量还要减少。攻削铸铁比攻削钢材时的速度可以适当加快一些。每次旋进后，再倒转约为旋进的 $1/2$ 行程。攻削较深的螺纹孔时，回转的行程还要大一些，并需往复拧转几次，这样可以折断切屑，有利于排屑，减少切削刃粘屑的现象，以保持锋利的刃口；同时使冷却润滑液顺利地进入切削部位，起到冷却和润滑的作用。

④ 扳转绞杠时，两手用力要平衡。切忌用力过猛和左右晃动，否则容易将螺纹牙型撕裂、导致螺纹孔扩大及出现锥度。

⑤ 攻削中，如感到很费力时，切不可强行转动，应将丝锥倒转，使切屑排出，或用二锥攻削几圈，以减轻头锥切削部分的负荷，然后再用头锥继续攻削。如继续攻削仍然很吃力或断续发出"咯咯"的声响，则说明切削不正常，或丝锥磨损，应立即停止攻削，查明原因，否则丝锥就有折断的危险。

⑥ 攻削不通的螺纹孔时，当末锥攻完，用绞杠带动丝锥倒旋松动以后，应用手将丝锥旋出。不宜用绞杠旋出丝锥，尤其不能用一只手快速拨动绞杠来旋出丝锥。因为攻完的螺纹孔和丝锥的配合较松，而绞杠又重，若用绞杠旋出丝锥，容易产生摇摆和振动，从而增大了螺纹的粗糙度值。

攻削通孔螺纹时，丝锥的校准部分不应全部出头，以免扩大或损害最后几扣螺纹。螺纹孔攻完后，也要参照上述方法旋出丝锥。

⑦ 用成组丝锥攻螺纹时，在头锥攻完以后，应先用手将二锥或三锥旋进螺纹孔内，一直到旋不动时，才能使用绞杠操作，防止对不准前一丝锥攻的螺纹而产生乱扣的现象。

⑧ 攻削不通孔的螺纹孔时，要经常把丝锥退出，将切屑清除，以保证螺纹孔的有效长度，攻完后也要将切屑清除干净。

⑨ 攻削 M3 以下的螺纹孔时，如工件不大，可用一只手拿着工件，一只手拿着夹持丝锥的绞杠，这样可避免硬劲攻削，防止丝锥折断。

（5）机动攻螺纹技巧、诀窍、禁忌与注意事项

① 钻床主轴的径向振摆，一般应控制在 0.05mm 之内，攻削精度较高的螺纹孔时，应不大于 0.03mm。装夹工件的夹具定位支承面与钻床主轴中心或丝锥中心的垂直度偏差，应不大于 0.05/100mm。工件螺纹底孔与

丝锥的同轴度允差，应不大于0.05mm。

② 当丝锥即将进入螺纹底孔时，进刀要轻、要慢，防止丝锥与工件发生撞击。

③ 在丝锥的切削部分长度攻削行程内，应在钻床进刀手柄上施加均匀的压力，以协助丝锥进入工件；同时避免由于靠开始几扣不完整的螺纹，向下拉钻床主轴时，将螺纹刮烂。当校准部分开始进入工件时，上述压力即应解除，靠螺纹自然旋进，以免将牙型切瘦。

④ 攻螺纹的切削速度主要根据加工材料、丝锥直径、螺距、螺纹孔的深度而定。当螺纹孔的深度在10～30mm内，其切削速度大致如下：钢材6～15m/min，调质后的钢材或较硬的钢材5～10m/min，不锈钢2～7m/min，铸铁8～10m/min。在同样的条件下，丝锥直径小取高速，丝锥直径大取低速，螺距大取低速。

⑤ 攻通孔的螺纹孔时，丝锥的校准部分不能全出头，否则在开反车退出丝锥时，将会产生乱扣。

（6）取出断丝锥的方法、技巧与诀窍

① 旋取器。折断的部分在螺孔内，如图7-20所示，可用自制的旋取器将丝锥取出。

② 振动法。丝锥的折断往往是在受力很大的情况下突然发生的，致使断在螺纹孔中的半截丝锥的切削刃，紧紧地楔在金属层内，一般很难使丝锥的切削刃与金属脱开。为了使丝锥能够在螺纹孔中松动，可以采用振动的方法。振动以前，应将切屑清除干净。断丝锥上已有裂纹而尚未掉下来的碎块，也要尽可能拔下来，防止回转时再将丝锥卡住。在做上述清理时，需注意不要将已切出的螺纹碰伤，否则会对丝锥起阻碍作用。振动时，用一个冲头抵在丝锥的容屑槽内，用0.5kg以下的手锤，按螺纹的正反方向反复轻轻敲打，一直到断丝锥有了松动，就能顺利地敲出来，如图7-21所示。

③ 堆焊法。对于断在螺孔内且难以取出的丝锥，可用气焊或电焊的方法在折断的丝锥上堆焊一弯杆或螺母，以便将丝锥拧出，如图7-22所示。

④ 退火钻取法。在下工件允许退火的情况下，将工件、丝锥退火后钻孔取出。

⑤ 腐蚀法。当攻削不锈钢材料，丝锥断在工件内时，可将工件浸在

硝酸溶液中进行腐蚀。因为不锈钢能抗硝酸腐蚀，而由高速钢制成的丝锥在硝酸溶液中却能很快受到腐蚀，因此取出断丝锥较方便。

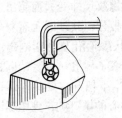
图 7-20　用旋取器取断丝锥

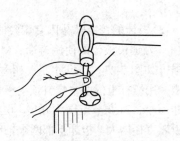
图 7-21　用冲头取出断丝锥

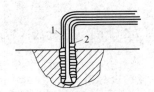
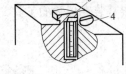

图 7-22　堆焊法取断丝锥

1—弯杆；2，3—堆焊物；4—螺母

⑥ 电火花或电弧切除法。M10 以上的断丝锥，可用电火花、气焊或电焊的方法进行切除。即以电焊条引弧后立即对准断丝锥，使焊条与断丝锥之间形成小面积的高温电弧，使断丝锥的中间部分在 15 ～ 30s 之内熔化，然后将熔渣清除。

7.3　套螺纹

钳工利用板牙在圆柱（锥）表面上加工出外螺纹的操作称为套螺纹。

7.3.1　套螺纹的工具

（1）板牙

板牙是加工外螺纹的工具，它由切削部分、校准部分和排屑孔组成。板牙本身就像一个圆螺母，在它上面钻有几个排屑孔而形成刃口，如图 7-23 所示。

① 板牙的切削部分为两端的锥角（2φ）部分。它不是圆锥面，而是

经铲磨而成的阿基米德螺旋面。圆板牙前面就是排屑孔，前角大小沿着切削刃而变化，外径处前角最小。板牙的中间一段是校准部分，也是导向部分。

② 板牙的校准部分因套螺纹时的磨损会使螺纹尺寸变大而超出公差范围，为延长板牙的使用寿命，M3.5 以上的圆板牙，其外圆上有一条 V 形槽，如图 7-23。当尺寸变大超差时，可用片状砂轮沿 V 形槽割出一条通槽，用绞杠上的两个螺钉顶入板牙上面的两个偏心锥孔坑内，使圆板牙尺寸缩小，其调节范围为 0.1 ～ 0.25mm。若在 V 形槽开口处旋入螺钉能使板牙直径增大。板牙下部两个轴线通过板牙中心的螺钉坑，是用螺钉将板牙固定在绞杠中并用来传递转矩的。板牙两端面都有切削部分，一端磨损后，可换一端使用。

（2）板牙架

板牙架是装夹板牙的工具，如图 7-24 所示。板牙放入后，用螺钉紧固。

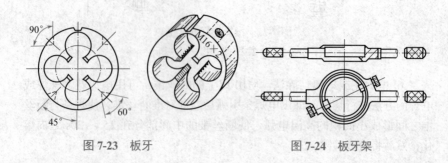

图 7-23　板牙　　　　　　　　图 7-24　板牙架

7.3.2　套螺纹的方法

套螺纹时要确定圆杆直径和掌握正确的操作方法。

（1）套螺纹前圆杆直径的确定

与攻螺纹一样，套螺纹切削过程中也有挤压作用，因此，圆杆直径要小于螺纹大径，可用下式计算

$$d_0 = d - 0.13P$$

式中　d_0——圆杆直径，mm；

　　　d——外螺纹大径，mm；

　　　P——螺距，mm。

为了使板牙起套时容易切入工件并做正确的引导，圆杆端部要倒角——倒成锥半角为 15°～ 20°的锥体。

（2）套螺纹操作方法

① 套螺纹时一般要用 V 形块或厚铜衬作衬垫，才能保证可靠夹紧。

② 起套与攻螺纹起攻方法一样，一手用手掌按住板牙架中部，沿圆杆轴向施压，另一手配合做顺向切进，转动要慢，压力要大，并保证不歪斜。在板牙切入圆杆 2 ～ 3 牙时，应及时检查垂直度。

③ 正常套螺纹时，不加压，让板牙自然引进，并要经常倒转以断屑。

④ 在钢件上套螺纹时要加切削液，以减小加工螺纹的表面粗糙度和延长板牙的使用寿命。

7.3.3 套螺纹的技巧、诀窍与禁忌

（1）套螺纹前确定圆杆直径方法和技巧

与攻螺纹一样，套螺纹切削过程中也有挤压作用，因此，圆杆直径要小于螺纹大径，可根据不同螺纹参照表 7-12 选择确定。

表 7-12 套螺纹前圆杆直径　　　　　　　　　　mm

粗牙普通螺纹				粗牙普通螺纹			
螺纹公称直径	螺距	螺杆直径		螺纹公称直径	螺距	螺杆直径	
		最小直径	最大直径			最小直径	最大直径
6	1	5.8	5.9	16	2	15.7	15.85
8	1.25	7.8	7.9	18	2.5	17.7	17.85
10	1.5	9.75	9.85	20	2.5	19.7	19.85
12	1.75	11.75	11.9	22	2.5	21.7	21.85
14	2	13.7	13.85	24	3	23.65	23.8
英制螺纹				英制螺纹			
螺纹直径 /in		螺杆直径		螺纹直径 /in		螺杆直径	
		最小直径	最大直径			最小直径	最大直径
1/4		5.9	6	5/8		15.2	15.4
5/16		7.4	7.6	3/4		18.3	18.5
3/8		9	9.2	7/8		21.4	21.6
1/2		12	12.2	1		24.5	24.8

续表

圆柱管螺纹			圆柱管螺纹		
螺纹直径 /in	管子外径		螺纹直径 /in	管子外径	
	最小直径	最大直径		最小直径	最大直径
1/8	9.4	9.5	3/4	26	26.3
1/4	12.7	13	7/8	29.8	30.1
3/8	16.2	16.5	1	32.8	33.1
1/2	20.5	20.8	$1\frac{1}{8}$	37.4	37.7
5/8	22.5	22.8	$1\frac{1}{4}$	41.4	41.7

（2）可调式圆板牙的调节使用技巧与诀窍

当切削直径较大的螺纹或杆坯过硬时，为了避免板牙扭裂，保证螺纹牙型的质量，可使用可调式圆板牙，如图7-25所示。可调式圆板牙在开始切削时，先把两个调紧螺钉（这两个螺钉也起到固紧板牙的作用）松开，再拧紧调松螺钉，使板牙的开口略微张大一些，以减少进给量。第一次切完后，松开调松螺钉，拧紧调紧螺钉（两个螺钉同时拧紧），用一根标准丝杠旋入板牙内，再调整调松和调紧螺钉，使标准丝杠能不太费力地旋转为止，然后做最后一次切削。

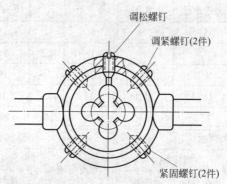

图 7-25　可调式圆板牙的调节

（3）手工套螺纹的技巧、诀窍与禁忌

① 为了使板牙容易对准和切入工件，圆杆端部要倒成 15°～ 20°的斜角，如图 7-26 所示，锥体的最小直径要比螺纹内径小，是为了保证切出

的螺纹起端避免出现锋口，否则，螺纹起端容易发生卷边而影响螺母的拧入。

② 套螺纹时的切削力矩较大，且工件都为圆杆，一般要用 V 形夹块或厚铜衬作衬垫，才能保证可靠夹紧，如图 7-27 所示。

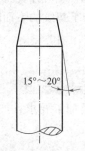

图 7-26　套螺纹时圆杆的倒锥角

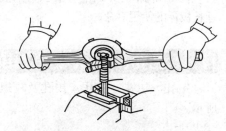

图 7-27　圆杆的夹持

③ 起套方法与攻螺纹起攻方法一样，一手用手掌按住绞杠中部，沿圆杆轴向施加压力，另一手配合作顺向切进，转动要慢，压力要大，并保证板牙端面与圆杆轴线垂直，在板牙切入圆杆 2 ～ 3 牙时，应及时检查其垂直度并做准确校正，如图 7-28 所示。

④ 正常套螺纹时，不要加压，让板牙自然旋进，以免损害螺纹和板牙，切削过程中要经常倒转以断屑，如图 7-29 所示。

⑤ 在钢件上套螺纹时要加切削液，以减小螺纹的表面粗糙度值和延长板牙使用寿命。一般可用机油或较浓的乳化液，要求高时可用工业植物油。

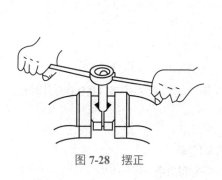

图 7-28　摆正

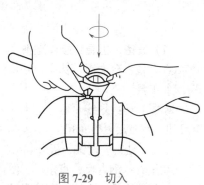

图 7-29　切入

(4) 套螺纹时的注意事项

① 套螺纹时切削力较大，而圆杆与钳口的夹紧表面仅为线接触，为防止圆杆表面损伤，可用硬木 V 形块或厚铜板作衬垫，以加大夹紧力。

② 套螺纹时，应保持板牙的端面与圆杆轴线垂直，切削均匀。

③ 正常套螺纹时，不加压，让板牙自然引进，并要经常倒转以断屑。

④ 在钢件上套螺纹时要加切削液，以减小加工螺纹的表面粗糙度，延长板牙的使用寿命。

7.4　钻孔、锪孔、扩孔、铰孔及攻螺纹实例

钻孔、锪孔、扩孔、铰孔及攻螺纹实例以及加工要求，如图 7-30 所示。

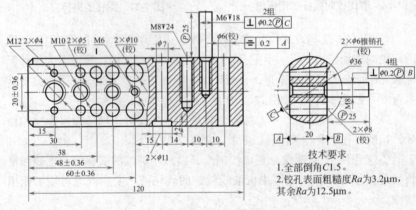

图 7-30　加工实例

(1) 设备、工具、量具准备

① 设备：台虎钳、钻床、平口钳。

② 工具。

划线工具：划线平板、划针、方箱、划线盘、手锤（0.5kg）、样冲、钢尺架、钢直尺、直角尺等。

刃具：钻头、丝锥、板牙。

③ 量具：钢直尺、直角尺、游标卡尺等。

④ 其他物品：毛刷、防护眼镜、切削润滑液。

（2）操作步骤及注意事项

① 按图样要求划出全部加工位置线。

② 完成练习件所用钻头的刃磨。

③ 用平口钳装夹工件，按划线钻平面上各孔，达到位置尺寸精度要求（可用游标卡尺进行测量）。除 $2\times\phi6mm$ 锥销孔外，各孔孔口均倒角。

④ 钻圆弧面上各孔，并在 $\phi7mm$ 孔口用柱形锪钻锪出 $\phi11mm$、深 $(2\pm0.5)mm$ 的沉孔，其余各孔作孔口倒角。

⑤ 用于铰刀铰削有关孔。对 $2\times\phi6mm$ 锥销孔，用 $\phi6mm\times20mm$ 圆锥销试配，达到在敲紧后大端露出锥销倒角。

⑥ 攻制各螺纹，达到垂直度要求。

⑦ 修去毛刺，全部精度复查。

7.5 螺纹加工时常见的问题及产生原因

螺纹加工时会出现一些问题，常见的问题及产生原因见表 7-13。

表 7-13 螺纹加工时产生的问题及原因

出现问题	产生原因
螺纹乱牙	①攻螺纹时底孔直径太小，起攻困难，左右摆动，孔口乱牙 ②换用二、三锥时强行矫正，或没旋好就攻下 ③圆杆直径过大，起套困难，左右摆动，杆端乱牙
螺纹滑牙	①攻不通孔的较小螺纹时，丝锥已到底仍继续转 ②攻强度低或小孔径螺纹，丝锥已切出螺纹仍继续加压，或攻完时连同绞杠做自由快速转出 ③未加适当切削液又一直攻、套不倒转，切屑堵塞将螺纹啃坏
螺纹歪斜	①攻、套时位置不正，起攻、套时未做垂直度检查 ②孔口、杆端倒角不良，两手用力不均，切入时歪斜
螺纹形状不完整	①攻螺纹底孔直径太大，或套螺纹圆杆直径太小 ②圆杆不直 ③板牙经常摆动
丝锥折断	①底孔太小 ②攻入时丝锥歪斜或歪斜后强行校正 ③没有经常反转断屑和清屑，或不通孔攻到底，还继续攻 ④使用绞杠不当 ⑤丝锥牙齿爆裂或磨损过多而强行攻螺纹 ⑥工件材料过硬或夹有硬点 ⑦两手用力不均或用力过猛

第 8 章
铆接、粘接和焊接

8.1 铆接

8.1.1 铆接概述

钳工借助铆钉形成不可拆卸的连接称为铆接。

（1）铆接过程

如图 8-1 所示，铆接的过程是：将铆钉插入被铆接工件的孔内，铆钉预制钉头 2 紧贴工件表面，下面用顶模 1 支承，然后将铆钉杆的一端用罩模 4 墩粗为铆合头 3。

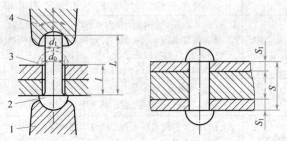

图 8-1 铆接过程

1—顶模；2—预制钉头；3—铆合头；4—罩模

d_1—铆钉杆直径；d_0—铆钉孔直径；L—铆钉杆长度；l—铆接厚度；S，S_1—板厚

目前，在很多零件连接中，铆接已被焊接代替，但因铆接有使用方便、连接可靠等特点，所以仍广泛地应用在桥梁、机车、船舶和机器设备、工具制造等方面。

（2）铆接种类

1）按使用要求不同分类

① 结合部分可以相互转动的活动铆接，如剪刀、划规等。

② 结合部分是固定不动的固定铆接。它还可分为：强固铆接，应用于结构需要有足够的强度、承受强大作用力的地方，如桥梁、车辆等；紧密铆接，应用于低压容器装置，这种铆接只能承受很小的均匀压力，但要求接缝处非常严密，以防止渗漏，如气筒、水箱、油罐等；强密铆接，这种铆接不但能承受很大的压力，而且要求接缝非常紧密，即使在较大压力下，液体或气体也保持不渗漏，一般应用于锅炉、压缩空气罐以及其他高压容器的铆接。

2）按铆接的不同方法分类

按铆接的方法不同来分，则可分为冷铆、热铆和混合铆：

① 铆接时铆钉不加热叫冷铆，直径在 8mm 以下的钢铆钉和纯铜、黄铜、铝铆钉等，常用这种铆接法。

② 把铆钉全部加热到一定温度后进行铆接的方法叫热铆，直径大于 8mm 以上的钢铆钉常采用热铆。

③ 铆接时热铆和冷铆结合使用的方法叫混合铆。

（3）铆接形式

铆接形式如图 8-2 所示，可分为以下几种：

① 搭接。搭接是把一块钢板搭在另一块钢板上进行铆接。

② 对接。对接是将两块钢板置于同一平面，利用盖板铆接。盖板有单盖板和双盖板两种形式。

③ 角接。角接是指两块钢板互相垂直或组成一定角度的连接。角接可采用角钢做盖板，以保证有足够的刚度。

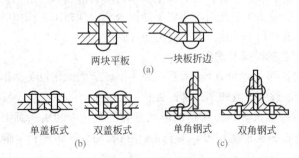

图 8-2 铆接形式

（4）铆道及铆距

① 铆道就是铆钉的排列形式。根据铆接强度和密封的要求，铆道有单排、双排和多排等，如图 8-3 所示。

② 铆距是指铆钉与铆钉间或铆钉与铆接板边缘的距离。按结构和工艺的要求，铆钉的排列距离有一定规定。如并列排列时，铆距 $t \geqslant 3d$（d 为铆钉直径）。

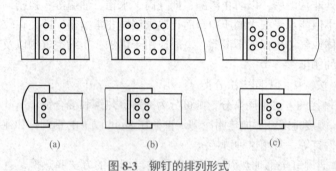

(a)　　　　　　　　　　(b)　　　　　　　　　　(c)

图 8-3　铆钉的排列形式

8.1.2　铆接工具及铆钉

（1）铆接工具及使用

铆接工具有以下几种：

① 锤子。常用圆头锤子，规格为 0.25 ～ 0.5kg。

② 压紧冲头。如图 8-4（a）所示，用来消除被铆合的板料之间的间隙，使之压紧。

③ 罩模和顶模。如图 8-4（b）、（c）所示，多数是制成半圆头的凹球面，用于铆接半圆头铆钉，也有按平头铆钉的头部制成凹形的，用于铆接平头铆钉。罩模用于铆接时镦出完整的铆合头；顶模用于铆接时顶住铆钉原头，这样既有利于铆接，又不损伤铆钉原头。

（2）铆钉的种类及选用

铆钉的各部名称如图 8-5 所示。原头是已制成的铆钉头，铆合头是铆钉杆在铆接过程中做成的第二铆钉头。

铆钉的种类很多，按铆钉的形状分有平头、半圆头、沉头、半圆沉头、管状空心和皮带铆钉等，见表 8-1。按材料分有钢铆钉、铜铆钉和铝铆钉等。

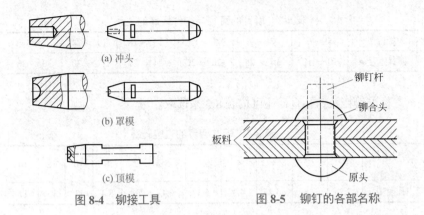

(a) 冲头

(b) 罩模

(c) 顶模

图 8-4　铆接工具

图 8-5　铆钉的各部名称

表 8-1　铆钉的种类应用

名称	形状	应用
平头铆钉	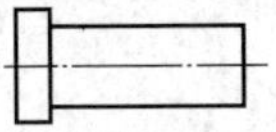	铆接方便，应用广泛，常用于无特殊要求的铆接中，如铁皮箱盒、防护罩壳及其他结合件中
半圆头铆钉	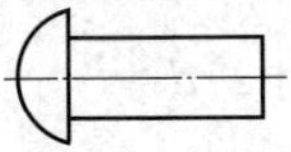	应用广泛，如钢结构的屋架、桥梁和车辆、起重机等，常用这种铆钉
沉头铆钉	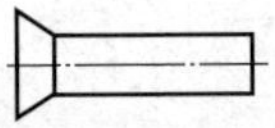	应用于框架等制品表面要求平整的地方，如铁皮箱柜的门窗以及有些手用工具等
半圆沉头铆钉	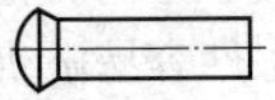	用于有防滑要求的地方，如踏脚板和走路梯板等
管状空心铆钉	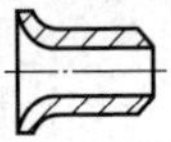	用于在铆接处有空心要求的地方，如电气部件的铆接等
皮带铆钉	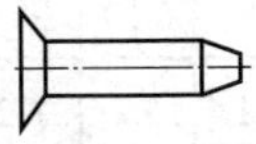	用于铆接机床制动带以及铆接毛毡、橡胶、皮革材料的制件

（3）铆钉直径的确定

铆钉直径的大小与被连接板的厚度有关。当被连接板材厚度相同时，铆钉直径等于板厚的 1.8 倍，当被连接板材厚度不同时，铆钉直径等于最小板厚的 1.8 倍。铆钉直径也可按表 8-2 选择确定。

表 8-2　铆钉的直径与构件板厚的关系　　　mm

板厚 t	5～6	7～9	9.5～12.5	13～18	19～24	>25
铆钉直径 d	10～12	14～25	20～22	24～27	27～30	30～36

标准铆钉及钻孔直径还可按表 8-3 来选取。

表 8-3　标准铆钉的直径计算　　　mm

铆钉直径 d	2	2.5	3	4	5	6	7	8	10	12	16
孔径 D	2.2	2.8	3.2	4.3	5.3	6.4	7.4	8.4	11	13	17

（4）铆钉长度的确定

铆接时铆钉所需长度，除了被铆接件的总厚度外，还要为铆合头留出足够的长度。铆钉长度 L 可用下列方法算出：

半圆头铆钉长度

$$L = \sum t + (1.25 \sim 1.5)d$$

沉头铆钉长度

$$L = \sum t + (0.8 \sim 1.2)d$$

式中　$\sum t$——铆接件的总厚度，mm；

　　　　d——铆钉直径，mm。

（5）通孔直径的确定

铆接时，通孔直径的大小应随着连接要求不同而有所变化。如孔径过小，使铆钉插入困难；过大，则铆合后的工件容易松动。合适的通孔直径应按表 8-4 选取。

表 8-4　铆钉用孔通孔直径（GB/T 152.1—1988）　　　mm

铆钉直径 d		2	2.5	3	3.5	4	5	6	8	10	12
钉孔直径 d_0	精装配	2.1	2.6	3.1	3.6	4.1	5.2	6.2	8.2	10.3	12.4
	粗装配	2.2	2.7	3.4	3.9	4.5	5.5	6.5	8.5	11	13
铆钉直径 d		14	16	18	20	22	24	27	30	36	
钉孔直径 d_0	精装配	14.5	16.5	—	—	—	—	—	—	—	
	粗装配	15	17	19	21.5	23.5	25.5	28.5	32	38	

8.1.3 铆接工艺方法、技巧与诀窍

（1）固定铆接的操作技巧与操作步骤

铆制半圆头铆合头和沉头铆合头的方法如图 8-6、图 8-7 所示。

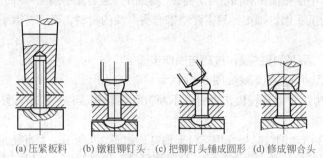

(a) 压紧板料　　(b) 镦粗铆钉头　　(c) 把铆钉头锤成圆形　　(d) 修成铆合头

图 8-6　铆制半圆头铆合头的方法

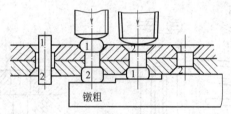

镦粗

图 8-7　铆沉头铆钉的方法

① 把板料互相贴合试配铆接件，在铆接件上划好铆钉孔的位置，最好用 C 形夹等工具夹持固定。

② 划线钻孔，为了使铆钉头紧密贴在工件表面上，钻孔后最好在孔口倒角；如果是沉头铆钉钻孔后要锪孔口，锪孔的角度和深度要正确。

③ 确定并修整铆钉杆的长度，装入铆钉。

④ 将铆钉预制钉头放置在顶模上，用压紧冲头压紧板料，如图 8-6（a）所示。

⑤ 铆接铆钉时，用锤子镦粗铆钉杆，做出铆合头，并初步锤击成形；在铆接开始时锤击力量不能太大，发防止铆钉被打弯，如图 8-6（b）所示。

⑥ 用罩模修整铆合头，如图 8-6（c）、（d）所示。沉头铆钉还需除去高出部分，使两面平整，如图 8-7 所示。

沉头铆钉的铆接，一种是用现成的沉头铆钉铆接，另一种是用圆钢按铆钉长度的确定方法，留出两端铆合头部分后截断作为铆钉。用截断的圆钢作铆钉的铆接过程如图8-7所示。前四个步骤与半圆头铆钉的铆接相同，之后在正中镦粗面1和面2，铆面2，铆面1，最后修平高出的部分。如果用现成的沉头铆钉铆接，只需要将铆合头一端的材料，经铆打填平沉头座即可。

（2）活动铆接的操作技巧与操作步骤

① 活动铆接的形式如图8-8所示。

② 铆接时要轻轻锤击铆钉和不断扳动两块铆接件，要求铆好后仍能活动，又不过松。

③ 在活动铆接时最好用二台形铆钉，如图8-9所示，大直径的一台可使一块铆接件活动，小直径的一台可铆紧另一块铆接件，这样能达到铆接后仍能活动的要求。

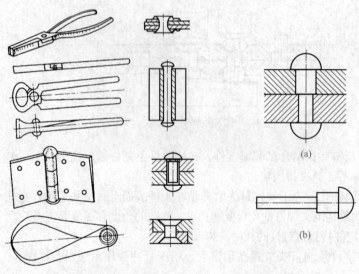

图8-8　活动铆接的形式　　　　图8-9　二台形铆钉

（3）铆空心铆钉的操作技巧与操作步骤

有些工件是不能重击的，如木料、胶板、量具等上面的绝热手柄，不适合使用上述两种方法进行铆接，因此，就要使用空心铆接（即翻边铆钉）进行铆接。

其操作方法和技巧如下：

① 空心铆钉插入孔后，先用冲子将铆钉冲成翻边，使铆钉孔口张开与工件孔口贴紧，如图 8-10（a）所示。

② 再用钉头型冲子冲铆，使翻开的铆钉孔口贴平于工件孔口，如图 8-10（b）所示。

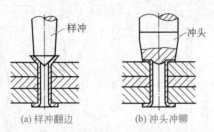

(a) 样冲翻边　　　　(b) 冲头冲铆

图 8-10　空心铆钉的铆接方法

（4）铆钉的拆卸技巧与诀窍

要拆除铆接件，只有毁坏铆钉的头部，并把铆钉从孔中冲出。对于一般较粗糙的铆接件，直接用錾子把铆钉头錾去，再用样冲冲出铆钉。当铆接件表面不允许受到损伤时，可用钻孔的方法拆卸。对于沉头铆钉的拆卸，先用样冲在铆钉头上冲出中心眼，再用小于铆钉直径 1mm 的钻头钻孔，深度略超过铆钉头的高度，然后用小于孔径的冲头将铆钉冲出，如图 8-11 所示。对于半圆头铆钉的拆卸，拆卸前先把铆钉的顶端略微敲平或锉平，用样冲冲出中心眼，钻孔的深度为铆合头的高度，然后用一合适的铁棒插入孔中，将铆钉头折断，最后用冲头冲出铆钉，如图 8-12 所示。

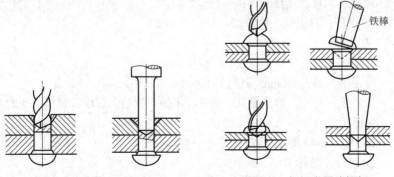

图 8-11　拆卸沉头铆钉　　　　图 8-12　拆卸半圆头铆钉

8.1.4 铆接工艺实例及铆接的质量分析

（1）铆接工艺实例及操作步骤

1）制作内卡钳

制作内卡钳，技术要求如图 8-13 所示。

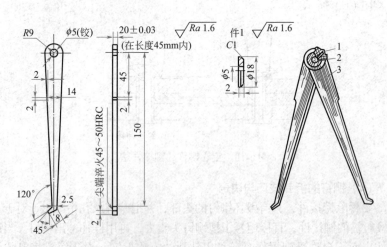

工作名称	件数	序号	零件名称	材料	规格	数量
内卡钳	1	1	垫片	45	$\phi18mm\times2mm$	2
		2	半圆头器钉	45	$\phi5mm\times16mm$	1
		3	卡钳	45	$180mm\times20mm\times3mm$	2

图 8-13　内卡钳零件图

设备、工具、量具准备：

① 设备：台虎钳、铁砧。

② 工具：

a. 划线工具：划针、划规、钢直尺。

b. 锉削工具：200mm 板锉。

c. 矫正、弯曲、铆接工具：铁砧、木槌、铜锤、罩模、顶模、压紧冲头、弯形工具。

d. 刃具：$\phi4.8$ 钻头、$\phi5$ 铰刀。

③ 量具：游标卡尺、钢直尺。

④ 其他物品：纱布、软钳口等。

操作步骤及技巧：

① 检查来料尺寸。采用扭转法与弯形法矫平来料，使其放在平板上能贴平。

② 将薄板料用圆钉装夹在木板上，如图 8-14 所示，然后夹在钳口内，粗锉两平面至尺寸 2.1mm 左右（同时加工两件）。

③ 按做好的展开样板划线。

④ 两件彼此贴合，钻、铰 ϕ5mm 孔，孔口倒角 C0.5，保证与铆钉紧配。

⑤ 将两工件合并，用 M5 螺钉与螺母拧紧，按所划线粗锉外形。

⑥ 两卡脚按图 8-15 所示弯形，达到图样要求。

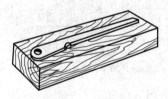

图 8-14 薄板料的装夹

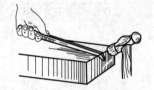

图 8-15 在铁砧上锤击弯形

⑦ 仍将两工件装夹在木板上，精锉两平面。达到尺寸 (2 ±0.03) mm、平行度 0.03mm、表面粗糙度 $Ra \leqslant 1.6\mu m$ 的要求。

⑧ 用铆钉通过 ϕ5mm 孔将工件串叠在一起，同时在两侧套上 ϕ18mm 垫片。将原头放入顶模，用压紧冲头压紧，然后将铆钉伸出部分用手锤镦成蘑菇形，再用罩模修整。要求半圆头光滑且平贴在垫片上，两脚活动松紧均匀。

⑨ 按图样尺寸修整外形，锉好两脚处斜面，要求两脚处尺寸形状相同。淬火达硬度 45～50HRC，最后用砂布打磨抛光。

2）制作外卡钳

制作外卡钳，技术要求如图 8-16 所示。

与内卡钳的制作比较，主要区别在于外卡钳卡脚处的两处 R40 的弯圆，其他制作工艺基本与内卡钳相同。

（2）铆接的质量分析

铆接时若铆钉直径、长度、通孔直径选择不适或操作不当，都会影响质量。常见的废品形式和产生原因见表 8-5。

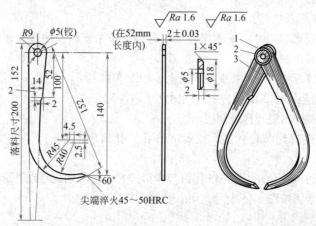

工作名称	件数	序号	零件名称	材料	规格	数量
外卡钳	1	1	垫片	45	φ18mm×2mm	2
		2	半圆头器钉	45	φ5mm×16mm	1
		3	卡钳	45	200mm×20mm×3mm	2

图 8-16 外卡钳零件图

表 8-5 铆接常见的废品形式和原因

废品形式	图示	产生原因
铆合头偏歪		①铆钉太长 ②铆钉歪斜，铆钉孔未对准 ③镦粗铆合头时不垂直造成铆钉歪斜
半圆头铆合头不完整		铆钉太短
沉头孔未填满		①铆钉太短 ②镦粗时锤击方向与板材不垂直
铆钉头未贴紧工件		①铆钉孔直径太小 ②铆钉孔口未倒角

废品形式	图示	产生原因
工件上有凹痕		①罩模修整时歪斜 ②罩模直径太大 ③铆钉太短
铆钉杆 在孔内弯曲		①铆钉孔太大 ②铆钉直径太小
工件之间 有间隙		①工件板材连接面不平整 ②压紧冲头未将板材压紧

8.2 粘接

粘接就是用胶黏剂把不同或相同材料牢固连接的操作工艺。其工艺操作方便，连接可靠，在各种机械设备修复过程中取得了良好的效果，因此得到了广泛应用。

8.2.1 粘接的工艺特点

① 粘接时温度低，不产生热应力和变形，不改变基体金相组织，密封性好，接头的应力分布均匀，不会产生应力集中现象，疲劳强度比焊、铆、螺纹连接高 3 ~ 10 倍，接头重量轻，有较好的加工性能，表面光滑美观。

② 粘接工艺简便易行，一般不需复杂的设备，胶黏剂可随机携带，使用方便，成本低、周期短，便于推广应用，适用范围广，几乎能连接任何金属和非金属、相同的和不同的材料，尤其适用于产品试制、设备维修、零部件的结构改进。对某些极硬、极薄的金属材料、形状复杂、不同材料、不同结构、微小的零件采用粘接最为方便。

③ 胶黏剂具有耐腐蚀、耐酸、耐碱、耐油、耐水等特点，接头不需进行防腐、防锈处理，连接不同金属材料时，可避免电位差的腐蚀。胶黏剂还可作为填充物填补砂眼和气孔等铸造缺陷，进行密封补漏，紧固防松，修复已松动的过盈配合表面。还可赋予接头绝缘、隔热、防振，以及导电、导磁等性能，防止电化学腐蚀。

④ 粘接有难以克服的许多不足之处，如不耐高温，一般只能在300℃以下工作，粘接强度比基体强度低得多。胶黏剂性质较脆，耐冲击力较差，易老化变质，且有毒、易燃。某些胶黏剂需配制和调解，工艺要求严格，粘接工艺过程复杂，质量难以控制，受环境影响较大，分散性较大，目前还缺乏有效的非破坏性质量检验方法。

8.2.2　胶黏剂的种类及选用

胶黏剂简称胶。它是由黏料、增塑剂、稀释剂、固化剂、填料和溶剂等配制而成。

胶黏剂的种类很多，分类方法也不一样。

① 按黏料的化学成分分类：

无机胶黏剂，主要有硅酸盐（水玻璃）、硫酸盐（石膏）、磷酸盐（磷酸-氧化铜基）等；

有机胶黏剂，主要有天然胶，如动物胶（骨胶）、植物胶（松香）、矿物胶（沥青）、天然橡胶（橡胶水）等；合成胶，如树脂型（环氧树脂）、橡胶型（丁腈橡胶）、复合型（酚醛-氯丁橡胶）等。

② 按工艺特点分类：有溶剂型、反应型、热熔型、厌氧型、压敏型等。

③ 按基本用途分类有：结构胶、通用胶、特种胶、密封胶等。

④ 按形态分类有：乳胶型、糊状型、粉末型、胶膜胶带型等。

8.2.3　常用胶黏剂的用途及选择

（1）无机胶黏剂

在维修中应用的无机胶黏剂主要是磷酸-氧化铜胶黏剂。它由两部分组成，一是氧化铜粉末；二是磷酸与氢氧化铝配制的磷酸铝溶液。在胶黏剂中，也可加入某些辅助材料，从而得到所需的性能，各种辅助填料的作用见表8-6。

表8-6　辅助填料及作用

所加辅助填料	作用
还原铁粉	改善胶黏剂的导电性能
碳化硼	增加胶黏剂的硬度
硬质合金粉	增加胶黏剂的强度
氧化铝、氧化锆	可提高胶黏剂的耐热性

这种胶黏剂能承受较高的温度（600～850℃），黏附性能好，抗压强度达 90MPa、套接抗拉强度达 50～80MPa、平面抗拉强度为 8～30MPa，制造工艺简单，成本低；但脆性大、耐酸和碱的性能差。可用于粘接内燃机缸盖进排气门座过梁上的裂纹、硬质合金刀头、套接折断钻头、量具等。

使用无机胶黏剂时，工件接头的结构形式应尽量使用套接和槽榫接，避免平面对接和搭接，连接表面要尽量粗糙，可以滚花和加工成沟纹，以提高黏接的牢固性。粘接前应对粘接表面进行除锈、脱脂和清洗处理后方可涂胶黏剂和组装粘接，粘接后的零件需烘干固化后方能使用。

无机胶黏剂虽然有操作方便、成本低的优点，但与有机胶黏剂相比还有强度低、脆性大和适用范围小的缺点。

（2）有机胶黏剂

以高分子有机化合物为基础，由几种原料组成的胶黏剂称有机胶黏剂。常用的有环氧树脂和热固性酚醛树脂。它常以合成树脂或弹性材料作为胶黏剂的基本材料，再添加一定量的增塑剂、固化剂、稀释剂、填料和促进剂等配制而成。有机胶黏剂一般由使用者按实际需要自行配制，但专业厂家也有一定的品种供应。

① 环氧树脂。它是因分子中含有环氧基而得名。环氧基是一个极性基团，在粘接中能与某些其他物质产生化学反应而产生很强的分子作用力。因此，它具有较高的强度，黏附力强，固化后收缩小、耐磨、耐蚀、耐油，绝缘性好，主要缺点是耐热性差及脆性大，适合于工作温度在 150℃以下，是一种使用最广泛的胶黏剂。

环氧树脂种类很多，最常用的是高环氧值，低、中分子量的双酚 A 型环氧树脂。它的黏度较低，工艺性好，价格低廉，在常温下具有较高的胶接强度和良好的耐各种介质的性能。

粘接前，粘接表面一般要经过机械打磨或用砂布仔细打光，粘接时用丙酮清洗粘接表面，待丙酮风干挥发后，将配制好的环氧树脂涂在连接表面，涂层为 0.1～0.15mm，然后将两粘接件压合在一起（只要施加较小的接触压力），在室温或不太高的温度下即能固化。

② 热固性酚醛树脂。它也是一种常用的胶料，其黏附性很好，但脆性大、机械强度差，一般用其他高分子化合物改性后使用，例如与环氧树脂或橡胶混合使用。

③ 厌氧密封胶。它是由甲基丙烯酸酯或丙烯酸双酯以及它们的衍生

物为黏料，加入由氧化剂或还原剂组成的催化剂和增稠剂等组成。由于丙烯酸酯在空气或氧气中有大量的氧的抑制作用而不易聚合，只有当与空气隔绝时，在缺氧的情况下才能聚合固化，因此称厌氧胶。厌氧胶黏度低，不含溶剂，常温固化，固化后收缩小，能耐酸、碱、盐以及水、油、醇类溶液等介质，这类胶黏剂常用的牌号有 501、502。在机械设备维修中可用于螺栓紧固、轴承定位、堵塞裂缝、防漏。但因固化速度太快，不宜作大面积粘接，仅适用于小面积粘接。也不适宜粘接多孔性材料和间隙超过 0.3mm 的缝隙。

常用胶黏剂的性能、用途等，见表 8-7。

表 8-7　常用胶黏剂的性能和用途

类别	牌号	主要成分	主要性能	用途
通用胶	HY-914	环氧树脂，液体聚硫橡胶，703 固化剂	双组分，室温快速固化，强度较高，密封性能好，耐水耐油，耐一般化学物质	60℃以下金属、陶瓷、玻璃、热固塑料、木材、竹材等
	农机 2 号	E-44 环氧树脂，改性胺，固化剂	双组分，室温固化，粘接性能较好、韧性好、中强度	120℃以下各种材料快速粘接修补，应用范围较广
	KH-520	E-44 环氧树脂，液体聚硫橡胶，聚酰胺，703 固化剂	高强度、高韧性、耐油、耐水、双组分，室温快速固化	60℃以下金属、陶瓷、硬质塑料、玻璃等
	502	α-氰基丙烯酸乙酯	单组分、室温快速固化、中强度、耐高温、耐油、耐有机溶剂	常温、受力不大的各种金属、玻璃、陶瓷和一般橡胶等
结构胶	J-19C	环氧树脂双氰胺	单组分，高压高温固化，高强度、高韧性，耐油、耐水	用于金属结构件及磨、钻、铣、刨、车床刀具的粘接
	J-04	钡酚醛树脂，丁腈橡胶	单组分、中强度、较高耐热性，耐油、耐水、耐老化	200℃以下受力较大的机件粘接和尺寸恢复，常用于摩擦片、刹车片粘接
	204（JF-1 胶）	酚醛 - 缩醛、有机硅酸	固化条件：180℃，2h，性能较脆，可在 200℃长期使用，300℃短期使用	200℃以下金属与非金属零部件粘接，摩擦片、刹车片、钢粘接

类别	牌号	主要成分	主要性能	用途
密封胶	Y-150 厌氧胶	甲基丙烯酸环氧树脂	单厌氧型，绝缘空气后固化，毒性小，低强度，使用方便，工艺性好	100℃以下螺纹接头和平面配合处紧固、密封、堵漏、工艺固定
	7302 液态密封胶	聚酯树脂	半干性，密封耐压	200℃以下各种机械设备平面、法兰、螺纹连接部位的密封
	W-1 液态密封胶	聚醚环氧树脂	涂敷后长期不固化，起始黏度高，可拆卸，不腐蚀金属	用于连接部位的防漏、密封

8.2.4 粘接工艺方法、技巧和诀窍

（1）粘接工艺过程

粘接工艺过程大致如下：

① 根据被粘物的结构、性能要求及客观条件，确定粘接方案，选用胶黏剂；

② 按尽可能增大粘接面积，提高粘接力的原则设计粘接接头；

③ 对被粘表面进行处理，包括清洗、除油、除锈、增加微观表面粗糙度的机械处理和化学处理；

④ 调制胶黏剂；涂胶黏剂，厚度一般为 0.05 ～ 0.2mm，要均匀薄涂；

⑤ 固化，要掌握固化温度、压力和保持时间等工艺参数；

⑥ 检验抗拉、抗剪、冲击和扯离等强度，并修整加工。

（2）粘接工艺要点、技巧与诀窍

① 胶黏剂的选用技巧与诀窍。目前市场上供应的胶黏剂没有一种是"万能胶"。选用时必须根据被粘物的材质、结构、形状、承受载荷的大小、方向和使用条件，以及粘接工艺条件的可能性等，选择适用的胶黏剂。

a. 被粘物的表面致密、强度高，可选用改性酚醛胶、改性环氧胶、聚氨酯胶或丙烯酸酯胶等结构胶；

b. 橡胶材料粘接或与其他材料粘接时，应选用橡胶型胶黏剂或橡胶改性的韧性胶黏剂；

c. 热塑性的塑料粘接可用溶剂或热熔性胶黏剂；

d. 热固性的塑料粘接，必须选用与粘接材料相同的胶黏剂；

e. 膨胀系数小的材料，如玻璃、陶瓷材料自身粘接，或与膨胀系数相差较大的材料，如铝等粘接时，应选用弹性好、又能在室温固化的胶黏剂；

f. 当被粘物表面接触不紧密、间隙较大时，应选用剥离强度较大而有填料作用的胶黏剂。

粘接各种材料时可选用的胶黏剂见表 8-8，供参考。

② 接头设计诀窍。接头的受力方向应在粘接强度的最大方向上，尽量使其承受剪切力。接头的结构尽量采用套接、嵌接或扣合连接的形式。接头采用斜接或台阶式搭接时，应增大搭接的宽度，尽量减少搭接的长度。接头设计尽量避免对接形式，如条件允许时，可采用粘 - 铆、粘 - 焊、粘 - 螺纹连接等复合形式的接头。

③ 表面处理技巧。表面处理是保证粘接强度的重要环节。一般结构粘接，被粘物表面应进行预加工，例如用机械法处理，表面粗糙度 Ra 12.5 ～ 25.0μm；用化学法处理，表面粗糙度 Ra 3.2 ～ 6.3μm，表面处理后，表面清洗与粘接的时间间隔不宜太长，以避免沾污粘接的表面。

④ 粘接技巧。粘接按胶黏剂的形态（液体、糊状、薄膜、胶粉）不同，可用刷涂、刮涂、喷涂、浸渍、粘贴或滚筒布胶等方法。胶层厚度一般控制在 0.05 ～ 0.35mm 为最佳，要完满、均匀。

⑤ 固化加压技巧。固化加压是为了挤出胶层与被粘物之间的气泡和加速气体挥发，从而保证胶层均匀。加温要根据胶黏剂的特性或规定的选定温度，并逐渐升温使其达到胶黏剂的流动温度。同时，还需保持一定的时间，才能完成固化反应。所以，温度是固化过程的必要条件，时间是充分条件。固化后要缓慢冷却，以免产生内应力。

⑥ 质量检验诀窍。检查粘接层表面有无翘起和剥离现象，有无气孔和夹空，是否固化。一般不允许做破坏性试验。

⑦ 安全防护诀窍。大多数胶黏剂固化后是无毒的，但固化前有一定的毒性和易燃性。因此在操作时应注意通风、防止中毒、发生火灾。

（3）粘接主要缺陷、产生原因及排除方法

粘接中常见的几种主要缺陷、产生原因及排除方法见表 8-9。

表 8-8 粘接各种材料时可选用的胶黏剂

材料名称（胶黏剂）\材料名称	软质材料	木材	热固性塑料	热塑性塑料	橡胶制品	玻璃、陶瓷	金属
金属	3、6、8、10	1、2、5	2、4、5、7	5、6、7、8	3、6、8、10	2、3、6、7	2、4、6、7
玻璃、陶瓷	2、3、6、8	1、2、5	2、4、5、7	2、5、7、8	3、6、8	2、4、5、7	
橡胶制品	3、8、10	2、5、8	2、4、6、8	5、7、8	3、8、10		
热塑性塑料	3、8、9	1、5	5、7	5、7、9			
热固性塑料	2、3、6、8	1、2、5	2、4、5、7				
木材	1、2、5	1、2、5					
软质材料	3、8、9、10						

注：表中数字为胶黏剂种类代号。

其中：1—酚醛树脂胶；2—缩醛胶；3—酚醛-氯丁胶；4—酚醛-丁腈胶；5—环氧树脂胶；6—环氧-丁腈胶；7—聚丙烯酸酯胶；
8—聚氨酯胶；9—热塑性树脂溶液胶；10—橡胶胶浆。

表 8-9　粘接工艺常见的缺陷、产生原因及排除方法

缺陷形式	产生的主要原因	排除方法
胶层脱皮	①粘接表面不清洁，表面处理不好 ②胶层太厚，胶层与基体金属膨胀系数相差过大，产生过大应力 ③胶黏剂失效或过期 ④固化温度、压力或时间控制不当 ⑤胶黏剂选用不当	①重新进行清洁处理，处理后保持干净 ②控制胶层厚度，不超过 0.05～0.15mm ③不得使用超过有效期或失效的胶黏剂 ④按工艺要求固化 ⑤根据被粘材料选用良好性能的胶黏剂
胶层夹有气孔	①胶层厚度不均匀，粘接时夹入空气 ②含溶剂的胶层一次涂胶过厚、或晾置时间不够、或固化压力不足、或固化温度过低 ③粘接孔未排出空气 ④涂胶时带入空气	①提高胶层温度，待胶层均匀后再粘接 ②严格按工艺要求进行涂胶，固化操作 ③钻排气孔或用导杆引入胶液 ④及时排出空气
接头缺胶	①固化压力过大，胶被挤出 ②对流动性好的常温固化胶，缺乏阻挡胶液措施在加温固化加热时，胶液黏度降低而流失	①按规定的固化压力加压 ②固化时涂胶面水平放置，加用快速固化胶堵塞流胶口或在边缘棱角处用玻璃纤维布作挡体，阻止胶液漫流
接头错位	①固化时定位不当或缺乏定位措施 ②固化时加压偏斜	①采用夹具定位 ②采用双胶粘接，除用本胶外，加用快速固化胶 502 定位
胶层固化过慢	①固化剂不纯或加入量过少，未考虑活性稀释剂对固化剂的消耗量 ②调胶搅拌不均匀 ③固化温度过低	①使用纯的固化剂，增加加入量 ②均匀调胶 ③提高固化温度

（4）粘接技术的应用

由于粘接有许多优点，随着高分子材料的发展，新型胶黏剂的出现，所以粘接在维修中的应用日益广泛。尤其在应急维修中更显示其固有的特点。

①用于零件的结构连接。如轴的断裂、壳体的裂纹、平面零件的碎裂、环形零件的裂纹与破碎，输送带的粘接等。

②用于补偿零件的尺寸磨损。例如机械设备的导轨研伤粘补以及尺

寸磨损的恢复，可采用粘贴聚四氟乙烯软带、涂抹高分子耐磨胶黏剂、101聚氨酯胶粘接氟塑料等。

③ 用于零件的防松紧固。用胶替代防松零件，如开口销、止动垫圈、锁紧螺母等。

④ 用于零件的密封堵漏。铸件、有色金属压铸件，焊缝等微气孔的渗漏，可用胶黏剂浸渗密封，现已广泛应用在发动机的缸体、缸盖、变速箱壳体、泵、阀、液压元件、水暖零件以及管道类零件螺纹连接处的渗漏等。

⑤ 用粘接替代过盈配合。如轴承座孔磨损或变形，可将座孔镗大后粘接一个适当厚度的套圈，经固化后镗孔至尺寸要求；轴承座孔与轴承外圈的装配，可用粘接取代过盈配合，这样避免了因过盈配合造成的变形。

⑥ 用粘接替代焊接时的初定位，可获得较准确的焊接尺寸。

（5）特种粘接技术

特种粘接技术是指使用特殊粘接材料、特种胶黏剂和特殊粘接工艺进行粘接操作的一种技术。使用复合材料、智能材料和纳米材料是特种粘接技术的一个显著特点。

特种粘接技术分为纯特种粘接技术和复合特种粘接技术两大类。

① 纯特种粘接技术是指使用单纯的特种胶黏剂，依靠或调整它的性能完成粘接的全过程。要注意施胶的方法和粘接工作环境的条件等因素。施胶常用刷涂、喷涂、点涂等方法。粘接工作环境因素主要是温度、湿度、清洁度等。

② 复合特种粘接技术是指不仅要依靠特种胶黏剂的特点，而且还要按照一些特定的与其他技术复合构成的使用方法完成粘接的全过程。例如：当粘接面积受到限制，单一的粘接方案不能获得较理想、较可靠的粘接强度；被粘处要承受较大的冲击负载等情况下，就可选择复合的粘接方案，即粘接与铆接、粘接与焊接、粘接与机械连接、粘接与贴敷层等。

8.3 焊接

8.3.1 焊接概述

焊接是通过加热或加压，也可两者并用，使工件达到原子结合的一种连接方法。焊接可分为熔焊、压焊和钎焊三大类。

（1）熔焊

熔焊是利用局部加热的方法，将两工件的接合处加热到熔化状态，形成熔池，然后冷却结晶，形成牢固的接头，将两部分金属连接成整体，如气焊、电弧焊等。

（2）压焊

压焊是利用局部加压（加热或不加热），达到彼此相互结合的方法。它有两种类型，一种是将被焊金属接触部分加热至塑性状态或局部熔化状态，而后施加一定的压力，使金属原子之间相互结合形成牢固的焊接接头，如接触焊、摩擦焊等。另一种是不进行加热，仅在被焊金属的接触面上，施加足够大的压力，引起塑性变形，促使原子之间相互接近而获得牢固的压挤接头，如冷压焊、爆炸焊等。

（3）钎焊

钎焊是对工件和作为填充金属的钎料进行适当加热，工件金属不熔化，但熔点低的钎料被熔化后填充到工件之间，在固态的被焊金属间扩散和凝固，将两工件牢固焊接在一起，如锡焊、铜焊等。

焊接在工程上占有重要地位，广泛应用于桥梁、建筑、船舶、化工和机械制造等工业领域，以及航空航天等技术。其特点是：生产效率高，劳动强度低，产品成本低；能减轻结构重量，节约材料；能保证较高的气密性；便于实现机械化、自动化。

本节主要介绍钎焊中的锡焊。

8.3.2 锡焊工艺方法

锡焊是钎焊的一种。锡焊时工件材料不熔化，用加热的烙铁沾上作为填充材料的锡合金，将零件连接起来，它用于焊接强度要求不高或密封性要求好的连接，以及电气元件或电气设备的接线头连接等。

锡焊用的焊料叫焊锡，它是锡和铅的合金，一般熔点较低，在 $180 \sim 300$℃之间，所以锡焊是钎焊中的软钎焊。

（1）焊剂的作用及常用焊剂

锡焊时必须使用焊剂，它的作用是清除焊缝处的金属氧化膜，保护金属不受氧化，提高焊锡的黏附能力和流动性，增加焊接强度。

常见的焊剂及应用见表 8-10。

表 8-10　各种焊剂及应用

焊剂种类	应用
稀盐酸	用于锌皮或镀锌铁皮
氯化锌溶液	一般锡焊均可使用
焊膏	用于镀锌铁皮和小零件如铜电线接头
松香	主要用于黄铜、纯铜等

（2）锡焊方法及焊接技巧和诀窍

① 用锉刀、锯条片和砂布等工具，仔细清除焊缝处的锈蚀和油污，使其露出光亮清洁的表面。

② 按焊接件大小选定一定功率的电烙铁或烙铁，接通电源或用火加热烙铁。

③ 根据焊接件性质选择焊剂，涂覆于焊缝。

④ 待烙铁温度达 250～550℃，用烙铁沾上焊锡放在焊缝处，焊锡缓慢而均匀地移动，使焊锡填满焊缝。

⑤ 清除焊缝，洗净焊剂，检查焊缝质量。

（3）锡焊常见废品分析

锡焊废品的主要形式是焊缝不牢或焊缝不严，产生原因如下：

① 焊缝不清洁。

② 电烙铁功率不够或加热温度不够。

③ 焊锡熔化后流动性差，焊缝中未填满焊锡。

④ 工件焊缝未压紧，工件之间缝隙太大，影响焊接强度。

8.3.3　铸铁焊补技巧与诀窍

（1）普通铸铁焊补技巧与诀窍

① 普通铸铁。普通铸铁是制造形状复杂、尺寸庞大、易于加工、防振减磨的基础零件的主要材料。其故障或失效形式包括铸件的气孔、砂眼、裂纹、疏松、浇不足等铸造缺陷。零件多在使用过程中发生裂纹、磨损等现象。

铸铁在焊补时会产生许多困难，其中：

a. 焊补时熔化区小，冷却速度快，石墨化的元素会使焊缝易生成既脆又硬的白口铸铁；出现气孔和夹渣；使焊缝金属与母材不熔合，焊后加工困难；接头易产生裂纹；局部过热使母材性能变坏，晶粒粗大，组织疏松，加剧应力不均衡状态，又促使裂纹产生，甚至脆断。

b. 铸铁含碳量高，年久的铸件组织老化、性能衰减、强度下降。尤其是长期在高温或腐蚀介质中工作的铸铁，基体松散、内部组织氧化腐蚀、吸收油脂，可焊性进一步降低，甚至焊不上。

c. 铸铁组织和零件结构形状对焊接要求的多样性，使铸铁焊补工艺复杂化。重大零件需进行全方位施焊，但铸铁焊接性能差、熔点低，铁水流动性大，给焊补带来困难。

d. 铸件损坏，应力释放，粗大晶粒容易错位，不易恢复原来的形状和尺寸精度。

② 普通铸铁焊前的准备工作。为保证质量，要选择性能好的铸铁焊条；做好焊前的准备工作，如清洗、除锈、预热等；控制冷却速度；焊后要缓冷等。

③ 铸铁焊补应用场合。铸铁件的焊补，主要应用于裂纹、破断、磨损、因铸造时产生的气孔、熔渣杂质等缺陷的修复。焊补的铸铁主要是灰铸铁，而白口铸铁则很少应用。

④ 铸铁焊补的类型。铸铁件的焊补分为热焊和冷焊两种，需根据外形、强度、加工性、工作环境、现场条件等特点进行选择。

a. 热焊工艺及技巧。焊前对工件先进行高温预热，焊后加热、保温、缓冷。用气焊和电弧焊均可达到满意的效果。焊前预热600℃以上，焊接过程中不低于500℃，焊后缓冷，工件温度均匀，焊缝与工件其他部位之间的温差小，有利于石墨析出，避免白口、裂纹和气孔。热焊的焊缝与基体的金相组织基本相同，焊后机加工容易，焊缝强度高、耐水压、密封性能好。特别适合于铸铁件毛坯或机加工过程中发现形状复杂的基体缺陷的修复，也适合于精度要求不太高或焊后可通过机加工修整达到精度要求的铸铁件。但是，热焊需要加热设备和保温炉，劳动条件差，周期长，整体预热变形较大，长时间高温加热氧化严重，对大型铸件来说，应用受到一定限制。主要用于小型或个别有特殊要求的铸件焊补。

b. 冷焊工艺及技巧。不对铸件预热或预热温度低于400℃的情况下进行，一般采用手工电弧焊或半自动电弧焊。操作简便，劳动条件好，施焊的时间较短，具有更大的应用范围。

冷焊时要根据不同的焊补厚度选择焊条的直径，按照焊条直径选择焊补规范，使焊缝得到适当的组织和性能，减轻焊后加工时的应力危害。冷焊要有较高的焊接技术，尽量减少输入基体的热量，减少热变形、避免气孔、裂纹和白口等缺陷。

常用的国产铸铁冷焊焊条有氧化型钢芯铸铁焊条（Z100）、高钒铸铁焊条（Z116、Z117）、纯镍铸铁焊条（Z308）、镍铁铸铁焊条（Z408）、镍铜铸铁焊条（Z508）、铜铁铸铁焊条（Z607、Z612）、以及奥氏体铸铜焊条等，它们可按需要分别选用，见表 8-11。

⑤ 冷焊工艺如下。

a. 焊前准备。了解零件的结构、尺寸、损坏情况及原因、应达到的要求等情况，决定修复方案及措施；清整洗净工件；检查损伤情况，对未断件应找出裂纹的端点位置，钻止裂孔；对裂纹零件合拢夹固，点焊定位；坡口制备为 V 形，薄壁件开较浅的尖角坡口；烘干焊条，工件火烤除油；低温预热工件，小件用电炉均匀预热至 50～60℃，大件用氧-乙炔焰虚火对焊接部件较大面积进行烘烤。

b. 施焊。用小电流、分段、分层、锤击，以减少焊接应力和变形，并限制基体金属成分对焊缝的影响，电弧冷焊的工艺要点如下：

施焊电流对焊补质量影响很大。电流过大，熔深大，基体金属成分和杂质向熔池转移，不仅改变了焊缝性质，也在熔合区产生较厚的白口层。电流过小，影响电弧稳定，导致焊不透、气孔等缺陷产生。

分段焊的主要作用是减少焊接应力和变形。每焊一小段熄弧后立即用小锤从弧坑开始轻击焊缝周围，使焊件应力松弛。直到焊缝温度下降到不烫手时，再引弧继续焊接下一段。

工件较厚时，应采用多层焊，后焊一层对先焊一层有退火软化作用。使用镍基焊条时，可先用它焊上两层，再用低碳钢焊条填满坡口，节约贵重的镍合金。

多裂纹焊件用分散顺序焊补，即先焊支裂纹，再焊主裂纹，最后焊主要的止裂孔。焊缝经修整后，使组织致密。

施焊时要合理选择焊接规范，包括焊接电流强度、焊条直径、坡口形状和角度、电源极性的连接、电弧长度等。

对手工气焊冷焊时应注意采用"加热减应"焊补。"加热减应"又叫"对称加热"，就是在焊补时，另外用焊炬对焊件已选定的部位加热，以减少焊接应力和变形，这个加热部位就叫"减应区"。

表 8-11 常用的铸铁焊条

类别	铸铁组织焊缝类				非铸铁组织焊缝类			
焊条名称	钢芯石墨化型铸铁焊条	铸铁芯铸铁焊条	氧化型钢芯铸铁焊条	高钒铸铁焊条	纯镍铸铁焊条	镍铁铸铁焊条	镍铜铸铁焊条	铜铁铸铁焊条
统一牌号	Z208	Z248	Z100	Z116	Z308	Z408	Z508	Z607
国际牌号	TZG-2	TZZ-2	TZG-1	TZG-3	TZNi	TZNiFe	TZNiCu	TZCuFe
焊芯成分	碳钢	铸铁芯	碳钢	碳钢或高钒钢	$\omega_{Ni} > 92\%$	$\omega_{Ni} 60\%$ $\omega_{Ni} 40\%$	镍铜合金	紫铜芯
药皮类型	石墨型	石墨型	强氧化型	合钒铁低氢型	石墨	石墨	石墨	低氢型
焊缝金属	灰铸铁	灰铸铁	碳钢	高钒钢	镍	镍铁合金	镍铜合金	铜铁混合
电源	交直流	交直流	交直流	直流（反接）或交流	交直流（正接）	交直流（正接）	交直流	直流（反接）
用途	一般的灰铸铁	一般的灰铸铁	一般灰铸铁的非加工面	高强度铸铁和球墨铸铁	重要的高强度薄壁铸件	重要的高强度灰铸铁及球墨铸铁	强度要求不高的灰铸铁	一般灰铸铁的非加工面
主要特点	需预热至400 ℃，缓冷，小型、薄型、刚度不大的零件	焊缝与母材组织、颜色均相同，可不预热，焊后保温，可防裂缝及白口组织	与母材料格合金，价格低，表面较硬，抗裂性差	抗裂性能好，焊后易加工，比较经济	不需预热，具有良好的抗裂性和加工性，价格高	强度高，塑性好，抗裂性好，加工工艺性略差，不需加热，价格高	工艺性，切削加工性均较差，裂性较差，强度较低	抗裂性好，切削加工性一般，强度较低

用"加热减应"焊补的关键，在于确定合适的"减应区"。"减应区"加热或冷却不影响焊缝的膨胀和收缩，它应选在零件棱角、边缘和肋等强度较大的部位。

c. 焊后处理。为缓解内应力，焊后工件必须保温和缓慢冷却；清除焊渣；检查质量。

铸铁零件常用的焊补方法见表8-12。

表8-12 铸铁零件常用的焊补方法

焊补方法		要点	优点	缺点	适用范围
气焊	热焊	焊前预热650～700℃，保温缓冷	焊缝强度高，裂纹、气孔少，不易产生白口组织，易于修复加工，价格低些	工艺复杂，加热时间长，容易变形，准备工序的成本高，修复周期长	焊补非边角部位，焊缝质量要求高的场合
	冷焊	不预热，焊接过程中采用加热感应法	不易产生白口组织，焊缝质量好，基体温度低，成本低，易于修复加工	要求焊工技术水平高，对结构复杂的零件难以进行全方位焊补	适于焊补边角部位
电弧焊	冷焊	用铜铁焊条冷焊	焊件变形小，焊缝强度高，焊条便宜，劳动强度低	易产生白口组织，切削加工性差	用于焊后不需加工的地方，应用广泛
		用镍基焊条冷焊	焊件变形小，焊缝强度高，焊条便宜，劳动强度低，切削加工性能极好	要求严格	用于零件的重要部位，薄壁件修补，焊后需加工
		用铸铁芯焊条或低碳钢芯铁粉型焊条冷焊	焊接工艺性好，焊接成本低	易产生白口组织，切削加工性差	用于非加工面的焊接
		用高钒焊条冷焊	焊缝强度高，加工性能好	要求严格	用于焊补强度要求较高的厚件及其他部件
	半热焊	用钢芯石墨化焊条，预热400～500℃	焊缝强度与基体相近	工艺较复杂，切削加工性不稳定	用于大型铸件，缺陷在中心部位，而四周刚度大的场合
	热焊	用铸铁芯焊条预热、保温、缓冷	焊后易于加工，焊缝性能与基体相近	工艺复杂，易变形	应用范围广泛

对于大、中型不重要或非受力的铸铁件，或焊后不再切削加工的零件，也可以采用低碳焊条进行冷焊。焊缝具有钢的化学成分，在钢与铸铁的交界区，通常是不完全熔化区，易产生白口组织，这种焊缝强度低。为增加焊缝的强度，在现场通常用加强螺钉法进行焊补，将螺钉插入焊补部分的边缘和坡口斜面上，如图8-17所示。

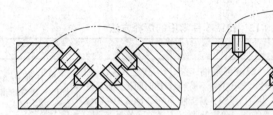

图8-17　铸铁冷焊时的加强螺钉

当铸铁件裂纹处的厚度小于12mm时，可不开坡口。厚度超过12mm时应开V形或X形坡口，其深度为裂纹深度的0.5～0.6倍。螺钉直径可按焊件厚度选择，一般是它的0.15～0.20倍，可取3～12mm。螺钉的插入深度为直径的1.5～2.0倍，螺钉的间距为直径的4～10倍，螺钉露出部分的长度等于直径，插入螺钉的数量要根据剪切应力计算。若焊件不允许焊缝凸出表面时，则要开6～20mm深的沟槽，填满沟槽即可满足焊缝的强度。

（2）球墨铸铁焊补技巧与诀窍

球墨铸铁比普通铸铁难焊。其主要原因如下。

① 镁在焊补时极易烧损，使焊缝中的碳球化困难。同时，镁又是白口化元素，在焊补和焊后热处理不当时易使焊缝和熔合区产生白口。

② 球墨铸铁的弹性模量和体积收缩量均比普通铸铁大，焊补区产生的拉应力及因此而产生的裂纹倾向要比后者大得多。

用钢芯球墨铸铁焊条焊补时，焊条药皮中含有石墨化元素的球化剂，可使焊缝仍为球墨铸铁。使用这种焊条，工件需预热，小件500℃左右，大件700℃；焊后要缓冷并热处理，正火时加热900～920℃，保温2.5h，随炉冷到730～750℃，保温2h，取出空冷；或退火处理，加热900～920℃，保温2.5h，随炉冷至100℃以下出炉。

用镍铁焊条及高钒焊条冷焊时，最好也能适当预热到100～200℃，焊后其焊缝的加工性能良好。钇基重稀土铸芯球墨铸铁焊条的使用效果较好，焊补时用直流电，焊后要正火或退火处理。

气焊为球墨铸铁焊补提供了有利条件，可预热，防止白口产生，镁的蒸发损失少，宜用于质量要求较高的中小件焊修。

8.3.4 有色金属焊补技巧与诀窍

（1）铜及铜合金焊补技巧与诀窍

1) 铜及铜合金焊补工艺特点

① 在焊补过程中，铜易氧化，生成氧化亚铜，使焊缝的塑性降低，促使产生裂纹；

② 导热性强，比钢大 5～8 倍，焊补时必须用高而集中的热源；

③ 热胀冷缩量大，焊件易变形，内应力增大；

④ 合金元素的氧化、蒸发和烧损，会改变合金成分，引起焊缝力学性能降低，产生热裂纹、气孔、夹渣；

⑤ 铜在液态时能熔解大量氢气，冷却时过剩的氢气来不及析出，而在焊缝熔合区形成气孔。

2) 铜及铜合金焊补工艺禁忌与注意事项

要保证焊补的质量，必须重视以下问题。

① 焊补材料及选择诀窍。电焊条主要有：TCu（T107）——用于焊补铜结构件；TCuSi（T 207）——用于焊补硅青铜；TCuSnA 或 TCuSnB（T 227）——用于焊补磷青铜、纯铜和黄铜；TCuAl 或 TCuMnAl（T 237）——用于焊补铝青铜及其他铜合金。

气焊和氩弧焊焊补时用焊丝，常用的有：SCuI-1 或 SCu-2（丝 201 或丝 202）——适用于焊补纯铜；SCuZn-3（丝 221）——适用于焊补黄铜。用气焊焊补纯铜和黄铜合金时，也可使用焊粉。

② 焊补工艺技巧。做好焊前准备，对焊丝和焊件进行表面清理，开 60°～90°的 V 形坡口。施焊时要注意预热，温度为 300～700℃，注意焊补速度，锤击焊缝；气焊时选择中性焰；电弧焊则要考虑焊法。焊后要进行热处理。

（2）铝及铝合金焊补技巧与诀窍

1) 铝及铝合金焊补工艺特点

① 铝的氧化比铜容易，它生成致密难熔的氧化铝薄膜，熔点很高，焊补时很难熔化，阻碍基体金属的熔合，易造成焊缝金属夹渣，降低力学

性能及耐蚀性；

② 铝的吸气性大，液态铝能熔解大量氢气，快速冷却及凝固时，氢气来不及析出，易产生气孔；

③ 铝的导热性好，需要高而集中的热源；

④ 热胀冷缩严重，易产生变形；

⑤ 由于铝在固液态转变时，无明显的颜色变化，焊补时不易根据颜色变化来判断熔池的温度；

⑥ 铝合金在高温下强度很低，焊补时易引起塌落和焊穿现象。

2）铝及铝合金焊补注意事项

① 焊补材料及选择诀窍。焊补铝及铝合金时，采用与母材成分相近的标准牌号的焊丝。常用的有：丝 301（纯铝焊丝）——焊补纯铝及要求不高的铝合金；丝 311（铝硅合金焊丝）——通用焊丝，焊补铝镁合金以外的铝合金；丝 321（铝锰合金焊丝）——用于焊补铝锰合金及其他铝合金；丝 331（铝镁合金焊丝）——焊补铝镁合金及其他铝合金。

在气焊焊补时需添加焊粉，消除氧化膜及其他杂质，如气剂 401（CJ401）。

② 铝及铝合金焊补工艺适用场合：铝及铝合金焊补，以气焊应用最多。主要用于耐蚀性要求不高，壁厚不大的小型铝合金件的焊补。

3）铝及铝合金气焊工艺技巧与诀窍

① 进行焊前清理，用化学方法或机械方法清理工件焊接处和焊丝表面的油污杂质；

② 开 V 形、X 形或 U 形坡口；

③ 焊补较大零件的裂纹应在两端打止裂孔；

④ 背面用石棉板或纯铜板垫上，离焊补较近的边缘用金属板挡牢，防止金属溢流。施焊时需预热；

⑤ 采用小号焊嘴；中性焰或轻微碳化焰，切忌使用氧化焰或碳化焰，避免氧化和氢气带入熔池，产生气孔；

⑥ 注意焊嘴和焊丝的倾角；

⑦ 根据焊补厚度确定左焊或右焊；

⑧ 整条焊缝尽可能一次焊完，不要中断；

⑨ 特别注意加热温度；

⑩ 工件焊后应缓冷，待完全冷却后用热水刷洗焊缝附近，把残留焊粉熔渣冲净。

4）大型铝及铝合金气焊工艺技巧与诀窍

对于大型铝及铝合金工件的焊补，宜用电弧焊。焊前准备同气焊工艺。常用的焊条有：L109——焊补纯铝及一般接头要求不高的铝合金；L209——焊补铝板、铝硅铸件、一般铝合金及硬铝；L309——用于纯铝、铝锰合金及其他铝合金的焊补。在电弧焊工艺中，主要是预热，烘干药皮；选择焊条直径和焊接电流；操作时，在保持电弧稳定燃烧前提下，尽量用短弧焊、快速施焊，防止金属氧化，减少飞溅，增加熔透深度。

8.3.5 钢的焊补技巧与诀窍

（1）钢的焊补

对钢进行焊补主要是为修复裂纹和补偿磨损尺寸。由于钢的种类繁多，所含各种元素在焊补时都会发生一定的影响，因此可焊性差别很大。其中以含碳量的变化最为显著。低碳钢和低碳合金钢在焊补时发生淬硬的倾向较小，有良好的可焊性；随着含碳量的增加，可焊性降低；高碳钢和高碳合金钢在焊补后因温度降低，易发生淬硬倾向，并由于焊区氢气的渗入，使马氏体脆化，易形成裂纹。焊补前的热处理状态对焊补质量也有影响，含碳或合金元素很高的材料都需经热处理后才能使用，损坏后如不经退火就直接焊补比较困难，易产生裂纹。钢件的裂纹可分为热裂纹和冷裂纹两类。

（2）低碳钢焊补

低碳钢的焊接性能良好，不需要采取特殊的工艺措施。手工电弧焊一般选用142型焊条即可获得满意的结果。若母材或焊条成分不合格、碳偏高或硫过高、或在低温条件下焊补刚度大的工件时，有可能出现裂纹，在这种情况下要注意选用优质焊条，如J426、J427、J506、J507等，同时采用合理的焊补工艺，必要时预热工件。在操作时注意引弧、运焊条、焊缝的起头和收尾。在确定工艺参数时要考虑电流、电压、焊条直径、电源种类和极性、焊补速度等，避免缺陷的产生。气焊时一般选用与被焊金属相近的材料作为焊补材料，不用气焊粉。操作时注意火焰的选用及调整、点火和熄火、焊补顺序、操作方法等，防止缺陷产生。

（3）中碳钢焊补

中碳钢焊补的主要困难是在焊缝内，特别是弧坑处非常容易产生热裂纹。其主要原因是在焊缝中碳和硫的含量偏高，特别是硫的存在。结晶时产生的低熔点硫化铁常以液态或半液态存在于晶间层中形成极脆弱的夹层，一旦收缩即引起裂纹。在焊缝处，尤其是在近焊缝区的母材上还会出现冷裂纹。它是在焊后冷却到 300℃左右或更低的温度时出现的，有的甚至是在冷却后经过若干时间后产生的。其主要原因是钢的含碳量增高后，淬火倾向也相应增大，母材近焊缝区受热的影响，加热和冷却速度都大，结果产生低塑性的淬硬组织。另外，焊缝及热影响区的含氢量随焊缝的冷却而向热区扩散，那里的淬硬组织由于氢的作用而碳化，即因收缩应力而导致裂纹产生。

（4）高碳钢焊补

这类钢的焊接特点与中碳钢基本相似。由于含碳量更高，焊后硬化和裂纹倾向更大，可焊性更差，因此焊补时对焊条的要求更高。一般要求的选用 J506 或 J507，要求高的选用 J607 或 J707。必须进行预热，且温度不低于 350℃。为防止产生缺陷，尽量减少母材的熔化，用小电流慢速度施焊。焊后要进行热处理。

第9章

矫正、弯形和
绕弹簧

9.1 矫正

9.1.1 矫正概述

（1）矫正的定义及特点

消除条料、棒料或板料的弯形、翘曲和凹凸不平等变形缺陷的作业过程叫做矫正。

工件材料的变形主要是在轧制或剪切等外力作用下，内部组织发生变化产生的残余应力所引起的。另外，原材料在运输和存放过程中处理不当时，也会引起变形缺陷。

矫正的目的就是使工件材料发生塑性变形，实质是使材料产生新的塑性变形来消除原有的不平、不直或翘曲变形，将原来不平直的变为平直。矫正时不仅改变了工件的形状，而且使工件材料的性质也发生变化。矫正后金属材料内部组织也要发生变化，金属材料表面硬度增大，性质变脆。这种在冷加工塑性变形过程中产生的材料变硬现象叫做冷硬现象。冷硬后的材料给进一步的矫正或其他冷加工带来了一定的困难，必要时应进行退火处理，使材料恢复到原来的力学性能。

（2）矫正的分类

① 按矫正时工件的温度可分为冷矫正和热矫正；

② 按矫正时产生矫正力的方法可分为手工矫正和机械矫正。

本章主要介绍的是钳工用手锤在平台、铁砧或台虎钳等工具上进行的矫正，包括扭转、弯形、延伸和伸张等四种操作方法。根据工作变形情况，有时单独用一种方法，有时几种方法并用，使工件恢复到原来的平整度。因此只有塑性好的材料（材料在破坏前能发生较大的塑性变形）才能进行矫正，而塑性较差的材料，如铸铁、淬硬钢等就不能进行矫正，否则工件就会断裂。

9.1.2 手工矫正工具

手工矫正所用的工具分如下三大类，若干个品种。

① 支承矫正件的工具，如铁砧、矫正用平板和 V 形块等。

② 加力用的工具，如锤子、铜锤、木锤和压力机等。

③ 检验用的工具，如平板、90°角尺、钢直尺和百分表等。

9.1.3 手工矫正方法

（1）扭转法

扭转法是用来矫正条料扭曲变形的，如图 9-1 所示。它一般是将条料夹持在台虎钳上，左手扶着扳手的上部，右手握住扳手的末端，施加扭力，把条料向变形的相反方向扭转到原来的形状。

（2）伸张法

伸张法是用来矫正细长线材的，矫正时将线材一头固定，然后从固定处开始，将弯形线材绕圆木一周，紧握圆木向后拉，使线材在拉力作用下绕过圆木得到伸长矫直，如图 9-2 所示。

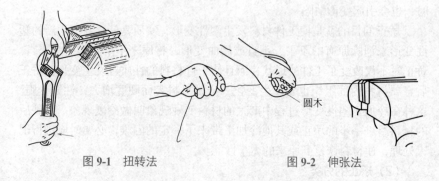

图 9-1　扭转法　　　　图 9-2　伸张法

（3）弯形法

弯形法用来矫正棒料、轴类和条形工件的弯形变形。直径较小的棒料和薄条料可夹在台虎钳上用扳手弯制，如图 9-3 所示。直径大的棒料和较厚的条料，则用压力机矫正，如图 9-4 所示。矫正前，先把轴架在两块 V 形块上，两 V 形块的支点和距离可以按需要调节。将轴转动检测，用粉笔画出弯形变形部分，然后转动压力机的螺杆，使压块压在圆轴最高凸起部分。为了消除因弹性变形所产生的回翘现象，可适当压过一些，然后检查。边矫正，边检查，直至符合要求。

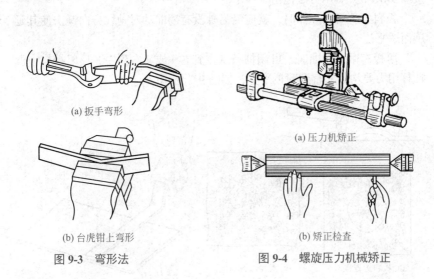

(a) 扳手弯形

(a) 压力机矫正

(b) 台虎钳上弯形

(b) 矫正检查

图 9-3　弯形法

图 9-4　螺旋压力机械矫正

(4) 延展法

延展法用来矫正各种型钢和板料的翘曲等变形，是用锤子敲击工件材料，使其延展伸长来达到矫正目的。如图 9-5 所示为宽度方向上弯形变形的条料，如果利用弯形法矫正，就会发生裂痕或折断，如果采用延展法，即锤击弯形里边的材料，使里面材料延展伸长就能得到矫正。

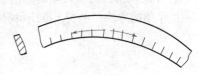

图 9-5　延展法矫正

9.1.4　矫正工艺实例及技巧与诀窍

(1) 板料矫正技巧与诀窍

板料最容易产生中部凸凹、边缘呈波浪形、以及对角翘曲等变形，其矫正方法分别如下。

板料中间凸起是由于变形后中间材料变薄引起的，矫正时可锤击板料边缘，使边缘材料延展变薄。锤击时，由外向里逐渐由重到轻，由密到稀，如图9-6（a）所示。若表面有相邻几种凸起，应先在凸起的交界处轻轻锤击，使几处凸起合成一处，然后再锤击四周而矫平。

板料四周呈波浪形但中间平整时，说明板料四周变薄而伸长，此时应按图9-6（b）所示方法锤击。

板料发生对角翘曲时，就应沿另外没有翘曲的对角线方向锤击使其延展而矫平。

薄板有微小扭曲时，可用抽条从左到右（或从右到左）反复抽打，但抽打用力要均匀，直到薄板平整，如图9-7所示。

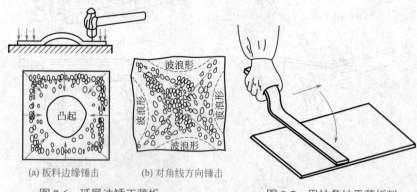

(a) 板料边缘锤击　　　(b) 对角线方向锤击

图9-6　延展法矫正薄板　　　　图9-7　用抽条抽平薄板料

厚度很薄、材质较软的铜箔或铝箔的矫平，应该用木锤轻轻地矫平，或用平整的木块在平板上推压材料的平面，使其平整，如图9-8所示。

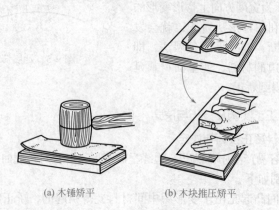

(a) 木锤矫平　　　　　(b) 木块推压矫平

图9-8　薄板扭曲矫正

用氧-乙炔气割下料的圆盘板料，板料外圆因在气割过程中冷却较快，致使收缩较为严重，造成割下的板料不平。矫正一般用锤击法进行，且锤击时，边缘重而密，第二、三圈轻而稀，这样很快就能使板料达到平整，如图9-9所示。

图9-9 气割板料的矫平方法

（2）角钢扭曲和翘曲矫正的技巧与诀窍

角钢扭曲矫正如图9-10所示，将角钢平直部分放在铁砧上，锤击上翘的一面。锤击时应由边向里、由重到轻（见图9-10中箭头）。锤击一遍后，反过方向再锤击另一面，方向相同，锤击几遍可使角钢矫直。

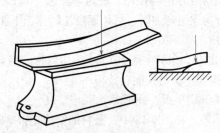

图9-10 角钢扭曲矫正

角钢翘曲一种是向里翘如图9-11（a）所示，一种是向外翘如图9-11（b）所示。矫正的方法和技巧：将角钢翘曲的高起处向上平放在砧座上。若向里翘，则应锤击角钢一条边凸起处，如图9-11（c）箭头所指处，锤击力量由重到轻，角钢的外侧面会逐渐趋于平直。但需注意，角钢与砧座接触的一条边必须和砧面垂直，锤击时，不至于使角钢歪倒，否则要影响锤击效果。若向外翘，则应锤击角钢凸起的一条边，如图9-11（d）箭头所指处，不准锤击凸起的面。经过锤击，角钢凸起的内侧面也会随着角钢的边一起逐渐平直。翘曲现象基本消除后，可用手锤锤击微曲的面，做进一步修正。

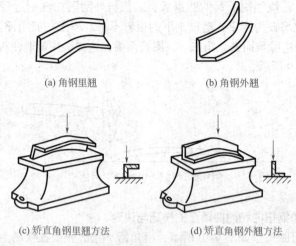

(a) 角钢里翘　　　　　　　　　(b) 角钢外翘

(c) 矫直角钢里翘方法　　　　　　(d) 矫直角钢外翘方法

图 9-11　在铁砧上矫直角钢翘曲

（3）条料矫直操作技能与技巧、诀窍与禁忌

条料在宽度方向发生弯曲时，可用延展法矫正，下面以条料在宽度方向弯曲的矫正为例。

如图 9-12 所示摆位，条料在宽度方向上发生弯曲，直线度允差为 1mm。

1）条料矫直操作步骤与技能、技巧

① 准备工具。选用平板、锤子。

② 检查条料毛坯。在图 9-12 中，条料的窄边是否呈圆弧状。

③ 矫正。按图 9-12 所示位置，将条料摆放在平板上。用锤子击打变形的内曲面（弯曲处凹面部分），锤击点从中间向两端展开。越靠里侧，锤击点越密，锤击力越大，使它的延展量为最大。直至里侧伸长后的长度和外侧相等为止，如图 9-13 所示。

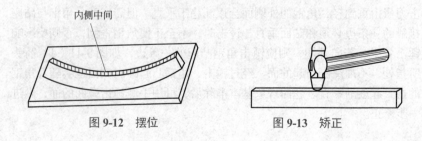

内侧中间

图 9-12　摆位　　　　　　　　　图 9-13　矫正

④ 自检。将条料窄边放置在平板上，窄边应与平板接触均匀。

⑤ 矫正工作完毕、清理工作现场。

2）条料矫直注意事项与禁忌

① 条料窄边的弯曲，矫正是靠延展伸长恢复平直，一定要锤击条料弯曲的里侧。

② 锤击点越密、锤击力越大、延展量也越大。所以，越靠近里侧，锤击点应越密、锤击力应越大。

（4）轴类零件矫直操作技能与技巧、诀窍与禁忌

如图 9-14 所示，光杠的直线度允差 0.15mm/ 全长。

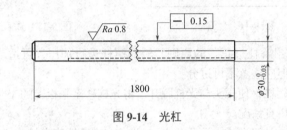

图 9-14 光杠

1）轴类零件矫直操作步骤与技巧

① 读图。

② 准备工具、量具、辅具。选用合适的矫直压力机一台，平板一块，V 形块二件，带表座的钟面式百分表一件，粉笔二支。

③ 检查光杠技巧。

a. 根据光杠的实际长度将两个 V 形块相隔一段距离摆放在平板上，如图 9-15 所示。

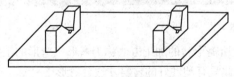

图 9-15 摆位

b. 将光杠安放在 V 形块上，转动光杠，用百分表找出光杠弯曲最大值及弯曲点，如图 9-16 所示。用粉笔在最大弯曲点做出标记。

④ 矫直操作步骤与技巧、诀窍。

a. 将光杠从平板上的 V 形垫块中移至矫直压力机的 V 形块上，使光杠凸起部位朝上，调正支承 V 形块至最大凸起部位，如图 9-17 所示，旋转压力机螺杆，使压力机压块压在光杠最大凸起的部位上。

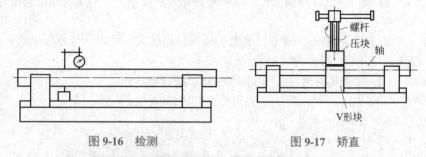

图 9-16　检测　　　　　　图 9-17　矫直

b. 本着"矫枉过正"的原则，转动螺杆进行加压，可适当地压"过头"一点，但应注意不可过分。

c. 旋松螺杠，使压头与光杠脱开。将光杠移至平板上的 V 形块上，用百分表复检矫直情况。

d. 若仍未达到要求，再重复 a、b 步骤，直至矫直合格为止。

e. 自检。将光杠放入平板上的 V 形块中，均匀转动光杠，用百分表最终检查光杠的直线度是否在允差之内。

f. 矫直工作完毕。清理工作现场。

2）轴类零件矫直注意事项与禁忌

① 矫直时，加压的力度要掌握好，力点、支承点的距离要合适。

② 为确保矫直工件的表面质量、可在加压表面处放衬垫给予保护。

9.2　弯形和绕弹簧

9.2.1　弯形概述

将坯料弯成所需形状的加工方法称为弯形。弯形的工作就是使材料产生塑性变形，因此只有塑性好的材料才适合弯形。

弯形工件表面金属变形严重，容易出现拉裂或压裂现象，特别是在弯形半径越变越小的情况下，为了防止弯形件拉裂或压裂，必须使工件的弯形半径大于导致材料开裂的临界弯形半径——最小弯形半径，其值由实验确定。

材料弯形过程中也还有弹性变形存在，使得弯形角度和弯形半径发生变化，这种现象叫回弹。工件在弯形过程中应多弯过一些，以抵消工件的回弹。

图9-18（a）为弯形前的钢板，图9-18（b）所示为钢板弯形后的情况。从图样可看出它的外层伸长了（图中 *e-e* 和 *d-d*），内层材料缩短（图中 *a-a* 和 *b-b*），而中间一层材料（图中 *c-c*）在弯形时长度不变，这一层叫中性层，同时材料的断面也产生了变形，但其面积保持不变，如图9-18所示。

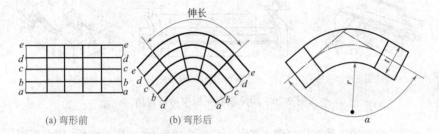

(a) 弯形前　　　　(b) 弯形后

图 9-18　弯形处横断面的变形　　　图 9-19　弯形半径和弯形角

如图9-19所示，材料弯形变形的大小与下列因素有关：

① 当 r/t 值越小时，则变形越大；反之 r/t 值越大时，则变形越小（r 为弯形半径，t 为材料厚度）。

② 弯形角 α 越小，则变形越大；反之弯形角 α 越大，则变形就越小。

弯形变形引起的内应力以及弯形处的冷作硬化，可用退火的方法来消除。

9.2.2　弯形工艺

（1）弯形分类

在常温下进行弯形叫冷弯（形）；对于厚度大于5mm的板料以及直径较大的棒料和管子等，常把工件加热到呈樱桃红色后再进行弯形叫热弯（形）。热弯一般是由锻工进行的，通常情况下钳工只做冷弯操作。

此外，弯形的方法还可分为手工弯形和机械弯形。下面介绍几种手工弯形的方法。

（2）手工弯形的工艺方法

1）板料的弯形

① 直角工件的弯形。对于一些薄板或是扁钢，当工件尺寸不大时，

可直接在台虎钳上弯成直角。但在弯曲前要在弯曲部位划好线，并把它夹持在台虎钳上，夹持时要使划线处刚好与钳口对齐，且两边要与钳口相垂直。如果钳口的宽度比工件短或是其深度不够时，则应用角铁做的夹持工具或直接用两根角铁来夹持工件，也可用 C 形夹夹持，然后用木锤敲成直角，如图 9-20 所示。

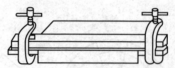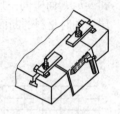

(a) 台虎钳上用角铁装夹　　　(b) 用平板和C形夹夹持　　　(c) 用压板装夹

图 9-20　用角铁和平板夹持弯直角

　　若弯曲的工件在钳口以上较长时，则应按图 9-21 所示方法，用左手压在工件上部，再用木锤在靠近弯曲部位的全长上轻轻敲击，使弯曲线以上的平面部分不受到锤击和产生回弹，这样就可以把工件逐渐弯成一个很整齐的角度，如图 9-21（a）所示。如敲打板料上端，如图 9-21（b）所示，由于板料的回弹，不但会使平面不平整，而且角度也不易弯好。如弯曲线以上部分较短时，应如图 9-22 所示，先用硬木块垫在弯曲处敲打，弯成直角，再直接用锤子用力敲击，使工件弯曲成形。如工件弯曲部位的长度大于钳口长度 2 ～ 3 倍，而且工件两端又较长，无法在台虎钳上夹持时，应参照如图 9-20（c）所示的方法，将一边用压板压紧在带 T 形槽的平板上，在弯曲处垫上木方条，用力敲打木方条，使其逐渐弯成需要的角度；或用角铁制作的夹具来夹持工件进行弯曲，如图 9-20（a）、（b）所示。

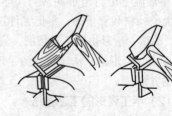

(a) 正确的方法　　(b) 错误的方法　　　　(a) 硬木块垫在弯曲处敲　　(b) 直接用锤子敲

图 9-21　弯上段较长的直角件　　　　图 9-22　弯上段较短的直角件

② 圆弧工件的弯形。如图 9-23 所示。弯形时应先划线，按线夹持在台虎钳的两块角铁衬垫里，然后用方头锤子的窄头锤击所需弯曲部位，最后在半圆模上修整圆弧，使工件符合要求。

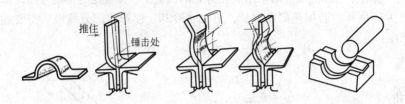

(a) 锤击划线弯曲部位   (b) 锤击弯曲部位   (c) 半圆模上修整圆弧

图 9-23 圆弧工件的弯形

2）管子的弯形

管子的直径在 ϕ13mm 以下时，一般采用冷弯；在 ϕ13mm 以上时则采用热弯。但管子的最小弯曲半径必须大于管子直径的 4 倍。

当弯曲管子的直径在 ϕ10mm 以下时，不需要在管子内灌砂；但当直径大于 ϕ10mm 时，弯曲时则一定要在管子内灌砂，且砂子一定要装紧才好，然后用木塞将管子的两端塞紧，如图 9-24（a）所示，这样在弯曲时管子才不会瘪下去。对于有焊缝的管子，弯曲时必须将焊缝放在中性层的位置上，否则弯曲时管子会使焊缝裂开，如图 9-24（b）所示。

冷弯管子可以在虎钳上进行或是在其他弯管工具上进行。如图 9-25 所示，管子 2 的一端置于模子 3 的凹槽中，并用压板固定，再用手扳动杠杆 4，杠杆上的滚轮 5 便会压紧管子，迫使管子按模子进行弯曲。

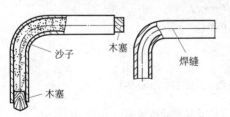

(a) 管子弯前的灌砂   (b) 焊缝在中性层中的位置

图 9-24 冷弯管子及弯前的灌砂

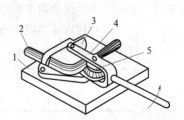

图 9-25 手工弯管子工具

1—平台；2—管子；3—模子；

4—杠杆；5—滚轮

热弯管子时，则可在弯曲处加热，加热长度可按经验公式来计算。例如曲率半径为管子直径5倍时，则：

加热长度 =（弯曲角度/15）× 管子直径

　　将管子弯曲处加热后取出放在钉好的铁桩上，按规定的角度弯曲，如图9-26所示。若加热部位太长，可浇水冷却，使弯曲部分缩短到需要的长度。

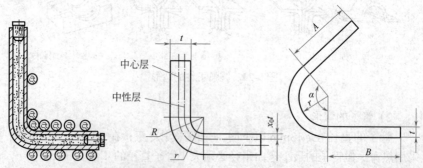

图 9-26　热弯大管子　　图 9-27　中性层的实际位置　　图 9-28　带圆弧的弯曲工件

9.2.3　弯曲工件展开长度的计算

　　工件弯曲后，只有中性层长度不变，因此计算弯曲工件展开长度时可按中性层长度计算。材料变形，中性层一般不在材料正中，而是偏向内层材料一边，如图9-27所示。

　　中性层的实际位置与材料的弯曲半径 r 和材料的厚度有关，可用下面的公式来计算：

$$R = r + x_0 t$$

式中　R——中性层的曲率半径，mm；

　　　r——材料弯曲半径，mm；

　　　t——材料厚度，mm；

　　　x_0——中性层位置的经验系数，其值可查表9-1。

表 9-1　中性层位置的经验系数 x_0

r/t	0.1	0.25	0.5	1.0	1.5	2.0	3.0	4.0	>4
x_0	0.28	0.32	0.37	0.42	0.44	0.455	0.47	0.475	0.5

一般情况下，为简化计算，当$r/t \geqslant 4$时，即可按$x_0 = 0.5$计算。

中性层位置确定后，弯曲工件如图9-28所示的展开长度L（mm）可按下式计算：

$$L = A + B + (r + x_0 t) \pi \alpha / 180°$$

式中　A，B——工件直线部分长度，mm；

　　　　α——弯曲角，（°）；

　　　　r——工件弯曲内圆弧半径，mm；

　　　　t——材料厚度，mm。

9.2.4　弹簧的绕制

（1）弹簧的种类

弹簧是经常使用的一种机械零件，在机构中起缓冲、减振和夹紧作用。

弹簧常用类型有螺旋弹簧和板弹簧两类，按受力情况可分为压缩弹簧、拉伸弹簧和扭转弹簧等，按形状分有圆柱弹簧、圆锥弹簧和矩形断面弹簧等，常见的是圆柱弹簧。弹簧的种类如图9-29所示。

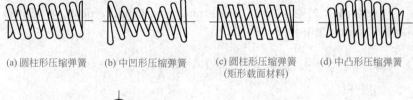

(a) 圆柱形压缩弹簧　　(b) 中凹形压缩弹簧　　(c) 圆柱形压缩弹簧　　(d) 中凸形压缩弹簧
　　　　　　　　　　　　　　　　　　　　　　（矩形载面材料）

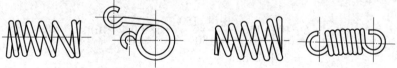

(e) 变节距压缩弹簧　　(f) 圆柱形扭转弹簧　　(g) 截锥形压缩弹簧　　(h) 圆柱形拉伸弹簧

图9-29　弹簧的种类

（2）圆柱螺旋弹簧的绕制

绕制圆柱螺旋弹簧实质上是一种弯形操作，一般由绕弹簧机或车床绕制，有时因急需也在台虎钳上手工绕制。绕弹簧前，应先做好绕制弹簧的芯棒，如图9-30所示。芯棒的直径可按经验公式计算：

$$D_o = K D_1$$

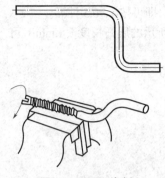

图 9-30　手工绕制

圆柱螺旋弹簧

式中　D_0——芯棒直径，mm；

　　　D_1——弹簧内径，mm；

　　　K——弹性系数，$K=0.75 \sim 0.8$。

手工绕制压缩弹簧步骤如下：

① 把钢丝一端插入芯棒，另一端夹在台虎钳中。

② 转动手柄同时使重心向前移动，即可绕出圆柱螺旋压缩弹簧。

③ 当绕到一定长度后，从芯棒上取下，按规定的圈数稍长一点截断，把两端磨平。

④ 低温回火。

绕制拉伸弹簧方法与此类似。区别在于转动手柄时应使弹簧丝间没有间隙，且两端按要求做成圆环或其他形状。

9.2.5　弯形工艺实例、技巧及诀窍

（1）弯曲工件展开长度的计算实例

【例 9-1】 若图 9-28 中：$A=100mm$，$B=150mm$，$t=6mm$，$r=18mm$，$\alpha=150°$，求零件展开长度。

解：$\dfrac{r}{t}=\dfrac{18}{6}=3$，由表 9-1 中查得 $x_0=0.47$。

则展开长度

$$L = 100 + 150 + \frac{3.14 \times 150}{180} \times (18 + 0.47 \times 6)$$

$$= 304.48(\text{mm})$$

弯曲工件展开长度的计算诀窍：如果一个零件有几个弯形角时，可仍按上述方法计算，只要把零件所有直线部分和所有圆弧部分中性层长度相加即可。

其展开长度公式

$$L = \sum L_{直} + \sum L_{弯}$$

当内边弯曲成直角不带圆弧或圆弧半径很小的零件，如图 9-31 所示，其计算公式

$$L = A + B + 0.5t$$

据上式可知，直角部分中性层长度为 $0.5t$。

【例 9-2】　若图 9-31 中：A=100mm，B= 120mm，t=8mm，求零件展开长度。

解：L=100+120+0.5×8=224（mm）

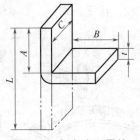

图 9-31　折角弯形零件

（2）弯圆弧和角度结合的工件

弯制如图 9-32（a）所示的工件，先在窄长板料上划好弯曲线。弯曲前，先将两端的圆弧和孔加工好。弯曲时用衬垫将板料夹在台虎钳内，先将两端的 1、2 两处弯好，如图 9-32（b）所示，最后在圆钢上弯工件的圆弧 3，如图 9-32（c）所示。

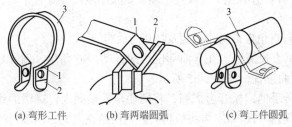

(a) 弯形工件　　　(b) 弯两端圆弧　　　(c) 弯工件圆弧

图 9-32　弯圆弧和角度结合工件的顺序

（3）板料在宽度方向上弯形

板料在宽度方向上弯形可利用金属材料的延伸性能，在弯形的外弯部分进行锤击，使材料向一个方向延伸，达到弯形的目的，如图 9-33（a）所示。弯制如图 9-33（b）所示的工件，可以在特制的弯形模上用锤击法，使工件弯曲变形。另外也可自制简单的弯形工具进行弯形，如图 9-33（c）所示。弯形工具中两只转盘的圆周上都有按工件厚度加工的槽，固定圆盘直径应与弯制的圆弧一致。使用时，将工件一端固定，另一端插入两转盘槽内，移动活动转盘使工件达到所要求的形状。

（4）板料弯形

板料直角弯形操作步骤以图 9-34 所示多直角零件为例，零件有四处直角需要弯形。

1）准备工具、辅具、量具

选取台虎钳一台，角钢制作的夹具一套，与弯形尺寸有关的衬垫二块，锤子、划针、方木块、90°角尺、钢直尺各一件。

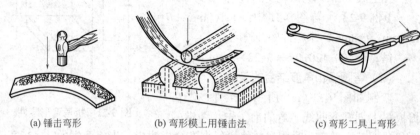

| (a) 锤击弯形 | (b) 弯形模上用锤击法 | (c) 弯形工具上弯形 |

图 9-33 板料在宽度方向上弯形

2）检查板料毛坯

计算图样展开长度 L，检查毛坯长宽及厚度尺寸是否正确，材料及表面质量是否合格。

3）板料直角弯形操作步骤及技巧与诀窍

① 用钢直尺测量，在弯曲部位用钢直尺、90°角尺、划针划四条平行线、确定弯曲位置，如图 9-35 所示。

② 旋转手柄，松开台虎钳，将两块角铁垫插入台虎钳的钳口上，使角铁垫块两边靠紧钳口。再将板料装入两块角铁之间，使板料的 B 线与角铁边缘对齐，旋转台虎钳手柄，夹紧板料，如图 9-36 所示。

③ 将木块放在板料伸出端的顶部，用锤子敲打木块，直至将板料弯成直角为止，如图 9-37 所示。

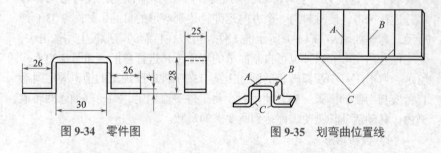

图 9-34 零件图　　　　　图 9-35 划弯曲位置线

④ 松开台虎钳，将角铁抽出一块，翻转工件，将弯成的直角紧靠衬垫 1 夹紧。如图 9-38 所示。

⑤ 重复步骤③的操作，将板料弯成图 9-38 所示的直角。

⑥ 松开台虎钳，把工件再翻转 90°角，将另一个衬垫 2 插入工件 U 形底部并夹紧，如图 9-39 所示。

⑦ 重复③步骤的操作，将工件的两端弯曲成另两个直角，如图 9-40 所示。

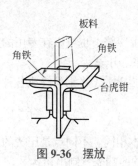

图 9-36 摆放

图 9-37 弯形

图 9-38 重新摆位

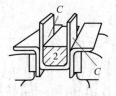

图 9-39 摆形

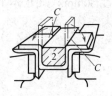

图 9-40 弯形

⑧ 自检。用钢直尺检查弯形后的工件尺寸，是否满足图样及工艺要求。

⑨ 工作结束，整理工作现场。

4）弯形操作禁忌与注意事项

① 弯曲位置线要划得清楚、准确。

② 工件装夹要对正弯曲位置线，并要牢固、可靠。

③ 弯曲力要加在变形部位上。

（5）矫正和弯形常见的废品分析

① 工件断裂。主要是由于矫正或弯形过程中多次折弯、或材料塑性较差、r/t 值过小、发生较大的变形等造成的。

② 工件弯斜或尺寸不准确。主要是由于夹持不正或夹持不紧、锤击偏向一边，或用不正确的模具、锤击力过重等造成的。

③ 材料长度不够。多是由于弯形前毛坯长度计算错误。

④ 管子熔化或表面氧化。管子热弯形时温度太高造成。

以上几种废品形式，只要在工作中细心操作和仔细检查、计算，都是可以避免的。

9.2.6 绕制弹簧操作方法、技巧与诀窍

弹簧的绕制方法有多种：可以在设备上冷绕，也可以在专用的胎具上加热绕制。钳工常在台虎钳上手工绕制拉簧、压簧等。

手工绕弹簧利用台虎钳和专用的绕制芯棒手工将钢丝绕成各种尺寸的弹簧，绕后进行整形，热处理。

（1）绕制拉簧、压簧和扭簧

手工绕制拉簧、压簧和扭簧的方法基本相同。不同点是压簧的两端需压平，拉簧的两端需弯制出拉钩，而扭簧的两端需弯制出扭钩。

① 读图。钢丝直径 $\phi 2$mm，弹簧中径 $\phi 20_{-0.50}^{0}$ mm，压弹螺距 3mm，长度 80mm。如图 9-41 所示。

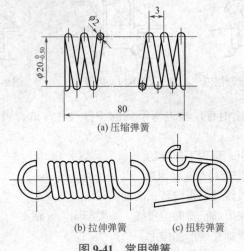

(a) 压缩弹簧

(b) 拉伸弹簧　　　(c) 扭转弹簧

图 9-41　常用弹簧

② 准备工具。选择所需的台虎钳一台，软钳口一副，卡尺、锤子、錾子、钢丝钳，手锯各一件。选取直径为 $\phi 14.4$mm 的芯棒一件，并将芯棒夹持在台虎钳上，用锤子将芯棒弯成手柄式直角摇把，再用手锯在摇柄的端头锯一个宽 2.5mm，深 3mm 的开口，如图 9-42 所示。

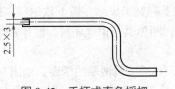

2.5×3

图 9-42 手柄式直角摇把

③检查坯料。准备 ϕ2mm 钢丝，长度要适当长些。

④绕制弹簧的操作技巧与诀窍：

a. 将软钳口放入台虎钳的钳口中，再把 ϕ2mm 钢丝的一端从台虎钳钳口的下方经台虎钳的两片软钳口中间引出，引出部分长 20mm，旋转台虎钳手柄，轻轻适度地夹住 ϕ2mm 钢丝。

b. 将芯棒的端头开口卡住软钳口露出的钢丝头，试绕 2～3 圈，如图 9-43（a）所示，测量节距，调整钢丝夹紧力度。然后，左手扶正芯棒，右手握住摇把，保持正确的弹簧节距，绕制弹簧。绕制时，通过右手推拉芯棒控制节距，芯棒不能上下及左右摆动，旋转摇柄时不能忽快忽慢，要连续绕制不停步，如图 9-43（b）所示。

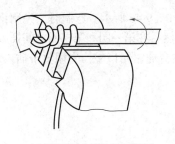
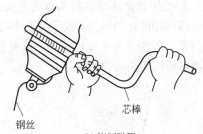

(a) 芯棒端头开口卡住钢丝头　　钢丝　　　　(b) 绕制弹簧　芯棒

图 9-43　绕制弹簧过程

c. 绕制拉簧时，为要使弹簧圈之间紧密扣接，可将芯棒调整至与钳口成 90°位置进行绕制，这样便于一扣接一扣。连续绕制至规定的圈数后，再多绕 3～4 圈，供弯制拉钩用。

d. 扭转弹簧圈之间也是紧密扣接的。绕制时，除保持弹簧簧圈之间扣接外，弹簧两端还应留出足够的长度供弯制扭簧两端的扭钩用。弹簧的圈数也应按图样要求如数绕制。

e.退出芯棒，取下弹簧半成品，撤下软钳口，按图 9-44（b）所示的方法，用锤子、錾子截断弹簧与钢丝坯料，使弹簧截断部分保持足够的弯钩长度。

f.用钢丝手钳整形压缩弹簧两端的端面，如图 9-45 所示。整形时，先磨掉钢丝头部毛刺，然后再由钢丝头部开始，逐渐将第一圈的螺旋平面扭平。

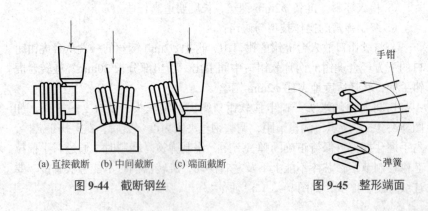

(a) 直接截断 (b) 中间截断 (c) 端面截断

图 9-44 截断钢丝

图 9-45 整形端面

g.拉伸弹簧两端的拉钩弯制方法，如图 9-46 所示。弯制时，先用钢丝钳将两端的环扣根部夹扁至弹簧中心，然后在第一圈和第二圈之间插入一斜铁，外端放置平垫铁，并一起夹持在台虎钳钳口中，先用錾子插入，后用平板压平两端的拉钩。

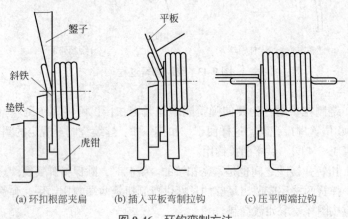

(a) 环扣根部夹扁   (b) 插入平板弯制拉钩   (c) 压平两端拉钩

图 9-46 环钩弯制方法

h. 扭转弹簧两端的扭钩，可根据扭钩的具体形状、尺寸，利用钢丝钳或其他专用辅具等，参照拉伸弹簧拉钩的弯制方法弯制成形。

i. 自检。用卡尺按图样尺寸检查绕制的弹簧。

j. 工作结束，整理工作现场。

（2）绕制拉簧、压簧和扭簧的禁忌与注意事项

① 绕制弹簧的芯棒尺寸要正确，对于直径、螺距尺寸要求较严的弹簧，可车制出带螺距槽的芯棒进行绕制，确保弹簧各部分尺寸。

② 绕制时，要防止钢丝头从开口槽中脱出，绕制结束时，也要注意另端钢丝头滑弹出来伤人。

③ 弯形两端弯钩时，要磨掉钢丝头的尖角，并注意操作安全。

第 10 章

刮削和研磨

10.1 刮削概述

10.1.1 刮削及其应用

钳工用刮刀刮除工件表面薄层金属的加工方法称为刮削，它属于精加工。

（1）刮削的特点及应用

刮削具有切削量小、切削力小、产生热量小、装夹变形小等特点，不存在车、铣、刨等机械加工中不可避免的振动、热变形等因素，所以能获得很高的尺寸精度、形状和位置精度、接触精度、传动精度和很小的表面粗糙度值。

刮削后的工件表面能形成比较均匀的微浅凹坑，可创造良好的存油条件，改善了相对运动零件之间的润滑情况。

因此，机床导轨与滑行面和滑动轴承接触的面、工具量具的接触面等，在机械加工之后通常用刮削方法进行加工。

（2）刮削原理

刮削是将工件与校准工具或与其相配合的工件之间涂上一层显示剂，经过对研，使工件上较高的部位显示出来，然后用刮刀进行微量刮削，刮去较高的金属层，这样反复地显示和刮削，就能使工件的加工精度达到预定的要求。

（3）刮削余量

由于刮削每次的刮削量很少，所以要求工件在机械加工后留下的刮削余量不宜太大，一般为 0.05～0.4mm，具体数值依工件刮削面积而定。刮削面积大，加工误差也大，所留余量应大些。刚性差的工件容易变形，刮削时余量可取大些。合理的刮削余量见表 10-1。

表 10-1　刮削余量　　　　　　　　mm

平面的刮削余量					
平面宽度	平面长度				
	100 ～ 500	500 ～ 1000	1000 ～ 2000	2000 ～ 4000	4000 ～ 6000
100 以下	0.10	0.15	0.20	0.25	0.30
100 ～ 500	0.15	0.20	0.25	0.30	0.40

孔的刮削余量			
孔径	孔长		
	100 以下	100 ～ 200	200 ～ 300
80 以下	0.05	0.08	0.12
80 ～ 180	0.10	0.15	0.25
180 ～ 360	0.15	0.20	0.35

10.1.2　刮削工具与显示剂

（1）刮刀的种类及其角度

刮刀是刮削中的主要工具，要求刀头部分具有足够的强度，刃口必须锋利，刀头硬度可达 60HRC 左右。根据工件的表面不同，刮刀可分为平面刮刀和曲面刮刀两类。

① 平面刮刀。如图 10-1 所示，主要用来刮削平面如平板、平面导轨等，也可用来刮削外曲面。一般可分为粗刮刀、细刮刀和精刮刀三种，其长短、宽窄并无严格规定，以使用适当为宜，表 10-2 为平面刮刀的尺寸，可供参考。

平面刮刀常用的有如下几种：

a. 手握刮刀。手握刮刀如图 10-1（a）所示，大多是利用废旧锉刀磨光两锉齿面改制而成，刀体较短，刮削时，由双手一前一后握持推压前进。

b. 挺刮刀。挺刮刀如图 10-1（b）所示，具有较好的弹性，在刮削时，随着运动的起伏，能发生跳跃，因此切削效果较好。刀片与刀杆用铜焊焊接，磨损后可更换。

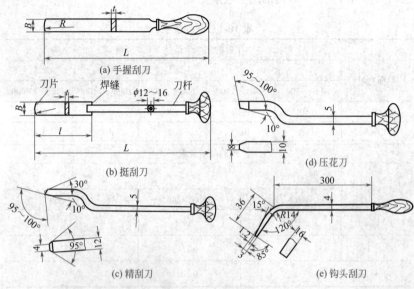

图 10-1　平面刮刀

c. 精刮刀与压花刀。精刮刀与压花刀如图 10-1（c）、（d）所示，刀体呈曲形，能增加弹性，头部小、角度大、刚度好。刮削出来的工件表面粗糙度值低，刮削点平整美观，适合刮削精密的铸铁导轨，刮削花纹较浅，并有压光作用。

表 10-2　平面刮刀的规格　　　　　　　　mm

种类	尺寸		
	全长 L	宽度 B	厚度 t
粗刮刀	450～600	25～30	3～4
细刮刀	400～500	15～20	2～3
精刮刀	400～500	10～12	1.5～2

d. 钩头刮刀。钩头刮刀如图 10-1（e）所示，它的操作方法与其他刮刀相反，是左手紧握钩头部分用力往下压，右于抓住刀柄用力往后拉。这种刮刀具有以下特点：

a）拉刮时不会产生下刀处的深痕；

b）容易刃磨，角度正确与否对拉刮出来的粗糙度影响不大；

c）比推刮的阻力要小，刮出的花纹长短容易控制；

d）可拉刮带有小台阶的平面，如图 10-2 所示。

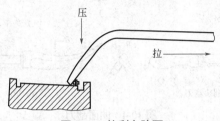

图 10-2　拉刮台阶面

刮刀的角度按粗刮、细刮、精刮的要求而定，三种刮刀顶端角度如图 10-3 所示：粗刮刀为 90°～ 92°30′，刀刃平直；细刮刀为 95°左右，刀刃稍带圆弧；精刮刀为 97°30′左右，刀刃带圆弧；如用于刮削韧性材料，可磨成小于 90°，但这种只适于粗刮。

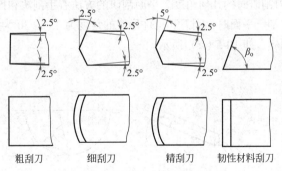

图 10-3　平面刮刀头部形状和角度

② 曲面刮刀。如图 10-4 所示，主要用来刮削内曲面，如滑动轴承内孔。常用的曲面刮刀有如下几种。

a. 三角刮刀、蛇头刮刀。如图 10-4（a）、（b）所示的三角刮刀、蛇头刮刀是刮削曲面的主要工具，用途最广泛。三角刮刀可由三角锉刀改制或用工具钢锻制，一般三角刮刀有三个长弧形刀刃和三条长的凹槽。蛇头刮刀由工具钢锻制，它有四个刃口，在刮刀头部两个平面上各磨出一条凹槽。

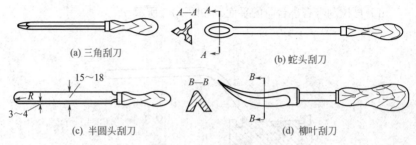

(a) 三角刮刀　　　　　　　　　　　　　　　　(b) 蛇头刮刀

(c) 半圆头刮刀　　　　　　　　　　(d) 柳叶刮刀

图 10-4　曲面刮刀

b. 半圆头刮刀。半圆头刮刀如图 10-4（c）所示，尺寸 R 由所刮削的曲面半径大小来决定。因其头部呈半圆形，刮出来的部分不易产生棱角，适用于刮削对开滑动轴承。

c. 柳叶刮刀。柳叶刮刀如图 10-4（d）所示，它有两个刀刃，刀尖为精刮部分，后一部分为强力刮削部分，适合于刮削铜套和对开轴承等。

③ 刮刀刮研时的几何角度。平面刮研的方法有手刮法和挺刮法两种。采用手刮法刮研平面时，刮刀和工件形成的角度为 25°～ 30°为宜，刮研采用负前角刮研，如 10-5（a）所示。

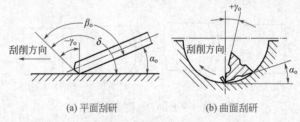

(a) 平面刮研　　　　　　　　(b) 曲面刮研

图 10-5　刮研时的几何角度

用三角刮刀刮研曲面时，采用正前角刮研，如图 10-5（b）所示。

（2）常用校准工具

校准工具是用来研磨接触点和检验刮削面准确性的工具，常用的有以下几种。

① 标准平板。标准平板是用来检查较宽平面的校准工具。它有多种规格，选用时其面积应大于刮削面的四分之三。

② 检验平尺。检验平尺是用来检验狭长平面的校准工具。图 10-6（a）所示是桥形平尺，用来检验机床导轨面的直线度误差。图 10-6（b）所示是工字形平尺，有双面和单面两种，常用它来检验狭长平面相对位置的正确性。

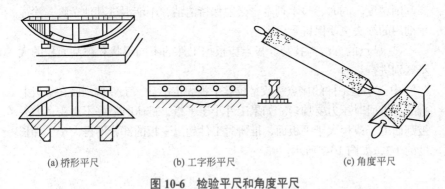

(a) 桥形平尺　　　　　　(b) 工字形平尺　　　　　　(c) 角度平尺

图 10-6　检验平尺和角度平尺

③ 角度平尺。角度平尺是用来检验两个刮削面成角度的组合平面的校准工具，如检验燕尾导轨面的角度平尺，其形状如图 10-6（c）所示，有 55°、60° 等。

检验曲面刮削的质量，多数是用与其配合的轴作为校准工具。

（3）显示剂

显点是刮削工作中判断误差的基本方法。显点时，必须用标准工具或与其配合的工件，合在一起对研。在其中间涂上一层涂料，经过对研，凸起处就显示出点，用刮刀刮去，所用的涂料称为显示剂。

① 显示剂的种类。常用的显示剂有以下几种。

a. 红丹粉。有铁丹（氧化铁呈红褐色）和铅丹（氧化铅呈橘黄色）两种。用全损耗系统用油调和，多用于黑色金属刮削。

b. 普鲁士蓝油。由普鲁士蓝粉和机油调合而成。用于刮研铜、铝工件。

c. 烟墨油。由烟墨和全损耗系统用油调合而成。用于白色金属，如铅等。

d. 松节油。用于平板刮研，接触研点白色发光。

e. 酒精。校对平板时用。涂于超级平板上，显出的点精细、发亮。

f. 油彩或油墨。与普鲁士蓝油用法相同。用于精密轴承的显点。

② 显示剂的使用方法与诀窍。显示剂一般涂在工件表面上，显示的是红底黑点，容易看清。在调和显示剂时应注意：粗刮时可调得稀些，便于均匀地涂抹在标准研具表面，涂层可稍厚些。这样显点也大，便于刮削。精刮时应调得干些，涂抹在研件表面上应薄而均，显点细小，便于提高刮削精度。同时，显示剂本身必须保持清洁，不能混进其他杂物，涂显示剂用的纱头也要保持干净。

③ 显点的方法与技巧。显点应根据工件的不同形状和被刮面积的大小区别进行。

中、小型工件的显点一般是校准平板固定不动，工件被刮面在平板上推磨，推研时压力要均匀。如果工件小于平板，推研时最好不出头；如果被刮面等于或稍大于平板面，推研时工件超出平板的部分不得大于工件长度的 1/3，如图 10-7 所示。

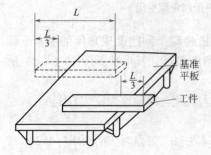

图 10-7　工件在平板上的显点

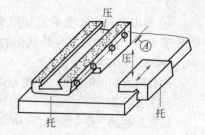

图 10-8　不对称工件的显点

大型工件的显点一般是将工件固定，平板在工件的被刮面上推研。推研时，平板超出工件被刮面的长度应小于平板长度的 1/5。

重量不对称的工件的显点一般应在工件某个部位托或压，如图 10-8 所示，用力大小要适当、均匀。若两次显点有矛盾，应分析原因，及时纠正。

10.2　刮削方法

刮削可分为平面刮削和曲面刮削。

10.2.1 平面刮削

（1）平面刮削方法

平面刮削有手刮和挺刮两种方法。

手刮的姿势如图 10-9 所示，右手如握锉刀姿势，左手四指向下握住近刮刀头部，刮削时右手随着上身前倾，使刮刀向前推进，左手下压，落刀要轻，当推进到所需位置时，左手迅速提起，完成一个手刮动作。手刮不适宜大余量的刮削。

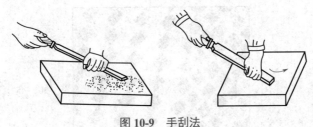

图 10-9 手刮法

挺刮的姿势如图 10-10 所示，将刮刀柄放在小腹右下侧，双手并拢握在刮刀前部距刀刃约 80mm 左右处，刮削时刮刀对准研点，左手下压，利用腿部和臀部力量，使刮刀向前推挤，在推动到位的瞬间，同时用双手将刮刀提起，完成一次刮点。挺刮法适合大余量平面的刮削。

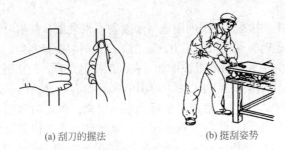

(a) 刮刀的握法   (b) 挺刮姿势

图 10-10 挺刮法

（2）刮削步骤

平面刮削分为粗刮、细刮、精刮和刮花。

① 粗刮。当工件经过机械加工后，其表面有显著的加工痕迹，或工件表面严重生锈或刮削量较大（如 0.2mm 以上）时，都需要进行粗刮。

粗刮采用长柄刮刀，端部要平，刮的刀迹要宽，一般应在 10mm 以上，刀的行程为 15mm 左右，刀迹要连成一片，不可重复，这样就能把切削痕迹和锈斑很快地刮去。

　　开始刮削时可按切削痕迹的方向成 30°～ 45°角进行。第二次刮削时应与第一次的刮削方向垂直，如图 10-11 所示。要均匀地刮一至二遍后，即可在工件上涂抹显示剂与标准平板对磨，然后按显点情况继续进行粗刮。

图 10-11　平面的粗刮

　　粗刮时因中间易着力，便会使四周高而中间低，所以在刮削时四周的刀数应适当多一些，当工件表面每 25mm×25mm 内有 3 ～ 5 个接触点时，粗刮就完成了。

　　② 细刮。主要是使刮削面进一步改善不平现象。刮削时采用短刮刀法。每刮一遍时，须保持一定方向，刮第二遍时要交错刮削，以消除原方向的刀迹。为了使接触点很快增加，在刮削接触点时，把接触点周围部分也刮去，这样当最高点刮去后，周围的次高点容易显现出来，经过几遍刮削，次高点周围的接触点又会很快显示出来，可提高刮削效率。刮削过程中，要防止刮刀倾斜而划出深痕，显示剂要涂布得薄而均匀。当在 25mm×25mm 的面积内出现 12 ～ 15 个接触点时，细刮即告结束。

　　③ 精刮。在细刮的基础上通过精刮增加接触点，使工件符合精度要求。刮削时采用精刮刀进行点刮，要注意落刀轻、起刀迅速，在每个接触点上只刮一刀，不重复，并始终交叉进行刮削，当在 25mm×25mm 的面积内有 20 点以上时，可将接触点分为三类分别对待：最大、最亮的接触点全部刮去；中等接触点在其顶点刮去一小片；小接触点留着不刮。这样连续刮几遍，待出现的接触点数达到要求即可。

④ 刮花。可使刮削面美观，使滑动件之间形成良好的润滑条件，并且还可以根据花纹消失的多少来判断刮削面的磨损程度。常见的花纹有以下几种。

a.斜纹花纹，即小方块。它是用精刮刀与工件边成45°角的方向刮成，如图10-12（a）所示。

b.鱼鳞花纹，是随着左手在向下压的同时，还要把刮刀有规律地扭动几下，扭动结束即推动结束，立即起刀完成一个花纹。如此连续地推扭，就能刮出如图10-12（b）所示的鱼鳞花纹来。如果要从交叉两个方向都能看到花纹的反光，就应该从两个方向起刮。鱼鳞花纹刮削方法如图10-12（d）所示。

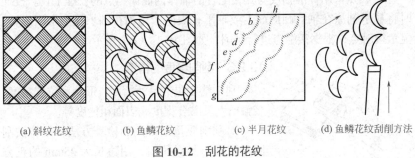

(a) 斜纹花纹　　(b) 鱼鳞花纹　　(c) 半月花纹　　(d) 鱼鳞花纹刮削方法

图 10-12　刮花的花纹

c.半月花纹的刮削方法与鱼鳞花纹的刮法相似，所不同的是一行整齐的花纹要连续刮出，难度较大。在刮这样的花纹时，刮刀与工件成45°角左右。刮刀除了推挤外，还需要靠手腕的力量扭动。以图10-12（c）所示一段半月花纹 edc 为例，刮前半段半月花纹 ed 时，将刮刀从左向右推挤，而后半段半月花纹 dc 则靠手腕的扭动来完成。这样连续地刮下去就能刮出 f 到 a 一行整齐的花纹。刮 g 到 h 一行则相反，前半段将刮刀从右向左推挤，而后半段靠手腕从左向右的扭动来完成。这种刮花操作需要有较熟练的技巧。

10.2.2　曲面刮削

曲面刮削和平面刮削的原理一样，但刮削方法不同。曲面刮削时，是用曲面刮刀在曲面内做螺旋运动。刮削时，用力不可太大，否则容易发生抖动，表面产生振痕。每刮一遍之后，刀迹应交叉进行，刀迹与孔中心线约成 45°，这样可避免刮削面产生波纹。

滑动轴承的刮削是曲面刮削中最典型的实例。刮削姿势如图 10-13（a）、（b）所示。右手握刀柄，左手掌心向下四指横握刀身，拇指抵着刀身。刮削时左、右手同时做圆弧运动，且顺曲面使刮刀做后拉或前推运动。

  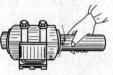

(a) 右手握刀柄刮削　　(b) 左、右手同时握刀身肩部挺刮　　(c) 接触点显示刮削

图 10-13　曲面刮削

接触点常用标准轴或与其相配合的轴作内曲面显点的校准工具。校准时将显示剂涂在轴的圆周面上或轴承孔表面，用轴在轴承孔中来回旋转，显示接触点，根据接触点进行刮削，如图 10-13（c）所示。

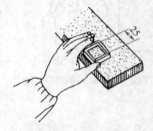

图 10-14　用方框
检查接触点

10.2.3　刮削精度的检查

刮削精度包括尺寸精度、形状和位置精度、接触精度及贴合程度、表面粗糙度等。

对刮削质量最常用的检查方法，是将被刮面与校准工具对研后，用边长为 25mm 的正方形罩在被检查面上，根据方框内接触的点数来确定，如图 10-14 所示。各种平面接触精度的接触点数见表 10-3。曲面刮削主要是对滑动轴承内孔的刮削，不同接触精度的接触点数见表 10-4。

表 10-3　各种平面接触精度的接触点数

平面种类	每边长为 25mm 正方形面积内的接触点数	应用举例
一般平面	2～5	较粗糙机件的结合面
	5～8	一般结合面
	8～12	机器台面、一般基准面、机床导轨面、密封结合面
	12～160	精密机床导向面、工具基准面、量具接触面

续表

平面种类	每边长为25mm正方形面积内的接触点数	应用举例
精密平面	16～2	精密机床导轨、平尺
	2～25	1级平板、精密量具
超精密平面	>25	0级平板、高精度机床导轨、精密量具

表10-4　滑动轴承的接触点数

轴承直径/mm	机床或精密机械主轴轴承			锻压设备、通用机械的轴承		动力机械冶金设备的轴承	
	高精度	精密	普通	重要	普通	重要	普通
	刮削点数 /25mm×25mm						
≤120	25	20	16	12	8	8	5
>120		16	10	8	6	6	2

　　大多数刮削平面还有平面度和直线度的要求。如工件平面大范围内的平面度、机床导轨面的直线度等，这些误差可以用框式水平仪来检查，如图10-15所示。

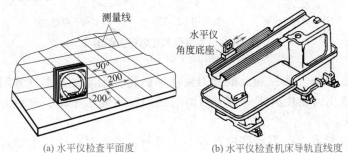

(a) 水平仪检查平面度　　　　　　(b) 水平仪检查机床导轨直线度

图10-15　用水平仪来检查刮削精度

10.3　刮削技巧、诀窍与禁忌

10.3.1　刮刀的刃磨技巧、诀窍与禁忌

（1）平面刮刀的刃磨技巧及注意事项

　　平面刮刀（以手握刮刀为例）刃磨一般情况下分为粗磨、细磨和精磨三个步骤。

① 粗磨。粗磨时分别将刮刀两面贴在砂轮侧面上，开始时应先接触砂轮边缘，再慢慢平放在侧面上，不断地前后移动进行刃磨，如图 10-16（a）所示，使两面都达到平整，在刮刀全宽上用肉眼看不出有明显的厚薄差别。然后粗磨顶端面，把刮刀的顶端放在砂轮轮缘上平稳地左右移动刃磨，如图 10-16（b）所示，要求端面与刀身中心线垂直，研磨时应先以一定倾斜度与砂轮接触，如图 10-16（c）所示，再逐步按图示箭头方向转动至水平。如直接按水平位置靠上砂轮，刮刀会颤抖，不宜磨削，甚至会发生事故。

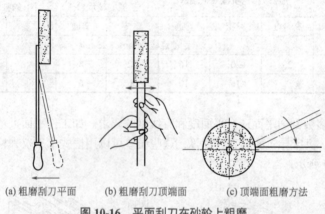

(a) 粗磨刮刀平面　　(b) 粗磨刮刀顶端面　　(c) 顶端面粗磨方法

图 10-16　平面刮刀在砂轮上粗磨

② 细磨。热处理后的刮刀要在细砂轮上细磨，基本达到刮刀的形状和几何角度要求。刮刀刃磨时必须经常蘸水冷却，避免刀口部分退火。

③ 精磨。刮刀精磨应在油石上进行。操作时在油石上加适量机油，先磨两平面，如图 10-17（a）所示，直至平面平整，表面粗糙度 $Ra < 0.2\mu m$。然后精磨端面，如图 10-17（b）所示，刀磨时左手扶住手柄，右手紧握刀身，使刮刀直立在油石上，略带前倾地向前移动，拉回时刀身略微提起，以免磨损刃口，如此反复几次，直到切削部分形状和角度符合要求，且刃口锋利为止。初学时还可将刮刀上部靠在肩上，两手握刀身，向后拉动来磨锐刃口，而向前则将刮刀提起，如图 10-17（c）所示。此法速度较慢，但容易掌握，在初学时常先采用此方法练习，待熟练后再采用前述磨法。

(a) 磨平面　　　　　　(b) 手持磨顶端面　　　　(c) 靠肩双手握持磨端面

图 10-17　刮刀在油石上精磨

（2）三角刮刀的刃磨技巧与诀窍

三角刮刀的三个面应分别刃磨。如图 10-18（a）所示，将刮刀水平位置轻压在砂轮的外圆弧面上，按刀刃弧形来回摆动，使三个面的交线形成弧形的刀刃。接着如图 10-18（b）所示，将三个圆弧面在砂轮角上开槽。磨时刮刀应上下左右移动，刀槽要开在两刃的中间，刀刃边上只留 2～3mm 的棱边。

三角刮刀粗磨后，同样要在油石上进行精磨。精磨时，在顺着油石长度方向来回移动的同时，还要依刀刃的弧形上下摆动，如图 10-18（c）所示，直至三个面所交成三条刀刃上的砂轮磨痕消除，弧面光洁，刀刃锋利。

(a) 粗磨三角刮刀　　　(b) 在三角刮刀上开槽　　(c) 在油石上精磨三角刮刀

图 10-18　三角刮刀刃磨

（3）刃磨刮刀所用油石的合理使用与保养诀窍

新油石在使用前应放入机油中浸泡几天，使油石润透。在使用时，油石面上要有足够的润滑油，否则磨出刀刃不光滑，油石也容易损坏。使用的润滑油必须清洁，刃磨时要防止铁屑沾在油石上。刮刀在油石上刃磨时，不要一直固定在某一部位上刃磨，以免磨出沟槽。正确的方法是应在油石的长宽方向上经常改变位置，使其均匀磨耗。油石不用时，不应干燥无油和露放在空气中太久，以免使油石表面变硬。

（4）平面刮刀的热处理诀窍与注意事项

将粗磨好的刮刀，放在炉火中缓慢加热到 780 ~ 800℃（呈樱红色），加热长度约为 25mm 左右，取出后迅速放入冷水中（或 10% 浓度的盐水中）冷却，浸入深度约为 8 ~ 10mm。刮刀接触水面时做缓慢平移和间断地少许上下移动，这样可不使淬硬部分与未淬硬部分留下明显界限。当刮刀露出水面部分呈黑色，由水中取出观察其刃部颜色为白色时，迅速把整个刮刀浸入水中冷却，直到刮刀全冷后取出即成。热处理后刮刀切削部分硬度应在 60HRC 以上，用于粗刮。精刮刀及刮花刮刀，淬火时可用油冷却，刀头不会产生裂纹，金属的组织较细，容易刃磨，切削部分硬度接近60HRC。

淬火温度是通过刮刀加热时的颜色控制的，因此要掌握好樱红色的特征。加热温度太低，刮刀不能淬硬，加热温度太高，会使金属内部组织的晶粒变得粗大，刮削时易出现丝纹。

10.3.2 刮削技能、技巧与诀窍

（1）刮削工作对场地的要求及选择

刮削工作场地的选择、光线、室温以及地基都要适宜。光线太强或太弱，都会影响视力。在刮削大型精密工件时，还要选择温度变化小而缓慢的刮削场地，以免因温差变化大而影响其精度的稳定性。在刮削质量大的狭长刮削面时（如车床床身导轨），如场地地基疏松，常会因此而使刮削面变形。所以在刮削这类机件时，应选择地基坚实的场地。

（2）刮削工作对工件支承的要求

刮削工作进行时，工件安放必须平稳，使刮削时无晃动现象。安放时应选择合理的支承点。工件应保持自由状态，不应由于支承而受到附加应力。例如刮削刚度好、质量大、面积大的机器底座接触面 [如图 10-19（a）] 或大面积的平板等，应该用三点支承。为了防止刮削时工件翻倒，可在其中一个支点的两边适当加木块垫实。对细长易变形的工件，如图 10-19（b）所示，应在距两端 2/9L 处用两点支承。大型工件，如机床床身导轨刮削时的支承应尽可能与装配时的支承一致。在安放工件的同时，应考虑到工件刮削面位置的高低，必须适合操作者的身高，刮削面位置一般是近腰部上下，这样便于操作者发挥力量。

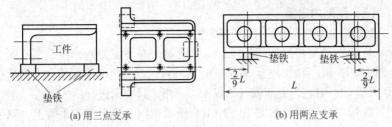

(a) 用三点支承　　　　　　　　(b) 用两点支承

图 10-19　刮削工件的支承方式

（3）刮削平行面

刮削平行面时，用标准平板平面作测量基准，应先粗、精刮基准面，达到表面粗糙度及接触点数要求，再刮对面平行面。粗刮平行面时应先用百分表检测该面对基准面的平行度误差，如图 10-20 所示，以确定刮削部位及其刮削量，并结合涂色显点刮削，以保证该面的平行度。在初步保证平面度和平行度的条件下，可进入细刮工序。此时主要根据涂色显点来确定刮削部位，同时用百分表进行平行度测量并做必要的刮削修整，达到要求后可过渡到精刮工序。此时主要按研点进行挑点精刮，以达到表面粗糙度和接触点要求，同时也要间断地进行平行度的测量。

（4）刮削垂直面

垂直面的刮削方法与平行面刮削相似，即粗刮时主要靠垂直度测量来确定其刮削部位，并结合涂色显点刮削来保证平面度的要求，精刮时主要按研点进行挑点刮削，并进行控制垂直度的测量。垂直度的测量方法如图 10-21 所示。4 个垂直侧面的刮削顺序与锉削四方体相同。

图 10-20　百分表测量平行度

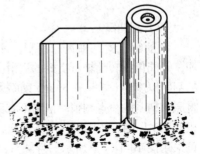

图 10-21　垂直度的测量方法

（5）刮削内曲面

刮削内曲面可采用以下两种姿势：

① 第一种姿势。如图 10-22（a）所示，右手握刀柄，左手掌心向下四指横握刀身。刮削时左、右手同时做圆弧运动，且顺曲面使刮刀做后拉或前推运动，刀迹与曲面轴线约成 45° 夹角，且交叉进行。

② 第二种姿势。如图 10-22（b）所示，刮刀柄搁在右手臂上，双手握住刀身。刮削时动作和刮刀运动轨迹与第一种姿势相同。

（6）刮削外曲面

外曲面刮削姿势如图 10-23 所示，两手握住平面刮刀的刀身，用右手掌握方向，左手加压或提起。刮削时刮刀面与轴承端面倾斜角约为 30°，也应交叉刮削。

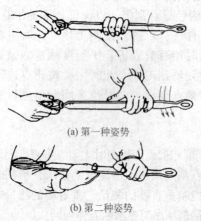

(a) 第一种姿势

(b) 第二种姿势

图 10-22　内曲面刮削姿势

图 10-23　外曲面刮削姿势

（7）刮油窝

刮油窝也就是轴瓦的深刮，油窝如图 10-24 所示。油窝的作用是蓄油，并能保持转动轴有良好的润滑。油窝应在轴瓦精刮前就刮好，因为它的刮削深度约 0.3 ～ 0.5mm，如先精刮而后深刮，则会出现毛刺，同时易将原来精刮的显点刮掉。油窝不宜刮得太密、太大，一般应在整个支承面积的 1/3 以内，否则减少了支承面，将会降低轴瓦的使用寿命。手工深刮可采用图 10-4（c）所示的半圆头刮刀。一个油窝的形成，要来回刮削约 4 ～ 6 次。油窝面积的大小，取决于刮刀前端圆弧刃的大小和刮刀来回移动的距离，一般在 $3 \sim 6mm^2$ 左右。

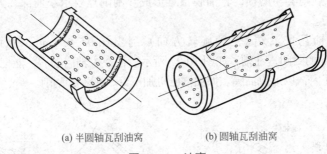

(a) 半圆轴瓦刮油窝　　　(b) 圆轴瓦刮油窝

图 10-24　油窝

（8）三片轴瓦的刮削

① 刮削时为了防止轴瓦被夹坏或变形，可在台虎钳钳口垫上胶皮，亦可制造刮削这类轴瓦的专用夹具，如图 10-25 所示。装夹时将轴瓦（即工件）置于夹具体的圆弧内，用压板、垫圈、螺钉将工件固牢至刮削时不移动即可。

② 采用图 10-4（c）所示的半圆头刮刀。这种刮刀呈半圆形，刮出的点子不会产生棱角，可向前推刮、也可沿着左右或与图 10-25 中刮削三块拼圆轴瓦的专用夹具成 $45°$ 方向刮削，比用其他形状的刮刀显得优越。

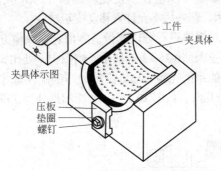

工件

夹具体

夹具体示图

压板
垫圈
螺钉

图 10-25　刮削三块拼圆轴瓦的专用夹具

③ 为使显点清晰，最好在标准棒上涂蓝油，不宜涂红丹（因红丹在铜合金上显点不明显），显点时以双手拇指按平轴瓦左右研动，如图 10-26 所示。

④ 刮削时的显点，要求在 25mm×25mm 内显示 18 ～ 20 点为宜，若超过 25 点则容易磨损，且油膜很难形成。刮削点要求小而深、无棱角、分布均匀。

⑤ 轴瓦进油端（主轴旋转方向）刮出深 0.5 ～ 1mm，距两端面 5 ～ 6mm 的封闭进油槽，如图 10-27 所示。使在主轴启动后，能把润滑油引入轴瓦内，以形成油膜。如油槽已机加工好，则不必刮削。

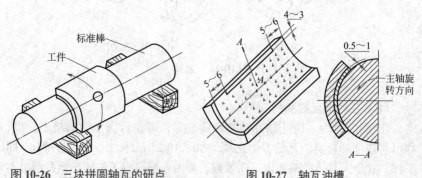

图 10-26　三块拼圆轴瓦的研点　　　　图 10-27　轴瓦油槽

（9）机床主轴孔刮削

1）导轨与主轴孔的分段刮削

① 在主轴孔内装入配合良好的检验棒，并在检验棒的 90° 方向，分别靠上水平仪调整支承垫铁，使检验棒位于水平仪的垂直位置，如图 10-38（a）所示，调好后不允许再移动支承垫铁。

② 用水平仪对道轨进行分段测量，测出它在纵横方向上对检棒的垂直度误差。设误差如图 10-28（b）所示，则图中 b 处比 a 高 0.12mm。

③ 根据自己的刮削经验，对 b 高度约需刮削几遍才能使它与 a 处平直，就在导轨上分几段。如图 10-28（c）所示是分为 5 段。

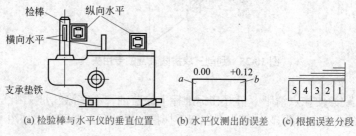

(a) 检验棒与水平仪的垂直位置　　(b) 水平仪测出的误差　　(c) 根据误差分段

图 10-28　分段刮削及其测量方法

④ 刮削 1 段，1、2 段，1、2、3 段······依次刮至 5 段。当刮至 4 段时，5 段则只能挑大点刮。再按①、②重新测量，这样垂直度误差能够基本消除。精刮时不要分段，仍采用显点一次、刮削一次的方法。

2）主轴孔与床身端面垂直度的刮削

① 在滑板孔内装入与孔精密配合的检验棒，检验棒上装百分表，表的测针触及端面，如图 10-29 所示。

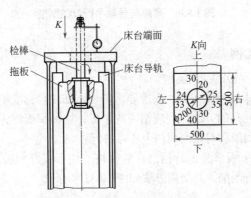

图 10-29　测量孔与端面的垂直度

② 表所示位置须在 ϕ200mm 孔和 500mm× 500mm 的两边缘位置上进行，以测得两种不同的误差值。

③ 根据 K 向图的误差分布情况，两种差值下方比上方高 0.1mm，左、右两方在允许范围内，上方最低。因此刮削时，上方只刮大点，左、右方轻刮，下方重刮，刮下 0.05mm 就达到允差要求了。

④ 选择尺寸合适的通用平板配磨显点。

3）尾座与导轨平行度的刮削

尾座孔内装入与其配合良好的检验棒（检验棒的测量部分应制成空心，防止它因自重而下垂，影响测量精度）。用百分表校正检验棒侧母线 b 使其与导轨侧面平行，如图 10-30 所示。测量检验棒的上母线 a_1 和 a_2 处对导轨的平行度误差。设 a_1 的读数为 0.02mm，而距离 300mm 处的 a_2 读数为 0.15mm。从检验棒的读数误差来分析，证明刮削面的前端高，要重刮，刮削的数值可根据检验棒 a_1 和 a_2 两点的距离和刮削面长度的比例来确定。

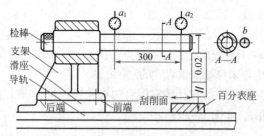

图 10-30 尾座与导轨平行度的刮削

10.3.3 刮削实例

（1）原始平板的刮削实例

平板是基本的检验工具，要求非常精密。如缺少标准平板，则可以用三块平板互研互刮的方法，刮成精密的平板，这种平板称为原始平板。其刮削可按正研刮削和对角刮削两个步骤进行。

先将三块平板单独进行粗刮，然后将三块平板分别编号为 1、2、3，按编号次序进行刮削。其刮削方法如图 10-31 所示。

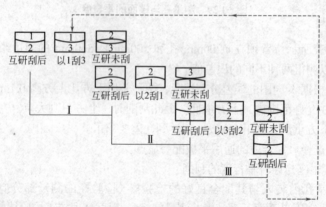

图 10-31 原始平板正研刮削法

① 一次循环，如图 10-31 中 Ⅰ，先设 1 号平板为基准，与 2 号平板互研互刮，使 1、2 号平板贴合。再将 3 号平板与 1 号平板互研，单刮 3 号平板，使之相互贴合。然后，2 号与 3 号平板互研互刮，使它们的不平程度略有改善。

② 二次循环，如图 10-31 中Ⅱ，在 2 号与 3 号平板互研互刮的情况下，按顺序以 2 号平板为基准，1 号与 2 号平板互研，单刮 1 号平板，然后 3 号与 1 号平板互研互刮。这时，3 号与 1 号平板的不平程度进一步得到改善。

③ 三次循环，如图 10-31 中Ⅲ，在上一次的基础上，按顺序以 3 号平板为基准，2 号与 3 号平板互研，单刮 2 号平板，然后 1 号与 2 号平板互研互刮，这时，1 号与 2 号平板的不平程度又进一步得到改善。

按上述三个顺序循环进行刮削，循环次数越多，平板越精密。到最后在三块平板上任取两块合研，都无凹凸，每块平板上的接触点都在 25mm×25mm 面积内有 12 个左右时，正研刮削即告一段落。

正研过程中往往在平板对角部位产生平面扭曲现象，如图 10-32 所示。要了解和消除扭曲现象，可采用如图 10-33 所示的对角研来显点，并通过接触点修刮消除扭曲现象。

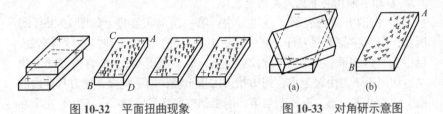

图 10-32 平面扭曲现象　　　　图 10-33 对角研示意图

（2）曲面刮研的实例

曲面刮研操作步骤以图 10-34 轴瓦零件为例。

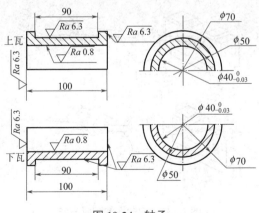

图 10-34 轴承

1）读图

轴瓦内孔要求接触显点数为 15 点 /25mm×25mm。

2）准备工具、辅具

选取：合适的内孔粗刮刀、精刮刀，活扳手各一件，调好的显示剂、毛刷、纱布包头、木棒等。

3）检查毛坯

毛坯为车削后的半成品。

4）刮研操作步骤及技巧与诀窍

①用木棒轻敲轴瓦，将车后的半成品轴瓦分开。用刮刀刮净轴瓦端口焊锡，清理轴瓦表面，去除毛刺。将上、下两块轴瓦打标记。

②将两轴瓦依次夹持在台虎钳中。

③用粗刮刀轻刮两轴瓦内表面，刮去机加工刀痕。

④卸下轴瓦的下瓦，夹紧上瓦。

⑤粗刮上瓦内表面。刮研方法：第一遍刮研姿势，如图 10-35（a）所示，左手在前下握刀杆，右手在后上握刀杆，刀柄卡在右小臂弯窝处，目视轴瓦内表面，左手压刀控制方向，往回勾刮，右手加力抬刀向上挑刮，切削刃下刀由轻至重，刀刃抬刀由重至轻，两手配合，使刀具在内曲面上螺旋挑进。第二遍粗刮与第一遍粗刮方向交叉成 60°～ 75°角，左手在前改为向右前上方推挤刮，右手在后握持刀柄改为配合左手向右前上方挑刮，姿势如图 10-35（b）所示。

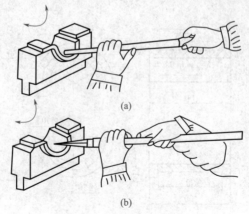

(a)

(b)

图 10-35 内曲面的刮研方法

⑥ 在上瓦内表面薄而均匀地涂上红丹粉，在工艺轴配研段薄而均匀地涂上普鲁士蓝油。

⑦ 将轴放在轴瓦上，转动轴进行研点。

⑧ 精刮轴瓦，刮至轴能与轴瓦底部接触均匀，点子分布达到 25mm×25mm 范围内 15 点左右。

⑨ 卸下上瓦，装上下瓦，并夹紧。

⑩ 粗刮下瓦，方法同上瓦。

⑪ 精刮下瓦，方法同上瓦。

⑫ 将上、下轴瓦薄而均匀地涂上红丹粉。

⑬ 将轴放入上、下轴瓦中，按图 10-36（a）装好，并按一定顺序依次拧紧螺母，注意用力要均匀。转动轴进行研点，如图 10-36（b）所示。

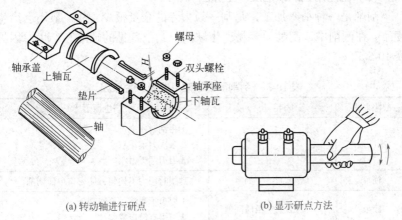

(a) 转动轴进行研点　　　　(b) 显示研点方法

图 10-36　转动轴进行研点

⑭ 将螺母均匀松开，即旋松一个后，再旋松另一个，不要将某个全部松开后，再松另一个。

⑮ 分清两轴瓦上的研点，重刮灰亮点，轻刮黑色点，精刮两轴瓦组装后的接触点。

⑯ 重复 ⑫ ～ ⑮ 步骤，反复精刮轴瓦内表面至符合图样要求。

⑰ 用煤油清洗轴瓦，擦干煤油，并涂上机油。

⑱ 根据要求的间隙大小，在两轴瓦之间加垫适当的调整垫片，压紧并拧紧螺母。

5）自检与清理

检查刮研接触精度、配合间隙是否合格。

工作完毕后，清理工作现场。

6）曲面刮削禁忌与注意事项

① 涂显示剂时，粗刮可多涂一些，随着精度提高，涂层应渐薄。研点时，用力要均匀适度，避免研点不真实。

② 用工艺心轴作曲面刮研的研具时，心轴直径要定准，用配件配研时，注意不要划伤配件工作表面。

③ 不要用嘴吹曲面刮研的切屑，应用擦布或毛刷清理，以防伤到眼睛。

④ 三角刮刀用后要妥善放置，以免伤人。

（3）刮削常见的缺陷及产生原因

刮削是一种精密加工，每刮一刀去除的余量很少，故一般不会产生废品。在刮削中，刮削面容易产生缺陷。刮削常见的缺陷和产生原因见表 10-5。

表 10-5　刮削面的缺陷形式及产生原因

缺陷形式	特征	产生原因
深凹痕	刀迹太深，局部显点太少	①粗刮时用力不均，局部落刀太重 ②多次刀痕重双叠 ③刀刃圆弧过小
梗痕	刀迹单面产生刻痕	刮削时用力不均匀，使刃口单面切削
撕痕	刮削面上呈粗糙刮痕	①刀刃不光洁，不锋利 ②刀刃有缺口或裂纹
落刀或起刀痕	在刀迹起始或终了处产生刀痕	落刀时左手压力和速度较大，起刀不及时
振痕	刮削面上呈现有规律的波纹	多次同时切削，刀迹没有交叉
划道	刮削面上划有深浅不一的直线	显示剂不清洁，或研点时混有砂粒和铁屑等杂物
切削面精度不高	显点变化情况无规律	①研点时压力不均，工件外露太多而出现假的显点 ②研具不正确 ③研点时放置不平稳

10.4 研磨与研磨剂

10.4.1 研磨概述

用研磨工具和研磨剂，从工件上研去一层极薄表面层的精加工方法，称为研磨。

（1）研磨的特点及应用

研磨是一种精加工，能得到精确的尺寸，尺寸误差可控制在 0.001～0.005mm；能提高工件的形位精度，形位误差可控制在 0.005mm 范围内；此外还能获得极小的表面粗糙度值，表 10-6 为各种不同加工方法所能获得的表面粗糙度。

表 10-6　各种加工方法所获得的表面粗糙度

加工方法	加工情况	表面放大的情况	表面粗糙度 $Ra/\mu m$
车			1.5～80
磨			0.9～5
压光			0.15～2.5
珩磨			0.15～1.5
研磨			0.1～1.6

另外，经研磨的工件，其耐磨性、抗腐蚀性和疲劳强度也都相应提高，从而延长了工件的使用寿命。

（2）研磨原理

研磨加工包括了物理和化学两方面的作用。

一方面，研具比被研工件软，研磨时，涂在研具表面的磨料受压嵌入研具表面成为无数切削刃，当研具和工件做复杂的相对运动时，磨料对工件产生挤压与切削，这是物理作用。

另一方面，采用易使金属氧化的氧化铬和硬脂酸配制的研磨剂时，使被研表面与空气接触形成氧化膜，氧化膜由于本身的特性又容易被磨掉。因此研磨过程中，氧化膜迅速形成（化学作用），而又不断地被磨掉（物理作用），从而提高了研磨效率。

（3）研磨余量

研磨是一种切削量很小的精密加工方法，研磨余量不能过大。研磨面积较大或形状复杂且精度高的工件，研磨余量取较大值。通常研磨余量在 0.005 ～ 0.03mm 范围内比较适宜。

10.4.2 研具材料与研磨剂

（1）研具材料

研具材料的组织结构应细密均匀，避免产生不均匀磨损；其表面硬度应稍低于被研工件，使研磨剂中的微小磨粒容易嵌入研具表面，但不可太软，否则会使磨粒全部嵌入研具而失去研磨作用；研具材料应有较好的耐磨性，保证被研工件获得较高的尺寸和形状精度。研具太硬，磨料不易嵌入研具表面，使磨料在工件和研具之间滑动，这样会降低研磨效果，甚至可能使磨料嵌入工件起反研磨作用，以致影响表面粗糙度。研具材料太软，会使研具磨损快而不均匀，容易失去正确的几何形状精度而影响研磨质量。

常用的研具材料有以下几种：

① 灰铸铁和球墨铸铁。灰铸铁是较理想的研具材料，也是最常用的研具材料，它具有润滑性好、磨耗较慢、硬度适中等优点，是一种研磨效果较好、价廉易得的研具材料。

它最大的特点是具有可嵌入性，研磨剂在其表面容易涂布均匀，且磨料容易嵌入铸铁的细片形缝隙或针孔中而起研磨作用，适用于研磨各种淬火钢料工件。

球墨铸铁比灰铸铁更容易嵌存磨料，且更均匀、牢固，因此用球墨铸铁制作的研具，精度保持性更好。

② 软钢。一般很少使用，它的强度大于灰铸铁，不易折断变形，可用于研磨 M8 以下的螺纹和小孔工件。

③ 铸造铝合金。一般用作研磨铜料等工件。

④ 硬木材。用于研磨软金属。

⑤ 轴瓦合金（巴氏合金）。用于金属的精研磨，如高精度的铜合金轴

承等。

（2）研具的类型

生产中不同形状的工件应选用不同类型的研具。常用的有以下几种：

① 研磨平板。主要用来研磨平面。研磨平板如图 10-37 所示，有槽平板用于粗研，光滑平板用于精研。

② 研磨环。主要用来研磨圆柱外表面，研磨环的内径比工件的外径大 0.025～0.05mm，如图 10-38 所示。

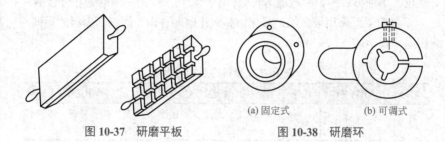

图 10-37　研磨平板

(a) 固定式　　　　(b) 可调式

图 10-38　研磨环

③ 研磨棒。主要用于圆柱孔的研磨，有固定式和可调节式两种，如图 10-39 所示，固定式研磨棒制造容易，但磨损后无法补偿，多用于单件研磨或机修当中。可调节研磨棒因尺寸能调节，故适用于成批生产，应用较广。

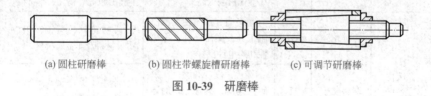

(a) 圆柱研磨棒　　　(b) 圆柱带螺旋槽研磨棒　　　(c) 可调节研磨棒

图 10-39　研磨棒

（3）研磨剂

研磨剂是由磨料、研磨液和辅助材料调和而成的混合剂。

① 磨料。在研磨中起切削作用，与研磨加工的效率、精度、表面粗糙度有关。常用的磨料有如下几种。

a. 金刚石粉末：即结晶碳（C），其颗粒很细，是目前已知最硬的材料，切削性能好，但价格昂贵；适用于研磨硬质合金刀具或工具。

b. 碳化硼（B_4C）：硬度仅次于金刚石，价格也较贵；用来精研磨和抛光硬度较高的工具钢和硬质合金等材料。

　　c. 氧化铬（Cr_2O_3）和氧化铁（Fe_2O_3）：颗粒极细，用于表面粗糙度极小的表面最后研光。

　　d. 碳化硅（SiC）：有绿色和黑色两种。绿色碳化硅用于研磨硬质合金、陶瓷、玻璃等材料；黑色碳化硅用于研磨脆性或软性材料，如铸铁、铜、铝等。

　　e. 氧化铝（Al_2O_3）：有人造和天然两种；硬度很高，但比碳化硅低；颗粒大小种类较多，制造成本较低，被广泛用于研磨一般碳钢和合金钢。

　　目前工厂采用较多的是氧化铝和碳化硅两种微粉磨料。磨料的系列与用途见表 10-7。

表 10-7　磨料的系列与用途

系列	磨料名称	代号	特性	适用范围
氧化铝系	棕刚玉	GZ	棕褐色，硬度高，韧性大，价格便宜	粗、精研磨钢、铸铁和黄铜
	白刚玉	GB	白色，硬度比棕刚玉高，韧性比棕刚玉差	精研磨淬火刚、高速钢、高碳钢及薄壁零件
	铬刚玉	GG	玫瑰红或紫红色，韧性比白刚玉高，磨削粗糙度值低	研磨量具、仪表零件等
	单晶刚玉	GD	淡黄色或白色，硬度和韧性比白刚玉高	研磨不锈钢、高钒高速钢等强度高、韧性大的材料
碳化物系	黑碳化硅	TH	黑色有光泽，硬度比白刚玉高，脆而锋利，导热性和导电性良好	研磨铸铁、黄铜、铝、耐火材料及非金属材料
	绿碳化硅	TL	绿色，硬度和脆性比黑碳化硅高，具有良好的导热性和导电性	研磨硬质合金、宝石、陶瓷、玻璃等材料
	碳化硼	TP	灰黑色，硬度仅次于金刚石，耐磨性好	精研磨和抛光硬质合金、人造宝石等硬质材料
金刚石系	人造金刚石	JR	无色透明或淡黄色、黄绿色、黑色，硬度高，比天然金刚石略脆，表面粗糙	粗、精研磨硬质合金、人造宝石等硬质材料
	天然金刚石	JT	硬度最高，价格昂贵	

续表

系列	磨料名称	代号	特性	适用范围
其他	氧化铁	—	红色或暗红色，比氧化铬软	精研磨或抛光刚、玻璃等材料
	氧化铬	—	深绿色	

磨料粗细用粒度表示，分为 41 个号。其中颗粒尺寸大于 50μm 的用筛网分的方法测定，有 F4、F5、…、F240 共 27 种，粒度号数越大，磨料越细；尺寸很小的磨料一般用显微镜测量的方法测定，有 W63、W50、…、W0.5 共 14 种，这一组号数越大，粒度越粗。常用的研磨粉见表 10-8。

表 10-8　常用的研磨粉

磨料号数	研磨加工类别	可达到表面粗糙度 $Ra/\mu m$
$100^{\#} \sim$ W50	用于最初的研磨加工	
W40 ∼ W20	粗研磨加工	0.4 ∼ 0.2
W14 ∼ W7	半精研磨加工	0.2 ∼ 0.1
W5 以下	精研磨加工	0.1 以下

② 研磨液。磨料不能单独用于研磨，必须配研磨液和辅助材料。研磨液应具备一定的黏度和稀释能力，使微粉能均匀地分布在研具表面，有良好的润滑和冷却作用，同时应对工人无害，对工件无腐蚀作用，且易于洗净。

常用的研磨液有煤油、汽油、L-AN22 与 L-AN32 全损耗系统用油、工业用甘油以及熟猪油等。

③ 辅助材料。辅助材料是一种黏度较大和氧化作用较强的混合脂。常用的辅助材料有硬脂酸、油酸、脂肪酸和工业甘油等。

辅助材料的主要作用是使工件表面形成氧化薄膜，加速研磨过程。

为了方便，一般工厂中都使用研磨膏，使用时加机油稀释即可。研磨膏是在微粉中加入油酸、混合脂（或黄油）和少许煤油配制而成。研磨膏分粗、中、精三种，可按研磨精度的高低选用。

10.5 研磨方法

研磨分手工研磨和机械研磨两种。手工研磨时，工件表面各处要保持均匀切削，还应选择合理的运动轨迹。

10.5.1 手工研磨的运动轨迹

为了使工件达到理想的研磨效果，根据工件形状的不同，常采用不同的研磨运动轨迹，如图 10-40 所示，它们的共同特点是工件的被加工面与研具工作面做相密合的平行运动。

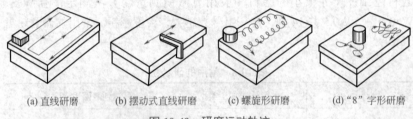

(a) 直线研磨　　(b) 摆动式直线研磨　　(c) 螺旋形研磨　　(d) "8" 字形研磨

图 10-40　研磨运动轨迹

① 直线研磨运动轨迹。可获得较高的几何精度，适用于有台阶的狭长平面的研磨。

② 摆动式直线研磨运动轨迹。即在左右摆动的同时做直绕往复移动。主要适用于对平面度要求较高的 90°角尺的侧面以及圆弧测量面等。

③ 螺旋形研磨运动轨迹。主要适用于研磨圆片或圆柱形工件的端面。

④ "8" 字形和仿 "8" 字形研磨运动轨迹。主要适用于研磨小平面。

10.5.2 研磨平面

平面的研磨是在非常平整的研磨平板上进行的。

（1）研磨时的上料

研磨时上料的方法有压嵌法和涂敷法。

① 压嵌法方法有两种：一是用三块平板在其上加研磨剂，用原始研磨法轮换嵌入磨粒，使磨料均匀嵌入平板；二是用淬硬压棒将研磨剂均匀压入平板，以进行研磨工作。

② 涂敷法是将研磨剂涂敷在工件或研具上。

（2）研磨速度和压力控制

研磨应在低压、低速情况下进行。粗研时，压力以 $(1 \sim 2) \times 10^5 Pa$、速度以 50 次 /min 左右为宜；精研时，压力以 $(1 \sim 5) \times 10^4 Pa$、速度以 30 次 /min 左右为宜。

（3）研磨工艺步骤

先用煤油或汽油把研磨平板的工作表面清洗、擦干，再上研磨剂，然后把待研磨面合在研板上，沿研磨平板的全部表面以"8"字形或螺旋形的旋转和直线运动相结合的方式进行研磨，如图 10-41 所示，并不断地变更工件的运动方向，直至达到精度要求。

在研磨狭窄平面时，可用导靠块作依靠进行研磨，且采用直线研磨运动轨迹，如图 10-42 所示。

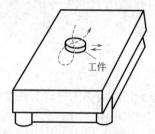

图 10-41　用 "8" 字形研磨平面

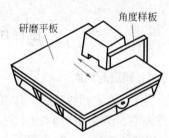

图 10-42　狭窄平面的研磨

10.5.3　研磨圆柱面

圆柱面的研磨一般是手工与机器配合进行研磨。

（1）研磨外圆柱面

如图 10-43 所示，工件由车床带动，其上均匀涂布研磨剂，用手推动研磨环，通过工件的旋转和研磨环（研套）在工件上沿轴线方向做往复运动进行研磨。一般工件在直径小于 80mm 时的转速为 100r/min；直径大于 100mm 时为 50r/min。研套的往复运动速度，可根据工件在研磨时出现的网纹来控制。当出现 45°交叉网纹时，说明移动速度适宜。

（2）研磨内圆柱面

内圆柱面的研磨，是将研磨棒夹在机床卡盘上，把工件套在研磨棒上进行研磨。机体上大尺寸孔，应尽量置于垂直地面方向，进行手工研磨。

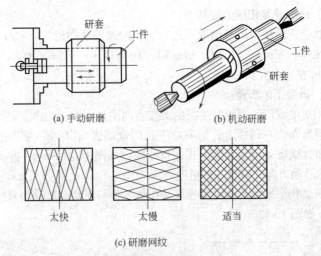

(a) 手动研磨   (b) 机动研磨

太快   太慢   适当

(c) 研磨网纹

图 10-43　研磨外圆柱面

10.5.4　研磨圆锥面

　　工件圆锥表面的研磨，其研套工作部分的长度应是工件研磨长度的1.5 倍左右，圆锥角必须与工件圆锥角相同，如图 10-44 所示。

　　研磨圆锥时，一般在车床或钻床上进行，在研棒上均匀涂上研磨剂，插入工件锥孔中或套进工件的外锥表面旋转 4～5 圈后，将研具稍微拔出一些，然后再推入研磨，如图 10-45 所示。研磨到接近要求时，取下研具，擦净研磨剂，重复套上研磨（起抛光作用），一直到被加工表面呈银灰色或发光为止。

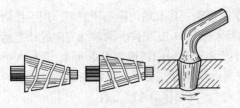

图 10-44　圆锥研棒及圆锥面研磨

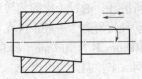

图 10-45　研磨圆锥套

10.5.5　研磨阀门密封线

　　有些工件是直接用彼此接触的表面进行研磨来达到要求的，不必使用研具。例如分配阀和阀门的研磨，就是以彼此的接触表面进行研磨的。

为了使各种阀门的结合部位不渗漏气体或液体，要求具有较好的密封性，故在其结合部位，一般是制成既能达到密封结合，又能便于研磨加工的线接触或很窄的环面、锥面接触，如图 10-46 所示。这些很窄的接触部位，称为阀口密封线。

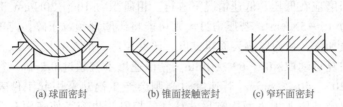

(a) 球面密封　　　(b) 锥面接触密封　　　(c) 窄环面密封

图 10-46　阀门密封线的形式

研磨阀门密封线的方法，多数是用阀盘与阀座直接互相研磨的。由于阀盘和阀座配合类型不同，可以采用不同的研磨方法。如气阀、柴油机喷油器，它们的锥形阀门密封线是采用螺旋形研磨的方法进行研磨的。

10.5.6　研磨场地条件

（1）研磨场地对温度和空气湿度的基本要求

① 研磨场地的温度要求。研磨长度（或直径）误差为 5 ～ 10μm 的工件，研磨场地的温度约为（20±5）℃，如条件有限制，亦可在常温下进行研磨。研磨长度（或直径）误差为 2 ～ 5μm 的工件，研磨场地的温度约为（20±3）℃，精确度要求更高的工件，研磨场地的温度应控制在（20 ±1）℃或更小的范围。

② 空气的湿度。研磨场地空气中的湿度大，容易使加工工件表面引起锈蚀，而精密工件的加工表面及非加工表面都是不允许发生锈蚀的。因此，精密研磨的工作场地要求干燥，一般相对湿度约 40% ～ 60% 左右。

（2）室内尘埃对研磨工作的影响及禁忌

工作场地的尘埃，对精密研磨的工件表面影响很大。研磨过程中若有较粗的尘埃落在工件与研具之间，则两者的工作面都会因此而划伤和受到损害。此外，尘埃黏附在工件表面上，增加了水分吸收量，容易使工件产生锈蚀。

（3）防止振动对研磨场地影响的诀窍

精密研磨的场地，应选择在坚实的基础上，防止由于振动而影响加工和对工件的精度测量。场地选择应远离振动较大的场所，对有轻微振动的场所也要距离 100m 以上，并要设置防振沟。

（4）研磨的压力和研磨的速度选择诀窍

研磨应在低压、低速情况下进行。粗研压力 10 ～ 20N/cm² 时，精研压力 1 ～ 5N/cm²；若压力过大则可能将研磨剂颗粒压碎，使工件表面划痕加深，从而影响表面粗糙度。研磨速度一般在 0.15 ～ 2.5m/s 之间，往复运动取 40 ～ 60 次 /min。精研速度不宜超过 0.5m/s，往复运动取 20 ～ 40 次 /min。若速度过高则会产生高热量引起工件表面退火，以及热膨胀太大而影响尺寸精度的控制，也容易使表面有严重的磨粒划痕。

10.6　研磨技巧、诀窍与禁忌

10.6.1　研磨平面的技能、技巧、诀窍与禁忌

（1）研磨一般平面的技巧与诀窍

一般平面的研磨如图 10-47 所示，把工件需要研磨的表面贴在敷有磨料的研具上，沿研具的全部表面呈"8"字形轨迹运动。

（2）研磨狭窄平面的技巧与诀窍

狭窄平面的研磨如图 10-48 所示，用金属块制成"导块"，用直线形轨迹研磨。

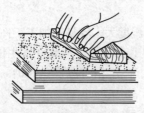
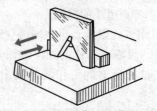

图 10-47　一般平面的研磨　　　　图 10-48　狭窄平面的研磨

（3）研磨 V 形槽的技巧与诀窍

研磨 V 形槽可以使用整体式的 V 形研具，如图 10-49 所示。也可将平板的侧面倒成锐角作为研具，如图 10-50 所示，也可用专用研具，

如图 10-51 所示。使用整体式研具时，研具的长度应大于工件长度的 1/3 ～ 1/2，宽度应比 V 形槽大 1/4，厚度应是 V 形槽深度的 2 ～ 3 倍，以保证足够的强度，不致变形且便于操作。研磨时根据工件的几何形状，首先将 V 形槽的一个侧平面研磨平直，作为测量基准，以便在研磨过程中能够准确地检验精度。

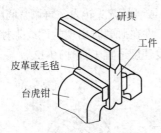

图 10-49　整体式的 V 形研具
研磨 V 形槽

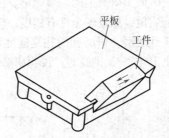

图 10-50　平板的侧面倒成锐角
研磨 V 形槽

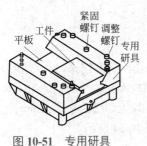

图 10-51　专用研具
研磨 V 形槽

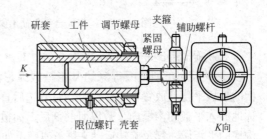

图 10-52　纯手工研磨圆柱体工件

10.6.2　研磨圆柱体、钢球工件的技巧与诀窍

（1）纯手工研磨圆柱体工件的技巧与诀窍

纯手工研磨圆柱体工件如图 10-52 所示。先在工件外圆上涂一层薄而均匀的研磨剂，然后将工件装入夹持在台虎钳上的研具孔内，调整好研磨间隙，双手握住夹箍柄，使工件既作正、反方向转动，又做轴向往复移动，保证工件的整个研磨面得到均匀研磨。

（2）机床配合手工研磨圆柱体工件的技巧与诀窍

先把工件装夹在机床上，工件外圆上涂一层薄而均匀的研磨剂，装上研套，调整研磨间隙，开动机床，手捏研套在工件全长上做往复移动，不得在某一段上停留，并且须使研套作断续旋转，用以消除由于工件或研套自重而造成的椭圆等缺陷，如图 10-53 所示。采用以上两种研磨方法，都应随时调整研具上的调节螺母，以保持适当的研磨间隙；同时不断地检查研磨质量，如发现工件有锥度，应将工件或研具调头转入，再调整间隙做矫正性研磨。研磨套的往复速度可根据工件在研磨时出现的网纹来控制，当出现 45°交叉网纹时，说明研磨套的往复速度适宜（见图 10-22）。

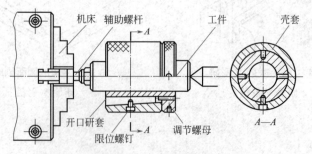

图 10-53　机床配合手工研磨圆柱体工件

（3）研磨钢球的技巧与诀窍

在平板上车削数圈等深的 V 形槽或弧形沟槽。研磨钢球时，将有沟槽的平板平稳地放置在工作台上，将分选后直径较大和较小的钢球间隔对称地放入平板的沟槽内，敷以研磨剂后上面覆一块无沟槽的平板，推动无沟槽的平板做往复及旋转运动来进行研磨，如图 10-54 所示。

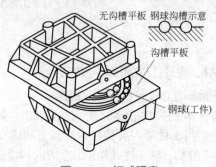

图 10-54　钢球研磨

10.6.3 研磨实例

(1) 平面的研磨实例

平面研磨操作步骤、技巧与诀窍以图 10-55 示零件的研磨为例。

1) 读图

工件材料 T8A，表面粗糙度 Ra 0.025μm，尺寸精度 $10_0^{+0.01}$mm。

2) 准备研具、量具、辅具

选取平面度公差合格的研磨平板一块，选用氧化铝系列磨料，粒度 $0.005 \sim 0.01$μm，选用煤油作研磨液。备毛刷、千分尺各一件、擦布等。

3) 检查毛坯

用千分尺检查单面研磨余量在 $0.005 \sim 0.007$mm，如图 10-56 所示。

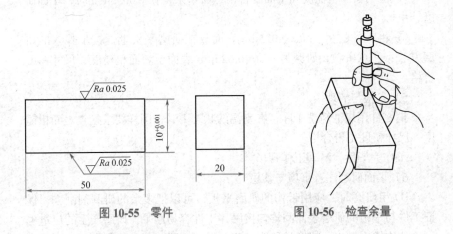

图 10-55 零件　　　　图 10-56 检查余量

4) 研磨平面操作步骤

① 用煤油清洗研磨平板和工件表面，并用擦布将它们擦净。

② 调合适量的微粉磨料和研磨液作研磨剂。用软毛刷将研磨剂均匀地涂在研磨平板上，注意研磨剂不要涂得太多。如图 10-57 所示。

③ 把工件 Ra 0.025μm 表面放在研磨平板上，用手按着进行研磨。研磨时，工件沿 "8" 字形轨迹运动，压力为 $1 \times 10^5 \sim 2 \times 10^5$Pa，速度为 50 次/min 左右，每研磨一定时间，将工件旋转 90° 一次，如图 10-58（b）所示。研磨要把平板的每个角落都磨到、使平板本身的磨损也均匀，时常加注煤油。

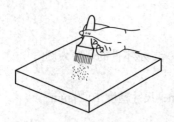

图 10-57　涂研磨剂

(a) 螺旋形运动轨迹　(b) 仿"8"字形运动轨迹

图 10-58　平面研磨

精研磨时，压力要小些，但始终要保持压力均匀，速度可以高些。要经常测量工件的精度、余量、表面粗糙度，并检验研磨平板的磨损程度。

④ 检测表面粗糙度和平面度合格，研磨余量在 0.0055mm 时，单面研磨结束。

⑤ 将工件的另一 Ra 0.025μm 表面放在研磨平板上，按步骤③的研磨方法、注意事项，研磨另一 Ra 0.025μm 表面至表面粗糙度、尺寸精度合格。

5）自检与清理

把零件用煤油清洗干净，在室温的状态下，按图样要求检查表面粗糙度、尺寸精度是否合格。

工作完毕后，清理工作现场。

6）平面研磨注意事项与禁忌

① 粗研磨时，应用带槽的研磨平板，可以把多余的研磨剂刮去，保证工件与平板的研磨表面间均匀接触，工件容易压平，研磨产生的热量也可以从沟槽中散出。粗磨的研磨速度要慢，主要为保护平板，压力可适当大些。

② 精研时，应在光滑的平板上进行。

③ 注意要充分利用平板的全面积，不要总使用平板的某一部位，以防平板的局部凹陷，保持平板的平面度在允差范围内。

④ 研磨过程中，对零件的施压要均匀，并随时加注 1～2 滴煤油。

（2）圆柱面的研磨实例

圆柱面手工研磨操作步骤，以图 10-59 尾座为例。

1）读图

尾座套筒内孔圆柱度 0.01mm，表面粗糙度 Ra 0.8μm，工件材料

HT100。

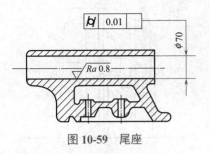

图 10-59　尾座

2）准备研具、辅具

准备二根灰铸铁材料的研磨棒，如图 10-60 所示。研磨棒一端装有扳杠。选用氧化铬 W10 微粉磨料、煤油研磨液，刷子一把，方箱一件，垫块一件，固定尾座的螺栓、T 型螺母、六角螺母等一套，擦布、平板各一块。

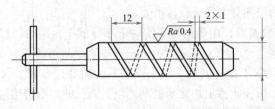

图 10-60　研磨棒

3）检查毛坯

用内径百分表测量尾座 Ra 0.8μm 内孔研磨余量为 0.03mm，圆柱度误差 0.015mm。

4）研磨操作步骤

① 用煤油清洗套筒内孔、研磨棒外圆，并用擦布将它们擦净。

② 将方箱放置在平板上，用螺栓、螺母将尾座套筒固定在方箱侧面、并在下端置一垫块，如图 10-61 所示。

③ 用毛刷将调好的研磨剂均匀地涂在 $\phi 70_{-0.015}^{0}$mm 研磨棒外圆两条对称的侧母线上，不要涂得太多。

④ 手提研磨棒扳杠，将研磨棒垂直插入尾座套筒孔内，如图 10-61 所示。转压、提拉研磨棒，以双手感到不十分费力为宜。

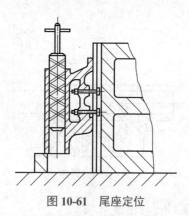

图 10-61　尾座定位

⑤ 手工研磨尾座孔。两手握住扳杠两端，左右旋转着向上提拉或向下推压研磨棒，做往复直线运动。推压时，研磨棒下端超出孔端50～80mm；上提时，研磨棒上部超出孔端50～80mm。加力时，要保持研磨棒中心始终和尾座孔中心重合，施加转矩时，两手力量要对称，避免产生过大的径向分力导致孔口扩大。

⑥ 研磨数遍后，用煤油将孔清洗干净并擦干，用内径百分表检测内孔圆柱度误差，若误差值超出0.01mm，还用此研磨棒重复步骤⑤操作。研磨时，要时常添加研磨剂。研磨棒与孔的研磨过紧时，可加注煤油稀释；过松时，可在研棒上加涂研磨剂。当套筒孔的两端挤出过多的研磨剂时，应及时擦掉，否则将引起孔口扩大。

⑦ 当圆柱度误差接近或等于0.01mm时，改用另一根研磨棒重复步骤③、④、⑤、⑥的研磨方法、测量方法，精研套筒内孔至圆柱度误差要求。

5）自检与清理

用煤油将孔清洗干净并擦干，用内径百分表最终检查圆柱度误差值应小于0.01mm，目测内孔表面粗糙度值应在 Ra 0.8μm 以下。

工作完毕后，清理工作现场。

6）圆柱面手工研磨注意事项与禁忌

① 研磨工作的场地应清洁、无灰尘。

② 使用的毛刷、研磨剂容器也要干净。

③ 研磨过程中，添加研磨剂要均匀，添加位置要正确，孔端挤出、渗出的过量研剂应及时擦掉，否则将影响孔径尺寸。

（3）研磨缺陷分析及防止的方法和诀窍

研磨后工件表面质量的好坏，除与选用的研磨剂及研磨方法有关外，还与清洁与否有很大关系。研磨中常产生的废品形式、产生原因和防止方法见表 10-9。

表 10-9　研磨时产生废品的形式、原因和防止方法

废品形式	废品产生的原因	防止的方法
表面不光洁	①磨料过多 ②研磨液不当 ③研磨剂涂得太薄	①正确选用磨料 ②正确使用研磨剂 ③研磨剂要涂覆均匀
表面拉毛	研磨剂中混入杂质	重视并做好清洁工作
平面成凸形或孔口扩大	①研磨剂涂得太厚 ②孔口和工件边缘被挤出的研磨剂未擦去就继续研磨 ③研棒伸出孔口太长	①研磨剂应涂得适当 ②被挤出的研磨剂应擦去后再研磨 ③研棒伸出的长度应适当
孔成椭圆形或有锥度	①研磨时没有更换方向 ②研磨时没有调头研磨	①研磨时应变化方向 ②研磨时应调头研磨
薄形工件拱出变形	①工件发热仍继续研磨 ②装夹不正确引起变形	①工件温度应低于 50℃，发热后应停止研磨 ②装夹要稳定，不能夹得太紧

第 11 章

机械装配调整及修理

11.1 装配概述

设备修理的装配就是把经过修复的零件以及其他全部合格的零件按照一定的装配关系、一定的技术要求按顺序装配起来，并达到规定精度和使用性能的整个工艺过程。

装配质量的好坏直接影响着设备的精度、性能和使用寿命，它是全部修理过程中很重要的一道工序。

11.1.1 装配工艺过程

（1）装配前的准备工作

① 研究和熟悉装配图，了解设备的结构、零件的作用以及相互的连接关系。

② 确定装配方法、顺序和所需的装配工具。

③ 对零件进行清理和清洗。

④ 对某些零件要进行修配、密封试验或平衡工作等。

（2）装配分类

装配工作分部装和总装。

① 部装就是把零件装配成部件的装配过程。

② 总装就是把零件和部件装配成最终产品的过程。

（3）调整、精度检验和试车

① 调整是指调节零件或部件的相对位置、配合间隙和结合松紧等。

② 精度检验指几何精度和工作精度的检验。

③ 试车是设备装配后，按设计要求进行的运转试验。它包括运转灵活性、工作温升、密封性、转速、功率、振动和噪声等的试验。

（4）油漆、涂油和装箱

按要求的标准对装饰表面进行喷漆，用防锈油对指定部位加以保护，准备发运等。

11.1.2 装配方法

产品的装配过程不是简单地将有关零件连接起来的过程，而是每一步装配工作都应满足预定的装配要求，应达到一定的装配精度。通过尺寸链分析，可知由于封闭环公差等于组成环公差之和，装配精度取决于零件制造公差，但零件制造精度过高，生产将不经济。为了正确处理装配精度与零件制造精度二者的关系，妥善处理生产的经济性与使用要求的矛盾，形成了一些不同的装配方法。

为了使相配零件得到要求的配合精度，按不同情况可采用以下四种装配方法。

（1）完全互换装配法

在同类零件中，任取一个装配零件，不经修配即可装入部件中，并能达到规定的装配要求，这种装配方法称为完全互换装配法。完全互换装配法的特点是：

① 装配操作简便，生产效率高。

② 容易确定装配时间，便于组织流水装配线。

③ 零件磨损后，便于更换。

④ 零件加工精度要求高，制造费用随之增加，因此适用于组成环数少、精度要求不高的场合或大批量生产采用。

（2）选择装配法

选择装配法有直接选配法和分组选配法两种。

① 直接选配法是由装配工人直接从一批零件中选择合适的零件进行装配。这种方法比较简单，其装配质量凭工人的经验和感觉来确定，但装配效率不高。

② 分组选配法是将一批零件逐一测量后，按实际尺寸的大小分成若干组，然后将尺寸大的包容件（如孔）与尺寸大的被包容件（如轴）相配，将尺寸小的包容件与尺寸小的被包容件相配。这种装配方法的配合精度决定于分组数，即分组数越多，装配精度越高。

分组选配法的特点是：

① 经分组选配后零件的配合精度高。

② 因零件制造公差放大，所以加工成本降低。

③ 增加了对零件的测量分组工作量，并需要加强对零件的储存和运输管理，可能造成半成品和零件的积压。

分组选配法常用于大批量生产中装配精度要求很高、组成环数较少的场合。

（3）修配装配法

装配时，修去指定零件上预留修配量以达到装配精度的装配方法。修配装配法的特点是：

① 通过修配得到装配精度，可降低零件制造精度。

② 装配周期长，生产效率低，对工人技术水平要求较高。

修配装配法适用于单件和小批量生产以及装配精度要求高的场合。

（4）调整装配法

装配时调整某一零件的位置或尺寸以达到装配精度的装配方法。一般采用斜面、锥面、螺纹等移动可调整件的位置；采用调换垫片、垫圈、套筒等控制调整件的尺寸。调整修配法的特点是：

① 零件可按经济精度确定加工公差，装配时通过调整达到装配精度。

② 使用中还可定期进行调整，以保证配合精度，便于维护与修理。

③ 生产率低，对工人技术水平要求较高。除必须采用分组装配的精密配件外，调整法一般可用于各种装配场合。

11.1.3　装配工作要点

① 清理和清洗。清理是指去除零件残留的型砂、铁锈及切屑等。清洗是指对零件表面的洗涤。这些工作都是装配不可缺少的内容。

② 加油润滑。相配表面在配合或连接前，一般都需要加油润滑。

③ 配合尺寸准确。装配时，对于某些较重要的配合尺寸进行复验或抽验，尤其对过盈配合，装配后不再拆下重装的零件，是很有必要的。

④ 做到边装配边检查。当所装的产品较复杂时，每装完一部分就应检查一下是否符合要求，而不要等到大部分或全部装完后再检查，此时，发现问题往往为时已晚，有时甚至不易查出问题产生的原因。

⑤ 试车时的事前检查和起动过程的监视。试车意味着机器将开始运动并经受负荷的考验，不能盲目从事，因为这是最有可能出现问题的阶段。试车前全面检查装配工作的完整性、各连接部分的准确性和可靠性、活动件运动的灵活性及润滑系统是否正常等，在确保都准确无误和安全的条件下，方可开车运转。

开车后，应立即全面观察一些主要工作参数和各运动件的运动是否正常。主要工作参数包括润滑油压力和温度、振动和噪声及机器有关部位的温度等。只有当起动阶段各运行指标正常稳定，才能进行下一阶段的试车内容。

11.2　装配中的调整

装配中的调整就是按照规定的技术规范调节零件或机构的相互间位置，配合间隙与松紧程度，以使设备工作协调可靠。

11.2.1　调整程序

① 确定调整基准面。即找出用来确定零件或部件在机器中位置的基准表面。

② 校正基准件的准确性。调整基准件上的基准面，在调整之前，应首先对其进行检查、校核，以保证基准面具备应有的精度。若基准面本身的精度超差，则必须对其进行修复，使其精度合格，才能作为基准来调整其他零件。

③ 测量实际位置偏差。就是以基准件的基准面为基准，实际测量出调整件间各项位置偏差，供调整参考。

④ 分析。根据实际测量的位置偏差，综合考虑各种调整方法，确定最佳调整方案。

⑤ 补偿。在调整工作中，只有通过增加尺寸链中某一环节的尺寸，才能达到调整的目的，称为补偿。

⑥ 调整。以基准面为基准，调节相关零件或机构，使其位置偏差、配合间隙及结合松紧在技术规范允差范围之内。

⑦ 复校。以基准件的基准面为基准，重新按技术文件规定的技术规范检查、校核各项位置偏差。

⑧ 紧固。对调整合格的零件或机构的位置进行固定。

11.2.2 调整基准的选择

调整基准可根据如下几点进行选择：

① 选择有关零、部件几个装配尺寸链的公共环。如卧式车床的床身导轨面。

② 选择精度要求高的面作调整基准。如卧式铣床则以床身主轴安装孔中心为基准，来修复床身，调整其他各部件的相互位置精度。

③ 选择适于作测量基准的水平面或铅垂面。

④ 选择装配调整时修刮量最大的表面。

11.2.3 调整方法

① 自动调整。即利用液压、气压、弹簧、弹性胀圈和重锤等，随时补偿零件间的间隙或因变形引起的偏差。改变装配位置，如利用螺钉孔空隙调整零件装配位置使误差减小，也属自动调整。

② 修配调整。即在尺寸链的组成环中选定一环，预留适当的修配量作为修配件，而其他组成环零件的加工精度则可适当降低。例如调整前将调整垫圈的厚度预留适当的量，装配调整时，修配垫圈的厚度达到调整的目的。

③ 自身加工。机器总装后，加工及装配中的综合误差可利用机器的自身进行精加工达到调整的目的。如牛头刨床工作台上面的调整，可在总装后，利用自身精刨加工的方法，恢复其位置精度与几何精度。

④ 误差集中到一个零件上，进行综合加工。自镗卧式铣床主轴前支架轴承孔，使其达到与主轴中心同轴度要求的方法就是属于这种方法。

11.3 固定连接件的装配

11.3.1 螺纹连接工艺

螺纹连接是一种可拆卸的固定连接，它可以把机械中的零件紧固地连接在一起。它具有结构简单、连接可靠及拆卸方便等优点。

（1）螺纹连接的种类

① 普通螺栓的连接。常见的连接形式如图 11-1 所示。

a. 如图 11-1（a）所示，通过螺栓、螺母把两个零件连接起来。这种连接多用于通孔连接，损坏后更换很容易。

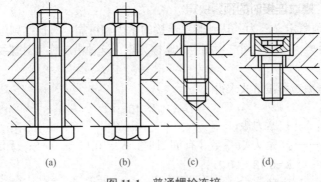

图 11-1　普通螺栓连接

b.如图 11-1（b）所示，用螺栓、螺母把零件连接起来，其零件的孔和螺栓的直径配合精密，主要用于承受零件的切应力。

c.如图 11-1（c）所示，采用螺钉直接拧入被连接件的形式。被连接件很少拆卸。

d.如图 11-1（d）所示，采用内六角螺钉拧入零件的连接形式。用于零件表面不允许有凸出物的场合。

② 双头螺柱连接。常见的连接形式如图 11-2 所示，即用双头螺柱和螺母将零件连接起来。这种连接形式要求双头螺柱拧入零件后，要具有一定的紧固性。多用于盲孔、被连接零件需经常拆卸。

③ 机用螺栓连接。常见的连接形式如图 11-3 所示。采用半圆头、圆柱头及沉头螺钉等将零件连接起来。用于受力不大、重量较轻零件的连接。

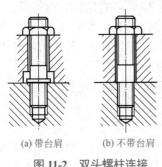

(a) 带台肩　　　　(b) 不带台肩

图 11-2　双头螺柱连接

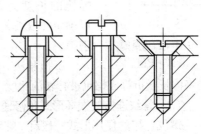

图 11-3　机用螺栓连接

327

（2）螺纹连接时的预紧诀窍

① 预紧定义。为了达到螺纹连接的紧固和可靠，对螺纹副施加一定的拧紧力矩，使螺纹间产生相应的摩擦力矩，这种措施称为对螺纹连接的预紧。

拧紧力矩可按下式求得

$$M_1 = KP_0 d \times 10^3$$

式中　M_1——拧紧力矩；

　　　　K——拧紧力矩系数（有润滑时，$K = 0.13 \sim 0.15$；无润滑时，$K = 0.18 \sim 0.21$）；

　　　　P_0——预紧力，N；

　　　　d——螺纹公称直径，mm。

拧紧力矩可按表 11-1 查出后，再乘以一个修正系数（30 钢为 0.75，35 钢为 1，45 钢为 1.1）求得。

表 11-1　螺纹连接拧紧力矩

基本直径 d/mm	6	8	10	12	16	20	24
拧紧力矩 M/N·m	4	10	18	32	80	160	280

② 控制螺纹拧紧力矩的方法与诀窍。

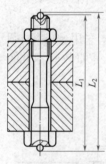

图 11-4　测量螺栓伸长量

a. 利用专门的装配工具。如指针式力矩扳手，电动或风动扳手等。这些工具在拧紧螺纹时，可指示出拧紧力矩的数值，或到达预先设定的拧紧力矩时，自动终止拧紧。

b. 测量螺栓伸长量。图 11-4 中，螺母拧紧前，螺栓的原始长度为 L_1，按规定的拧紧力矩拧紧后，螺栓的长度为 L_2，根据 L_1 和 L_2 伸长量的变化可以确定（按工艺文件规定或计算的）拧紧力矩是否正确。

c. 扭角法。其原理与测量螺栓伸长法相同，只是将伸长量折算成螺母被拧转的角度。

（3）螺纹连接的损坏形式和修理工艺

螺纹连接的损坏形式一般有：螺纹有部分或全部损坏、螺钉头损坏及螺杆断裂等。对于螺钉、螺栓或螺母任何形式的损坏，一般都以更换新件来解决；螺孔滑牙后，有时需要修理，大多是扩大螺纹直径或加深螺纹深度，而镶套重新攻螺纹，只是在不得已时才采用。

螺纹连接修理时，常遇到锈蚀的螺纹难于拆卸，这时可采用煤油浸润法，振动敲击法及加热膨胀法松动螺纹后再拆卸。

11.3.2 键连接工艺

键是连接传动件传递转矩的一种标准化零件。键连接是机械传动中的一种结构形式，具有结构简单、工作可靠、拆装方便且加工容易的特点。

（1）键连接的种类

键连接分为松键连接、紧键连接和花键连接三大类。

① 松键连接。采用的键有普通平键，导向平键和半圆键三种。连接形式如图 11-5 所示。松键连接的特点是靠键的侧面来传递转矩，只对轴上的零件做周向固定，如需轴向固定，还需附加紧定螺钉或定位环等零件。

② 紧键连接。采用的键有普通楔键、钩头楔键和切向键。钩头楔键连接形式如图 11-6 所示。紧键连接的特点是键与键槽的侧面之间有一定的间隙，键的上下两面是工作面。键的上表面和轮毂槽的底面各有 1 ：100 的斜度，装配时需打入，靠楔紧作用传递转矩，能轴向固定零件和传递单向轴向力，但易使轴上零件与轴的配合产生偏心与偏斜。

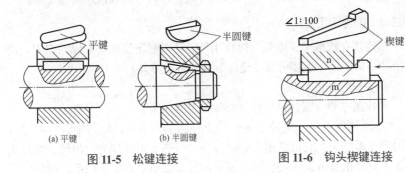

(a) 平键　　　　　　　　(b) 半圆键

图 11-5　松键连接　　　　　图 11-6　钩头楔键连接

切向键是由两个斜度为 1 ：100 的楔键组成。其上下两窄面为工作面，其中之一面在通过轴心线的平面内。工作面上的压力沿轴的切线方向作用，能传递很大的转矩。一组切向键只传递一个方向的转矩，传递双向转矩时，需用两组，互成 120°～ 135°。

③ 花键连接。按工作方式不同，可分为静连接和动连接两种。按齿

廓形状的不同可分为矩形、渐开线和三角形三种。其连接形式如图 11-7 所示。

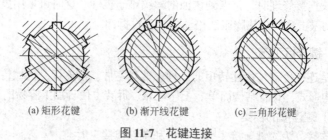

(a) 矩形花键　　　(b) 渐开线花键　　　(c) 三角形花键

图 11-7　花键连接

花键连接的定心方式有外径定心、内径定心和键侧定心三种。一般都采用外径定心，花键轴的外径用磨削加工，花键孔的外径采用拉削获得。

（2）键连接的损坏形式和修理工艺

键连接的损坏形式一般有键侧和键槽侧面磨损，键发生变形或被剪断。

键侧或键槽侧面磨损，使原来的配合变松，以致传递转矩时产生冲击并加剧磨损。对于键的磨损，因制造简单，一般都应更换，不做修复；而对键槽的磨损，则常常采用修整键槽，更换增大尺寸的键来解决。

动连接的花键轴磨损后，可采用表面镀铬的方法进行修复。

11.3.3　销连接工艺

销连接在机械中，除起连接作用外，还可起定位作用和保险作用。销连接的结构简单，连接可靠，定位准确，拆装方便。

（1）销连接的种类

销连接主要分圆柱销连接和圆锥销连接两类。

① 圆柱销连接。这种连接的销子外圆呈圆柱形，依靠配合时的过盈量固定在销孔中，它可以用来固定零件、传递动力或作为定位件。圆柱销连接不宜多次装拆，一经拆卸，销子的过盈量就会丧失。因此，拆卸后的圆柱销装配必须调换新销子，圆柱销连接要求销子和销孔的表面粗糙度值较低，一般在 Ra 1.6～0.4 μm 之间，以保证配合精度。

② 圆锥销连接。标准圆锥销外圆具有 1：50 的锥度，它靠销子的外锥与零件锥孔的紧密配合连接零件。特点是装拆方便，定位准确，可以多次装拆而不影响零件定位精度，故主要用于定位，也可固定零件和传

递动力。

圆柱销或圆锥销用于不通孔连接时，必须使用带内螺纹或螺尾的销子，以便拆卸时能用工具将销子拆出。

（2）销连接的损坏形式和修理工艺

销连接的损坏形式是销子、销孔变形或销子切断。销子磨损或损坏，通常采用更换的办法。销孔在允许改大直径的情况下，采取加大孔径，重新钻、铰的方法进行修理。

11.3.4　过盈连接工艺

过盈连接是依靠包容件（孔）和被包容件（轴）配合后产生的过盈值而达到紧固连接的目的。过盈连接件在装配后，由于材料的弹性变形，在包容件和被包容件的配合面之间产生压力，工作时，便依靠此压力产生的摩擦力来传递扭矩或轴向载荷等。

过盈连接的结构简单，对中性好，承载能力强，还可以避免零件由于有键槽等原因而削弱强度。但过盈连接配合表面加工精度要求较高，装配有时也不很方便，需要采用加热、降温或专用设备工具等。

（1）过盈连接的分类

过盈连接的配合表面主要形式为圆柱和圆锥两种。

① 圆柱面过盈连接。圆柱面过盈连接的配合表面为圆柱形。其过盈量大小取决于所需承受的扭矩，过盈量太大，使装配难度增加，且使连接件承受过大的内应力，过盈量太小则不能满足工作需要。

过盈连接的配合精度等级一般都较高，加工后实际过盈的变动范围小，从而使装配后连接件的松紧程度不会有大的变化。

为了使装配容易对中和避免拉毛，包容件的孔端和被包容件的进入端都有倒角，如图11-8所示。倒角常取 $5°\sim 10°$，倒角宽度 a 取 $0.5\sim 3\mathrm{mm}$，A 取 $1\sim 3.5\mathrm{mm}$。

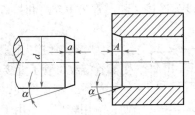

图 11-8　圆柱面过盈连接的倒角

圆柱销连接一般在中分面的定位和在加工工序中作定位用。圆柱销经拆卸后，失去过盈时必须重新钻铰尺寸大一级的销孔并重配圆柱销。

② 圆锥面过盈连接。圆锥面过盈连接是利用包容件和被包容件相对轴向位移后，相互压紧而获得配合过盈的。使配合件相对轴向位移的方法有多种，如利用螺纹拉紧，利用液压使包容件内孔胀大或将包容件内孔加热胀大等。靠螺纹拉紧，其配合面的锥度常为 1：30～1：8。靠液压胀大内孔，其配合面的锥度常为 1：50～1：30，目的是保证良好的自锁性。圆锥面过盈连接的最大特点是压合距离短、装拆方便，配合面不易被擦伤拉毛，可用于需多次装拆的场合。

（2）过盈连接的损坏形式和修理工艺

过盈连接的损坏形式是过盈量的丧失。对于丧失过盈量的配合表面，一般以修复后的孔为基准、改变修复后的轴的尺寸，使轴、孔间重新产生需要的过盈量。

轴径的修理方法比较多。如喷涂、刷镀、补焊后进行加工等。对于加工容易，制造简易的包容件或被包容件，还可以进行更换来重新实现过盈连接。

经过修复后的轴、孔配合表面必须具有合格的尺寸精度、表面粗糙度及同轴度，才能产生适当的过盈量。

11.3.5 管道连接工艺

管道是由管子、管子接头、法兰盘和衬垫等零件组成的，它与机械上的其他流体元件通道相连，用来完成水、气体或液体等流体的流动或能量传递。对管道连接的基本要求是连接简单，工作可靠，密封性良好，无泄漏，对流体的阻力小，结构简单且制造方便。

（1）管道连接的分类

管道连接按接头的结构形式可分为螺纹管接头连接，法兰式管接头连接、卡套式管接头连接、球形管接头连接和扩口薄壁管接头连接等几种。

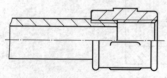

图 11-9　螺纹管接头连接

① 螺纹管接头连接。如图 11-9 所示，是靠管螺纹将管子直接与接头连接起来的。结构简单、制造方便，工作可靠、拆装方便，应用较广。多用于管路上控制元件和管线本身的连接。

② 法兰式管接头连接。如图 11-10 所示。是将法兰盘与管子通过对焊连接 [图 11-10（a）]、螺纹连接 [图 11-10（b）]、扩管法连接 [图 11-10（c）] 和卷边后压接 [图 11-10（d）] 的各种方式连接在一起，然后将两个需要连接的管子，通过法兰盘上的孔用螺栓紧固在一起。这种连接主要用于管线及控制元件的连接。

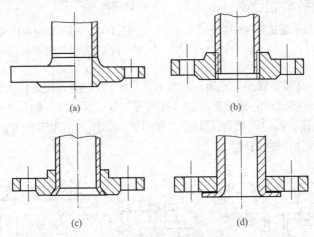

(a)　　　　　　　　　(b)

(c)　　　　　　　　　(d)

图 11-10　法兰式管接头连接

使用法兰盘连接，要求相连接的两个法兰盘必须同心，且端面要平行。必须在两个法兰盘中间夹具有弹性材料的衬垫，以保证连接的紧密性。水、气管道常用橡胶作衬垫，高温管道常用石棉作衬垫，有较大压力和高温的蒸气管道常用压合纸板作衬垫，大直径管道常用铅垫或铜垫作为密封衬垫。

③ 卡套式管接头连接。如图 11-11 所示，拧紧螺母时，卡套使油管的端面与接头体的端面相互压紧，而达到油管与接头体连接起来的目的。这种管接头一般用来连接冷拔无缝钢管，最大工作压力可达 32MPa，适用于既受高压又受振动，不易损坏的场合。但是这种管接头精度要求较高，而且对管子外圆尺寸的要求也较严格。

④ 球形管接头连接。如图 11-12 所示，当拧紧连接螺母 2 时，球形接头体 1 的球形表面与接头体 3 的配合表面紧密压合使两根管子连接起来。这种连接的特点是要求球形表面和配合表面的接触必须良好，以保证足够的密封性。常用于中、高压的管路连接。

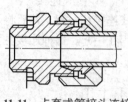

图 11-11　卡套式管接头连接

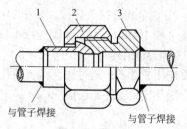

图 11-12　球形管接头连接

1—球形接头体；2—连接螺母；3—接头体

⑤ 扩口薄壁管接头连接。如图 11-13 所示，这种连接是将薄管口端扩大，拧紧连接螺母，通过扩口管套将薄管扩口压紧在接头配合表面上，实现管路连接。扩口薄壁管接头连接常用于工作压力不大于 5MPa 的场合，机床液压系统中采用较多。

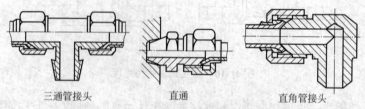

三通管接头　　　　　　直通　　　　　　直角管接头

图 11-13　扩口薄壁管接头连接

（2）管道连接的损坏形式和修理工艺

管道工作一定时期后，管子或管接头处发生泄漏是常见的管道损坏形式。导致管道泄漏的原因有管子产生裂缝、破损，管接头处衬垫或填料失效及连接螺纹松动或拧紧程度不够等。对于管子产生裂缝，有时可经过补焊来修复，严重时则必须更换，对于管接头处的泄漏，可根据实际情况处理，如更换新的衬垫或填料、重新拧紧螺纹等。管子或管接头的螺纹损坏时，为了可靠起见，一般都采取更换带螺纹的零件、管子长度不受影响时，可割去损坏的螺纹部分后重新套螺纹修复。

11.4　传动机构的装配与调整

传动机构的类型较多，常见的有带传动、链传动、齿轮传动、螺旋传动、蜗杆传动等。

11.4.1 带传动机构的装配工艺

带传动属摩擦传动，是将带紧紧地套在两个带轮上，利用传动带与带轮之间的摩擦力来传递动力。常用的传动带有 V 带和平带等。

（1）带传动机构装配的技术要求

① 严格控制带轮的径向圆跳动和轴向窜动量。

② 两带轮的端面一定要在同一平面内。

③ 带轮工作表面的表面粗糙度值要适当，过大，会使传动带磨损较快；过小，易使传动带打滑，一般取 $Ra\,1.6\mu m$ 左右比较合适。

④ 带的张紧力要适当，且调整方便。

（2）带轮的装配工艺

一般带轮孔与轴为过渡配合，该配合有少量过盈，有较高的同轴度。装带轮时应将孔和轴擦洗干净，装上键，用锤子把带轮轻轻打入，然后轴向固定。带轮装上后，要检查带轮的径向圆跳动和端面圆跳动。

带轮与轴的连接方式如图 11-14 所示。

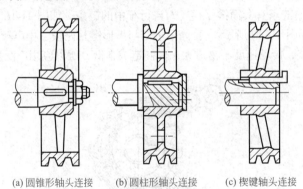

(a) 圆锥形轴头连接　　　(b) 圆柱形轴头连接　　　(c) 楔键轴头连接

图 11-14　带轮与轴的连接

（3）V 带安装与张力大小的调整方法

安装 V 带时，应先将 V 带套在小带轮的轮槽中，再套在大带轮上，然后边转动大带轮，边将 V 带套入正确位置。

带传动是摩擦传动，适当的张紧力是保证带传动正常工作的重要因素。张紧力不足，带将在带轮上打滑，不仅使传递动力不足，而且还会造成带的急剧磨损；张紧力过大，不仅会使带的寿命降低，轴承磨损加快，而且还易引起振动。所以带传动中必须有张力调整装置。张力调整机构如图 11-15 所示。张紧力的调整方法是靠改变两带轮的中心距或用张紧轮张紧。

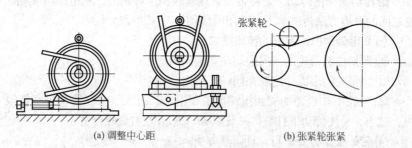

(a) 调整中心距　　　　　　　　(b) 张紧轮张紧

图 11-15　张力调整机构

11.4.2　链传动机构的装配工艺

链传动是由两个链轮和连接它们的链条组成，通过链条与链轮的啮合来传递运动和动力。

常用的链条有套筒滚子链（如自行车中的链条，如图 11-16 所示）和齿形链（如图 11-17 所示）。套筒滚子链与齿形链相比较，噪声较大，运动平稳性较差，传动速度不易过大，但制造成本低，所以应用广泛。

图 11-16　链传动

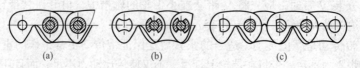

(a)　　　　　　　(b)　　　　　　　(c)

图 11-17　齿形链

（1）链传动机构装配的技术要求

① 两链轮的轴线必须平行，否则会加剧链轮及链条的磨损，使噪声增大和平稳性降低。

② 两链条之间的轴向偏移量不能太大。当两轮中心距小于500mm时，轴向偏移量不超过1mm；两轮中心距大于500mm时，其轴向偏移量不超过2mm。

③ 链轮的径向圆跳动和端面圆跳动应符合要求。其跳动量可用划针盘或百分表找正。

④ 链条的松紧应适当。太紧会使负荷增大，磨损加快；太松容易产生振动或掉链现象。链条下垂度f的检验方法如图11-18所示。水平或稍微倾斜的链传动，其下垂量f不大于中心距L的20%；倾斜度增大时下垂度就要减小，在竖直平面内进行的链传动，f应小于$0.02\%L$。

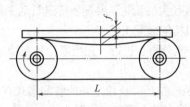

图 11-18　链条下垂度的检验

（2）链传动机构的装配工艺

首先应按要求将两个链轮分别装到轴上并固定，然后装上链条。套筒滚子链的接头形式如图11-19所示。当使用弹簧卡片固定活动销轴时，一定要注意使开口的方向与链条速度的方向相反，否则容易脱落。

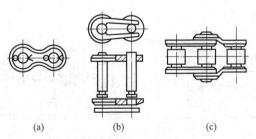

(a)　　　　　　(b)　　　　　　(c)

图 11-19　套筒滚子链的接头形式

11.4.3 齿轮传动机构的装配工艺

齿轮传动是最常见的传动方式之一，它具有传动比恒定、变速范围大、传动效率高、传递功率大、结构紧凑和使用寿命长等优点。但它的制造及装配要求高，若质量不良，不仅影响使用寿命，而且还会产生较大的噪声。

(1) 齿轮传动机构装配的技术要求

① 齿轮孔与轴的配合要适当，满足使用要求。空套齿轮在轴上不得有晃动现象；滑移齿轮不应有咬死或阻滞现象；固定齿轮不得有偏心或歪斜现象。

② 保证齿轮有准确的安装中心距和适当的齿侧间隙。侧隙过小，齿轮转动不灵活，热胀时易卡齿，加剧磨损；侧隙过大，则易产生冲击振动。

③ 保证齿面有一定的接触面积和正确的接触位置。

④ 对转速高、直径大的齿轮，装配前应进行动平衡。

(2) 圆柱齿轮机构的装配工艺

圆柱齿轮装配一般分两步进行：先把齿轮装在轴上，再把齿轮轴部件装入箱体。

① 齿轮与轴的装配技巧。齿轮与轴的装配形式有：齿轮在轴上空转、齿轮在轴上滑移和齿轮在轴上固定三种形式。

齿轮在轴上空转或滑移时，其配合精度取决于零件本身的制造精度，装配简单，也比较顺利。

当齿轮在轴上固定时，通常为过渡配合，装配时需要一定的压力。若过盈量不大，可用铜棒敲入或压入；若过盈量较大，可用压力机压入。压装齿轮时要尽量避免齿轮偏心、歪斜和端面未紧贴轴肩等安装误差，装好后一定要检验齿轮的径向圆跳动和端面圆跳动。其检验方法如图 11-20 所示。

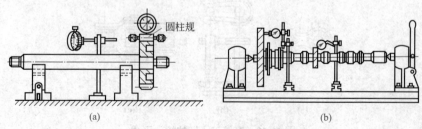

圆柱规

(a)　　　　　　　　　　　　(b)

图 11-20　径向、端面圆跳动的检验

② 齿轮轴组与箱体的装配技巧。齿轮的啮合质量要求包括适当的齿侧间隙和一定的接触面积以及正确的接触位置。质量的好坏，除了齿轮本身的制造精度，箱体孔的尺寸精度、形状精度及位置精度，都直接影响齿轮的啮合质量。所以齿轮轴部件装配前一定要认真对箱体进行检查，装配后应对啮合质量进行检验。

a. 同轴线孔的同轴度检验。成批生产时可用专用芯棒检验，如图 11-21（a）所示。若芯棒能顺利穿入，则表明同轴度合格；若孔径不同，可制作检验套配合芯棒进行检验如图 11-21（b）所示。

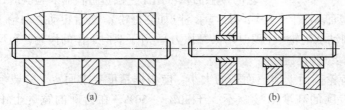

(a)　　　　　　　(b)

图 11-21　孔同轴度的检验

b. 孔中心距及平行度检验。中心距是影响齿侧间隙的主要因素，所以应保证中心距在规定的公差范围内。孔中心距和平行度误差可用精度较高的游标卡尺直接测量，也可用千分尺和芯棒测量得 L_1 和 L_2 后再通过计算得到，如图 11-22 所示。

中心距

$$A = \frac{L_1 + L_2}{2} - \frac{d_1 + d_2}{2}$$

平行度误差等于 L_1 与 L_2 的差值。

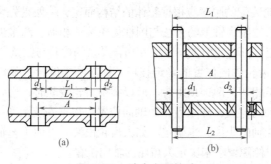

(a)　　　　　　　(b)

图 11-22　孔中心距检验

c. 齿轮啮合质量的检验方法与技巧。齿轮的啮合质量包括齿侧间隙和接触齿侧间隙的检验。

图11-23　压铅丝法检查齿侧间隙

齿侧间隙最直观最简单的检验方法就是压铅丝法，如图 11-23 所示。在齿宽两端的齿面上，平行放置两段直径不小于齿侧间隙 4 倍的铅丝，转动啮合齿轮挤压铅丝，铅丝被挤压后最薄部分的厚度尺寸就是齿侧间隙。

接触精度指接触面积大小和接触位置。啮合齿轮的接触面积可用涂色法进行检验。检验时，在齿轮两侧面都涂上一层均匀的显示剂（如红丹粉），然后转动主动轮，同时轻微制动从动轮（主要是增大摩擦力）。对于双向工作的齿轮，正反两个方向都要进行检验。

齿轮侧面上印痕面积的大小，应根据精度要求而定。一般传动齿轮在齿廓的高度上接触不少于 30%～50%，在齿廓的宽度上不少于 40%～70%，其分布位置是以节圆为基准，上下对称分布。通过印痕的位置，如图 11-24 所示，可判断误差产生的原因。

(a) 正确　　　　(b) 中心距大　　　(c) 中心距小　　　(d) 轴线平行度超差

图11-24　圆柱齿轮的接触印痕及其原因

（3）圆锥齿轮传动机构的装配工艺

圆锥齿轮装配的顺序应根据箱体的结构而定，一般是先装主动轮再装从动轮，把齿轮装到轴上的方法与圆柱齿轮装法相似。圆锥齿轮装配的关键是正确确定圆锥齿轮的轴向位置和啮合质量的检验与调整。

① 圆锥齿轮轴向位置的确定技巧。标准圆锥齿轮正确传动时，是两齿轮分度圆锥相切，两锥顶重合。所以圆锥齿轮装配时，也必须以此来确定小齿轮的轴向位置，即小齿轮的轴向位置应根据安装距离（即小齿轮基准面到大齿轮轴的距离）来确定。如大齿轮没装，可用工艺轴代替。然后再根据啮合时侧隙要求来决定大齿轮的轴向位置。

对于用背锥面作基准的圆锥齿轮，装配时只要将背锥面对齐、对平，即说明轴向位置正确。图 11-25 中，圆锥齿轮 1 的轴向位置用改变垫片厚度来调整；圆锥齿轮 2 的轴向位置，可通过调整固定垫圈位置确定。

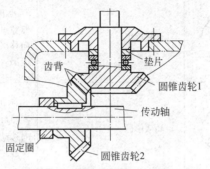

齿背
垫片
圆锥齿轮1
传动轴
固定圈
圆锥齿轮2

图 11-25　圆锥齿轮传动机构的装配

② 圆锥齿轮啮合质量的检验。圆锥齿轮接触精度可用涂色法进行检验。根据齿面上啮合印痕的部位不同，采取合理的调整方法。调整方法可参考表 11-2。

表 11-2　圆锥齿轮副啮合辨别调整表

序号	图示	显示情况	调整方法
1		印痕恰好在齿面中间位置，并达到齿面长的 2/3，装配调整位置正确	
2		小端接触	按图示箭头方向，一齿轮调退，另一齿轮调进。若不能用一般方法调整达到正确位置，则应考虑由于轴线交角太大或太小，必要时修刮轴瓦
3		大端接触	

序号	图示	显示情况	调整方法
4		低接触区	小齿轮沿轴向移进，如侧隙过小，则将大齿轮沿轴向移出或同时调整使两齿轮退出
5		高接触区	小齿轮沿轴向移出，如侧隙过大，可将大齿轮沿轴向移动或同时调整使两齿轮靠近
6		同一齿的一侧接触区高，另一侧低	装配无法调整，调换零件。若只做单向传动，可按低接触或高接触调整方法，考虑另一齿侧的接触情况

11.4.4　螺旋传动机构的装配

螺旋传动机构的作用是把旋转运动变为直线运动。其特点是传动平稳、传动精度高、传递转矩大、无噪声和易于自锁等，在机床进给运动中应用广泛。

（1）螺旋传动机构装配的技术要求

① 丝杠螺母副应有较高的配合精度和准确的配合间隙。

② 丝杠与螺母轴线的同轴度及丝杠轴线与基准面的平行度应符合要求。

③ 装配后丝杠的径向圆跳动和轴向窜动应符合要求。

④ 丝杠与螺母相对转动应灵活。

（2）螺旋传动机构的装配工艺要点

① 合理调整丝杠和螺母之间配合间隙的技巧。丝杠和螺母之间径向间隙由制造精度保证，无法调整。而轴向间隙直接影响传动精度和加工精度，所以当进给系统采用丝杠螺母传动时，必须有轴向间隙调整机构（简称消隙机构）来消除轴向间隙。图 11-26 为车床横向进给的消隙机构。当螺母和丝杠之间有轴向间隙时，其调整步骤是先松开螺钉 1，再拧紧螺钉

3，使模块 2 上升向左挤压螺母，当消除轴向间隙后，再拧紧螺钉 1。

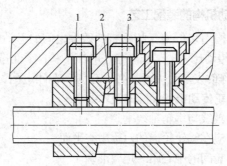

图 11-26　车床横进给消隙机构

1，3—螺钉；2—模块

　　② 找正丝杠与螺母同轴度及丝杠与基准面平行度的技巧。其找正方法是先找正支承丝杠的两轴承座上轴承孔的轴线在同一轴线上，并与导轨基准面平行。若不合格应修刮轴承座底面，再调整水平位置，使其达到要求。最后找正螺母对丝杠的同轴度，其找正方法如图 11-27 所示。找正时将检验棒 4 插入螺母座 6 的孔中，移动工作台 2，若检验棒能顺利插入两轴承座孔内，说明同轴度符合要求，否则应修配垫片 3，使之合格。

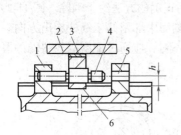

图 11-27　找正螺母对丝杠同轴度的方法

1，5—前后轴承座；2—工作台；3—垫片；
4—检验棒；6—螺母座

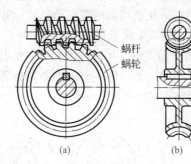

图 11-28　蜗杆传动机构

　　③ 调整丝杠回转精度的技巧。主要是检验丝杠的径向圆跳动和轴向窜动，若径向圆跳动超差，应矫直丝杠；若轴向窜动超差，应调整相应机

构予以保证。

11.4.5　蜗杆传动机构的装配工艺

蜗杆传动机构用来传递互相垂直的两轴之间的运动如图 11-28 所示。该种传动机构有传动比大、工作平稳、噪声小和自锁性强等特点。但它传动的效率低，工作时发热量大，故必须有良好的润滑条件。

（1）蜗杆蜗轮传动机构装配的技术要求

① 保证蜗杆轴线与蜗轮轴线垂直。

② 蜗杆轴线应在蜗轮轮齿的对称中心平面。

③ 蜗杆、蜗轮间的中心距一定要准确。

④ 有合理的齿侧间隙。

⑤ 保证传动的接触精度。

（2）蜗杆蜗轮传动机构的装配顺序

① 若蜗轮不是整体时，应先将蜗轮齿圈压入轮毂上，然后用螺钉固定。

② 将蜗轮装到轴上，其装配方法和装圆柱齿轮相似。

③ 把蜗轮组件装入箱体后再装蜗杆，蜗杆的位置由箱体精度保证。要使蜗杆轴线位于蜗轮轮齿的对称中心平面内，应通过调整蜗轮的轴向位置来达到要求。

（3）蜗杆蜗轮传动机构啮合质量的检验

蜗杆蜗轮的接触精度用涂色法检验。可通过观察啮合斑点的位置和大小来判断装配质量存在的问题，并采用正确的方法给予消除。图 11-29 （a）为正确接触，其接触斑点在蜗轮齿侧面中部稍偏于蜗杆旋出方向一点。图 11-29 （b）、（c）表示蜗轮的位置不对，应通过配磨蜗轮垫圈的厚度来调整其轴向位置。

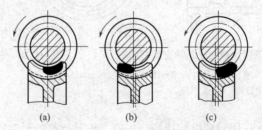

图 11-29　蜗杆蜗轮接触斑点的检验

蜗杆蜗轮齿侧间隙一般要用百分表来测量，如图 11-30 所示。在蜗杆轴上固定一个带有量角器的刻度盘，把百分表测头支顶在蜗轮的侧面上，用手转动蜗杆，在百分表不动的条件下，根据刻度盘转角的大小计算出齿侧间隙。

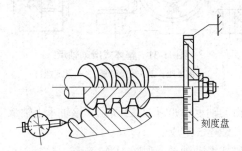

刻度盘

图 11-30　蜗杆蜗轮传动侧隙的检验方法

对于一些不重要的蜗杆传动机构，可用手转动蜗杆，根据空程量，凭经验判断侧隙大小。

装配后的蜗杆传动机构，还要检查其转动的灵活性。在保证啮合质量的条件下又转动灵活，则装配质量合格。

11.5　轴承和轴组的装配

轴承是支承轴或轴上旋转件的部件。轴承的种类很多，按轴承工作的摩擦性质分有滑动轴承和滚动轴承；按受载荷的方向分有深沟球轴承（承受径向力）、推力轴承（承受轴向力）和角接触球轴承（承受径向力和轴向力）等。

11.5.1　滑动轴承的装配工艺

滑动轴承工作平稳可靠，无噪声，并能承受较大的冲击负荷，所以多用于精密、高速重载的转动场合。

（1）滑动轴承的结构形式

① 整体式滑动轴承。如图 11-31 所示，该轴承实际就是将一个青铜套 3 压入轴承座 1 内，并用紧定螺钉 4 固定而制成。该轴承结构简单、制造容易，但磨损后无法调整轴与轴承之间的间隙，所以通常用于低速、轻载、间歇工作的机械上。

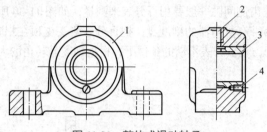

图 11-31　整体式滑动轴承

1—轴承座；2,3—青铜套；4—紧定螺钉

② 剖分式滑动轴承。如图 11-32 所示，该轴承由轴承座 1、轴承盖 2、剖分轴瓦 3、4 及螺栓 5 组成。

③ 内柱外锥式滑动轴承。如图 11-33 所示，该轴承由后螺母 1、箱体 2、轴承外套 3、前螺母 4、轴承 5 和主轴 6 组成。轴承 5 的外表面为圆锥面，与轴承外套 3 贴合。在外圆锥面上对称分布有轴向槽，其中一条槽切穿，并在切穿处嵌入弹性垫片，使轴承内径大小可以调整。

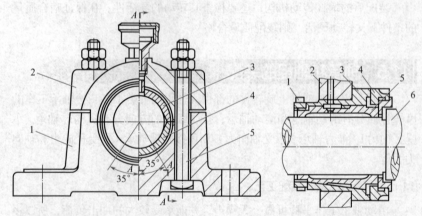

图 11-32　剖分式滑动轴承

1—轴承座；2—轴承盖；3,4—剖分
轴瓦；5—螺栓

图 11-33　内柱外锥式滑动轴承

1—后螺母；2—箱体；3—轴承外套；
4—前螺母；5—轴承；6—主轴

（2）滑动轴承的装配工艺

滑动轴承装配的主要技术要求是在轴颈与轴承之间获得合理的间隙，保证轴颈与轴承的良好接触，使轴颈在轴承中旋转平稳可靠。

1) 整体式滑动轴承的装配工艺

① 将轴套和轴承座孔去毛刺, 清理干净后在轴承座孔内涂润滑油。

② 根据轴套尺寸和配合时过盈量的大小, 采取敲入法或压入法将轴套装入轴承座孔内, 并进行固定。

③ 轴套压入轴承座孔后, 易发生尺寸和形状变化, 应采用铰削或刮削的方法对内孔进行修整、检验, 以保证轴颈与轴套之间有良好的间隙配合。

2) 剖分式滑动轴承的装配工艺

剖分式滑动轴承的装配顺序如图 11-34 所示。先将下轴瓦 4 装入轴承座 3 内, 再装垫片 5, 然后装上轴瓦 6, 最后装轴承盖 7 并用螺母 1 固定。

剖分式滑动轴承装配时应注意的要点有:

① 上、下轴瓦与轴承座、盖应接触良好, 同时轴瓦的台肩应紧靠轴承座两端面;

② 为提高配合精度, 轴瓦孔应与轴进行研点配刮。

3) 内柱外锥式滑动轴承的装配工艺

内柱外锥式滑动轴承 (图 11-33) 的装配顺序如下。

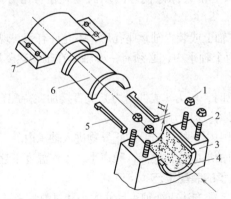

图 11-34　剖分式滑动轴承的装配顺序

1—螺母; 2—螺栓; 3—轴承座; 4—下轴瓦;
5—垫片; 6—上轴瓦; 7—轴承盖

① 将轴承外套 3 压入箱体 2 的孔中, 并保证有 H7/r6 的配合要求。

② 用芯棒研点, 修刮轴承外套 3 的内锥孔, 并保证前、后轴承孔同轴度的合格。

③ 在轴承 5 上钻油孔与箱体、轴承外套油孔相对应,并与自身油槽相接。

④ 以轴承外套 3 的内孔为基准研点,配刮轴承 5 的外圆锥面,使接触精度符合要求。

⑤ 把轴承 5 装入轴承外套 3 的孔中,两端拧入螺母 1、4,并调整好轴承 5 的轴向位置。

⑥ 以主轴为基准,配刮轴承 5 的内孔,使接触精度合格,并保证前、后轴承孔的同轴度符合要求。

⑦ 清洗轴颈及轴承孔,重新装入主轴,并调整好间隙。

11.5.2　滚动轴承的装配工艺

滚动轴承一般由外圈、内圈、滚动体和保持架组成。内圈和轴颈为基孔制配合,外圈和轴承座孔为基轴制配合。工作时,滚动体在内、外圈的滚道上滚动,形成滚动摩擦。滚动轴承具有摩擦力小、轴向尺寸小、更换方便和维护容易等优点,所以在机械制造中应用十分广泛。

（1）滚动轴承装配的技术要求

① 滚动轴承上带有标记代号的端面应装在可见方向,以便更换时查对。

② 轴承装在轴上或装入轴承座孔后,不允许有歪斜现象。

③ 同轴的两个轴承中,必须有一个轴承在轴受热膨胀时有轴向移动的余地。

④ 装配轴承时,压力（或冲击力）应直接加在待配合的套圈端面上,不允许通过滚动体传递压力。

⑤ 装配过程中应保持清洁,防止异物进入轴承内。

⑥ 装配后的轴承应运转灵活,噪声小,工作温度不超过 50℃。

（2）滚动轴承的装配工艺

滚动轴承的装配方法应视轴承尺寸大小和过盈量来选择。一般滚动轴承的装配方法有锤击法、用螺旋或杠杆压力机压入法及热装法等。

① 向心球轴承的装配。深沟球轴承常用的装配方法有锤击法和压入法。图 11-35（a）是用铜棒垫上特制套,用锤子将轴承内圈装到轴颈上。图 11-35（b）是用锤击法将轴承外圈装入壳体内孔中。图 11-36 是用压入法将轴承内、外圈分别压入轴颈和轴承座孔中的方法。如果轴颈尺寸较大、过盈量也较大,为装配方便可用热装法,即将轴承放在温度为

80～100℃的油中加热，然后和常温状态的轴配合。

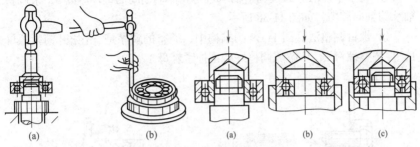

图 11-35　锤击法装配滚动轴承　　　图 11-36　压入法装配滚动轴承

　　② 角接触球轴承的装配。因角接触球轴承的内、外圈可以分离，所以可以用锤击、压入或热装的方法将内圈装到轴颈上，用锤击或压入法将外圈装到轴承孔内，然后调整游隙。

　　③ 推力球轴承的装配。推力球轴承有松圈和紧圈之分，装配时一定要注意，千万不能装反，否则将造成轴发热甚至卡死现象。装配时应使紧圈靠在转动零件的端面上，松圈靠在静止零件（或箱体）的端面上，如图 11-37 所示。

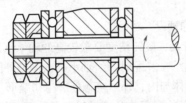

图 11-37　推力球轴承的装配

(3) 滚动轴承游隙的调整方法

　　滚动轴承的游隙是指在一个套圈固定的情况下，另一个套圈沿径向或轴向的最大活动量，故游隙又分径向游隙和轴向游隙两种。

　　滚动轴承的游隙不能太大，也不能太小。游隙太大，会造成同时承受载荷的滚动体的量减少，使单个滚动体的载荷增大，从而降低轴承的旋转精度，减少使用寿命。游隙太小，会使摩擦力增大，产生的热量增加，加剧磨损，同样能使轴承的使用寿命减少。因此，许多轴承在装配时都要严格控制和调整游隙。通常采用使轴承的内圈对外圈做适当的轴向相对位移的方法来保证游隙。

① 调整垫片法。通过调整轴承盖与壳体端面间的垫片厚度 δ，来调整轴承的轴向游隙，如图 11-38 所示。

② 螺钉调整法。图 11-39 的结构中，调整的顺序是：先松开锁紧螺母 1，再调整螺钉 2，待游隙调整好后再拧紧螺母 1。

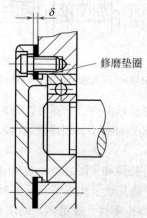

图 11-38　用垫片调整轴承游隙

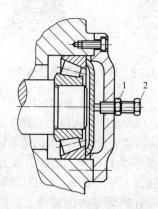

图 11-39　用螺钉调整轴承游隙

1—螺母；2—螺钉

（4）滚动轴承的预紧

对于承受载荷较大，旋转精度要求较高的轴承都需要轴承在装配时进行预紧。预紧就是轴承在装配时，给轴承的内圈或外圈一个轴向力，以消除轴承游隙并使滚动体与内、外圈接触处产生初变形。

① 角接触球轴承的预紧。角接触球轴承装配时的布置方式如图 11-40 所示，无论何种方式布置，都是采用在同一组两个轴承间配置不同厚度的间隔套，来达到预紧的目的。

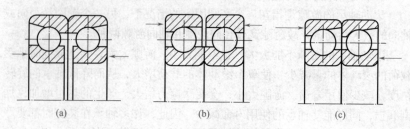

(a)　　　　　　　　　(b)　　　　　　　　　(c)

图 11-40　角接触球轴承的布置方式

② 单个轴承预紧。如图 11-41 所示，通过调整螺母，使弹簧产生不同的预紧力施加在轴承外圈上，达到预紧的目的。

③ 内圈为圆锥孔轴承的预紧。如图 11-42 所示，预紧时的工作顺序是：先松开锁紧螺母 1 中左边的一个螺母，再拧紧右边的螺母，通过隔套 2 使轴承内圈 3 向轴颈大端移动，使内圈直径增大，从而消除径向游隙，达到预紧目的。最后再将锁紧螺母 1 中左边的螺母拧紧，起到锁紧的作用。

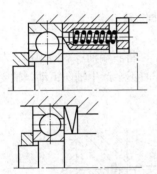

图 11-41　用弹簧预紧单个轴承

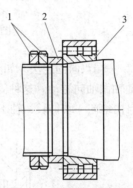

图 11-42　内圈为圆锥孔轴承的预紧
1—锁紧螺母；2—隔套；3—轴承内圈

11.5.3　轴组装配工艺

轴是机械中的重要零件，所有带内孔的传动零件，如齿轮、带轮、蜗轮等都要装到轴上才能工作。轴、轴上零件与两端轴承支座的组合，称为轴组。

轴组装配是指将装配好的轴组组件正确地安装到机器中，达到装配技术要求，保证其能正常工作。轴组装配主要是指将轴组装入箱体（或机架）中，进行轴承固定、游隙调整、轴承预紧、轴承密封和轴承润滑装置的装配。

轴承固定的方式有两端单向固定法和一端双向固定法两种。

① 单向固定法。如图 11-43 所示，在轴承两端的支点上，用轴承盖单向固定，分别限制两个方向的轴向移动。为避免轴受热伸长将轴卡死，在右端轴承外圈与端盖间留有 0.5 ～ 1mm 的间隙，以便游动。

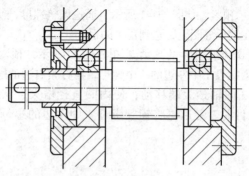

图 11-43　单向固定法

②一端双向固定法。如图 11-44 所示，将右端轴承双向固定，左端轴承可随轴做轴向游动。这种固定方式工作时不会产生轴向窜动，轴受热时又能自由地向一端伸长，轴不会被卡死。

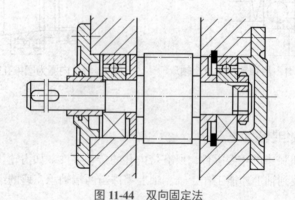

图 11-44　双向固定法

轴组装配时轴承游隙的调整和预紧方法，参见前述。

11.6　装配和修理技能与技巧、诀窍与禁忌

11.6.1　螺纹连接的装配技巧、诀窍与禁忌

（1）双头螺柱的装配技巧、诀窍与禁忌

以图 11-45 所示压盖装配为例。

1）装配要点

① 双头螺柱与机体螺纹的连接必须紧固。

② 双头螺柱的轴心线必须与机体表面垂直。

③ 双头螺柱拧入时，必须加注润滑油。

2）装配步骤与诀窍

① 读装配图。在图 11-45 中双头螺柱与机体螺孔的螺纹配合性质属过渡配合，双头螺柱拧入机体螺孔后应紧固，压端与机体间有密封要求，螺母防松措施采用弹簧垫圈。

② 准备装配工具。选取规格合适的呆扳手、活扳手、90°角尺各一把，L-AN32 全损耗系统用油适量。

③ 检查装配零件。零件配合表面尺寸正确，无毛刺，无磕、碰、伤，无脏物等，具备装配条件。

④ 装配诀窍：

a. 在机体螺孔内加注 L-AN32 全损耗系统用油润滑，以防螺柱拧入时产生拉毛现象，同时防锈。

b. 用手将双头螺柱旋入机体螺孔，并将两个螺母旋在双头螺柱上，相互稍微锁紧。再用一个扳手卡住上螺母，用右手顺时针旋转，用另一个扳手卡住下螺母，用左手逆时针方向旋转，锁紧双螺母。如图 11-46 所示。

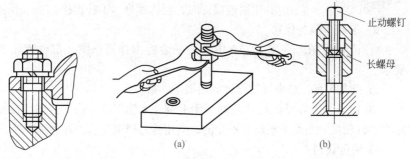

图 11-45　压盖装配　　　　图 11-46　双头螺柱装拆方法

c. 用扳手按顺时针方向扳动上螺母，将双头螺柱锁紧在机体上，用右手握住扳手，按逆时针方向扳动上螺母，再用左手握住另一个扳手，卡住下螺母不动，使两螺母松开，卸下两个螺母。

d. 用 90°角尺检验或目测双头螺柱的中心线与机体表面垂直。稍有偏差时，可用锤子锤击光杆部位校正，或拆下双头螺柱用丝锥回攻校正螺孔。若偏差较大，不要强行以锤击校正，否则影响连接的可靠性。

e. 按装配关系，装入垫片、压盖及弹簧垫圈，并用手将螺母旋入螺柱压住法兰盖。

f. 用扳手卡住螺母，顺时针方向旋转，对角、均匀、渐次地压紧压盖。

⑤ 检查装配质量。按装配图检查零件装配是否满足装配要求。

⑥ 装配结束，整理现场。

3）装配注意事项与禁忌

① 双头螺柱本身不要弯曲，以保证螺母拧紧后的连接紧固可靠。

② 机体螺孔及双头螺柱的螺纹要除去表面毛刺、碰伤及杂质、污物，防止拧入时阻力增大。

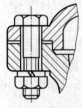

③ 拧入时，不要损坏螺纹外圆及螺纹表面。

④ 螺纹误差及垂直度误差较大时，不要强行装配，应修正后再进行装配。

（2）螺母和螺栓的装配技巧、诀窍与禁忌

以图 11-47 所示的普通螺母和螺栓的装配为例。

1）装配要点

① 零件的接触表面应光洁、平整。

② 压紧连接件时，要拧螺母，不拧螺栓。

图 11-47 螺母、螺栓的装配

2）装配步骤与诀窍

① 读装配图。在图 11-47 中，防松装置为弹簧垫圈，部件有密封要求。

② 准备工具。选取规格合适的活扳手、呆扳手。

③ 检查装配零件。尺寸正确，无毛刺、无磕、碰、伤，若螺栓或螺母与零件相接触表面不平整、不光洁，应用锉刀修至要求，并清洗零件。

④ 装配诀窍：

a. 将垫片、端盖按图中位置，对正光孔中心，压入止口。

b. 将六角螺钉穿入光孔中，并用手将垫圈套入螺栓，再将螺母拧入螺栓。拧时，左手扶螺栓头，右手拧螺母，轻压在弹簧垫圈上。

c. 用活扳手卡住螺栓头，用呆扳手卡住螺母，逆时针、对角、顺次拧紧。

⑤ 检查装配。按图自检部件装配符合技术要求。

⑥ 装配工作结束，整理装配现场。

3）装配注意事项与禁忌

① 螺栓、螺母连接的防松装置必须安全、可靠，尤其在发生振动的机械装配中更为重要。

② 螺栓、螺母连接一般情况下不使用测力扳手，而凭经验用扳手紧固。对拧紧力矩有特殊要求时，则用测力扳手扳紧。

③ 沉头螺栓拧紧后，螺栓头不应高于沉孔外面。

（3）成组螺栓或螺母的装配技巧、诀窍与禁忌

以图 11-48 中长方形零件上成组螺母装配为例。

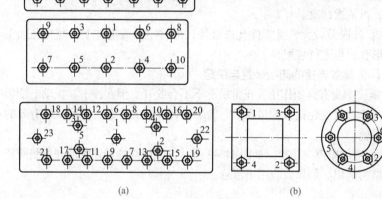

(a)   (b)

图 11-48　成组螺母的拧紧顺序

1）装配要点

① 拧紧要按一定的顺序进行。

② 拧紧力要均匀，分几次逐步拧紧。

2）装配步骤与诀窍

① 读装配图。成组螺母 10 件，按长方形规律排列。

② 准备工具。选取规格合适的套筒扳手一套。

③ 检查装配零件。零件尺寸正确，清洗干净，无影响装配的缺陷。

④ 装配诀窍：

a. 按装配图装配关系，左手拿螺栓从连接件孔中穿出，右手拿垫圈套

入螺栓后，再将螺母拧入螺栓，并逐个轻轻压紧连接零件。

b. 将套筒扳手组件装好，套入成组螺母，按图中序号，由 1 至 10 拧紧螺母。拧紧时，不要一次拧到位，而是分几次逐步拧紧，以避免被连接零件产生松紧不均匀或不规则变形。

⑤ 检查装配。按装配图技术条件自检成组螺母装配满足要求。

⑥ 装配结束，整理现场。

3）装配注意事项与禁忌

① 成组螺栓螺母的装配中，零件上的螺栓孔与机体上的螺孔有时会出现不同心，孔距有误差，角度有误差等。当这些误差都不太大时，可用丝锥回攻借正，不得将螺栓强行拧入。回攻时，先拧紧两个或两个以上螺栓，保证零件不会偏移。

② 若装配时有螺孔位置的尺寸精度要求时，则应进行测量，达到要求后，再依次回攻。

③ 若误差较大，且零件允许修整，可将零件或部件上的螺栓孔加工成腰形孔后再进行装配。

（4）螺纹连接的防松装置与诀窍

螺纹本身有自锁作用，正常情况下不会脱开。但在冲击、振动、变负荷或工作温度变化很大的情况下，为了保证连接的可靠，必须采取有效的防松措施。

① 增加摩擦力防松。如图 11-49 所示，采用双螺母锁紧或弹簧垫圈防松，结构简单、可靠，应用很普遍。

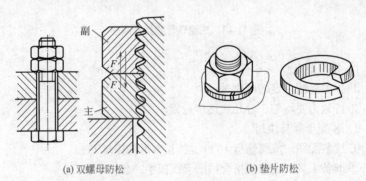

(a) 双螺母防松　　　　　　　　(b) 垫片防松

图 11-49　增加摩擦力防松

② 机械防松装置。图 11-50（a）所示为开口销和带槽螺母装置，多

用于变载及振动处。图 11-50（b）为止动垫圈装置，止动垫圈的内圈凸出部嵌入螺杆外圆的方缺口中，待圆螺母拧紧后，再把垫圈外圆凸出部弯曲成 90°紧贴在圆螺母的一个缺口内，使圆螺母固定。图 11-50（c）为带耳止动垫圈装置，用于受力不大的螺母防松处。图 11-50（d）为串联钢丝装置，使用时，应使钢丝的穿绕方向拧紧螺纹。

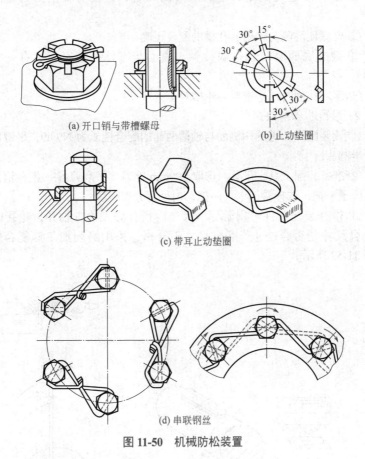

(a) 开口销与带槽螺母

(b) 止动垫圈

(c) 带耳止动垫圈

(d) 串联钢丝

图 11-50　机械防松装置

③ 点铆法防松。这种方法拆后的零件不能再用，故只能在特殊需要的情况下应用。

④ 胶接法防松。在螺纹连接面涂厌氧胶，拧紧后，胶黏剂固化，即可粘住，防松效果良好。

11.6.2 键连接的装配技巧、诀窍与禁忌

（1）平键连接的装配技巧、诀窍与禁忌

以图 11-51 齿轮、轴和平键的连接为例。

1）装配要点

① 键的棱边要倒角，键的两端倒圆后，长度与轴槽留有适当的间隙。

② 要保证键侧与轴槽、孔槽的配合正确。

③ 键的底面要与轴槽底接触，顶面与零件孔槽底面留有一定的间隙。

④ 穿入孔槽时，平键要与轮槽对正。

2）装配步骤与诀窍

① 读装配图。键的两侧面与轴槽两面的配合性质为 N9/h9，平键的两端为半圆头。

② 准备装配工具、量具。选取 300mm 锉刀、平刮刀各一把，铜棒一根，锤子一把，选择游标卡尺一把，内径百分表一块。

③ 检查装配零件。用游标卡尺、内径百分表检查轴和齿轮孔的实际配合尺寸是否合格（若配合尺寸不合格，采用磨削加工修复合格），如图 11-52 所示。

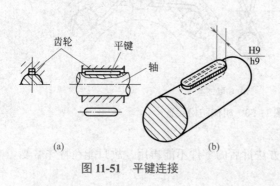

图 11-51　平键连接

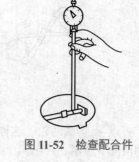

图 11-52　检查配合件

④ 装配技巧与诀窍：

a. 用锉刀去除轴槽上的锐边，防止装配时造成过大的过盈。

b. 先不装入平键，试装配轴和轴上的齿轮，以检查轴和孔的配合状况，避免装配时轴与孔的配合过紧。

c. 用磨削平面的方法，修磨平键与键槽的配合精度，要求配合稍紧。

d. 按轴上键槽的长度，配锉平键半圆头与轴上键槽间留有 0.1mm 左右的间隙，如图 11-53 所示。将平键的棱边倒角，去除锐边。

e. 将平键安装于轴的键槽中，在配合面上加注全损耗系统用油，用铜棒敲击，将平键压入轴上键槽内，并与槽底接触。用卡尺测量平键装入后的高度应小于孔内槽深度尺寸，允差 0.3 ～ 0.5mm，如图 11-54 所示。

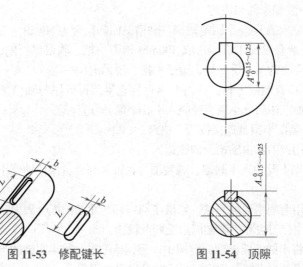

图 11-53　修配键长　　　　　图 11-54　顶隙

f. 试配并安装齿轮，保证键顶与轮槽底面留有 0.3 ～ 0.5mm 间隙，若侧面配合过紧，应拆下配件，根据接触印痕，修整键槽两侧面，但不允许有松动，以免传递动力时产生冲击及振动。装配时，齿轮的键槽与轴上的平键应对齐，用铜棒和锤子敲击至装配位置。

⑤ 检查平键装配。按装配图装配关系、技术要求检查平键装配是否满足要求。

⑥ 装配结束，整理现场。

3）装配注意事项与禁忌

① 键槽与平键装配前，要去除锐边。

② 轴与轴上配件，平键与轴槽、轮槽不要盲目装配，要达到配合精度后才能进行装配，避免因反复拆装而降低装配精度。

③ 平键在装配时应加注全损耗系统用油。

（2）半圆键连接的装配技巧、诀窍与禁忌

以图 11-5（b）所示半圆键连接为例。

1）装配要点

① 要保证半圆键键侧与轴槽、孔槽的配合正确。

② 半圆键的半圆弧应与槽底吻接，顶面与轮槽底面留有 0.3 ～ 0.5mm 的间隙。

③ 轴槽、孔槽、半圆键的锐边应倒角。

2）装配步骤与诀窍

① 读装配图。半圆键键侧与轴槽侧面的配合为 N9/h9。

② 准备装配工具。选取 300mm 锉刀一把，软钳口一副，铜棒一根，规格适合的钩头扳手一把、锤子一把、游标卡尺一把。

③ 检查装配零件。用游标卡尺检查半圆键键厚与轴槽槽宽尺寸是否正确，轴锥体部分小端直径应大于孔小端部分直径。

④ 装配半圆键连接技巧与诀窍：

a. 用锉刀除去轴槽上的锐边。

b. 先不要装入半圆键，试装轴与轮锥体部分，保证轴锥小端在孔锥端面之内。

c. 用磨削平面的方法，修磨半圆键侧与轮槽的配合表面，要求配合稍紧，并用锉刀去除半圆键周边毛刺及锐边。

d. 将半圆键装于轴的键槽中，用铜棒敲击，使半圆键的半圆弧与轴槽半圆弧接触，半圆键的顶面平面与轴锥母线平行。

e. 使轮槽与轴上的半圆键对齐，用铜棒和锤子敲击齿轮，试装半圆键连接，并修配半圆键顶面至轮槽底面留有 0.3 ～ 0.5mm 的间隙。半圆键侧与轮槽间装配时，用手稍用力能将齿轮推入，但不产生间隙即可。

f. 在半圆键表面加注全损耗系统用油，按装配图安装轴、齿轮、半圆键及圆螺母至技术要求。

⑤ 检查半圆键装配。按装配图检查半圆键装配是否满足要求。

⑥ 装配结束，整理现场。

3）装配注意事项与禁忌

① 半圆键装配时，不要用锤子等猛砸，避免将键砸变形。

② 尽量避免将键修出不等厚的台阶。

（3）楔键连接的装配技巧、诀窍与禁忌

以图 11-6 为例。

1）装配要点

① 楔键的上下结合面接触必须良好，键侧应留有一定间隙。

② 楔键的钩头应与轮件的端面保持一定的距离。

③ 楔键的斜面应楔紧。

2）装配步骤与诀窍

① 读装配图。在图 11-6 中，轴槽底面 m、轮槽底面 n 分别和楔键的上下平面压紧，形成紧固配合。

② 准备装配工具、量具。选择 300mm 的锉刀、刮刀各一把，铜棒一根，锤子一把，游标卡尺一把，内径百分表一块，红丹粉适量。

③ 检查装配零件。用游标卡尺、内径百分表检查各配合尺寸是否正确。

④ 装配技巧与诀窍：

a. 用锉刀修去键槽及键周边的毛刺与锐边，并根据轴上键槽宽度配锉键宽，使键侧与键槽保持一定的配合间隙。

b. 将轮与轴试装，检查轴与孔的配合状况，避免装配时轴与孔的配合过紧。

c. 将轮的键槽与轴上键槽对正，在楔键的斜面上涂红丹粉后敲入键槽内，如图 11-55 所示。

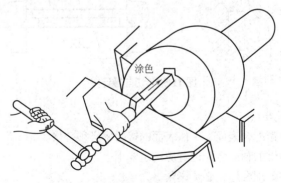

图 11-55　敲入楔键

d. 拆卸楔键，拆卸工具如图 11-56 所示。根据接触斑点判别斜度配合是否良好，并用锉削或刮削方法进行修整，使键与键槽的上、下结合面紧密贴合，并保持键的钩头离轮件端面有一定的距离，以便拆卸。

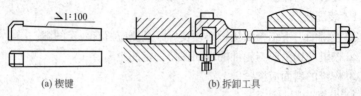

图 11-56　拆卸楔键

e. 用煤油清洗楔键和键槽。

f. 将轮槽与轴槽对齐，将楔键加注 L-AN32 全损耗系统用油后，用铜棒和锤子将其敲入键槽并楔紧。

⑤检查楔键装配。按装配图技术要求检查楔键装配是否满足要求。

⑥装配工作结束，整理工作现场。

3）装配注意事项与禁忌

①楔键的拆卸应采用拆卸工具，不要乱敲、乱砸，避免损伤楔键。

②楔键的锐边、棱角应倒圆，防止装配时拉伤。

（4）切向键连接的装配技巧、诀窍与禁忌

以图 11-57 所示的切向键连接为例。

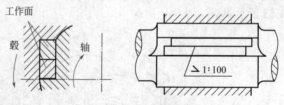

图 11-57　切向键连接

1）装配要点

①切向键配合表面、工作表面的接触率必须合格。

②切向键的轴向装配位置应满足要求。

③切向键配合后，必须楔紧。

2）装配步骤与诀窍

① 读图。在图 11-57 中，轴、轮是由一组切向键连接。

② 准备装配工具、量具。选取 300mm 的锉刀、平面刮刀各一把，铜棒一根，锤子一把，游标卡尺一把，红丹粉适量。

③ 检查装配零件。用游标卡尺检查各配合尺寸，切向键零件尺寸是否正确。

④ 装配技巧与诀窍：

a. 用锉刀去除切向键表面毛刺及各棱边锐角，去除轴槽、轮槽锐边，清理装配零件。

b. 试装轮、轴，检查轴与孔的配合状况，避免装配时轴与孔的配合过紧。

c. 在切向键的一个斜面涂红丹粉，将两个斜面按装配位置互研，检查接触是否良好，若配合不良，用锉削或刮削的方法进行修整。修整后，用游标卡尺检查两工作面间的平行度，若平行度不好，可在平面磨床上修磨 1 : 100 斜度至要求。

d. 对正轮槽和轴槽，在切向键的配合表面加注全损耗系统用油，按图 11-57 中位置先装入一个楔键后，再用铜棒和锤子敲入另一个楔键并楔紧。

⑤ 检查切向键装配。按装配图位置、尺寸及技术要求检查切向键装配是否合格。

⑥ 装配工作结束，整理工作现场。

3）装配注意事项与禁忌

① 切向键装入时，不要将键的端面打变形或打出毛刺，以免影响键的配合质量。

② 装配时，键的配合表面应涂润滑油。

（5）花键连接的装配技巧、诀窍与禁忌

以图 11-58 所示矩形花键的装配为例。

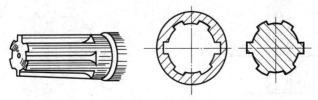

图 11-58　花键连接

1）装配要点

① 花键轴在花键孔中应滑动自如，无忽紧忽松、无阻滞现象。

② 转动轴时，不应感觉有较大的间隙。

2）装配步骤与诀窍

① 读装配图。在图 11-58 中，花键轴与花键孔为间隙配合，花键轴为外径定心。

② 准备装配工具、量具。选择纯铜棒一根，锤子一把，游标卡尺一把，规格合适的花键推刀一把，刮刀一把。

③ 检查装配零件。用卡尺检查花键各配合尺寸是否正确。

④ 装配诀窍：

a. 将花键推刀前端的锥体部分塞入花键孔中，用铜棒敲击花键推刀的柄部，使花键推刀的轴线与花键的轴线保持一致，垂直度目测合格，如图 11-59 所示。

b. 把装有花键推刀的花键放在手动压床工作台中间，将花键孔与工作台孔对齐。

c. 调整手动压床、扳动手把，将花键推刀从花键孔的上端面压入，从下端面压出。将花键推刀转换一个角度再次从花键孔的上端面压入，从下端面压出，重复 2 ～ 4 次，使花键孔达到要求。

d. 将花键轴的花键部位与花键孔装配，并来回抽动花键轴，要求运动自如，又不能有晃动现象，如图 11-60 所示。

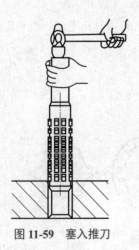

图 11-59　塞入推刀

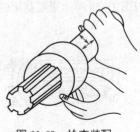

图 11-60　检查装配

e. 如有阻滞现象，应在花键轴上涂红丹粉，用铜棒敲入、检查接触点后，用刮削方法将接触点刮掉，刮削 1～2 次，使花键轴达到要求为止。

f. 将花键轴清洗，加油，装入花键内。

⑤ 检查装配。按装配技术要求自检花键装配是否合格。

⑥ 装配工作结束，整理工作现场。

3）装配注意事项与禁忌

① 用推刀修整花键孔时，必须保证推刀与孔端平面垂直，压出推刀时，不要使推刀跌落，以免损伤推刀。

② 当花键孔发生变形，误差较大时，需用油石或整形锉修整，达到要求后再进行装配。

11.6.3 销连接的装配技巧、诀窍与禁忌

（1）圆柱销连接的装配技巧、诀窍与禁忌

以图 11-61 中所示圆柱销连接为例。

1）装配要点

① 必须保证被连接零件相互间的位置度。

② 必须保证圆柱销在销孔中有 0.01mm 左右的过盈量。

③ 必须保证圆柱销外圆与销孔的接触精度。装不通孔销钉时，应磨出排气孔。

2）装配步骤与诀窍

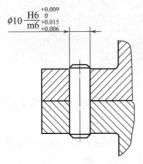

图 11-61　圆柱销连接

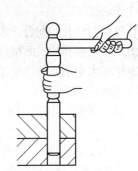

图 11-62　敲入销子

① 读装配图。在图 11-61 中，圆柱销与销孔配合为过盈配合，销孔表面粗糙度为 $Ra\,0.8\mu m$。

② 准备装配工具、量具。选取锉刀、锤子各一把，铜棒一根，ϕ10mm 圆柱铰刀一把，ϕ9.9mm 钻头一支，游标卡尺、千分尺各一把。

③ 检查装配零件。用千分尺测量圆柱销直径为 ϕ10.013mm。

④ 装配诀窍：

a. 经测量合格后，用锉刀去除圆柱倒角处的毛刺。

b. 按图样要求将两个连接件经过精确调整，使位置度达到允差之内并叠合在一起装夹，在钻床上钻 ϕ9.9mm 孔。

c. 对已钻好的孔用手铰刀铰孔，铰孔表面粗糙度值达 Ra 0.8μm。

d. 用煤油清洗销子孔，并在销子表面涂上 L-AN32 全损耗系统用油，将铜棒垫在销子端面上，用锤子将销子敲入孔中，如图 11-62 所示。

e. 检查销连接装配。按装配图装配关系、配合要求自检圆柱销连接是否合格。

f. 装配结束、整理工作现场。

3）装配注意事项与禁忌

① 当圆柱销起定位作用时，必须将被连接件相互位置精确调整到允差范围之内，然后叠合在一起装夹，进行钻孔和铰孔。

② 装配时，不要用锤子猛力敲击销子端头，以免将销子端部胀大后，增加装配难度。

（2）圆锥销连接的装配技巧、诀窍与禁忌

以图 11-63 中所示圆锥销连接为例。

1）装配要点

① 锥销与销孔的配合，必须有过盈量。

② 锥销与销孔的表面接触率要大于 75%。

③ 销子大小端应保持少量的长度露出销孔表面。

2）装配步骤与诀窍

① 读装配图。在图 11-63 中，锥销小头直径为 ϕ8mm，锥销长度为 50mm。

② 准备装配工具、量具。选取锉刀、锤子各一把，ϕ8mm 锥铰刀一支，铰杠一件，铜棒一根，ϕ7.9mm 钻头一支，游标卡尺、千分尺各一把。

③ 检查装配零件。用千分尺测量圆锥销小端直径是否正确。

④ 装配诀窍：

a. 用锉刀修去锥销表面毛刺。

b. 将被连接件经过精确位置度调整后叠合在一起装夹，然后在钻床上钻孔。为减少铰削余量，可将销孔钻成阶梯孔，小端首选钻头直径ϕ7.9mm，依次选用ϕ8.3mm、ϕ8.6mm 直径的钻头并计算好钻孔深度，如图 11-64 所示。

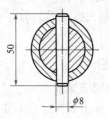

图 11-63　圆锥销连接

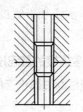

图 11-64　钻阶梯孔

c. 对钻好的孔用手铰刀铰孔。铰孔时，加注适合的切削液，并用相配的圆锥销来检查孔的深度或在铰刀上做出标记，如图 11-65 所示。

d. 用煤油将圆锥孔和圆锥销清洗干净。

e. 用手将圆锥销推入圆锥孔中进行试装，检查圆锥孔深度。深度占锥销长度的 80% ～ 85% 即可，如图 11-66 所示。

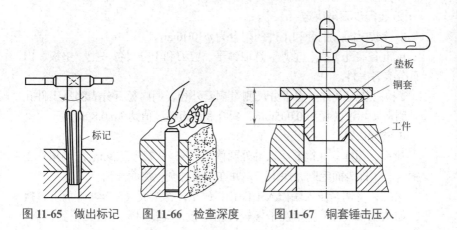

图 11-65　做出标记　　　图 11-66　检查深度　　　图 11-67　铜套锤击压入

f. 把圆锥销取出，擦净，表面涂 L-AN32 全损耗系统用油，用手将圆锥销推入圆锥孔中，再用铜棒敲击圆锥销端面，直至压实，产生过盈。圆锥销的倒角部分应伸出在所连接的零件平面外。

⑤ 检查装配。按装配图要求自检圆锥销装配是否合格。

⑥ 装配工作结束，整理工作现场。

3）装配注意事项与禁忌

① 不通孔的锥销应带螺纹孔，以备拆卸之用。

② 锤击法实现锥销过盈时，不要将销头打变形，用力要适当，或垫以铜棒。

11.6.4 过盈连接的装配技巧、诀窍与禁忌

（1）圆柱面过盈连接的装配技巧、诀窍与禁忌

圆柱面过盈连接的装配方法一般有锤击装配、压合装配和温差装配等。

1）锤击装配技巧、诀窍与禁忌

以图 11-67 所示轴套的装配为例。

① 装配要点：

a. 装配前，孔端、轴端应倒角。

b. 配合表面应涂润滑油；锤击时，应在工件的锤击部位垫上软金属垫。

c. 锤击力要均匀，沿四周对称施加力，不要使零件产生偏斜。

② 装配步骤与诀窍：

a. 读装配图、铜套和工件的配合为 ϕ30H6/n6。

b. 准备装配工具、量具。选取锤子、锉刀和千分尺各一把，垫板、内径百分表各一件。

c 检查装配零件。用千分尺测量铜套外径，用内径百分表测量工件孔径、测得实际过盈量为 0.005mm，配合表面粗糙度值达 Ra 0.8μm。

d. 装配诀窍：

第一，用锉刀在铜套压入端外圆修出 α =5°～ 7°，宽 3mm 的倒角；去除铜套、工件表面毛刺，擦干净，并在铜套外圆上涂润滑油。

第二，将铜套压入端插入工件孔，放正，将垫板放在铜套端面上，摆平，如图 11-67 所示。用锤子轻轻锤击垫板，锤击时，锤击力不要偏斜，保持四周 A 尺寸的一致，锤击四周。

e. 检查。按装配要求，检查是否合格。

f. 装配结束，清理工作场地。

③装配注意事项与禁忌：

a.当圆柱表面壁厚较薄，且配合长度较长时，为防止压入时套的变形，可采用专用辅具装配。

b.当圆柱表面的过盈量过大时，应在压机上进行装配或选用温差法进行装配。

c.压入产生歪斜时，一定要校正后继续装配，不可在歪斜状态下强行装配。

2）压合装配技巧、诀窍与禁忌

以图 11-68 所示的铜套的压入为例。

①装配要点：

a.配合表面应具有较低的表面粗糙度值，铜套压入端外圆要修出导入角。

b.压入过程必须连续，速度不宜太快，一般为 2～4mm/s（不应超过 10mm/s）。

c.压入时，必须保证孔和轴的中心线一致，不允许存在倾斜现象。

②装配步骤与诀窍：

a.读装配图。铜套和轴套的配合为 $\phi 40H6/n6$。

b.准备装配工具、量具。选取图 11-68 中压入铜套附具一套，锉刀、扳手和千分尺各一把，内径百分表一件，铜棒一根。

c.检查装配零件。用千分尺测量铜套外径，用内径百分表测量轴套内径，测量实际尺寸过盈量为 0.005mm，配合面表面粗糙度值达 Ra 0.5μm。

d.装配诀窍：第一，用锉刀在铜套压入端外圆修出角度为 5°～7°，宽 3mm 的倒角；去除铜套及轴套表面毛刺，擦拭干净后，在铜套外圆涂润滑油。

第二，将铜套压入端插入轴套孔，用纯铜棒轻轻在铜套端面四周均匀地锤击，使铜套进入轴套一小部分。

第三，检查铜套垂直于轴套端面后，装上螺栓、螺母、垫片，如图 11-68 所示。再用扳手拧紧螺母，强迫铜套慢慢地被压入至装配位置。

e.检查装配。拆掉压套附具，按装配图装配位置要求，自检装配是否合格。

f.装配结束，整理工作现场。

③ 装配注意事项与禁忌。对于细长件或薄壁件压入时，要特别细心，以防止发生变形或损坏；当压入法装配确有困难，应改用温差法装配。

3）温差法装配技巧、诀窍与禁忌

以图 11-69 所示的铜套装配为例。

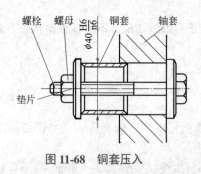

图 11-68　铜套压入

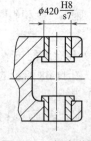

图 11-69　铜套装配

① 装配要点：

a. 冷却铜套，要使其产生足够的收缩量。

b. 装配铜套，动作要准确、迅速，否则会使装配进行到一半而卡住，造成废品。

② 装配步骤与诀窍：

a. 读装配图。铜套在床身孔中的配合为 $\phi420H8/s7$。

b. 准备装配工具、附具、量具。选取内径百分表、外径千分尺各一件，锤子一把，垫板一件，锉刀、刮刀各一把，干冰 5 瓶，冷却用密封箱附具一套。

c. 检查装配零件。用千分尺检查铜套外径尺寸，用内径百分表测量床身孔内径尺寸，测得铜套外径和床身孔内径实际过盈量应为 0.15mm。检查其他配合尺寸是否正确，配合表面粗糙度值应达 Ra 0.8μm；检查床身孔与铜套的几何形状误差是否在允差之内，铜套进入端外径处有适当的导入锥。

d. 装配诀窍：

第一，用锉刀和刮刀彻底清除铜套外径和床身内孔配合表面的毛刺，并擦拭干净。

第二，调整冷却用密封箱，把铜套放入箱内，通入干冰，充分冷却。

第三，准备好垫板、锤子、起重工具等。

第四，起重工配合，取出铜套，对正方向，摆正位置，迅速插入床身铜套孔内，用垫板垫住铜套端面，再用锤子四周均匀用力锤击垫板，压铜套至装配位置。

第五，用同样方法，装配另一铜套入床身另一铜套孔内。

e. 检查装配。按装配图装配要求自检装配是否合格。

f. 装配结束，整理装配现场。

③装配注意事项与禁忌：

a. 装配前，要做好充分准备。了解装配关系、测准零件实际过盈量，准备好装配工具，冷却至正确温度以得到正确的收缩量。

b. 压入时，不要将套端打变形或打出毛刺。

（2）圆锥面过盈连接的装配技巧、诀窍与禁忌

圆锥面过盈连接的装配方法一般有螺纹拉紧、液压胀内孔和热胀法（加热包容件使内孔胀大）等方法。

1）螺纹拉紧技巧、诀窍与禁忌

如图11-70所示为依靠螺纹拉紧，使圆锥面相互压紧而获得过盈配合。特点是结构简单，拆装方便。

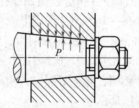

图 11-70 靠螺纹拉紧的过盈连接

①装配要点：

a. 螺母拧紧的程度，要保证使配合表面间产生足够的过盈量。

b. 配合表面粗糙度值应达 $Ra\,0.8\mu m$，要保证接触面积达 75% 以上。

②装配步骤与诀窍：

a. 读装配图。轴、孔的连接为靠螺纹拉紧的圆锥面过盈连接。

b. 准备装配工具。选取活扳手、游标卡尺、内孔刮刀、细锉刀各一把，调好的红丹粉适量。

c. 检查装配零件。用卡尺检查装配零件各配合尺寸是否正确，目测装配表面粗糙度值应达 $Ra\,0.8\mu m$。

d. 装配诀窍：

第一，用细锉刀、刮刀去除零件配合表面毛刺，将配合表面擦干净后，在轴的外锥侧母线上涂一条薄而匀的红丹粉。

第二，将涂过红丹粉的外锥面插入内锥孔中，压紧后，轻转30°～40°角度，反复一、二次，取出轴外锥，检查锥体接触状况，应在75%以上的母线上有研痕，若锥体接触不良，应在磨床上配磨外锥至接触要求。

第三，擦净外锥配合表面、涂润滑油后装于锥孔，装上垫片，拧上螺母后再用活扳手拧紧螺母，使轴、孔获得足够的过盈。

e. 检查装配。按装配要求自检装配是否合格。

f. 装配结束，整理工作现场。

③ 装配注意事项与禁忌：

a. 配合表面必须十分清洁，在配合前应加油润滑。

b. 被包容件外锥小端直径应小于包容件内锥小端直径适当的量，以便于装配。

2）液压胀内孔技巧、诀窍与禁忌

将手动泵产生的高压油经管路送进轴颈或孔颈上专门开出的环形槽中，由于锥孔与锥轴贴在一起，使环形槽形成一个密封的空间，高压油进入后，将孔胀大，此时，施以少量的轴向力，使轴和孔相对轴向位移，撤掉高压油，锥孔和锥轴间相互压紧而获得配合过盈。要求配合表面的几何形状误差、表面粗糙度必须在允差范围内，使贴合后的轴与孔间环形槽形成密封空间，如图 11-71 所示。

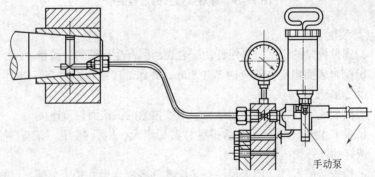

手动泵

图 11-71　靠液压胀大内孔的过盈连接

这种方法不产生温差的变化，因而对材料的内部组织无影响，常用于精度较高的配合。

① 装配要点：

a. 必须保证配合面内环形槽中产生高压油，以使锥形孔产生足够的扩大量。

b. 轴、孔间要有足够的相对轴向位移。

② 装配步骤与诀窍：

a. 读装配图。轴、孔的连接为靠液压胀大内孔的圆锥面过盈连接。

b. 准备装配工具。选取"打压"工具一套，选取游标卡尺一把，油石一块，红丹粉适量，锤子一把，铜棒一根。

c. 检查装配零件。用卡尺检查零件各配合表面尺寸是否正确，目测配合表面粗糙度值应达 Ra 0.8μm。

d. 装配诀窍：

第一，擦净轴和孔的配合表面，在轴的外锥母线上涂薄而匀的红丹粉，并将外锥插入内锥孔中，压紧，反复转动 30°～ 40°，取出外锥零件，根据研痕判断锥体接触良好。若接触精度超差，采用配磨外锥方法，修配至要求。

第二，擦净轴和孔的配合表面，将轴的外锥装入孔的内锥中贴紧，在轴的油管接口处，如图 11-71 所示，接入液压打压工具。

第三，扳动手动泵手柄，使手动泵产生的高压油进入轴和孔贴合后在轴的环形槽中形成的密封空间。

第四，用铜棒在孔的锥体小直径端施加小量轴向力，使轴相对孔在轴向产生一定的位移。

第五，撤掉手动泵液压打压工具。

e. 检查装配。按装配图装配要求，检查是否合格。

f. 装配结束，整理装配现场。

③ 装配注意事项与禁忌：

a. 手动泵打压时，锥孔的胀量有限，不要压力过高，200MPa 以上即可。

b. 内锥孔、外锥面在清理毛刺时，不要用锉刀等工具划出沟痕，以防锥面贴合后，配合不严，产生泄漏。

3）热胀法装配技巧、诀窍与禁忌

热胀法即对包容件加热后使内孔胀大，套入被包容件待冷却收缩后，使两配合面获得要求的过盈量。

这种方法的过盈量可比压合法大一倍，而且过盈连接的表面粗糙度不影响它的接合强度。所以在重载零件的接合中，或当接合中的零件材料具有不同的线胀系数而其部件将受到高温作用时，往往采用此方法。加热的方法需根据包容件的尺寸而定，中小型零件可用电炉加热，也可浸在油中加热，大型零件可利用感应加热或乙炔火焰加热。

① 装配要点

a. 包容件加热后，要保证足够的胀量。

b. 装配时，动作要迅速、准确。

② 装配步骤与诀窍。以图 11-72 所示为例。

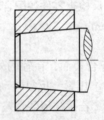

图 11-72　热胀法装配

a. 读装配图。包容锥孔与轴的外锥配合为过盈配合，配合零件材料为 45 钢。

b. 准备装配工具。选取加热炉一台，游标卡尺一把。

c. 检查装配零件。用卡尺校检零件的各配合尺寸正确，目测配合表面粗糙度值达 Ra 0.8μm。

d. 装配诀窍：

第一，去除包容孔、轴外锥表面毛刺，擦净外锥配合表面。

第二，将包容零件放入加热炉油中浸泡。打开加热炉开关，定加热温度 80～100℃，加热。

第三，做好加热后装配的各项准备工作。从炉中取出包容零件，迅速、准确地擦净配合表面，套入被包容外锥至装配位置后，冷却。

第四，关闭加热炉开关。

e. 检查装配。按装配图装配要求，用手抽动轴应不动，装配合格。

f. 装配结束，整理工作现场。

③ 装配注意事项与禁忌：

a. 包容件的加热要根据零件的尺寸和加热炉的具体情况确定。

b. 加热温度一般控制在 80 ～ 120℃范围。

11.6.5　管道连接的装配技巧、诀窍与禁忌

（1）螺纹管接头连接的装配技巧、诀窍与禁忌

以图 11-9 所示为例。

1）装配要点

① 管子或接头的螺扣要完好，螺扣表面要清洁。

② 螺纹管接头连接装配时，必须在螺纹间加填料，如白漆、铅油加麻丝或聚四氟乙烯薄膜，以保证管道密封性。

2）装配步骤与诀窍

① 读图。在图 11-9 中，钢管与接头以管螺纹形式连接。

② 准备装配工具、量具。选取管钳子一把，聚四氟乙烯薄膜适量，台虎钳一台，游标卡尺一把。

③ 检查装配零件。用卡尺检查钢管和接头螺纹配合尺寸正确。

④ 装配诀窍：

a. 去除钢管和接头螺纹表面毛刺，洗净螺纹表面杂物，擦拭干净后，在钢管螺纹表面缠绕聚四氟乙烯薄膜。

b. 将钢管夹持在台虎钳钳口中，夹紧。用手将接头套入铜管螺纹，并拧入一扣至二扣，再用管钳卡住接头外径，顺时针拧紧接头至装配要求。

⑤ 自检。按装配要求自检螺纹管接头连接装配是否满足要求。

⑥ 装配结束，整理工作场地。

3）装配注意事项与禁忌：

① 螺纹接头连接处填料的卷绕要注意方向，避免螺纹旋入时填料松散脱落。

② 螺纹管接头装配时，要拧到位，以保证连接后的管道具有足够的密封性。

（2）法兰式管接头连接的装配技巧、诀窍与禁忌

以图 11-10（a）为例。

1）装配要点

① 法兰盘连接管道，在两法兰盘中间必须垫衬垫。

② 法兰盘端面要与管子轴线垂直，两个法兰盘及石棉垫要同心。法

兰盘端面要平行。

③ 连接螺栓要对角，依次、逐渐地拧紧。

2）装配步骤与诀窍

① 读图。在图 11-10（a）中，法兰盘以对焊的方法固定在管子上。

② 准备装配工具、附具，选取活扳手二把，剪刀一把，划规一件，石棉纸衬板适量。

③ 检查装配零件。自检法兰盘与管子对焊端口的倒角尺寸正确，衬垫材质适合。

④ 装配诀窍：

a. 配合焊工，按装配图要求，摆正位置，分别将两个法兰盘焊固在两根管子口端。

b. 在石棉垫板上，用划规划出法兰盘端面的内外圆，并在外圆周的一处留出余量，供剪垫板把手。

c. 用剪刀剪划在石棉垫板上的内孔、外圆及垫板把手。

d. 将两个法兰盘端面靠近，摆正衬垫位置，将螺栓穿入法兰盘光孔，拧上螺母，轻轻将两个法兰盘带紧，手扶衬垫把手，调整衬垫位置及两个法兰盘相互位置，用活扳手按对角依次逐渐拧紧连接螺母。

⑤ 自检装配。按装配要求自检装配是否满足条件。

⑥ 装配结束，整理工作场地。

3）装配注意事项与禁忌

① 法兰盘与管道焊接时，应保持法兰盘端面平整，管壁光滑。

② 当管道中心发生扭曲或相交时，两法兰端面应平行并同心。

③ 衬垫内孔尺寸不要小于管道内壁直径，以免影响管道通径流量。

（3）球形管接头连接的装配技巧、诀窍与禁忌

以图 11-12 所示为例。

1）装配要点

① 接头的密封球面应进行配研，涂色检查时，其接触面宽度不小于 1mm。

② 连接螺母要拧紧。

2）装配步骤与诀窍

① 读图。图 11-12 所示为球形管接头管道连接。

② 准备装配工具、附具。选取活扳手二把，调好的研磨剂适量，选用车床一台，显示剂适量。

③ 检查装配零件。自检装配零件各配合尺寸是否正确，内孔是否光滑。

④ 装配诀窍：

a. 在球形接头体 1 的球形表面涂薄而均匀的显示剂，将接头体 3 的配合表面扣压在球形表面上对研，判定配合表面接触良好，接触宽度在 1mm 以上。若接触宽度达不到要求，将接头体夹于车床主轴转动，在球形接头体的球形表面涂均匀适量的研磨剂，并将球形表面压在转动的接头体配合表面内对研至接触要求。

b. 配合焊工，摆正位置，将球形接头体和接头体分别与管子焊接。

c. 清洗装配零件，擦净配合表面，按图 11-12 装配关系，连接球形接头体和接头体，并拧紧连接螺母，保证足够的密封性。

⑤ 自检装配。按装配图装配关系自检装配是否满足要求。

⑥ 装配结束，整理工作场地。

3）装配注意事项与禁忌

球形管接头装配时，连接螺母必须拧到位，但不宜用力过大。

（4）卡套式管接头连接的装配技巧、诀窍与禁忌

以图 11-11 所示为例。

1）装配要点

① 装配前，对装配件要进行检查，保证零件精度合格，并将零件清洗干净。

② 装配后，连接螺母要拧紧到位。

2）装配步骤与诀窍

① 读图。图 11-11 所示为卡套式管接头连接。

② 准备装配工具、量具。选取活扳手二把，游标卡尺一把，锉刀一把。

③ 检查装配零件。用卡尺准确测量卡套式管接头零件各配合尺寸正确，管子外径尺寸在允差之内。

④ 装配诀窍：

a. 用锉刀去除装配零件表面毛刺，清洗干净并擦干零件配合表面。

b. 将卡套套入管子口端外径，再套入连接螺母，按装配图要求，拧紧连接螺母。

⑤ 自检装配。按装配图装配关系自检装配是否满足要求。

⑥ 装配结束，整理工作场地。

3）装配注意事项与禁忌

卡套式管接头装配时，拧紧连接螺母，不要盲目过大用力，以防连接螺纹损坏。

（5）扩口薄壁管接头连接的装配技巧、诀窍与禁忌

以图 11-13 为例。

1）装配要点

①扩口必须规整，以保证配合紧密。

②连接螺母要拧紧。

2）装配步骤与诀窍

①读图。接头和纯铜管的连接为扩口薄壁管接头连接。

②准备装配工具、量具。选取锥孔扩口工具一套，活扳手一把，卡尺一把。

③检查装配零件。用卡尺检查管接头。纯铜管规格、尺寸正确。

④装配诀窍：

a. 将纯铜管在热处理炉中（或气焊火焰中）"退火"。

b. 将 "退火" 冷却后的纯铜管管端夹入锥孔扩口器中扩口，保证扩口表面平整、规则。

c. 按装配图中装配关系，套入扩口管套，连接螺母，并将纯铜管锥口压在管接头配合表面上，用手拧紧连接螺母后，再用活扳手拧紧连接螺母。

⑤自检。按图检查装配是否满足要求。

⑥装配结束，整理现场。

3）装配注意事项与禁忌

薄壁管的扩口表面不要用锉刀柄等非专用工具弯形，避免装配后结合面压合不严产生泄漏。

11.6.6 V 带传动机构的装配技巧、诀窍与禁忌

（1）V 带传动机构的装配要求

以图 11-73 中头架 V 带传动机构为例说明。

① 带轮 3 在轴 4 上应没有过大的歪斜。一般 V 带轮径向圆跳动允差为 $(0.0025 \sim 0.0005)D$，端面圆跳动允差为 $(0.0005 \sim 0.001)D$，D 为 V 带轮直径。

②V 带轮 1 与 V 带轮 3 的中间平面应重合，其倾斜角和轴向偏移量

不得超过规定要求。一般倾斜角要求不超过1°。

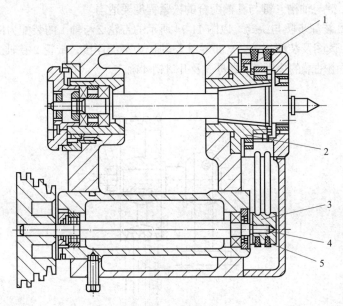

图 11-73 头架部件

1—大V带轮；2—法兰；3—小V带轮；4—轴；5—V带

③V带轮1、3的轮槽工作表面粗糙度为 $Ra\,3.2\mu m$。表面粗糙度过细，加工经济性差；表面粗糙度过粗，V带的磨损加快。

④V带5在带轮3上的包角不能太小，一般不能小于120°，否则容易打滑。

⑤V带5在带轮1、3间的张紧力要适当。张紧力过小，不能传递足够的功率；张紧力太大，V带、轴和轴承的磨损加剧，并降低了传动效率。

（2）V带传动机构的装配技巧、诀窍与禁忌

V带传动机构的装配包括：带轮与轴的装配、两带轮相对位置的调整、传动带的安装和传动带张紧装置的调整。

1）带轮与轴的装配技巧、诀窍与禁忌

带轮与轴的装配包括带轮孔与轴的配合，带轮的定位及键与键槽的配合。

①装配要点：

a. 带轮与轴组装后，带轮的径向和端面圆跳动必须合格。

b. 键与轴槽、键与孔槽配合的松紧程度要适当。

② 装配步骤与诀窍。以图 11-74 所示的带轮 2 与轴 1 的装配为例。

a. 读图及装配工艺。V 带轮 2 与轴 1 为平键连接，带轮 2 在轴上的轴向位置由轴端的垫圈 3，螺母 5 及开口销 4 确定。

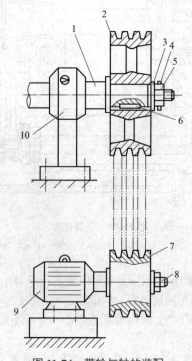

图 11-74 带轮与轴的装配

1—轴；2,7—带轮；3—垫圈；4—开口销；5—螺母；6—平键；
8—轴；9—电动机；10—轴承座

b. 准备装配工具、量具、附具。选取 300mm、250mm 活扳手，平锉刀，锤子各一把，铜棒一根；选取内径百分表、游标卡尺、千分尺各一把，偏摆检测仪一件。

c. 检查装配零件。按装配图清点装配零件数量。用游标卡尺检查零件配合尺寸、键长余量尺寸是否正确。

d. 装配诀窍：

a）用煤油清洗零件，用锉刀去除毛刺。用内径百分表测量 V 带轮 2 孔径，用千分尺测量轴 1 配合轴径，测得带轮孔与轴间过盈量为 0.004mm。

b）按轴上键槽的尺寸，用锉刀配锉平键两端圆弧部至要求，并将平键用铜棒敲入轴上的键槽中，底面靠严。

c）用擦布擦净装好平键的 V 带轮轴和带轮孔，并在配合表面涂上润滑油。

d）将带轮平放在带孔的平台上，再把带轮轴上的平键对准带轮孔内键槽，进行初步装配，如图 11-75 所示，并用铜棒敲击带轮轴的端部，使轴与孔紧密配合，接触深度为 2 ～ 3mm，此时，目测检查平键与键槽装配的准确性（若不合格，应拆下重装，直至合格为止）。

e）对初装合格的轴 1、带轮 2，可用铜棒、锤子将轴敲击到位，并将其搬到钳台上夹紧，装入垫圈 3，再将螺母 5 装入轴上并拧紧，如图 11-76 所示。

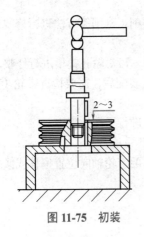

图 11-75　初装

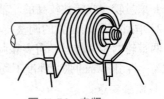

图 11-76　夹紧

f）将装配完的带轮组件，搬到钻床工作台的机用台虎钳上，使六角螺母的一个侧平面与钻轴垂直后夹紧。在六角螺母的平面中心钻出 ϕ4.5mm 通孔，孔的中心必须垂直并通过带轮轴的轴心线。将 ϕ4mm 开口销 4 插入钻好的孔内，并将开口销的开口处扳开弯曲。

g）把装配完的带轮组件装夹在偏摆检测仪上，分别用百分表抵住带轮端面和带轮外圆，用手转动带轮组件，观察带轮的径向圆跳动和端面圆跳动分别在（0.0025 ～ 0.0005）D 和（0.0005 ～ 0.0001）D 之内。其中，D

为带轮直径（mm）。如图 11-77 所示。

h）将已装配的大带轮组固定在轴承座 10 上，如图 11-78 所示。

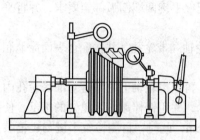

图 11-77　检测圆跳动

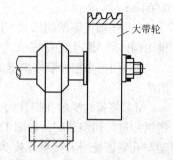

大带轮

图 11-78　固定大带轮

e. 自检。按装配工艺及技术要求自检带轮与轴的装配是否满足要求。

f. 装配结束，整理工作场地。

③ 装配注意事项与禁忌：

a. 带轮孔与轴的配合尺寸不合格，可用磨削，刮削等方法进行修复后再装配，不要强装。

b. 键与键槽的配合必须满足要求，必要时，可对轮孔键槽进行修整。

c. 对于轮孔与轴过盈量较大，采用压入法装配后，需要检查带轮（直径较大的）径向圆跳动和端面圆跳动是否超差。

d. 重量较大或转数较高的轮轴装配后，要进行平衡处理。

2）两带轮相对位置的调整技巧、诀窍与禁忌

两带轮的相对位置，需要靠调整来确定。两带轮轴向位置偏移或倾斜角超差，将引起带的张紧程度不均而加快磨损。

① 调整要点：

a. 带轮装配后，位置应固定。

b. 带轮装配后，必须检查其相对位置，不满足要求的要进行调整。

c. 装配后，必须保证两带轮的中心面在同一平面内。

② 调整步骤与诀窍。以图 11-79 所示磨头两带轮相对位置的调整为例。

a. 读图。大带轮是从动磨头带轮，安装在磨头主轴上。小带轮是主动轮，安装在电动机轴头上。电机由四个长螺杆支承固定。

b. 准备调整工具、辅具、选取活扳手两把，1.5m 长线绳一根。

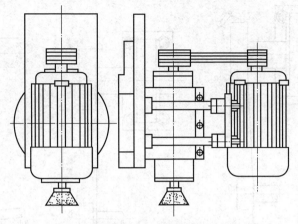

图 11-79　带传动端面磨头

c.检查带轮相对位置的诀窍：

a）按装配图给定的位置，先用活扳手固定好磨头带轮。

b）按装配图给定的位置，装上电动机带轮组件，轻轻压住，不必拧紧压紧螺母。

c）一个人拿线绳的一端，紧靠在磨头带轮的 C 点（图 11-80），另一个人拿线绳的另一端，延长至电机带轮的外缘，用力将线绳拉直。

如果磨头带轮 D 点离开直线，且电机带轮与线接触，则电机带轮应向右移动才能达到装配要求，如图 11-80（a）所示。

如果磨头带轮上 C 点和 D 点与线绳接触且电机带轮远离直线，则电机带轮应向左调整，才能达到装配要求，如图 11-80（b）所示。

如果磨头带轮上 C 点和 D 点与线绳接触，且电机带轮上有一点 F 与线绳接触，另一点远离直线，这时两带轮的轴线不平行，如图 11-80（c）所示。

d.调整的诀窍。用活扳手松开四个压紧螺母，按检测确定的电机带轮调整方向与调整量调整电机组件至位置要求，用活扳手将四个压紧螺母拧紧。如果两带轮轴线不平行，则需根据检测的角度误差方向及误差量，调整支承螺杆上相应锁定螺母的位置至两轴平行，再重新拧紧压紧螺母。

e.自检。按调整要求自检调整是否合格。

f.调整工作结束，整理工作场地。

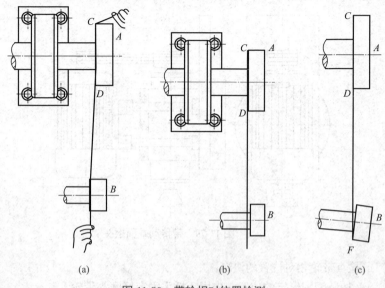

图 11-80　带轮相对位置检测

③ 调整注意事项与禁忌。带轮相对位置误差的调整，要选择适合调整的带轮进行调整。

3）V带的安装技巧、诀窍与禁忌

① 安装要点：

a. 应将带轮中心距调小后，装入 V 带。

b. V 带不可陷入槽底或凸出槽外。

c. V 带的张紧力要调整得适中。

② 安装步骤与诀窍。以机床主轴箱带传动机构中的 V 带安装为例，如图 11-81 所示。

a. 读图。V 带组共 4 根 V 带，两带轮的中心距为 a。

b. 准备安装工具。选取 250mm、 300mm 活扳手、一字螺钉旋具、锤子各一把。

c. 检查安装零件。从 4 根 V 带中任取 1 根，并将其自由地挂入大、小带轮的某一带轮槽中，用手握住挂在带轮上的 V 带的另一端用力向外拉，目测 V 带在带轮槽中位置。属于图 11-82（a）所示情况为合格。

d. 装配诀窍：

a）在图 11-81 中，先用活扳手松开调整螺母 1，并往松开方向拧出一段长度，再用扳手卡住调整螺母 2，按逆时针方向旋转，使电动机向上移，从而缩小两带轮的中心距 a。

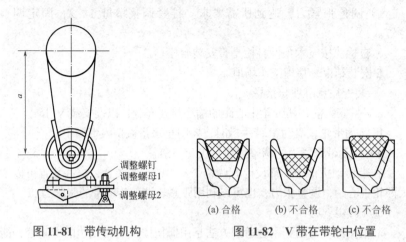

图 11-81　带传动机构

图 11-82　V 带在带轮中位置

(a) 合格　　(b) 不合格　　(c) 不合格

b）在合格的 V 带中取一条，先将 V 带套在小带轮的最外端第一个槽中，再将 V 带套在大带轮最外端的第一个槽的边缘上，用左手按住 V 带，防止 V 带滑出。右手握住 V 带往上拉，在拉力的作用下，V 带顺着转动的方向即可进入大带轮的槽中，如图 11-83 所示。

c）V 带装入带轮后，用一字螺钉旋具撬起大带轮（或小带轮）上的 V 带，转动带轮，使 V 带进入大带轮（或小带轮）的第二槽中，如图 11-84 所示。

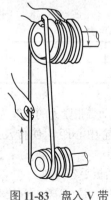

图 11-83　盘入 V 带

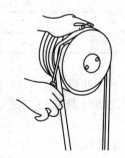

图 11-84　撬入二槽

d）重复步骤c），将第1根V带拨到两个带轮的最后一个槽中。

e）重复步骤b）～d），将其他3根V带装入带轮上。

f）调整张紧力，达到所需要求。拧紧调整螺母1、2，固定调整位置。

e. 自检。按技术条件自检是否安装合格。

f. 安装结束，整理工作场地。

③ 装配注意事项与禁忌：

a. V带安装前，两带轮中心距的缩小量要充分，以便安装V带。

b. 转动带轮，盘动V带手槽时，要防止手指被挤入带槽中。

4）传动带张紧力的调整技巧、诀窍与禁忌

在带传动机构中，都设计有调整张紧力的拉紧装置，这些装置可以增大两轮中心距，调整张力，也可以利用张紧轮调整传动带的张紧力。

① 调整要点：

a. 根据经验判断张紧合适的方法是用拇指按压V带切边的中间处，能将V带按下15mm左右即可。

b. 用弹簧秤在V带切边的中间加一个力F，使V带在力F的作用点下垂一段距离d。合适的张紧力可以得到相应的下垂距离d，并按以下近似公式算得：

$$d = \frac{A}{50}$$

式中　d——V带下垂距离，mm；

　　　A——两轴中心距，mm。

各型V带应加的作用力F可参照表11-3。

表11-3　加于V带上的作用力

V带型号	O	A	B	C	D	E	F
作用力 F/N	6	9	15	25	52	75	125

② 调整步骤与诀窍。以图11-81所示的传动带张紧力的调整为例。

a. 读图。调整的方法是利用增大两带轮中心距，使传动带得到张紧。

b. 准备调整工具。选取250mm、300mm活扳手各一把。

c. 检查调整部件。V带轮及V带是否安装完毕，是否符合装配技术条件。

d. 调整诀窍：

a）在图 11-81 中，用活扳手卡住调整螺母 2，按顺时针方向旋转，使电动机向下移，从而增大两带轮的中心距，张紧 V 带组。

b）用拇指按压张紧后 V 带切边的中间处，能按下 15mm 左右即可，如图 11-85 所示。

图 11-85　V 带的张紧程度

c）用活扳手卡住调整螺母 1，顺时针扳动，压紧电动机底座板。

e. 自检。最终复查调整后的 V 带组各条 V 带的张紧力是否满足调整要求。

f. 工作结束，整理场地。

③ 调整注意事项与禁忌：

a. 同一带轮上几根带的实际长度要尽量一致。

b. 同一带轮组上不允许新旧带混合使用。

11.6.7　链传动装配技巧、诀窍与禁忌

链传动机构的装配内容包括：链轮与轴的装配、两链轮相对位置的调整、链条的安装和链条张紧力的调整。

（1）链轮与轴的装配技巧、诀窍与禁忌

链轮与轴的装配内容包括链轮孔与轴的配合、链轮的定位、键与键槽的配合。

1）装配要点：

① 链轮装配后，端面圆跳动和径向圆跳动应满足要求。

② 链轮与轴的销连接应可靠，既要保证链轮在轴上的定位，又要保证传递转矩要求。

2）装配步骤与诀窍。以图 11-86 中大链轮 1 与轴 4 的装配为例。

① 读图及装配工艺。链轮 1 与轴 4 为锥销连接。

② 准备工具、量具、辅具。选取锤子、锉刀各一把，铜棒一根，锥铰刀、铰杠各一件，千分尺、内径百分表、游标卡尺各一件，全损耗系统用油、擦布适量。

③ 检查装配零件。用游标卡尺检查零件各配合尺寸是否正确。

④ 装配诀窍：

a. 用锉刀去除零件表面毛刺。用内径百分表测量链轮 1 的孔径，用千分尺测量轴 4 配合表面轴径，测得链轮孔与轴间的实际过盈量为 0.004μm。如果尺寸不合格，能修则修复。

b. 用擦布擦净链轮内孔表面与轴径配合表面，并在轴径配合表面涂全损耗系统用油。

c. 按装配图装配关系，用铜棒和锤子在链轮四周敲击，直至将链轮装到位，如图 11-87 所示。

d. 在钻床上配钻定位通孔，如图 11-88 所示。

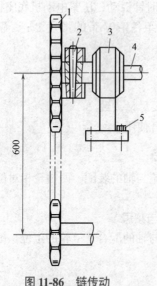

图 11-86　链传动

1—大链轮；2—销子；3—轴承座；4—轴；5—螺钉

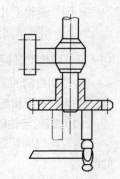

图 11-87　装入链轮

e. 用铰刀铰锥孔。如图 11-89 所示。

f. 用圆锥销检查圆锥孔。当圆锥销用手按下后其大头露出 3mm 左右时，则铰孔合格，如图 11-90 所示。

g. 锥孔铰削合格后，取出锥销用煤油清洗孔内和圆锥销表面，擦干后在锥销表面和锥孔内加注全损耗系统用油，然后再将圆锥销装入，用锤子适当敲击，使锥销与锥孔配合达到要求。

h. 用百分表（或划线盘）分别靠近链轮的端面和外缘，用手转动链轮，观察链轮端面圆跳动和径向圆跳动误差是否在技术条件允差之内，如图 11-91 所示。

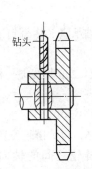

图 11-88　配钻定位孔

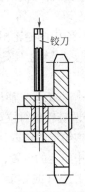

图 11-89　铰孔

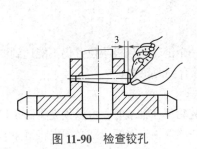

图 11-90　检查铰孔

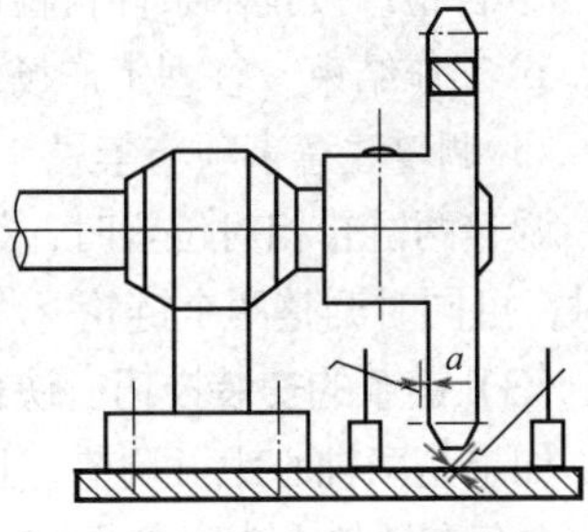

图 11-91　检查圆跳动

⑤ 自检。按装配工艺及技术条件自检链轮装配是否满足要求。

⑥ 工作结束，整理现场。

3）装配注意事项与禁忌

① 链轮孔与轴的配合尺寸不合格时，不要强装，该修复的修复，该报废的报废。

② 轴与链轮间的键连接或销连接的装配必须满足要求。

（2）两链轮相对位置的调整技巧、诀窍与禁忌

两链轮的相对位置度同带轮一样，由调整来保证。

1）调整要点

① 链轮在调前检查时，位置应固定。

② 用拉线法或钢直尺法检查。

③ 调整的目标是使两链轮在同一平面内。

2）调整步骤与诀窍

以图 11-86 中两链轮相对位置的调整为例。

① 读图。大链轮 1 安装在轴承座 3 上，轴承座 3 由螺钉 5 固定在机体上。

② 准备调整工具、辅具。选取活扳手一把，2 m 长线绳一根。

③ 检查两链轮相对位置是否正确。

a. 按图中给定的位置，先固定小链轮。

b. 按图中给定的位置，用活扳手拧紧螺钉 5，将大链轮位置固定。

c. 用拉线法（或钢直尺法），检查两个链轮之间的轴向偏移量为 1.2mm，在允差范围之内。

④ 调整诀窍。用活扳手最终拧紧链轮定位螺钉，固定两链轮位置。

⑤ 自检。按技术条件自检两链轮相对位置是否满足要求。

⑥ 工作结束，整理工作场地。

3）调整注意事项与禁忌

调整两链轮相对位置时，如果将一个链轮调到极限位置仍不能达到要求时，可同时调整两个链轮，将误差综合到两轮上。

（3）链条的安装技巧、诀窍与禁忌

如果是两轴心距可调节，且两个链轮都在轴端时，可以预先将链条接好，再套在链轮上去。如果结构不允许链条预先接好，则必须先将链条套在链轮上后再进行连接，最后拉紧链条。而链条的连接又要根据链两端的连接形式而定。下面以套筒滚子链的装配为例叙述。

1）装配要点

① 装配时，应将链条、接头等清洗干净。

② 链条的长度应适当。

③ 弹簧卡子应卡死。

2）装配步骤与诀窍

以图 11-92 所示的接头形式安装为例。

① 读图。套筒滚子链的接头形式为弹簧卡子式。

② 准备工具、量具、辅具。选取尖嘴钳、一字螺钉旋具各一把，钢直尺一把，链条拉紧夹具一件，油盘一件，煤油、黄油适量。

③ 检查零件。检查链条长度是否合适，清点接头零件是否齐全。

④ 安装诀窍

a. 用煤油清洗链条及接头零件，并用擦布擦干。

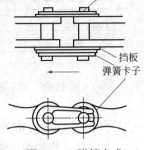

图 11-92　弹簧卡式

b. 先将链条套在链轮上，再将链条的接头引到方便装配的位置，首尾对齐后，用拉紧工具拉紧到位，如图 11-93 所示。

c. 用尖嘴钳将接头零件圆柱销、挡板及弹簧卡子按装配要求装配到位，如图 11-94 所示。

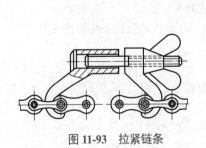

图 11-93　拉紧链条

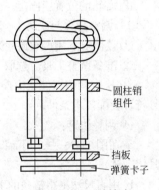

图 11-94　组装接头

d. 拉紧链条，将钢直尺置于链轮 A、B 两端，在 $\frac{1}{2}AB$ 处，测得链条下垂度在允差之内，如图 11-95 所示。

e. 自检。按安装技术条件自检链条安装是否满足要求。

f. 安装结束，整理工作场地。

3）装配注意事项与禁忌

① 套筒滚子链的接头仅在链条节数为偶数时才适用。

② 弹簧卡子式接头的卡子开口方向应与链条的运动方向相反。

第 11 章　机械装配调整及修理

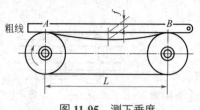

图 11-95　测下垂度

图 11-96　游轮调张紧力

（4）链条张紧力的调整技巧、诀窍与禁忌

在链传动机构中，链条的张紧力是通过拉紧装置增大两个链轮的中心距并利用游轮张紧来调整的。下面以图 11-96 中游轮调整张紧力为例说明。

1）调整要点

① 链条的张紧力要适当。当链条水平放置时，其下垂度 f 应小于两轴中心距 L 的 2%，但不可过小。

② 游轮的位置应固定。

2）调整步骤与诀窍

① 读图。利用调整游轮来张紧传动链。

② 准备调整工具。选取 250mm 活扳手一把。

③ 检查调整部件。检查主动链轮、从动链轮及链条是否已安装完毕，且符合装配技术条件。

④ 调整诀窍：

a. 在图 11-96 中，用活扳手松开游轮定位螺钉，将游轮向外移动，张紧传动链。

b. 用直尺法测得链条的下垂度 f 在允差之内。

c. 用活扳手拧紧游轮定位螺钉，将游轮位置固定住。

⑤ 自检。最终复查链条调整后的下垂度是否在允差之内。

⑥ 工作结束，整理工作场地。

3）装配注意事项与禁忌

靠游轮调整链条张紧力时，游链轮的圆跳动和位置度必须在允差范围之内。

11.6.8　丝杠螺母传动机构装配技巧、诀窍与禁忌

丝杠螺母传动机构装配时，为了提高丝杠的传动精度和定位精度，必

须认真调整丝杠螺母副的配合精度，以满足装配技术要求。以图 11-97 铣床工作台丝杠螺母的装配为例。

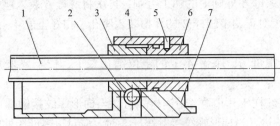

图 11-97　丝杠螺母传动

1—丝杠；2—调整螺杆；3—调整螺母；4—螺母座盖；
5—定位销；6—螺母；7—螺母座

（1）装配要点

① 固定螺母与螺母座孔的配合要合格，定位要可靠。

② 丝杠与螺母间相互转动应灵活。

③ 丝杠与螺母间配合间隙调整要合理。

④ 丝杠与螺母的同轴度误差应调整至允差范围之内。

（2）装配步骤及调整诀窍

1）读图。梯形丝杠 1 与螺母 6 为滑动丝杠螺母传动，丝杠的轴向间隙采用双螺母机构调整。

2）准备装配工具、量具、辅具。选取锉刀、铜棒、锤子、一字螺钉旋具各一件，锥铰刀、铰杠、钻头、手电钻各一件，内六角扳手一套，游标卡尺一件，带座百分表一件，擦布、煤油适量。

3）检查零件。按装配图清点零件数量。用游标卡尺测量零件各配合尺寸是否正确。将螺母 3、6 旋入丝杠 1 的梯形螺纹上，旋入长度为 1/2～1/3 丝杠螺纹长度，检查丝杠螺母配合是否适合。

4）装配诀窍

① 用锉刀去除零件表面毛刺、用煤油清洗全部装配零件，去除配合表面杂质、污物。

② 用擦布擦净螺母 6 外圆及其安装座孔，将螺母按装配图位置装入座孔，扣好座盖 4，用连接螺钉压紧座盖 4，按座盖上的螺母定位销孔配划螺母 6 外圆上的定位销孔。

③ 在铣床上按线粗铣螺母 6 外圆上的定位销孔，留足销孔的铰孔余量。

④ 清理螺母 6 外圆上的加工毛刺，再次将螺母 6 装入座孔。同时将螺母 3 的外齿对正调整螺杆 2 的牙槽装入座孔。扣好座盖 4，装上连接螺钉并拧紧。

⑤ 配铰螺母 6、座盖 4 上的定位销孔二个，铰至要求并装入定位销 5。

⑥ 装入丝杠 1，可适当用铜棒敲击，当梯形螺纹接触螺母 6 时，改推进丝杠为旋进，当梯形螺纹接触螺母 3 时，应对正螺母 3 的螺纹相位角后，再继续旋转丝杠 1 到位。

⑦ 调整丝杠螺母传动间隙。如图 11-98 所示，把盖 5 拆下，将法兰盘 4 的螺钉拧松，再转动蜗杆 2，利用蜗杆传动拧紧螺母 1，使丝杠的传动间隙充分减少。螺母的松紧程度：当用摇动手轮的方法检验时，丝杠的间隙不得超过 1/40 转，同时在全长上不得有卡住现象。调整后再拧紧螺钉，使法兰盘 4 压紧垫圈 3，锁住调整蜗杆 2 的位置。

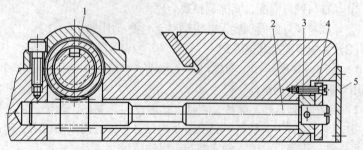

图 11-98　调整丝杠螺母传动间隙

1—调整螺母；2—调整蜗杆；3—垫圈；4—法兰盘；5—盖

5）检查装配

① 检查丝杠全跳动。将带磁座百分表的测头抵在丝杠两端光滑外圆表面上，用手转动丝杠，百分表读数差即为丝杠径向圆跳动，差值 0.02mm。再将丝杠轴端的中心孔擦净，涂黄油后放入一直径适当的钢球，将百分表的测头抵在钢球上，用手转动丝杠，百分表读数差即为丝杠的轴向跳动，实测为 0.01mm。

② 丝杠的轴心线与回转拖板燕尾导轨面的平行度由对燕尾导轨的修

刮保证。丝杠的轴心线是导轨表面修刮的基准。

③ 最终检查丝杠的轴向间隙、转动灵活性，看它们是否满足装配要求。

④ 装配及调整结束，整理工作场地。

（3）装配注意事项与禁忌

① 丝杠、螺母螺纹部分的起点与终点处有不完整的螺纹，应将不完整部分螺纹的 1/3 当作毛刺去除，以避免传动时因该处的齿厚较薄而产生变形，影响传动精度。

② 装配时，丝杠、螺母应清洗干净、除净毛刺及螺纹表面的磕碰、伤痕。

③ 丝杠、螺母配合表面应涂以润滑油。

11.6.9 滑动轴承装配技巧、诀窍与禁忌

以整体式、剖分式和内锥外柱式滑动轴承的装配为例加以说明。

（1）整体式轴套的装配技巧、诀窍与禁忌

以图 11-31 所示轴承的装配为例。

1）装配要点

① 装配前，应仔细倒棱、去毛刺，配合表面要涂润滑油。

② 装入时，要防止轴套歪斜。

③ 装入后，要修整轴套的变形和内孔的接触。

2）装配步骤及调整诀窍

① 读图及装配工艺。轴套为整体式滑动轴承，由紧定螺钉定位，有润滑油孔一处。

② 准备装配工具、量具、辅具。选取活扳手、一字螺钉旋具、锉刀、刮刀、锤子各一把，油石一块，选取千分尺、内径百分表各一件，配制心轴一根（如图 11-99 所示），准备煤油、全损耗系统用油、擦布适量。

③ 检查零件。用千分尺检查轴套外径，用内径百分表检查座孔内径及配合尺寸是否合格。

④ 装配诀窍：

a. 用油石及锉刀去除轴套、轴承座孔上的毛刺并倒棱。

b. 在轴套外圆通过油孔划一条母线，并在轴承座上划线，如图 11-100 所示。

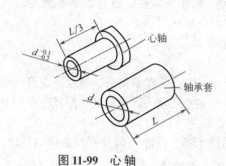

图 11-99　心　轴

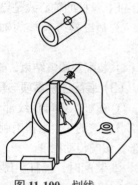

图 11-100　划线

c. 用擦布擦净零件配合表面，涂适量全损耗系统用油，将袖套外圆母线对正座孔端线，放入轴承座孔内，如图 11-101 所示。

d. 将螺杆插入心轴孔内，再将心轴插入轴套孔内，在轴承座另一端的螺杆上，先套入直径大于轴套外径的垫圈，再拧入螺母后拧紧，如图 11-102 所示。

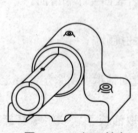

图 11-101　摆正轴套

图 11-102　装入螺杆

e. 用扳手旋转螺母，将轴套拉入轴承孔内。装配时，可用锤子、铜棒直接敲击心轴，将轴套装配到位。

f. 目测油孔位置正确。

g. 在钻床上钻轴套定位螺孔。攻螺纹后，用一字螺钉旋具将紧定螺钉旋入螺孔内，并拧紧。

h. 用内径百分表测量轴套孔，根据测得的变形量，用刮削方法进行修整。修刮时，最好利用要装配的轴作研具研点。接触斑点均匀，点数在

12 点／（25mm×25mm）以上，轴颈转动灵活时，轴套为合格。

　　i. 将轴承用煤油清洗干净，加注全损耗系统用油，准备与轴进行装配。

　　⑤ 检查装配。按图检查装配是否满足要求。

　　⑥ 装配完毕，整理工作场地。

　　3）装配注意事项与禁忌

　　① 轴套的装入，要根据不同的过盈量采取相应的装入方法。

　　② 薄壁轴套装入时，可采用导向套辅助，以避免变形。

　　③ 修整时，注意控制好轴与孔的配合间隙。

（2）剖分式滑动轴承的装配技巧、诀窍与禁忌

以图 11-103 所示半瓦的装配为例。

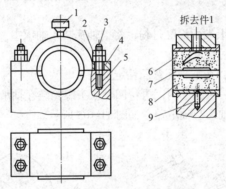

图 11-103　剖分式滑动轴承

1—油杯；2—六角螺母；3—双头螺柱；4—轴承盖；5—轴承座；
6—上轴瓦；7—垫片；8—下轴瓦；9—圆柱销

　　1）装配要点

　　① 轴瓦外径与轴承座孔贴合应均匀，接触面积应达要求。

　　② 压入轴瓦后，瓦口应高于瓦座 0.05～0.1mm。

　　③ 配刮好接触及间隙后，垫好调整垫片，按规定拧紧力矩均匀地拧紧锁紧螺母。

　　2）装配步骤及调整诀窍

　　① 读图。下轴瓦 8 由圆柱销 9 定位，两半轴瓦间垫有调整垫片 7。轴承盖 4 由双头螺柱螺母压紧。

② 准备工具、量具、辅具。选取活扳手、锉刀、铰刀、铰杠、木锤各一件，油槽錾两把、内孔刮刀两把，丝锥一副，游标卡尺一把，显示剂、煤油适量。

③ 检查零件。按装配图清点零件，用游标卡尺检测各配合尺寸。

④ 装配及调整诀窍：

a. 用锉刀去除零件毛刺、倒角，并将装配零件清洗干净。

b. 将上、下半瓦做出标记。

c. 在轴瓦背面着色，分别以轴承盖和轴承座为基准，配研接触。观察瓦背面的接触点在 6 点 /（25mm×25mm ）以上，再进行下一步工作。

d. 在上轴瓦上与轴承盖配钻油孔。

e. 在上轴瓦内壁上錾削油槽，并去除毛刺，如图 11-104 所示。

f. 在轴承座上钻下瓦定位孔，并装入定位销，定位销露出长度应比下轴瓦厚度小 3mm。

g. 在定位销上端面涂红丹粉，将下轴瓦装入轴承座，使定位销的红丹粉拓印在下轴瓦瓦背上。

h. 根据拓印，在下轴瓦背面钻定位孔。

i. 将下轴瓦装入轴承内，再将四个双头螺栓装在轴承座上，垫好调整垫片，并装好上轴瓦与轴承盖，如图 11-105 所示。

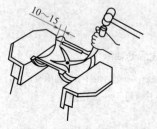

图 11-104　錾油槽

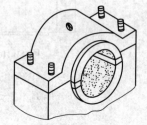

图 11-105　装好上盖

j. 装上工艺轴进行研点，并进行粗刮。

k. 反复进行刮研，使接触斑点达 6 点 /（25mm×25mm ），工艺轴在轴承中旋转没有阻卡现象。

l. 装上要装配的轴，调整好调整垫片，进行精研精刮。

a）装配轴承盖后，稍微拧紧螺母，如图 11-106 所示。

b）用木锤在轴承盖顶部均匀地敲打几下，使轴承盖更好地定位，如图 11-107 所示。

c）拧紧所有螺母，拧紧力矩要大小一致。

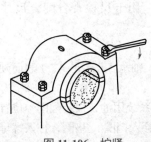
图 11-106　拧紧

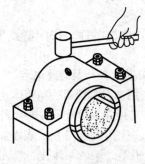
图 11-107　定位

m. 经过反复刮研，轴在轴瓦中应能轻轻自如地转动，无明显间隙，接触斑点在 12 点 /（25mm×25mm）时为合格。

n. 调整合格后，将轴瓦拆下，清洗干净，重新装配，并装上油杯。

⑤ 检查装配。按装配图要求自检，看装配是否满足要求。

⑥ 装配结束，整理工作场地。

3）装配注意事项与禁忌

① 剖分式轴瓦孔的配刮，通常先刮下瓦，然后再刮上瓦。为了提高效率，刮下瓦时可不装上盖。下瓦基本符合要求后，再将上盖压紧，并在研刮上瓦时，进一步修正下轴瓦。

② 必须注意调整好轴承的配合间隙。

（3）内锥外柱式滑动轴承的装配技巧、诀窍与禁忌

以图 11-108 所示轴承的装配为例。

1）装配要点

① 轴承外径与外套内孔接触率应达 80% 以上。

② 润滑油的进、出口及油槽应畅通。

③ 用主轴研点刮削轴承内孔时，应克服主轴自重等因素的影响，不要刮偏。

2）装配步骤及调整诀窍

① 读图。主轴承外套 3 与箱体孔的配合为 H7/r6，轴承外圆与外套内

孔的接触点数为 12 点 /（25mm×25mm），轴承内孔与主轴外圆的接触点数为 12 点以上 /（25mm×25mm）。

② 准备工具、量具、辅具。选取锉刀、油石、勾头扳手、铜棒各一件，选取内孔刮刀二把，选取游标卡尺一把，选取显示剂、煤油适量。

③ 检查零件。按图清点零件数量，用卡尺检查各配合尺寸是否正确。

④ 装配技巧及调整诀窍：

a. 用油石和锉刀去净箱体 2、外套 3、轴承 5、螺母 4、1 表面硬点及毛刺，并用煤油净洗零件配合表面。

b. 在轴承外套 3 配合表面加注全损耗系统用油，按装配图中位置对正箱体 2 孔后，装入箱体孔。然后再将螺杆穿入挡圈、垫圈，拧入螺母，穿入外套孔中，并在箱体孔另一端的螺杆上套入挡圈，拧入螺母。用活扳手拧紧螺母，将外套拉入箱体孔，如图 11-109 所示。

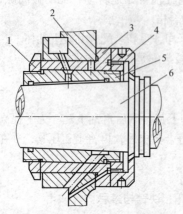

图 11-108　内锥外柱式滑动轴承

1,4—螺母；2—箱体；3—主轴承外套；
5—主轴承；6—主轴

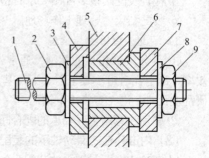

图 11-109　装入外套

1—螺杆；2,9—螺母；3,8—垫圈；
4,7—挡圈；5—箱体；6—外套

c. 用专用心轴研点，修刮外套内孔，去掉内孔硬点及变形，并保证前后轴承的同轴度。

d. 在轴承外圆涂薄而均布的显示剂，将轴承装入外套内孔，转动轴承研点。

e. 根据研点显示，修整轴承外圆，使其接触斑点均匀，显点在 12 点 /（25mm×25mm）。配合间隙为 0.008～0.012mm。

f. 对正轴承油槽与箱体油孔位置，按箱体油孔配钻外套及轴承进油孔和出油孔，使进油孔与轴承油槽相接。

g. 去除钻孔表面毛刺。

h. 按图示位置，把轴承装入外套孔中，两端分别拧入螺母 4、5，试调轴承轴向位置。然后装入主轴，调整轴承合适位置，用螺母 4、5 将轴承位置锁定。

i. 以主轴 6 为研具，用力将轴推向轴承研点，配刮轴承内孔，要求接触点达到 12 点以上 /（25mm×25mm）。轴承内孔的接触点应两端"硬"而中间软。油槽两边点子要"软"，以便建立油楔。油槽两端的点子分布要均匀，以防漏油。轴承内孔的研点不要刮偏。

j. 刮研合格后，清洗轴承和轴颈，并重新装配。调整轴承间隙：先将大端螺母 4 拧紧，使轴、轴承的配合间隙消除，然后再拧松大端螺母至一定角度 α，并拧紧小端螺母，即可获得要求的间隙值。α 角度可根据螺母的导程算出。

⑤ 检查装配。按装配图要求自检装配是否合格。

⑥ 装配完毕，整理工作场地。

3）装配注意事项与禁忌

① 为防止刮偏或研偏，主轴箱能垂直摆放的尽量不水平摆放。

② 每次刮削后的刮屑要清理干净，防止损伤或影响刮研。

③ 主轴轴承的刮研要认真，不要有划伤。

11.6.10 滚动轴承的装配技巧、诀窍与禁忌

（1）滚动轴承的装配要求

在图 11-110 深沟球轴承装配，图 11-111 圆锥滚子轴承装配，图 11-112 角接触球轴承装配和图 11-113 推力轴承的装配中，应满足以下要求。

① 装配前，必须清除配合表面的凸痕、毛刺、锈蚀、斑点等缺陷。如果轴承上有锈迹，应用化学方法除锈，不能用砂布和砂纸打磨。

② 与轴承配合的表面需用煤油清洗干净，并检查尺寸，其圆度、圆柱度误差不允许超过尺寸公差的 IT4～IT2。

③ 禁止用锉刀锉轴承的配合表面，壳体孔表面允许用刮刀稍加修整，但必须保证其几何形状误差在允差范围内。

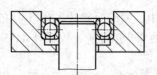

图 11-110　深沟球轴承装配

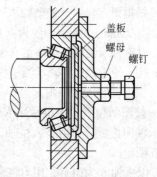

盖板
螺母
螺钉

图 11-111　圆锥滚子轴承装配

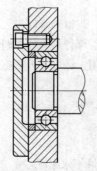

图 11-112　角接触球轴承装配

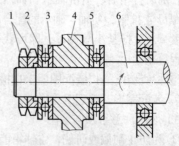

1　2　3　4　5　6

图 11-113　推力轴承装配

1—螺母；2—紧环；3—松环；
4—箱体；5—滚珠；6—轴

　　④ 装配前，轴承需用煤油洗涤。

　　⑤ 要保持轴承体清洁，防止杂物侵入。装配时，在轴、轴承及座孔的配合表面先加一层清洁的润滑油，然后进行装配。

　　⑥ 装配时，作用力需均匀地作用在带过盈的轴承环上。

　　⑦ 轴承必须紧贴在轴肩或孔肩上，不准有间隙。

　　⑧ 轴承端面、垫圈及压盖之间的结合面必须平行，当拧紧螺钉后，压盖应均匀地贴在垫圈上，不允许局部有间隙。如果需要有间隙，则四周间隙应均匀。

　　⑨ 装配后，用手转动轴承或轴承座时，轴承应能均匀、轻快、灵活

地转动。

⑩ 试运转时，在正常运转后，温升不得大于允许的数值。

（2）滚动轴承装配技巧、诀窍与禁忌

以图 11-110 ～图 11-113 所示滚动轴承的装配为例加以说明。

1）深沟球轴承的装配技巧、诀窍与禁忌

在图 11-110 中，深沟球轴承的装配可以采用热套法，也可以采用手动压床压入法，这里选用敲击法装配。

① 装配要点：

a. 装配前，应认真检查实际尺寸，根据配合性质，采用正确的方法进行装配。

b. 装配时，轴承要摆正，外力应均匀、对称地加在轴承内、外环端面上。

② 装配步骤与诀窍：

a. 读图。轴承的内圈需与轴配合，外圈与壳体孔配合。

b. 准备工具、量具、辅具。选取锉刀、锤子各一把，千分尺、内径百分表各一件，专用套一件，煤油、润滑油适量。

c. 检查零件。按装配图检查轴承的规格、牌号、精度等级正确。用内径百分表和千分尺分别测量轴承孔和轴径，符合要求。

d. 装配诀窍与技巧：

a）用锉刀将轴承孔、轴颈上的毛刺去掉并倒角。

b）用煤油清洗轴承和全部装配零件。

c）在配合表面涂上洁净的润滑油（需要润滑脂的轴承涂上洁净的润滑脂），并将轴承放置在轴承孔内及轴颈上，注意不要歪斜。

d）采用专用套筒，顶住轴承内、外圈端面，敲击套筒中央，将轴承装配到位，如图 11- 114 所示。

e）当用锤子和有一定硬度的圆棒顶住轴承的内圈或外圈敲击装配时，要从四周对称地交替轻敲，用力要均匀，不使轴承倾斜。

e. 检查装配。用手转动轴，应转动自如。

f. 装配完毕，整理工作场地。

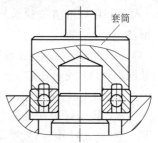

图 11-114　轴承内径和外径过盈配合安装

③装配注意事项与禁忌：

a.不要用锤子直接敲击轴承。

b.用软钢作垫棒敲击时，要轻而均匀地敲打内环或外环，不可敲轴承的保持架，严禁用铜棒和铝棒作垫棒，以防杂物、铜屑或铝屑掉入轴承滚动体及滚道内。

c.安装内环时，装配力应加在内圈上，安装外圈时，作用力应加在外圈上，内、外圈同时装配时，装配力应同时作用在内、外圈上。

2）圆锥滚子轴承的装配技巧、诀窍与禁忌

在图11-111中，圆锥滚子轴承间隙的调整方法有多种，这里选择螺钉调整法。

①装配要点：

a.先装内环于轴上，再装外环于孔中。

b.打入轴承，加力要均匀、对称、避免轴承歪斜。

c.装入后，要调整轴承间隙。

②装配步骤与诀窍：

a.读图。圆锥滚子轴承的内、外圈可以分开装配。

b.准备工具、量具、辅具。选取锉刀、锤子、有一定硬度的软钢垫棒、活扳手、千分尺、内径百分表各一件，选取煤油、润滑油适量。

c.检查零件。按图检查装配轴承的型号、精度等级是否正确。用千分尺、内径百分表检测轴承孔及轴径、轴承外径与壳体孔的配合尺寸是否正确。

d.装配诀窍：

a）用锉刀将轴颈和轴承座孔的毛刺去掉，并倒角。

b）用煤油清洗轴承及全部装配零件，并在配合表面涂上洁净的润滑油。

c）将轴承内圈装在轴颈上、放平摆正，用垫棒、锤子（或专用套筒）从四周对称地交替轻敲，将内圈轻轻敲入轴颈，如图11-115所示。当内圈装入1/3以上时，可以加大敲击力，直至内圈装配到位。

d）将装好内圈的轴装入轴承孔中。再将轴承外圈从轴承孔座的另一侧装入孔中，使之与内圈配合。装配方法与内圈相同。但应注意，当外圈与内圈靠近时，要将轴适量提起，对正轴心，如图11-116所示。

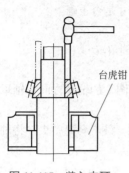

图 11-115 装入内环

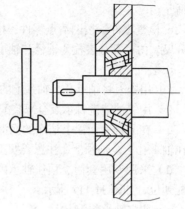

图 11-116 装入外环

e）调整轴承间隙。将端盖按要求装在轴承座上，拧紧调整螺钉，顶紧盖板，使轴承间隙正好消除，再根据间隙要求，将调整螺钉松 1/8 ~ 1/4 转后，拧紧锁定螺母。

e. 检查装配。按图自检，应满足装配要求。

f. 装配结束，整理场地。

③ 装配注意事项与禁忌：

a. 在导入段，敲击轴承的力不可过大。

b. 轴承内外圈的装配要到位。

c. 压轴承盖板的端面应平整。

3）角接触球轴承的装配技巧、诀窍与禁忌

这种轴承的内圈、外圈和滚动体都能拆开，外圈和轴承座孔配合，内圈和轴配合。安装后，调整内、外圈之间的间隙。以图 11-112 所示的装配为例。

① 装配要点：

a. 调整轴承间隙时，必须进行预加负荷，通过修配调整垫实现。

b. 轴承装配时，要摆正大小口径的方向。

c. 装配时，加力要均匀、对称，避免轴承歪斜。

② 装配步骤与诀窍：

a. 读图。轴承类型 7000 型。靠垫圈调整轴承间隙。

b. 准备工具、量具、辅具。选取锉刀、锤子各一件，六角扳手一套，选取千分尺、内径百分表各一件，选取专用套筒一件，煤油、润滑油适量。

c.检查零件。按图清点零件，检查轴承型号、精度等级是否正确。用千分尺、内径百分表检测轴径和轴承座孔配合尺寸是否正确。

d.装配诀窍：

a）用锉刀将轴承孔、轴颈上的毛刺去掉并倒角。

b）用煤油清洗轴承及全部装配零件。

c）在配合表面涂上洁净的润滑油，按装配图上的轴承方向将轴承放置在轴承孔上及轴颈上，注意要摆正。

d）采用专用套筒、顶住轴承内、外圈端面，敲击套筒中央，将轴承装配到位，如图 11-117 所示。

e）调整轴承间隙。

第一，将轴承支承放在平板上，再把角接触球轴承内环的宽边向下，对正平放在专用轴承支承的上表面上。在轴承外环的宽边上面，按装配图给出的预加负荷量加上重量等于预加负荷的重物 A_0。

第二，轴承在重力 A_0 的作用下，消除了间隙，内、外圈的端面产生了高低差，用百分表测量出端面的高低差值，如图 11-117 所示。

第三，将留有调整余量的垫圈及端盖按要求装在轴承座孔中，均匀地拧紧轴承盖上的螺钉，使轴承间隙为零。再用塞尺测量端盖与轴承座的缝隙 K 值的大小，如图 11-118 所示。根据 K 值及轴承预紧测得的内、外圈端面高低差值，修磨调整垫圈的厚度至要求。

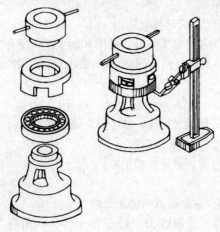
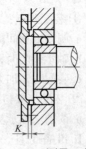

图 11-117　在预加负荷作用下测量出轴承端面差　　　图 11-118　测量 K 值

f）装入修配好的调整垫圈、端盖，用内六角扳手均匀地将端盖螺钉拧紧。

e. 检查装配。按装配图要求自检装配是否合格。

f. 装配完毕，整理工作场地。

③装配注意事项与禁忌：

a. 角接触球轴承的装配有方向要求，装配时，必须严格按图装配。

b. 轴承的装入，不应通过滚动体承受装配力。安装外圈时，应使专用套顶住外圈。安装内圈时，应使专用套顶住内圈。内、外圈同时安装时，应使套筒同时顶住内、外圈。

4）推力轴承的装配技巧、诀窍与禁忌

在图 11-113 中，采用两只推力轴承限制轴的水平移动，双螺母调整轴承间隙。

①装配要点：

a. 装配时，紧环的位置要摆对。

b. 装入紧环时，加力要均匀、适当，防止轴承歪斜。

②装配步骤与诀窍：

a. 读图。轴承的两个松环靠近箱体。

b. 准备工具、量具、辅具。选取锉刀、锤子、勾扳手各一把，游标卡尺一把，铜棒一件，选取煤油、润滑油适量。

c. 检查零件。按图清点零件。检查轴承型号、规格、精度等级是否正确。用游标卡尺检查零件配合尺寸是否正确。

d. 装配诀窍。

a）用锉刀去除零件表面毛刺，用煤油清洁全部装配零件。

b）在轴的配合轴颈涂润滑油，将轴从深沟轴承孔中穿出，按图位置，先套入一副轴承的紧环，再套入滚动体和松环，然后用锤子铜棒边敲击紧环至轴上，边移动轴插入箱体孔。敲击时，力不要过大，应对称敲击。快到位时，可摆正推力轴承位置，直接敲击轴的右端，使紧环到位。

c）在箱体的左边，先套入另一副轴承的松环，再套入滚动体，最后套入紧环。顶住轴的右端，用锤子铜棒对称均匀地用力，敲击左端紧环端面，使紧环装配到位。

d）调整间隙。装入螺母，先拧紧右边螺母，消除轴承间隙。再拧靠左边螺母，将右边螺母旋松靠紧左边螺母至轴承具有合适的间隙。

e. 检查装配。用手转动轴，应感觉间隙合适，转动自如。

f. 装配结束，整理工作场地。

③ 装配注意事项与禁忌：

a. 敲击装配时，不要用锤子直接敲击轴承，以免敲坏滚动体。

b. 箱体孔的端面应平整，螺母的端面毛刺要去净，否则影响轴承间隙的调整。

第12章

模具的装配与调试

12.1 模具装配概述

模具是由若干个零件和部件组成的。模具的装配，就是按照模具设计给定的装配关系，将检测合格的加工件、外购标准件等，根据配合与连接关系正确地组合在一起，达到成形合格制品的要求。模具装配是模具制造工艺全过程的最后阶段，模具的最终质量需由装配工艺过程和技术来保证。高水平的装配技术可以在经济加工精度的零件、部件基础上，装配出高质量的模具。

12.1.1 装配工艺及质量控制

（1）模具装配工艺过程及组织形式

① 模具装配的工艺过程。根据装配图样和技术要求，将模具的零部件按照一定的工艺顺序进行配合与定位、连接与固定，使之成为符合要求的模具产品，称为模具的装配；其装配的全过程，就称为模具的装配工艺过程。

模具的装配包括装配、调整、检验和试模。其过程通常按装配的工作顺序划分为相应的工序和工步。

一个工人或一组工人在不更换设备或地点的情况下完成的装配工作，叫做装配工序。用同一工具，不改变工作方法，并在固定的位置上连续完成的装配工作，叫做装配工步。一个装配工序可以包括一个或几个装配工步。模具的部装和总装都是由若干个装配工序组成的。

模具的装配工艺过程包括以下三个阶段。

a. 装配前的准备阶段。

a）熟悉模具装配图、工艺文件和各项技术要求，了解产品的结构、零件的作用以及相互之间的连接关系。

b）确定装配的方法、顺序和所需要的工艺装备。

c）对装配的零件进行清洗，去掉零件上的毛刺、铁锈及油污，必要时进行修整。

b. 装配阶段。

a）组装阶段。将许多零件装配在一起构成的组件并成为模具的某一组成部分，称为模具的部件，其中那些直接组成部件的零件，称为模具的组件。把零件装配成组件、部件的过程称为模具的组件装配和部件装配。

b）总装阶段。把零件、组件、部件装配成最终产品的过程称为总装。

c. 检验和试模阶段。

a）模具的检验主要是检验模具的外观质量、装配精度、配合精度和运动精度。

b）模具装配后的试模、修正和调整统称为调试。其目的是试验模具各零部件之间的配合、连接情况和工作状态，并及时进行修配和调整。

模具装配工艺过程框图见图 12-1。

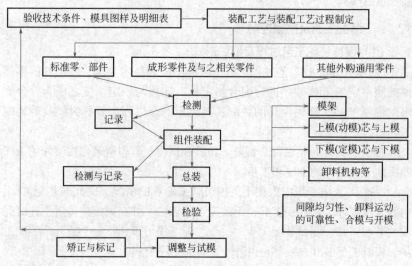

图 12-1　模具装配工艺过程框图

② 模具装配的组织形式。模具装配的组织形式，主要取决于模具的生产类型。根据生产批量的大小，模具装配的组织形式主要有固定式装配和移动式装配两种，如表 12-1 所示。

表 12-1　模具装配的组织形式

名称	装配方式	分类	装配内容	装配特点	应用范围
固定式装配	零件装配成部件或模具的全部过程是在固定的工作地点完成的	集中装配	零件组装成部件或模具的全过程是一个或一组工人在固定地点完成的	装配周期长，效率低，工作场地占地面积大，所需工艺装备较多，并要求工人具有较全面的技能	适用于单件和小批量模具的装配，以及装配精度要求较高，需要调整的部位较多的模具装配
		分散装配	将模具装配的全部工作分散为各个部件的装配和总装配，并在固定地点完成的装配工作	参与装配的工人较多，生产效率较高，装配周期较短	适用于批量模具的装配
移动式装配	每一道装配工序按一定的时间完成，装配后的组件、部件经传送装置输送到下一个工序进行	断续移动式	每一组装配工人在一定的时间周期内完成一定的装配工序，组装结束后由传送装置周期性地输送到下一个装配工序	对工人的技术水平要求较低，效率高，装配周期短	适用于大批和大量模具的装配工作
		连续移动式	装配工作是在传送装置以一定的速度连续移动的过程中完成的	效率高，周期短。对工人的技术水平要求低，但必须熟练	适用于大批量模具的装配工作

(2) 模具装配工艺规程

1) 基本内容

模具装配工艺规程是规定模具或零部件装配工艺过程和操作方法的

工艺文件。它是指导模具或零部件装配工作的技术文件，也是制订生产计划，进行技术准备的依据。模具装配工艺规程必须具备以下几项内容。

① 模具零部件的装配顺序及装配方法。

② 装配工序内容与装配工作量，装配技术要求与操作工艺规范。

③ 装配时所必备的工艺装备及生产条件。

④ 装配质量检验标准与验收方法。

2）制订装配工艺规程依据与步骤

制订模具装配工艺规程时，应具备各种技术资料，包括模具的总装图、部件装配图以及零件图，模具零部件的明细表及各项精度要求，模具验收技术条件及各项装配单元质量标准，模具的生产类型及现有的工艺装备等。

制订模具装配工艺规程的步骤一般是：

① 分析装配图，确定装配方法和装配顺序；

② 确定装配的组织形式和工序内容；

③ 选择工艺装备和装配设备；

④ 确定检查方法和验收标准；

⑤ 确定操作技术等级和时间定额；

⑥ 编制工艺卡片，必要时绘制指导性装配工序图。

（3）模具的装配方法

模具是由多个零件或部件组成的，这些零部件的加工，由于受许多因素的影响，都存在不同大小的加工误差，这将直接影响模具的装配精度。因此，模具装配方法的选择应依据不同模具的结构特点、复杂程度、加工条件、制品质量和成型工艺要求等来决定。现有的模具装配方法可分为以下几种。

1）完全互换法

完全互换法是指装配时，模具各相互配合零件之间不经选择、修配与调整，组装后就能达到规定的装配精度和技术要求。其特点是装配尺寸链的各组成环公差之和小于或等于封闭环公差。

在装配关系中，与装配精度要求发生直接影响的那些零件、组件或部件的尺寸和位置关系，是装配尺寸链的组成环。而封闭环就是模具的装配精度要求，它是通过把各零部件装配好后得到的。当模具精度要求较高，且尺寸链环数较多时，各组成环所分得的制造公差就很小，即零件的加工精度要求很高，这给模具制造带来极大的困难，有时甚至无法达到。

但完全互换法的装配质量稳定，装配操作简单，便于实现流水作业和专业化生产，适合一些装配精度要求不太高的大批量生产的模具标准部件的装配。

2）不完全互换法

① 分组互换法。分组互换装配是将装配尺寸链的各组成环公差按分组数放大相同的倍数，然后对加工完成的零件进行实测，再以放大前的公差数值、放大倍数及实测尺寸进行分组，并以不同的标记加以区分，按组进行装配。

这种方法的特点是扩大了零件的制造公差，降低了零件的加工难度，具有较好的加工经济性。但因其互换水平低，不适于大批量的生产方式和精度要求高的场合。

模具装配中对于模架的装配，可采用分组法按模架的不同种类和规格进行分组装配，如对模具的导柱与导套配合采用分组互换装配，以提高其装配精度和质量。

② 修配装配法。修配装配法是指模具的各组成零件仍按经济加工精度制造，装配时通过修磨尺寸链中补偿环的尺寸，使之达到封闭环公差和极限偏差要求的装配方法。

这种方法的主要特点是可放宽零件制造公差，降低加工要求。为保证装配精度，常需采用磨削和手工研磨等方法来改变指定零件尺寸，以达到封闭环的公差要求。适于不宜采用互换法和调整法的高精度多环尺寸链的精密模具装配，如多个镶块拼合的多型腔模具的型腔或型芯的装配，常用修配法来达到较高的装配精度要求。但是，该方法需增加一道修配工序，对模具装配钳工的要求较高。

③ 调整装配法。调整装配法是按零件的经济加工精度进行制造，装配时通过改变补偿环的实际尺寸和位置，使之达到封闭环所要求的公差与极限偏差的一种方法。

这种方法的特点是各组成环在经济加工精度条件下，就能达到装配精度要求，不需做任何修配加工，还可补偿因磨损和热变形对装配精度的影响。适于不宜采用互换法的高精度多环尺寸链的场合。多型腔镶块结构的模具常用调整法装配。

调整装配法可分为可动调整与固定调整两种。可动调整是指通过改变调整件的相对位置来保证装配精度；而固定调整法则是选取某一个和某一组零件作为调整件，根据其他各组成环形成的累计误差的数值来选择不同尺寸的调整件，以保证装配精度。模具装配中，两种方法都有应用。

模具作为产品一般都是单件定制的，而模架和模具标准件都是批量生产的。因此，上述装配方法中，调整法和修配法是模具装配的基本方法，在模具领域被广泛应用。

不完全互换法的几种装配方式的工艺特点见表12-2。

表12-2　不完全互换法的几种装配方式

名称	装配方法	装配原理	应用范围
分组装配法	将模具各配合零件按实际测量尺寸进行分组，在装配时按组进行互换装配，使其达到装配精度的方法	将零件的制造公差扩大数倍，以经济精度进行加工，然后将加工出来的零件按扩大前的公差大小和扩大倍数进行分组，并以不同的颜色相区别，以便按组进行装配。此法扩大了组成零件的制造公差，使零件的制造容易实现，但增加了对零件的测量分组工作量	适用于要求装配精度高、装配尺寸链较短的成批或大量模具的装配
修配装配法	将指定零件的预留修配量修去，达到装配精度要求的方法	指定零件修配法：在装配尺寸链的组成环中，指定一个容易修配的零件作为修配件（修配环），并预留一定的加工余量。装配时对该零件根据实测尺寸进行修磨，使封闭环达到规定精度的方法 合并加工修配法：将两个或两个以上的配合零件装配后，再进行机械加工使其达到装配精度的方法 说明：几个零件进行装配后，其尺寸可以作为装配尺寸链中的一个组成环对待，从而使尺寸链的组成环数减少，公差扩大，容易保证装配精度的要求	这是模具装配中应用最为广泛的方法，适用于单件或小批量生产的模具装配
调整装配法	用改变模具中可调整零件的相对位置或选用合适的调整零件进行装配，以达到装配精度的方法	可动调整法：在装配时用改变调整件的位置来达到装配精度的方法 固定调整法：在装配过程中选用合适的调整件，达到装配精度的方法 经常使用的调整件有垫圈、垫片、轴套等	此法不用拆卸零件，操作方便，应用广泛

装配方法不同，零件的加工精度，装配的技术要求和生产效率就不同。这就要求我们在选择装配方法时，应从产品的装配技术要求出发，根据生产类型和实际生产条件合理地进行选择。不同装配方法应用状况的比较可参见表12-3。

表 12-3 装配方法比较表

装配方法		工艺措施	被装件精度	互换性	技术要求	组织形式	生产效率	生产类型	对环数的要求	装配精度
完全互换装配法		按极值法确定零件公差	较高或一般	完全互换	低	—	高	各种类型	少	较高
概率法		按概率论原理确定公差	较低	多数互换	低	—	高	大批大量	较多	低
分组装配法		零件测量分组	按经济精度	组内互换	较高	复杂	较高	大批大量	少	较高
不完全互换装配法 修配装配法	指定零件 / 合并加工	修配单个零件	按经济精度	无	高	—	低	单件成批	—	高
调整装配法	可动	调整一个零件位置		无	高	—	较低	各种条件	—	高
调整装配法	固定	增加一个定尺寸零件	按经济精度			较复杂	较高	大批大量		高

注：表中"—"表示无明显特征或无明显要求。

12.1.2　模具装配要求与检验标准

（1）模具装配的技术要求

制造模具的目的是要生产制品，因而模具完成装配后必须满足规定的技术要求，不仅如此，还应按照模具验收的技术条件进行试模验收。

模具装配的技术要求，包括模具的外观和安装尺寸、总体装配精度等。

1）模具外观和安装尺寸技术要求

① 铸造表面应清理干净，安装面应光滑平整，螺钉、销钉头部不能高出安装基准面。

② 模具表面应平整，无锈斑、毛刺、锤痕、碰伤、焊补等缺陷，并对除刃口、型孔以外的锐边、尖角等进行倒钝。

③ 模具的闭合高度、安装于机床的各配合部位尺寸，应符合所选用的设备型号和规格。

④ 当模具质量大于 25kg 时，模具本身应装有起重杆或吊钩，对于大、中型模具，应设有起重孔、吊环，以便于模具的搬运和安装。

⑤ 装配后的冲模应刻有模具的编号、图号及生产日期等栏目。对于塑料模还应刻上动、定模方向的记号及使用设备的型号。

⑥ 注射模、压铸模的分型面上除导套孔、斜销孔以外，不得有外露的螺钉孔、销钉孔和工艺孔，如有这些孔都应堵塞，且与分型面平齐。

⑦ 装配后的塑料模，其闭合高度、安装部位的配合尺寸、顶出形式、开模距离等均应符合设计要求及设备使用的技术条件。

2）模具总体装配技术要求

① 模具零件的材料、几何形状、尺寸精度、表面粗糙度和热处理等均应符合图样要求。零件的工作表面不允许有裂纹和机械损伤等缺陷。

② 模具所有活动部分，应保证位置准确、配合间隙适当、动作协调可靠、定位和导向正确、运动平稳灵活。固定的零件，应牢固可靠，在使用中不得出现松动和脱落。锁紧零件起到可靠锁紧作用。

③ 模具装配后，必须保证模具各零件间的相对位置精度。尤其是制件的有些尺寸与几个冲模零件尺寸有关时，应予以特别注意。

3）冲压模具总体装配技术要求

① 所选用的模架精度等级应满足制件所需的技术要求。如上模板

的上平面与下模板的下平面一定要保证相互平行，对于冲压制件料厚在 0.5mm 以内的冲裁模，长度在 300mm 范围内，其平行度偏差应不大于 0.06mm；一般冲模长度在 300mm 范围内，其平行度偏差应不大于 0.10mm。

② 模具装配后，上模座沿导柱上、下移动应平稳且无阻滞现象。导柱与导套的配合精度应符合标准规定的要求，且间隙均匀。

③ 模柄圆柱部分应与上模座上平面垂直，其垂直度误差在全长范围内应不大于 0.05mm。浮动模柄凸、凹球面的接触面积应不少于 80%。

④ 装配后的凸模与凹模间的间隙应符合图样要求，且沿整个轮廓上间隙应均匀一致。要求所有凸模应垂直于固定板装配基准面。

⑤ 毛坯在冲压时定位应准确、可靠、安全，出件和排料应畅通无阻。

⑥ 应符合装配图上除上述要求以外的其他技术要求。

4）塑料模总体装配技术要求

① 模具分型面对定、动模座板安装平面的平行度和导柱、导套对定、动模板安装面的垂直度的要求应符合有关的技术标准和使用条件的规定。各零件之间的支承面要互相平行，平行度偏差在长度 200mm 内应不大于 0.05mm。

② 开模时，推出部分应保证制件和浇注系统的顺利脱模及取出。合模时，应准确退回到原始位置。

③ 合模后分型面应紧密贴合，如有局部间隙，其间隙值对于注射模而言应不大于 0.015mm。

④ 在分型面上，定、动模镶块与定、动模板的镶合要求紧密无缝，镶块平面应分别与定、动模板齐平，或可允许略高，但高出量不得大于 0.05mm。

⑤ 推杆、复位杆应分别与型面、分型面平齐，推杆也允许凸出型面，但不应大于 0.1mm，复位杆允许低于分型面时，不得大于 0.05mm。

⑥ 滑块运动应平稳，开模后应定位准确可靠；合模后滑动斜面与楔紧块的斜面应压紧，接触面积不小于 75%，且有一定的预紧力。

⑦ 抽芯机构中，抽芯动作结束时，所抽出型芯的端面与制件上相对应孔的端面距离应大于 2mm。

⑧ 在多块剖分模结构中，合模后拼合面应密合，推出时应同步。

特别说明：以上技术要求同样适用于压铸模。

（2）模具验收技术条件

为保证试模验收工作，模具验收技术条件包括模具验收项目、检查内容和标准以及试模方法等。

① 模具应进行下列验收项目：

a. 外观检查。

b. 尺寸检查。

c. 试模和制件检查。

d. 质量稳定性检查。

e. 模具材质和热处理要求检查。

② 模具的检查。按模具图样和技术条件，检查模具各零件的尺寸、模具材质、热处理方法、硬度、表面粗糙度和有无伤痕等，检查模具组装后的外形尺寸、运动状态和工作性能。检验部门应将检查部位、检查项目、检查方法等内容逐项填入模具验收卡中。

③ 模具的试模。经上述检验合格的模具才能进行试模，试模应严格遵守有关工艺规程。试件用的材质应符合有关国家标准和专业标准。

a. 试模的技术要求。试模用的设备应符合技术要求。模具装机后应先空载运行，达到模具各工作系统工作可靠，活动部分灵活平稳，动作相互协调，定位起止正确。

b. 对试件的要求。试模提取检验用的试件，应在工艺参数稳定后进行。在最后一次试模时，应连续取出一定数量的试件交付模具制造部门和使用部门检查。经双方确认试件合格后，由模具制造方开具合格证，连同试件及模具交付使用部门。

c. 模具质量稳定性检查的批量。模具质量稳定性检查的批量生产所规定的制件数量，按有关规定执行。

12.2　冲压模具的装配

12.2.1　冲压模具总装精度要求

① 装配好的冲模，其闭合高度应符合设计要求。

② 模柄（活动模柄除外）装入上模座后，其轴心线对上模座上平面的垂直度误差，在全长范围内不大于 0.05mm。

③ 导柱和导套装配后，其轴心线应分别垂直于下模座的底平面和上

模座的上平面，其垂直度误差应符合模架分级技术指标的规定。

④ 上模座的上平面应和下模座的底平面平行，其平行度误差应符合模架分级技术指标的规定。

⑤ 装入模架的每一对导柱和导套的配合间隙值（或过盈量）应符合导柱、导套配合间隙的规定。

⑥ 装配好的模架，其上模座沿导柱移动应平稳，无阻滞现象。

⑦ 装配后的导柱，其固定端面与下模座下平面应留有 1 ~ 2mm 的距离。

⑧ 凸模和凹模的配合间隙应符合设计要求，沿整个刃口轮廓应均匀一致。

⑨ 定位装置要保证定位正确可靠。

⑩ 卸料及顶件装置活动灵活、正确，出料孔畅通无阻，保证制件及废料不卡在冲模内。

⑪ 模具应在生产的条件下进行试验，冲出的制件应符合设计要求。

由于模具制造属于单件小批生产，在装配工艺上多采用修配法和调整法来保证装配精度。

对于连续（级进）模，由于在一次冲程中有多个凸模同时工作。保证各凸模与其对应型孔都有均匀的冲裁间隙，是装配的关键所在。为此，应保证固定板与凹模上对应孔的位置尺寸一致，同时使连续模的导柱、导套比单工序冲模有更好的导向精度。为了保证模具有良好的工作状态，卸料板与凸模固定板上的对应孔的位置尺寸也应保持一致。所以在加工凹模、卸料板和凸模固定板时，必须严格保证孔的位置尺寸精度，否则将给装配造成困难，甚至无法装配。

在可能的情况下，采用低熔点合金和黏结技术固定凸模，以降低固定板的加工要求。或将凹模做成镶拼结构，以使装配时调整方便。

为了保证冲裁件的加工质量，在装配连续模时要特别注意保证送料长度和凸模间距（步距）之间的尺寸要求。

12.2.2 各类冲压模具装配的特点

在冲模制造过程中，要制造出一副合格优质的冲模，除了保证冲模零件的加工精度外，还需要一个合理的装配工艺来保证冲模的装配质量。装配工艺主要根据冲模的类型、结构而确定。

冲模的装配方法主要有直接装配法和配作装配法两种方法。

直接装配法是将所有零件的孔、形面，全按图样加工完毕，装配时只要把零件连接在一起即可。当装配后的位置精度较差时，应通过修正零件来进行调整。该装配方法简便迅速，且便于零件的互换，但模具的装配精度取决于零件的加工精度。必须要有先进的高精度加工设备及测量装置才能保证模具质量。

配作装配方法是在零件加工时，对与装配有关的必要部位进行高精度加工，而孔的位置精度由钳工进行配作，使各零件装配后的相对位置保持正确关系。这种方法，即使没有坐标镗床等高精度设备，也能装配出高质量的模具。除耗费工时以外，对钳工的实践经验和技术水平也有较高的要求。

所以，直接装配法一般适于设备齐全的大中型工厂及专业模具生产厂，而对于一些不具备高精设备的小型模具厂需采用修配及配作的方法进行装配。

（1）冲模装配要点

① 要合理地选择装配方法。在零件加工中，若全采用电加工、数控机床等精密设备加工，由于加工出的零件质量及精度都很高，且模架又采用外购的标准模架，则可以采用直接装配法即可。如果所加工的零部件不是专用设备加工，模架又不是标准模架，则只能采用配作法装配。

② 要合理地选择装配顺序。冲模的装配，最主要的是应保证凸、凹模的间隙均匀。为此，在装配前必须合理地考虑上、下模装配顺序，否则在装配后会出现间隙不易调整的麻烦，给装配带来困难。

一般说来，在进行冲模装配前，应先选择装配基准件。基准件原则上按照冲模主要零件加工时的依赖关系来确定。如可做装配时基准件的有导向板、固定板、凸模、凹模等。

③ 要合理地控制凸、凹模间隙。合理地控制凸、凹模间隙，并使其间隙在各方向上均匀，这是冲模装配的关键。在装配时，如何控制凸、凹模的间隙，这要根据冲模的结构特点、间隙值的大小，以及装配条件和操作者的技术水平与实际经验而定。

④ 要进行试冲及调整。冲裁模装配后，一般要进行试冲。在试冲时，若发现缺陷，要进行必要的调整，直到冲出合格的零件为止。

在一般情况下，当冲模零件装入上、下模板时，应先安装作为基准的零件，通过基准件再依次安装其他零件。当安装后，经检查若无误，可以先钻铰销钉孔，拧入螺钉，但不要固定死；待到试模合格后，再将其固定，以便于试模时调整。

（2）冲模装配顺序的选择

冲模的装配顺序主要与冲模类型、结构、零件制造工艺及装配者的经验和工作习惯有关。

冲模装配原则是将模具的主要工作零件如凹模、凸模、凸凹模和定位板等选为装配的基准件，一般装配顺序为：选择装配基准件→按基准装配有关零件→控制并调整凸模与凹模之间间隙均匀→再装入其他零件或组件→试模。

导板模常选导板作装配基准件。装配时，将凸模穿过导板后装入凸模固定板，再装入上模座，然后装凹模及下模座。

连续模常选凹模作装配基准件。为了便于调整步距准确，应先将拼块凹模装入下模座，再以凹模定位将凸模装入固定板，然后装上模座。

复合模常选凸凹模作装配基准件。一般先装凸凹模部分，再装凹模、顶块以及凸模等零件。

弯曲模及拉深模则视具体结构确定。对于导向式模具通常选成形凹模作为装配基准件，这样间隙调整比较方便；而对于敞开式模具则可任选凸模或凹模作为装配基准件。

精冲模装配顺序类似于普通冲裁模，但由于精冲模的刚度和精度要求都比较高，需用独特的精确装配方法。

（3）其他冲模的装配特点

① 弯曲模的装配特点。一般情况下，弯曲模的导套、导柱的配合要求可略低于冲裁模，但凸模与凹模工作部分的粗糙度比冲裁模要小（$Ra < 0.63\mu m$），以提高模具寿命和制件的表面质量。

在弯曲工艺中，由于材料回弹的影响，常使弯曲件在模具中弯成的形状与取出后的形状不一致，从而影响制件的形状和尺寸要求。影响回弹的因素较多，很难用设计计算来加以消除，因此，在制造模具时，常要按试模时的回弹值修正凸模（或凹模）的形状。为了便于修整，弯曲模的凸模和凹模多在试模合格以后才进行热处理。另外，弯曲属于变形加工，有些弯曲件的毛坯尺寸要经过试验才能最后确定。所以，弯曲模进行试冲的目的除了找出模具的缺陷加以修正和调整外，还是为了最后确定制件毛坯尺寸。由于这一工作涉及材料的变形问题，所以，弯曲模的调整工作比一般冲裁模要复杂很多。

②拉深模的装配特点。

a.冲裁凸、凹模的工作端部有锋利的刃口，而拉深凸、凹模的工作端部要求有光滑的圆角。

b.通常拉深模工作零件的表面粗糙度比冲裁模要小（一般 $Ra\,0.32 \sim 0.04\mu m$）。

c.冲裁模所冲出的制件尺寸容易控制，如果模具制造正确，冲出的制件一般是合格的。而拉深模即使组成零件制造很精确，装配也很好，但由于材料弹性变形的影响，拉深出的制件不一定合格。因此，在模具试冲后常常要对模具进行修整加工。

拉深模试冲的目的有两个：

a）通过试冲发现模具存在的缺陷，找出原因并进行调整、修正。

b）最后确定制件拉深前的毛坯尺寸。为此应先按原来的工艺设计方案制作一个毛坯进行试冲，并测量出试冲件的尺寸偏差，根据偏差值确定是否对毛坯进行修改。如果试冲件不能满足原来的设计要求，应对毛坯进行适当修改，再进行试冲，直至试件符合要求。

③为确保冲出合格的制件，弯曲模和拉深模装配时的注意事项与禁忌如下。

a.需选择合适的修配环进行修配装配。对于多动作弯曲模或拉深模，为了保证各个模具动作间运动次序正确、各个运动件到达位置正确、多个运动件间的运动轨迹互不干涉，必须选择合适的修配零件，在修配件上预先设置合理的修配余量，装配时通过逐步修配，达到装配精度及运动精度。

b.需安排试装试冲工序。弯曲模和拉深模制件的毛坯尺寸一般无法通过设计计算确定，所以，装配时必须安排试装。试装前，选择与冲压件相同厚度及相同材质的板材，采用线切割加工方法，按毛坯设计计算的参考尺寸割制成若干个样件。然后安排试冲，根据试冲结果，逐渐修正毛坯尺寸。通常，必须根据试冲得到的毛坯尺寸图来制造毛坯落料模。

c.需安排试冲后的调整装配工序。试冲的目的是找出模具的缺陷，这些缺陷必须在试冲后的调整工序中予以解决。

12.2.3 冲模零部件装配的技巧与诀窍

（1）冲模零件装配的技术要求

1）凸模与凹模的装配技术要求

① 凸模、凹模的侧刃与固定板安装基面装配后，在 100mm 长度上垂直度误差：刃口间隙 ≤ 0.06mm 时，误差小于 0.04mm；刃口间隙 > 0.06 ~ 0.15mm 时，误差小于 0.08mm；刃口间隙 > 0.15mm 时，误差小于 0.12mm。

② 冲裁凸、凹模的配合间隙必须均匀。其误差不大于规定间隙的 20%，在局部尖角或转角处其误差不大于规定间隙的 30%。

③ 压弯、成形、拉深类凸、凹模的配合间隙装配后必须均匀。其偏差值最大应不超过料厚加料厚的上偏差；最小值也应不得超过料厚加料厚的下偏差。

④ 凸模、凹模与固定板装配后，其安装尾部与固定板安装面必须在平面磨床上磨平。磨平后的表面粗糙度值应在 Ra 1.6 ~ 0.80 μm 以内。

⑤ 对多个凸模工作部分的高度（包括冲裁凸模、弯曲凸模、拉深凸模以及导正销等），必须按图纸保证相对的尺寸要求，其相对误差不大于 0.1mm。

⑥ 拼块式的凸模或凹模，其刃口两侧平面应光滑一致，无接缝感。对弯曲、拉深、成形模的拼块凸模或凹模工作表面，其接缝处的直线度误差应不大于 0.02mm。

2）导向零件装配技术要求

① 导柱压入模座后的垂直度，在 100mm 长度内误差：滚珠导柱类模架 ≤ 0.005mm；滑动导柱Ⅰ类（高精度型）模架 ≤ 0.01mm；滑动导柱Ⅱ类（经济型）模架 ≤ 0.015mm；滑动导柱Ⅲ类（普通型）模架 ≤ 0.02mm。

② 导料板的导向面与凹模送料中心线应平行。其平行度误差为：冲裁模不大于 100 ∶ 0.05；连续模不大于 100 ∶ 0.02。

③ 左右导料板的导向面之间的平行度误差不得大于 100 ∶ 0.02。

④ 当采用斜楔、滑块等结构零件做多方向运动时，其与相对斜面必须贴合紧密，贴合程度在接触面纵、横方向上均不得小于长度的 3/4。

⑤ 导滑部分应活动正常，不应有阻滞现象发生。预定方向的误差不

得大于 100 ： 0.03。

3）卸料零件装配技术要求

① 冲压模具装配后，其卸料板、推件板、顶板等均应露出于凹模模面、凸模顶端、凸凹模顶端 0.5 ～ 1mm 之外。若图纸另有规定时，可按图纸要求进行。

② 弯曲模顶件板装配后，应处于最低位置。料厚为 1mm 以下时，允差 0.01 ～ 0.02mm；料厚大于 1mm 时，允差 0.02 ～ 0.04mm。

③ 顶杆、推杆长度，在同一模具装配后应保持一致，误差小于 0.1mm。

④ 卸料机构运动要灵活，无卡阻现象。卸料元件应承受足够的卸料力。

4）紧固件装配技术要求

① 螺栓装配后，必须拧紧，不许有任何松动。螺纹旋入长度在钢件连接时不小于螺栓的直径；铸件连接时不小于 1.5 倍螺栓直径。

② 定位圆柱销与销孔的配合松紧适度。圆柱销与每个零件的配合长度应大于 1.5 倍柱销直径（即销深入零件深度大于 1.5 倍柱销直径）。

5）模具装配后的各项技术要求

① 装配后模具闭合高度的技术要求：

a. 模具闭合高度 ≤ 200mm 时，偏差 $^{+1}_{-3}$mm；

b. 模具闭合高度 > 200 ～ 400mm 时，偏差 $^{+2}_{-5}$mm；

c. 模具闭合高度 > 400mm 时，偏差 $^{+3}_{-7}$mm。

② 装配后模板平行度要求。冲裁模：当刃口间隙 ≤ 0.06mm 时，在 300mm 长度内允差为 0.06mm；刃口间隙 > 0.06mm 时，在 300mm 长度内允差为 0.08mm 或 0.10mm。其他模具在 300mm 长度内允差为 0.10mm。

③ 漏料孔。下模座漏料孔一般按凹模孔尺寸每边应放大 0.5 ～ 1mm。要求漏料孔通畅，无卡阻现象。

（2）冲模工作零件的固定技巧与诀窍

1）常见冲模凸、凹模固定形式

常见冲模凸模形式见表 12-4。

冲模凸模固定形式见表 12-5。根据固定方法的不同，其固定形式也各不相同。其固定方法主要有机械固定方法、物理固定方法，化学固定方法等。

表 12-4　常用凸模形式

简图	特点	适用范围
	典型圆凸模结构。下端为工作部分,中间的圆柱部分用以与固定板配合(安装),最上端的台肩承受向下拉的卸料力	冲圆孔凸模,用以冲裁(包括落料、冲孔)
	直通式凸模,便于线切割加工,如凸模断面足够大,可直接用螺钉固定	各种非圆形凸模用以冲裁(包括落料、冲孔)
	断面细弱的凸模,为了增加强度和刚度,上部放大	凸模受力大,而凸模相对来说强度、刚度薄弱
	凸模一端放长,在冲裁前,先伸入凹模支承,能承受侧向力	单面冲压的凸模
	整体的凸模结构上部断面大,可直接与模座固定	单面冲压的凸模
	凸模工作部分组合式	节省贵重的工具钢或硬质合金
	组合式凸模,工作部分轮廓完整,与基体套接定位	圆凸模,节省工作部分的贵重材料

表 12-5　常见的凸模固定形式

结构简图	特点
	凸模与固定板紧配合，上端带台肩，以防拉下。圆凸模大多用此种形式固定
	直通式凸模，上端开孔，插入圆销以承受卸料力
	用于断面不变的直通式凸模，端部回火后铆开
	凸模与固定板配合部分断面较大，可用螺钉紧固
	用环氧树脂浇注固定
	上模座横向开槽，与凸模紧配合，用于允许纵向稍有移动的凸模
	凸模以内孔螺纹直接紧固于压力机，用于中小型双动压力机
	用螺钉和圆销固定的凸模拼块，也可用于中型或大型的整体凸模
	负荷较轻的快换凸模，冲件厚度不超过 3mm

① 凸模的机械固定方法与诀窍。凸模的机械固定方法及特点如下。

a. 直接固定在模座上。图 12-2（a）适用于横截面较大的凸模；图 12-2（b）适用于窄长的凸模。

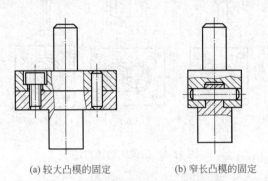

(a) 较大凸模的固定   (b) 窄长凸模的固定

图 12-2　直接固定在模座上的凸模

b. 用固定板固定。如图 12-3 所示，图（a）为台肩固定，适用于固定端形状简单（一般为圆形或矩形），卸料力较大的凸模；图（b）为铆接固定，适用于卸料力较小的凸模；图（c）为用螺钉从上拉紧的固定形式；图（d）为锥柄固定，适用于较小直径的凸模。

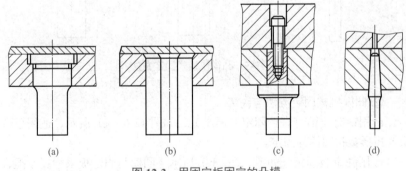

(a)   (b)   (c)   (d)

图 12-3　用固定板固定的凸模

如果凸模的工作端为非圆形，固定端为圆形，则必须考虑防转措施，如图 12-4 所示。

c. 快换式固定法。如图 12-5 所示，适用于小批生产、使用通用模座的凸模或易损凸模。

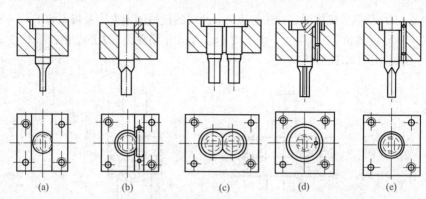

图 12-4　凸模的防转方法

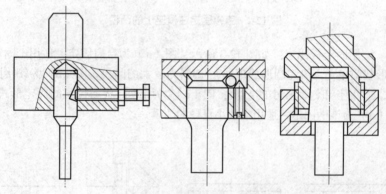

图 12-5　凸模快换式固定方法

②凹模机械固定方法与诀窍。

a. 用螺钉、销钉直接固定在模座上，如图 12-6（a）所示，适用于圆形或矩形板状凹模的固定。

b. 用固定板固定，如图 12-6（b）所示，凹模与固定板采用过渡配合 H7/m6，多用于圆凹模的固定。

c. 快换式凹模的固定，如图 12-6（c）、（d）所示。

③凸模与凹模的物理固定方法与诀窍。

a. 低熔点合金浇注固定法。低熔点合金浇注固定法利用低熔点合金冷却膨胀的原理，使凸模、凹模与固定板之间获得具有一定强度的连接，其常见的连接形式如图 12-7 所示。

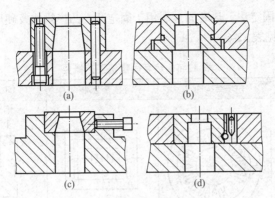

图 12-6 凹模的机械固定方法

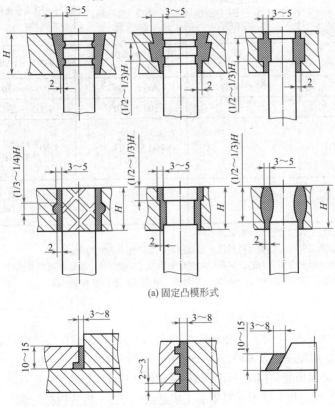

(a) 固定凸模形式

(b) 固定凹模形式

图 12-7 低熔点合金浇注固定法

b. 热套固定法。热套固定法用于固定凹、凸模拼块及硬质合金模具，其工艺概要见表 12-6。

表 12-6　热套固定法工艺概要

冲模结构		拼块结构冲模	硬质合金冲模	钢球冷镦模
图示		1—拼块；2—套圈；3—定位圈	1—硬质合金凹模；2—套圈	1—硬质合金凹模；2—套圈；3—支承座
过盈		$(0.001 \sim 0.002) D$	$(0.001 \sim 0.002) A$ $(0.001 \sim 0.002) B$	$(0.005 \sim 0.007) D$
加热温度	套圈	$300 \sim 400℃$	$400 \sim 450℃$	$800 \sim 850℃$
	模块	—	$200 \sim 250℃$	$200 \sim 250℃$
说明			在热套冷却后，再进行型孔加工（如线切割等）	在零件加工完毕后热套
稳定处理		—	—	$150 \sim 160℃$保温 $12 \sim 16h$

注：1. 上列过盈值为经验公式。

2. 加热温度视过盈量及材料热胀系数而定；加热保温时间约 1h。

3. 模块要求有预应力的，对套圈的强度要求高（例如钢球冷镦模套圈要求用 GCr15 钢锻造退火及加工后淬硬到 45 ~ 50HRC，接触面、垂直度、平行度要求也高）。

④凸、凹模化学固定方法与诀窍。

a. 无机粘接法。其结构形式如图 12-8 所示，粘接零件表面越粗糙越好，一般粗糙度为 $Ra 12.5 \sim 50\mu m$，单面间隙取 0.2 ~ 0.4mm。

b. 环氧树脂粘接法。用环氧树脂粘接凸模或凹模的优点有：

a）固定板上的形孔只需加工成近似凸（凹）模的粗糙轮廓，周边可按结合部分的形状放出 1.5 ~ 2.5mm 的单边空隙以便于浇注，其粘接面的表面粗糙度可为 $Ra 50 \sim 12.5\mu m$。

b）胶黏剂随用随配，不需特殊工艺装备。

c）室温固化或只用红外线灯局部照射，没有热应力引起的变形。

d）化学稳定性好，能耐酸、耐碱。

e）固化后的抗压强度为 87 ～ 174MPa，抗剪强度为 15 ～ 30MPa。

f）用于粘接细小和容易折断的凸模时，损坏后可取下重新浇注。

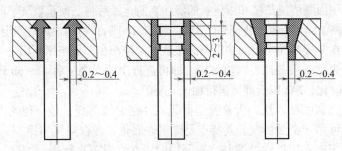

图 12-8　凸模的无机粘接法固定

用环氧树脂浇注固定凸模的形式和固定板的型孔与凸模间隙大小，要按冲制件厚度而定。如图 12-9 所示，当冲制材料厚度小于 0.8mm 时，采

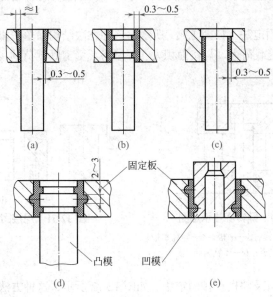

图 12-9　环氧树脂固定凸、凹模

用图（a）和图（b）的固定方法；当材料厚度为 0.8～2mm 时，采用图（c）的固定方法；大尺寸的凸模和凹模的固定孔形式见图（d）和图（e）。在固定孔中，应开垂直于轴线的环形槽。随着孔的增大，浇注槽的空隙也相应加大，一般以 1.5～4mm 为宜。

浇注的方法是，先按模具间隙要求在凸模表面镀铜或均匀涂漆，并在浇注前用丙酮清洗凸模和固定板的浇注表面，然后将凸模垂直装于凹模型孔，如图 12-10 所示，凸模和凹模一起翻转 180°后，将凸模放进固定板中。同时，在凹模与固定板间垫以等高垫铁，并使凸模断面与平板贴合（平板上可预先涂一层黄油，以防粘模）即可进行浇注。浇注后 4～6h 环氧树脂凝固硬化，24h 以后即可进行加工、装配。

c. 厌氧胶粘接法。厌氧胶全称厌氧性密封胶黏剂，是一种既可用于粘接又可用于密封的胶。其特点是厌氧性固化，即在空气（氧气）中呈液态，当渗入工件的缝隙与空气隔绝时，在常温下自行聚合固化，使工件牢固的粘接和密封。冲模和其他机械零部件采用厌氧胶粘接以后，可用间隙配合取代过渡配合和过盈配合，降低加工精度，防止缩孔，缩短装配时间。

⑤ 硬质合金块的固定方法与诀窍。硬质合金块的固定方法主要有以下四种。

a. 焊接固定法。如图 12-11 所示，这种方法结构简单、操作方便。然而，对于承受载荷大、焊接面积大、焊层将承受剪断载荷的场合，应避免采用。

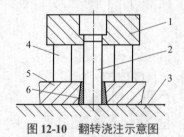

图 12-10　翻转浇注示意图

1—凹模；2—凸模；3—平板；4—等高垫板；
5—固定板；6—环氧树脂

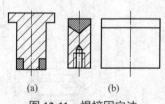

图 12-11　焊接固定法

b. 用螺钉及斜楔机械固定法。如图 12-12 所示，这种方法可靠，目前应用较广泛。

c. 热套（或冷压）固定法。如图 12-13 所示，适用于工作时承受强烈载荷的模具。

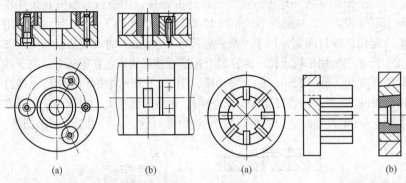

图 12-12　用螺钉及斜楔机械固定法　　　图 12-13　热套（或冷压）固定法

d. 粘接固定法。用环氧树脂或厌氧胶等粘接的固定法，如图 12-14 所示。

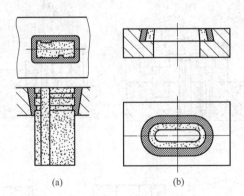

图 12-14　粘接固定法

以上四种固定法，在一副模具上有时只用一种，有时两种方法并用，具体需根据硬质合金块形状合理地选择应用。

⑥ 镶拼式凸、凹模的固定方法与诀窍。形状复杂和大型的凹模与凸模选择镶拼结构，可以获得良好的工艺性，局部损坏更换方便，还能节约优质钢材，对大型模具可以解决锻造困难和热处理设备及变形的问题，因此被广泛采用。

镶拼式凸、凹模的固定方法主要有：平面固定法，嵌入固定法、压入固定法、斜模固定法及低熔点合金固定法。

　　a. 平面固定法。这种方法是把拼好的镶块，用销钉和螺钉直接在模板上定位和固定，其结构形式如图 12-15 所示：图（a）、（b）所示结构用销钉定位，螺钉固定，用于冲裁件厚度小于 1.5mm 的大型凸、凹模；图（c）所示结构用销钉定位，螺钉加上止推键将拼块固定在模板上，用于冲裁件厚度为 1.5～2.5mm 的大型冲模；图（d）所示结构利用销钉、螺钉将镶拼的凸、凹模固定在模板的凹槽内，止推强度更大，用于冲裁件厚度大于 2.5mm 大型冲模的固定；图（e）用螺钉固定，适用于大型圆凸模；

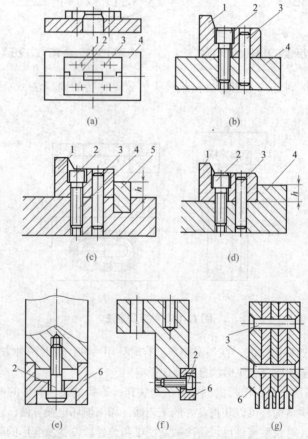

图 12-15　镶拼式凸、凹模平面固定结构形式

1—凹模镶块；2—螺钉；3—销钉；4—模板；5—止推键；6—凸模镶块

图（f）适用于大型剪切凸模；图（g）适用于孔距尺寸很小的多排矩形孔的冲裁凸模。

b. 嵌入固定法。这种方法是把拼合的镶块嵌入两边或四周都有凸台的模板槽内定位，采用基轴制过渡配合 K7/h6，然后用螺钉、销钉或垫片与楔块（或键）紧固。如图 12-16 所示：图（a）为螺钉固定嵌入结构；图（b）为用垫片嵌入固定结构；图（c）为模块、螺钉固定嵌入结构。这类结构侧向承载能力较强，主要用于中、小型凸、凹模的固定。

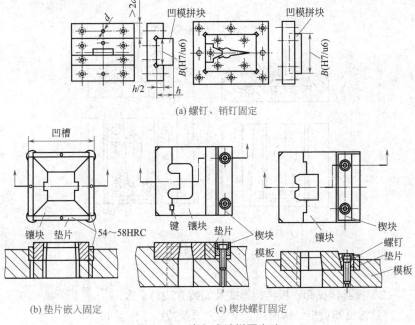

(a) 螺钉、销钉固定

(b) 垫片嵌入固定　　(c) 楔块螺钉固定

图 12-16　嵌入式镶拼固定法

c. 压入固定法。这种方法是将拼合的凸、凹模，以过盈配合 U8/h7 压入固定板或模板槽内固定，如图 12-17 所示，适用于形状复杂的小型冲模以及较小不宜用螺钉、销钉紧固的情况。

d. 斜楔固定法。这种方法主要是采用斜楔紧固拼块，如图 12-18 所示。其特点是拆装、调整较方便，凹模因磨损间隙增大时，可将其中一块拼合面磨去少许，使其恢复正常间隙。

e. 低熔点合金固定法。见图 12-7。

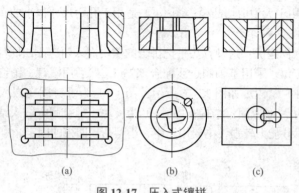

(a)　　　　　　　　(b)　　　　　　(c)

图 12-17　压入式镶拼

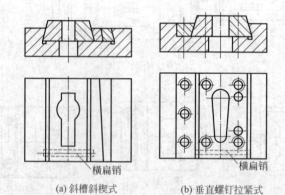

横扁销　　　　　　　　　　横扁销

(a) 斜槽斜楔式　　　　　(b) 垂直螺钉拉紧式

图 12-18　斜楔式镶拼

2）模具常见卸料板结构形式及安装方法与诀窍

① 常见卸料板结构形式、安装方法及特点。见表 12-7。

② 卸料板弹簧的安装方法。见表 12-8。

表 12-7　常见卸料板结构形式

结构简图	特点
	无导向弹压卸料板，广泛应用于薄材料和冲件要求平整的落料、冲孔、复合模等模具上的卸料。卸料效果好、操作方便。弹压元件可用弹簧或硬橡胶板，一般以使用弹簧较好

结构简图	特点
	平板式固定卸料板，结构比弹压卸料板更简单，一般适用于冲制较厚的各种板材，若冲件平整度要求不高，也可冲制 $\geq 0.5 \sim 0.8mm$ 的各种板材
	半固定式卸料板，一般适用于较厚材料的冲件冲孔模。由于加大凹模与卸料板之间的空间，冲制后的冲件可利用压力机的倾斜或安装推件装置使冲件脱离模具，同时操作也较方便，由于卸料板是半固定式，因此凸模高度尺寸也可相应减少
	弹压式导板，导板由独立的小导柱导向，用于薄料冲压。导板不仅有卸料功能，更重要的是对凸模导向保护，因而提高了模具的精度和寿命 当冲件材料厚度 $> 0.8 \sim 3mm$ 时，导板孔与凸模配合为 H7/h6

表 12-8　卸料板弹簧的安装方法

序号	简图	说明
1		单面加工弹簧座孔，适用于 $s<D$ 的情况
2		双面加工弹簧座孔，适用于 $s>D$ 的情况
3		使用弹簧芯柱。当单面板的厚度较薄不宜加工座孔时采用 $D_1=d+(1 \sim 2)\,mm$

序号	简图	说明
4		用内六角螺钉代替弹簧芯柱，适用情况同序号3
5		弹簧与卸料螺钉安装在一起 $D_1=d+(2\sim3)\,\text{mm}$

3）冷冲模装配时零件的固定方法与诀窍

模具零件的固定方法如下。

① 紧固件法。也称机械固定法。

② 压入法。该方法是固定冷冲模、压铸模等主要零件的常用方法，优点是牢固可靠，缺点是压入型孔精度要求高。表 12-9 是压入法采用的过盈量及配合要求。

③ 焊接法。该方法一般只适用于硬质合金模具。

④ 热套法。其工艺概要见表 12-6。

⑤ 粘接法。利用有机或无机胶黏剂固定零件。

表 12-9　模具零件压入法固定的配合要求

类别	零件名称	图示	过盈量	配合要求
冲模	凸模与固定板		—	①采用 $\dfrac{\text{H7}}{\text{n6}}$ 或 $\dfrac{\text{H7}}{\text{m6}}$ ②表面粗糙度 $Ra<1.6\mu\text{m}$
冷挤压模	两层组合凹模（凹模与套圈）钢或硬质合金凹模与钢套圈		$\Delta=(0.008\sim0.009)\,d_2$	①单边斜度 $\theta=1°\,30'$ ②$C_1=\dfrac{\Delta}{2}\cot\theta$ ③热挤压模 $\theta=10°$

类别	零件名称	图示	过盈量	配合要求
冷挤压模	三层组合凹模（凹模与套圈）钢或硬质合金凹模与钢套圈		①凹模与中圈 $\Delta_1=(0.008\sim0.009)d_2$ ②中圈与外圈 $\Delta_2=(0.004\sim0.005)d_3$	①单边斜度 $\theta=1°30'$ ②压合次序为先外后内 ③压出次序为先内后外 ④$C_1=\dfrac{\Delta_1}{2}\cot\theta$ $C_2=\dfrac{\Delta_2}{2}\cot\theta$
冷挤压模	—		$(0.004\sim0.005)d_2$	①单边斜度 $\theta=30'$ ②压入量 $C=\dfrac{\Delta}{2}\cot\theta$（图中未表示）

4）冲裁模凸模与固定板的装配工艺与诀窍

当冲裁模凸模与凸模固定板采用过盈配合连接，并用压入法进行装配时，凸模固定板的型孔应与固定板平面垂直，型孔的尺寸精度和表面粗糙度应符合要求，型孔的形状不应呈锥形或鞍形。当凸模不允许有圆角、锥度等引导部分时，可在固定板型孔的凸模压入处加工出引导部分，其斜度小于1°，高度小于5mm。

压入凸模时，应将凸模置于压力机的压力中心，如图12-19所示，压入固定板型孔少许，即用90°角尺检查凸模的垂直度，防止歪斜。压入速度不宜太快，当压入型孔深度达到总深度的1/3时，还要用90°角尺检查，垂直度合格时，方可继续压入。

压入凸模后，要以固定板的下底面为基准，将固定板上平面与凸模底面一起磨平。

当固定多凸模时，各凸模压入的先后顺序在工艺上有所选择。选择的原则是：凡是在装入时容易定位，而且能够作为其他凸模安装基准的凸模，应先压入；凡是较难定位，或要求依据其他零件通过一定的工艺方法才能定位的凸模，应后压入。

如图 12-20 所示的多凸模，其装配顺序如下。

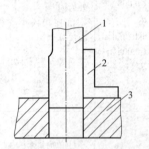

图 12-19　用 90°角尺检查凸模垂直度

1—凸模；2—90°角尺；3—固定板

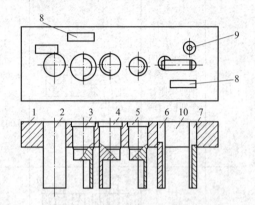

图 12-20　多凸模及固定板

1—固定板；2—拼合凸模；3 ～ 5—半环凸模；

6,7—半圆凸模；8—侧刃凸模；

9—圆凸模；10—垫块

① 压入半圆凸模 6、7。由于半圆凸模在压入时容易定位定向，所以，首先将两个半圆凸模连同垫块 10 从固定板正面用垫板同时压入。这样压入时稳定性好，压入时也要用 90°角尺检查垂直度，如图 12-21 所示。

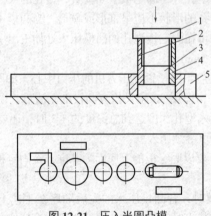

图 12-21　压入半圆凸模

1—垫板；2,4—半圆凸模；3—垫块；5—固定板

② 压入半环凸模 3。用已装好的半圆凸模为基准，垫好等高垫块，插入凹模，调整好间隙。同时将半环凸模按凹模定位好以后，卸去凹模，垫上等高垫块，将半圆环凸模压入固定板，如图 12-22 所示。

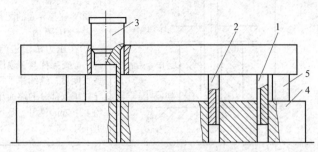

图 12-22　压入半环凸模

1,2—半圆凸模；3—半环凸模；4—凹模；5—等高垫块

③ 压入半环凸模 4、5 和圆凸模 9。其方法与压入半环凸模 3 相同，然后压入圆凸模 9（图 12-20）。

④ 压入两个侧刃凸模 8。垫好等高垫块后，将两个侧刃凸模 8 分别压入固定板。

⑤ 压入拼合凸模 2。其方法与压入半环凸模相同。

5）导柱、导套与模座的装配工艺与诀窍

① 先压导柱、后压导套的压入式模座装配工艺。压入式模座装配的导柱、导套与上、下模座均采用过盈配合连接（一般为 H7/r6 或 H7/s6），导柱与导套的配合一般采用 H7/h6。装配时，要先擦净导柱、导套和上、下模座的配合表面，并涂上机油。先压入导柱，后压入导套的典型装配工艺方法有两种，见表 12-10 和表 12-11。

② 先压导套、后压导柱的压入式模座装配工艺。见表 12-12。

表 12-10　压入式模座装配工艺（先压导柱、后压导套之一）

序号	工序	简图	说明
1	选配导柱、导套		将导柱、导套按实际尺寸选择配套，其配合间隙松紧合适

序号	工序	简图	说明
2	压入导柱	压块 导柱 下模座 专用支承圈 压力机工作台	①将下模座底平面向上，放在专用支承圈上 ②导柱与导套的配合部分先插入下模座孔内 ③在压力机上进行预压配合，检查导柱与下模座平面的垂直度后，继续往下压，直至导柱压入部分的端面压进模座约 1～2mm 为止，压完一个后再压另一个
3	压入导套	压块 导套 上模座 导柱 专用支承圈 下模座	①将已压好导柱的下模座放在压力机的工作台上，并垫上专用支承圈 ②将上模座反置套进导柱内 ③将导套套入导柱内 ④在压力机的作用下将导套预压入上模座内，检查导套与上模座是否垂直，导套在导柱内配合是否良好，最后将导套压入且端面低于上模座 1～2mm
4	检验		将压完导柱、导套的上、下模座之间垫上球面支承杆，放在平板上，测量模架的平行度

表 12-11 压入式模座装配工艺（先压导柱、后压导套之二）

序号	工序	简图	说明
1	选配导柱、导套		按模架精度等级选配导柱、导套，使其配合间隙值符合技术指标

序号	工序	简图	说明
2	压入导柱	压块 导柱 下模座 Δ_{max}	利用压力机将导柱压入下模座。压导柱时将压块放在导柱中心位置上。在压入过程中，需用百分表（或宽座 90°角尺）测量并矫正导柱的垂直度。用同样方法压入所有导柱。但不到底，需留 1～3mm
3	装导套	导套 导柱 上模座 下模座 Δ_{max}	将上模座反置套在导柱上，然后套上导套，用千分表检查导套压配部分内外圆的同轴度，并将其最大偏差 Δ_{max} 放在两导套中心连线的垂直位置，这样可减少由于不同轴而引起的中心距变化
4	压入导套	球面形压块 导套 上模座	用球面形压块放在导套上，将导套压入上模座一部分。取走带有导柱的下模座，仍用球面形压块将导套全部压入上模座，端面低于上模座 1～3mm
5	检验	上模座 导套 球面支承杆 导柱 下模座 标准平板	将上、下模座对合，中间垫上球面支承杆（等高垫块），放在平板上测量模架平行度

表 12-12 压入式模座装配工艺（先压导套、后压导柱）

序号	工序	简图	说明
1	选择导柱、导套		将导柱、导套进行选择配合

序号	工序	简图	说明
2	压入导套	等高垫圈 导套 上模座 专用工具	①将上模座放在专用工具上（此工具上的两个圆柱与底板垂直，圆柱直径与导柱直径相同） ②将两个导套分别套在圆柱上，用两个等高垫圈垫在导套上 ③在压力机的作用下将导套压入上模座 ④检查压入后的导套与模座的垂直度
3	压入导柱	上模座 导套 等高垫块 导柱 下模座	①在上、下模座间垫入等高垫块 ②将导柱插入导套 ③在压力机上将导柱压入下模座约 5～6mm ④将上模座提升到不脱离导柱的最高位置，然后轻轻放下，检查上模座与两等高垫块的接触松紧是否均匀，若接触松紧不一，则应调整导柱至接触松紧均匀为止 ⑤将导柱压入下模座
4	检验		将上、下模座对合，中间垫上球面支承杆，放在平板上测量模架平行度

③导柱可卸式粘接模座的装配工艺。如图 12-23 所示的模座，导套直接与上模座粘接。与导柱通过圆锥面过盈连接的衬套粘接在下模座上。这种模座的导柱是可以拆卸的，其模座装配工艺见表 12-13。

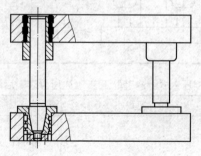

图 12-23　粘接式模座

表 12-13　导柱可卸式粘接模座的装配工艺

序号	工序	简图	说明
1	选择导柱、导套		按模架精度要求选配好导柱、导套
2	配导柱及衬套		配磨导柱与衬套锥度，使其吻合面积达 80% 以上。然后将导柱与衬套装配好，以导柱两端中心孔为基准，磨衬套 A 面，以保证 A 面与导柱轴线的垂直度要求
3	中间处理		锉去毛刺及棱边倒角。然后用汽油或丙酮清洗导套、衬套与模座孔壁粘接表面，并进行干燥处理
4	粘接衬套		将衬套连同导柱装入下模座孔中，调整好衬套与模座孔的间隙，使之大致均匀后，用螺钉紧固。然后垫好等高垫块，浇注黏结剂
5	粘接导套		将已粘接完成的下模座平放，将导套套入导柱，再套上上模座（上、下模座间垫等高垫块），调整好导套与上模座孔的间隙，并调整好导套下的支承螺钉后浇注黏结剂
6	检验		测量模架平行度

④ 导柱不可卸式粘接模座的装配工艺。见表 12-14。

表 12-14　导柱不可卸式粘接模座的装配工艺

序号	工序	简图	说明
1	去毛刺	孔口未去毛刺　孔口已去毛刺　　$d_1-d=0.4\sim0.6$　　$D_1-D=0.4\sim0.6$	①所需工装：錾子、台虎钳、锤子（10.45kg）、扁锉（300mm）、刮刀 ②技术要求：不碰伤平面，孔口无毛刺，外形符合图样要求 ③操作方法：将上、下模座分别夹在台虎钳上修正外形，锉去毛刺，孔口倒角。若导柱、导套被粘接表面有氧化层，则需在砂轮机上磨去
2	脱脂清洗		①所需工装：汽油或丙酮、棉纱、圆毛刷 ②技术要求：去除油污，无脏物存在 ③操作方法：先用棉纱擦一遍，把油污去掉，后用蘸有汽油的刷子清洗孔和导柱、导套被粘接部分
3	干燥		①所需工装：工作台 ②技术要求：表面无液体 ③操作方法：将清洗好的零件在室温下进行自然干燥约 $5\sim10$min
4	装夹	导柱 下模板	①所需工装：工作台、垫块、专用夹具、旋具 ②技术要求：夹具的导柱中心距和模座要求的应一致，导柱应垂直；垫块的高度选取应使下模座套上后导柱不露出下模座的底平面 ③操作方法 a.把两个导柱的非粘接部分放在同一个夹具里夹紧 b.在夹具上放上两块相同高度的垫块

序号	工序	简图	说明
5	调胶黏剂		① 所需工装：铜板 1 块（150mm×200mm×4mm），铜板条或竹片 1 根，长度不小于 150mm，滴管，氧化铜粉，磷酸 ②技术要求 a. 铜板条手握住的地方做得厚一些，调和部分做得薄一些，要富有弹性 b. 一次调和量不宜过多，最好不超过 20g 氧化铜粉 c. 调成浓胶状，能拉出丝来即可使用 d. 调和时的温度为 25℃以下 ③操作方法 a. 将铜板和铜条擦干净 b. 先将氧化铜粉倒在铜板上铺开，在中间扒出凹坑，再倒入适量磷酸 c. 缓慢均匀地由内向外来回调和均匀，约 1～2min 后即可使用
6	导柱与下模座粘接	 h—专用夹具厚度；L—导柱长度；d—导柱直径；H—等高垫块高度；d_1—下模座的导柱孔径；d_1-d=0.4～0.6mm	①所需工装：压块、旋具 ②技术要求 a. 注意间隙均匀 b. 跑到外边的多余料在粘接后半小时以内用锯片刮去，千万别在硬化后去除 ③操作方法 a. 将配制好的胶黏剂均匀地分别涂到两导柱孔壁部和导柱的被粘接部分周围 b. 对准导柱套进下模座，松开夹具螺钉，旋转导柱使胶黏剂涂覆均匀 c. 将压块压到下模座上

序号	工序	简图	说明
7	干燥		①所需工装：工作台 ②技术要求：干燥过程中不允许碰动，使胶黏剂彻底干燥为止 ③操作方法：在室温下自然干燥硬化，一般24h就可以了
8	取出已粘好导柱的模座	*A处扎有多股线绳*	①所需工装：旋具 ②技术要求：注意导套被粘接部分位于上部 ③操作方法 a.松开夹紧螺钉，取出已粘好导柱的模座并放平 b.在导柱上套上导套，为了控制其位置，可在A处扎一条多股棉纱线或细绳，不让导套向下滑动
9	导套与上模座粘接	压块 上模座 导套 导柱 下模座 A 垫块 D_1 D 2 *A处扎有多股线绳* D_1—上模座导套孔径；D—导套外径	①所需工装：压块、垫块 ②技术要求 a.注意间隙均匀 b.跑到外边的多余料在粘接后半小时以内用锯片刮去，千万别在硬化后去除 ③操作方法 a.粘接前清洁处理按序号2、3进行；调胶黏剂按序号5进行 b.刮一部分胶黏剂均匀地分别涂到两导套被粘接部分和上模座导套孔周围 c.将上模座套在导套上，并旋转导套使涂层均匀 d.将压块压到上模座上

序号	工序	简图	说明
10	干燥		①所需工装：工作台 ②技术要求：干燥过程中不允许碰动，使胶黏剂彻底干燥凝固为止 ③操作方法：在室温下自然干燥 24h 即可
11	取出模座		操作方法：拿去压块和垫块，导柱、导套全部固定后，模座就可使用

⑤ 滚动式模座装置的装配工艺。滚动式导柱、导套结构包括滚珠式导向结构（见图 12-24）和滚柱式导向结构（见图 12-25）。

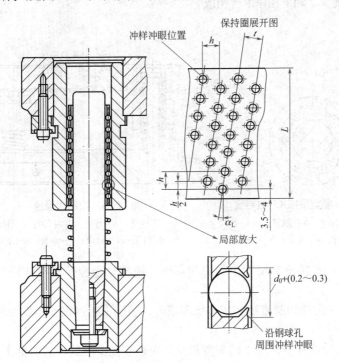

冲样冲眼位置　保持圈展开图

局部放大

沿钢球孔周围冲样冲眼

$d_0+(0.2\sim0.3)$

图 12-24　滚珠式导柱、导套结构

滚珠式导向结构的滚动体广泛采用钢球，为便于使用，导柱是可卸的，其锥形部分结合锥度为 1 ∶ 10。导柱、导套之间多了一层钢球，钢球装在保持圈内可以灵活活动而又不能脱落。钢球与导柱、导套之间没有间隙，从而使导向精度得到提高。并且使导柱和导套之间的摩擦性质由原来的滑动摩擦变成滚动摩擦，摩擦因数减小，从而提高了模具导向零件的使用寿命，因而常用在要求寿命长的模具中。

　　对于特别精密、高寿命的模具，应采用新型滚柱式导柱导套，如图 12-25 所示。新型滚柱外形由三段圆弧组成，中间一段圆弧与导柱外圆相配合，两端圆弧与导套内圆相配合。一般滚柱式导套，长时间使用后，导柱及导套表面往往会磨出凹槽而产生间隙，影响导向精度。采用新型滚柱，则可减少这种现象的发生，从而能提高使用寿命，并能长期保持导向精度。

　　滚动式模座结构如图 12-26 所示，由上模座 1、导柱 4、保持架 5、导套 6、弹簧 7 和下模座 8 等组成。

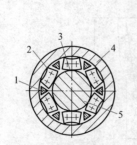

图 12-25　新型滚柱式导柱导套

1—保持架；2—外接触部分；3—内接触部分；4—导套；5—导柱

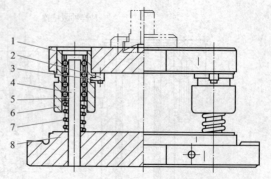

图 12-26　滚动式模座

1—上模座；2—螺钉；3—压板；4—导柱；5—保持架；6—导套；7—弹簧；8—下模座

　　滚动式模座常用于小间隙冲裁模、硬质合金冲模和精冲模等精密模具。

　　滚动模座的制造精度较一般模座高，装配工艺过程和一般模座基本相同。

　　⑥ 导柱在下模座上的配置形式。导柱在模座上的配置有如下几种，如图 12-27 所示。

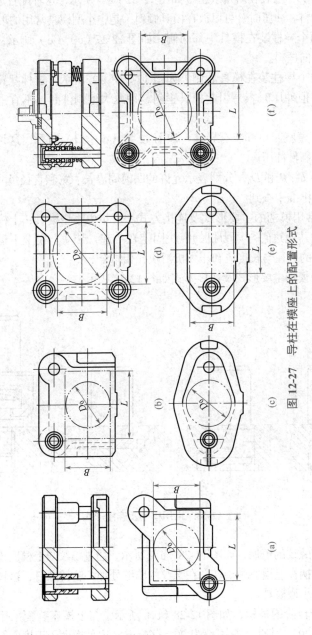

图 12-27 导柱在模座上的配置形式

a. 两个导柱装在对角线上，如图 12-27（a）所示，这种配置适于纵向或横向送料。冲压时，可以放在模具倾斜，是中小型模具常用的形式。

b. 两个导柱装在模具中部两侧，如图 12-27（c）、（e）所示，这种配置适于纵向送料。

c. 两个导柱装在模具后侧，如图 12-27（b）所示，这种配置可以三面送料，但冲压时容易引起模具歪斜，冲压大型制件时，不宜采用这种形式。

d. 下模座四角都装有导柱，如图 12-27（d）、（f）所示，这种配置适用于大型制件冲压。

图中 L、B 和 D_0，分别表示允许的凹模周界长、宽和直径尺寸，其大小均可在标准中查到。

⑦ 常用模柄的主要形式及连接方式。对于中小型模具，上模座常装有模柄，并通过它与压力机的滑块固定在一起，带动上模上下运动。因此，模柄的直径与长度应和压力机滑块孔相结合。

常用模柄主要形式及连接方式如图 12-28 所示。

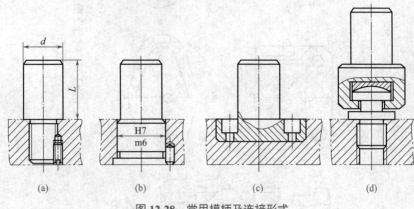

图 12-28　常用模柄及连接形式

a. 带螺纹的模柄，如图 12-28（a）所示，通过螺纹与上模座连接。为了防止模柄在上模座中旋转，在螺纹的骑缝处加一防转螺钉，这种模柄主要用于中小型模具。

b. 带台阶的模柄，如图 12-28（b）所示，与上模座装配采用压入式（见图 12-29），其直径 D 一般为 20～60mm，这种模柄用于模座厚度较大的各种冲裁模。模柄与上模座可采用过盈配合，若采用过渡配合，应在凸台边沿安装一个骑缝销钉或加防转螺钉，以防相对转动。

c. 带凸缘的模柄，如图 12-28（c）所示，它是靠凸缘用螺钉与上模座连接固定，适用于大型模具，或因用刚性推料装置而不宜用其他形式模柄时采用。

d. 浮动式模柄，如图 12-28（d）所示，它由模柄、球面垫片、连接头组成。这种结构可通过球面垫片消除压力机滑块的导向误差，因此主要用在有导柱导向的精密冲模。

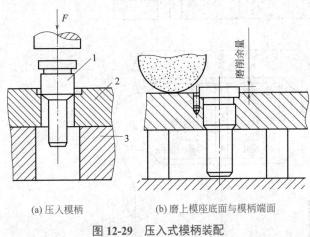

(a) 压入模柄　　　　(b) 磨上模座底面与模柄端面

图 12-29　压入式模柄装配

1—模柄；2—上模座；3—垫板

⑧ 冲裁模弹压卸料板的装配工艺特点。弹压卸料板在冲压过程中起压料和卸料作用。装配时，应保证压卸料板与凸模之间有适当的间隙。

如图 12-30 所示的冲孔模，其弹压卸料板的装配工艺如下。

a. 将弹压卸料板套在已装入固定板的凸模上，在固定板与卸料板之间垫上等高垫块。

b. 调整卸料板型孔与凸模之间，使之均匀后，用平行夹板将二者夹紧。

c. 按照卸料板上的螺钉孔在固定板上配划螺钉过孔中心线，然后去掉平行夹板，在固定板上钻螺钉过孔。

d. 将固定板和弹压卸料板通过螺钉和弹簧连接起来。

e. 检查卸料板型孔与凸模之间的间隙是否符合要求。

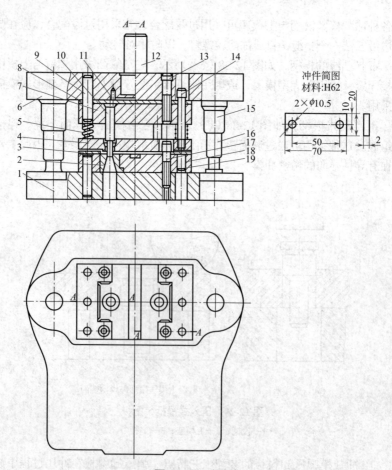

图 12-30　冲孔模

1—下模座；2—凹模；3—定位板；4—弹压卸料板；5—弹簧；6—上模座；

7,18—固定板；8—垫板；9,11,19—定位销；10—凸模；12—模柄；

13,14,17—螺钉；15—导套；16—导柱

12.2.4　冲压模具装配实例、技巧与诀窍

（1）冲裁模装配过程及步骤

① 熟悉模具装配图。装配图是进行装配工作的主要依据。在装配图上，一般绘有模具的正面剖视图，固定部分（下模）的俯视图和活动部

分（上模）的仰视图。对于结构复杂的模具，还绘有辅助的剖视图和剖面图。

在正面剖视图上标有模具的闭合高度。如果冲裁模规定用于自动冲压机或固定式自动冲压机时，还标有下模座底平面到凹模上平面的距离。

在装配图的右上方，绘有冲制件的形状、尺寸和排样方法。当冲制件的毛坯是半成品时，还绘有半成品的形状和尺寸。

在装配图的右下方标明模具在工艺方面和设计方面的说明及对装配工作的技术要求。例如：凸、凹模的配合间隙、模具的最大修磨量和加工时的特殊要求等，在说明下面还列有模具的零件明细表。

通过对模具装配图的分析研究，可以了解该模具的结构特点、主要技术要求、零件的连接方法和配合性质。制件的尺寸形状及凸、凹模的间隙要求等，以便确定合理的装配基准、装配顺序和装配方法。

② 组织工作场地及清理检查零件。

a. 根据模具的结构和装配方法，确定工作场地。

b. 准备好装配时需要用的工、量、夹具，材料及辅助设备等。

c. 根据模具装配图及零件明细表清点和清洗零件，并检查主要零件的尺寸精度，形位精度和表面粗糙度。

③ 对模具的主要部件进行装配。如凸模与凸模固定板的装配和上、下模座的装配等。

④ 装配模具的固定部分。冲裁模的固定部分主要是指与下模座相连接的零件，如凹模、凹模固定板、定位板、卸料板、导柱和下模座等。模具的固定部分是冲裁模装配时的基准部分，下模座则是这一部分部件的装配基准件。

如果在调整凸、凹模间隙时只调整凸模的相对位置，则在固定部分装配完成后，用定位销将凹模与凹模固定板加以定位和固定。

⑤ 装配模具的活动部分。模具的活动部分主要是指与上模座相连接的部分零件，如凸模、凸模固定板、模柄、导套和上模座等。模具的活动部分要根据固定部分来装配。

⑥ 调整模具的相对位置。将模具的活动部分和固定部分组合起来，调整凸模与凹模的配合间隙，使间隙均匀一致。

⑦ 固定模具的固定部分。如果模具的固定部位尚未固定，在调整凸、凹模间隙之后，用定位销将凹模或凹模固定板定位后，固定在下模座上。固定以后还要检查一次固定好的凸、凹模的配合间隙。

⑧ 固定模具的活动部分。用定位销将凸模或凸模固定板定位、固定在上模座上，并拧紧全部紧固螺钉。固定以后还要再检查一次配合间隙。

⑨ 检查装配质量。包括对模具的外观质量。各部件的固定连接和活动连接的情况及凸、凹模配合间隙的检查等。

⑩ 试冲和调整。试冲和调整是对模具最后和最重要的检查。包括将装配完毕的模具安装到指定的压力机上进行试冲，并按图样要求检查冲裁件的质量等。如果冲裁件的质量不符合要求，则应分析原因，并对模具做进一步调整，直到试冲的制件符合要求为止。

（2）冲裁模的装配要点

装配是模具制造最重要的工序。模具的装配质量与零件加工质量及装配工艺有关。而模具的拼合结构又比整体式结构的装配工艺要复杂，冲裁模的装配要点如下。

① 装配时首先选择基准件，根据模具主要零件加工时的相互依赖关系来确定。可以用作基准件的一般有凸模、凹模、导向板、固定板。

② 装配次序是按基准件安装有关零件。以导向板作基准进行装配时，通过导向板将凸模装入固定板，再装入上模座，然后再装凹模及下模座。

固定板具有止口的模具，可以用止口作定位装配其他零件（该止口尺寸可按模块配制后，一经加工好就作为基准）。先装凹模，再装凸凹模及凸模。

当模具零件装入上、下模座时，先装基准件，并在装好后检查无误，钻铰销钉孔，打入定位销。后装的零件在装妥无误后，要待试冲达到要求时，才钻铰销钉孔，打入定位销链。

③ 导柱压入下模座后，除要求导柱表面与下模座平面间的垂直度误差符合要求外，还应保证导柱下端面离下模座底面有 1 ～ 2mm 的距离，以防止使用时与压力机台面接触。

④ 导套装入上模座后，然后与下模座的导柱套合。套合后，要求上模座能自然地从导柱上滑下，而不能有任何涩滞现象。

（3）冲孔模的装配技巧与诀窍

如图 12-30 所示的冲孔模，其装配工艺过程及特点如下：

① 对冲孔模固定部分的装配和固定。对于凹模装在下模座上的导柱模，模具的固定部分是装配时的基准部件，应该先行装配，下模座 1 是这一部件的装配基准件。装配过程是，先将已装配好导柱、导套的上下模座分开，按以下步骤装配。

a. 将凹模 2 表面涂油后，压入固定板 18 的孔中。

b. 磨平固定板 18 的底面。

c. 在固定板上安装定位板 3。

d. 把已装好凹模和定位板的固定板 18 安装在下模座 1 上。工艺方法如下：

a）找正固定板的位置后，和下模座一起用平行夹板夹紧。

b）根据固定板上的螺钉过孔和凹模型孔在下模座上配划螺钉孔和落料孔中心线。

c）松开平行夹板，取下固定板 18，在下模座 1 上钻、攻螺钉孔和漏料孔。

d）把凹模固定板 18 安装在下模座 1 上，找正后拧紧螺钉。

e）钻、铰定位销孔，装入定位销。

② 对冲孔模活动部分的装配。步骤如下：

a. 在已装上凸模 10 的凸模固定板 7 和凹模固定板 18 之间垫上适当高度的等高垫块，使凸模刚好能插入凹模型孔内。

b. 在固定板 7 上放上模座 6，使导柱 16 配入导套 15 孔中。

c. 调整凸、凹模的相对位置后，用平行夹板将上模座 6 和凸模固定板 7 一起夹紧。

d. 取下上模座 6，根据固定板 7 上的螺钉孔和卸料螺钉过孔，在上模座的下平面上配划螺钉过孔中心线。

e. 松开平行夹板，取下固定板 7，在上模座上按划线钻各个螺钉过孔。

f. 装配模柄 12，安装好模柄后，用 90°角尺检查模柄与上模座上平面的垂直度。

g. 在上模座上安装垫板 8 和固定板 7，拧上紧固螺钉。但不要拧得很紧，以免在调整凸、凹模配合间隙时，用铜锤敲击固定板不能使凸模向指定方向移动。

h. 将上模座放在下模座上，使导柱 16 配入导套 15 孔中。

③ 调整冲孔模的凸、凹模间隙。可用垫片法调整，并使间隙均匀。然后拧紧上模座 6 和凸模固定板 7 间的紧固螺钉。

④ 固定冲孔模的活动部分。步骤如下。

a. 取下上模座，在上模座 6 和凸模固定板 7 上钻、铰定位销孔，装上定位销 9。

b. 再次检查凸、凹模的配合间隙。如因钻、铰定位销孔而使间隙又变得不均匀时，则应取出定位销 9，再次调整凸、凹模间隙，间隙均匀后，换位置重新钻、铰定位销孔，并装上定位销，直到固定后凸凹模配合间隙仍然保持均匀为止。

　　c.将弹压卸料板 4 套在凸模上，装上螺钉 14 和弹簧 5。装配后的弹压卸料板必须能灵活移动，并保证弹压卸料板的压料面突出凸模端面 0.2 ～ 0.5mm。

　　d.安装其他零件。

　　⑤ 试冲和调整。试冲合格后，还要将定位板 3 取下来，经热处理后，再装到原来的位置上。

　　(4) 单工序落料模的装配技巧与诀窍

　　如图 12-31 所示是使用后导柱模座的拨叉落料模，其装配工艺顺序如下。

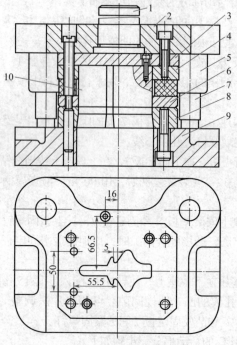

图 12-31　拨叉落料模

1—模柄；2—上模座；3—垫板；4—凸模固定板；5—导套；6—卸料板；
7—导柱；8—凹模；9—下模座；10—凸模

① 将凸模 10 装入凸模固定板 4，保证凸模对固定板端面垂直度要求，并同磨凸模及固定板端面平齐。把凸模放进凹模 8 型孔内，两边垫以等高垫块，并放入后导柱模座内，用划针把凹模外形划在下模座 9 上面，将凸模固定板外形划在上模座 2 下平面，初步确定了凸模固定板和凹模在模座中的位置。然后分别用平行夹板夹紧上、下模两部分，作上、下模座的螺钉固定孔，并将上模座翻过来，使模柄 1 朝上，按已划出的位置线将凸模固定板的位置对正，作固定板 4 的螺孔，按凹模 8 型孔划下模座上的漏料孔线。

② 加工上模座 2 连接弹压卸料板 6 的螺钉过孔；加工下模座上的漏料孔，并按线每边均匀加大约 1mm。

③ 用螺钉将凸模固定板 4 和垫板 3 紧固在上模座并用螺钉将凹模紧固在下模座。注意不要过紧，以便调整。

④ 试装合模，使下模座的导柱进入上模座的导套内，缓慢放下，使凸模进入凹模型孔内。如果凸模未进入凹模孔内，可轻轻敲击凸模固定板，利用螺钉与螺钉过孔的间隙进行细微调整，直至凸模进入凹模型孔内。同时观察凸模与凹模的间隙，用同样的方法予以调整，并通过冲纸法试冲，直到间隙均匀，合格为止。

⑤ 冲裁间隙调整均匀后，把上模组件取下，钻、铰定位销孔，配入定位销（销与孔应保持适当的过盈）。下模座的定位销孔按凹模销孔引做，同样配入定位销，保持销与孔有适当的过盈。

⑥ 按装配图装配其他零件，达到技术要求，最后打标记。

（5）落料冲孔复合模的装配技巧与诀窍

如图 12-32 所示为顺装落料冲孔复合模，能够在落料的同时冲出一个 $\phi12mm$ 的孔和四个 $\phi4.2mm$ 的孔。其特点是打料装置把冲孔废料从凸凹模孔内推出，使孔内不积存废料，减少孔内胀力的作用，从而可减小凸凹模壁厚。这种结构更适用于冲制壁厚较小的制件，但出件应用压缩空气等吹出或靠自重滑下。其装配工艺顺序如下。

① 装配压入式模柄，垂直上模座端面，装后同磨大端面平齐。

② 将凸模装入凸模固定板，保持与固定板端面垂直，同磨端面平齐。

③ 将凸凹模装入凸凹模固定板，保持与固定板端面垂直，同磨端面平齐。

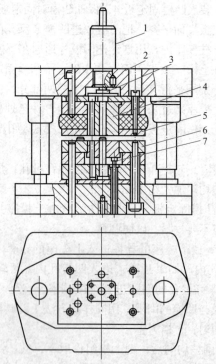

图 12-32　顺装复合冲裁模

1—固定模柄；2—模座；3—打料装置；4—凸凹模；

5—卸料装置；6—凹模；7—顶件装置

④ 确定凸凹模固定板在上模座上的位置，用平行夹板夹紧，作凸凹模固定板上的螺孔和上模座上的螺钉过孔，并保持孔位置一致。

⑤ 按凹模上的孔引作凸模固定板和下模座的螺钉过孔。

⑥ 将带凸模的固定板装在下模板上，螺钉不要拧得过紧，进行试装合模，使导柱缓慢进入导套，如果凸模与凸凹模的孔对得不太正，可轻轻敲打凸模固定板，利用螺钉过孔的间隙进行调整，直到间隙均匀。此时用划针划出凸模固定板位置。

⑦ 在下模组件上增加凹模，重新合模，冲裁外形，做各孔的全面细致的间隙调整，其中包括用冲纸法试模，直至获得均匀的间隙。

⑧ 上模和下模分别钻、铰定位销孔（防止位置移动），配入定位销，并保证销与孔有适当的过盈。其他零件可按图装配，达到要求后打

标记。

（6）落料拉深复合模的装配技巧与诀窍

如图 12-33 所示落料拉深复合模。其装配工艺顺序如下。

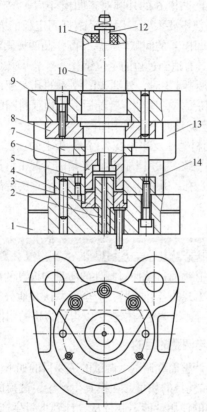

图 12-33　落料拉深复合模

1—下模座；2—拉深凸模；3—压边顶料圈；4—凹模；5—固定挡料销；
6—凸凹模；7—卸料板；8—凸凹模固定板；9—上模座；10—打料装置；
11—模柄；12—打杆；13—导套；14—导柱

① 装配压入式模柄 11，垂直上模座端面，装后同磨大端面平齐。

② 将拉深凸模 2 装在下模座 1 上，并相对下模座底面垂直。同磨端面平齐后，加工防转螺钉孔，并装防转螺钉。

③ 以压边顶料圈 3 定心，将凹模 4 装在下模座上，经调整与拉深凸模同轴后，用平行夹板夹紧，作螺钉孔和定位销孔，并装上螺钉，配入适

当过盈的定位销。

④ 将凸凹模 6 装于固定板 8 上，并保持垂直，同磨大端面平齐。

⑤ 用平行夹板将装上凸凹模的固定板与上模座夹紧后合模，使导柱缓慢进入导套。在凸凹模 6 的外圆对正凹模 4 后，配作螺钉孔和螺钉过孔，并拧入螺钉，但不要太紧。用轻轻敲打固定板的方法进行细致的调整，待凸凹模 6 与凹模 4 的间隙均匀后，配作凸凹模固定板 8 与上模座 9 的销钉孔，并配入具有适当过盈的定位销。

⑥ 加工压边顶料圈 3 时，外圆按凹模 4 的孔实配，内孔按拉深凸模 2 的外圆实配，保持要求的间隙。装配后，压边顶料圈的顶面须高于凹模 0.1mm，而拉深凸模的顶面不得高于凹模。

⑦ 安装固定挡料销 5 及卸料板 7。卸料板上的孔套在凸凹模外圆上应与凹模 4 中心保持一致。在用平行夹板夹紧的情况下，按凹模上的螺孔引作卸料板上的螺钉过孔，并用螺钉紧固。其他零件的装配均符合要求后打标记。

12.3 冲压模具的试模技巧与诀窍

冲模装配后，必须通过试冲对制件的质量和模具的性能进行综合考查与检测。对试冲中出现的各种问题，应全面、认真地分析，找出其产生的原因，并对冲模进行适当调整与修正，以得到合格的制件。

12.3.1 冲模试冲与调整的目的

冲模的试冲与调整简称调试。调试的主要目的如下。

① 鉴定制件和模具的质量。在模具生产中，试模的主要目的是确保制件的质量和模具的使用性能。制件从设计到批量生产需经过产品设计、模具设计、模具零件加工、模具组装等多个环节，任一环节的失误都会引起模具性能不佳或制件不合格。因此，冲模组装后，必须在生产条件下进行试冲，并根据试冲后制出的成品，按制件设计图，检查其质量和尺寸是否符合图样规定，模具动作是否合理可靠。根据试冲时出现的问题，分析产生的原因，并设法加以修正，使模具不仅能生产出合格的零件，而且能安全稳定地投入生产。

② 确定成型制件的毛坯形状、尺寸及用料标准。冲模经过试冲制出合格样品后，可在试冲中掌握模具的使用性能、制件的成型条件、方

法及规律，从而可对模具能成批生产制件时的工艺规程制订提供可靠的依据。

③ 确定工艺设计、模具设计中的某些设计尺寸。在冲模生产中，有些形状复杂或精度要求较高的弯曲、拉深、成型、冷挤压等制件，很难在设计时精确地计算出变形前的毛坯尺寸和形状。为了能得到较准确的毛坯形状和尺寸及用料标准，只有通过反复地调试模具后，使之制出合格的零件才能确定。

④ 确定工艺设计、模具设计中的某些设计尺寸。对于一些在模具设计和工艺设计中，难以用计算方法确定的工艺尺寸，如拉深模的复杂凸、凹模圆角，以及某些部位几何形状和尺寸，必须边冲、边修整，直到冲出合格零件后，此部位形状和尺寸方能最后确定。通过调试后将暴露出来的有关工艺、模具设计与制造等问题，连同调试情况和解决措施一并反馈给有关设计及工艺部门，供下次设计和制造时参考，以提高模具设计和加工水平。然后验证模具的质量和精度，作为交付生产使用的依据。

12.3.2　冲裁模的调整要点、技巧与诀窍

① 凸、凹模配合深度调整。冲裁模的上、下模要有良好的配合，即应保证上、下模的工作零件（凸、凹模）相互咬合深度适中，不能太深或太浅，应以能冲出合适的零件为准。凸、凹模的配合深度，是依靠调节压力机连杆长度来实现的。

② 凸、凹模间隙调整。冲裁模的凸、凹模间隙要均匀。对于有导向零件的冲模，其调整较方便，只要保证导向件运动顺利而无发涩现象即可保证间隙值；对于无导向冲模，可以在凹模刃口周围衬以纯铜皮或硬纸板进行调整，也可以用透光及塞尺测试等方法在压力机上调整，直到上、下模的凸、凹模互相对中，且间隙均匀后，用螺钉将冲模紧固在压力机上，进行试冲。试冲后检查一下试冲的零件，看是否有明显毛刺，并判断断面质量，如果试冲的零件不合格，应松开下模，再按前述方法继续调整，直到间隙合适为止。

③ 定位装置的调整。检查冲模的定位零件（如定位销、定位块、定位板）是否符合定位要求，定位是否可靠。假如位置不合适，在调整时应进行修整，必要时要更换。

④ 卸料系统的调整。卸料系统的调整主要包括卸料板或顶件器是否工作灵活；卸料弹簧及橡胶弹性是否足够；卸料器的运动行程是否足够；

漏料孔是否畅通无阻；打料杆、推料杆是否能顺利推出制件与废料。若发现故障，应进行调整，必要时可更换。

12.3.3　弯曲模的调整与试冲技巧与诀窍

① 弯曲模上、下模在压力机上的相对位置调整。对于有导向的弯曲模，上、下模在压力机上的相对位置，全由导向装置来决定；对于无导向装置的弯曲模，上、下模在压力机上的相对位置，一般采用调节压力机连杆的长度的方法调整。在调整时，最好把事先制造的样件放在模具的工作位置上（凹模型腔内），然后，调节压力机连杆，使上模随滑块调整到下极点时，既能压实样件又不发生硬性顶撞及咬死现象，此时，将下模紧固即可。

② 凸、凹模间隙的调整。上、下模在压力机上的相对位置粗略调整后，再在凸模下平面与下模卸料板之间垫一块比坯料略厚的垫片（一般为弯曲坯料厚度的 1～1.2 倍），继续调节连杆长度，一次又一次地用手扳动飞轮，直到使滑块能正常地通过下死点而无阻滞时为止。

上、下模的侧向间隙，可采用垫硬纸板或标准样件的方法来进行调整，以保证间隙的均匀性。间隙调整后，可将下模板固定，试冲。

③ 定位装置的调整。弯曲模定位零件的定位形状应与坯件一致。在调整时，应充分保证其定位的可靠性和稳定性。利用定位块及定位钉的弯曲模，假如试冲后，发现位置及定位不准确，应及时调整定位位置或更换定位零件。

④ 卸件、退件装置的调整。弯曲模的卸料系统行程应足够大，卸料用弹簧或橡皮应有足够的弹力，顶出器及卸料系统应调整到动作灵活，并能顺利地卸出制件，不应有卡死及发涩现象。卸料系统作用于制件的作用力要调整均衡，以保证制件卸料后表面平整，不至于产生变形和翘曲。

12.3.4　拉深模的调整与试冲技巧与诀窍

（1）拉深模的安装与调整方法

1）在单动冲床上安装与调整冲模

拉深模的安装和调整，基本上与弯曲模相似。拉深模的安装调整要点主要是压边力调整。压边力过大，制件易被拉裂；压边力过小，制件易起皱，因此应边试边调整，直到合适为止。

如果冲压筒形零件，则在安装调整模具时，可先将上模紧固在冲床滑块上，下模放在冲床的工作台上，先不必紧固。先在凹模侧壁放置几个与制件厚度相同的垫片（注意要放置均匀，最好放置样件），再使上、下模吻合，调好间隙。在调好闭合位置后，再把下模紧固在工作台面上，即可试冲。

2）在双动冲床上安装与调整冲模

双动冲床主要适于大型双动拉深模及覆盖件拉深模，其模具在双动冲床上安装和调整的方法与步骤如下。

① 模具安装前的准备工作。根据所用拉深模的闭合高度，确定双动冲床内、外滑块是否需要过渡垫板和所需要过渡垫板的形式与规格。

过渡垫板的作用：

a. 用来连接拉深模和冲床，即外滑块的过渡垫板与外滑块和压边圈连接在一起，此外还有连接内滑块与凸模的过渡垫板，工作台与下模连接的过渡垫板；

b. 用来调节内、外滑块不同的闭合高度，因此，过渡垫板有不同的高度。

② 安装凸模。首先预装，先将压边圈和过渡垫板、凸模和过渡垫板分别用螺栓紧固在一起；然后安装凸模。

a. 操纵冲床内滑块，使它降到最低位置。

b. 操纵内滑块的连杆调节机构，使内滑块上升到一定位置，并使其下平面比凸、凹模闭合时的凸模过渡垫板的上平面高出 10 ～ 15mm。

c. 操纵内、外滑块使它们上升到最上位置。

d. 将模具安放到冲床工作台上，凸、凹模呈闭合状态。

e. 再使内滑块下降到最低位置。

f. 操纵内滑块连杆长度调节机构，使内滑块继续下降到与凸模过渡垫板的上平面相接触。

g. 用螺栓将凸模及其过渡垫板紧固在内滑块上。

③ 装配压边圈。压边圈内装在外滑块上，其安装程序与安装凸模类似，最后将压边圈及过渡垫板用螺栓紧固在外滑块上。

④ 安装下模。操纵冲床内、外滑块下降，使凸模、压边圈与下模闭合，由导向件决定下模的正确位置，然后用紧固零件将下模及过渡垫板紧固在工作台上。

⑤ 空车检查。通过内、外滑块的连续几次行程，检查其模具安装的

正确性。

⑥ 试冲与修整。由于制件一般形状比较复杂，所以要经过多次试模、调整、修整后，才能试出合格的制件及确定毛坯尺寸和形状。试冲合格后，可转入正常生产。

（2）拉深模调试要点

1）进料阻力的调整

在拉深过程中，若拉深模进料阻力较大，则易使制件拉裂；进料阻力小，则又会使制件起皱。因此，在试模时，关键是调整进料阻力的大小。拉深阻力的调整方法是：

① 调节压力机滑块的压力，使之处于正常压力下工作；

② 调节拉深模的压边圈的压边面，使之与坯料有良好的配合；

③ 修整凹模的圆角半径，使之适合成型要求；

④ 采用良好的润滑剂及增加或减少润滑次数。

2）拉深深度及间隙的调整

① 在调整时，可把拉深深度分成 2～3 段来进行调整。即先将较浅的一段调整后，再往下调深一段，一直调到所需的拉深深度为止。

② 在调整时，先将上模固紧在压力机滑块上，下模放在工作台上先不固紧，然后在凹模内放入样件，再使上、下模吻合对中，调整各方向间隙，使之均匀一致后，再将模具处于闭合位置，拧紧螺栓，将下模紧固在工作台上，取出样件，即可试模。

12.4 压铸模具的装配与调试

12.4.1 压铸模具外形和安装部位的技术要求

① 各模板的边缘均应倒角 2×45°，安装面应光滑平整，不应有凸起的螺钉头、销钉、毛刺和击伤等痕迹。

② 在模具非工作面上醒目的地方打上明显的标记，包括产品代号、模具编号、制造日期及模具制造厂家名称或代号、压室直径、模具质量等。

③ 在模具动定模上分别设有吊装用螺钉孔，质量较大的零件（≥25kg）也应设起吊螺孔。螺孔有效深度不小于螺孔直径的 1.5 倍。

④ 模具安装部位的有关尺寸应符合所选用的压铸机相关对应的尺寸，

且装拆方便，压室安装位置、孔径和深度必须严格检查。

⑤ 分型面上除导套孔、斜导柱孔外，所有模具制造过程的工艺孔、螺钉孔都应堵塞，并且与分型面平齐。

⑥ 冷却水的集中冷却要装在模具的上方，进水侧要有开关控制，且进出水要有明确标识。安装完成后要进行通水试验，确保不漏水。

⑦ 当抽芯在操作者对侧时要避免自动取件时铸件与限位装置干涉，当抽芯在模具上方时要避免自动喷涂装置与限位装置干涉，当抽芯在操作者侧时要避免压铸机安全门与限位装置和抽芯装置干涉。限位装置尽量不要设置在分型面侧，限位开关的接线口尽量朝下。油缸的进出油口也尽量不要设在分型面侧。

12.4.2 压铸模具总体装配精度的技术要求

① 模具分型面对定、动模座板安装平面的平行度按表 12-15 的规定。

② 导柱、导套对定、动模座板安装平面的垂直度按表 12-16 的规定。

表 12-15　模具分型面对座板安装平面的平行度规定　　　　mm

被测面最大直线长度	≤ 160	>160 ~ 250	>250 ~ 400	>400 ~ 630	>630 ~ 1000	>1000 ~ 1600
公差值	0.06	0.08	0.10	0.12	0.16	0.20

表 12-16　导柱、导套对座板安装平面的垂直度规定　　　　mm

导柱、导套有效导滑长度	≤ 40	>40 ~ 63	>63 ~ 100	>100 ~ 160	>160 ~ 200
公差值	0.015	0.020	0.025	0.030	0.040

③ 在分型面上，定模、动模镶件平面应分别与定模套板、动模套板平齐或允许略高，但高出量在 0.05 ~ 0.10mm 范围内。

④ 推杆、复位杆应分别与分型面平齐，推杆允许凸出分型面，但不大于 0.1mm，复位杆允许低于分型面，但不大于 0.05mm。推杆在推杆固定板中应能灵活转动，但轴向间隙不大于 0.10mm。

⑤ 模具所有活动部位，应保证位置准确，动作可靠，不得有歪斜和阻滞现象。相对固定的零件之间不允许窜动。

⑥ 滑块在开模后应定位准确可靠。抽芯动作结束时，所抽出的型芯端面，与铸件上相对应型位或孔的端面距离不应小于 2mm。滑动机构应

导滑灵活，运动平稳，配合间隙适当。合模后滑块与楔紧块应压紧 80%，且具有一定的预应力。

⑦ 浇道表面粗糙度 Ra 不大于 0.4μm，转接处应光滑连接，镶拼处应密合，拔模斜度不小于 5°。

⑧ 合模时镶块分型面应紧密贴合，如局部有间隙，也应不大于 0.05mm（排气槽除外）。

⑨ 冷却水道和温控油道应畅通，不应有渗漏现象，进口和出口处应有明显标记。

⑩ 所有成形表面粗糙度 $Ra \leqslant$ 0.4μm，所有表面都不允许有击伤、擦伤或微裂纹。

12.4.3 压铸模具结构零件的公差与配合

压铸模在高温条件下进行工作，因此，在选择结构零件的配合公差时，不仅要求在室温下达到一定的装配精度，而且要求在工作温度下确保各结构件稳定和动作可靠，特别是与熔融金属液直接接触的部位，在冲模过程中受到高压、高速、高温金属液的冲擦和热交变应力作用，以及配合间隙的变化，都会影响生产的正常进行。

（1）固定零件的配合

固定零件的配合要求如下：

① 在金属液冲击下，不致产生位置上的偏移；

② 受热后不会因热膨胀变形而影响模具正常生产；

③ 维修时拆装方便。固定零件的配合类别和精度等级见表 12-17。

表 12-17　固定零件的配合类别和精度等级

工作条件	配合类别和精度	典型配合零件举例
与金属液接触，受热量较大	$\dfrac{H7}{h6}$（圆形）	套板和镶块；镶块和型芯；套板和浇口套、镶块、分流器等
	$\dfrac{H8}{h7}$（非圆形）	
不与金属液接触，受热量较小	$\dfrac{H7}{k6}$	套板和导套的固定部位
	$\dfrac{H7}{m6}$	套板和导柱、斜销、楔紧块、定位销等固定部位

（2）滑动零件的配合

滑动零件的配合要求如下：

① 在充填过程中，金属液不致窜入配合间隙；

② 受热膨胀后，不致使原有的配合间隙产生过盈，导致动作失灵。

滑动零件的配合类别和精度等级见表 12-18。

表 12-18　滑动零件的配合类别和精度等级

工作条件	压铸使用合金	配合类别和精度等级	典型配合零件举例
与金属液接触，受热量较大	锌合金	$\dfrac{H7}{f7}$	推杆和推杆孔；型芯、分流锥和卸料板上的滑动配合部位；型芯和滑动配合的孔等
	铝合金、镁合金	$\dfrac{H7}{e8}$	
	铜合金	$\dfrac{H7}{d8}$	
	锌合金	$\dfrac{H7}{e8}$	成型滑块和镶块等
	铝合金、镁合金	$\dfrac{H7}{d8}$	
	铜合金	$\dfrac{H7}{c8}$	
受热量不大	各种合金	$\dfrac{H8}{e7}$	导柱和导套的导滑部位
		$\dfrac{H9}{e8}$	推板导柱和推板导套的导滑部位
		$\dfrac{H7}{e8}$	复位杆与孔

12.4.4　压铸模具的试模

要获得高质量、高水平的压铸件，特别是薄壁而形状复杂的压铸件达到光洁、轮廓清晰、组织致密、强度高的要求，压铸过程中各影响因素的协调统一，参数的控制则是关键。

压铸工艺的拟订是压铸机、压铸模及压铸合金三大要素的有机组合并加以综合运用的过程，是压力、速度、温度等相互影响的因素得以统一的过程。压铸过程中这些工艺因素相辅相成而又互相制约，只有正确选择和调整这些因素，使之协调一致，才能获得预期的效果。因此，在压铸过程中，不仅要重视压铸件的结构工艺性、压铸模的设计制造先进性、压铸机的性能优良性、压铸合金的合理选用和熔炼工艺的规范性等，更要重视压铸工艺参数的重要作用，对这些参数进行有效控制。

（1）压铸工艺参数的设定

合金液充填型腔并压铸成型的过程，是许多相互矛盾的各种因素得以统一的过程。最主要的因素是：压力、充填速度、温度、时间及充填特性等。

压力是获得压铸件组织致密和轮廓清晰的重要因素，又是压铸区别于其他铸造方法的主要特征，其大小取决于压铸机的结构及功率。

充填速度是压铸件获得光洁表面及清晰轮廓的主要因素，其大小决定于比压、金属液密度及压射速度。

温度是压铸过程的热因素。为了提供良好的填充条件，控制和保持热因素的稳定性，必须有一个相应的温度规范。这个温度规范包括模具的温度和熔融金属浇入的温度。

时间虽不是一个单独的因素，但它与其他因素有很密切的联系。

以上各因素在压铸过程中是相辅相成而又相互制约的，只有正确地选择与调整这些因素相互之间的关系，才能获得预期的效果。

1）压射比压的设定

压射力是压铸机压射机构中推动压射活塞运动的力，压室内熔融金属在单位面积上所受的压力称为比压，比压也是压射力与压室截面的比值，是确保铸件质量的重要参数之一。比压是熔融金属在充填过程中各阶段实际得到的作用力大小的表示方法，反映了熔融金属在充填时的各个阶段以及金属液流经各个不同截面时的力的概念。压射比压可根据合金种类并按铸件特征及要求选择，如表 12-19 所示。

表 12-19　压射比压推荐值

合金种类		锌合金	铝合金	镁合金	铜合金
压射比压	一般件	13～20	30～50	30～50	40～50
	承载件	20～30	50～80	50～80	50～80
	耐气密性件或大平面薄壁件	25～40	80～120	80～100	60～100

比压增大，结晶细，细晶层增厚。由于填充特性改善，铸件表面质量提高，气孔缺陷减轻，从而抗拉强度提高，但延伸率有所降低。熔融合金在高比压作用下填充型腔，填充动能加大，合金温度升高，流动性改善，有利于铸件质量的提高。

2）填充速度的选择

压铸生产中，速度的表示形式分为冲头速度（压射速度）和内浇口速度（填充速度）两种。熔融的金属在通过内浇口后，进入型腔各部分流动，由于型腔的形状和厚度、模具热状态等各种因素的影响，流动的速度随时发生变化，这种变化的速度称为填充速度。当铸件的壁很薄，并且表面质量要求较高时，选用较高的填充速度值；当铸件的壁比较厚，对力学性能（如抗拉强度）要求较高时选用较低的值。如表 12-20 所示。

表 12-20　填充速度推荐值

合金种类	锌合金	铝合金	镁合金	铜合金
充填速度 /（m/s）	30 ～ 50	20 ～ 60	40 ～ 90	20 ～ 50

3）填充、增压、保压时间的选择

① 填充时间。熔融金属在压力下开始进入型腔直到充满的过程所需的时间称为填充时间。填充时间的长短与铸件的壁厚、模具结构、合金特性等各种因素有关。在选择填充时间时，一般铝合金选择较大的值，锌合金选择中间值，镁合金选择较小的值，如表 12-21 所示。

表 12-21　填充时间推荐值

铸件平均壁厚 /mm	填充时间 /s	铸件平均壁厚 /mm	填充时间 /s
1	0.010 ～ 0.014	5	0.048 ～ 0.072
1.5	0.014 ～ 0.020	6	0.056 ～ 0.064
2	0.018 ～ 0.026	7	0.066 ～ 0.100
2.5	0.022 ～ 0.032	8	0.076 ～ 0.116
3	0.028 ～ 0.040	9	0.088 ～ 0.138
3.5	0.034 ～ 0.050	10	0.100 ～ 0.160
4	0.040 ～ 0.060		

注：表中所推荐的数值是压铸前的预选值，应在试模或试生产过程中加以修正。

② 增压时间。指熔融金属在填充过程中的增压阶段，从充满型腔的瞬间开始，直至增压压力达到预定值所需的时间。其值一般愈短愈好，但不可短于 0.03s。

③ 保压时间。熔融金属充满型腔后，使熔融金属在增压比压下凝固的这段时间，称为保压时间。保压的作用是使正在凝固的金属在压力下结晶，从而获得内部组织致密的铸件。对于铸件平均壁厚较大和内浇口厚的铸件，保压时间稍长些。保压时间一般设定在 8 ～ 20s 的范围内。

4) 温度

① 浇注温度。浇注温度是指熔融金属自压室进入型腔时的平均温度。通常在保证"成型"和所要求的表面质量的前提下，尽可能采用低的温度。推荐温度如表 12-22 所示。

表 12-22　浇注温度推荐值

合金种类	锌合金	铝合金	镁合金	铜合金
浇注温度 /℃	410 ～ 450	610 ～ 700	640 ～ 700	900 ～ 980

② 模具温度。为了使模具避免受到剧烈的热冲击，提高模具的使用寿命，应尽量减小模具工作温度与金属液浇注温度之间的差值，为了使压铸循环提高效率和使铸件能快速地凝固，模具工作温度也不应过高，因此，应根据铸件的结构种类来选择模具的工作温度，一般以金属液凝固温度的 1/2 为限。最重要的是模具工作温度的稳定和平衡，它是影响压铸效率的关键。推荐的模具工作温度见表 12-23。

表 12-23　压铸模工作温度

合金种类	锌合金	铝合金	镁合金	铜合金
压铸模工作温度 /℃	150 ～ 200	200 ～ 300	220 ～ 300	300 ～ 380

综上所述，压铸生产中的工艺参数压力、速度、温度、时间选择可按下列原则：

① 铸件壁越薄，结构越复杂，压射力越大；

② 铸件壁越薄，结构越复杂，压射速度越快；

③ 铸件壁越厚，保压留模时间越长；

④ 铸件壁越薄，结构越复杂，模具浇注温度越高。

(2) 压铸用涂料

压铸过程中，为了避免铸件与压铸模黏合，使压铸模受摩擦部分的滑块、推出元件、冲头和压室在高温下具有润滑性能，减小自型腔中推出铸件的阻力，所用的润滑材料和稀释剂的混合物，统称为压铸用涂料。

压铸生产中，涂料的正确选择和合理使用是一个非常重要的环节，它对工艺因素、模具寿命、铸件质量、生产效率及铸件后道工序的表面涂覆等有着重大影响。

1）涂料的作用

① 高温条件下具有良好的润滑性能。

② 减少充填过程瞬间的热扩散，保持熔融金属的流动性，从而改善合金的成型性。

③ 避免金属液直接冲刷型腔和型芯的金属表面，改善模具工作条件，提高铸件表面质量。

④ 减少铸件与模具成型表面之间的摩擦，从而减少型芯和型腔的摩擦，延长模具寿命。

⑤ 对铝、锌合金压铸件，涂料可以预防粘模。

大多数压铸模应每压一次都上一次涂料，上涂料的时间要尽可能短。一般对糊状或膏状涂料可用棉丝或硬毛刷涂刷到铸型表面。有压缩气源的地方可用喷枪喷涂，这种方式适合油脂类涂料。

2）压铸涂料的要求

① 挥发点低，在 $100 \sim 150℃$ 时，稀释剂能很快地挥发掉，不增加型腔内气体。

② 覆盖性要好，能在稀释剂挥发后，于高温状态下结成薄膜层，但不易产生堆积，模具容易清理。

③ 对模具及铸件不产生腐蚀作用。

④ 对环境污染尽可能小，即无味、不析出或不分解出有害气体。

⑤ 性能稳定，在空气中不易挥发，在规定保存期内不沉淀、不分解。

⑥ 配制工艺简单，来源丰富，价格低廉。

此外，为了保持铸件表面的本色，减少表面处理工作量和环境污染，尽可能不采用黑色类型的涂料为佳。

3）涂料种类

① 水基涂料。水基涂料通过水分的蒸发，局部冷却模具，使其在生产过程中减少热疲劳应力，并且在喷涂过程中能清除碎屑，减少废品，操作流畅，达到安全生产的目的。

但水基涂料在长期的使用过程中存在着明显的不足，如在涂敷过程中，由于模具受到强烈的冷却出现张应力而产生龟裂，因此，难以保证对高质量产品及对环境保护方面的要求。

② 粉剂涂料。粉剂与颗粒状涂料是以原料蜡为基础，在压室及型腔温度的作用下熔化而附着在型腔表面上起到对熔体的润滑作用。具体地讲，粉剂涂料是由压缩空气送入压室及型腔中，成为雾状分布，细微的粉粒以足够的需要量，大面积均匀地沉积在整个塑腔上，适用于对压室和型腔的喷涂。

③ 颗粒状涂料。颗粒状涂料以一定量的分散颗粒送入压室，一部分随即融化，防止被金属液冲刷，而另一部分在金属浇入时，由于其密度较小而向上漂浮，在压室壁上形成一层均匀的润滑膜，多半用于压室的内表面。

压铸用涂料种类很多，表 12-24 是常用涂料的配方，供参考。近年来也有不少商品化的涂料可供用户选用。

表 12-24　压铸用涂料

原料材料	配比 /%	配制方法	使用范围及效果
胶体石墨			锌、铝合金压铸及易咬合部分，如压室、压射冲头
蜂蜡		块状或保持在温度不高于 85℃ 的熔融状态	锌合金成型部分或中小型铝合金铸件。表面光洁，效果好
氟化钠 水	3 ~ 10 97 ~ 90	将水加热至 70 ~ 80℃，再加入氟化钠，搅拌均匀	压铸模成型部分、分流锥等，对防止铝合金粘模有特效
机油 蜂蜡（或地蜡）	40 60	加热使蜡与机油混合均匀，做成筒状或熔融状	预防铝合金粘模或其他摩擦部分
二硫化钼 凡士林	5 95	将二硫化钼加入熔融的凡士林中，搅拌均匀	对带螺纹的铝合金铸件有特殊效果

续表

原料材料	配比 /%			配制方法	使用范围及效果
水剂石墨	现成			用 10～15 倍水稀释	用于深和扁薄铸件，防粘模性好，润滑性好，但易堆积，使用 1～2 班次用煤油清洗
铝粉 猪油 石墨（银色） 煤油 樟脑（结晶）	12 80 1.5 2.5 4			将猪油熔化，加入定量煤油，然后依次加入铝粉、樟脑、石墨，充分搅拌冷却。使用时要加热至 40℃ 左右，成流体状态	铝合金螺孔、螺纹及成形部分
聚乙烯 煤油	3～5 95～97			将聚乙烯块泡在煤油中加热至 80℃ 熔化而成	镁合金及铝合金成型部分，效果显著
二硫化钼 蜂蜡	30 70			将蜡加温熔化，放入二硫化钼，搅拌后做成笔状	铜合金成型部分，效果良好
石油 松香	84 16			将石油隔水加热至 80～90℃，松香研粉加入，搅拌均匀	最适于锌合金成型部分
石墨 机油	5 95	10 90	50 50	将石墨研磨后 200#～300# 筛，加入 40℃ 左右机油中搅拌	用于铝、铜合金压铸，效果较好
肥皂 滑石粉 水	0.65～0.70 0.18 余量			将肥皂溶于水，加入粒度为 1～3μm 的滑石粉，搅拌均匀	铝合金铸件

在使用涂料时，不论是喷涂或刷涂，皆不能太厚且要求厚薄均匀。在稀释剂挥发后才能合模压铸，从而避免型腔或压室气体量的增加和铸件产生气孔的可能性，避免由于气体的增加而形成高的反压力，致使成形困难。在使用中应随时清理排气系统，避免脱模剂堵塞排气系统；同时，要避免转折、凸角处脱模剂的堆积，造成压铸件轮廓不清晰。

12.5 塑料模具的装配

12.5.1 塑料模具的装配内容与技术要求

塑料模具种类较多，结构差异很大，装配时的具体内容与要求也不同。一般注塑、压塑和挤出模具结构相对复杂，装配环节多，工艺难度大。其他类型的塑料模具结构较为简单。无论哪种类型的模具，为保证成型制品的质量，都应具有一定的精度要求。

（1）塑料模具的装配内容

模具装配是由一系列的装配工序按照一定的工艺顺序进行的，具体的装配内容如下。

① 清洗。模具零件装配之前必须进行认真清洗，以去除零件内、外表面黏附的油污和各种机械杂质等。常见的清洗方法有擦洗、浸洗和超声波清洗等。清洗工作对保证模具的装配精度和成型制品的质量，以及延长模具的使用寿命都具有重要意义，尤其对保证精密模具的装配质量更为重要。

② 固定与连接。模具装配过程中有大量的固定与连接工作。一般模具的定模与动模（或上模与下模）各模板之间、成型零件与模板之间、其他零件与模板或零件与零件之间都需要相应的定位与连接，以保证模具整体能准确地协同工作。

模具零件的安装定位常用销钉、定位块和零件特定的几何形面等进行定位，而零件之间的相互连接则多采用螺纹连接方式。螺纹连接的质量与装配工艺关系很大，应根据被连接件的形状和螺钉位置的分布与受力情况，合理确定各螺钉的紧回力和紧固顺序。

模具零件的连接可分为可拆卸连接与不可拆卸连接两种。可拆卸连接在拆卸相互连接的零件时，不损坏任何零件，拆卸后还可重新装配连接，通常用螺纹连接方式。不可拆卸的连接在被连接的零件使用过程中是不可拆卸的，常用的不可拆卸连接方式有焊接、铆接和过盈配合等。过盈连接常用压入配合、热胀配合和冷缩配合等方法。

③ 调整与研配。装配过程中的调整是指对零部件之间相互位置的调节操作。调整可以配合检测与找正来保证零部件安装的相对位置精度，还可调节滑动零件的间隙大小，保证运动精度。

研配是指对相关零件进行的修研、刮配、配钻、配铰和配磨等作业。修研、刮配主要是针对成型零件或其他固定与滑动零件装配中的配合尺寸进行修刮，使之达到装配精度要求。配钻、配铰多用于相关零件的固定连接。

（2）模具装配的精度与技术要求

模具的质量是以模具的工作性能、精度、寿命和成型制品的质量等综合指标来评定的。因此，模具设计的正确性、零件加工的质量和模具的装配精度是保证模具质量的关键。为保证模具及其成型制品的质量，模具装配时应有以下精度要求：

① 模具各零部件的相互位置精度、同轴度、平行度和垂直度等；

② 活动零件的相对运动精度，如传动精度、直线运动和回转运动精度等；

③ 定位精度，如动模与定模对合精度、滑块定位精度、型腔与型芯安装定位精度等；

④ 配合精度与接触精度，如配合间隙或过盈量、接触面积大小与接触点的分布情况等；

⑤ 表面质量，即成型零件的表面粗糙度、耐磨耐蚀性等要求。

模具装配时，针对不同结构类型的模具，除应保证上述装配精度要求外，还需满足以下几方面的具体技术要求。

1）模具外观技术要求

① 装配后的模具各模板及外露零件的棱边均应进行倒角或倒圆，不得有毛刺和锐角，各外观面不得有严重划痕或磕伤，不能有锈迹或未加工的毛坯面；

② 按模具的工作状态，在模具适当的平衡位置应装有吊环或有起吊孔，多分型面模具应有锁模板，以防运输过程中模具打开造成损坏；

③ 模具的外形尺寸、闭合高度、安装固定及定位尺寸、推出方式、开模行程等均应符合设计图样要求，并与所使用设备条件相匹配；

④ 模具应标有记号，各模板应打印顺序编号及加工与装配基准角的标记；

⑤ 模具装配后各分型面应贴合严密，主要分型面的间隙应小于0.05mm；

⑥ 模具动、定模的连接螺钉要紧固可靠，其端面不得高出模板平面。

2）模具导向、定位机构装配技术要求

① 导柱、导套装入模板后，导柱悬伸部分不得弯曲，导柱、导套固定台肩不得高于模板底平面，且固定牢靠；

② 导柱、导套孔中心线与模板基准面的垂直度及各孔的平行度公差，应保证在 100 ： 0.02 之内；

③ 导向或定位精度应满足设计要求，动、定模开合运动平稳，导向准确，无卡阻、咬死或研伤现象；

④ 安装精定位元件的模具，应保证定位精确、可靠，且不得与导柱、导套发生干涉。

3）成型零件装配技术要求

① 成型零件的形状与尺寸精度及表面粗糙度应符合设计图样要求，表面不得有碰伤、划痕、裂纹、锈蚀等缺陷；

② 装配时，成型表面粗抛光应达到 $Ra\ 0.2\mu m$，试模合格后再进行精细抛光，抛光方向应与脱模方向一致，成型表面的文字、图案及花纹等应在试模合格后加工；

③ 型腔镶块或型芯、拼块应定位准确，固定牢靠，拼合面配合严密，不得松动；

④ 需要互相接触的型腔或型芯零件，应有适当的间隙与合理的承压面积，以防合模时互相挤压产生变形或碎裂；

⑤ 合模时需要互相对插配合的成型零件，其对插接触面应有足够的斜面，以防碰伤或啃坏；

⑥ 型腔边缘分型面处应保持锐角，不得修圆或有毛刺，型腔周边沿口 20mm 范围内分型面的密合应达到 90% 的接触程度，型芯分型面处应保持平整，无损伤、无变形；

⑦ 活动成型零件或嵌件，应定位可靠，配合间隙适当，活动灵活，不产生溢料。

4）浇注系统装配技术要求

① 浇注系统应畅通无阻，表面光滑，尺寸与表面粗糙度符合设计要求；

② 主流道及点浇口的锥孔部分，抛光方向应与浇注系统凝料脱模方向一致，表面不得有凹痕和周向抛光痕迹；

③ 圆形截面流道，两半圆对合不应错位，多级分流道拐弯处应圆滑过渡，流道拉料杆伸入流道部分尺寸应准确一致。

5）推出、复位机构装配技术要求

① 推出机构应运动灵活，工作平稳、可靠；推出元件配合间隙适当，既不允许有溢料发生，也不得有卡阻现象；

② 推出元件应有足够的强度与刚度，工作时受力均匀；

③ 推出板尺寸与重量较大时，应安装推板导柱，保证推出机构工作稳定；

④ 装配后推杆端面不应低于型腔或型芯表面，允许有 0.05～0.1mm 的高出量；

⑤ 复位杆装配后，其端面不得高于分型面，允许低于分型面 0.02～0.05mm。

6）侧向分型与抽芯机构装配技术要求

① 侧向分型与抽芯机构应运动灵活、平稳，各元件工作时相互协调，滑块导向与侧型芯配合部位应间隙合理，不应相互干涉；

② 侧滑块导滑精度要高，定位准确可靠，滑块锁紧模应固定牢靠，工作时不得产生变形与松动；

③ 斜导柱不应承受对滑块的侧向锁紧力，滑块被锁紧时，斜导柱与滑块斜孔之间应留有不小于 0.5mm 的间隙；

④ 模具闭合时，锁紧模斜面必须与滑块斜面均匀接触，当一个锁紧模同时锁紧两个以上滑块时，锁紧模斜面与滑块斜面间不得有倾斜或锁紧力不一致的现象，二者之间应接触均匀，并应保证其接触面积不小于 80%。

7）加热与冷却系统装配技术要求

① 模具加热元件应安装可靠、绝缘安全，无破损、漏电现象，能达到设定温度要求；

② 模具冷却水道应通畅、无堵塞，冷却元件固定牢靠，连接部位密封可靠、不渗漏；

③ 加热与冷却控制元件应灵敏、准确，控制精度高。

12.5.2 塑料模具装配工艺过程

塑料模具的装配，按作业顺序通常可分为以下几个阶段，即研究模具装配关系、待装零件的清理与准备、组件装配、总装配与试模调整。塑料模具装配的工艺过程如下。

① 研究装配关系。由于塑料制品形状复杂，结构各异，成型工艺要求也不尽相同，模具结构与动作要求及装配精度差别较大。因此，在模具

装配前应充分了解模具总体结构类型与特点，仔细分析各组成零件的装配关系、配合精度与结构功能，认真研究模具工作时的动作关系及装配技术要求，从而确定合理的装配方法、装配顺序与装配基准。

② 零件清理与准备。根据模具装配图上的零件明细表，清点与整理所有零件，清洗加工零件表面污物，去除毛刺。准备标准件。对照零件图检查各主要零件的尺寸和形位精度、配合间隙、表面粗糙度、修整余量、材料与处理，以及有无变形、划伤或裂纹等缺陷。

③ 组件装配。按照装配关系要求，将为实现某项特定功能的相关零件组成部件，为总装配做好准备，如定模或动模的装配、型腔镶块或型芯与模板的装配、推出机构的装配、侧滑块组件的装配等。组装后的部件其定位精度、配合间隙、运动关系等均需符合装配技术要求。

④ 总装配。模具总装配时首先要选择好装配的基准，安排好定模、动模（上模或下模）的装配顺序。然后将单个零件与已组装的部件或机构等按结构或动作要求，顺序地组合到一起，形成一副完整的模具。这一过程不是简单的零件与部件的有序组合，而是边装配、边检测、边调整、边修研的过程。最终必须保证装配精度，满足各项装配技术要求。

模具装配后，应将模具对合后置于装配平台上，试拉模具各分型面，检查开距及限位机构动作是否准确可靠；推出机构的运动是否平稳，行程是否足够；侧向抽芯机构是否灵活。一切检查无误后，将模具合好，准备试模。

⑤ 试模与调整。组装后的模具并不一定就是合格的模具，真正合格的模具要通过试模验证，能够生产出合格的制品。这一阶段仍需对模具进行整体或部分的装拆与修磨调整，甚至是补充加工。经试模合格后的模具，还需对各成型零件的成型表面进行最终的精抛光。

12.5.3 各类塑料模具的装配特点

(1) 塑料压缩模具的装配要点

塑料压缩模具装配时的主要工作内容是配合零件的间隙调整与固定，如凸模和凹模与模板的固定配合、凸模与加料室的间隙配合、侧向抽芯机构与导向零件的间隙配合等。

装配前应仔细检测凹模型腔的修整余量与斜度，确保成型时凸模压入的间隙，尤其是不溢式和半溢式结构，凸模与加料室的配合部分间隙要保证不产生溢料。由于压缩模具工作时，需对模具分别进行加热和冷却，保证模具配合零件的合理间隙至关重要，绝不允许模具因受热膨胀而使活动零件卡死以致无法运动，或固定零件产生松动而改变位置的现象发生。装配时应严格按设计给定的配合间隙进行调整。

压缩模上模与下模平面的平行度偏差应小于 0.05mm。模具导向件的装配应保证与模板的垂直度公差要求。模具加热系统的装配，要保证达到设计给定的热效率，导热面与绝热面都应调整至良好的工作状态。

① 塑料压缩模常用凸模结构及固定形式。压缩模常用凸模结构、固定形式及特点见表 12-25。

表 12-25　常用凸模结构及固定形式

简图	特点	简图	特点
	整体凸模结构牢固，但加工不便，适用于形状简单，凸模不高，热处理不易变形、加工较容易的凸模		多个型芯组合而成。当某一部分磨损后，便于更换
	螺纹连接，一般用于圆形凸模		凸模由件1、件2及件3组成，用定位销定位，螺钉横向连接，为组合式结构
	凸模尾部装入模板，用螺钉拉紧，适用于中小型凸模		适用于形状复杂的矩形凸模，选用螺钉应有足够强度

简图	特点	简图	特点
	凸模端面与模板用圆销定位，螺钉连接，适用于较大型的凸模，加工方便	0.3～0.5 $\frac{H7}{m6}$	凸模尾部带有台阶，装入模板后由台阶承受开模力，结构可靠，如圆形凸模有固定位置要求时，可用防转销钉。适用于中、小型凸模

注：1. 使用材料：简单形状凸模宜用 T8，T10，T10A；复杂形状凸模宜用 T10A，CrWMn，5CrMnMo，12 CrMo，Cr6WV，5CrNiMo，9Mn2V。

2. 热处理：简单形状凸模 45～50HRC；复杂形状凸模 40～50HRC。

3. 表面粗糙度：Ra 值一般为 0.2～0.1μm；塑件表面质量要求高或塑料流动性差时为 Ra 0.1～0.025μm；凸模与加料腔配合部分一般为 Ra 0.8～0.2μm；与模板的配合面及组合式结构中的结合面，一般为 Ra 0.8μm；其他部位为 Ra 6.3～1.6μm。

4. 镀铬：凸模与加料腔配合部位及成型部分镀铬厚度一般为 0.015～0.02mm，镀后应抛光到上述表面粗糙度要求。

② 塑料压缩模常用凹模结构及组合形式。压缩模常用凹模结构、组合形式及特点见表 12-26。

表 12-26　常用凹模结构及组合形式

结构形式	特点	结构形式	特点
	整体凹模强度高，成型的塑件质量好。但加工困难，且凹模局部损坏后维修困难	1 2 3 $\frac{H7}{m6}$ $\frac{H7}{m6}$ 1—模套；2—拼块；3—下凸模	拼块凹模组合结构，用于成型大型塑件。为便于加工，减少热处理变形，节省优质钢材，防止芯部不易淬硬等可采用此结构。凹模由模套1、拼块2及下凸模3等组成。拼块热处理后可用磨削加工修整，并便于抛光

结构形式	特点	结构形式	特点

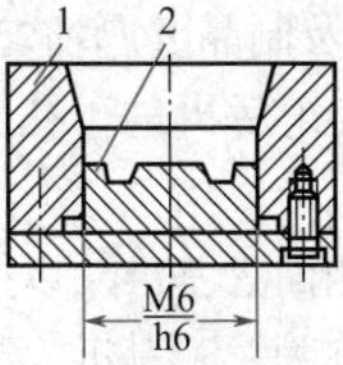

M6
h6

1—整体型腔；2—下凸模 | 整体型腔组合凹模结构，当塑件尺寸较大或结构复杂时，为便于加工，一般采用此种结构，由整体型腔1和下凸模2组成。可避免塑料挤入水平接缝内。凹模如有局部损坏，也便于更换维修 |

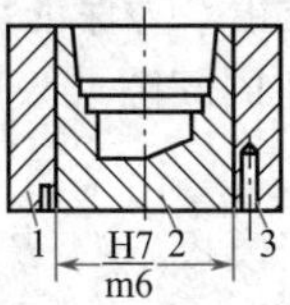

1 H7 2 3
m6

1—模套；2—嵌件；3—定位销（键） | 嵌件式组合凹模，凹模由模套1及嵌件2组成，嵌件一般用冷挤或电火花加工。为增强嵌件强度，故将其压入模套内。对多型腔模具，模套的两腔间壁厚一般为10～15mm。对圆形嵌件，其成型部分有定位要求时，则应采用定位销3或定位键 |
|

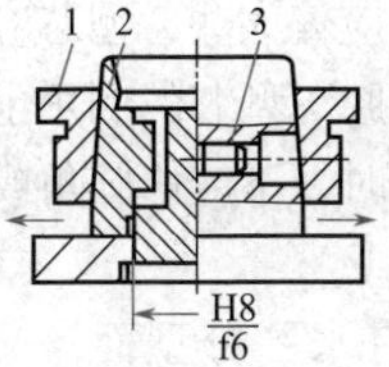

H8
f6

1—模套；2—拼块；3—导柱 | 模套锁紧，组合凹模，凹模由垂直分型的拼块2及模套1组成，两拼块闭合时用导柱3定位，用开模器具开模。使用时先闭模，下压模套锁紧拼块，然后凸模回升，装料后再次下降，压制塑件。塑件成型后开模将模套拉起，然后再水平分开拼块，开模取出塑件 |

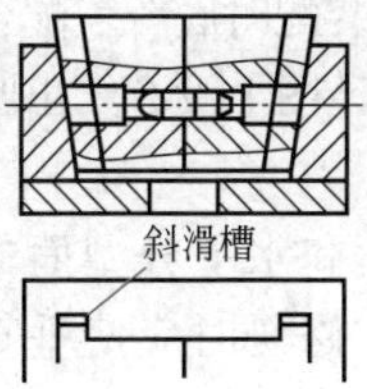

斜滑槽 | 开模时利用斜槽，在推出凹模拼块同时即分开拼块，槽的斜度应保证拼块分开 |

（2）塑料注射模具的装配要点

① 装配基准的选择。注射模具的结构关系复杂，零件数量较多。装配时装配基准的选择对保证模具的装配质量十分重要。装配基准

的选择，通常依据加工设备与工艺技术水平的不同，大致可分为以下两种。

a. 以型腔、型芯为装配基准。因型腔、型芯是模具的主要成型零件，以型腔、型芯作为装配基准，称为第一基准。模具其他零件的装配位置关系都要依据成型零件来确定。如导柱、导套孔的位置确定，就要按型腔、型芯的位置来找正。为保证动、定模合模定位准确及制品壁厚均匀，可在型腔、型芯的四周间隙塞入厚度均匀的纯铜片，找正后再进行孔的加工。

b. 以模具动、定模板（A、B 板）两个互相垂直的侧面为基准。以标准模架上的 A、B 板两个互相垂直的侧面为装配基准，称为第二基准。型腔、型芯的安装与调整，导柱、导套孔的位置，以及侧滑块的滑道位置等，均以基准面按 X、Y 坐标尺寸来定位、找正。

② 装配时的修研原则与工艺要点。模具零件加工后都有一定的公差或加工余量，钳工装配时需进行相应的修整、研配、刮削及抛光等操作，具体修研时应注意以下几点。

a. 脱模斜度的修研。修研脱模斜度的原则是，型腔应保证收缩后大端尺寸在制品公差范围内，型芯应保证收缩后小端尺寸在制品公差范围内。

b. 圆角与倒角。角隅处圆角半径的修整，型腔零件应偏大些，型芯应偏小些。便于制品装配时底、盖配合留有调整余量。型腔、型芯的倒角也遵循此原则，但设计图上没有给出圆角半径或倒角尺寸时，不应修圆角或倒角。

c. 垂直分型面和水平分型面的修研。当模具既有水平分型面，又有垂直分型面时，修研时应使垂直分型面接触吻合，水平分型面留有 0.01～0.02mm 的间隙。涂红丹显示，在合模、开模后，垂直分型面现出黑亮点，水平分型面稍见均匀红点即可。

d. 型腔沿口处研修。模具型腔沿口处分型面的修研，应保证型腔沿口周边 10mm 左右分型面接触吻合均匀，其他部位可比沿口处低 0.02～0.04mm，以保证制品分型面处不产生飞边或毛刺。

e. 侧抽芯滑道和锁紧块的修研。侧向抽芯机构一般由滑块、侧型芯、滑道和锁紧楔等组成。装配时通常先研配滑块与滑道的配合尺寸，保证有 H8/f7 的配合间隙；然后调整并找正侧型芯中心在滑块上的高度尺寸，修研侧型芯端面及与侧孔的配合间隙；最后修研锁紧楔的斜面与滑块斜面。

当侧型芯前端面到达正确位置或与型芯贴合时，锁紧楔与滑块的斜面也应同时接触吻合，并应使滑块上顶面与模板之间保持有 0.2mm 的间隙，以保证锁紧楔与滑块之间的足够锁紧力。

侧向抽芯机构工作时，熔体注射压力对侧抽型芯或滑块产生的侧向作用力不应作用于斜导柱，而应由锁紧楔承受。为此，需保证斜导柱与滑块斜孔的间隙，一般单边间隙不小于 0.5mm。

f. 导柱、导套的装配。导柱、导套的装配精度要求严格，相对位置误差一般在 ±0.01mm 以内。装配后应保证开、合模运动灵活。因此，装配前应进行配合间隙的分组选配。装配时应先安装模板对角线上的两个，并做开、合模运动检验，如有卡紧现象，应予以修正或调换。合格后再装其余两个，每装一个都需进行开、合模动作检验，确保动、定模开合运动灵活，导向准确，定位可靠。

g. 推杆与推件板的装配。推杆与推件板的装配要求是保证脱模运动平稳，滑动灵活。推杆装配时，应逐一检查每一根推杆尾部台肩的厚度尺寸与推杆固定板上固定孔的台阶深度，并使装配后留有 0.05mm 左右的间隙。推杆固定板和动模垫板上的推杆孔位置，可通过型芯上的推杆孔引钻的方法确定。型芯上的推杆孔与推杆配合部分应采用 H7/f6 或 H8/f7 的间隙，其余部分可有 0.5mm 的间隙。推杆端面形状应随型芯表面形状进行修磨，装配后不得低于型芯表面，但允许高出 0.05 ～ 0.1mm。

推件板装配时，应保证推件板型孔与型芯配合部分有 3°～ 100°的斜度，配合面的粗糙度不低于 Ra 0.8μm，间隙均匀，不得溢料。推顶推件板的推杆或拉杆要修磨得长度一致，确保推件板受力均匀。推件板本身不得有翘曲变形或推出时产生弹性变形。

h. 限位机构的装配。多分型面模具常用各类限位机构来控制模具的开、合模顺序和模板的运动距离。这类机构一般要求运动灵活，限位准确可靠。如用拉钩机构限制开模顺序时，应保证开模时各拉钩能同时打开。装配时应严格控制各拉杆或拉板的行程准确一致。

③ 塑料注射模在注射机上的定位和安装。注射模在注射机上的定位和安装，必须保证模具安装后的空间位置，使注射机的喷嘴与模具的浇口套中心一致，且模具在注射机上固定要牢固可靠。限制性要求为：迅速、安全、不担心注射机发生问题。

注射模固定方法有四种，各种固定方法及特点见表 12-27。

表 12-27　模具的固定方法及特点

序号	图	摘要
1		模具固定板大于模板，直接用螺钉紧固于注射机的安装板上的方式 不需安装夹具，但需根据注射机的安装螺钉位置而将固定板放得相当大
2		模具固定板稍大于模板，采用安装夹具的安装方式不需加工模板的安装槽
3		在模板侧面加工安装，用安装夹具装夹的方式，固定板与模板可以大小一样
4		不用模具固定板时，在模板侧面加工安装的装夹方式

　　通常为了使喷嘴与浇口套中心一致，模具上使用定位圈与注射机上的模板孔配合连接，采用间接方法保证对准中心，此外，定位圈还可以压牢浇口套，以防止其受注射力反作用力而脱出。

　　根据不同要求，定位圈的选择和安装方法也不尽相同。几种特殊定位圈应用似例见表 12-28。

表 12-28　特殊定位圈的应用示例

示意图	说明	示意图	说明
	考虑定位圈的调换，使用图示的形状调换的定位圈直径 D_1 及内孔应保持不变		用特殊形状的定位圈，便于定位圈的调换并兼起防止浇口套拔出的作用，调换的定位圈 D_1 及内孔应保持不变

示意图	说明	示意图	说明
	与上图一样考虑定位圈的调换，使用图示形状，调换的定位圈直径 D_1 及内孔应保持不变		用特殊形状的定位圈，与上图一样，便于调换定位圈，并兼起防止浇口套拔出的作用
	用特殊形状的定位圈，以定位圈的肩部压住浇口套，兼起防止浇口套拔出作用		用特殊形状的定位圈，采用延长喷嘴时的示例

一般注射机上的喷嘴与浇口套中心同轴度误差在 0.1mm 即可。如果以模具外形尺寸作基准，模具装在注射机的模板上的纵向、横向位置就可以确定，采用楔块作定位支承，模具上的定位圈可省去。如图 12-34 所示就是利用模具两侧面的 V 形槽作定位支承进行安装定位，可省去定位圈。

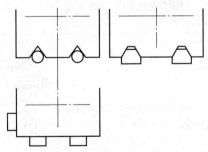

图 12-34　模具不使用定位圈的固定方法

④ 注射模装配要点。注射模装配主要步骤及要点见表 12-29。

表 12-29　注射模装配步骤及要点

装配过程	装配要点	示意图
型芯与固定板装配	型芯与固定板孔一般采用过渡配合	1—型芯；2—固定板
型腔凹模与动、定模板的装配	凹模与动、定模板镶合后，型面上要求紧密无缝，因此凹模压入端不允许修出斜度，而将导入斜度设在模板上	1—定模镶块；2—小型芯；3—型腔凹模；4—推杆；5—小型芯固定板
导柱、导套的装配	导柱、导套压入动、定模板以后，启模合模时导柱、导套间应滑动灵活	
推杆装配	在模具操作过程中，推杆应保持灵活，避免磨损	1—型腔镶件；2—动模板；3—推杆；4—导柱；5—导套；6—复位杆

装配过程	装配要点	示意图
卸料板装配	为提高寿命，卸料板型孔可镶入淬硬镶块	
滑块抽芯机构装配	型芯与孔配合正确，而且滑动灵活	

（3）挤出模具的装配要点

挤出模具装配前，应对各零件进行认真地清除毛刺、检测与清洗工作，同时应将流道表面涂上一薄层有机硅树脂，以防流道表面划伤。装配过程中流道表面可能相互触及，因此，最好在其中放一张纸或塑料薄膜加以保护。装配时，先安装与机筒连接的法兰，然后安装机头体、分流器支架及分流器、芯棒、口模、定型套和紧固压盖等。

装配中对于相互连接的零件结合面或拼合面要保证严密贴合，整个流道的接缝处或截面变化的过渡处，均应平滑光顺地过渡，不得有滞料死角、台肩、错位或泄漏。流道表面需抛光，其粗糙度不大于 $Ra\,0.4\mu m$。芯棒与口模、芯棒与定型套之间的间隙要调整均匀，间隙的测量也应用软的塞规（如黄铜塞规）测量，以防止划伤口模表面。芯棒与分流器及其支架要保持同轴。机头上安装的电加热器与机头体应接触良好，保持传热均匀。对需经常拆卸的零件，其配合部位应保证合理的装配间隙。

模头上连接各零件的螺栓，装配时应涂上高温脂，如钼脂或石墨脂，以保证模头工作过程中和以后拆卸方便。

（4）吹塑模具的装配要点

通常吹制容器类制品的模具型腔，其底部和口部往往都是采用镶拼式结构。装配时要求各拼块的结合面应严密贴合，组合的型腔表面应平滑光顺，不应有明显的接缝痕迹，并要求具有很低的表面粗糙度。

整体的型腔沿口不应有塌边或凹坑，合模后型腔沿口周边10mm范围内应接触严密，可用红丹检查接触是否均匀。导柱、导套的安装应垂直于两半模的分型面，保证定位与导向精度。装配时应先装对角线上的两个，经合模检验合格后再装其余两个，每装一个都应进行合模检验，确保合模后两半模型腔不产生错位。模具冷却水道的连接件与型腔模板要密封可靠，避免渗漏，水道应畅通无阻。模具的排气孔道不应有杂质、铁屑等堵塞，保持排气通畅。

12.6 塑料模具的调试

12.6.1 模具调试前的检验与准备

模具装配完成后，必须经过试模来验证模具的设计与制造质量及综合性能是否满足实际生产要求。只有经过试模检验并成型合格制品的模具，才能交付用户使用。同时，试模也是为了给制品的正式生产找出最佳工艺条件。因此，试模是模具制造过程中的最后一道检验工序。为保证试模工作顺利进行，试模前必须对模具进行全面的检查，做好各项准备工作。

（1）模具的检查

1）模具外观检查

① 模具轮廓尺寸、开模行程、推出形式、安装固定方式是否符合所选试模设备的工作要求。

② 模具定位环、浇口套球面及进料口尺寸要正确。模具吊环位置应保证起吊平衡，便于安装与搬运，满足负荷要求。

③ 各种水、电、气、液等接头零件及附件、嵌件应齐备，并处于良好使用状态。

④ 各零件是否连接可靠，螺钉是否上紧。模具合模状态是否有锁模板，以防吊装或运输中开启。

⑤ 检查导柱、螺钉、拉杆等在合模状态下，其头部是否高出模板平面，影响安装；复位杆是否高出分型面，使合模不严。

2）模具内部检查

① 打开模具检查型腔、型芯是否有损伤、毛刺或污物与锈迹，固定成型零件有无松动。嵌件安装是否稳固可靠。

② 加料室与柱塞高度要适当，凸模与加料室的配合间隙要合适。

③ 熔体流动通道应通畅、光洁、无损伤；冷却液通道应无堵塞，无渗漏。电加热系统无漏电，安全可靠。

3）模具动作检查

① 模具开、合模动作及多分型面模具各移动模板的运动要灵活平稳，

定位准确可靠。不应有紧涩或卡阻现象。

② 多分型面模具开、合模顺序及各移动模板运动距离应符合设计要求，限位机构应动作协调一致，安全可靠。

③ 侧向分型与抽芯机构要运动灵活，定位准确，锁紧可靠。气动、液压或电动控制机构要正常无误。

④ 推出机构要运动平稳、灵活，无卡阻，导向准确。

（2）试模前的准备

① 塑料原材料的准备。应按照制品图样给定的材料种类、牌号、色泽及技术要求提供足量的试模材料，并进行必要的预热、干燥处理。

② 试模工艺的准备。根据制品质量要求、材料成型性能、试模设备特点及模具结构类型综合考虑，确定合适的试模工艺条件。

③ 试模设备的准备。按照试模工艺要求，调整设备至最佳工作状态，达到装上模具即可试模。机床控制系统、运动部件、加料、塑化、加热与冷却系统等均应正常、无故障。

④ 试模现场的准备。清理机台及周围环境，备好压板、螺栓、垫块、扳手等装模器件与工具和盛装试模制品与浇注系统凝料的容器。备好吊装设备。

⑤ 工具的准备。试模钳工应准备必要的锉刀、砂纸、油石、铜锤、扳手等现场修模或起模工具，以备临时修调或起模使用。

⑥ 模具的准备。将检验合格的模具安装到试模设备上，并进行空运转试验，查看模具各部分动作是否灵活、正确，所需开模行程、推出行程、抽芯距离等是否达到要求，确认模具动作过程正确无误后，可对模具（及嵌件）进行预热，使模具处于待试模状态。

12.6.2 注射模具的试模过程与注意事项

（1）注射模具的试模过程

① 料筒清理。在完成了试模前的各项检验和准备工作后，即可进行试模操作。但开始注射前，应将注射机料筒中前次注射的不同品种的材料清除干净，以免两种材料混合影响试模制品的质量。料筒的清理方法，通常是用新试模材料将前次剩余在料筒中的残留材料，经加热塑化后对空注射出去，直至彻底清除干净。当对空注射的熔体全为新试模材料时，且熔体质量均匀、柔韧光泽、色泽鲜亮，即表明注射机料筒处于理想、工作状态，可以向模具型腔注射。

② 注射量计量。在向模具型腔注射熔体前，还应准确地确定一次注射所需熔体量。这要根据所试模具单个型腔容积和型腔总数及浇注系统容积进行累加计算，将计算结果初定为注射机的塑化计量值，试模中还需进行调整并最终设定。一般塑化计量值要稍大于一次注射所需熔体量，但不宜剩余过多。

③ 试模工艺参数的调整。试模时应按事先制订的工艺条件和规范进行，模具也必须达到要求的温度。整个试模过程中都要根据制品的质量变化情况，及时准确地调整工艺参数。

工艺参数调整时，一般应先保持部分参数不变，针对某一个主要参数进行调整，不可所有参数同时改变。改变参数值时，也应小幅渐进调整，不可大幅度改变，尤其是那些对注射压力或熔体温度比较敏感的塑料材料，更应注意。

试模中对每一个参数的调整，都应使该参数稳定地工作几个循环，使其与其他参数的作用达到协调平衡之后，再根据制品质量的变化趋势进行适当调整，不宜连续大幅度地改变工艺参数值。因为工艺条件是相互依存的，每个参数的变化，都对其他参数有影响。改变某个参数后，其作用效果并不能马上反映出来，而是需要足够的时间过程，如温度的调整等。

初次试模时，绝对不能用过高的注射压力和过大的注射量。试模中当发现制品有缺陷时，应正确分析缺陷产生的真正原因。很多情况下，缺陷的产生是由多种因素相互影响造成的，很难判断准确。因此，针对不同的制品缺陷，要仔细分析是由于试模工艺参数不当造成的，还是由于模具设计与制造或制品结构因素引起的。

通常，首先考虑通过调整工艺参数解决，然后才考虑修整模具。在没有把握确定导致缺陷产生的准确原因之前，不可盲目地修改模具。若通过多项工艺参数调整仍无法消除制品缺陷时，则需全面分析考虑引起缺陷的多种原因及其相互关系，慎重确定是否需要修改模具。

由于模具因素引起的制品缺陷，能在试模现场短时间解决的，可在现场进行机上修整，修后再试。对现场无法修整或需很长修整时间的，则应中止试模返回修理。

④ 试模数据的记录。每次试模过程中，对所用设备的型号、性能特点，使用的塑料品种、牌号及生产厂家，试模工艺参数的设定与调整，模具的结构特点与工作情况，制品的质量与缺陷的形式，缺陷的程度与消除

结果，试模中的故障与采取的措施，以及最后的试模结果等，都应做详细的记录。

对试模结果较好的制品或有严重缺陷的试件及与之对应的工艺条件，都应做好标记，封装保存 3 ～ 5 件，以备分析检测与制订修模方案使用，也为再次试模及正式生产时制订工艺提供参考。详细的试模数据，经过总结与分析整理，将成为模具设计与制造的宝贵原始资料。

(2) 试模的注意事项

试模前模具设计人员要向试模操作者详细介绍模具的总体结构特点与动作要求，制品结构与材料性能，冷却水回路及加热方式，制品及浇注系统凝料脱出方式，多分型面模具的开模行程，有无嵌件等相关问题，使操作者心中有数，有准备地进行试模。

试模时应将注塑机的工作模式设为手动操作，使机器的全部动作与功能均由试模操作人员手动控制，不宜用自动或半自动工作模式，以免发生故障，损坏机器或模具。

模具的安装固定要牢固可靠，绝不允许固定模具的螺栓、垫块等有任何松动。压板前端与移动模板或其他活动零件之间要有足够间隙，不能发生干涉。模具侧抽芯运动方向应与水平方向平行，不宜上下垂直安装。对于三面或四面都有侧向抽芯的模具，应使型芯与滑块重量较大者处于水平抽芯方向安装。开机前一定要仔细检查模具安装的可靠性。

模具上的冷却水管、液压油管及其接头不应有泄漏，更不能漏到模具型腔里面。管路或电加热器的导线一般不应接于模具的上方或操作方向，而应置于模具操作方向的对面或下方，以免管线游荡被分型面夹住。

试模过程中，模具设计人员要仔细观察模具各部分的动作协调与工作情况，以便发现不合理的设计。操作人员每次合模时都要仔细观察，各型腔制品及浇注系统凝料是否全部脱出，以免有破碎制品的残片或被拉断的流道、浇口等残留物在合模或注射时损伤模具。带有嵌件的模具还要查看嵌件是否移位或脱落。

12.6.3 压缩模具的试模过程及注意事项

压缩成型通常使用立式压力机，模具安放在压力机工作台上，根据模具与压力机的连接关系分为可移动式模具和固定式模具两种。可移动式模具是机外装卸的，装料、闭模、开模、脱模均是将模具从压力机上取下进行操作。固定式模具是将模具的上下模板分别与压力机的上下压板连接固定。模具的加料、闭模、压制及制品脱模均在压力机上进行，模具自身带有加热装置。压塑模具的试模过程较为简单，主要包括材料的预压或预热、试模操作、试模工艺参数的调整等环节。

（1）材料的预压和预热

为加料方便、准确，降低物料压缩率，改善传热条件及流动性，压制某些平面较大或带有嵌件的制品等，可根据物料的性能及模具结构等因素，采用预压方法将粉料压制成一定形状的型坯，加料时直接将型坯放入型腔或加料室。预压可在普通压力机上进行，但最好是采用专用的压模和力机。压制试模前，物料都需进行预热处理，以改善物料的成型性能，减小物料与模具的温差。预热温度与时间，需根据物料的不同品种和采用的预热方法合理确定，保证物料能够快速均匀地升至预定的温度。

（2）试模过程的操作与工艺参数调整

试模过程的操作主要包括安放嵌件、加料、闭模、排气、脱模和清理模具等。嵌件放入模腔前应清除毛刺与污物，并需预热至规定的温度。

加料是压缩模具试模中的一个重要环节，无论是溢式还是不溢式模具，都应根据制品的结构尺寸与物料性能准确地计算加料量，溢式模具允许的加料过量不应超过制品重量的5%。

试模时应根据制品的成型要求和结构特点合理选定加料方法。若成型要求加料准确时，应选择重量法称重加料。容积法加料不够准确，但它可用粉料直接加料，操作方便。计数法加料只能用事先预压好的型坯。无论哪种方法，加料前都应将型腔或加料室清理干净。加料之后即可闭合模具并进行加热。闭模时应分段控制合模速度，当凸模未触及物料前，应快速闭模；触及到物料时，应适当减慢闭模速度，逐渐增大压力。加压后需将上模稍稍松开一下，然后再加压以排除型腔内气体和水分。试模操作时应掌握好加压和排气时机。压塑模具也需控制保压时间，保证制品完全硬化成型，但不能过硬化。制品脱模可用手工取出或用模具推出机构。使用推出机构时应调整好推出行程，并要求制品脱模平稳。

压缩模具试模工艺参数的调整，主要是针对制品的材料与结构形状及壁厚大小、模具结构等，对模压温度、压力和时间进行合理地调整，以获得合格的制品。模压温度的调整应以原料生产商提供的标准试样的模压温度范围为依据，结合制品的结构特点逐步调整。使用预热过的物料，可用较高的模压温度。如果制品的壁厚较大，应适当降低模压温度。试模时每调节一次温度，应保持模温升到规定的温度后再进行试压。模压压力的调整应在低压状态下进行，逐渐升压到所需的压力，不应在高压状态下调整。压力的大小随材料的品种、制品结构等因素确定。模压时间与模温、物料预热、制品壁厚等有关，使用预热的物料可以降低模压时间，而成型壁厚大的制品，则需要较长的模压时间。

模压温度、压力、时间3个参数相互影响，试模调整时，一般先凭经验确定一个，然后调整其余两个。如果这样调整仍不能获得合格的试件，可对先确定的那个参数再进行调整。如此反复，直至调出最佳的工艺参数。

（3）试模过程中的注意事项

压塑模具试模过程中的各项操作应由试模人员手动控制，仔细操作。每次压制前，都应对型腔进行清理，常用压缩空气或木制刮刀清除残料及杂物，绝不能刮伤型腔表面。脱模困难的制品，压制前可在型腔上涂脱模剂，但不能用得太多。

试模中，如果制品发生缺陷，应全面分析缺陷产生的原因，尽量通过工艺调整解决，不可盲目修改模具结构。

试模中的工艺参数及其调整过程、所用压力机的规格型号等相关数据，应做详细、完整的记录，以备修模、再次试模或正式生产使用。

12.6.4 挤出模具的试模过程与注意事项

挤出模具的试模过程与注塑模具的类似，也包括原材料和挤出设备及其辅机的准备及工艺参数调整等过程。

（1）原材料和挤出设备的准备

用于试模的物料要组分均匀，无杂质异物，并应达到所需的预热、干燥要求。挤出机及其辅助设备的工作性能均应调整至最佳状态，挤出模具应准确可靠地安装到挤出机上，口模间隙要均匀正确，挤出机与其辅机的中心线要对准并保持一致。同时还需对模具、挤出机及辅机进行均匀加热升温，待达到所需温度后，应保持恒温 30 ~ 60min，使机器各部分温度趋于均匀稳定。

开机前还应仔细检查润滑、冷却、电气及温度控制等系统是否运转正常，并需将模头各部分的连接螺栓趁热拧紧，以免开机后螺栓不紧产生漏料。

（2）试模操作与工艺参数调整

开机操作是试模过程的重要环节，控制不好将会造成螺杆或模具的损伤。料筒温度过高，还可能引起物料分解。因此，试模操作应按规范进行。

① 开机时应以低速启动，然后逐渐提高转速，并进行短时的空运转，以检查螺杆及电机等有无异常，各显示仪表是否正常，各辅机的运动关系与主机是否匹配协调。

② 开始挤出时，要逐渐少量加料，且要保持加料均匀。物料挤出口模，并将其慢慢引入正常运转的冷却及牵引设备后，方可正常加料。然后根据各指示仪表的显示值和制品的质量要求，对整个挤出设备的各部分进行相应的调整，使其与挤出模具良好匹配，协调工作。

③ 切片取样。检查制品外观与内部质量及尺寸大小是否符合要求，然后根据质量变化适当调整挤出工艺参数。

④ 试模过程中各工艺参数的调整。主要是依据对制品质量和各控制仪表显示数据变化的观察与分析，适当调整温度、压力和速度等参数，使其达到与合格的制品质量相匹配。调整时应逐渐地小幅度改变参数值，否则将引起制品质量的较大波动，尤其是模头温度对制品质量至关重要。

12.6.5 吹塑模具的加工与试模

（1）中空吹塑模具加工制造工艺要点

吹塑模具的制造主要是针对型腔零件的加工。型腔形状一般比较复杂，除了整体的曲面形状外，还有某些特殊的局部结构和花纹、图案、螺纹等。型腔表面常用数控铣削、加工中心加工和电火花成形，型腔的局部或特殊表面可用雕刻或化学腐蚀方法加工。要求光滑的型腔表面，需经最终抛光加工。两半型腔的对合面要求平整，对合后在制品表面上不应有明显的合模线。加工时，可采用精磨或研磨来达到要求。

吹制瓶类制品的模具，其瓶口处的螺纹镶件通常是两半组成的。螺纹型腔加工时，可将其对合在一起采用数控车削加工，以保证螺纹的连续性。或用电火花一次装夹分别加工，但要保证两半螺纹接合处不错位。

吹塑模具两半型腔的加工，除了成型表面与合模面外，还有冷却水道和排气孔或排气槽的加工，对吹塑件质量至关重要。冷却水道孔通常采用钻削加工，或将铜管围制成型腔形状，在型腔块浇铸时预埋在里面。水道加工时要求保证各水道孔至型腔面的距离处处相等，以保证热量传递均匀。吹塑成型时，为使膨胀的型坯和型腔之间积存的空气容易排出，应在型腔两半模成型表面的圆弧或拐角等排气困难的部位，钻阶梯孔进行排气。排气孔在距型腔表面深度为 0.5 ~ 1.5mm 处，其直径为 0.1 ~ 0.3mm，其余部分孔径可大些，以便排气顺畅。还可在型腔分模面的侧刃口处开设排气槽，其宽度一般为 10 ~ 20mm，槽深在 0.03 ~ 0.05mm，加工时需精确控制槽深尺寸，但其效果不如钻孔好。注意钻孔时不要钻破冷却水道。

吹塑模具的常用材料是铍铜合金、浇铸铝合金、锌合金和普通钢材。与有色金属合金相比，钢的导热性能和加工性能都比较差。同一个模具应选择相同的材料，保证传热速率一致。但有时为得到所需的强度和特殊冷却条件，可将几种不同的合金用在同一个模具上。使用不同材料时，型腔的材料和截坯嵌件必须用同一种材料制成。

（2）吹塑模具的试模

吹塑模具的试模一般包括型坯的成型和制品的吹制两个过程。

型坯的成型常用挤出和注射成型两种方法，制品可以是连续的挤出吹塑（或注射 - 吹塑）成型，也可以是间歇的进行。注射吹塑方法还可以先成型型坯，达到一定数量后，再进行制品的吹制。不管哪种方法，试模前都应将所用吹塑设备及其辅助装置和模具调整好，检查设备的水、气、电等系统是否工作正常，模具的型腔表面或沿口是否有损伤，排气道是否通畅，试模原材料是否清洁、无杂质异物，尤其是吹制透明制品。如采用连续工作的多工位注射拉伸吹塑机组，应保证各部分动作灵活，定位准确，相互协调，节拍一致。

试模时要严格控制型坯的温度和模具温度及吹气压力，并根据不同的吹塑工艺方法和制品壁厚等调整吹胀比。芯棒与型坯模具和吹塑模具的颈圈要紧密配合，保证芯棒与模具型腔的同轴度。模具的安装与定位要牢固、准确，锁模力要足够。试模中要根据吹制的制品质量变化情况，正确地分析并合理地调整工艺参数或模具，且对工艺参数的调整过程与制品质量改善情况应做详细记录，以使用于制品质量分析与修模使用。

第13章

机床液压系统的清洗、安装调试与维护保养

13.1 液压传动概述

13.1.1 液压传动基础

（1）液压传动的工作原理

图 13-1 所示为磨床工作台液压传动原理图，液压泵 3 由电动机带动旋转，从油箱 1 中吸油，并将具有压力能的油液输送到管路，油液再通过节流阀 4 和管路流至换向阀 6，换向阀 6 的阀芯有不同的工作位置，因此改变阀芯的工作位置，就能不断变换压力油的油路，使液压缸不断换向，以实现工作台所需要的往复运动。根据加工要求的不同，利用改变节流阀 4 开口的大小，调节通过节流阀的流量，从而控制工作台的运动速度。工作台运动时，需要克服不同的工作阻力，系统的压力可通过溢流阀 5 调节。当系统中的油压升高至溢流阀的调定压力时，溢流阀打开，油压不再升高，维持定值。为保持油液的清洁，安装的滤油器 2 可将油液中的污物、杂质去掉，使系统工作正常。

综上所述，液压系统的工作原理是利用液体的压力能来传递动力，并利用执行元件将液体的压力能转换成机械能，驱动工作部件运动。液压系统工作时，必须对油液进行压力、流量和方向的控制及调节，以满足工作部件在力、速度和方向上的要求。

（2）液压系统的组成

一个完整的液压系统主要由以下四部分组成。

① 动力装置。它供给液压系统压力油，将电动机输出的机械能转换

为油液的压力能，推动整个液压系统的工作。图 13-1 中的液压泵 3 就是动力装置，它将油液从油箱 1 中吸入，再输送给液压系统。

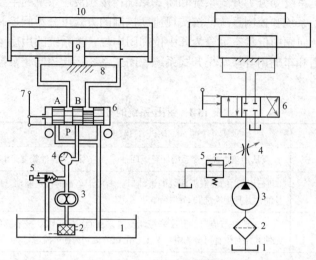

(a) 结构原理图　　　　(b) 用职能符号表示的液压原理图

图 13-1　液压传动原理图

1—油箱；2—滤油器；3—液压泵；4—节流阀；5—溢流阀；6—换向阀；
7—手柄；8—液压缸；9—活塞；10—工作台

② 执行元件。它包括液压缸和液压马达，用以将液体的压力能转换为机械能，驱动工作部件运动。图 13-1 中的液压缸 8 是执行元件，在压力油的推动下，带动磨床工作台作直线往复运动。

③ 控制元件。主要是各种阀类，用来控制液压系统的液体压力、流量（流速）和流向，保证执行元件完成预期的工作运动。图 13-1 中的溢流阀 5 是压力控制元件，可控制工作系统的压力；节流阀 4 是流量控制元件，可调节进入液压缸的流量，控制工作台的运动速度；换向阀 6 是方向控制元件，可改变压力油的通路，使液压缸换向，实现工作台的往复运动。

④ 辅助装置。指各种管接头、油管、油箱、滤油器等。它们起着连接、输送、储油、过滤等作用；可保证液压系统可靠、稳定、持久地工作。图 13-1 中的网式滤油器 2，起滤清油液的作用；油箱 1 用来储油和散逸油液的热量。

(3) 液压系统的分类

液压系统的分类方式主要有以下几种：按照液压回路的基本构成可以把液压系统划分为开式系统和闭式系统；按照液压系统的主要功用可分为传动系统和控制系统；按实现速度控制的方式可分为阀控制和泵控制；按换向阀中位状态可分为开中位和闭中位；按系统的用途可分为固定设备用和车辆用等。常见开式系统、闭式系统、阀控制、泵控制分类见表 13-1。

表 13-1　液压系统的分类

类别	说明
开式系统	泵从油箱抽油，经系统回路返回油箱。应用普遍。油箱要足够大
闭式系统	马达排出的油液返回泵的进油口。多用于车辆的行走驱动。用升压泵补油，并且用冲洗阀局部换油
阀控制	通过改变节流口的开度来控制流量，从而控制速度。按节流口与执行元件的相对位置可分为进口节流、出口节流和旁通节流
泵控制	通过改变泵的排量来控制流量，从而控制速度。效率较高

13.1.2　液压传动的特点及应用

(1) 液压传动的特点

① 传动平稳。液压传动装置中，一般认为油液是不可压缩的，依靠油液的连续流动进行传动。油液有吸振能力，油路中还可以设置液压缓冲装置，所以传动非常均匀、平稳，便于实现频繁换向。因此磨床、仿形机床中广泛使用了液压传动。

② 重量轻、体积小。液压传动与机械、电力等传动方式相比，在输出同样功率的情况下，体积和重量均减少很多，因此惯性小，动作灵敏。

③ 承载能力大。液压传动易获得很大的力和转矩。

④ 易实现无级调速。调速范围可达 2000 : 1，还可以在运动中调速，很容易得到极低的速度。

⑤ 易实现过载保护。液压系统的执行元件可长期在失速状态下工作而不发热，且液压元件可自行润滑，使用寿命长。

⑥ 易实现自动化。因为液压传动大大简化了机械结构，对液压的压力、方向和流量易于调节或控制，可实现复杂的顺序动作，接受远程

控制。

⑦ 便于实现"三化"。液压元件易实现系列化、标准化和通用化，适合大批量专业化生产，因此液压系列的设计、制造和使用都比较方便。

⑧ 不能保证严格的传动比。由于油液具有一定的可压缩性和泄漏，因此不宜应用于传动比要求严格的场合，如螺纹和齿轮加工机床。

⑨ 油液对温度较敏感。由于油的黏度随温度的改变而变化，影响速度和稳定性，故在高温和低温环境下，不宜采用液压传动。

⑩ 装置较复杂。发生故障时不易检查和排除。

⑪ 油液易受污染。油液中易混入空气、杂质，影响系统工作的可靠性。

液压传动的优点是显著的，其缺点现已大为改善或正在改进，所以以今后液压传动会得到更加广泛的应用。

（2）液压传动的应用

液压技术与人们的日常生活有着密切的关系：轿车、载货汽车、公共汽车的动力转向、吸振器，筑路用的沥青路面碾光机、压路机等，在建筑工地上的挖掘机、自卸货车、汽车起重机、混凝土搅拌车、混凝土泵车等，都采用了液压技术。

工厂中的各种车床、镗床、铣床、磨床、加工中心，各种压力机、压铸机；制造各种塑料制品的注塑机、挤出机、中空吹塑机；还有钢铁厂的轧钢机、铸钢机；化工厂的压榨机、过滤机、紧急切断阀，以及在工厂内到处穿行的叉车、翻斗车、装载机等；液压技术在工厂中的应用可谓无处不在。

在江河湖海上航行的大小船舶（客轮、货轮）上的绞盘、起锚机、舱口盖、甲板起重机、舵机等也采用了液压技术。

飞机升降舵、副翼、起落架等装置，还有水坝闸门的开闭，铁路调车场的减速顶，游乐场的游艺机，道路清扫车，高空作业车，牙科手术椅等也都广泛使用了液压技术。

13.2　机床液压系统的安装

正确安装液压设备是保证液压设备长期稳定工作以及有良好工作性能的重要环节。因此，在液压设备的安装过程中，必须熟悉主机的工况特点和液压系统的工作原理及结构特点，严格按设计要求进行安装。否则，不仅会影响液压设备的性能，还会常出故障甚至造成停机。

13.2.1 安装前的准备工作

在安装液压系统前，安装人员必须做好各种准备工作，这是安装工作顺利进行的基本保证。

（1）物资准备

按照液压系统图和图上的明细表，逐一核对液压元件的数量、型号、规格，还要仔细检查液压元件的质量状况。元件的生产日期不宜过早，否则其内部的密封件可能会老化。切不可使用已有明显缺陷的液压元件。同时，准备好适用的工具和装备。

（2）质量检查

液压元件的技术性能是否符合要求，辅助元件质量是否合格，这关系到液压系统工作的可靠性和运行的稳定性。检查的内容常为：

① 液压元件上的调节螺钉、手轮及其他配件是否完好无损，电磁阀的电磁铁、电接触式压力表内的开关、压力继电器的内置微动开关是否工作正常，元件及安装底板或油路块的安装面是否平整，沟槽是否有锈蚀；

② 油管的材质牌号、通径、壁厚和管接头的型号、规格是否符合设计要求，软管的生产日期不宜太早；

③ 对存放过久的元件，其内部的密封件可能会自然老化，因此应根据情况进行拆洗和更换密封件。

（3）技术资料的准备

在液压系统组装前，还应准备好相关的技术文件和资料，如液压系统原理图、液压控制装置的回路图、电气原理图、管道布置图、液压元件、辅件的清单和产品样本等，以便装配人员在装配的过程中碰到问题时查阅。

13.2.2 液压元件、管路的安装

（1）液压系统安装时的注意事项与禁忌

① 保证油箱的内外表面，主机的各配合表面及其他可见元件是清洁的。

② 与工作油液接触的元件外露部分（活塞杆等）应有防污保护。

③ 油箱盖、管口和空气滤清器要密封，保证未过滤的空气不进入液压系统。

④ 应在油箱上显眼处贴上说明油的类型和容量的铭牌。

⑤ 装配前，对一些自制的重要元件，如液压缸、管接头等进行耐压实验，试验压力取工作压力的 2 倍或系统最高压力的 1.5 倍。

⑥ 保证安装场地的清洁。

⑦ 液压泵与原动机要用弹性联轴器，保证它们的同轴度不超过 0.08mm，用手转动泵轴应轻松，在 360°范围内没有卡滞现象。

⑧ 液压油要过滤到要求的清洁度后再灌入油箱。管道的连接，特别是接头处，应牢靠密封，不得漏油。

（2）液压元件的安装

1）液压缸的安装

① 液压缸安装时，应做好密封件的保护，将缸体上的进、出油口和放气口用专用材料填平，保证活塞装入时密封件不会被切坏。

② 检查活塞杆的直线度，特别是行程长的油缸。活塞杆的弯曲会造成密封件的偏磨，导致泄漏、爬行，甚至动作失灵。

③ 液压缸轴线应与机床导轨的平行度和直线度，若二者平行度超差，会产生较大的侧向力，特别是活塞全部伸出时，情况更严重，造成活塞在缸内卡死，换向不顺利，也可能产生爬行、密封件损坏等现象。可以导轨为基准，用百分表调整液压缸，使活塞杆伸出段的侧母线与 V 形导轨平行，上母线与平导轨平行，平行度允差为 0.04 ～ 0.08mm/m，其允差应控制在 0.1mm/ 全长之内。

如图 13-2 所示为液压缸与机床导轨的平行度和直线度检查。如果液压缸上母线全长超差，应修刮液压缸的支架底面（高的一面）或修刮机床的接触面来达到要求；如果侧母线超差、可松开液压缸和机床固定螺钉，拔掉定位销，矫正其侧母线的精度。

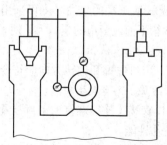

图 13-2　液压缸与导轨的平行度和直线度检查

④ 对行程较长和油温较高的液压缸，活塞杆与工作台的连接应采用浮动连接（球面副），以补偿安装误差和热膨胀的影响。

⑤ 对于轴销式和耳环式液压缸，应使活塞杆顶端的连接头方向与耳轴方向一致，以保证活塞杆的稳定性。

⑥ 活塞杆轴心线对两端支座的安装基面的平行度误差不得大于0.05mm/m。

⑦ 液压缸的性能试验要求如下：

a. 在超过工作压力的 125% ～ 150% 的情况下，需在 5 ～ 10min 时间内，观察各结合处是否渗漏；

b. 油封装置是否过紧，而使活塞杆移动时，往复速度不均，并伴有爬行现象；

c. 活塞运动到端点时，有否冲撞声。

2）液压泵和液压马达的安装

液压泵和液压马达安装不当会引起噪声、振动，影响工作性能和降低寿命。因此在安装时应达到以下要求。

① 泵的支座或法兰和电动机应有共同的安装基础。基础、法兰或支座、底板都必须有足够的强度和刚度。必要时，可以在底座下面及法兰和支架之间装上橡胶隔振垫，以防产生振动，降低噪声。

② 液压泵一般不允许承受径向负载，因此常用电动机直接通过弹性联轴器来传动。一般采用弹性联轴器连接，应避免用 V 带或齿轮直接带动泵转动（单边受力）。安装时要求电动机与液压泵和液压马达的轴应有较高的同轴度，其偏差应在 0.08mm 以内，两轴间的倾斜角不得大于 1°，以避免增加泵轴的额外负载并引起振动，产生噪声。

③ 对于安装在油箱上的自吸泵，通常泵中心至油箱液面的距离不大于 500mm；在有些情况，液压泵的吸油高度可采用负高度，以免空气进入系统。对于安装在油箱下面或旁边的泵，为了便于检修，吸入管道上应安装截止阀。

④ 液压泵的进口、出口位置和旋转方向应符合泵上标明的要求，不得搞错接反，以免造成故障，甚至发生事故。

⑤ 要拧紧进出油口管接头连接螺钉，密封装置要可靠，以免引起吸空、漏油，影响泵的工作性能。

⑥ 在齿轮泵和叶片泵的吸入管道上可装有粗过滤器，但在柱塞泵的吸入口一般不装滤油器。

⑦ 安装联轴器时，不要用力敲打泵轴和液压马达轴，以免损伤转子。

3）液压阀类元件的安装

液压阀类元件安装前，对拆封的液压元件要先查验合格证书和审阅产品说明书，如果液压元件是手续完备的合格产品，外包装严密、内部不会锈蚀的产品，不需要另做任何试验，可以安装试车，如发现在试车过程中不灵活或有异常现象时，要立即拆装。特别是对国外新产品更不允许随意拆装，以免影响产品出厂时的精度。安装液压阀类元件时，应注意以下要求：

① 液压阀类元件的安装位置无规定时，应安装在便于使用、维修的位置上。一般板式方向控制阀应保持轴线水平安装。电磁换向阀宜水平安装，必须垂直安装时，电磁铁一般朝上（两位阀）。

② 安装时应注意各阀类元件进油口和回油口的方位。进、出油口对称的阀，不要装反，应用标记区分进油口和出油口。外形相似的阀，应挂上牌，以免装错。

③ 为了安装和使用方便，管式阀往往制有两个进油口和回油口，安装时应将不用的一个进、回油口用螺塞堵死，以免工作时产生喷油而造成外漏。先导式溢流阀有一遥控口，当不采用远程控制时，应将遥控口堵死或安装板不钻通。

④ 用法兰安装的阀类元件，螺钉不能拧得过紧，因过紧有时会造成密封不良。必须拧紧而原密封件或材质不能满足密封要求时，应更换密封件的形式或材料。板式阀类元件安装时，要检查各油口的密封圈是否凸出安装平面一定的高度（一定的压缩余量）。同一安装平面上的各种规格的密封件凸出量要一致，O形圈涂上少许黄油可以防止脱落。固定螺钉应均匀、逐次拧紧。使阀的安装平面与底板或油路块的安装平面全部接触，防止外泄。

⑤ 在安装时，需要调整的阀类，通常按顺时针方向旋转，增加流量、压力；逆时针方向旋转，减少流量或压力。

⑥ 按产品说明书中的规定进行安装。

（3）液压管路的安装

① 液压管路的安装要求。液压管路是连接液压泵、各种液压阀和液压缸及液压马达的通道。液压系统的安装，就是用管路把各种液压元件连接起来，组成回路。因此，管路的选择是否合理、安装是否正确、清洗是

否干净，对液压系统的工作性能有很大影响。

管路的选择与检查：在选择管路时，应根据系统的压力、流量以及工作介质、使用环境和元件及管接头的要求，来选择适当口径、壁厚和材质的管路。要求管道必须具有足够的强度，内壁光滑、清洁、无砂、无锈蚀，无氧化铁皮等缺陷，并且配管时应考虑管路的整齐美观以及安装、使用和维护工作的方便。管路的长度应尽可能短，这样可减少压力损失以及延时和振动等现象。

检查管路时，若发现管路内外侧已腐蚀或有明显变色，管路被割口，壁内有小孔，管路表面凹入深达管路直径的 10% ～ 20% 以上（不同系统要求不同），管路伤口裂痕深度为管路壁厚的 10% 以上等情况时均不能使用。

检查长期存放的管路，若发现内部腐蚀严重，应用酸溶液彻底冲洗内壁，清洗干净，再检查其耐用程度合格后，才能进行安装。

检查经加工弯曲的管路时，应注意管路的弯曲半径不应太小。弯曲曲率太大，将导致管路应力集中的增加，降低管路的疲劳强度，同时也易出现锯齿形皱纹，用填充物弯曲管路时，其最小弯曲半径（如图 13-3 所示）如下。

钢管热弯曲：$R \geqslant 3D$。

铜管冷弯曲：$R \geqslant 6D$。

铜管冷弯曲：$R \geqslant 2D$（$D \leqslant 15\text{mm}$）；

$R \geqslant 2.5D$（$D =15 \sim 22\text{mm}$）；

$R \geqslant 3D$（$D > 22\text{mm}$）。

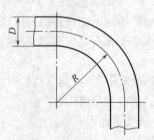

图 13-3　液压管路弯曲曲率

管路弯曲处最大截面的椭圆度不应超过 15%；弯曲处外侧壁厚的减薄

不应超过管路壁厚的 20%；弯曲处内侧部分不允许有扭伤、压坏或凹凸不平的皱纹。弯曲处内外侧部分都不允许有锯齿形或形状不规则的现象。扁平弯曲部分的最小外径应为原管外径的 70% 以下。

② 吸油管路的安装及要求。

a. 吸油管路要尽量短，弯曲少，管径不能过细。以减小吸油管的阻力，避免吸油困难，产生吸空、气蚀现象，对于泵的吸程高度，各种泵的要求有所不同，但一般不超过 500mm。

b. 吸油管应连接严密，不得漏气，其下面连着的滤油器应在液面下 200mm，以免使泵在工作时吸进空气，导致系统产生噪声，以致无法吸油。（在泵吸入部分的螺纹及法兰接合面上往往会由于小小的缝隙而漏入空气）。

c. 除了个别泵（在产品说明书或样本中有说明）以外，一般在吸油管上应安装滤油器，滤油精度通常为 100 ～ 200 目（目数，即每英寸长度上的孔数目），滤油器的通油能力至少相当于泵的额定流量的 2 倍，同时要考虑清洗时拆装方便。

③ 回油管的安装及要求。

a. 执行机构的主回油路及溢流阀的回油管应伸到油箱油面以下，以防止油液飞溅而混入气泡。

b. 溢流阀的回油管不允许和泵的进油口直接连通，可单独接回油箱，也可与主回油管冷却器相通，避免油温上升过快。

c. 具有外部泄漏的减压阀、顺序阀、电磁阀等的泄油口与回油管连通时不允许有背压，否则应单独接回油箱，以免影响阀的正常工作。

d. 安装成水平面的油管，应有 3/1000 ～ 5/1000 的坡度。管路过长时，每 500mm 应固定一个夹持油管的管夹。

e. 接管时，对各种阀的阀口名称要掌握熟悉，不能接错。如 P 为压力油进油口，A、B 为出油口，L 为泄油口，O 为回油口，K 为液控口等。

④ 压力油管的安装及要求。压力油管的安装位置应尽量靠近设备和基础，同时又要便于支管的连接和检修，对复杂的管路应涂色加以区别。为了防止压力管振动，应将管路安装在牢固的地方，在振动的地方要加阻尼来消振，或将木块、硬橡胶的衬垫装在支架或管夹上，使铁板不直接接触管路。支架间距按表 13-2 选取，对于要求振动较小的液压系统，还要计算管路的固有频率，使其避开共振管长。

表 13-2　　管道支架间距　　　　　　　　　　　mm

管道外径	≤ 10	10 ～ 25	25 ～ 50	50 ～ 80	≥ 80
支架间距	500 ～ 1000	1000 ～ 1500	1500 ～ 2000	2000 ～ 3000	3000 ～ 5000

⑤ 橡胶软管的安装及要求。橡胶软管用于两个有相对运动部件之间的连接。安装橡胶软管时应符合下列要求：

a. 要避免急转弯，管道最小弯曲半径 R 应大于 9 ～ 10 倍外径，至少应在离接头 6 倍直径处弯曲。若弯曲半径只有规定的 1/2 时就不能使用，否则寿命将大大缩短。

b. 软管的弯曲同软管接头的安装应在同一运动平面上，以防扭转。若软管两端的接头需在两个不同的平面上运动时，应在适当的位置安装夹子，把软管分成两部分，使每一部分在同一平面上运动。

c. 软管应有一定余量，因为软管受压时，要产生长度和直径的变化（长度变化约为 ±4%），因此在弯曲情况下使用，不能马上从端部接头处开始弯曲；在直线情况下使用时，不要使端部接头和软管间受拉伸，所以要考虑长度上留有适当余量，使软管比较松弛。

d. 软管在安装和工作时，不应有扭转现象，不应与其他管路接触，以免磨损破裂；在连接处应自由悬挂，以免因其自重而产生弯曲。

e. 由于软管在高温下工作时寿命短，所以尽可能使软管安装在远离热源的地方，否则要装隔热板或采取其他隔热措施。

f. 软管过长或承受急剧振动的情况下宜用夹子夹牢。在高压下使用的软管应尽量少用夹子，因软管受压变形，在夹子处会产生摩擦能量损失。

g. 软管要以最短距离或沿设备的轮廓安装，并尽可能平行排列。

（4）**液压管路配管**

管路安装涉及位置、管路总长度、上下左右弯曲度以及接头等，在配管时应注意的事项如下。

① 在设备上安装管路时，应布置成平行或垂直方向，注意整齐，管路的交叉要尽量少。

② 整个管线要求尽量短，转弯数少，过渡平滑，尽量减少上下弯曲和接头数量，保证管路的伸缩变形；在有活接头的地方，管路的长度应能保证活接头的拆卸安装方便；系统中主要管路或辅件能自由拆装，而不影响其他元件。

③ 管路不能在圆弧部分接合，必须在平直部分接合。法兰盘焊接时，要与管路中心线成直角。在有弯曲的管路上安装法兰时，只能安装在管路的直线部分，见图 13-4。

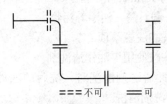

图 13-4　在有弯曲管道上安装法兰位置

④ 平行或交叉的管路之间应有 10mm 以上的空隙，以防止干扰和振动。

⑤ 管路的连接有螺纹连接、法兰连接和焊接三种。可根据压力、管径和材质选定。螺纹连接适用于直径较小的油管，低压管在 2in（1in=25.4mm）下，高压管在 $1 \sim 1\frac{1}{4}$in 以下。

管径再大时则用法兰连接。焊接连接成本低，不易泄漏，因此在保证安装拆卸的条件下，应尽量采用对头焊接，以减少管配件。

⑥ 管路的最高部分应设有排气装置，以便启动时放掉管路中的空气。

⑦ 全部管路应进行二次安装。第一次为试安装，将管接头及法兰点焊在适当的位置上，当整个管路确定后，拆下来进行酸洗或清洗，然后干燥、涂油及进行试压。最后安装时不准有砂子、氧化铁皮、铁屑等污物进入管路及元件内。

常用酸洗工艺为：胶脂→水冲洗→酸洗→中和→纯化→水冲洗→干燥。

13.3　机床液压系统的清洗

13.3.1　液压元件的清洗

为了使液压系统维持令人满意的工作性能，达到预期的使用寿命，在元件和系统安装前和调试运转前，也必须对液压元件，辅助元件和液压系统进行仔细清洗，清洗掉附着在零部件、液压元件、液压辅件和管路元件表面上的切屑、磨粒、纱头、尘埃、油污、焊渣、锈片、油漆和镀料的剥落片、密封挤切下来的碎片及水分等其他污染物。各油口上的堵头、塑料塞子在清洗后要重新堵上，防止污物从油口进入元件内部。同时，安装前清洗管道也是必要的，清洗时，用 20% 的硫酸或盐酸清洗约 30min，然后用 10% 的苏打水中和约 15min，再用温水冲洗，最后用清水冲洗。管内不得残存金属粉末、铁（铜）锈、油漆等污物。

（1）液压元件清洗的注意事项

①工厂中的清洗一般使用煤油作清洗剂。

②采用酸性或碱性清洗剂清洗时，洗后的散件要用温水冲洗干净，液压元件不要用此类清洗剂清洗。

③软管的清洗可采用高速液流进行喷洗。硬管也可用同样的方法清洗。

④系统的清洗可根据情况，采用适当的方法进行。

⑤清洗时，可边清洗边用木锤敲击以加速污物的脱落。

⑥清洗后应及时进行装配，避免重新落入灰尘。

（2）液压元件拆洗后的测试项目

拆洗后装复的液压元件应尽可能进行试验，并应达到规定的技术指标。表 13-3 是一些主要液压元件拆洗后的测试项目。

表 13-3　液压元件拆洗后的测试项目

元件名称		测试项目
液压泵和液压马达		额定压力，流量下的容积效率
液压缸		最低启动压力，缓冲效果，内、外泄漏
液压阀	压力阀	调压状况、启闭压力、外泄漏
	换向阀	换向状况、压力损失、内外泄漏
	流量阀	调节状况，外泄漏
冷却器		通油或水检查

13.3.2　液压系统的清洗

液压系统在安装和运行前也必须进行严格清洗，清洗的目的是去除液压系统内部的焊渣、金属粉末、锈片、密封材料的碎片、油漆和涂料等。否则液压系统无法正常工作，还会影响元件使用寿命，甚至造成重大事故。

（1）第一次清洗

液压系统的第一次清洗是在预安装（试装配管）后，将管路全部拆下解体后进行的。

第一次清洗应保证把大量的、明显的、可能清洗掉的金属毛刺与粉末、砂粒灰尘、油漆涂料、氧化铁皮、油渍、棉纱、胶粒等污物全部认真仔细地清洗干净。否则不允许进行液压系统的第一次安装。

第一次清洗时间随液压系统的大小，所需的过滤精度和液压系统的污染程度的不同而定。一般情况下为 1～2 个昼夜。当达到预定的清洗时间后，可根据过滤网中所过滤的杂质种类和数量，再确定清洗工作是否结束。

（2）第二次清洗

第二次清洗的目的是把第一次安装后残存的污物，如密封碎块、不同品质的清洗油和防锈油以及铸件内部冲洗下来的砂粒、金属磨合下来的粉末等清洗干净，然后进行第二次安装组成正式系统，以保证正式调整试车的顺利进行和投入正常运转。

第二次清洗的步骤和方法：

① 清洗油的准备。清洗油最好是选择被清洗的机械设备的液压系统工作用油或试车油。不允许使用煤油、汽油、酒精或蒸气等作清洗介质，以免腐蚀液压元件、管道和油箱。

② 滤油器的准备。清洗管道上应接上临时的回油滤油器。通常选用滤网精度为 80 目和 150 目的滤油器，分别供清洗初期和后期使用，以滤出系统中的杂质和脏物，保持油液干净。

③ 加热装置的准备。清洗油一般对非耐油橡胶有溶蚀能力。若加热到 50～80℃，则管道内的橡胶泥渣等杂物容易清除。因此，在清洗时要对油液分别进行长约 12h 的加热和冷却。

④ 清洗油箱。液压系统清洗前，首先应对油箱进行清洗。清洗后，用绸布或乙烯树脂海绵等将油箱擦干净，才能盛入清洗用油，不允许用棉布或棉纱擦洗油箱。

第二次清洗前应将安全溢流阀在其入口处临时切断。将液压缸进出油口隔开，在主油路上连接临时通路，组成如图 13-5 所示的清洗回路。对于较复杂的液压系统，可以适当考虑分区对各部分进行清洗。

清洗时，一边使泵运转，一边将油加热，使油液在清洗回路中自行循环清洗。为了取得好的清洗效果，回路中换向阀可作一次换向，泵可作间歇转停运动。若备有 2 台泵时，可交替运转使用。为了促进脏物的脱落，在清洗过程中可用锤子对焊接处和管道反复轻轻敲打，锤击时间约为清洗时间的 10% ～ 15%。在清洗初期，使用 80 目的过滤网，到预定清洗时间的 60% 时，可换用 150 目的过滤网。

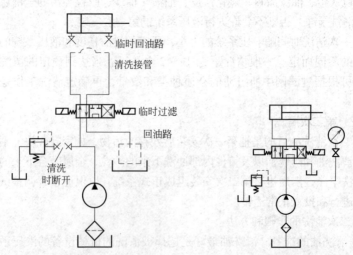

图 13-5　液压系统第二次清洗回路　图 13-6　液压系统清洗后恢复到正式运转状态

清洗时间根据液压系统的复杂程度所需的过滤精度和液压系统的污染程度不同而有所不同。当达到预定的清洗时间后，可根据过滤网中所过滤的杂质种类和数量，确定是否达到清洗目的而结束第二次清洗工作。

第二次清洗结束后，泵应在油液温度降低后停止运转，以避免外界湿气引起锈蚀。油箱内的清洗油应全部清洗干净，不得有清洗油残留在油箱内。同时按上述清洗油箱的要求将油箱再次清洗一次，最后进行全面检查，符合要求后再将液压缸，阀连接起来，为液压系统第二次安装组成正式系统后的调整试车做好准备。

图 13-6 所示是按设计要求进行第二次安装后的正式液压系统。在正式调整试车前，加入实际运转时所用的工作油液，用空运转断续开车（每隔 3 ～ 5min），这样进行 2 ～ 3 次后，可以空载连续开车 10min，使整个液压系统进行油液循环。经再次检查，回油管处的过滤网中没有杂质，方可转入试车程序。

13.3.3 液压系统的清洁度要求

清洗液压系统时应达到一定的清洁度，液压系统经过清洗后，清洗度一般采用颗粒计数法确定，并用清洁度代号表示，要达到一定指标。经清洗后液压元件和液压系统应达到清洁度指标见表 13-4 和表 13-5。

表 13-4　液压元件的清洁度要求

液压元件名称	ISO 清洁度代号	
	5μm	15μm
叶片泵、活塞泵、液压马达	16	13
齿轮泵、齿轮马达、摆动液压马达	17	14
一般控制阀、液压缸、蓄能器	18	15

表 13-5　液压系统应有的清洁度

系统类型	清洁度代号指标		1mL 油液中大于给定尺寸的微粒数目	
	5μm	15μm	5μm	15μm
污垢敏感系统	13	9	80	
伺服和高压系统	15	11	320	20
一般机器的液压系统	16	13	640	80
中压系统	18	14	2500	160
低压系统	19	15	5000	320
大余隙低压系统	21	17	20000	1300

13.4　机床液压系统的调试

新的液压系统安装完毕或系统经过修理后，均应对液压系统按有关标准进行调试后，才能投入使用。

13.4.1 液压系统调试前的准备工作

对液压设备调试前，应仔细阅读设备的使用说明书，了解被调设备的用途、技术性能、结构特点、使用要求、操作方法和试车注意事项。熟读液压系统图，掌握液压系统的工作原理和性能要求。明确液压设备中机械、液压和电气三者的相互联系，熟悉液压系统中各元件在设备中的位置和作用。对调试中可能出现的问题应有应对预案，在此基础上确定调试内容和调试方法。表 13-6 为在主机上进行调试的内容。

表 13-6　在主机上调试的内容

项目	说明
噪声	在额定工况下运行时，在离设备外壳 1m，高度 1.5m 上的任何点处不得超过 84dB（A），可针对背景噪声修正实测值
泄漏	调试期间，除未成滴的轻微沾湿外，不能有可测出的外泄漏
温度	调试期间，在油箱最靠近液压泵吸油口处测量，不能超过规定温度
功率消耗	在一个完整的机器循环中，测量平均功率消耗率，记录尖峰功率需求量
污染分析	调试后，取出油液样品进行颗粒污染分析，确定清洁度等级

（1）调试前的检查与准备

调试前还应做一些必要的检查，如检查管道的连接是否牢固，电气线路是否正确，泵和电动机转向是否正确，油箱中液压油的牌号和液面高度是否正确，各控制手柄是否在关闭或卸荷的位置等，这样方可进行试车调试。

对机械、电力、气压等方面与液压系统的联系等都有一定了解后，根据设备使用说明书、产品检验合格证等技术资料以及要调试设备的结构、性能、操作方法和使用工艺要求等开始做以下准备工作。

① 仔细研究液压系统各元件的作用，搞清楚各元件在设备上的安装实际位置及其结构、性能和调整部位，认真分析液压系统的循环压力变化、循环速度变化以及系统的功率利用情况。

在掌握上述情况的基础上，可以进行确定调试的内容和方法，准备好调试工具、仪表和补接测试管路，制订安全技术措施等工作。

② 深入现场检查各个液压元件的安装及其管道连接是否正确可靠。例如各阀的进油口及回油口是否有错，液压泵的入口、出口和旋转方向与泵上标明的是否相符合等。

③ 检查液压系统中各液压元件、管道和管接头位置是否便于安装、调节、检查和修理。检查观察用的压力表等仪表是否安装在便于观察的位置。

④ 检查油箱中的油液及油面高度是否符合要求。

⑤ 防止切屑、冷却液、磨粒、灰尘及其他杂质落入油箱，检查各个液压部件是否具备防护装置且完好可靠。

⑥ 按设计要求，用规定牌号的液压油或润滑脂。

（2）液压系统试压

液压系统试压的目的主要是检查系统回路的漏油和耐压强度。系统的试压一般都采用分级试验，每升一级，检查一次，逐步升到规定的试验压力，这样可避免事故发生。

试验压力应为系统常用工作压力的 1.5 ～ 2 倍；在高压系统为系统最大工作压力的 1.2 ～ 1.5 倍；在冲击大或压力变化剧烈的回路中，其试验压力应大于尖峰压力；对于橡胶软管，在 1.5 ～ 2 倍的常用工作压力下应无异状，在 2 ～ 3 倍的常用工作压力下应不破坏。

系统试压时，应注意以下事项：

① 试压时，系统的安全阀应调到所选定的试验压力值。

② 在向系统送油时，应将系统放气阀打开，待其空气排除干净后，方可关闭。同时将节流阀打开。

③ 系统中出现不正常声音时，应立即停止试验，待查出原因并排除后，再进行试验。

④ 试验时，必须注意采取安全措施。

⑤ 按设计要求的工作压力进行调节，要逐渐升压，并按操作规程办事。

（3）液压系统的调试

液压系统的调试一般应按泵站调试、系统调试（包括压力和流量即执行机构速度调试以及动作顺序的调试）顺序进行。各种调试项目均由部分到系统整体逐项进行，即部件、单机、区域联动、机组联动等。

1）液压系统泵站调试

① 空载运转 10 ～ 20min，起动液压泵时将溢流阀旋松或处在卸荷位置，使系统在无压状态下作空运转。观看卸荷压力的大小；运转是否正常；有无刺耳的噪声；油箱中液面是否有过多的泡沫，油面高度是否在规定范围内等。

② 调节溢流阀，逐渐分挡升压，每挡 3 ～ 5MPa。每挡运转 10mim，直至调整到溢流阀的调定压力值。

③ 密切注意滤油器前后的压差变化，若压差增大则应随时更换或冲洗滤芯。

④ 连续运转一段时间（一般为 30min）后，油液的温升应在允许规定值范围内（一般工作油温为 35 ～ 60℃）。

2）液压系统压力调试

液压系统的压力调试应从压力调定值最高的主溢流阀开始，逐次调整每个分支回路的压力阀。压力调定后，须将调整螺杆锁紧。

① 溢流阀的调整压力，一般比液动机最大负载时的工作压力大 10% ～ 20%。

② 调节双联泵的卸荷阀，使其比快速行程所需的实际压力大 15% ～ 20%。

③ 调整每个支路上的减压阀，使减压阀的出口压力达到所需规定值，并观察压力是否平稳。

④ 调整压力继电器的发信压力和返回区间值，使发信值比所控制的执行机构工作压力高 0.3 ～ 0.5MPa；返回区间值一般为 0.35 ～ 0.8MPa。

⑤ 调整顺序阀，使顺序阀的调整压力比先动作的执行机构工作压力大 0.5 ～ 0.8MPa。

⑥ 装有蓄能器的液压系统，蓄能器工作压力调定值应同它所控制的执行机构的工作压力值一致。当蓄能器安置在液压泵站时，其压力调整值应比溢流阀调定压力值低 0.4 ～ 0.7MPa。

⑦ 液压泵的卸荷压力，一般控制在 0.3MPa 以内；为了运动平稳增设背压阀时，背压一般在 0.3 ～ 0.5MPa 范围内；回油管道背压一般在 0.2 ～ 0.3MPa 范围内。

3）液压系统流量调试（执行机构调速）

① 液压马达的转速调试。液压马达在投入运转前，应和工作机构脱开。在空载状态先点动，再从低速到高速逐步调试，并注意空载排气，然后反向运转。同时应检查壳体温升和噪声是否正常。待空载运转正常后，再停机将马达与工作机构连接；再次起动液压马达，并从低速至高速负载运转。如出现低速爬行现象，可检查工作机构的润滑是否充分，系统排气是否彻底，或有无其他机械干扰。

② 液压缸的速度调试。速度调试应逐个回路（系指带动和控制一个机械机构的液压系统）进行，在调试一个回路时，其余回路应处于关闭（不通油）状态。

调节速度时必须同时调整好导轨的间隙和液压缸与运动部件的位

置精度，不致使传动部件发生过紧和卡住现象。如果缸内混有空气，速度就不稳定，在调试过程中打开液压缸的排气阀，排除滞留在缸内的空气；对于不设排气阀的液压缸，必须使液压缸来回运动数次，同时在运动时适当旋松回油腔的管接头，见到油液从螺纹连接处溅出后再旋紧管接头。

在调速过程中应同时调整缓冲装置，直至满足该缸所带机构的平稳性要求。如液压缸的缓冲装置为不可调型，则须将该液压缸拆下。在试验台上调试处理合格后再装机调试。

双缸同步回路在调速时，应先将两缸调整到相同起步位置，再进行速度调试。

速度调试应在正常油压与正常油温下进行。对速度平稳性要求高的液压系统，应在受载状态下，观察其速度变化情况。

速度调试完毕，然后调节各液压缸的行程位置，程序动作和安全联锁装置。各项指标均达到设计要求后，方能进行试运转。

13.4.2 液压系统试车

(1) 空载试车诀窍

其目的是为耐压试验做准备，全面检查液压系统各回路，各液压元件及辅助装置的工作是否正常，工作循环及各种动作的转换是否正常，其注意事项和禁忌如下。

① 启动液压泵，先向泵内灌满油，用手转动联轴器，直到液压泵出油口流出的油液不带气泡为止。若不便用手转动联轴器，则点动电动机，让泵转动几转，看泵的转向是否正确，运转是否正常，有无异常的声响。对于有补油泵的闭式液压系统，则应先启动补油泵后再起动主液压泵。

② 液压缸排气。按压相应的按钮（扳动相应的手柄），使液压缸来回运动，若液压缸不动，应逐渐旋紧溢流阀的调压螺杆，使系统压力增大，增大到使液压缸能实现全行程往复运动为止。让液压缸往返多次以排出系统中的空气，以免影响工作台的低速运行。

空载试车诀窍与步骤如下：

a.起动电动机，检查电动机的转向是否正确及系统有无噪声。

b.液压系统在卸荷状态下，其压力是否在卸荷压力范围内。

c.调整压力控制阀，直至压力至工作压力为止，并关闭压力表。

d. 有排气装置的应打开放气。

e. 将开停阀由小到大调试，运转过程中排气。

f. 关闭气阀。

g. 检查系统是否泄漏。

h. 检查系统循环是否正确。

i. 空载运行 2h 以后，检查油温。

(2) 控制阀的调试诀窍

各压力阀应从溢流阀依次调整。将溢流阀逐渐调到规定的压力值，让泵在工作状态下运转。检查在调整过程中溢流阀有无异常声响，并结合检查管路各接头处，元件各接合面处有无外漏。其他压力阀可根据液压系统原理图要求进行调整。同时，按设计中要求的动作操作相应的控制阀，使执行元件在空载下按预定的顺序动作。检查它们的动作正确性；同时检查启动、换向、速度换接是否平稳，低速运行有无爬行，换向时是否有液压冲击等。在各项调试内容完成后，在空载下运转 2h 左右，观察液压系统工作是否正常。待一切正常后，可以转入负载试验。

(3) 负载试车诀窍

负载试车其目的是检查系统能否达到设计的承载能力。

① 系统能否达到预定的承载要求。

② 噪声及振动是否在允许的范围内。

③ 各液压管路，元件的泄漏情况。

④ 执行元件有无爬行、冲击现象。

⑤ 温升（油液）是否正常。

负载试车时，一般先在小于最大负载的工况下运行，以进一步检查系统的运行质量和发现存在的问题。待一切正常后，再进行满负荷运转。操作中，常分 2 次或 3 次才能达到满负荷。在满负荷运行时，检查系统的最大工作压力和最大（小）工作速度是否在规定的范围内，发热、噪声、振动、高速冲击、低速爬行等项目是否符合要求，检查各接合处的漏油情况。如有问题，应分析原因，解决后再试。若一切正常，便可交付使用。

13.5　机床液压系统常见故障分析

液压系统发生故障一般分为三个阶段，初期故障阶段、正常工作故障阶段和寿命故障阶段。初期故障阶段时间较短，故障率较高；正常工作阶段，因为设计不良和制造方面存在的问题已在运行初期不断暴露出来而得到了改正，因而故障较少，且多为调整不当而引起。随着工作时间的延长，由于液压元件的磨损、疲劳和腐蚀等原因，使液压设备的故障也越来越多，设备进入寿命故障阶段。

13.5.1 机床液压系统常见故障及其产生原因

良好的液压设备，为了正常运转，可靠工作，其液压系统必须具备完好的技术性能，以及良好的运转平稳性、高精度、低噪声、高效率、适当的油温、较小的冲击以及各个液压缸动作的协调性等运转品质。

液压系统在实际工作中，能完全满足以上要求，整个设备能正常、可靠地工作，就是完好设备；如果出现了某些不正常情况，而不能完全满足以上要求，影响到液压系统的正常工作，就可认为液压系统出现了故障。

（1）机床液压系统常见故障

机床液压系统常见故障，大致有以下几种。

① 压力故障。没有压力、压力提不高等故障。液压泵可能是转向错误或运动件磨损、间隙过大、泄漏严重；溢流阀可能是阀在开口位置被卡住，无法建立压力，弹簧变形或折断等。

② 动作故障。起动不正常、速度达不到要求、换向起步迟缓、爬行、动作的自动循环不能正确实现等故障。

③ 噪声和振动故障。

④ 油温过高的故障。

⑤ 冲击产生的故障。

（2）机床液压设备产生故障的主要原因

机床液压设备产生故障有其内在原因和外在原因两大类。

① 内在的原因有：设计时技术参数选定不当、液压系统结构不合理、所选用的液压元件结构性能质量不符合要求、液压系统安装未能达到技术规范要求、零部件加工不符合要求，以及经过长期使用后有关零部件的正常磨损等。

② 外在的原因有：设备运输、安装中引起的损坏、使用环境恶劣、调试、操作、日常维护保养不当、电网电压异常等。

13.5.2 机床液压系统故障的特点

① 故障的多样性。液压设备出现的故障可能是多种多样的，而且在

大多数情况下是几个故障同时出现的。例如，液压系统的压力不稳定就经常和噪声振动故障同时出现；同一故障引起的原因可能有多个，而且这些原因常常是互相交织在一起互相影响的。例如，液压系统压力达不到要求，其产生原因可能是泵引起的，也可能是溢流阀引起的，也有可能是两者同时作用的结果。

液压系统中往往是同一原因，但因其程度的不同，系统结构的不同，以及与它配合的机械结构的不同，所引起的故障现象可以是多种多样的。例如同样是系统吸入空气，可能引起不同的故障。

② 故障的复杂性。液压系统压力达不到要求经常和动作故障联系在一起，甚至机械、电气部分的弊病也会与液压系统的故障交织在一起，使得故障变得复杂，新设备的调试更是如此。

③ 故障的偶然性与必然性。液压系统中的故障有时是偶然发生的，有时是必然发生的。故障偶然发生的情况如：油液中的污物偶然卡死溢流阀或换向阀的阀芯，使系统偶然失压或不能换向；电网电压的偶然变化，使电磁铁吸合不正常而引起电磁阀不能正常工作。这些故障不是经常发生的，也没有一定的规律。

故障必然发生的情况是指那些持续不断经常发生、并具有一定规律的原因引起的故障。如油液黏度低引起的系统泄漏，液压泵内部间隙大、内泄漏增加导致泵的容积效率下降等。

④ 故障的分析判断难度性。由于液压系统故障存在上述特点，所以当系统出现故障时，不一定马上就可以确定故障的部位和产生的原因。如果这方面的专业工作人员的技术水平较高、熟练掌握液压设备的情况等，就有能力对故障进行认真地检查、分析、判断并很快找出故障的部位及其产生原因。但是如果专业工作人员对液压设备的情况还不熟悉，查找原因也是有一定困难的。但是，一旦找出原因后，故障处理和排除就比较容易，有时经过清洗或直接调整有关零件就可以顺利解决。

总之，一般情况是：故障的产生与日常维护保养及使用条件、操作人员技术水平等密切相关。

13.5.3 液压系统故障排除前的准备工作

首先认真查阅设备使用说明书及设备使用有关的档案资料。通过阅读和初步查询，应掌握以下情况。

① 设备的结构、工作原理及其技术性能、特点等。

②液压系统中所采用各种元件的结构、工作原理、性能。

③液压系统在设备上的功能、系统的结构、工作原理及设备对液压系统的要求。

④设备生产厂的制造日期、液压件状况、运输途中有无损坏、调试及验收的原始记录，以及使用期间出现过的故障及处理措施等。

⑤掌握液压传动的基本知识及处理液压故障的初步经验。

13.5.4 液压系统常见故障的分析方法

机床液压设备发生故障后，故障的部位和原因不易查找，维修人员应按一定的步骤对故障进行分析，尽快地找出故障的部位和发生故障的原因。

①全面正确了解液压系统。维修人员接到维修任务后，首先要收集该液压设备的各项技术资料。如液压系统原理图，执行元件动作循环表，电磁铁、行程开关、压力表开关、压力继电器的动作顺序表，操作者的值班记录和该设备的维修记录等。熟读这些资料并结合所报的故障现象进行综合分析，做到心中有数。实践证明，全面而正确地了解液压系统是成功诊断故障的基础。

②望。在可能的情况下，维修人员应亲自起动液压设备，观察设备的运行情况，如执行元件的运动有无异常，机器的振动是否在设计范围内，泄漏是否严重，压力表是否失效，压力的波动是否超差等。

观察外表的不正常现象，漏油、沾污、油箱油量及油液污浊情况；观察油中的气泡情况，可以判断出系统进气的程度，进而排除与系统进气有关的故障；观察系统总回油管的回油情况，可以判断出液压泵工作是否正常，为排除系统故障提供重要参考。

③闻。打开油箱盖，闻油液是否有异味，油液严重变质影响液压系统的正常润滑，必须换新油。

听设备工作时有无振动、噪声、有无金属间异常摩擦声和金属间异常撞击产生不正常的响声或抖动。通过对各个部位进行探听，可直接找出噪声产生的部位。探听时通常采用一根细长的铜管，一般噪声比较大、声音清晰处就是噪声产生的部位。

④问。向设备的操作者询问设备故障前后的工作情况和异常现象。过去有无出现过类似的故障和处理的方法，故障前曾更换过哪些液压元件等。

⑤ 切。设备启动后，用手触摸机器的各主要部位，判断系统各处的温度是否正常，执行元件慢速运动是否有爬行现象，各元件紧固的松紧程度等。

⑥ 浇油法。可采用浇油法找出进气部位。找进气部位时，可用油浇淋怀疑部位，如果油浇到某处时，故障现象消失，证明找到了故障的根源。浇油法对查找液压泵和系统吸油部位进气造成的故障特别有效。

⑦ 检查试验法。对压力故障和动作故障，可采用分段检查试验法。分段检查应首先检查系统外的各种因素，外部因素排除后再对系统本身进行检查。对系统进行检查，一般应按照"机电→联轴器→液压泵"的顺序，依次对每个有关环节进行检查，对多回路系统应依次对各有关回路分别进行检查。这样，一直到查出故障部位为止。

检查方法与诊断方法有些相似，但检查往往是为了确定设备是否符合规定标准，利用感官或其他计测仪表进行检查；诊断比检查更加明确各种诊断程序并找出故障部位。

⑧ 综合分析。维修人员通过"望、闻、问、切"以及浇油法、检查试验法得到资料，对照系统原理图进行分析、归纳，找出故障部位和产生故障的原因，并结合实际情况，本着先外后内、先调后拆、先修后换的原则，制订出修理方案。

目前，随着计算机应用领域的不断扩大，利用计算机帮助检查液压故障的技术已经出现并在逐步完善中。计算机测试技术必将成为液压设备故障早期预警和故障诊断的一种重要手段。

13.5.5　处理液压系统故障的步骤与方法

首先到现场观察故障现象，了解故障产生原因，故障产生前后设备运转状况，查清故障是在什么条件下产生的，并摸清与故障有关的其他因素以及故障的特点等。

处理液压系统故障的步骤与方法如下：

① 初步分析判断。分析判断时首先应注意到外界因素对系统的影响，在查明确实不是外界原因引起故障的情况下，再集中注意力在液压系统内部查找原因。其次是，分析判断时，一定要把机械、电气、液压3 个方面联系在一起考虑，不能单纯只考虑液压系统；要分清故障是偶然发生的还是必然发生的。特别是对必然发生的故障，要认真查出故障

原因，并彻底排除；对偶然发生的故障，只要查出原因并做出对故障相应的处理即可。

② 根据了解、询问、核实、检查所得到的资料列出可能的故障原因表。此时应牢记：一个故障现象可能是两种或两种以上的原因所导致的。例如，液压执行元件速度降低，可能是由于液压泵的磨损，也可能是由于液压缸的内泄增大；再如油温过高，可能是油箱内的油量不够，或油被污染堵塞了散热面，也可能是溢流阀的压力调得过高。

③ 核实以上现象并仔细检查。通过观察仪表读数、工作速度、监听声响、检查油液、注意液压执行元件是否有误动作等手段来进一步核实，然后按液压系统内液流流程从油箱或液压泵依次沿回路仔细查找，按时记录下观察结果。在检查时要仔细检查油箱内的油液，确定是否有污垢进入系统，影响液压系统各元件的正常工作；用手摸来检查进油管及高压油管有无脆化、软化、泄漏、破损；检查液压阀、液压元件的各接头以及壳体的安装螺钉有无松动；最后检查轴及液压缸的活塞杆。在每步检查中应注意检查有无操作或保养不当的现象，以发现由此而产生的故障原因。

④ 找出结论。根据所列故障原因表，先选择经简单检查核实或修理即可使设备恢复正常工作状态的项目，即采取先易后难的原则，排出检查顺序，以便在最短的时间内完成检查工作。

⑤ 验证结论。一旦通过以上步骤找出了液压设备产生故障的原因，就开始着手排除故障。排除故障包括用适当的试验装置检查油压和流量，拆开壳体盖板，检查液压泵、马达及其他液压元件，这些试验检查便是判定零件、液压元件更换或修理的基础。在实际工作中往往没有适当的试验装置来进行检查，这时只好以更换液压泵、马达、液压阀等液压元件总成来作为排除故障的有效手段。

对故障处理完毕后，应认真地进行定性、定量分析总结，从而提高处理故障的能力，防止以后同类故障的再次发生。

13.6 查找液压系统故障的方法、技巧与诀窍

为了保证液压元件和液压系统在出现故障后能尽快恢复正常运转，正确而果断地查找并判断故障产生的原因，迅速而有效地排除故障是合理使用液压设备的重要环节。以下是一些通常查找液压系统故障的方法和

手段。

13.6.1 根据液压系统图查找

液压系统图是设备中液压部分的工作原理图，它表示了系统中各液压元件的动作原理和控制方法。

（1）方法与技巧

简言之，"抓两头，连中间"。所谓"抓两头"，即抓动力源（油泵）和执行元件（油缸）；然后是"连中间"，即从动力源到执行元件之间经过的管件和控制元件。要对照实物，逐个检查（特别注意诸如发信元件不发信、发信不动作，主油路与控制油路之间错接而干涉等问题），找出原因，着手排除。

（2）实例与诀窍

以图 13-7 所示实例说明如何查找液压系统故障。假设故障为工件不夹紧，即夹紧液压缸③不能向左运动。

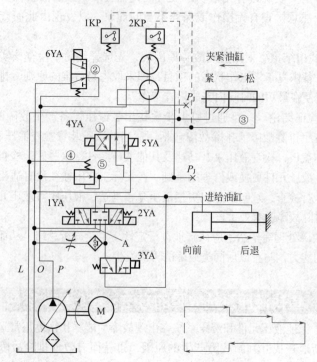

图 13-7　某组合机床液压系统图

查找时，对照液压系统图，先查动力源和执行元件，即查液压泵和液压缸③。检查液压泵是否因无油液输出和压力不够造成液压缸不动作，再检查夹紧液压缸本身是否因某些原因不动作。如果动力源和液压缸无不正常，接着查找液压系统中间环节，即减压阀④、单向阀⑤及电磁阀①。从电磁铁动作表中得知，4YA 应该通电，电磁换向阀处于"⊠"工作位置（左位），否则不能夹紧。此时要确认 4YA 是否通电，如不通电，则要检查电器故障。另外，油路如果虽导通，但进入夹紧缸③右腔的压力油压力不足，也可能使液压缸③不动作，则要检查减压阀是否卡死在小开度位置，引起压力不够。如果 6YA 不通电，液压泵来的油经电磁阀②流回油箱而卸荷，液压缸③也无夹紧动作。

这样，便利用液压系统图通过分析，找出无夹紧动作故障的原因。

13.6.2 利用动作循环表查找

（1）方法与技巧

通过将故障（现象）与动作循环表中有一一对应关系的三部分（表 13-7），即表左边的动作循环过程内容、中间的循环过程中一个动作转到另一个动作的信号来源及表右边的各循环动作中，各液压元件应处的正常位置进行对照，其原因即可查出。

（2）实例与诀窍

以 M8612A 型花键轴磨床液压系统为例。表 13-7 为该机床的液压系统动作循环表。

假设花键磨床工作台停在分度位置，而头架不作分度动作。查找时，可在表的左边找到循环序号 4 为头架分度循环，其转换信号来源为二位四通阀 6F，表的右边分别标明各相关件应处的正常位置，经一一对照检查，即可查出故障原因。

13.6.3 利用因果图查找

（1）方法与技巧

将影响故障的各主要因素和次要因素编制成因果图，利用这种图进行逐件逐因素地深入分析排除，可查出故障原因。

（2）实例与诀窍

图 13-8 为液压缸泄漏的因果图，编制出因果图后，根据图中所列的项目逐项查找液压缸外泄漏的原因。

表 13-7　动作循环表

循环序号	循环单元	引起循环单元转换的信号来源	有关液压控制元件的正常工作位置												
			开停阀 a	节流阀 b	导向阀 d	换向阀 c	分度开关 8F	联锁阀 7F	二位六通阀 10F	二位三通阀 9F	分度选择阀 1F	二位四通阀 6F	分度滑阀 2F	插销活塞 g	齿条活塞 h
1	工作台左行	左端撞块	开	开	左	左	开	上	右	右		左	右	右	右
2	工作台在分度位置停止	右端撞块	开	开	右	中	开	下	左	左	分度	右	右	右	右
3	插销拔出	二位四通阀 6F	开	开	右	中	开	下	左	左	分度	右	右	左	右
4	头架分度	二位四通阀 6F	开	开	右	中	开	下	左	左	分度	右	右	左	左
5	插销插入	分度滑阀 2F	开	开	右	中	开	下	左	左	分度	右	左	右	左
6	工作台右行	二位六通阀 10F	开	开	右	右	开	上	右	右	分度	左	右	右	左
7	工作台换向后重复循环	左端撞块	开	开	左	左	开	上	右	右	分度	左	右	右	右

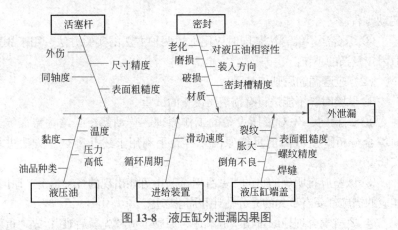

图 13-8　液压缸外泄漏因果图

13.6.4　通过滤油器查找

（1）方法与技巧

利用在拆洗滤油器时，对滤心表面上黏附的污物进行分析，即可发现某些液压系统故障产生的原因。

（2）实例与诀窍

如在滤心表面发现铜屑粒，则可分析出液压系统的某些铜制的零件或液压元件有了严重的磨损和拉伤，进而可知道诸如柱塞泵的缸体、滑套这类用铜制造的零件发生了磨损。

13.6.5　利用试验查找

（1）方法与技巧

通过试验的方法来查找故障。具体的试验可根据故障的不同而进行，一般的试验方法有：隔离法、比较法和综合法。

① 隔离法。隔离法是将故障可能原因中的某一个或几个隔离开的试验方法。可能出现两种情况：一是隔离后故障随之消失，说明隔离的因素便是引起故障的真实原因；二是故障依然存在，说明隔离的因素不是该故障的真实原因，此时，继续隔离其他因素进行查找。

② 比较法。比较法是指对可能引起故障的某一原因的零部件进行调整或变动的试验方法。情况有两个：一是对原故障现无任何影响，说明不是故障的真实原因；二是故障现象随之变化，则说明它就是故障的真正原因。为更能说明问题，一般按有利于故障消失的方向调整

变动零件。

③综合法。综合法是同时应用上述两种方法的实验方法，用于故障原因较复杂的系统。

(2) 应遵循的原则与禁忌

①试验时，不能进行有损液压设备的试验。

②试验前，先对液压设备的工作原理、传动系统、结构特征等方面综合分析产生故障的可能原因，再着手利用上述几种试验方法进行实验。

③试验应有明确的目的，并且对试验中可能出现的各种情况、原因、相应的措施都要有事先的充分估计和周密考虑。

④要科学合理地编排出实验顺序，原则上应"先易后难"，先"重要后次要"。

(3) 实例与诀窍

如 M7120A 型平面磨床出现"工作台撞动撞块再拨动先导换向阀后，偶然出现不换向冲出撞缸"的故障。其工作台换向油路，如图 13-9 所示。

具体试验步骤与诀窍如下。

①分析故障产生的原因。实验前，先对产生故障（即换向阀无动作或动作迟缓）的可能原因分析如下：

a. 先导阀通向换向阀的辅助油路不畅通。

b. 换向阀间隙太小或划伤，或因污物卡住，动作有时不灵活。

c. 换向调节节流阀失去作用。

d. 换向阀两端进油，单向阀钢球在液流卷吸作用下贴住堵在进油口小孔上，使进油受阻。

②编排试验顺序的诀窍。按可能性大小确定实验顺序应为 d、b、c、a，而按实验的难易程度确定实验的顺序则为：c、d、b、a。这样，选择 c、d、b、a 的排列为实验的顺序。

③进行实验的技巧。将原换向调节节流阀心取下，用一短螺钉拧入原螺孔，以封住该螺孔口。这样，相当于取消了节流阀。此时，机床工作故障仍无改变，即可排除原因。

另一个试验方法是，在单向阀中加装一适当长度的细弹簧，以改变辅助油通过单向阀将钢球托起时的力平衡关系。使钢球升起高度至换向阀端头进油小孔的距离足够大，摆脱液流的卷吸影响。此时，开动机床，长时间试车不再出现故障，而且调节换向节流阀有明显的控制作用，说明故障由换向阀两端进油，单向阀钢球贴堵在进油口小孔上引起。

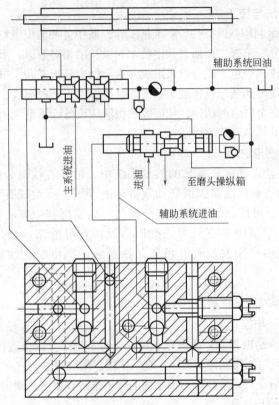

图 13-9 M7120A 型平面磨床工作台换向油路

13.6.6 利用感官查找

（1）方法与技巧

此方法是通过人的感觉器官去检查、识别及判断设备工作中出现的故障并且进行处理的一种方法。它可利用询问、眼睛看、耳朵听、鼻子闻、用手摸等方法简便快速地对设备故障进行查找和诊断。

（2）实例与诀窍

利用手指的触觉，检查是否发生振动、冲击及油温升高等故障。用手触摸液压泵的壳体或液压油时，根据凉热程度判断是否液压系统有异常温升，并判明温升原因和升温部位。

13.6.7 应用铁谱分析技术查找

（1）方法与技巧

此方法是利用铁的磁性，将液体工作介质中各种磨损微粒和其他污染微粒分离和分析出来，再通过铁谱技术对微粒的相对数量、形态、尺寸大小和分布规律、颜色、成分以及组成元素等做出分析判断。再根据这些信息就可准确地得到液压设备液压系统的磨损部位、磨损形式、磨损程度甚至液压元件完全失效的结论，从而为机械液压设备液压系统的状态监控和故障诊断提供科学可靠的依据。

（2）实例与诀窍

如在斜盘式轴向柱塞泵的液压系统中，油样经铁谱分析发现铜磨粒时，可能是来自油泵铜滑套和铜缸体的磨损。当发现有大量非金属杂质纤维时，可能是过滤器有部分损伤。如发现其中有磨粒呈回火蓝色，知道柱塞泵中存有局部的摩擦高温，它可能来自液压泵的配流盘处。如在油样中发现有红色氧化铁磨粒，则可断定油液中混入了水分等。

13.6.8 区域分析与综合分析查找

（1）方法与技巧

区域分析是根据故障的现象和特征，对系统部分区域进行局部分析，检测局部区域内液压元件的情况，查明原因，采取对策。

综合分析是对系统故障做出全面的分析来查找原因，制定措施。

（2）实例与诀窍

如活塞杆处漏油或泵轴油封漏油的故障，因为漏油部位已经确定在活塞杆或泵轴的局部区域，可用区域分析的方法，找出可能是活塞杆拉伤或泵轴拉伤磨损，也可能是该部位的密封失效，可采取局部对策排除故障。

13.6.9 利用间接检测查找

（1）方法与技巧

故障不是直接检查，而是通过测量其他的项目，间接地推断出其发生的原因。

（2）实例与诀窍

如液压泵的磨损程度可通过间接地检测振动来判断。

13.6.10　利用检测仪表查找

（1）方法与技巧

通过某些仪器、仪表及器具对液压系统的检测，从中进行观察和记录，从而对故障做出比较准确的定量分析。

（2）实例与诀窍

如果能通过系统中的压力表和压力表开关，观察系统各部分的压力及压力变化状况，分析压力上不去、下不来、压力脉动等故障的部位，进而查找原因。

13.6.11　利用设备的自诊断功能查找

（1）方法与技巧

通过设备上的电子计算机的辅助功能（M）功能，接口电路及传感技术，可对液压机床的某些故障进行自诊断，并在荧光屏上显示，可根据显示的故障内容进行排除。

（2）实例与诀窍

如某企业引进的 HR7A 型、HR5B 型等加工中心机床，通过按 PARAM 键和 N 键，可在荧光屏上显示 PC 参数，每一个参数有 8 位数，操作者可根据每位显示的数据是"0"还是"1"判断出是否有故障。

13.6.12　利用在线监测检修测试器查找

（1）方法与技巧

将一种检测时进入系统，正常工作时返回以恢复原工况的测试器连接在液压系统相应的部位，测得所需信息，根据信息的处理、分析来查找故障原因。

（2）实例与诀窍

在图 13-10 所示的液压系统中，当液压缸 16 出现双向无动作故障时，可在液压回路图 13-10（b）中的 11、13、18 三个位置处，连接上三个测试器，以对系统故障进行判断。故障诊断的分析过程如图 13-11 所示。

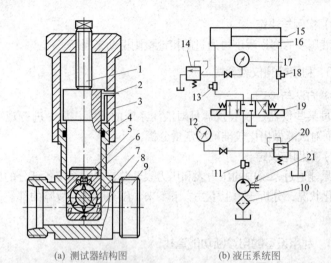

(a) 测试器结构图　　　　　　(b) 液压系统图

图 13-10　测试器及液压系统图

1—螺栓；2—螺钉；3—顶盖；4—密封圈；5—磁敏电阻；6—侧板；7—叶轮；8—测试杆；
9—测试座；10—滤油器；11、13、18—测试器；12、17—压力表；14、20—溢流阀；
15—活塞杆；16—液压缸；19—换向阀；21—液压泵

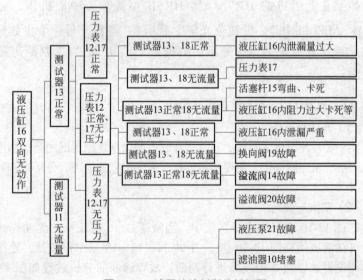

图 13-11　液压故障判别分析框图

13.7 机床液压系统故障分析的基本原则

13.7.1 方向控制系统故障分析的基本原则

(1) 换向阀不换向的原因

① 电磁铁吸力不足, 不能推动阀芯运动;

② 直流电磁铁剩磁大, 使阀芯不复位;

③ 阀芯被拉毛, 在阀体内卡死;

④ 对中弹簧轴线歪斜, 使阀芯在阀内卡死;

⑤ 由于阀芯、阀体加工精度差, 产生径向卡紧力, 使阀芯卡死;

⑥ 油液污染严重, 堵塞滑动间隙, 导致阀芯卡死。

(2) 单向阀泄漏严重或不起单向作用的原因

① 锥阀与阀座密封不严;

② 弹簧漏装或歪斜, 使阀芯不能复位;

③ 锥阀或阀座被拉毛或在环形密封面上有污物;

④ 阀芯卡死, 油液反向流动时锥阀不能关闭。

13.7.2 压力控制系统故障分析的基本原则

压力控制系统基本性能是由压力控制阀决定的, 压力控制阀的共性是根据弹簧力与液压力相平衡的原理工作的, 因此压力控制系统的常见故障及产生原因可归纳为:

① 压力调不上去;

② 压力过高, 调不下来;

③ 压力振摆大。

(1) 压力调不上去的故障原因

① 先导式溢流阀的主阀阻尼孔堵塞, 滑阀在下端油压作用下, 克服上腔的液压力和主阀弹簧力, 使主阀上移, 调压弹簧失去对主阀的控制作用, 因此主阀在较低的压力下打开溢流口溢流。系统中, 正常工作的压力阀, 有时突然出现故障往往是这种原因。

② 溢流阀的调压弹簧太软、装错或漏装。

③ 阀芯被毛刺或其他污物卡死于开口位置。

④ 阀芯和阀座关闭不严, 泄漏严重。

（2）压力过高、调不下来的故障原因

① 安装时，阀的进出油口接错，没有压力油去推动阀芯移动，因此阀芯打不开；

② 阀芯被毛刺或污物卡死于关闭位置，主阀不能开启；

③ 先导阀前的阻尼孔堵塞，导致主阀不能开启。

（3）压力振摆大的故障原因

① 阀芯与阀座接触不良；

② 阀芯在阀体内移动不灵活；

③ 油液中混有空气；

④ 阻尼孔直径过大，阻尼作用弱；

⑤ 产生共振。

13.7.3 速度控制系统故障分析的基本原则

（1）载荷增加导致进给速度显著下降的主要原因

① 液压缸活塞或系统中某一个或几个元件的泄漏随载荷压力增高而显著加大；

② 调速阀中的减压阀卡死于打开位置，则载荷增加时通过节流阀的流量下降；

③ 液压系统中油温升高，油液黏度下降，导致泄漏增加。

（2）执行机构（液压缸、液压马达）无小进给的主要原因

① 调速阀中定差式减压阀的弹簧过软，使节流阀前后压差低于 $0.2 \sim 0.35$ MPa，导致通过调速阀的小流量不稳定；

② 调速阀中减压阀卡死，造成节流阀前后压差随外载荷而变化。常见的是由于小进给时载荷较小，导致最小进给量增大；

③ 节流阀的节流口堵塞，导致无小流量或小流量不稳定。

（3）执行机构爬行的主要原因

① 系统中进入空气；

② 节流阀的阀口堵塞，系统泄漏不稳定，调速阀中减压阀不灵活，造成流量不稳定而引起爬行；

③ 由于导轨润滑不良，导轨与液压缸轴线不平行，活塞杆密封压得过紧，活塞杆弯曲变形等原因，导致液压缸工作行程时摩擦阻力变化较大而引起爬行；

④ 在进油节流调速系统中，液压缸无背压或背压不足，外载荷变化

时，导致液压缸速度变化；

⑤ 液压泵流量脉动大，溢流阀振动造成系统压力脉动大，使液压缸输入压力油波动而引起爬行。

13.8　机床液压系统常见故障排除

13.8.1　振动和噪声产生的原因及排除方法

机床液压系统振动和噪声产生的原因及排除方法见表13-8。

表 13-8　液压系统振动和噪声产生的原因及排除方法

故障部位	原因	排除方法
液压缸内有空气	停车期间系统渗入空气	利用排气装置排气
液压泵	泵内零件卡滞或损坏	修复或更换
	叶片泵、齿轮泵困油	修正配油盘的三角槽
	轴向、径向密封损坏，内泄严重	调整间隙，更换密封件
	齿轮泵齿形精度低	对研轮齿
	泵的型号不对，转速过高	更换液压泵，调整转速
液压泵吸空	油箱内液面太低	补加合适的液压油至规定高度
	油箱通气孔堵塞	清理通气孔，使其顺畅
	吸油管插入油箱中太浅，离回油管太近	吸油口在液面下 2/3 处，与回油管用隔板隔开
	过滤器堵塞	经常清洗
	液压泵吸程过高	将吸程降到 500mm 以下
	进油路各连接处松动、漏气	紧固进油路各连接处
控制阀故障	补油泵供油不足	调整闭式回路补油泵流量
	溢流阀阻尼孔堵死，阀座损坏	清洗，研磨修复
	溢流阀阀芯在阀体中移动不灵活	清洗，修复
	溢流阀远程调压管路过长产生啸叫	尽量缩短该管路
	电液阀电磁铁失灵	修复

故障部位	原因	排除方法
控制阀故障	电液阀的控制油路压力不稳定	选用合适的控制油路
	节流阀开口过小，流速高，产生喷射	减小节流阀口前后压差，换用小规格节流阀
	换向阀换向过快，产生换向冲击	降低换向速度
机械部分	管路上管夹或支架松动	紧固
	液压泵与电动机的联轴器不同心	重新调整，使同轴度达到0.08mm
	电动机底座、液压泵固定板螺钉松动	紧固螺钉

13.8.2　爬行产生的原因及排除方法

在液压传动系统中，当执行元件在低速运动时，出现时断时续的速度不均匀的运动现象，称为爬行。其实质是当一物体在滑动面上做低速相对运动时，在一定条件下的突跳与停止相交替的运动现象，是一种不连续的振动。液压传动中，执行机构的爬行是非常有害的，在金属切削机床中，它会影响加工精度、表面粗糙度，而且还会缩短刀具和机构的使用寿命。

（1）爬行产生的原因

运动部件出现爬行现象，是因为它由静止状态变为运动状态的过渡中，存在着摩擦力降落特性。图 13-12 所示为双出杆液压缸，带动质量为 m 的工作台在导轨上移动，当液压缸左腔通压力油时，活塞不会立即运动，必须克服各运动副的静摩擦力（不考虑工作负载）后才能带动工作台运动。在这个过程中，左腔的工作油和混入油中的空气被不断压缩和挤压，左腔压力逐渐升高并积蓄能量，直到其总压力能克服静摩擦阻力，工作台才会运动。工作台一旦运动，静摩擦力突然变为动摩擦力。在动、静摩擦力之差的作用下，活塞突然被加速，即工作台快速前冲，左腔油液压力也突然降低，原先被压缩的油液和气体便膨胀而释放出储存的能量，使工作台更加快速前冲。由于工作台的前冲，一方面使油缸右腔中的油液和混入其中的空气突然被压缩，使排油阻力加大，其结果是油缸右腔压力上升。其综合结果是工作台前冲后，又很快被制动。如此重复，工作台就会"突跳—停止"，且不断地循环，即产生工作台的爬行现象。

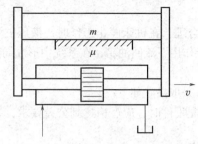

图13-12 液压系统爬行的物理模型

(2) 爬行的特征及危害

液压系统中的"爬行"是液压传动中经常出现的不正常运动状态。轻微的爬行使运动件产生眼睛不易觉察的振动，显著的爬行使运动件产生大距离的跳动。换句话说，设备工作部件运动时产生时动时停、时快时慢的现象，这就是爬行。轻微的爬行只有几微米，肉眼不易觉察，只有借助仪器才能测量出来。

爬行对设备工作极为有害。如磨床出现爬行，会使被磨削工件表面粗糙度值增大；坐标镗床出现爬行，会使精确定位难以实现。严重的爬行还能引起机床振动，损害机床及其工具、模具。

爬行故障是在传动系统的刚度不足，而驱动力与负载摩擦阻力波动变化的情况下形成的。设备的机械装置与液压系统本身都可能引起这种故障。爬行的产生原因及排除方法分别介绍如下。

1）驱动刚度差引起的爬行

空气进入油液中后，一部分溶于压力油液中，其余部分就形成气泡浮游在压力油中。因为空气有压缩性，使液压油产生明显的弹性，造成驱动刚度差而引起爬行。

空气混入液压系统中的原因是：

① 在往复运动的零件之间，需要有一定配合间隙，空气易从这些间隙混入。

② 液压管接头松动或密封不严，空气由此进入系统中。

③ 液压元件的精度差，密封件性能不良而造成各种泄漏。

④ 吸油管设置不当而吸入空气，或因被污物堵塞而形成局部真空。

⑤ 油箱中油液不足或吸油管插入深度不够，造成吸油时吸入空气。

⑥ 液压系统中局部压力低于空气的分离压力，使溶于油液中的空气

分离出来。

⑦ 系统设计不合理。在机床停止工作时，液压缸左、右腔互通并通回油路，油液在位能作用下流回油箱，在系统中形成局部真空，空气从各个渠道进入系统。

针对上述原因，采取措施如下：

① 在制造和修配零件时，应严格达到公差要求，装配时要保证配合间隙。

② 紧固各管道连接处，防止泄漏。

③ 均匀紧固各接合面处的连接螺钉，密封垫应均匀，不允许用多层纸垫。

④ 油箱中进出油管应保持一定的距离，也可增加隔板使之隔开。

⑤ 清除附着于过滤器上的脏物，应采用足够容量的滤油器。

⑥ 油箱要保证有足够油液，使之不低于油标指示线。

⑦ 为了保证系统中各部分能经常充满油液应在泵出口处安装单向阀，在回油路上设置背压阀。

⑧ 改进液压系统，设法防止系统中出现局部真空，并设置必要的排气塞或放气阀。

2）液压元件间隙大而引起的爬行

① 运动件低速运动引起的爬行。运动件低速运动时，一旦发生干摩擦，阻力增加。这时要求液压泵提高压力，但由于液压泵间隙大而严重漏油，不能适应执行元件因阻力的变化形成的压力变化而产生爬行。

排除措施：修复或更换液压泵内的零件，保证装配要求的间隙，以减少液压泵的泄漏。

② 控制阀失灵引起的爬行。各种控制阀的阻尼孔及节流口被污物堵塞，阀芯移动不灵活等，使压力波动大，造成推力或流量时大时小而产生爬行。

排除措施：要经常保持油液清洁，定期清洗并更换，加强元件的维护保养，以防液压油污染。

③ 元件磨损引起的爬行。由于阀类零件磨损，使配合间隙增大，部分高压油与低压油互通，引起压力不足。另外液压缸活塞与缸体内孔配合间隙因磨损而增大，发生内泄漏，使液压缸两腔压差减小，以致推力减小，致使在低速时因摩擦力的变化而产生爬行。

排除措施：认真检验配合间隙，研配或重作元件，保证配合间隙，并更换已损坏的密封件。

3）摩擦阻力变化引起的爬行

① 导轨引起的爬行。机床导轨精度达不到规定要求，局部金属表面直接接触，油膜破坏，出现干摩擦或半干摩擦。由于修刮或配磨，使金属面接触不良，油膜不易形成。这种情况常出现在新机床或刮研导轨的机床中。另外多段导轨出现接头不平、导轨油槽结构形式不合理，也易产生爬行。

排除措施：重新修复导轨。在修刮导轨前，应校正机床安装水平。若两导轨面接触不良，可在导轨接触面上均匀地涂上一层薄薄的氧化铬，手动对研，以减少刮研点所引起阻力，对研后必须清洗干净，并加上一层润滑油。

② 液压缸出现故障引起的爬行。液压缸中心线与导轨不平行、活塞杆局部或全长弯曲、缸筒内圆被拉毛刮伤、活塞与活塞杆不同轴、缸筒精度达不到技术要求，活塞杆两端油封调整过紧等因素会引起爬行。

排除措施：逐项检验液压缸的精度及损伤情况，并进行修复或更新。液压缸安装精度应符合技术要求。

③ 润滑油不良引起的爬行。润滑不充分或润滑油选用不当会引起爬行。

排除措施：调节润滑油的压力与流量，润滑油的流量应适当，否则会使运动件上浮而影响加工精度。润滑油压力一般控制在 $2 \sim 4MPa$ 范围内。对润滑油应当有所选择，一般在中、低压往复运动的液压润滑系统中，采用 N2 ~ N3 的润滑油；在旋转运动中，因速度高而温升快，故采用 N5 的润滑油；在精密机床传动中，宜采用 N15 液压油；如果移动部件很重或速度很低，则可采用抗压强度高的 N7 ~ N10 号导轨油。

④ 导轨结构故障引起爬行。当导轨间隙的楔铁或压板调得太紧或弯曲，也易造成爬行。

排除措施：对导轨重新调整、配刮，使运动件无阻滞现象。

（3）消除爬行的方法与措施

① 提高液压系统刚度。液压传动系统比机械传动系统刚度低，容易产生爬行。系统混入空气后，油液的体积弹性模量即系统刚度将大幅度下降，因而更易产生爬行。因此，严防空气进入液压系统是避免爬行的重要

措施。

② 减小或消除动摩擦力与静摩擦力之差，即减小摩擦力降落特性。其方法有：

a. 保持导轨面的良好润滑条件和状态。摩擦力下降特性是在干摩擦与半干摩擦交替过程中产生的，若导轨面始终被油膜所隔开，则静、动摩擦力之间的差别便可缩小，甚至使摩擦力下降特性区消失。因此，采用强力润滑、静压导轨、滚动导轨都有助于低速爬行的减轻或消除。

b. 提高润滑油的油膜强度，也是改善润滑的有效措施，在移动部件较重，运动速度低，容易产生爬行的场合，采用抗压强度高的专用导轨润滑油，使运动部件不产生干摩擦，减小动摩擦力与静摩擦力之差值。

c. 回油路上设置背压，可以防止运动部件启动后的前冲，并在运动阻力变化引起速度变化时起补偿作用，相当于提高了液压系统的刚度，有助于消除爬行。但背压不能太高，以免消耗太多的能量。

此外，液压系统流量不稳定或系统压力、流量不足，也是引起爬行的因素，也应予以注意。

正确安装和调整运动部件，如液压缸活塞、活塞杆的密封，导轨的间隙，活塞和活塞杆的同轴度等，如调整不当都会造成摩擦阻力不均匀而产生爬行。

13.8.3 泄漏产生的原因及排除方法

（1）泄漏产生的影响

① 液压泵、液压阀的内泄漏，严重影响液压泵、液压阀的工作性能，进而使系统压力下降、运动速度减慢、以及动作程序错乱。

② 导致能量损失增大，增加能耗。

③ 污染环境，使工作条件恶化。

④ 油液消耗增大，增加设备的运转费用。

（2）泄漏产生的原因

① 工作压力。在相同的条件下，液压设备的压力越高，发生泄漏的可能性就越大。因此，应该使压力的大小符合液压系统所需要的最佳值，这样既能够满足工作要求，又能够避免系统压力不必要的提高。

② 温度。液压系统所损失的能量大部分转变成热能。这些热能一部分通过液压元件本身、液压管道和油箱等的表面发散到大气中，其余部分

就储存在液压油中，使油温升高。油温升高不仅会使油液的黏度减小，使油液泄漏量增加，还会造成密封元件加快老化，提前失效、引起设备严重泄漏。

③ 油液的清洁程度。液压系统的液压油常会含有各种杂质。如液压元件安装时，没有清洗干净，附着在它上面的铁屑和涂料进入液压油中；侵入液压设备内的灰尘和脏物污染液压油，液压油氧化变质而产生胶质、沥青质和炭渣等。液压油中的杂质能使液压元件滑动表面的磨损加剧，还能使液压阀的阀芯卡死，或液压阀内的小孔堵塞，严重时会造成液压阀损坏，引起液压油泄漏。

④ 密封装置的选择。根据使用条件，正确地选择密封装置，对防止液压设备泄漏非常重要。密封装置选择合理，既能提高设备的性能和效率，又能延长密封装置的使用寿命，有效地防止泄漏。否则，密封装置不适应工作条件，造成密封元件过早地磨损或老化，就会引起介质泄漏。

此外，液压元件的加工精度，液压管道的牢固程度及其抗振能力、设备维护的状况等，都会影响液压设备的泄漏。

（3）泄漏的排除方法及防治措施

① 控制压力的大小，减少油管接头。液压系统的工作压力，应该在设计时根据计算来确定，在使用过程中不应该随便改动。液压系统漏油有 30% ～ 40% 是管接头漏出的。所以在设计时应广泛采用集成回路和油路板，以减少油管接头。在连接油管时，应尽量减少弯曲，且在弯曲处不要用管接头连接。管接头的安装位置应便于拆装。

② 控制温度的变化。控制液压系统温度的升高、一般从油箱的设计和液压管道的设置等方面着手。为了提高油箱的散热效果，可以增加油箱的散热表面，把油箱内部的出油管与回油管之间用隔板隔开。油箱中液压油的温度一般允许达到 55 ～ 65℃之间，最高不得超过 70℃。当自然冷却的油温超过允许值时，就需要在油箱内部设置冷却水管，冷却水管中循环流动的水能够带走热量，从而降低油的温度。

设置液压管道时，应该使油箱到执行机构（油缸或油马达）之间的距离尽可能短；管道上的弯头，特别是呈90°的直角弯头尽可能少。

③ 保持液压油的清洁度。采用滤油装置，把液压油定期地或连续地过滤，尽可能减少液压油的杂质含量，保证油液的清洁度符合国家标准。

系统中的油液应经常检查并根据工作情况定期更换。一般在累计工作 1000h 后，应当换油，如继续使用，油液将失去润滑性能，并可能具有酸性。在间断使用时可根据具体情况隔半年或一年换油一次。在换油时应将底部积存的污物去掉，将油箱清洗干净，向油箱注油时应通 0.125mm（120 目）以上级别的滤油器。

④ 合理选择密封装置。为了合理地选择密封装置，必须熟悉各种密封装置的形式和特点、密封材料的特性及密封装置的允许使用条件。例如：工作压力的大小、工作环境的温度、运动部分的速度等。把实际的使用条件与允许的使用条件加以比较，必须保证密封装置有良好的密封性能和较长的使用寿命。

密封件选择不当、安装不当和磨损都会造成密封失效，引起液压泵的内外泄漏。找出失效原因予以排除，保证密封作用。

此外，提高液压元件的加工精度，加强液压管道的牢固程度及其抗振能力，改善设备的维护状况，都是防止液压设备泄漏的重要措施。

（4）液压系统泄漏的治理诀窍

液压系统的泄漏主要发生在固定密封处和运动密封处。固定密封处（如缸盖与缸筒的连接处）的泄漏可完全根治，运动密封处的泄漏必须得到控制。

1）固定密封处外泄漏的治理诀窍

各种管道连接件（螺纹连接件，法兰连接件）是发生外泄漏的主要部位。液压元件的各种盖板、固定承压面、阀板间和阀块间的接合面等部位也会发生外泄漏。治理这些部位的外泄漏一般有如下诀窍。

① 合理选用螺纹连接件，注意类型和使用条件。管接头的加工质量和装配质量应符合图样要求，法兰连接件密封部位的沟、槽、面的加工尺寸、精度和表面质量均应符合图样要求。

② 各接合面紧固螺栓要有足够的拧紧力矩且相等。

③ 多个阀连接时，应避免用过长的螺栓连接。

④ 为减少因冲击和振动造成管接头松动而引起泄漏，要用减振支架固定管路，设计时尽量减少管接头的数量。

⑤ 装配时注意各密封部位及密封件的清洁，注意装配方法，以免密封元件在装配过程中受损。

⑥ 良好的配管作业，避免管接头和法兰连接的装配不良。

2）运动密封处外泄漏的治理诀窍

运动密封表现在轴向滑动表面和转动表面的密封。这两处发生外泄的原因常为密封元件老化或破损，密封元件的材质或形式与使用条件不符，以及相对运动表面粗糙或划伤。一般经过精心的设计和正确的使用，都能保证在较长时间内不发生泄漏，并可以采取一些措施增长运动密封件的寿命。

① 消除活塞杆和驱动轴密封元件上的侧载荷。

② 用防尘圈和防护罩保护活塞杆，防止粉尘侵入，以免造成磨料磨损。

③ 使活塞杆和转轴的运动速度尽可能小些。

④ 相对运动零件的表面质量要高，几何精度要高。

3）密封件的选用原则

密封件的选择，首先要根据密封装置的使用条件和要求，如负载大小、峰值压力、速度大小及变化、使用环境等，正确选择与之相适应的密封件的结构形式，然后根据使用油液的种类、性质和温度等条件，合理选择密封件的材质，在具有尘埃和杂质环境中使用的密封元件，还要针对污染情况和防尘要求，选用合适的防尘圈。

13.8.4 油温过高的原因及降温措施

（1）液压系统油温升高产生的影响

机床液压系统中油液的温度一般希望控制在 30 ～ 60℃的范围内；而工程机械的液压传动系统油液的工作温度一般控制在 30 ～ 80℃的范围内较好。如果油温超过这个范围，将给液压系统带来许多不良的影响。

液压系统油温升高后的主要影响有以下几点：

① 油温升高使油的黏度降低，因而元件及系统内油的泄漏量将增多，这样就会使液压泵的容积效率降低。

② 油温升高使油的黏度降低，这样将使油液经过节流小孔或隙缝式阀口的流量增大，这就使原来调节好的工作速度发生变化，特别对液压随动系统，将影响工作的稳定性，降低工作精度。

③ 油温升高、黏度降低后相对运动表面间的润滑油膜将变薄，这样就会增加机械磨损，在油液不太干净时容易发生故障。

④ 油温升高将使机械元件产生热变形，液压阀类元件受热后膨胀，可能使配合间隙减小，因而影响阀芯的移动，增加磨损，甚至被卡住。

⑤ 油温升高将使油液的氧化加快，导致油液变质，降低油的使用寿命。油中析出的沥青等沉淀物还会堵塞元件的小孔和缝隙，影响系统正常工作。

⑥ 油温过高会使密封装置迅速老化变质，丧失密封性能。

（2）引起液压系统油温过高的原因

引起液压系统油温过高的原因很多，有些是属于系统设计不正确造成的，例如油箱容量太小，散热面积不够；系统中没有卸荷回路，在停止工作时液压泵仍在高压溢流；油管太细太长，弯曲过多；或者液压元件选择不当，使压力损失太大等。有些是属于制造上的问题，例如元件加工装配精度不高，相对运动件间摩擦发热过多；或者泄漏严重，容积损失太大等。

① 液压系统设计不合理。液压系统在工作过程中有大量压力损失而使油温过高，诸如液压元件规格选用不合理；系统中存在多余的元件和回路；节流方式不当；系统在非工作过程中，无有效的卸荷措施，使大量的压力油损耗而使油液发热。可针对上述不合理设计，给予改进完善。

② 压力损耗大使压力能转换为热能。最常见的是管路设计、安装不合理，以及管路维护保养清洗不及时致使压力损失加大。以上应在调试、维护时给予改善。

③ 容积损耗大而引起的油液发热。应在液压泵、各连接处、配合间隙等处，防止内外泄漏、减少容积损耗。

④ 机械损耗大而引起的油液发热。机械损耗经常是由于液压元件的加工精度和装配质量不良，安装精度差，密封件安装不当而造成的。特别是密封件松紧调整要合理，使得密封装置密封性能良好，主要是改进密封结构，并按规定的压缩量调整，以减小摩擦阻力。

⑤ 压力调整过高而引起的油液发热。不能在不良的工况下，采用提高系统压力来保证正常工作。这样会增加能量损耗，使油液发热。

⑥ 油箱容积小，散热条件差。应当改善散热条件，适当增加油箱容量，有效地发挥箱壁的散热效果。必要时应采取强迫冷却措施。

（3）液压系统油温过高的降温措施

从液压系统使用维护的角度来看，防止油温过高和液压系统过热应注意以下几个方面的问题：

① 经常注意保持油箱中的适当油位，使系统中的油液有足够的循环

冷却条件。

②正确选择系统所用油液的黏度。黏度过高，增加油液流动时的能量损失；黏度过低，泄漏就会增加，两者都会使油温升高。当油液变质时也会使液压泵容积效率降低，并破坏相对运动表面间的油膜，使阻力增大，摩擦损失增加，这些都会引起油液的发热，所以也需要经常保持油液干净，并及时更换油液。

③在系统不工作时液压泵必须卸荷。

④经常注意保持冷却器内水量充足，管路通畅。

⑤油温过高引起热变形使设备精度降低，影响设备工作质量，使工作性能下降。因此，必须掌握油温升高的原因，采取有效措施排除故障。

液压系统过热的故障原因及排除方法见表 13-9。

表 13-9　液压系统过热的故障原因及排除方法

故障部位	原因	排除方法
油箱	油箱容量太小，油箱散热能力差	增大油箱容量或增设冷却装置
	油液黏度过低或过高	选用合适的液压油牌号
	进油区和回油区中间无隔板	加装隔板
管路	系统背压过高，使其在非工作循环中有大量压力油损失，使油温升高，管路过长，管径过小，压损大	重新选择回路或降低背压，尽量缩短管路，适当加大管径，减少弯头
控制阀	压力阀调定压力过高	适当降低调定值
	控制阀规格不合理，工作不良	更换控制阀
	溢流阀磨损或损坏	维修或更换
泵	液压泵及各连接处泄漏，容积效率低	检修，紧固，加强密封
	定量泵非工作时间长，功率浪费	改用变量泵
其他	元件加工精度低，运动磨损大	提高零件加工精度，注意润滑
	环境温度高	注意通风，降温
	电控温度系统失灵	检查、调整或更换损坏部件

13.8.5　液压冲击的原因及排除方法

液压系统产生液压冲击的故障原因及排除方法见表 13-10。

表 13-10　液压系统产生液压冲击的故障原因及排除方法

原因	排除方法
执行件运动速度过快，油缸未设缓冲装置	增设缓冲装置
油缸中缓冲装置的单向阀失灵	修复或更换单向阀
缓冲柱塞锥度太小，间隙太小	按图样要求修整缓冲柱塞
节流阀开口过大	调整节流阀
换向阀换向速度过快	调整换向时间
电液阀或液动阀控制液压油流量过大	适当减小控制液压油的流量
压力阀将系统的工作压力调整过高	适当降低工作压力
未设置背压阀或背压阀压力过小	增设背压阀或提高背压阀的调定压力
垂直运动的液压缸下腔未采取平衡措施	设置平衡阀，平衡重力作用产生的冲击
运动部件、流动油液的惯性大	增设蓄能器
系统温度高，油液黏度下降太多	查明原因，降低油温

13.8.6　机床液压系统其他故障排除

（1）防止空气进入液压系统

液压系统中所用的油液可压缩性很小，在一般的情况下它的影响可以忽略不计，但低压空气的可压缩性很大，大约为油液的 10000 倍，所以即使系统中含有少量的空气，它的影响也是很大的。溶解在油液中的空气，在压力低时就会从油中逸出，产生气泡，形成空穴现象。到了高压区，在压力油的作用下这些气泡又很快被击碎，急剧受到压缩，使系统中产生噪声；同时当气体突然受到压缩时会放出大量热量，引起局部过热，使液压元件和液压油受到损坏。空气的可压缩性大，还使执行元件产生爬行，破坏工作平稳性，有时甚至引起振动，这些都影响到系统的正常工作。油液中溶入大量气泡还容易使油液变质，降低油液的使用寿命，因此必须注意防止空气进入液压系统。

根据空气进入液压系统的不同原因，在使用维护中应注意下列几点：

①　经常检查油箱中液面高度，其高度应保持在油标刻线上。在最低时吸油管口和回油管口也应保证在液面以下，同时须用隔板隔开。

②　应尽量防止系统内各处的压力低于大气压力，同时应使用良好的密封装置，失效的要及时更换，管接头及各接合面处的螺钉都应拧紧，及

时清洗入口滤油器。

③在液压缸顶部设置排气阀以便排出液压缸及系统中的空气。

（2）液压系统流量失常的原因及排除方法

液压系统流量失常的原因及排除方法见表13-11。

表13-11 液压系统流量失常的原因及排除方法

故障现象	原因	排除方法
无流量	液压泵转向错误或电动机损坏	更换电动机，检查电动机接线，改变转向
	联轴器打滑，油泵转速太低	调整或更换联轴器
	油箱液位过低，油泵吸空	补油到规定高度
	溢流阀调压太低，全部流量溢流	调整溢流阀压力至规定值
	液压泵装配错误	重新装配液压泵
	系统中某些阀处于卸荷位置，全部流量流回油箱	检查阀的位置，重新设置手柄位置
流量不足	液压泵转速过低	调整电动机转速，使其符合规定的转速
	溢流阀、卸荷阀压力调定太低	重新调整
	流量旁通回油箱	堵死旁路或调小旁路流量
	液压油黏度不当	换注合适的液压油
	液压泵吸油不良	加大吸油管直径，降低吸油高度
	回油管管口在油面之上，空气进入	回油管插入液面下，紧固各接头
	液压泵变量机构失灵	检修或更换变量机构
	系统外泄漏过大	旋紧漏油的管接头
	内泄漏过大	更换泵、缸、阀内部磨损的零件
流量过大	流量设定值过大	重新设置
	变量机构失灵	检修或更换变量机构
	电动机转速过高	换成转速正确的电动机
	泵的规格、型号错误	换成规格正确的液压泵
流量脉动大	液压泵固有脉动过大	更换液压泵，或在泵出油口增设吸收脉动的蓄能器
	电动机转速波动	检查供电源状况，采取稳压措施

（3）液压系统压力失常的原因及排除方法

液压系统压力失常的原因及排除方法见表13-12。

表13-12 液压系统压力失常的原因及排除方法

故障现象	原因	排除方法
压力过低	存在溢流通路	查出部位，堵死溢流通路
	减压阀调整值不当或损坏	重新调整或更换减压阀
	液压泵损坏	维修或更换液压泵
	系统中某些阀卸荷，系统外泄严重	查明卸荷原因，采取相应措施排除，加强密封
	油箱油面过低，液压泵吸空	补加合格的液压油
	溢流阀的滑阀在开口位置卡住	研磨滑阀，使其移动灵活
压力过高	系统中的压力阀调压不当	重新调整到正确压力
	变量马达或变量泵变量机构失灵	维修或更换
	溢流阀的滑阀卡死在关闭位置	研磨滑阀使其滑动灵活
压力波动大	油液中有空气	排气和检查密封
	溢流阀磨损	研磨或更换溢流阀
	油液污染，过滤器堵塞	更换液压油、清洗或更换过滤器
	蓄能器失效	检查充气阀的密封状态，充气到规定压力
	液压泵、液压阀磨损	检查泵、阀，更换内部易损零件，加强各连接处的密封

13.9 机床液压设备的维护和保养

一般情况下，液压系统的维护量不是很大，但是维护对于液压系统无故障工作非常重要。

13.9.1 液压系统使用注意事项与禁忌

① 油温在20℃以下时，不允许执行元件进行顺序动作，油温达到60℃或以上时应注意系统的工作情况，采取降温措施；若异常升温时，应

停车检查。

② 凡停机在 4h 以上的液压设备，应先使液压泵空载运转 5min 以上，再起动执行机构工作。

③ 凡是液压系统设有补油泵，或系统的控制油路单独用泵供油时，先起动补油泵或控制油路的油泵，再起动主泵。

④ 使用前，熟悉液压设备的操作要领，各手柄的位置、旋向，以免在使用过程中出现误操作。

⑤ 开车前，检查油箱的油面高度，以保证系统有足够的油液。同时排出系统中的气体。

⑥ 使用中，不允许调整电气控制装置的互锁机构，不允许随意移动各限位开关、挡块、行程撞块的位置。

⑦ 系统中的元件，不准私自拆换，出现故障应及时报告主管部门，请求专门人员修理，不要擅自乱动。

13.9.2 液压设备的日常检查

为了使液压设备的寿命延长，使系统无故障工作，除使用中注意前述事项与禁忌外，日常的检查也不容忽视。它可及时发现问题的征兆，预防事故的发生。通常采用点检和定检的方法相结合，表 13-13 和表 13-14 列出了一般液压设备的点检和定检项目。具体的液压设备，也可根据情况自行制定点检和定检的项目和内容。

表 13-13　液压设备的点检项目和内容

点检时间	项目	内容
启动前	液位	是否达到规定的液面高度
	行程开关，限位块	位置是否正确，是否紧固
	手动，自动循环	是否能按要求正常工作
	电磁阀	是否处于初始工位（中位）
设备运动中	压力	是否在规定的范围内波动
	振动，噪声	是否异常
	油温	是否在 30～50℃ 范围内，不得大于 70℃
	漏油	系统有无成滴的泄漏
	电压	是否在规定电压的 5%～10% 范围内波动

表 13-14 液压设备定检项目和内容

项目	内容
螺钉、管接头	定期紧固，10MPa 以上系统，每月一次；10MPa 以下，每3 月一次
过滤器，通气过滤器	一般系统，每月一次，要求较高系统半月一次
密封件	按工作温度、材质、工作压力情况，具体规定
弹簧	一般工作 800h 检查
油的污染度	经 1000h 后，取样化验；对大、精设备，经 600h 后，取样化验。取样要取正在工作时的热油
高压软管	根据使用情况、软管质量，规定更换时间
电气部分	按说明书，规定检查维护时间
液压元件	定期对泵、马达、缸、阀进行性能测定，若达不到主要参数规定的指标，即时修理

　　液压设备日常检查的要点、程序和诀窍即用目视、听觉和手摸等简单的方法进行外观检查，检查时既要检查局部也要注意设备整体。

　　在检查中发现的异常情况，对妨碍液压设备继续工作的应做应急处理；对其他的则应仔细观察并记录，到定期维护时予以解决。

　　液压设备的异常现象和故障，应在泵的起动前后和停车前的时刻检查，因这时检查最容易发现问题。

　　在泵起动时液压设备的操作必须十分注意，特别在冬天的寒冷地区等低温状态起动和长期停车后起动更要密切注意。

　　（1）泵起动前的检查

　　① 根据油位指示计检查油箱油量。经常从加油口检查油位指示计是否指示有误差。液面要保持在上限记号附近。

　　② 从油温计检查油箱的油温。如采用 N150 汽轮机油或相当的油，其油温在 10℃以下时，须注意液压泵的起动，起动后要空载运转 20min 以上。在 0℃以下运转操作则是危险的。

　　③ 从温度计了解室温。即油箱油温较高管路温度仍要接近室温。所以在冬季温度较低时，要注意泵的起动。

④ 停车时，压力表的指针是否在 0MPa 处，观察其是否失常。

⑤ 溢流阀的调定压力在 0MPa 时，起动后泵的负载很小，处于卸荷状态；小型设备除温度外，还要注意溢流阀的调定压力，然后进行起动。

(2) 泵的起动和起动后的检查

① 泵的起动应进行点动。对于冬季液压油黏度高的情况（300mm²/s 以上）和溢流阀处于调定压力状态时的起动要特别慎重。从点动到连续运转应按下述方式进行：

点动起动（运转 3s）→ 停车（重复 3 ~ 4 次）；

点动起动（运转 5s）→ 停车（重复 3 ~ 4 次）；

点动起动（运转 10s）→ 停车（重复 2 ~ 3 次）；

连续无负载运转（各部分预热）→ 10 ~ 20min。

连续运转。

② 在点动中，从泵的声音变化和压力表压力的稍稍上升来判断泵的流量。泵在无流量状态下运转 1min 以上就有咬死的危险。

③ 操作溢流阀，使压力升降几次，证明动作可靠、压力可调，然后调至所需的压力。

④ 操作上述③项时，检查泵的噪声是否随压力变化而变化，有不正常的声音。如有"咯哩、咯哩"的连续声音，则说明在吸入管侧或在传动轴处吸入空气。如高压时噪声特别大，则应检查吸入滤网、截止阀等的阻力。

⑤ 检查吸油滤网，在泵起动后是否有堵塞情况，可根据泵的噪声来判断。

⑥ 根据在线滤油器的指示表了解其阻力或堵塞情况，在泵起动通油时最有效果，同时弄清指示表的动作情况。

⑦ 根据溢流阀手柄操作、卸荷回路的通断和换向阀的操作，弄清压力的升降情况；根据压力表的动作和液压缸的伸缩，弄清响应性能。使各液压缸、液压马达动作 2 次以上，证明其动作状况和各阀的动作（振动、冲击的大小）都是良好的。

图 13-13 所示为起动前后的检查顺序。序号 1 ~ 5 项的检查在泵起动之前，6 ~ 12 项的检查则在泵的起动之后。

(3) 运转中和停车时的检查

用较简单的检查，了解清楚泵和控制阀的磨损情况、外部泄漏、内部泄漏的变化、油温上升等情况。检查的要点如下。

① 目测检查油箱内油中气泡、变色（白浊、变黑）等情况。如发现油面上有较多飞泡或白浊的情况，必须仔细研究其产生的原因。

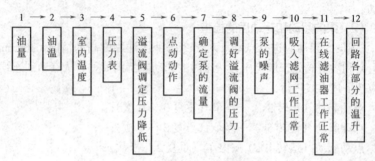

图 13-13　起动前后的检查顺序

② 用温度计测定油温及用手摸油箱侧面，确定油温是否正常（通常在 60℃以上）。

③ 打开压力表开关，检查高压下的针摆。振动大的情况和缓慢的情况属异常。正常状态的针摆范围应在 0.3MPa 以内。

④ 根据听觉判断泵的情况，噪声大、针摆大、油温又过高，可能是泵发生磨损。

⑤ 根据上述④，对比一下泵壳温度和油箱温度，如前后二者温差高于 5℃，则可认为泵的效率非常低，这一点可用手摸判断。

⑥ 检查油箱侧面、油位指示针、侧盖等是否漏油。

⑦ 检查泵轴、连接等处的漏油情况。高温、高压时最易发生漏油。

⑧ 检查液压缸停下时的停止状态、工作速度。另外检查在高温、高压下，在活塞杆处是否有漏油。

⑨ 了解液压马达的动作、噪声、泄漏等情况。

⑩ 检查各电磁阀的声音，换向时有无异常。用手触摸电磁阀外壳的温度，比室温高 30℃左右便可认为是正常的。

⑪ 根据听觉和压力表检查溢流阀的声音大小和振动情况。

⑫ 观察管路各处（法兰、接头、卡套）及阀的漏油情况，或用手摸检查；保持管路下部清洁，以便简单观察即能发现漏油。漏油一般在高温高压下最易发现。

⑬ 检查管路、阀、液压缸的振动情况，检查安装螺栓是否松动。

图 13-14 所示为运转中和停止时的检查顺序。

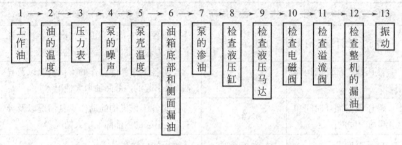

图 13-14　运转中和停止时的检查服序

13.9.3　液压系统的检修

液压系统使用一定时期后，由于各种原因产生异常现象或发生故障。此时用调整的方法不能排除时，可进行分解修理或更换元件。除了清洗后再装配和更换密封件或弹簧这类简单修理之外，重大的分解修理要特别注意，最好到制造厂或有关大修厂检修。

在检修时，一定要作好记录。这些记录对以后发生故障时查找原因很有实用价值。同时也可作为判断该设备常用哪些备件的有关依据。

（1）液压系统维护检修周期项目、检修方法

液压系统维护检修周期项目、检修方法等见表 13-15。

表 13-15　液压系统维护检修周期表

检修重点与检修项目	维护、检修周期	检修方法与检修目的
泵的声音异常	1 次 / 日	听检。检查油中混入空气和滤网堵塞情况；检查异常磨损等
泵的吸入真空度	1 次 /3 个月	靠近吸油口安装真空计，检查滤网堵塞情况
泵壳温度	1 次 /3 个月	检查内部机件的异常磨耗；检查轴承是否烧坏等
泵的输出压力	1 次 /3 个月	检查异常磨耗
联轴器声音异常	1 次 /1 个月	听检。检查异常磨耗和定心的变化
清除过滤网的附着物	1 次 /3 个月	用溶剂冲洗，或从内侧吹风清除
液压马达的声音异常	1 次 /3 个月	听检。检查异常磨耗等

检修重点与检修项目	维护、检修周期	检修方法与检修目的
各个压力计指示情况	1 次 /6 个月	查明各机件工作不正常情况和异常磨耗等；压力表指针的异常摆动也要检查校正
液压执行部件的运动速度	1 次 /6 个月	查明各工作部件动作的不良情况以及异常磨耗引起的内部漏油增大情况等
液压设备循环时间和泵卸荷时间的测定	1 次 /6 个月	查明各工作机构的动作不良情况以及异常磨耗引起的内部漏油增大情况等
轴承温度	1 次 /6 个月	轴承的异常磨损
蓄能器的封入压力	1 次 /3 个月	如压力不足，应用肥皂水检查，有无泄漏等情况
压力表、温度计和计时器等的校正	1 次 / 年	与标准仪表做比较校正
胶管类检查	1 次 /6 个月	查明破损情况
各元件和管道及密封件	1 次 /3 个月	检查各密封处的密封状态
液压泵的轴封、液压缸活塞杆的密封、漏油情况	1 次 /6 个月	检查各密封处的密封状态
各元件安装螺栓和管道支承松动情况	1 次 /1 个月	检查振动特别大的装置更为重要
全部液压设备	1 次 / 年	各元件及执行部件拆卸、清洗、冲洗管道
工作油液一般性能和油的污染状况	1 次 /3 个月	如不合标准，应予更换
油温	1 次 / 日	超出规定值应即查明原因进行修理
油箱内油面位置	1 次 / 月	油面低于标记时应加油，并查明漏油处
测定电源电压	1 次 /3 个月	因电压有异常变动，会烧坏电气元件和电磁阀，还有可能导致绝缘不良等
测定电气系统的绝缘阻抗	1 次 / 年	如阻抗低于规定值，应对电动机、线路、电磁阀和限位开关等进行逐项检查，找出故障并排除

（2）液压系统检修过程中的注意事项

在修理时，要备齐常用备件：液压缸的密封，泵轴密封，各种

O 形密封圈，电磁阀和溢流阀的弹簧、压力表、管路过滤元件，管路用的各种管接头、软管、电磁铁以及蓄能器用的隔膜等。此外，还必须备好检修时所需的有关资料：液压设备使用说明书、液压系统原理图、各液压元件的产品目录、密封填料的产品目录以及液压油的性能表等。

在检修液压系统的过程中，具体应注意如下事项：

① 分解检修的工作场所一定要保持清洁，最好在净化车间内进行。

② 在检修时，要完全卸除液压系统内的液体压力，同时还要考虑好如何处理液压系统的油液问题，在特殊情况下，可将液压系统内的油液排除干净。

③ 在拆卸油管时，事先应将油管的连接部位周围清洗干净，分解后，在油管的开口部位用干净的塑料制品或石蜡纸将油管包扎好。不能用棉纱或破布将油管塞住，同时要注意避免杂质混入。

④ 在分解比较复杂的管路时，应在每根油管的连接处扎上有编号的白铁皮片或塑料片，以便于装配，不至于将油管装错。

⑤ 在更换橡胶类的密封件时，不要用锐利的工具，要特别注意不要碰伤其工作表面。

⑥ 在安装或检修时，应将与 O 形密封圈或其他密封件相接触部件的尖角修钝，以免密封圈被尖角或毛刺划伤。

⑦ 分解时，各液压元件及其零部件应妥善保存和放置，不要丢失。

⑧ 液压元件中精度高的加工表面较多，在分解和装配时，避免工具或其他东西将加工表面碰伤。要特别注意工作环境的布置和准备工作。

⑨ 分解时最好用适当的工具，以免将内六角的尖角弄破损或将螺钉拧断等。

⑩ 分解后再装配时，各零部件必须清洗干净。

⑪ 在装配前，O 形密封圈或其他密封件，应浸泡在油液中，以待使用。在装配时或装配好以后，密封圈不应有扭曲现象，而且要保证滑动过程中的润滑性能。

⑫ 在安装液压元件或管接头时，不要用过大的拧紧力。尤其要防止发生液压元件壳体变形、滑阀的阀芯不能滑动以及接合部位漏油等现象。

⑬ 若在重力作用下，液动机（液压缸等）可动部件有可能下降，应

当有支承架将可动部件牢牢支承住。

13.9.4 液压设备的维护和保养

(1) 液压设备维护保养的类型

液压设备的保养一般分为日常保养（每班保养）和定期维护。

1) 日常保养

每班开机前，先检查油箱液位，并目测和手摸油液的污染情况，加油时，要加设计所要求牌号的液压油，并要经过过滤后方能加入油箱。检查主要元件及电磁铁是否处在原始状态。开机后，按设计规定和工作要求，调整系统的工作压力、速度在规定的范围内。特别是不能在无压力表的情况下调压。经常注意系统的工作情况，按时记录下压力、速度、电压、电流等参数值；经常查看管接头处，拧紧螺栓，以防松动而漏油，维持液压设备的工作环境清洁，以防外来污染物进入油箱及液压系统。当液压系统出现故障时，要停机检修，不要勉强带病运行，以免造成大事故。

2) 定期维护

定期维护内容和要求包括定期紧固、定期更换密封件、定期清洗或更换被压件、定期清洗或更换滤芯、定期清洗油箱、定期清洗管道、定期过滤或更换油液。以上定期维护内容和要求介绍如下。

① 定期紧固。液压设备在工作过程中由于空气侵入系统、换向冲击、管道自振、系统共振等原因，使管接头和紧固螺钉松动。若不定期检查和紧固，会引起严重漏油，导致设备和人身事故。因此，要定期对受冲击影响较大的螺钉、螺母和接头等进行紧固。对中压以上的液压设备，其管接头、软管接头、法兰盘螺钉、液压缸紧固螺钉和压盖螺钉、液压缸活塞杆止动调节螺钉、蓄能器的连接管路、行程开关和挡铁固定螺钉等，应每月紧固一次。对中压以下的液压设备，可每隔三个月紧固一次。同时，对每个螺钉的拧紧力都要均匀，并要达到一定的拧紧力矩，见表 13-16。

表 13-16　液压件连接螺钉拧紧力矩

螺纹直径 D/mm	不同承受压力 p 下的拧紧力矩 / N·m		
	$p \leqslant 2.5\text{MPa}$	$p \leqslant 8\text{MPa}$	$p \leqslant 30\text{MPa}$
M6	3	7	12

螺纹直径 D/mm	不同承受压力 p 下的拧紧力矩 / N·m		
	p ≤ 2.5MPa	p ≤ 8MPa	p ≤ 30MPa
M8	8	20	35
M10	15	35	68
M12	27	70	118
M14	42	90	167
M16	65	150	287
M18	90	200	365
M20	130	250	540
M24	250	450	960
M30	450	700	1800

② 定期更换密封件。漏油和吸空是液压系统常见的故障，所以密封是一个重要问题，解决密封的途径有两大类型。一是间隙密封，其密封效果与压力差、两滑动面之间的间隙、封油长度和油液的黏度有关。例如，换向阀因长期工作，阀芯在阀孔内频繁地往复移动，油液中的杂质、污物会带入间隙成为研磨膏，从而使阀芯和阀孔加速磨损，使阀孔与阀芯之间配合间隙增大，丧失密封性，使内泄漏量增加，造成系统效率下降，油温升高，所以要定期更换修理。

目前弹性密封件材料，一般为耐油丁腈橡胶和聚氨酯橡胶。经长期使用，不仅会自然老化，且因长期在受压状态下工作，使密封件永久变形，丧失密封性，因此必须定期更换。定期更换密封件是液压设备维护工作的主要内容之一，应根据液压装置的具体使用条件制订更换周期，并将周期表纳入设备技术档案。根据我国目前的密封件胶料和压制硫化工艺，密封件的使用寿命一般为一年半左右。

③ 定期清洗或更换液压件。液压元件在工作过程中，由于零件之间互相摩擦产生的金属磨耗物、密封件磨耗物和碎片，以及液压元件在装配时带入的脏物和油液中的污染物等，都随液流一起流动，它们之中有些被

过滤掉了，但有一部分积聚在液压元件的流道腔内，有时会影响元件正常工作，因此要定期清洗液压元件。由于液压元件处于连续工作状态，某些零件（如弹簧等）疲劳到一定限度也需要进行定期更换。

定期清洗与更换是确保液压系统可靠工作的重要措施。例如，对液压阀应每隔三个月清洗一次，液压缸每隔一年清洗一次。在清洗的同时应更换密封件，装配后应对主要技术参数进行测试，需达到使用要求。

④ 定期清洗或更换滤芯。过滤器经过一段时间的使用，固体杂质会严重地堵塞滤芯，影响过滤能力，使液压泵产生噪声、油温升高、容积效率下降，从而使液压系统工作不正常。因此要根据过滤器的具体使用条件制订清洗或更换滤芯的周期。一般液压设备上的液压系统过滤网三个月左右清洗一次，过滤器的清洗周期应纳入设备技术档案。

⑤ 定期清洗油箱。液压系统工作时，随流的一部分脏物积聚在油箱底部，若不定期清除，积聚量会越来越多，有时又被液压泵吸入系统，使系统产生故障。特别要注意在更换油液时必须把油箱内部清洗干净，一般每隔四至六个月清洗一次。

⑥ 定期清洗管道。油液中的脏物会积聚在管子的弯曲部位和油路的流通腔内，使用年限越久，在管子内积聚的胶质会越多，这不仅增加了油液流动的阻力，而且由于油液的流动，积聚的脏物又被冲下来随油液而去，可能堵塞某个液压元件的阻尼小孔，使液压元件产生故障，因此要定期清洗。一般对于可拆的管道应拆下来清洗，对于大型自动线液压管道可每隔三至四年使用清洗液进行冲洗。清洗液的温度一般在 50～60℃。清洗过程中应将清洗液通过专门的过滤器进行过滤，直至系统的油液过滤到过滤器上无大量的污染物时为止。在加入新油前必须用本系统所要求的液压油进行最后清洗，然后再将冲洗油放净。要选用具有适当润滑性能的矿物油作清洗油，其黏度为 $(13～17)\times10^{-6}\,\mathrm{m}^2/\mathrm{s}$。

⑦ 定期过滤或更换油液。油液过滤是一种强迫滤除油路中杂质颗粒的方法，它能使油的杂质颗粒控制在规定范围内。对各类设备要制订强迫过滤油液的间隔期，定期对油液进行强迫过滤。同时，对油液除经常化验测定性能外，还可以根据设备使用场地和系统要求，制订油液更换周期，定期更换，并把油液更换周期纳入设备技术档案。

（2）液压装置维护保养基本要求

液压装置维护保养所要达到的基本要求见表 13-17。

表 13-17 液压装置维护保养所要达到的基本要求

维护系统名称	被检查单件名称	检查项目	检查方法（测量仪器名称）	周期次数/期间	检查时 运转	检查时 停止	维护保养基础	修理（更换）基准	备注
电气线路	①电动机	绝缘状况	用 500V 兆欧表测量	1/年		0	与地线之间绝缘电阻在 10MΩ 以上	按电动机有关标准	
	②控制电路	绝缘状况	用 500V 兆欧表测量	1/年		0	与地线之间绝缘电阻在 10MΩ 以上		
	③橡胶绝缘软线	绝缘状况	用 500V 兆欧表测量	1/年		0	与地线之间绝缘电阻在 10MΩ 以上		
	④电线套管		用 500V 兆欧表测量，检查全部配管	1/年		0	螺纹连接部分不能松动	拧紧，更换破损部分	
	⑤限位开关	绝缘状况	用 500V 兆欧表测量	1/年			与地线之间绝缘电阻在 10MΩ 以上		
		动作状况	用手按动开关试一试			0	要有完全断开的声音	动作不良时更换	
液压系统	①工作油	油量	按油面计量	1/月		0	要在规定的油面范围之内		
		油量	温度计或恒温装置	1/月	0		在 60℃以下		在低温时测量
		清洁程度		1/月	0		按工作油污染规格表		在油液中间层测量

维护系统名称	被检查单元件名称	检查项目	检查方法(测量仪器名称)	周期次数/期间	检查时 运转	检查时 停止	维护保养基础	修理(更换)基准	备注
		联轴器	分解检查	1/年	0	0	无异常声音,不能松动	检修至泵轴与电动机轴同心	
		效率	用量桶、流量计或液动机测量	1/年	0	0	按性能规格表	当性能不合格时修理	
液压系统	②液压泵	异常音	耳闻或用噪声计测量	1/3月	0		各种泵有所不同,通常 70MPa 时 75dB(A) 140MPa 时 90dB(A)	当噪声较大时,修理或更换	与工作油(混入空气、水等)、滤油器网眼堵塞以及溢流阀振动有关
		吸油阻力	真空表(装在泵吸入口处)	1/月	0		正常运转时,要在 127mm 汞柱以下	当阻力较大时,检查滤油器和工作油	与工作油(混入空气、水等)、滤油器网眼堵塞以及溢流阀振动有关
		壳体温度	点温计(贴在泵体上)	1/年	0		油温 +5～7℃	油温急剧上升时,要检修	

维护系统名称	被检查元件名称	检查项目	检查方法(测量仪器名称)	周期次数/期间	检查时		维护保养基础	修理(更换)基准	备注
					运转	停止			
液压系统	②液压泵	压力	压力表	1/3月	○		保持规定的压力	当压力剧烈变化或不能保持时要修理	注意压力表的共振
		外泄漏	目视、手摸	1/3月	○		漏油一滴约0.05mL	更换轴密封或其他密封件	注意密封件的老化
		混入空气	在泵轴密封处和吸入管处注油试一试	1/3月	○		完全不能吸入空气		
		螺钉松动	用扳手拧紧	1/3月	○				振动大的机械容易松动,要特别注意
	③吸油滤油器	杂质附着情况	取出观察	1/3月		○	表面不能有杂质,不能有破坏部分	当附着的杂质多时,要换油	
	④压力表(真空表)	压力测量(真空)	用标准表测量	1/年		○	误差在最小刻度的1/2以内	误差大时或损坏时更换	

维护系统名称	被检查元件名称	检查项目	检查方法(测量仪器名称)	周期 次数/期间	检查时 运转	检查时 停止	维护保养基础	修理(更换)基准	备注
	⑤温度计	温度测量	用标准表测量	1/年		0		误差大或损坏时更换	
	⑥溢流阀	压力调整	压力表，由最低压力调至最高压力	1/3月		0	压力保持稳定，并能调整，波动小	压力变化大或不能保持时，更换内部零件	与泵和其他阀有关
	⑦流量控制阀	流量调整	检查设定位置，或液动机速度	1/年	0		按设计说明书	动作不良时修理	
液压系统	⑧电磁阀	绝缘状况	用500V兆欧表测量	1/年	0		与地线之间的绝缘电阻在10MΩ以上		
		工作声音	耳闻	1/日	9		不能有异常声音		
		推杆磨损	检查形状				端面不得有泄漏	磨损时更换	推杆磨损大时，泄漏大，造成动作不良
		电压测量	用电压表，测量工作时的最低和最高电压	1/3月	0		在额定电压的允许范围内（±15%）	电压变化大时，检查电气设备	电压过高或过低，会烧坏电磁铁线圈

维护系统名称	被检查元件名称	检查项目	检查方法（测量仪器名称）	周期 次数/期间	检查时		维护保养基础	修理（更换）基准	备注
					运转	停止			
液压系统	⑧电磁阀	螺钉松动	接线柱、壳体紧固螺钉松动、脱落	1/3 月		0	各部分均不能松动	脱落的螺钉要装上	螺钉松动也会造成线圈烧损或动作不良
		动作状况	根据压力表、温度计（线圈部分）及液压动机来检测	1/3 月	0		检查换向状况，线圈的温度在70℃以下	动作不良时，更换内部损坏的零件	当超过额定流量或换向频率高时，会造成动作不良
		内泄漏	测量自液压缸口加压时，回油口处的泄漏量	1/年			按制造厂标准	滑动表面应无划伤，配合间隙过大时，更换零件	内泄漏过大，容易产生动作不良
	⑨卸荷阀	设定值动作状况	检查设定值及动作状况	1/3 月	0		按型号来检查动作情况	根据检查情况，更换零件	当流量超过额定值时，会产生动作不良
	⑩顺序阀	设定值动作状况	检查设定值及动作状况	1/3 月	0		按型号来检查动作情况	根据检查情况，更换零件	当流量超过额定值时，会产生动作不良

维护系统名称	被检查元件名称	检查项目	检查方法（测量仪器名称）	周期次数/期间	检查时		维护保养基础	修理（更换）基准	备注
					运转	停止			
液压系统	⑪减压阀	设定值动作状况	检查设定值及动作状况	1/3月	O		按型号来检查动作情况	根据检查情况，更换零件	当流量超过额定值时，会产生动作不良
	⑫手动换向阀	换向状况	手动换向，看液动机动作情况	1/3月	O		整制杆部分不能漏油	漏油时更换密封圈	
	⑬单向阀	内泄漏	自2次侧加压，从1次侧测量内泄漏	1/年		O	应无内泄漏	漏油时修理	
	⑭截止阀	内泄漏	截止时，自输出侧检查内泄漏	1/年		O	应无内泄漏	漏油时修理	
	⑮压力继电器	绝缘状况	用500V兆欧表测量	1/年		O	与地线之间绝缘电阻在10MΩ以上		
		动作状况	用压力表测量	1/3月	O		检查在设定压力下的动作情况		
	⑯液压缸	动作状况	按设计要求，检查动作的平稳性	1/3月	O		按设计要求	动作不良（密封老化、卡死），修理	与泵和溢流阀有关

续表

维护系统名称	被检查元件名称	检查项目	检查方法（测量仪器名称）	周期 次数/期间	检查时 运转	检查时 停止	维护保养基础	修理（更换）基准	备注
液压系统	⑯液压缸	外泄漏	目视、手摸、听滴声	1/3月	0		活塞杆处及整个外部均不能有泄漏	安装不良（不同心）引起的较多，换密封	
		内泄漏	在回油管外侧内泄漏	1/3月	0		根据型号及动作状态确定	若密封老化引起内泄漏，换密封	
	⑰液压马达	动作情况	目视、压力表、转速表	1/3月	0		动作要平稳	动作不良时，修理	
		异常声音	耳闻	1/3月	0		不能有异常声音	多系定子坏，叶片及弹簧破损或磨损引起，更换零件	若压力或流量超过额定值，也会产生异常声音
	⑱蓄能器	空气封入压力	用带压力表的空气封入装置测量	1/3月	0		应保持所规定的压力		当液体压力为零时，应为系统最低动作压力的60%~70%
	⑲油箱	漏油	目视	1/3月		0	不能泄漏	油箱一定打开时，一定要检查	

续表

维护系统名称	被检查元件名称	检查项目	检查方法(测量仪器名称)	周期次数/期间	检查时 运转	检查时 停止	维护保养基础	修理(更换)基准	备注
液压系统	⑲油箱	回油管螺塞松动	拧紧	1/年		0	不能松动		回油管松动或脱落会有油面上有气泡
	⑳油冷却器	漏水	将油箱和冷却器中之油排除干净、通水后，从排油口观察	1/年		0	不能漏水	若油箱内混入大量水分，修理	若油中混有水分，油变白浊
	㉑配管类	漏油	目视、手摸	1/年		0	不能漏油(尤其管接头部分)	修理(更换密封件)	管接头接合面合要求可靠
		振动	目视、手摸	1/3月		0	换向时，油管不能振动	压力油产生振动时检查液压回路	
		油管支承架	目视、手摸	1/年		0	各安装部位不能松动或脱落		
	㉒软管	外部损伤	目视、手摸	1/3月		0	不能损伤	有损伤时，更换	有损伤时，可用乙烯管套在软管上
		漏油					不能漏油		
		扭曲					不能扭曲		

（3）新液压设备管理维护的重点内容

进行液压设备维护，一定要充分了解机器设备的特性和变化、使用条件、周围条件及设计制造上的问题等各方面，在此基础上才能决定适当的维修方法和维修周期。

新的设备的维护重点是检查跑合情况（防止初期故障）和了解该设备的性质。

① 新设备使用初期的 6 个月内应作为检查的重点。这个期间为跑合运转期，对机器的安装、螺栓的松动、油温上升、油的污染劣化、使用条件及环境条件等情况应特别注意。

② 起动液压泵。起动时应点动操作，起动后的 10 ～ 30min 内应无负荷运转。冬天及低温天气应特别注意。

③ 观察油温的控制状况，检查最高温度、最低温度及其升降状态，检查室温与油温的关系。以此了解到冷却器的容量、油箱的容量相对周围条件和使用条件是否适当，冷却器的效率是否下降。

④ 注意泵的异常声音。新泵由于跑合少，易受气泡和脏物的影响，产生高温、润滑不好，从而出现咬合等情况。

⑤ 检查压力表的指针振摆情况和溢流阀的稳定性。检查出加工误差和密封不良引起的阀的毛病。

⑥ 观察运行，注意动作情况。回路设计差和制造质量不好等情况在运行调试时不一定能发现，常在使用中由于条件的变化而暴露出来，应特别注意，稍有异常即与制造厂联系，研究解决办法。

⑦ 检查滤油器的状况。对吸油滤油器，在线滤油器及旁路滤油器等每隔 1 ～ 2 星期取出，检查堵塞状况，附着物的质、量与大小等，可对系统的污染变化、污染源的位置进行判断确定。系统的污染在运行初期较为严重，应特别注意。

⑧ 检查工作油的变化。每隔 1 ～ 2 个月分析一次工作油，调查劣化、污染度的情况及变色的程度。重点是污染度。掌握管路冲洗不够、配置不适当及周围环境、油箱结构等的影响。运转 3 ～ 4 个月后应更换工作油。

使用加热设备和水冷冷却器的设备，应重点调查工作油的劣化和水分混入的情况。

⑨ 注意阀的调整。对压力阀和流量阀的调整应在理解使用说明书后慎重进行。

⑩ 注意管路的漏油情况。管路配置得好不好要半年到一年后才能暴露出来，所以对漏油、振动、松动等应特别注意检查（特别注意运输途中的螺栓松动）。

第14章
典型机床的安装与调试

14.1 机床的安装调试概述

机床是用切削的方式将金属毛坯加工成机器零件的机器，是制造机器的机器，其精度是机器零件精度的保证。因此，机床的安装显得特别重要。机床的装配通常是在工厂的装配工段或装配车间内进行，但在某些场合下，制造厂并不将机床进行总装。为了运输方便（如重型机床等），产品的总装必须在基础安装的同时才能进行，在制造厂内只进行部件装配工作，而总装则在工作现场进行。

14.1.1 机床地基的基本要求

机床的自重、工件的重量、切削力等，都将通过机床的支承部件而最后传给地基。所以地基的质量直接关系到机床的加工精度、运动平稳性、机床的变形、磨损以及机床的使用寿命。因此、机床在安装之前，首要的工作是打好基础。

（1）对地基基础的要求

地基基础直接影响机床设备的床身、立柱等基础件的几何精度、精度的保持性以及机床的技术寿命等。因此对设备的基础应作如下要求。

① 具有足够的强度和刚度，避免自身的振动和不受其他振动和影响（即与周围的振动隔绝）。

②具有稳定性和耐久性，防止油水浸蚀，保证机床基础局部不下陷。

③ 机床的基础，安装前要进行预压。预压重量为自重和最大载重总和的 1.25 倍。且预压物应均匀地压在地基基础上，压至地基不再下沉为止。

（2）对地基质量的要求

地基的质量是指它的强度、弹性和刚度的符合性，其中强度是较主要的因素。它与地基的结构及基础埋藏深度有关。若强度较差，引起地基发生局部下沉则将对机床的工作精度有较大影响。所以一般地质强度要求以 $5t/m^2$ 以上为标准。如有不足，需用打桩等方法来加强。刚度、弹性也会通过机床间接影响刚度工件的加工精度。

（3）对基础材料的要求

对于 10t 以上的大型设备基础的建造材料，从节约费用的角度出发，在混凝土中允许加入质量分数为 20% 的 200 号块石。在高精度机床安装过程中，由于地基振动成了影响其精度的主要因素之一，所以必须安装在单独的块型混凝土基础上，并尽可能在四周设防振层，防振层一般均填粗砂或掺杂以一定数量的炉渣混合而成。

（4）对基础的结构要求

虽然基础越厚越好，但考虑到经济效果，基础厚度以能满足防振和基础体变形的要求为原则。大型机床基础厚度一般在 1000～2500mm 之间。基础厚度可用下式计算：

$$B=(0.3\sim0.6)L$$

式中　　B——基础厚度，mm；

　　　　L——基础长度，mm。

12t 以上大型机床，在基础表面下 30～40mm 处配置直径为 $\phi6\sim8$mm 的钢筋网。特长的基础其底部也需配置钢筋网，其方格间距 L 为 100～150mm，如图 14-1 所示。

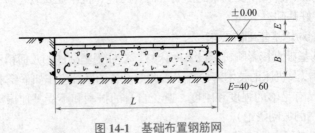

图 14-1　基础布置钢筋网

长导轨机床的地基结构，一般应沿着长度方向做成中间厚两头薄的形状，以适应机床重量的分布情况，对于像高精度龙门导轨磨床类等大型、精密机床，基础下层还应填以 0.5m 厚细砂和卵石掺少量水泥，作为弹性缓冲层。

（5）对基础荷重及周围重物的要求

大型机床的基础周围经常放置或运输大型工件及毛坯之类的重物，必然使基础受到局部影响而变形，引起机床精度的变化。为了解决这一问题，在进行基础结构设计时应考虑基础或多或少受到这些因素的影响。另外，新浇铸的基础结构设计时，混凝土强度变化大，性能不稳定，所以施工后一个月最好不要安装机床。在安装后一年内，至少要每月调整一次精度。

（6）对基础抗振性的要求

机床的固有频率通常在 20 ～ 25Hz 左右，振幅在 0.2 ～ 1μm 范围内。当机床发生共振或受外界偶发性振源的影响，在车间里，由于天车通过时会通过梁柱这个振源影响到机床，所以，精密机床应远离梁柱或采取隔振措施。对于高精度的机床，更需采用防振地基，以防止外界振源对机床加工精度产生影响。

14.1.2　机床安装基础要求

（1）机床基础基本要求

机床地基一般分为混凝土地坪式（即车间水泥地面）和单独块状式两大类。单独块状式地基如图 14-2 所示。切削过程中因产生振动，机床的单独块状式地基需要采取适当的防振措施；对于高精度的机床，更需采用防振地基，以防止外界振源对机床加工精度的影响。

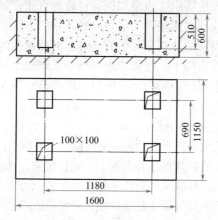

图 14-2　X6132 型万能卧式铣床的地基

单独块状式地基的平面尺寸应比机床底座的轮廓尺寸大一些。地基的厚度则取决于车间土壤的性质，但最小厚度应保证能把地脚螺栓固结。一般可在机床说明书中查得地基尺寸。

用混凝土浇灌机床地基时，常留出地脚螺栓的安装孔（根据机床说明书中查得的地基尺寸确定），待将机床装到地基上并初步找好水平后，再浇灌地脚螺栓。常用的地脚螺栓如图 14-3 所示。

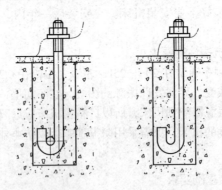

图 14-3　常用的地脚螺栓形式

(2) 机床在基础上的安装方法

机床基础的安装通常有两种方法：一种是在混凝土地坪上直接安装机床，并用图 14-4 所示的调整垫铁调整水平后，在床脚周围浇灌混凝土固定机床，这种方法适用于小型和振动轻微的机床；另一种是用地脚螺栓将机床固定在块状式地基上，这是一种常用的方法。安装机床时，先将机床吊放在已凝固的地基上，然后在地基的螺栓孔内装上地脚螺栓并用螺母将其连接在床脚上。待机床用调整垫铁调整水平后，用混凝土浇灌进地基方孔。混凝土凝固后，再次对机床调整水平并均匀地拧紧地脚螺栓。

① 对于整体安装的调试：

a. 机床用多组楔铁支承在预先做好的混凝土地基上；

b. 将水平仪放在机床的工作台面上，调整楔铁，要求每个支承点的压力一致，使纵向水平和横向水平都达到粗调要求 $(0.03 \sim 0.04)/1000$；

c. 粗调完毕后，用混凝土在地脚螺孔处固定地脚螺钉；

d. 待充分干涸后，再进行精调水平，并均匀紧固地脚螺母。

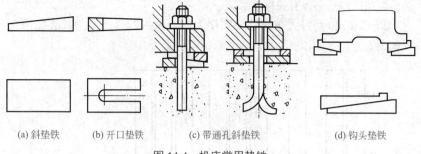

(a)斜垫铁   (b)开口垫铁   (c)带通孔斜垫铁   (d)钩头垫铁

图 14-4　机床常用垫铁

② 对于分体安装的调试，还应注意以下几点：

a.零部件之间、机构之间的相互位置要正确；

b.在安装过程中，要重视清洁工作，不按工艺要求安装，不可能安装出合格的机床；

c.调试工作是调节零件或机构的相互位置、配合间隙、结合松紧等，目的是使机构或机器工作协调，如轴承间隙、镶条位置的调整等。

（3）机床装配、维修顺序的确定

① 卧式机床总装配顺序的确定。卧式机床的总装工艺，包括部件与部件的连接，零件与部件的连接，以及在连接过程中部件与总装配基准之间相对位置的调整或校正，各部件之间相互位置的调整等。各部件的相对位置确定后，还要钻孔、车螺纹及铰削定位销孔等。总装结束后，必须进行试车和验收。

总装配顺序，一般可按下列原则进行：

a.首先选出正确的装配基准。这种基准大部分是床身的导轨面，因为床身是机床的基本支承件，其上安装着机床的各主要部件，而且床身导轨面是检验机床各项精度的检验基准。因此，机床的装配，应从所选基面的直线度、平行度及垂直度等项精度着手。

b.在解决没有相互影响的装配精度时，其装配先后以简单方便来定。一般可按先下后上，先内后外的原则进行。例如在装配机床时，如果先解决机床的主轴箱和尾座两顶尖的等高度精度或者先解决丝杠与床身导轨的平行度精度，在装配顺序的先后上是没有多大关系的，能简单方便地顺利进行装配就行。

c.在解决有相互影响的装配精度时，应该先装配好公共的装配基准，然后再按次序达到各有关精度。

以 CA6140 型卧式车床总装顺序为例，如图 14-5 所示为其装配单元系统图。

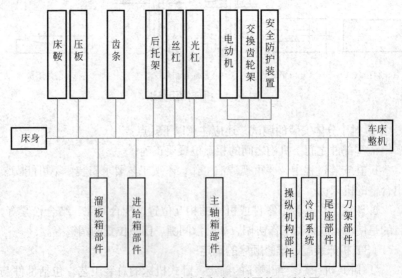

图 14-5　CA6140 型卧式车床总装配单元系统图

②立式机床维修装配顺序的确定。

a. C5112A 型立式车床修理顺序。一般情况下，C5112A 型立车主要部件按如下顺序进行修理，但也可根据修理人员的多少和技术水平的高低以及设施状况，可对几个主要部件同时或交叉修理。

a）主变速箱、进给箱、横梁进给箱。

b）工作台。

c）床身。

d）横梁。

e）横梁滑座。

f）垂直刀架。

g）侧面刀架。

h）各部件修复后的总装。

以上顺序是指由一个小组进行修理时的顺序，如修理人员较多，除床身、横梁外，其余各部件可同时修理。修理网络图如图 14-6 所示。

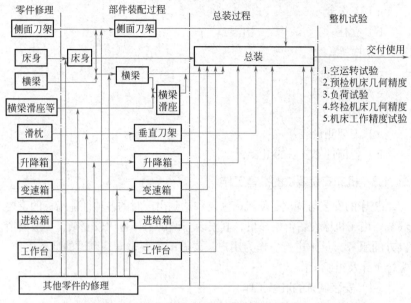

图 14-6　**C5112A** 型立式车床修理网络图

　　b. CH5116D 型立式车削加工中心修理顺序。CH5116D 型立式车削中心一般可按如下顺序修理，修理网络图如图 14-7 所示。

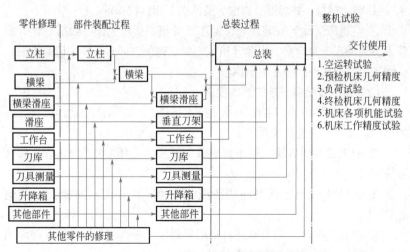

图 14-7　**CH5116D** 型立式车削中心修理网络图

a）工作台。

b）立柱。

c）横梁。

d）横梁滑座。

e）垂直刀架。

f）刀库。

g）刀架测量装置。

h）各部件修复后的组装。

14.1.3　机床安装调试的准备工作

机床的安装与调试是使机床恢复和达到出厂时的各项性能指标的重要环节。由于机床设备价格昂贵，其安装与调试工作也比较复杂，一般要请供方的服务人员来进行。作为用户，要做的主要是安装调试的准备工作、配合工作及组织工作。

（1）安装调试的准备工作

① 厂房设施：具备必要的环境条件。

② 地基准备：按照地基图打好地基，并预埋好电、油、水管线。

③ 工具仪器准备：起吊设备、安装调试中所用工具、机床检验工具和仪器。

④ 辅助材料：如煤油、机油、清洗剂、棉纱棉布等。

⑤ 将机床运输到安装现场，但不要拆箱。拆箱工作一般要等供方服务人员到场。如果有必要提前开箱，一要征得供方同意，二要请商检局派员到场，以免出现问题发生争执。

（2）机床安装调试前的基本要求

① 研究和熟悉机床装配图及其技术条件，了解机床的结构、零部件的作用以及相互的连接关系。

② 确定安装的方法、顺序和准备所需要的工具（水平仪、垫板和百分表等）。

③ 对安装零件进行清理和清洗，去掉零部件上的防锈油及其他脏物。

④ 对有些零部件还需要进行刮削等修配、平衡工作（消除零件因偏重而引起的振动）以及密封零件的水（油）压试验等。

14.1.4　机床安装调试的配合与组织工作

（1）机床安装的组织形式

① 单件生产及其装配组织。单个地制造不同结构的产品，并且很少重复，甚至完全不重复，这种生产方式称为单件生产。单件生产的装配工作多在固定的地点，由一个工人或一组工人，从开始到结束把产品的装配工作进行到底。这种组织形式的装配周期长，占地面积大，需要大量的工具和装备，并要求工人有比较全面的技能，在产品结构不是十分复杂的小批量生产中，也有采用这种组织形式的。

② 成批生产及其装配组织。每隔一定时期后将成批地制造相同的产品，这种生产方式称为成批生产。成批生产时的装配工作通常分成部件装配和总装配，每个部件由一个或一组工人来完成，然后进行总装配。其装配工作常采用移动方式进行。如果零件预先经过选择分组，则零件可采用部分互换的装配，因此有条件组织流水线生产，这种组织形式的装配效率较高。

③ 大量生产及其装配组织。产品的制造数量很庞大，每个工作地点经常重复地完成某一工序，并具有严格的节奏性，这种生产方式称为大量生产。在大量生产中，把产品的装配过程首先划分为主要部件、主要组件，并在此基础上再进一步划分为部件、组件的装配，使每一工序只由一个工人来完成。在这样的组织下，只有当从事装配工作的全体工人，都按顺序完成了他所担负的装配工序以后，才能装配出产品。工作对象（部件或组件）在装配过程中，有顺序地由一个工人转移给另一个工人，这种转移可以是装配对象的移动，也可以由工人移动，通常把这种装配组织形式叫作流水装配法。为了保证装配工作的连续性，在装配线所有工作位置上，完成工序的时间都应相等或互成倍数，在流动装配时，可以利用传送带、滚道或在轨道上行走的小车来运送装配对象。在大量生产中，由于广泛采用互换性原则并使装配工作工序化，因而装配质量好、装配效率高、占地面积小、生产周期短，是一种较先进的装配组织形式。

（2）安装调试的配合工作

① 机床的开箱与就位，包括开箱检查、机床就位、清洗防锈等工作。

② 机床调水平，附加装置组装到位。

③ 接通机床运行所需的电、气、水、油源；电源电压与相序、气水

油源的压力和质量要符合要求。这里主要强调两点，一是要进行地线连接，二是要对输入电源电压、频率及相序进行确定。

（3）数控设备安装调试的特殊要求

数控设备一般都要进行地线连接。地线要采用一点接地型，即辐射式接地法。这种接地法要求将数控柜中的信号地、强电地、机床地等直接连接到公共接地点上，而不是相互串接连接在公共接地点上。并且，数控柜与强电柜之间应有足够粗的保护接地电缆。而总的公共接地点必须与大地接触良好，一般要求接地电阻小于 4 ～ 7Ω。

对于输入电源电压、频率及相序的确认，有如下几个方面的要求。

① 检查确认变压器的容量是否满足控制单元和伺服系统的电能消耗。

② 电源电压波动范围是否在数控系统的允许范围之内。一般日本的数控系统允许在电压额定值的 85% ～ 110% 范围内波动，而欧美的数控系统要求较高一些。若波动范围超出，需要外加交流稳压器。

③ 对于采用晶闸管控制元件的速度控制单元的供电电源，一定要检查相序。在相序不对的情况下接通电源，可能使速度控制单元的输入熔体烧断。相序的检查方法有两种：一种是用相序表测量，当相序接法正确时，相序表按顺时针方向旋转；另一种是用双线示波器来观察二相之间的波形，二相波形在相位上相差 120°。

④ 检查各油箱油位，需要时给油箱加油。

⑤ 机床通电并试运转。机床通电操作可以是一次各部件全面供电，或各部件供电，然后再做总供电试验。分别供电比较安全，但时间较长。检查安全装置是否起作用，能否正常工作，能否达到额定指标。例如启动液压系统时先判断液压泵电动机转动方向是否正确，液压泵工作后管路中是否形成油压，各液压元件是否正常工作，有无异常噪声，各接头有无渗漏；气压系统的气压是否达到规定范围值等。

⑥ 机床精度检验、试件加工检验。

⑦ 机床与数控系统功能检查。

⑧ 现场培训。包括操作、编程与维修培训，保养维修知识介绍，机床附件、工具、仪器的使用方法等。

⑨ 办理机床交接手续。若存在问题，但不属于质量、功能、精度等重大问题，可签署机床接收手续，并同时签署机床安装调试备忘录，限期解决遗留问题。

（4）安装调试的组织工作

在机床安装调试过程中，作为用户要做好安装调试的组织工作。

安装调试现场均要有专人负责，赋予现场处理问题的权力，做到一般问题不请示即可现场解决，重大问题经请示研究要尽快答复。

安装调试期间，是用户操作与维修人员学习的好机会，要很好地组织有关人员参加，并及时提出问题，请供方服务人员回答解决。

对待供方服务人员，应原则问题不让步，但平时要热情，接待要周到。

14.2　普通机床的安装与调试

14.2.1　CA6140型卧式车床的安装与调试

（1）主要组成部件

机床主要由床身、主轴箱、进给箱、溜板箱、溜板刀架和尾座等部件组成。主轴箱固定在床身的左上部，进给箱固定在床身的左前侧。溜板刀架由床鞍、中滑板、转盘、方刀架和小滑板组成。溜板箱用螺钉和定位销与床鞍相连，并一起沿床身上的导轨做纵向移动，中滑板可沿床鞍的燕尾导轨做横向移动。转盘可使小拖板和方刀架转动一定角度，用手摇小拖板使刀架作斜向移动，以车削锥度大的内外短锥体。尾座可在床身上的尾座导轨上作纵向调整移动并夹紧在需要位置上，以适应不同长度的工件加工。尾座还可以相对它的底座做横向位置调整，以车削锥度小而长度大的外锥体。

刀架的运动由主轴箱传出，经交换齿轮架、进给箱、光杠（或丝杠）、溜板箱，并经溜板箱的控制机构，接通或断开刀架的纵、横向进给运动或车螺纹运动。

溜板箱的右下侧装有一快速运动用辅助电动机，以使刀架做纵向或横向快速移动。

（2）车床装配

1）床身与床脚的安装

① 床身导轨是滑板及刀架纵向移动的导向面，是保证刀具移动直线性的关键。床身与床脚用螺栓连接，是车床的基础，也是车床装配的基准部件。

② 床身导轨的精度要求。

a. 溜板导轨的直线度误差，在垂直平面内全长为 0.03mm，在任意 500mm 测量长度上为 0.015mm，只许凸；在水平面内，全长为 0.025mm。

b. 溜板导轨的平行度误差（床身导轨的扭曲度）全长上为 0.04/1000mm。

c. 溜板导轨与尾座导轨平行度误差，在垂直平面与水平面均为全长上 0.04mm，任意 500mm 测量长度上为 0.03mm。

d. 溜板导轨对床身齿条安装面的平行度，全长上为 0.03mm，在任意 500mm 测量长度上为 0.02mm。

e. 刮削导轨每 25mm×25mm 范围内接触点不少于 10 点。磨削导轨则以接触面积大小来评定接触精度的高低。

f. 磨削导轨表面粗糙度值一般在 Ra 0.8μm 以下。

g. 一般导轨表面硬度应在 170HBS 以上，并且全长范围硬度一致。与之相配合件的硬度应比导轨硬度稍低。

h. 导轨应有一定的稳定性，在使用中不变形。除采用刚度大的结构外，还应进行良好的时效处理，以消除内应力，减少变形。

③ 床身的安装与水平调整。

a. 将床身装在床脚上时，必须先做好结合面的清理工作，以保证两零件的平整结合，避免在紧固时产生床身变形的可能，同时在整个结合面上垫以 1～2mm 厚纸垫防漏。

b. 现代工业技术的发展，床身导轨的精度可由导轨磨加工来保证。

c. 将床身置于可调的机床垫铁上（垫铁应安放在机床地脚螺孔附近），用水平仪指示读数来调整各垫铁，使床身处于自然水平位置，并使溜板用导轨的扭曲误差至最小值。各垫铁应均匀受力，使整个床身搁置稳定。

d. 检查床身导轨的直线度误差和两导轨的平行度误差，若不符合要求，应重新调整及研刮修正。

2）导轨的刮研

① 选择刮削量最大，导轨中最重要和精度要求最高的溜板用导轨面 2、3 作为刮削基准，如图 14-8 所示。用角度平尺（图 14-9 所示）研点，刮削基准导轨面 2、3；用水平仪测量导轨误差并绘导轨曲线图。待刮削至导轨直线度误差、接触点和表面粗糙度均符合要求为止。

② 以 2、3 面为基准，用平尺研点刮平导轨面 1。要保证其直线度和与基准导轨面 2、3 的平行度要求。

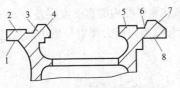

图 14-8　车床床身导轨载面图

1～8—导轨面

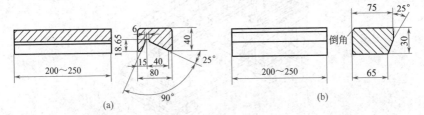

图 **14-9**　角度平尺

③ 测量导轨在垂直平面内的直线度误差及溜板导轨平行度误差，方法如图 14-10 所示。检验桥板沿导轨移动，一般测五点，得五个水平仪读数。横向水平仪读数差为导轨平行度误差。纵向水平仪用于测量导轨直线度，根据读数画导轨曲线图，计算误差线性值。

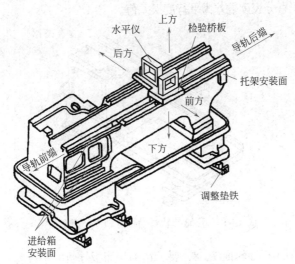

图 **14-10**　床身安装后的测量

④ 测量溜板导轨在水平面内的直线度误差，如图 14-11 所示。移动桥板，百分表在导轨全长范围内最大读数与最小读数之差，为导轨在水平内直线度误差值。

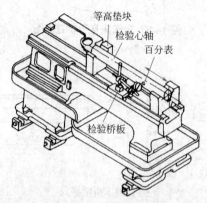

图 14-11　用检验桥板测量导轨在水平面内的直线度

⑤ 以溜板导轨为基准刮削尾座导轨面 4、5、6，使其达到自身精度和对溜板导轨的平行度要求。检验方法如图 14-12 所示，将桥板横跨在溜板导轨上，触头触及燕尾导轨面 4、5 或 6 上。沿导轨移动桥板，在全长上进行测量，百分表读数差为平行度误差值。

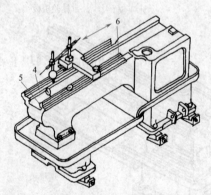

图 14-12　燕尾导轨对溜板导轨平行度测量

⑥ 刮削压板导轨面 7、8，要求达到与溜板导轨的平行度，并达到自身精度。测量方法如图 14-13 所示。

3）溜板配刮与床身装配工艺

滑板部件是保证刀架直线运动的关键。溜板上、下导轨面分别与床身导轨和刀架下滑座配刮完成。

① 配刮横向燕尾导轨。

a. 刮研溜板上导轨面，将溜板放在床身导轨上，可减少刮削时溜板变形。以刀架下滑座的表面 2、3 为基准，配刮溜板横向燕尾导轨表面 5、6，如图 14-14 所示。推研时，手握工艺心轴，以保证安全。

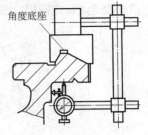

图 14-13　测量溜板导轨与压板导轨平行度误差

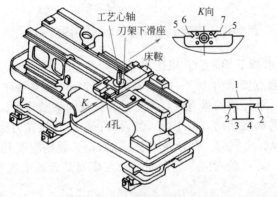

图 14-14　刮研溜板上导轨面

表面 5、6 刮后应满足对横丝杠 A 孔轴线的平行度要求，其误差在全长上不大于 0.02mm。测量方法如图 14-15 所示，在 A 孔中插入检验心轴上母线及侧母线上测量平行度误差。

b. 修刮燕尾导轨面 7 保证其与平面 6 的平行度，以保证刀架横向移动的顺利。可用角度平尺或下滑座为研具刮研。用图 14-16 所示方法检查：将测量圆柱放在燕尾导轨两端，用千分尺分别在两端测量，两次测得的读数差就是平行度误差，在全长上不大于 0.02mm。

② 配镶条。如图 14-17 所示，配镶条的目的是使刀架横向进给时有准确间隙，并能在使用过程中，不断调整间隙，保证足够寿命。镶条按导轨和下滑座配刮，使刀架下滑座在溜板燕尾导轨全长上移动时，无轻重或松紧不均匀现象，并保证大端有 10～15mm 调整余量。燕尾导轨与刀架上

滑座配合表面之间用 0.03mm 塞尺检查，插入深度不大于 20mm。

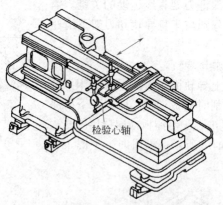

检验心轴

图 14-15　测量溜板上导轨面对丝杠孔的平行度

③ 配刮溜板下导轨面，以床身导轨为基准，刮研溜板与床身配合的表面，接触点要求为 10 ～ 12 点 /25mm×25mm，并按图 14-18 所示检查溜板上、下导轨的垂直度。测量时，先纵向移动溜板，校正 90°角尺的一个边与溜板移动方向平行。然后将百分表移放在刀架下滑座上，沿燕尾导轨全长上移动，百分表的最大读数值，就是溜板上、下导轨面垂直度误差。超过公差时，应刮研溜板与床身结合的下导轨面，直至合格。

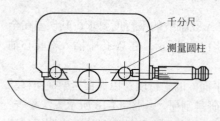

千分尺

测量圆柱

图 14-16　测量溜板燕尾导轨的平行度误差

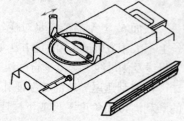

图 14-17　配燕尾导轨镶条

本项精度要求为 300mm±0.02mm，只许偏向主轴箱。

刮研溜板下导轨面达到垂直度要求的同时，还要保证两项要求：

a. 测量溜板箱安装面与进给箱安装面的垂直度误差。横向应与进给箱、托架安装面垂直，其测量方法如图 14-19 所示。在床身进给箱安装面上用夹持一 90°角尺，在 90°角尺处于水平的表面上移动百分表检查溜板箱安装面的位置精度，要求公差为每 100mm 长度上 0.03mm。

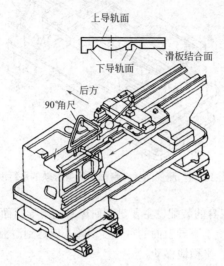

图 14-18　测量溜板上、下导轨的垂直度

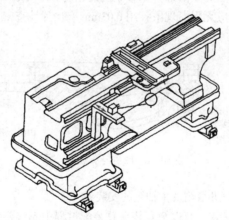

图 14-19　测量溜板结合面对进给箱安装面的垂直度

b. 测量溜板箱安装面与床身导轨平行度误差，测量方法如图 14-20 所示。将百分表吸附在床身齿条安装面上，纵向移动溜板，在溜板箱安装面全长上百分表最大读数差不得超过 0.06mm。

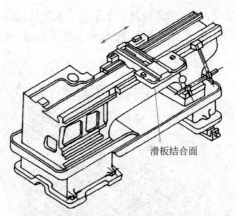

滑板结合面

图 14-20　测量溜板结合面对床身导轨的平行度

④ 溜板与床身的装配，主要是刮研床身的下导轨面及配刮溜板两侧压板，保证床身上、下导轨面的平行度误差，以达到溜板与床身导轨在全长上能均匀结合，平稳地移动。

按图 14-21 所示，装上两侧压板，要求在每 25mm×25mm 的面积上接触点为 6 ～ 8 点。全部螺钉调整紧固后，用 200 ～ 300N 力推动溜板在导轨全长上移动应无阻滞现象；用 0.03mm 塞尺片检查密合程度，插入深度不大于 20mm。

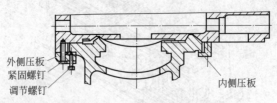

外侧压板
紧固螺钉
调节螺钉

内侧压板

图 14-21　床身与溜板的装配

4）溜板箱、进给箱及主轴箱的安装

① 溜板箱安装。溜板箱安装在总装配过程中起重要作用。其安装位置直接影响丝杠、螺母能否正确啮合，进给能否顺利进行，是确定进给箱和丝杠后支架安装位置的基准。确定溜板箱位置应按下列步骤：

a. 校正开合螺母中心线与床身导轨平行度误差。如图 14-22（a）所示，在溜板箱的开合螺母体内卡紧一检验心轴。在床身检验桥板上紧固丝杠中心测量工具，如图 14-22（b）。分别在左、右两端校正检验心轴上母线与床身导轨的平行度误差。其误差值应在 0.15mm 以下。

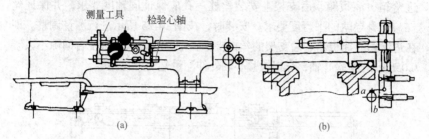

图 14-22　安装溜板箱

　　b. 溜板箱左右位置的确定。左右移动溜板箱，使溜板横向进给传动齿轮副有合适的齿侧间隙，如图 14-23 所示。将一张厚 0.08mm 的纸放在齿轮啮合处，转动齿轮使印痕呈现将断与不断的状态为正常侧隙。此外，侧隙也可通过控制横向进给手轮空转量不超过 1/30 转来检查。

　　c. 溜板箱最后定位　溜板箱预装精度校正后，应等到进给箱和丝杠后支架的位置校正后才能钻、铰溜板箱定位销孔，配作锥销实现最后定位。

　　② 安装齿条。溜板箱位置校定后，则可安装齿条，主要是保证纵进给小齿轮与齿条的啮合间隙。正常啮合侧隙为 0.08mm，检验方法和横向进给齿轮副侧隙检验方法相同，并以此确定齿条安装位置和厚度尺寸。

　　由于齿条加工工艺限制，车床齿条由几根拼接装配而成，为保证相邻齿条接合处的齿侧精度，安装时，应用标准齿条进行跨接矫正，如图 14-24 所示。矫正后，须留有 0.5mm 左右的间隙。

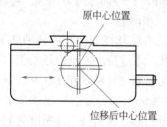

图 14-23　溜板箱横向进给齿轮副侧隙调整

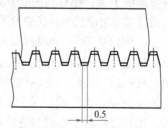

图 14-24　齿条跨接矫正

　　齿条安装后，必须在溜板行程的全长上检查纵进给小齿轮与齿条的啮合间隙，间隙要一致。齿条位置调好后，每个齿条都配两个定位销钉，以确定其安装位置。

③ 安装进给箱和丝杠后托架。安装进给箱和丝杠后托架主要是保证进给箱、溜板箱、后支架上安装丝杠三孔应保证同轴度要求，并保证丝杠与床身导轨的平行度要求。安装时，按图 14-25 所示进行测量调整。即在进给箱，溜板箱、后支架的丝杠支承孔中，各装入一根配合间隙不大于 0.05mm 的检验心轴，三根检验心轴外伸测量端的外径相等。

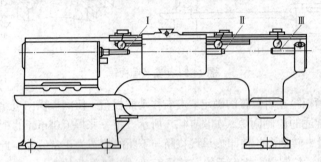

图 14-25　丝杠三点同轴度误差测量

溜板箱用心轴有两种：一种外径尺寸与开合螺母外径相等，它在开合螺母未装入时使用；另一种具有与丝杠中径尺寸一样的螺纹，测量时，卡在开合螺母中。前者测量可靠，后者测量误差较大。

安装进给箱和丝杠后托架，按下列步骤：

a. 调整进给箱和后托架丝杠安装孔中心线与床身导轨平行度误差。用前面所述图 14-20 中用的专用测量工具，检查进给箱和后支架用来安装丝杠孔的中心线。其对床身导轨平行度公差：上母线为 0.02mm/100mm，只许前端向上偏；侧母线为 0.01mm/100mm，只许向床身方向偏。若超差，则通过刮削进给箱和后托架与床身结合面来调整。

b. 调整进给箱、溜板箱和后托架三者的丝杠安装孔的同轴度误差，以溜板箱上的开合螺母孔中心线为基准，通过抬高或降低进给箱和后托架丝杠孔的中心线，使丝杠三处支承孔同轴。其精度在 Ⅰ、Ⅱ、Ⅲ 三个支承点测量，上母线公差为 0.01mm/100mm。横向方向移出或推进溜板箱，使开合螺母中心线与进给箱、后托架中心线同轴。其精度为侧母线 0.01mm/100mm。

调整合格后，进给箱、溜板箱和后托架即配作定位销钉，以确保精度不变。

④ 主轴箱的安装。主轴箱是以底平面和凸块侧面与床身接触来保证正确安装位置。底面是用来控制主轴轴线与床身导轨在垂直平面内的平行度误差；凸块侧面是控制主轴轴线在水平面内与床身导轨的平行度误差。主轴箱的安装，主要是保证这两个方向的平行度要求。安装时，按图 14-26 所示进行测量和调整。主轴孔插入检验心轴，百分表座吸在刀架下滑座上，分别在上母线和侧母线上测量，百分表在全长范围内读数差就是平行度误差值。

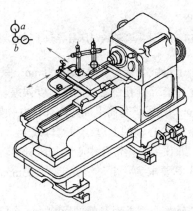

图 14-26　主轴轴线与床身导轨平行度误差测量

安装要求是：上母线为 0.03mm/300mm，只许检验心轴外端向上抬起（俗称"抬头"），若超差刮削结合面；侧母线为 0.015mm/300mm，只许检验心轴偏向操作者方向（俗称"里勾"）。超差时，通过刮削凸块侧面来满足要求。

为消除检验心轴本身误差对测量的影响，测量时旋转主轴 180°做两次测量，两次测量结果的代数差之半就是平行度误差。

5）尾座的安装

尾座的安装分两步进行。

① 矫正尾座的安装位置。以床身上尾座导轨为基准，配刮尾座底板，使其达到精度要求。

将尾座部件装在床身上，按图 14-27 所示测量尾座的两项精度：

a. 溜板移动对尾座套筒伸出长度的平行度误差。其测量方法是：使顶尖套伸出尾座体 100mm，并与尾座体锁紧。移动床鞍，使床鞍上的百分表接触于顶尖套的上母线和侧母线上，表在 100mm 内读数差，即顶尖伸出方向的平行度误差，如图 14-27（a）所示。

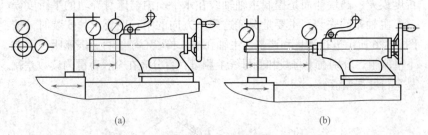

图 14-27　顶尖套轴线对床身导轨平行度测量

该项目要求是：上母线公差为 0.01mm/100mm，只许"里勾"。

b. 溜板移动对尾座套筒锥孔中心线的平行度误差。在尾座套筒内插入一个检验心轴（300mm），尾座套筒退回尾座体内并锁紧。然后移动床鞍，使拖板上百分表触于检验心轴的上母线和侧母线上。百分表在 300mm 长度范围内的读数差，即顶尖套内锥孔中心线与床身导轨的平行度误差，如图 14-27（b）所示。其要求为：上母线允差：0.03mm/300mm；侧母线允差：0.03/300mm。

为了消除检验心轴本身误差对测量的影响，一次检验后，将检验心轴退出，转 180°再插入检验一次，两次测量结果的代数和之半，即为该项误差值。

② 调整主轴锥孔中心线和尾座套筒锥孔中心线对床身导轨的等距离。测量方法如图 14-28（a）所示，在主轴箱主轴锥孔内插入一个顶尖并校正其与主轴轴线的同轴度误差。在尾座套筒内，同样装一个顶尖，同样装一个顶尖，二顶尖之间顶一标准检验心轴。将百分表置于床鞍上，先将百分表测头顶在心轴侧母线，校正心轴在水平平面与床身导轨平行。再将测头触于检验心轴上母线，百分表在心轴两端读数差，即为主轴锥孔中心线与尾座套筒锥孔中心线，对床身导轨的等距离误差。为了消除顶尖套中顶尖本身误差对测量的影响，一次检验后，将顶尖退出，转过 180°重新检验一次，两次测量的代数和之半，即为其误差值。

图 14-28（b）为另一种测量方法，即分别测量主轴和尾座锥孔中心线的上母线，再对照两检验心轴的直径尺寸和百分表读数，经计算求得。在测量之前，也要校正两检验心轴在水平面内与床身导轨的平行度误差。

测量结果应满足上母线允差 0.06mm（只允许尾座高）的要求，若超差则通过刮削尾座底板来调整。

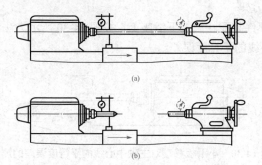

(a)

(b)

图 14-28　主轴锥孔中心线与顶尖锥孔中心线对床身导轨的等距离

6）安装丝杠、光杠

溜板箱、进给箱、后支架的三支承孔同轴度校正后，就能装入丝杠、光杠。丝杠装入后应检验如下精度。

① 测量丝杠两轴承中心线和开合螺母中心线对床身导轨的等距离。测量方法如图 14-29 所示，用专用测量工具在丝杠两端和中央三处测量。三个位置中对导轨相对距离的最大差值，就是等距离误差。测量时，开合应是闭合状态，这样可以排除丝杠重量、弯曲等因素对测量数值的影响。溜板箱应在床身中间，防止丝杠挠度对测量的影响。此项精度允差为：在丝杠上母线上测量为 0.15mm；在丝杠侧母线上测量为 0.15mm。

② 丝杠的轴向窜动。测量方法如图 14-29 所示，在丝杠的后端的中心孔内，用黄油粘住一个钢球，平头百分表顶在钢球上。合上开合螺母，使丝杠转动，百分表的读数就是丝杠轴向窜动误差，最大不应超过 0.015mm。

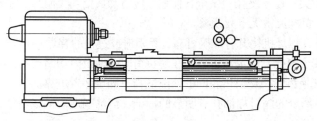

图 14-29　丝杠与导轨等距度及轴向窜动的测量

此外，还有安装电动机、交换齿轮架及安全防护装置及操纵机构等工作。

7）安装刀架

小刀架部件装配在刀架下滑座上，按图14-30所示方法测量小刀架移动对主轴中心线的平行度误差。

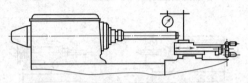

图14-30　小滑板移动对主轴中心线的平行度误差的测量

测量时，先横向移动刀架，使百分表触及主轴锥孔中插入的检验心轴上母线最高点。再纵向移动小刀架测量，误差不超过0.03mm/100mm。若超差，通过刮削小刀架滑板与刀架下滑座的结合来调整。

（3）试车验收

1）机床空运转试验

① 静态检查。这是车床进行性能试验之前的检查，主要是普查车床各部分是否安全可靠，以保证试车时不出事故。主要从以下几个方面检查。

a. 用手转动各传动件应运转灵活。

b. 变速手柄和换向手柄应操纵灵活、定位准确、安全可靠。手轮或手柄转动时，其转动力用拉力器测量，不应超过80N。

c. 移动机构的反向空行程应尽量小，直接传动的丝杠，不得超过回转圆圈的1/30转；间接传动的丝杠，空行程不得超过1/20转。

d. 溜板、刀架等滑动导轨在行程范围内移动时，应轻重均匀和平稳。

e. 顶尖套在尾座孔中做全长伸缩，应滑动灵活而无阻滞，手轮转动轻快，锁紧机构灵敏无卡死现象。

f. 开合螺母机构开合准确可靠，无阻滞或过松的感觉。

g. 安全离合器应灵活可靠，在超负荷时，能及时切断运动。

h. 交换齿轮架交换齿轮间的侧隙适当，固定装置可靠。

i. 各部分的润滑加油孔有明显的标记，清洁畅通。油线清洁，插入深度与松紧合适。

j. 电气设备起动、停止应安全可靠。

② 在无负荷状态下起动车床，检查主轴转速，依次提高到最高转速，各级转速的动转时间不少于 5min。同时，对机床的进给机构也要进行低、中、高进给量的空运转，并检查润滑液压泵输油情况。

车床空运转时应满足以下要求：

a. 在所有的转速下，车床的各部分工作机构应运转下常，不应有明显的振动。各操纵机构应平稳、可靠。

b. 润滑系统正常、畅通、可靠、无泄漏现象。

c. 安全防护装置和保险装置安全可靠。

d. 在主轴轴承达到稳定温度时（即热平衡状态），轴承的温度和温升均不得超过规定，即滑动轴承温度 60℃，温升 30℃；滚动轴承 70℃，温升 40℃。

2）机床负荷试验

车床经空运转试验合格后，将其调至中速（最高转速的 1/2 或高于 1/2 的相邻一级转速）下继续运转，待其达到热平衡状态时则可进行负荷试验。

① 全负荷强度试验目的是考核车床主传动系统能否输出设计所允许的最大转矩和功率。试验方法是将尺寸为 ϕ100mm×250mm 的中碳钢试件，一端用卡盘夹紧，一端用顶尖顶住。用硬质合金 YT15 的 45° 标准右偏刀进行车削，切削用量为 n=58r/min（v=18.5m/min）、a_p=12mm、f=0.6mm/r，强力切削外圆。

试验要求在全负荷试验时，车床所有机构均应工作正常，动作平稳，不准有振动和噪声。主轴转速不得比空转时降低 5% 以上。各手柄不得有颤抖和自动换位现象。试验时，允许将摩擦离合器调紧 2～3 孔，待切削完毕再松开至正常位置。

② 精车外圆的目的是检验车床在正常工作温度下，主轴轴线与溜板移动方向是否平行，主轴的旋转精度是否合格。

试验方法是在车床卡盘上夹持尺寸为 ϕ80mm×250mm 的中碳钢试件，不用尾座顶尖。采用高速钢车刀，切削用量取 n=397r/min、a_p=0.15mm，f=0.1mm/r 精车外圆表面。

精车后试件允差：圆度误差为 0.01mm/100mm，表面粗糙度值不大于 Ra 3.2μm。

③ 精车试验应在精车外圆合格后进行。目的是检查车床在正常温度下，刀架横向移动对主轴轴线的垂直度误差和横向导轨的直线度误差。试

件为 $\phi250mm$ 的铸铁圆盘，用卡盘夹持。用硬质合金 45°右偏刀精车端面，切削用量取 n=230r/min。a_p=0.2mm，f=0.15mm/r。

精车端面后，试件平面度误差为 0.02mm（只许凹）。

④ 切槽试验的目的是考核车床主轴系统的抗振性能，检查主轴部件的装配精度、主轴旋转精度、溜板刀架系统刮研配合面的接触质量及配合间隙的调整是否合格。

切槽试验的试件为 $\phi80mm\times150mm$ 的中碳钢棒料，用前角 γ_0=8°～10°，后角 α_0=5°～6° 的 YT15 硬质合金切刀，切削用量为 v=40～70m/mm，f=0.1～0.2mm/r。切削宽度为 5mm，在距卡盘端（1.5～2）d（d 为工件直径）处切槽。不应有明显的振动和振痕。

⑤ 精车螺纹试验的目的是检查车床上加工螺纹传动系统的准确性。

试验规范：$\phi40mm\times500mm$、中碳钢工件；高速钢 60°标准螺纹车刀；切削用量为 n=19r/min，a_p=0.02mm，f=6mm/r；两端用顶尖顶车。

精车螺纹试验精度要求螺距累计误差应小于 0.025mm/100mm、表面粗糙度值不大于 Ra 3.2μm，无振动波纹。

14.2.2　Z3040 型摇臂钻床的安装与调试

摇臂钻床是一种孔加工机床，可进行钻孔、扩孔、铰孔、镗孔、刮平面及螺纹等工序的加工，它特别适合加工大型工件。如箱体、机座等的孔，加工中工件不必移动而将刀具移动到新的钻孔位置，即可钻削，操作非常方便。

Z3040 型摇臂钻是一种主轴旋转及进给量变换均采用液压预选集中操作的机床。它由底座、内立柱、外立柱、摇臂、主轴箱、工作台等组成。其主要规格如下：最大钻孔直径为 $\phi40mm$；主轴中心线到立柱母线的最大距离为 1400mm；主轴箱水平移动最大行程为 1060mm；摇臂垂直移动的最大行程为 650mm；主轴转速正 12 级，转速 400～2000r/min；反向 12 级，转速 55～2800r/min。

当调整机床时，可以进行三种调整运动。这些运动的配合可在机床的尺寸范围内将主轴调整到任何一点，以便在工作所需的位置上进行孔的加工。这些调整运动一是外立柱带动着摇臂绕固定的内立柱在 360°范围内转动；二是摇臂带着主轴头架沿外立柱作垂直移动。这个运动是通过单独的电动机经摇臂垂直机构而实现的；三是主轴头架沿摇臂做水平（径向）

移动。

外立柱转动到所需要的位置后，可通过液压机构使其与内立柱夹紧。液压机构是通过装在立柱上的单独电动机来带动的。

（1）摇臂钻床安装的精度要求

由于 Z3040 摇臂钻床属于整体安装，现对其安装的精度要求分述于下。

① 整体安装的摇臂钻床就位前，不应松开立柱的夹紧机构，防止倾倒。

② 检查机床的水平度时（图 14-31），应在底座工作台中央按纵、横向放置等高垫块、平尺、水平仪测量（横向测三个位置），水平仪读数均不超过 0.04mm/1000mm。

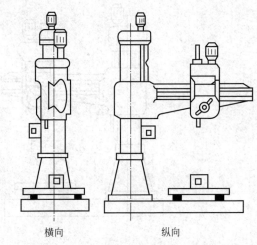

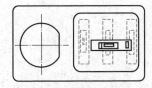

横向　　　　　　　　　　纵向

图 14-31　检验机床的水平度　　图 14-32　检验立柱对底座工作面的垂直度误差

③ 检验立柱对底座工作面的垂直度误差时（图 14-32），应符合下列要求：

a. 将摇臂转至平行于机床纵向平面，并将摇臂和主轴箱分别固定在其行程的中间位置。

b. 在底座工作面中央按纵、横向放等高垫块、平尺、水平仪测量。

c. 在立柱右侧母线和前母线上靠贴水平仪测量。

d. 垂直度误差以底座与立柱上相应两水平仪读数的代数差计，并应符合表 14-1 的规定。

表 14-1　立柱对底座工作面的垂直度误差

主轴轴心线至立柱母线间最大距离 /mm	垂直度误差不应超过 /(mm/mm)	
	纵向	横向
≤ 1600	0.2/1000	0.1/1000
2000 ～ 2500	0.3/1000	0.1/1000
2500 ～ 4000	0.4/1000	0.15/1000

e. 立柱纵向应向底座工作面倾斜。

④ 检验主轴回转轴心线对底座工作面的垂直度误差时（图 14-33）应符合下列要求：

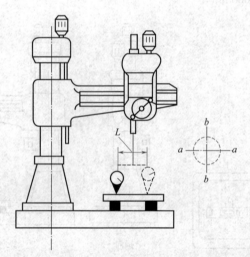

图 14-33　检验主轴回转轴心线对底座工作面的垂直度

a. 将摇臂钻转至主轴轴心线位于机床的纵向平面内，在摇臂固定于立柱的下端和沿立柱向上 2/3 行程处，分别将主轴箱固定于靠近立柱和向外 2/3 行程处进行测量（共测量四个位置）。

b. 在底座工作面中央，按纵、横向放等高垫块、平尺、在主轴上固定角形表杆和百分表，测头顶在平尺检验面上，旋转主轴 180°，分别在纵向平面 a 和横向平面 b 内测量。

c. 垂直度的偏差从旋转主轴 180° 前、后分别读数差计，并均应符合表 14-2 的规定。

表 14-2　主轴回转轴心线对底座工作面的垂直度误差　　mm

主轴轴心线至立柱母线间最大距离	测量直径 D	垂直度不应超过	
		纵向	横向
≤ 2000	300	0.06	0.03
>2000 ~ 4000	500	0.1	0.05

d. 主轴箱在其行程 2/3 时，主轴应向立柱方向偏。

（2）摇臂钻床试车注意事项

机床在试车前必须将外表面涂的防腐涂料，用无腐蚀性的煤油清洗，然后用棉纱擦干，在清洗时不得拆卸部件及固定的零件。然后按机床的润滑要求注入机油，将照明灯装上，接好地线，即可试车。

试车时各转速、空运转时间不应少于 5min，最高转速不应少于 30min，运转时检查机床工作运转是否平稳。

机床负荷试验时试件采用 45 钢，上、下二平面须加工至 Ra 12.5μm，并保持平行。刀具用高速钢 ϕ25mm 锥柄麻花钻，切削规范见表 14-3。

表 14-3　切削规范

主轴转速 n/(r/min)	进给量 f/(min/r)	钻孔深度 h/mm	钻孔数量 / 个
392	0.36	60	5

进给机床工作时应平稳、准确、灵活，采用表 14-3 切削用量加工 15 ~ 30min 时，进给机构的保险离合器不允许脱离各部分运转机构，不得有噪声和振动。当进给量增加至 0.48mm/r 时，进给保险必须脱离。

采用 0.36mm/r 进给量时，将水平仪纵向放在工作台台面和主轴套筒上，可观察工作台因受钻压而产生的变形，变形值在每 100mm 上不能大于 0.15mm。

负荷试验后，必须按精度检验标准进行一次精度检查，以做最后一次检验。如有超差，可以加以调整，但必须重新再做相关的空运转试验。

14.2.3　M1432A 型万能外圆磨床的安装与调试

（1）M1432A 型万能外圆磨床主要组成部件

M1432A 型外圆磨床用于磨削内外圆柱表面、内外圆锥表面、阶梯轴轴肩和端面、简单的成型旋转体表面等。

M1432A 型外圆磨床由床身、工作台、砂轮架、内圆模具、滑鞍和由工作台手摇机构、磨头横向进给机构、工作台纵向直线运动液压控制板等组成的控制箱等主要部件组成。在床身顶面前部的导轨上安装有工作台，台面上装有工件头架和尾座，工件靠头架和尾座上的顶尖支承，或用头架上卡盘夹持，由头架带动旋转，实现工件的圆周进给运动。工作台由液压传动做纵向直线往复运动，使工件实现往复进给运动。工作台分上、下两层，上工作台相对下工作台在水平面内可做 ±10°左右的偏转，以便磨削锥度小的长锥体。砂轮架由内外磨头主轴部件、电动机及带传动部件组成，安装在床身顶面后部的横向导轨上，由带有液压装置的丝杠螺母传递动力做快速移动。头架和磨头可分别绕垂直轴线旋转 ±90°和 ±30°的角度，以分别作大锥体、锥孔工件的磨削，内孔磨头的转速由单独的电机驱动，转速极高。

（2）机床主要部件的安装与调整

① 砂轮架。如图 14-34 所示，在主轴的两端锥体上分别装着砂轮压盘 1 和 V 带轮 13，并用轴端的螺母进行压紧。主轴 5 由两个多瓦式油膜滑动轴承 3 和 7 支承，每个轴承各由三块均布在主轴轴颈周围、包角为 60°的扇形轴瓦 19 组成。每块轴瓦都由可调节的球头螺钉 20 支承着。而球头螺钉的球面与轴瓦的球凹面经过配研，能保证有良好的接触刚度，并使轴瓦能灵活地绕球头自由摆动。螺钉的球头（支承点）位置在轴向处于轴瓦的正中，而在周向则离中心一定距离。这样，当主轴旋转时，三块轴瓦各自在螺钉的球头上摆动到一定的平衡位置，其内表面与主轴轴颈间形成楔形缝隙，于是在轴颈周围产生了三个独立的压力油膜，使主轴悬浮在三块轴瓦的中间，形成液体摩擦作用，以保证主轴有高的精度保持性。当砂轮主轴受磨削载荷而产生向某一轴瓦偏移时，这一轴瓦的楔缝变小，油膜压力升高；而在另一方向的轴瓦的楔缝便变大，油膜压力减小，这样砂轮主轴就能自动调节到原中心位置，保持主轴有较高的旋转精度。轴承间隙用球头螺钉 20 进行调整，调整时，先卸下封口螺钉 23、锁紧螺钉 22 和螺套 21，然后转动球头螺钉 20，使轴瓦与轴颈间的间隙合适为止（一般情况下，其间隙为 0.01～0.02mm）。一般只调整最下面的一块轴瓦即可。调整好后，必须重新用螺套 21、螺钉 22 将球头螺钉 20 锁紧在壳体 4 的螺孔中，以保证支承刚度。

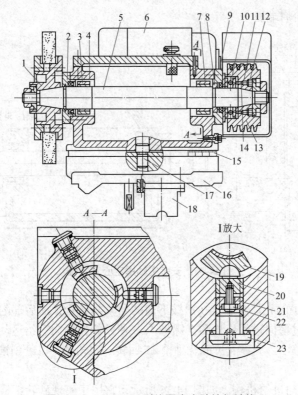

图 14-34 M1432A 型外圆磨床砂轮架结构

1—压盘；2,9—轴承盖；3,7,19—扇形轴瓦；4—壳体；5—砂轮主轴；6—主电动机；

8—止推环；10—推力球轴承；11—弹簧；12—调节螺钉；13—带轮；

14—销子；15—刻度盘；16—滑鞍；17—定位轴销；18—半螺母；

20—球头螺钉；21—螺套；22—锁紧螺钉；23—封口螺钉

　　为保证主轴与壳体孔的中心线同轴，主轴的径向中心可用定心套调整（如图 14-35 所示）。将两个定心套套上主轴并装进壳体的孔内，然后用 6 个球头螺钉将 6 块轴瓦轻轻贴上主轴颈。将螺钉固定好后，要求定心套转动自如。

　　主轴由止推环 8 和推力球轴承 10 作轴向定位，并承受左右两个方向的轴向力。推力球轴承的间隙由装在带轮内的六根弹簧 11 通过销子 14 自动消除。但由于自动消除间隙的弹簧 11 的力量不可能很大，所以推力球轴承只能承受较小的向左的轴向力。因此，本机床只宜用砂轮的左端面磨削工件的台肩端面。

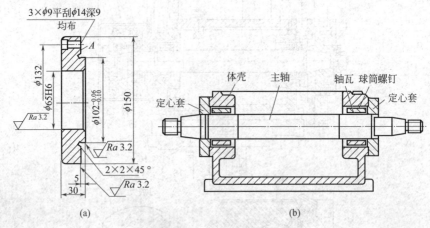

图 14-35　安装主轴用定心套定位

砂轮子的壳体 4 固定在滑鞍下面的导轨与床身顶面后部的横导轨配合，并通过横向进给机构和半螺母 18，使砂轮作横向进给运动或快速向前或向后移动。壳体 4 可能绕轴销 17 回转一定角度，以磨削锥度大的短锥体。

② 横向进给机构。如图 14-36 所示，它用于实现砂轮架横向工作进给、调整位移和快速进退，以确定砂轮和工件的相对位置、控制工件尺寸等。调整位移为手动，快速进退的距离是固定的，用液压传动。

手轮 6 的刻度盘 3 上装有定程磨削撞块 5，用于保证成批磨削工件的直径尺寸。如果中途由于砂轮磨损或修整砂轮导致工件直径变大，可用调整旋钮 7（其端面上有 21 个均匀分布的定位孔），使它与手轮 6 上的定位销 8 脱开。然后在手轮 6 不转的情况下，顺时针旋转一定角度（这个角度大小按工件直径尺寸变化量确定）。最后将旋钮 7 推回手轮 6 的定位销 8 上定位，当撞块 5 与定位块 4 再度相碰，砂轮架便附加进给了相应的距离，补偿了砂轮的磨损，保证工件的要求直径尺寸。

③ 工件头架。工件头架用卡盘夹持工件或与尾座共同使用，用两顶尖支承工件，并使工件作圆周进给运动。如图 14-37 所示，工件头架由壳体、主轴部件、传动装置、底座等组成。它通过底座的底面安装在工作台上。

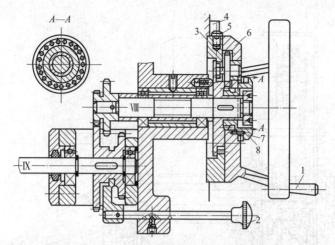

图 14-36　M1432A 型外圆磨床横向进给机构

1—手把；2—手柄；3—刻度盘；4—定位块；5—撞块；6—手轮；7—旋钮；8—定位销

　　主轴 10 的前、后支承，各为两个"面对面"排列安装的向心推力球轴承。主轴前轴颈处有一凸台，因此，主轴的轴向定位由前支承的两个轴承来实现，即两个方向的轴向力由前支承的两个轴承承受。通过仔细修磨的隔套 3、5 和 8，并用轴承盖 11 和 4 压紧轴承后，轴承内外圈将产生一定的轴向位移，使轴承实现预紧，以提高主轴部件刚度和旋转精度。

　　主轴 10 有一中心通孔，前端为莫氏 4 号锥孔，用来安装顶尖、卡盘或其他夹具。卡盘座或夹具可用拉杆 20 将卡盘拉紧。

　　磨削工件时，主轴可以旋转，也可以不转动，当用前后顶尖支承工件磨削时，可拧紧螺杆 2，通过螺套 1 使主轴掣动，即主轴固定不转动。这样，工件由带轮 12 带动拨盘 9，经拨杆 7 拨动工件上安装的鸡心夹头［图 14-37（a）中未绘出］而使工件在固定的两顶尖上转动，避免了主轴回转精度误差对加工精度的影响。当用卡盘、夹盘夹持工件时，主轴转动。此时螺杆 2 要松开，并将拨杆 7 卸下，换装上拨销 21［图 14-37（c）］，使拨销 21 插在卡盘和主轴一起转动。当磨削顶尖或其他带莫氏锥体的工件时［图 14-37（b）］，可直接插入主轴锥孔中，并将拨盘 9 上的拨杆卸下，换上拨块 19，使拨盘 9 的运动经拨块 19 传动主轴和工件一起转动。

　　壳体 14 可绕轴销 16 相对于底座 15 逆时针回转 0°～ 90°，以磨削锥度大的短锥体。

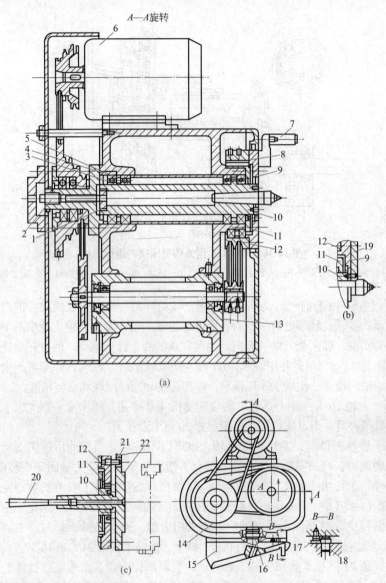

图 14-37　M1432A 型外圆磨床工件头架

1—螺套；2—螺杆；3,5,8—隔套；4,11—轴承盖；6—电动机；7—拨杆；9—拨盘；

10—主轴；12—带轮；13—偏心套；14—壳体；15—底座；16—轴销；

17—销子；18—固定销；19—拨块；20—拉杆；21—拨销；22—法兰

④ 内磨主轴部件。M1432A 型外圆磨床的内磨装置如图 14-38 所示。前、后支承各为两个角接触球轴承，均匀分布的 8 个弹簧 3 的作用力通过套筒 2、4 顶紧轴承外圈。当轴承磨损产生间隙或主轴受热膨胀时，由弹簧自动补偿调整，从而保证了主轴轴承的高精度和稳定的预紧力。

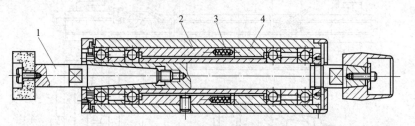

图 14-38　M1432A 型外圆磨床内磨主轴部件结构

1—接长轴；2,4—套筒；3—弹簧

主轴的前端有一莫氏锥孔，可根据磨削孔深度的不同安装不同的内磨接长轴 1；后端有一外锥体，以安装带轮，由电动机通过传动带直接传动主轴。

⑤ 工作台。如图 14-39 所示，M1432A 型外圆磨床工作台面 6 和下台面 5 组成。下台面的底面以"一矩一山型"的组合导轨做纵向运动；下台面的上平面与上台面的底面配合，用销轴 7 确定中心，转动螺杆 11，通过带缺口并能绕销钉 10 轻微转动的螺母 9，可使上台面绕销轴 7 相对于下台面转动一定的角度，以磨削锥度较小的长锥体。调整角度时，先松开上台面两端的压板 1 和 2，调好角度后再将压板压紧，角度大小可由上台面右端的刻度尺 13 上直接读出，或由工作台右前侧安装的千分表 12 来测量。

上台面的顶面 α 做成 10°倾斜度，工件头架和尾座安装在台面上，以顶面 α 和侧面 b 定位，依靠其自身的重量的分力紧靠在定位面上，使定位平稳，有利于它们沿台面调整纵向位置时能保持前后顶尖的同轴度要求。另外，倾斜的台面可使切削液带着磨屑快速流走。台面的中央有一 L 形槽，用以固定工件头架和尾座。下台面前侧有一长槽，用于固定工件头架和尾座。下台面前侧有一长槽，用于固定行程挡块 3 和 14，以碰液压操纵箱的换向拨杆，使工作台自动换向；调整 3 和 14 间的距离，即控制工作台的行程长度。

① 初步调整安装床身水平时，一般只采用三块垫铁。垫铁分布见图 14-40，在床身及砂轮架的平导轨中央，平行于导轨放置水平仪，调整垫铁，使读数达到合格证明书的要求。

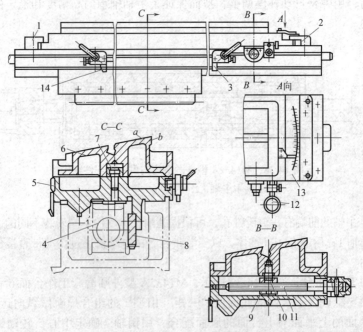

图 14-39　M1432A 型外圆磨床工作台

1,2—压板；3—右行程挡块；4—液压缸；5—下台面；6—下台面；7,10—销轴；8—齿条；9—螺母；11—螺杆；12—千分表；13—刻度尺；14—左行程挡块

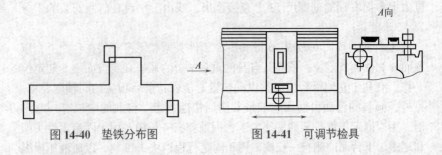

图 14-40　垫铁分布图　　　图 14-41　可调节检具

② 精确调整安装水平时，放入其他辅助垫铁，调整垫铁，测量床身

导轨在垂直平面内的直线度误差。测量方法一般采用如图 14-41 所示的可调节的检具，画出检具运动曲线（如图 14-42 所示）作一组相距最近的平行直线，夹住运动曲线。平行线对横坐标的夹角的正切值即为纵向安装水平，运动曲线在任意 1m 长度上两端点连线的坐标值，要求不超过 0.01mm，横向安装水平在砂轮架平导轨的中间放置水平仪调整，读数也要达到合格证明书要求。

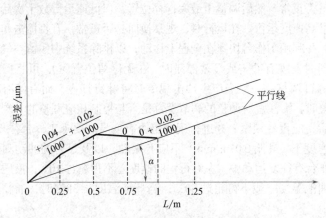

图 14-42　外圆磨床安装水平的调整

（3）试车验收

机床空运转试验：万能外圆磨床在装配完毕后，须先进行空运转试验，观察整体运转情况。

① 空运转试验前的准备：

a. 清除各部件及油池中的污物，并用煤油或汽油洗清之；

b. 用手动检查机床全部机构的运转情况，保证没有不正常现象；

c. 检查各润滑油路装置是否正确，油路是否通畅，油管不得有弯扁现象；

d. 按机床润滑部位的要求，在各处加注规定的润滑油（脂）；

e. 床身油池内，按油标指示高度加满油液。油液的油质须符合说明书中的规定，一般使用纯净中和矿物油，黏度为 $21.1 \times 10^{-6} \mathrm{m}^2/\mathrm{s}$（50℃），即 N32 或 N46 液压导轨油；

f. 将操纵手柄位于关闭，特别是将磨头快速进刀的操纵手柄位于退出。紧固工作台的换向撞块，以防止各运动部件在动作范围内相碰；

g. 起动液压泵电动机，注意运转方向是否正确，按说明书中规定调整主油路和润滑油路的压力至要求；

h. 液压系统中的管接头，不得有泄漏现象，尤其是低压区更为重要，以免空气进入。

② 空运转试验：

a. 转动工作台的操作手柄，以低速（约 0.1m/min）及短行程运动，观察换位是否正常。然后调整至最大行程位置，以低速运行数十次后，再逐步转至最高速度运行。在运行时，观察换向是否正常，有否撞击和显著停滞现象，并利用工作台快速在全程上移动，以排除系统中残留空气。当工作台换向时发现有冲击或显著停滞时（在无停留位置时），可将操纵箱两侧调节螺钉调整：一般当产生冲击现象时将螺钉拧入，而有停滞时则反。调整时，需注意所调整的调节螺钉是否与控制相应调整的一端，当调整就绪后，应重新锁紧，并进行观察是否有变异。要求工作台往复运动，在各级速度下（最低 0.07m/min）不应有振动，以及显著的冲动和停滞现象。工作台有往复运动中，左右行程的速度差不得超过 10%，液压系统工作时，油池温度一般不得超过 60℃，当环境温度 ≥ 38℃时，油温不得超过 70℃；

b. 慢速移动工作台，将左右的换向撞块固定在适宜的位置上，然后快速引进磨头，要求重复定位精度不得超过 0.003mm。自动进给的进给量误差不得超过刻度的 10%；

c. 检查磨削内孔时，磨头快速进刀的安全联锁装置是否可靠；

d. 启动磨头电动机时，先不要安装传动带，以便观察其运动方向。待校正电动机方向正确后，装上传动带，然后用点动法起动磨头电动机，使磨头轴承形成油膜后，做正式起动。一般空运转时间不超过 1h。要求磨头及头架的轴承温升不得超过 20℃。内圆模具的轴承温升不得超过 15℃。

14.2.4　X6132 型卧式万能升降台铣床的安装与调试

铣床是用铣刀进行铣削的机床，能加工平面、沟槽、键槽、T 形槽、燕尾槽、螺纹、螺旋槽，以及有局部表面的齿轮、链轮、棘轮、花键轴，各种成型表面等，用锯片铣刀可切断工件。铣刀的旋转运动是铣床的主体运动。铣床一般具有相互垂直的三个方向上的调整移动，其中任一方向的移动都构成进给运动。

X6132 型卧式铣床与 X62W、X6132A 和 AX6132 是同一规格，其工艺特点是主轴水平布置，工作台沿纵向、横向和垂直三个方向做进给运动或快速移动。工作台在水平方向可作 ±45°的回转，以调整所需角度，适应螺旋表面加工。机床加工范围广，刚度好，生产率高。

（1）主要部件的安装

① 床身。床身是整个机床的基础。电动机、变速箱的变速操纵机构、主轴等安装在其内部，升降台、横梁等分别安装在下部和顶部。它保证工作台的垂直升降的直线度。

② 主轴。主轴的作用是紧固铣刀刀杆并带动铣刀旋转。主轴做成空心，其前端为锥孔，与刀杆的锥面紧密配合。刀杆通过螺杆将其压紧。主轴轴颈与锥孔同心度要求高，否则主轴旋转时的平稳性不能保证。主轴的转速通过操纵机构变换床身内部的齿轮位置而变换。

③ 横梁。横梁上可安装吊架，用来支承刀杆外伸的一端以加强刀杆的刚度。横梁可在床身顶部的水平导轨中移动，以调整其伸出的长度。

④ 升降台。升降台可沿床身侧面的垂直导轨上、下移动。升降台内装有进给运动的变速传动装置、快速移动装置及其操纵机构，在其上装有水平横向工作台，可沿横向水平（主轴方向）移动，滑鞍上装有回转盘，回转盘的上面有一纵向水平燕尾导轨，工作台可沿其做水平纵向移动。

⑤ 工作台。工作台包括三个部分，即纵向工作台、回转盘和横向工作台。纵向工作台可以在回转盘上的燕尾导轨中由丝杠、螺母的带动下做纵向移动，以带动台面上的工件做纵向进给。台面上开有三条 T 形直槽，槽内可放置螺栓以紧固台面上的工件和附件。一些夹具或附件的底面往往装有定位键，在装上工作台时，一般应使键侧在 T 形槽内紧贴，夹具或附件便能在台面上迅速定向。在三条槽中，中间的一条精度最高，其余两条较低。横向工作台在升降台上面的水平导轨上，可带动纵向工作台一起做横向移动。横向工作台上的转盘的作用是使纵向工作台在水平面内旋转 ±45°角，以便铣削螺旋槽。工作台的移动可手摇相应的手柄使其做横向、纵向移动和升降移动，也可以由装在升降台内的进给电动机带动做自动送进，自动送进的速度可操纵进给变速机构加以变换。需要时，还可做快速运动。

（2）机床的调整

① 工作台回转角度的调整。对 X6132 型万能升降台铣床来说，工作台可在水平面内正反各回转 45°。调整时，可用机床附件中的相应尺寸的扳手，将操纵图中的调节螺钉松开，该螺钉前后各有两个，拧松后即可将工作台转动。回转角度可由刻度盘上看出，调整到所需角度后，将螺钉重新拧紧。

② 工作台纵向丝杠传动间隙的调整。根据机床的标准要求，纵向丝杠的空程量允许为刻度盘 1/24 圈（即五格）。当机床使用一定时期后，由于丝杠与螺母之间的磨损或是锁紧螺母的松动而产生纵向丝杠反空程量过大时，可按下述两方面进行调整。

a. 工作台纵向丝杠轴向间隙的调整。调整轴向间隙时（如图 14-43），首先拆下手轮，拧下螺母 1，取下刻度盘 2，将卡住螺母 3 的止退垫圈 4 打开，此时，只要把锁紧螺母拧松，即可用螺母 5 进行间隙调整，螺母 5 的松紧程度，只要垫 6 用手能拧动即可。调整合适后，仍将 3 锁紧，扣上垫圈 4，再将拆下的零件依次装上。

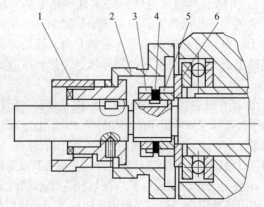

图 14-43   工作台纵向丝杠轴向间隙的调整

1,3,5—螺母；2—刻度盘；4—止退垫圈；6—垫

b. 工作台纵向丝杠传动间隙的调整，如图 14-44 和图 14-45 所示，打开盖板 3，拧紧螺钉 2，按箭头方向拧紧蜗杆 1，使传动间隙充分减小，直至达到标准为止（1/24 圈）。同时用手柄摇动工作台，检查在全行程范围内不得有卡住现象，调整完后将螺钉 2 拧紧，再把盖板装上。

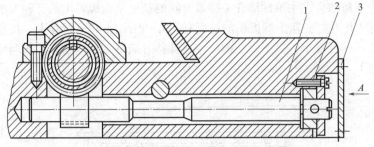

图 14-44　工作台纵向丝杠蜗母蜗杆装配图

1—蜗杆；2—螺钉；3—盖板

*A*向

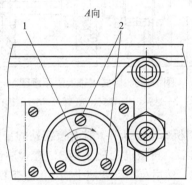

图 14-45　蜗杆调整示意图

1—蜗杆；2—螺钉

　　③ 卧式主轴轴承的调整。为了调整方便，如图 14-46 所示，首先移开悬梁，拆下床身顶盖板 6，然后拧松中间锁紧螺母 5 上的螺钉 4 将专用勾扳手勾住锁紧螺母 5，用棍卡在拨块 7 上，旋转主轴进行调整。螺母 5 的松紧程度可以根据使用精度和工作性质来决定。调整完后，将锁紧螺母 5 上的螺钉 4 拧紧。然后立即进行主轴空运转试验，从最低一级起，依次运转每级不得少于 2min，在最高 1500r/min 运转 1h 后，主轴前轴承温度不得超过 70℃。当室温大于 38℃时，主轴前轴承温度不得超过 80℃。

　　④ 主轴冲动开关的调整。机床冲动开关的目的，是为了保证齿轮在变速时易于啮合。因此，其冲动开关的接通时间不宜过长或按不通。时间过长变速时容易造成齿轮撞击声过高或打坏齿轮。接不通则

齿轮不易啮合。主轴冲动开关接通时间的长短是由螺钉1的行程大小来决定（并且与变速手柄扳动的速度有关），见图14-47。行程大，接通时间过长；行程小，接不通。因此，在调整时应特别加以注意，其调整方法如下。

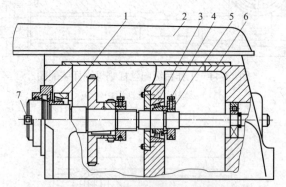

图14-46　卧式主轴装配示意图

1,3—轴承；2—悬梁；4—螺钉；5—螺母；6—盖板；7—拨块

调整时，首先将机床电源断开，拧开按钮站的盖板，即能看到LXK-11K冲动开关2。然后，再扳动变速手柄3，查看冲动开关2接触情况，根据需要拧动螺钉1。然后再扳动变速手柄3，检查LXK-11K冲动开关2接触点接通的可靠性。照例，接触点相互接通的时间愈短，所得到的效果愈好。调整完后，将按钮盖板盖好。

在变速时，禁止用手柄撞击式的变速，手柄从Ⅰ到Ⅱ时应快一些，在Ⅱ处停顿一下，然后将变速手柄慢慢推回原处（即是Ⅲ的位置）。当在变速过程中发现齿轮撞击声过高时，立即停止变速手柄3的扳动，将机床电源断开。这样即能防止床身内齿轮打坏或其他事故发生。主轴冲动开关装配示意图见图14-47。

⑤ 快速电磁铁的调整。机床三个不同方向的快速移动，是由电磁铁吸合后通过杠杆系统压紧摩擦片得到的。因此，快速移动与弹簧3的弹力有关（见图14-48）。所以调整快速时绝对禁止调整摩擦片间隙来增加摩擦片的压力（摩擦片间隙不得小于1.5mm）。

当快速移动不起作用时，打开升降台左侧盖板，取下螺母2上的开口销1，拧动螺母2，调整电磁铁芯的行程，使其能够带动为止。

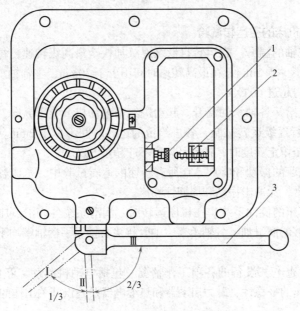

图 14-47　主轴冲动开关示意图

1—螺钉；2—冲动开关；3—变速手柄

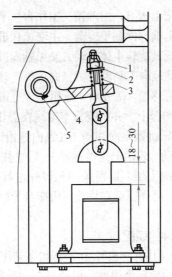

图 14-48　快速电磁铁装配示意图

1—开口销；2—螺母；3—弹簧；4—杠杆；5—弹簧圈

（3）机床的空运转试验

① 主轴的温升。空运转自低级逐级加快至最高级转速，每级转速的运转时间不少于 2min，在最高转速时间不少于 30min，主轴轴承达到稳定温度时不得超过 60℃。

② 进给箱各轴承的温升。起动进给箱电动机，应用纵向、横向及升降进给进行逐级运转试验，各进给量的运转时间不少于 2min。在最高进给量运转至稳定温度时，各轴承温度不应超过 50℃。

③ 机床的振动和噪声。在所有转速的运转试验中，机床各工作机构应平稳正常，无冲击振动和周期性噪声。

④ 机床的供油系统。在机床运转时，润滑系统各润滑点应保证得到连续和足够的润滑油，各轴承盖、油管接头及操纵手柄轴端均不得有漏油现象。

⑤ 检查电气设备的各项工作情况。包括电动机起动、停止、反向、制动和调速的平稳性，磁力启动器和热继电器及终点开关工作的可靠性。

14.2.5 TP619 型卧式镗床的安装与调试

（1）主要组成部件

TP619 型卧式镗床由床身、主轴箱、工作台、平旋盘和前、后立柱等组成。主轴箱内装有主轴部件和平旋盘、主变速和进给变速及其液压预选变速操纵机构；主轴既做旋转主体运动，又做轴向进给运动；平旋盘做旋转主体运动，刀架可随径向刀具溜板做径向进给运动；整个主轴箱可沿前立柱的垂直导轨做上下移动。工作台由下滑座、上滑座和上工作台三层组成。工件安装在上工作台上，并可绕垂直轴线在静压导轨上回转（转位），以及随下滑座沿床身导轨做纵向移动（或纵向进给运动），随上滑座沿下滑座的导轨做横向移动（或横向进给运动）。后立柱的垂直导轨上安装有一个沿导轨上下移动的支架，以便采用长镗杆进行孔加工时作为镗杆支承，增加镗杆的刚度。另外，后立柱还可沿床身导轨做纵向移动，以支承不同长度的长镗杆。

（2）镗床主轴部件的装配

① 床身上装齿条（共有三根）。在进行齿条装配前，先在平板上测量齿条中径对齿条底面的平行度误差，保持等高，然后按照螺孔尺寸装配，注意保持两齿条接缝处齿距一致。

②工作台部件装配。

a. 调整啮合间隙，将下滑座和传动件及光杠连接的齿轮套吊在床身上进行装配，按床身斜齿条位置对准斜齿轮。当斜齿轮齿条的间隙小于1mm时，调整斜齿轮的固定法兰，使符合斜齿条副间隙；当间隙大于 1mm 时，在齿条水平方向定位面和齿条底面之间增垫钢板，调整垫片厚度以保证啮合间隙。

b. 校正光杠对床身导轨平行度误差，装两根水平光杠，用百分表检查两光杠的安装平行度（图 14-49）。检查时下滑座移动至床身中段，通过调整后支架使光杠两端平行。

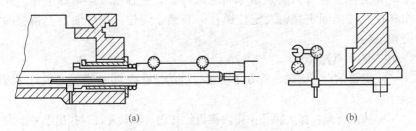

(a)   (b)

图 14-49　校正光杠对床身导轨平行度误差

c. 安装齿轮、各传动件，装配调整下滑座，上滑座的镶条和压板。将镶条、压板分别装入导轨间和相应的部位。调整镶条螺钉，使镶条和导轨有适当间隙，摇动丝杠手柄时滑座移动要求灵活、轻松，无轻重不一感。

③装下滑座夹紧装置。装下滑座与床身的压紧装置时，应分清左右两侧的夹紧轴螺钉的旋向，装后应使四个压板能同时刹紧和松开。转动压紧摇手时要求轻松。调整上述装置时，可先在压板和导轨间放入塞尺，试作夹紧，再次测得间隙后逐次调整，使塞尺不行塞入 25mm 长度。调整完毕应拧紧防松螺母。

④装前立柱。将前立柱装上床身时，注意对准锥定位孔，并用螺钉做初固定。在 $\phi16mm\times80mm$ 锥销上涂机油，用手压入锥孔内，用木锤轻击立柱底边的法兰缘上，让锥销自由插入孔内。此时锥销外露约 10mm，再用纯铜棒将锥销击实。检验前立柱对床身导轨的垂直度误差，先紧固前立柱法兰边四角的螺钉，记下床身水平读数和前立柱垂直方向的水平仪读数，若精度不符时需刮研床身与前立柱结合面。

⑤装回转工作台。先不装入钢环，将钢球工作台装上上滑座。在工

作台上加配重 2000kg 后，用千分表测量工作台圆环和上滑座圆导轨之间的平行度误差以及数值（三个夹紧点外），然后按此尺寸配磨钢环。装中间定位轴承时，注意不要过分压紧轴承内环，希望间隙尽可能小，以防止工作台变形。

⑥ 装主轴箱。将主轴箱吊上前立柱，装上压板。用千斤顶或 100mm×100mm×500mm 方木垫在主轴箱底面，此时检查主轴箱与前立柱导轨，上下应紧密贴合。装入丝杠螺母，并作固定，将主轴箱升至最高位置后，配作丝杠上支架固定螺孔及定位销孔，装上锥销。装上主镶条，调节适当后，将制动螺母拧紧。装后主轴箱行程应能达到规定数值。装上丝杠螺母，旋紧螺母固定螺钉。装主轴箱升至最高位置，配作丝杠上支架固定螺钉及定位销孔，装销子定位。最后装上主轴箱的夹紧机构。

⑦ 装垂直光杠。

a. 安装垂直花键轴，检查主轴箱与进给箱孔内 8mm 滑键必须与轴槽贴合。

b. 从上将光杠穿入箱孔、箱内锥齿轮孔内，转动光杠，找出第一个滑键并推光杠第二个滑键处。此时，需缓缓推，以防冲击，拖动手摇微进给机构，手转产生转动。继续使锥齿轮上滑键对准光杠键槽后，再推光杠，降至第三键槽。用上述方法，将光杠轴伸入蜗杆孔，对准滑键后再与床身的光杠接套连接。

（3）调整后立柱刀杆支座与主轴的重合度

① 游标尺对准刻线后不应移动，根据主轴箱游标读数手动调整刀杆支座，使读数与之相符。

② 同时升高主轴箱和刀杆支座，以校正重合度。

为考虑在上升中校正，可消除丝杆回程间隙，在校正前主轴箱和刀杆支座应在立柱中间位置，留有适当余地。

（4）总装精度调整

按检验标准检验几何精度。调整项目有：

① 工作台移动对工作台面的平行度误差。超差时修正滑导轨。

② 主轴箱垂直移动对工作台平面的垂直度误差。超差时调整床身垫铁，有可能修刮床身与立柱的结合面。

③ 主轴轴线对前立柱导轨的垂直度误差。超差时修刮压板和镶条。

④ 工作台移动对主轴侧母线的平行度误差。

⑤ 工作台分度精度和角度重复定位精度。超差时，修磨工作台 4 个定位点的调整垫。

(5) 空运转试验

机床主传动机构需从低速起至高速，依次运转，每级速度的运转间不得少于 2min。在最高速时使主轴轴承达到稳定温度，此时运转时间不得少于 0.5h。

在最高速度运转时，主轴应能稳定温度；滑动轴承温升不得超过 35℃。滚动轴承温升小于 40℃，其他结构温升不超过 30℃。

进给机构应作低、中、高速的空运转试验。快速机构应做快速空运转试验 20min。

在所有速度下，工作机构应平稳、正常、无冲击、噪声要小。

(6) 机床负荷试验

负荷试验应注意材料与刀具的正确选用，在一般情况应力求不超负荷。试件材料为铸铁（150 ～ 180HBS）。

① 最大切削抗力试验。用标准高速钢钻头钻孔，见表 14-4。

表 14-4　最大切削抗力试验

进给部件	钻孔直径 d/mm	主轴转速 n/(r/min)	进给量 f/(mm/r)	钻头长度 L/mm	切削抗力 F/N	离合器工作情况
主轴	φ50	50	0.37	> 100	<13000	正常
工作台			0.37			
主轴			1.03	不规定	> 20000	脱开
工作台			1.03			

② 主轴最大转矩和最大功率试验。用主轴铣削，试验材料为铸铁（150 ～ 180HBS），刀具为 YG 硬质合金六刃端面铣刀，莫氏 5 号锥柄。试验要求见表 14-5。

表 14-5　主轴最大转矩和最大功率试验

进给部件	铣刀直径 d/mm	侧吃刀量 a_w/mm	背吃刀量 a_p/mm	主轴转速 n/(r/min)	进给量 f/(mm/r)	铣削长度 L/mm	主轴转矩 M/N·m	功率 P/kW
主轴箱	φ200	180	10	64	2	300	1100	7.75
工作台								

14.2.6 M7140 型平面磨床的安装与调试

（1）主要组成部件

M7140 卧轴矩台平面磨床采用 T 字形床身、双立柱结构。T 字形床身的两个后平面上支承左右立柱，两立柱的顶面由一顶盖连接起来，从而由床身、立柱、顶盖构成了一个封闭的框式结构，大大地提高了机床的刚度。两立柱之间是滑板体和磨头，立柱的下部是减速机构，左立柱上固定升降丝杠，升降丝杠螺母则位于拖板体上，机床的工作台液压缸是固定在工作台下部的两导轨之间，活塞杆则固定在床身的两个支座上，机床的各主要部分结构分述如下。

① 立柱。M7140 的左、右立柱均采用燕尾导轨，这种结构使磨头体的运动具有良好的导向性，当磨头体在纵、横两个方向受力时，始终由同侧的一对燕尾导轨承载荷，具有良好的定位性，但这种结构比较复杂，维修和制造都比较困难。

立柱上还装有升降丝杠的支座，下部装有减速器。

② 溜板体。溜板体位于两立柱间，左、右两侧各由一对燕尾导轨，沿立柱作升降运动，中间则是一组水平燕尾导轨，可供磨头体作横向运动。

在呈箱形的溜板体内，装有磨头手动横进给机构和垂直升降丝杠螺母。磨头和溜板导轨及手动机构均由润滑油分配器提供润滑。

③ 磨头。M7140 的磨头结构基本上与 M7130 的相同，只是在轴承间隙调整结构上略有区别，在本结构中，前轴承间隙通过螺母来调节，由于前后螺母互锁作用，使轴承间隙在机床运转中保持稳定。M7140 磨头结构见图 14-50。

④ 磨头体换向机构。换向机构是用来调节磨头横向行程的（见图 14-51）运动由磨头上的一电动机同位器传到换向机构的电动同位器 2，再带动齿轮 12、16、轴 15，最后使分度盘 7 转动，分度盘上的两个可调撞块上装有微动开关，当撞头 4、5 碰到微动开关 8 或 6 时，即控制一电磁吸铁使磨头换向阀换向，从而使磨头运动换向，调节两撞块与撞头之间的相对距离即可调节磨头横向行程的大小。

（2）主要部件的装配

1）滑板的装配

① 配刮磨头液压缸支承面，支承面刮点数 6～8 点 /25mm×25mm，保证上侧母线与滑鞍燕尾导轨的平行度误差，扩铰定位销孔，紧固好液压缸。

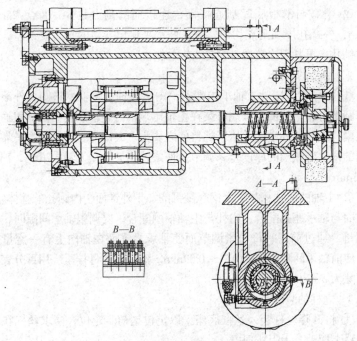

图 14-50　M7140 磨头结构

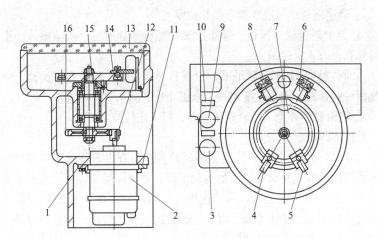

图 14-51　M7140 磨头换向机构

1,11—环形圈；2—电动同位器；3—按钮；4,5—撞头；6,8—微动开关；
7—分度盘；9,12,16—齿轮；10,13—盖板；14—撞块；15—轴

② 滑鞍与滑板底配刮连接面，连接面的刮点数 6～8 点 /25mm× 25mm，各螺孔周围刮点均匀，校正好水平燕尾导轨的垂直度误差，扩铰定位销孔，再紧固连接螺钉，打入定位销。

2）磨头的装配

① 顺序将风扇叶、轴承内端盖、内滚珠轴承、轴承垫圈、外滚珠轴承、圆螺母止动垫圈、圆螺母装在主轴尾端，再装轴承座与内端盖通过螺杆压紧，最后装外端盖并压紧螺钉使之成为一大部件。轴承间隙是靠两轴承间的内、外垫圈的厚度差来调节，使之感到灵活，无轴向窜动，轴向为0.005mm。

② 主轴的前轴承是一个钢套镶铜的、带外锥面、内圆孔的整体轴承，外锥面与轴承座孔配合，内孔与主轴轴颈配合，要调整轴承间隙时，需松开螺母，通过前后螺母松紧调节而使轴承沿锥面在轴向上有一定量的移动，使前轴承间隙达到 0.015～0.02mm。然后将螺母拧紧。用百分表测径向间隙为 $\delta \leqslant 0.02mm$。

3）立柱的装配

① 将升降丝杠装入丝杠底座，以定位销初步定位，要求丝杠在同一中心线上摆动，无阻滞现象。

② 校正丝杠的上侧母线相对立柱导轨的平行度至要求。

③ 确定滚动螺母底座调整垫片的厚度。

④ 装上滑板底、压板、镶条及滚动螺母紧固螺钉，调整垫片，重铰定位销孔，打入定位销。

⑤ 将立柱装上床身后平面，检查其对床身导轨的垂直度误差，应略向拖板一侧倾斜，若垂直度超差，修正立柱底面。

⑥ 将滑鞍体装上，拧紧连接螺钉，打入定位销。

（3）机床的运转试验

① 机床的空运转。机床空运转试验在于检查机床各种机构在空载时的工作情况。首先是试验机床的运动情况，对主体运动，应从最低速到最高速依次逐级进行空运转，每级速度的运转时间不得少于 2min，最高速度的运转时间不行少于 0.5h，以检查轴承的温度和温升；对进给运动，应进行低、中、高进给速度试验。

在上述各级速度下，同时检验机床的起动、停止、制动动作的灵活性和可靠性，变速操纵机构的可靠性，安全防护和保险装置的可靠性；必要时，还须检查机床的振动、噪声及空转功率。

② 机床的负荷试验。机床负荷试验在于检验机床各种机构的强度，以及在负荷下机床各种机构的工作情况。其内容包括：机床主传动系统最大转矩试验及短时间超过最大转矩 25% 的试验，机床最大切削主分力的试验及短时间超过最大转矩 25% 的试验，机床传动系统达到最大功率的试验。

负荷试验一般在机床上用切削试件方法或用仪器加载方法进行。

③ 机床的精度检验。为了保证机床加工出来的零件达到要求的加工精度和表面粗糙度，国家对各类通用机床都规定有精度标准。精度标准的内容包括精度检验项目、检验方法和允许误差。

14.2.7 Y38-1 型滚齿机的安装与调试

(1) Y38-1 型滚齿机的作用

Y38-1 型滚齿机可以滚切直齿轮和斜齿圆柱齿轮（包括蜗轮）。滚切直齿圆柱齿轮的最大加工模数：铸件为 8mm，钢件为 6mm。无外支架时最大加工外径为 800mm，有外支架时 450mm。加工直齿圆柱齿轮最大齿宽为 270mm。加工斜齿圆柱齿轮时，如工件直径为 500mm，最大螺旋角为 30°；在工件直径为 190mm 时，最大螺旋角为 60°。

(2) Y38-1 型滚齿机空运转试验

1) 空运转试验前的准备

① 将机床调整好，用煤油清洗擦净机床。

② 电器系统要安全干燥，电器限位开关装置要紧固，电源须接通地线。

③ 主电动机 V 形带松紧应适度，过紧会增加电动机负荷，过松会造成重切削时停车。

④ 工作台及刀架滑板等各导轨的端部，用 0.04mm 的塞尺片检查，其插入深度应小于 20mm。

⑤ 机床各固定结合面的密合程度，用 0.03mm 的塞尺片检查，应插不进。

⑥ 机床各交换齿轮的侧隙调整要适当，交换齿轮板要紧固，机床罩壳应装好。

⑦ 各操纵手柄必须转动灵活，无阻滞现象。检查各传动机构、脱开机构的位置是否正确，油路是否畅通。用润滑机油注满所有的润滑油孔

和油箱。刀架及工作台分度蜗轮副的润滑油应注入油室至油标红线位置。各滑动导轨的润滑，可用油枪在各球形油眼注入润滑油，润滑油应清洁无杂质。

2）空运转试验

① 主轴分别以 $n=47.5r/min$、$n=79r/min$、$n=127r/min$、$n=192r/min$ 四种转速依次运转 0.5h。最高转速须运转足够的时间，使主轴轴承达到稳定的温度为止，但不得少于 1h。

② 在最高转速下，主轴轴承的稳定温度不应超过 55℃。其他机构的轴承不应超过 50℃。

③ 工作台的运转速度按 $z=30$，$K=1$ 的分齿交换齿轮选搭，根据主轴转速依次运转，使工作台由 1.6r/min 依次变到 6.5r/min，并检验分度蜗杆蜗轮副在运转中啮合的情况。

④ 进给机构应按最低、中、最高三级进给量分三级进行空运转试验。快速进给机构也应作快速升降试验。

⑤ 工作台进给丝杠的反向空程量不得超过 1/20r。转动手柄时所需的力不应超过 80N。

⑥ 各挡交换齿轮和传动用的啮合齿轮的轴向错位量不应超过 0.5mm。各挡离合器在啮合位置时应保证正确的定位。

⑦ 在所有速度下，机床的各工作机构应平稳，不应有不正常的冲击、振动及噪声。

（3）Y38-1 型滚齿机负荷试验

① 负荷试验规范见表 14-6。

表 14-6　负荷试验切削规范表

切削次数	齿数	模数	外径 d/mm	齿宽 b/mm	转速 $n/(r/min)$	切削速度 $v/(m/min)$
1	35	8	296	60	64	25.15
2	30	8	256	60	64	25.15
3	25	8	216	60	64	25.15

切削次数	进给量 f/mm	背吃刀量 a_p/mm	备注
1	2	17.2	第一次滚切时的外径
2	2	17.2	第二次滚切时的外径
3	2	17.2	第三次滚切时的外径

注：试切材料为 HT150。

② 进行负荷试验时，所有机构（包括电气和液压系统）均应工作正常。机床不应有明显的振动、冲击、噪声或其他不正常现象。

③ 负荷试验以后，最好将主要部件拆洗一次并检查使用情况。

(4) Y38-1 型滚齿机工作精度试验

机床的工作精度试验，应在机床空运转试验、负荷试验及经调试到几何精度要求后进行。切削要在主轴等主要部分运转到温度稳定时进行。

① 直齿工作精度试验。所用齿坯尺寸如图 14-52 所示，规范见表 14-7。

表 14-7 直齿轮精切试验规范表

齿数	$z=37$	
模数	$m=6$	
精度等级	按齿轮精度标准 7 级	
切削规范	粗切	精切
转速 n/(r/min)	155	155
背吃刀量 a_p/mm	10	1
进给量 f/mm	2	0.5

② 斜齿工作精度试验。所用齿坯尺寸如图 14-53 所示，规范见表 14-8。

表 14-8 斜齿轮精切试验规范表

切削次数	螺旋角 β/(°)	模数 m/mm	齿数	外径 d/mm	转速 d/(r/min)
1	30°	5	50	298.6	97

切削次数	螺旋角 $\beta/(°)$	模数 m/mm	齿数	外径 d/mm	转速 $d/(r/min)$
2	30°	5	45	269.8	97
3	30°	5	40	240.9	97

切削次数	进给量 f/mm		背吃刀量 a_p/mm		备注
	粗切	精切	粗切	精切	
1	1.75	0.5	9.5	1.5	
2	1.75	0.5	9.5	1.5	第一次切削后车成本例外径
3	1.75	0.5	9.5	1.5	第一次切削后车成本例外径

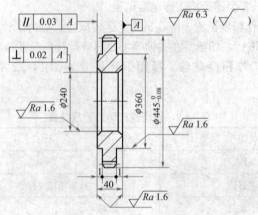

图 14-52 精切齿坯加工图

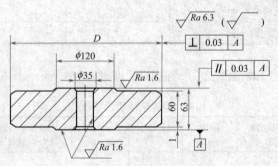

图 14-53 精切斜齿轮齿坯加工图

③ 精切试验前的机床调整。

a. 仔细检查分度及进给交换齿轮的安装是否正确。

b. 精切斜齿轮时，差动交换齿轮应进行精确计算。计算时一般应精确到小数后第五位到第六位。

c. 所选用的齿轮及安装要求。所选用的齿轮，不允许有凸出的高峰、毛刺，用前要清洗齿槽、内孔和齿面，安装间隙要适当。

d. 机床刀架扳转角度。角度误差不大于 $6' \sim 10'$。

④ 刀具的安装与调整。

a. 滚刀心轴应符合如图 14-54 精度要求。

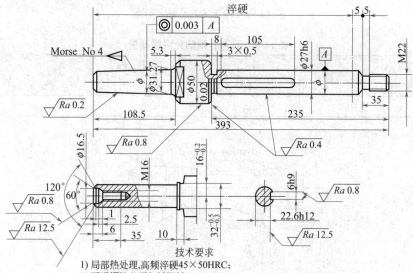

技术要求

1) 局部热处理,高频淬硬45×50HRC;
2) 两端螺纹必须与轴同轴;
3) 键槽的直线度误差与轴心线的平行度误差在全长上测量允差0.015;
4) 4号莫氏锥度与滚刀主轴锥孔在接合长度上的接触面大于85%;
5) 材料: 40Cr

图 14-54 滚刀心轴参数图

b. 滚刀心轴安装在机床主轴上之前，必须擦净锥体、外圆和端面，并检查有否毛刺凸边等。

c. 滚刀心轴装入主轴孔内，用拉杆拉紧，如图 14-55 所示。用百分表在 A 和 B 处检查径向圆跳动误差，在端面 C 处检查端面圆跳动误差，其要求见表 14-9。如果滚刀心轴径向圆跳动误差或轴向窜动较大，为了消除跳动量，可将滚刀心轴旋转 180°安装，使其达到要求为止。如果滚刀心轴轴向窜动超差，可调节主轴和轴向精度或轴向间隙。滚刀装上滚刀心轴后，必须校正滚刀台肩径向圆跳动，如图 14-56 所示。其允差不大于 0.025mm。

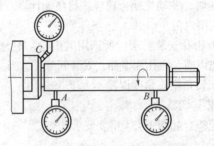

图 14-55　校正滚刀心轴示意图

表 14-9　滚刀心轴的允许跳动量

加工齿轮精度	允许跳动量 /mm		
	在 *A* 处	在 *B* 处	在 *C* 处
7-6-6	0.15	0.02	0.01

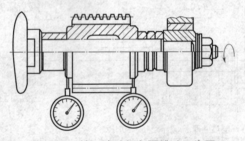

图 14-56　校正滚动径向圆跳动示意图

　　d. 滚刀垫圈两端面平行度允差不得大于 0.005mm，表面粗糙度达 Ra 0.08μm，安装前必须擦清污垢，装夹时应少用垫圈，以减少平行度积累误差。

　　e. 选择滚刀精度，粗滚选用 A 级或 B 级；精滚选用 AA 级精度，不允许用同一把滚刀作粗精加工用。

　　f. 切齿时滚刀必须对准工件中心。

　　⑤ 工件及夹具的安装和调整。

　　a. 滚齿夹具的端面圆跳动量应在 0.007 ～ 0.01mm 内。

b.齿坯安装后需校正外圆，使齿坯与机床回转中心台的轴心线重合，其允差应小于0.03mm。

c.齿坯的夹紧支承面，应尽可能接近齿根。

（5）Y38-1型滚齿机几何精度检验

机床的几何精度取决于各部件安装时的精度调整，并在空运转试验前和工作精度试验后各进行一次。机床几何精度检验，应按机床精度检验标准或机床出厂的精度合格证书逐项检验。现将Y38-1型滚齿机几何精度检验项目分别介绍如下。

① 立柱移动时的倾斜度。其检验方法见图14-57。在立柱导轨上端的纵、横两个方向的平面上，分别靠上水平仪a和b，移动立柱，在立柱全部行程的两端和中间位置上检验。a、b的误差分别计算，水平仪读数的最大代数差，就是本项检验的误差。其允差分别为0.02mm/1000mm。

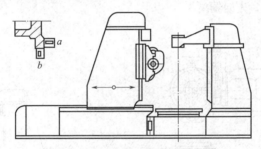

图14-57 立柱移动时的倾斜度检验

② 检验工作台的平面度误差。其检验方法见图14-58。在工作台面上如图14-58（a）规定的方向放两个高度相等的量块，量块上放一根平尺［见图14-58（b）］。用量块和塞尺检验工作台面和平尺检验面间的间隙，其允差为0.025mm，工作台面只许凹。

③ 检验工作台面的端面圆跳动误差。其检验方法见图14-59。将千分表固定在机床上，使千分表测头顶在工作台面上靠近边缘的地方，旋转工作台，在相隔90°或180°的a点和b点检验。a、b的误差分别计算，千分表读数的量大差值，就是端面圆跳动的误差的数值。工作台面的端面跳动允差为0.015mm。

④ 检验工作台锥面孔中心线的径向圆跳动误差。其检验方法见图14-60。在工作台锥孔中心紧密地插入一根检验棒（或按工作台中心调

整检验棒）。将千分表固定在机床上，使千分表测头顶在检验棒表面上。旋转工作台，分别在靠近工作台面的 a 处，和距离 a 处 L 的 b 处检验径向圆跳动误差。a、b 的误差分别计算，千分表读数的量大差值，就是径向圆跳动的误差的数值。L 为 300mm 时，a、b 两处允差分别为 0.015mm、0.02mm。

⑤ 检验刀架垂直移动对工作台中心线的平行度误差。其检验方法见图 14-61。在工作台锥孔中紧密地插入一根检验棒（或按工作台中心调整检验棒）。将千分表固定在刀架上，使千分表测头顶在检验棒表面上，垂直移动刀架，分别在 a 纵向平面内和 b 横向平面内检验。a、b 测量结果分别以千分尺读数的量大差值表示，然后，将工作台旋转 180°，再同样检验一次。a、b 的误差分别计算。两次测量结果的代数和的一半，就是平行度误差。L 为 500mm 时，a、b 两处允差分别为 0.03mm、0.02mm。立柱上端只许向工作台方向偏离。

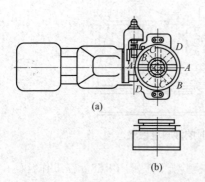

图 14-58　工作台面的平面度误差检验　图 14-59　工作台面的端面跳动误差的检验

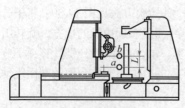

图 14-60　工作台锥孔中心线
径向圆跳动的检验

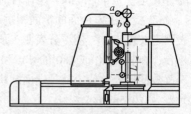

图 14-61　刀架垂直移动对工作台
中心线的平行度误差

⑥ 检验刀架回转中心线与工作台回转中心线的位置度误差。其检验方法见图 14-62。在工作台锥孔中紧密地插入一根检验棒（或按工作台中心调整检验棒）。将千分表固定在刀架上，使千分表测头顶在检验棒表面上，旋转刀架 180°检验（机床不带指形刀架时，用主刀架检验；机床带指形刀架时用指形刀架检验）。千分表在同一截面上读数最大值的一半，就是刀架回转中心线与工作台回转中心线的位置度误差。用主刀架检验时，其位置度允差为 0.15mm；用指形刀架检验时，其位置度允差为 0.05mm。

⑦ 检验铣刀主轴锥孔中心线的径向圆跳动误差。其检验方法见图 14-63。在铣刀主轴孔中紧密地插入一根检验棒。将千分表固定在机床上，使千分表测头顶在检验棒表面上，回转铣刀主轴分别在靠近主轴端部的 a 处和距离 a 处 L 的 b 处检验径向圆跳动误差。a、b 的误差分别计算，千分表读数的最大差值，就是径向圆跳动误差的数值。L 为 300mm 时，a 处的允差为 0.01mm；b 处的允差为 0.015mm。

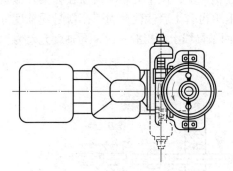

图 14-62　刀架回转中心线与工作台
回转中心线的位置度误差检验

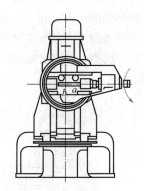

图 14-63　铣刀主轴锥孔中心线
的径向圆跳动检验

⑧ 检测铣刀主轴的轴向窜动。其检验方法见图 14-64。在铣刀主轴孔中紧密地插入一根短检验棒。将千分表固定在机床上，使千分表测头顶在检验棒端面靠近中心的地方（或顶在放入检验棒顶尖孔的钢球上）。旋转铣刀主轴检验，千分表读数的最大差值，就是铣刀主轴的轴向窜动量，其允差为 0.008mm。

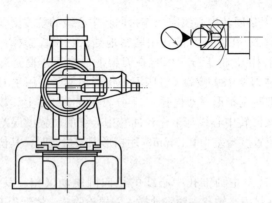

图 14-64　铣刀主轴的轴向窜动检验

⑨ 检测铣刀刀杆托架轴承中心线与铣刀主轴回转中心线的同轴度误差。其检验方法见图 14-65。在铣刀主轴孔中紧密地插入一根检验棒。在检验棒上套一配合良好的锥尾检验套 2，在托架轴承中装一检验衬套 1，衬套 1 的内径应等于锥尾套 2 的外径。将托架固定在检验棒自由端可超出托架外侧的地方。将千分表固定在机床上，使千分表测头顶在托架外侧检验棒表面上。使尾套 2 进入和退出衬套 1 后读数最大值，就是同轴度误差的数值。在检验棒相隔 90°的两条母线上各检验一次，同轴度允差为 0.02mm。

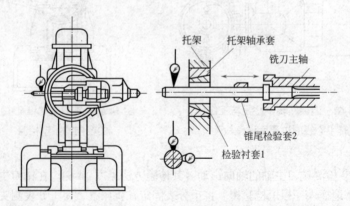

图 14-65　铣刀刀杆托架轴承中心线与铣刀主轴回转中心线的同轴度误差检验

⑩ 检测后立柱滑架轴承孔中心线对工作台中心线的同轴度误差。其检验方法见图 14-66。在后立柱滑架轴承中紧密地插入一根检验棒。检验

棒伸出长度等于直径的两倍，将千分表固定在工作台上，使千分表测头顶在检验棒表面靠近端部的地方。旋转工作台检验，千分表读数的最大值的一半，就是同轴度的误差。滑架位于后立柱上端 b 处和下端 a 处各检验一次同轴度允差，a 处为 0.015mm，b 处为 0.02mm。

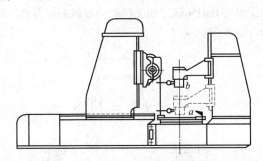

图 14-66 后立柱滑架轴承孔中心线对工作台中心线的同轴度误差检验

⑪ 检验刀架垂直移动的积累误差。其检验方法见图 14-67。将分度蜗杆旋转 z_k 转时（z_k 为分度蜗轮的齿数），用量块和千分表测量刀架的垂直移动量。千分表有测量长度上读数的最大差值，就是刀架在移动一定长度时的积累误差。刀架移动长度小于或等于 25mm 时其允差为 0.015mm；刀架移动长度小于或等于 300mm 时，其允差为 0.03mm；刀架移动长度小于或等于 1000mm 时，其允差为 0.05mm。

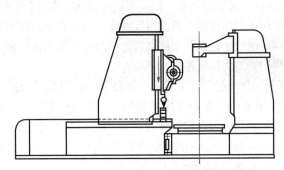

图 14-67 刀架垂直移动的积累误差检验

⑫ 检测分度链的精度。其检验方法见图 14-68。调整分度链，使分度齿数等于分度蜗轮的齿数 z_k，在铣刀主轴上装一个螺旋分度盘，在立柱上装一个显微镜，用来确定螺旋分度盘的旋转角度。在工作台上装一个经纬

仪，在机床外面支架上装一个照准仪，用来确定工作台的旋转角度，当铣刀主轴转一转时，工作台分度蜗轮应当旋转 $360°/z_k$，铣刀主轴每旋转一转，返回经纬仪至原来位置，以确定工作台的实际旋转角度，工作台正转和反转各检验一次。分度链的精度允差为蜗杆每转一转时 0.016mm；蜗轮一转时的累积误差为 0.045mm。如无检验分度链的仪器时，可以只检验齿轮齿距偏差和齿距累积误差。

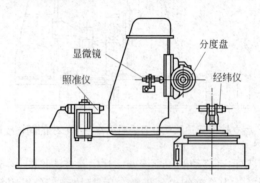

图 14-68　分度链精度的检验

⑬ 精切直齿圆柱齿轮时，齿距偏差和齿距的累积误差。长工件直径不小于最大工件直径的 1/2 倍，模数为最大加工模数的 0.4 ~ 0.6 倍，材料为铸件或钢件，试件的加工齿数应等于分度蜗轮的齿数或其倍数。其检验方法见图 14-69。齿轮精切后，用齿距仪检验同一圆周上任意齿距偏差，其允差为 0.015mm。用任何一种能直接确定或经计算确定齿距累积误差的仪器检验，同一圆周上任意两个同名齿形的最大正值和负值偏差的绝对值的和，就是累积误差。其允差为 0.07mm。

⑭ 检测附加铣头铣刀主轴锥孔中心线的径向圆跳动误差。其检验方法见图 14-70。在铣刀主轴锥孔中紧密插入一根检验棒。将千分表固定在机床上，使千分表测头顶在检验棒的表面。旋转主轴，分别在靠近主轴端部的 a 处和距离 a 处 150mm 的 b 处检验径向圆跳动误差的数值。其允差 a 处为 0.02mm；b 处为 0.04mm。

⑮ 检测附加铣头铣刀主轴轴向窜动。其检验方法见图 14-71。在铣刀主轴锥孔中紧密地插入一根短检验棒，将千分表固定在工作台上，使千分表测头顶在检验棒端面靠近中心的地方（或顶在放入检验棒顶尖孔的钢球表面上）旋转主轴检验。千分表读数的最大差值，就是轴向窜动的数值，

其允差为 0.015mm。

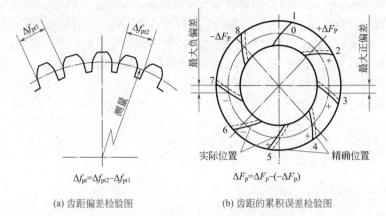

(a) 齿距偏差检验图　　　　　　　(b) 齿距的累积误差检验图

$$\Delta f_{pt}=\Delta f_{pt2}-\Delta f_{pt1}$$　　　　　$$\Delta F_P=\Delta F_P-(-\Delta F_P)$$

图 14-69　齿距偏差和齿距的累积误差检验

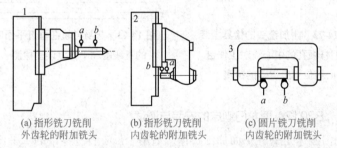

(a) 指形铣刀铣削　　　　(b) 指形铣刀铣削　　　　(c) 圆片铣刀铣削
外齿轮的附加铣头　　　内齿轮的附加铣头　　　内齿轮的附加铣头

图 14-70　附加铣头铣刀主轴锥孔中心线的径向圆跳动误差检测

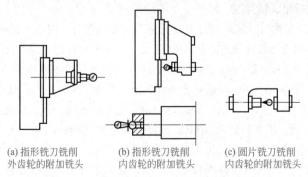

(a) 指形铣刀铣削　　　　(b) 指形铣刀铣削　　　　(c) 圆片铣刀铣削
外齿轮的附加铣头　　　内齿轮的附加铣头　　　内齿轮的附加铣头

图 14-71　附加铣头铣刀主轴轴向窜动检验

⑯ 检测对刀样板孔的中心线对工作台中心线的位置度误差。其检验方法见图 14-72。在工作台锥孔中紧密地插入一根检验棒（或按工作台中心调整检验棒），将角形表杆装在对刀样板孔中，使千分表测头顶在检验棒的表面上。将工作台和角形表杆旋转 180°检验，千分表在同一截面上的读数的最大差值的一半，就是位置度的误差，其允差为 0.04mm。本项检验只适用于圆片铣刀铣削内齿轮的附加铣头。

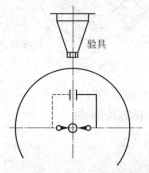

图 14-72　附加铣头的检具上装对刀样板孔的中心线对工作台中心线位置度误差的检测

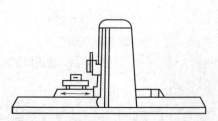

图 14-73　床身导轨在垂直平面内的直线度和平行度误差检测

14.2.8　B2012A 型龙门刨床的安装与调试

龙门刨床是一种平面加工机床，适用于加工各种零件的水平面、垂直面、倾斜面及各种平面组合的导轨面、T 形槽等，由于机床采用无级调速，能进行粗、精加工。

B2012A 龙门刨床是双柱型龙门刨，主要由床身、主柱、横梁、横盖、主刀架、侧刀架及液压控制机构所组成。其主要规格为：最大侧吃刀量乘上最大刨削长度 1250mm×4000mm；工作台行程长度 530 ～ 4150mm；工作台行程与返回速度，高速 9 ～ 90m/mm；垂直刀架最大行程 250mm；刀架最大回转角 ±60°；侧刀架最大垂直行程为 750mm；侧刀架最大水平行程为 250mm；最大回转角 ±60°；横梁升降速度 750mm/min。

龙门刨床的主运动是由工作台做往复运动来完成，而送进运动则由刨刀来实现。刨刀在工作行程时是不动的，在工作台改变移动方向为返回行程的瞬间，各刨刀都可以沿着垂直于工作台运动方向的导轨在水平和垂直面内移动一个距离，这就是送进运动。对于加工较长的平面，这种机床具有较高的精度和较高的劳动生产率。

龙门刨床的安装，几乎全是现场解体安装，现将其安装程序及工艺要求叙述如下。龙门刨床一般按下列程序进行组装：床身、立柱、侧刀架与齿轮箱、顶梁、横梁、升降机构与垂直刀架、润滑系统、电气装置和工作台。

（1）安装床身

在清理好基础，并按说明书的要求放好调整垫铁后，即可将床身安装在位置上。龙门刨的床身导轨是分段组装的，先将中间床身段吊置在已放好的调整垫铁上，用水平仪检测，调整其水平；再分别安装相邻各段，在床身连接孔内穿入连接螺栓，并借助调整垫铁使床身结合面的定位销孔正确重合，推入定位销，拧紧连接螺栓，最后以着色法检查定位销与孔的接触情况。然后对床身安装的几何尺寸及安装精度进行检验（检验和安装是交替进行的）。

① 测量导轨在连接立柱处的水平误差。其不可超过 0.04mm/1000mm，这可在导轨上按纵、横放置等高垫块、平尺、水平仪来进行测量。

② 测量床身导轨在垂直平面内的直线度误差中。检验床身导轨在垂直平面内的直线度误差床身导轨的平行度误差时（图 14-73）可按下述方法进行。

a. 在导轨上按纵、横向放置等高垫块、平尺和水平仪，移动检具在导轨全长上进行测量，每隔 500mm 计量一次（大型刨床可用光学准直法）。

b. 在垂直平面内直线度误差应按纵向水平仪测量记录画运动曲线计算，测绘结果应符合表 14-10 的规定。

表 14-10　床身导轨在垂直平面内和水平面内的直线度偏差

导轨长度 L/m	≤ 4	>4 ～ 8	>8 ～ 12	>12 ～ 16	>16 ～ 20	>20 ～ 24	>24 ～ 32	>32 ～ 46
每米导轨直线度误差不应超过 /mm	0.02							
导轨全长直线度偏差不应超过 /mm	0.03	0.04	0.05	0.06	0.08	0.10	0.15	0.26

在每米长度上的运动曲线和它的两端点连线间的最大坐标值，就是每米长度上的直线度误差。

如图 14-74 所示，A、B、C、D 是导轨运动曲线。AB 和 CF 是夹住曲线的另一组平行线，δ_1 和 δ_2 分别是两组平行线间的距离，因 δ_1 小于 δ_2，所以坐标 δ 就是曲线的直线度误差。

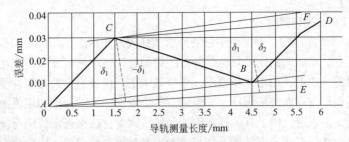

图 14-74 导轨测量运动曲线图

c. 检验床身导轨在水平面内的直线度误差时，在床身 V 形导轨上放一根长度等于 500mm 的 V 形棱柱体，棱柱体上装设显微镜，显微镜的镜头应当垂直。同时，沿 V 形导轨绷紧一根直径小于等于 0.3mm 的钢丝，调整钢丝使棱柱体和显微镜在导轨两端时，显微镜头的刻线与钢丝的同一侧母线重合。然后移动棱柱体，每隔 500mm（或小于 500mm）记录一次读数，在导轨全长上检验，将显微镜读数依次排列，画出棱柱体的运动曲线，计算结果应符合表 14-10 的要求。

d. 对床身导轨的平行度误差测量是在床身平导轨上放一根平尺，V 形导轨上放一根检验棒，在平尺和检验棒上垂直于导轨方向再放一根平尺，其上放置水平仪，移动整个系统、每隔 500mm（或小于 500mm）记录一次读数。在导轨全长上检验，其误差以导轨每米长度和全长上横向水平仪读数的最大代数差计，并符合表 14-11 的规定。如机床有 3 根导轨，两侧导轨均应相对中间导轨分别检验。

（2）安装立柱和侧刀架

立柱安装在垫座上，其侧面紧靠床身，并用螺钉拧紧。然后对准销孔，插上柱销，其接触状况的检查方法与床身相同。在安装左右立柱时，可先将右立柱安装在床身的侧面，检查立柱导轨与床身的垂直度误差（指在 $\phi100\text{mm}$ 圆柱、垫铁与平行平尺上的顶面），然后以右立柱为基准安装左立柱。左、右立柱对床身导轨上的垂直度误差应方向一致，面两立柱的上距离应较下端少。在将水平仪放在立柱导轨表面测量时，应在上、中、下三个位置。各项安装精度应符合下列要求：

表 14-11　床身导轨的平行度误差

导轨长度 L/m	每一米平行度不应超过 /（mm/mm）	全长平行度不应超过 /（mm/mm）
≤ 4		0.04/1000
>4 ～ 8		0.05/1000
>8 ～ 12		0.06/1000
>12 ～ 16		0.07/1000
>16 ～ 20	0.02/1000	0.08/1000
>20 ～ 24		0.10/1000
>24 ～ 32		0.12/1000
>32 ～ 46		0.14/1000

① 测量立柱表面与床身导轨上的垂直度误差。在床身导轨上按与立柱正导轨平行和垂直两个方向分别放专用检具、平尺、水平仪测量，如图 14-75 所示。垂直度误差以立柱与床身导轨上相应两水平仪读数的代数差计，不应超过 0.04mm/1000mm。

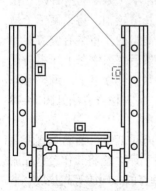

图 14-75　测量立柱表面与床身导轨上的垂直度误差

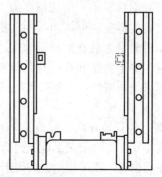

图 14-76　测量立柱表面相互平行度误差

② 测量立柱表面相互平行度误差。在立柱下部的正侧导轨上，靠贴

水平仪检查左右两立柱表面的相互平行度误差。两立柱只允许向同一方向倾斜，也只允许上端靠近，水平仪读数不应超过 0.04mm/1000mm。如图 14-76 所示。

③ 测量两立柱导轨表面相对位移。检验两立柱正导轨的相对位移量时，可用平尺（或横梁）靠贴两立柱的正导轨面，如图 14-77 所示，用 0.04mm 塞尺检验，不得插入。

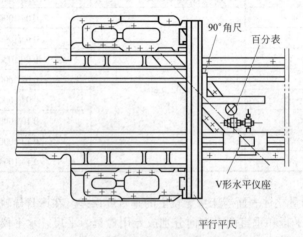

图 14-77　测量两立柱导轨表面相对位移

侧刀架是通过滑板导轨面与立柱导轨相结合，安装于左右两立柱上。安装前应检查、清洗钢丝绳、轴承、滑轮及滑轮轴。将平衡锤子吊入立柱孔内固定。同时将导轨面擦净，并涂上润滑油。将装有侧刀架和进给箱的侧滑板装在立柱导轨上，下垫枕木，然后塞入镶条上压板与重锤连接，穿上进给丝杠，并将丝杠两端的支座紧固到立柱上。调整升降丝杠螺母及两端丝杠支座轴孔的三孔同轴度误差，其检查方法见图 14-78 所示。

侧刀架安装好后，应检验侧刀架垂直移动时对工作台面的垂直度误差。这将在工作台安装后配合进行，如图 14-79 所示。应将工作台移在床身的中间位置，在工作台上按与工作台移动相垂直的方向放等高垫块、平尺、90°角尺，在侧刀架上固定百分表，测头顶在 90°角尺检验面上，移动侧刀架 500mm 测量，垂直度误差以百分表读数的最大差计，并不应超过 0.02mm。

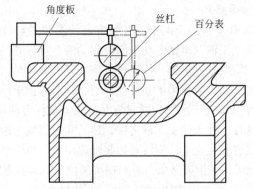

图 14-78　测量侧刀架、升降丝杠与立柱导轨平行度误差

　　当侧刀架、平衡锤组装完后，检验架镶条与滑动面的贴合程度及其上下移动的灵活性，用 0.03mm 塞尺片检查，不得插入 25mm。

　　（3）安装连接梁及龙门顶

　　左右立柱与床身组装时，各顶精度已检验合格，因此，当组装连接梁时，应保持主柱原安装的自由状态。

　　龙门顶组装前，应将升降电动机以及蜗轮箱等构件预装于龙门顶内，然后与龙门顶一起吊装。根据横梁丝杠的实际位置，将龙门顶装于立柱顶上，用锥销定位，螺钉固定。当立柱上一切紧固螺钉与连接梁，龙门顶都紧固后，不能影响已合格的立柱导轨的安装精度，如证明完好，连接梁与龙门顶的组装工作就完成了。

　　检查连接梁与立柱结合面的密实程度，以用 0.03mm 厚的塞尺片不能塞入为准，否则应进行刮研。同时检查龙门顶与立柱接合面密合程度，用 0.03mm 厚的塞尺不能塞入为准。

　　（4）安装主传动装置

　　穿过轴柱利用齿轮结合器将传动轴连接于蜗杆轴上，再将第二外齿轮结合器的传动轴接到主要传动的减速器上。主要传动的减速器和电动机装在同一平台上，可利用底板下的螺栓调整垫铁到组装的正确位置。在安装主传动装置时应保证蜗杆轴、连接轴、变速箱传出轴之间的同轴度误差不大于 0.2mm，此精度影响工作台运行平稳性。轴上两内齿联轴器的同轴度误差，应符合联轴器同轴度误差精度要求的规定。有定位销时，应检验定位销与孔的接触情况。

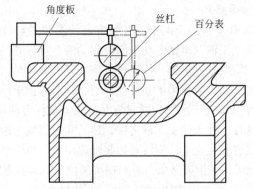

(5) 安装横梁部件

在横梁上装有垂直刀架两个，并装有进给箱和夹紧机构。横梁升降机构装在龙门顶上，轴双出轴电动机同时驱动两个对称的蜗轮减速箱，传至左右立柱内的横梁升降机构，使横梁上下升降。安装时，先将导轨面擦净，并涂以润滑油。再装横梁于立柱前导轨，其上部垫千斤顶或道木，粗调使其上导轨面基本处于水平。同时将龙门顶上蜗杆传动箱的箱盖卸下，穿下横梁升降丝杠，旋入横梁螺母之中，然后固定压板之镶条。此时，将减速器和压紧装置装配完毕，应注意边装配边调整，当横梁全部调整完毕后，即可拧紧螺母，盖上减速器，并对横梁的位置的倾斜程度进行检验。

检验横梁位置移动过程中的倾斜时，如图 14-80 所示，应将两垂直刀架移在使横梁平衡的位置，即应和两立柱中心线等距，在横梁上两导轨的中央按平行于横梁的方向放水平仪，移动横梁，在全行程上每隔 500mm 测量一次，全行程至少测量三个位置。倾斜以水平仪读数的最大代数差计，并应符合表 14-12 规定。

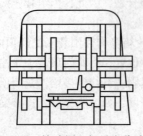

图 14-79 检验侧刀架垂直移动时对工作台面的垂直度误差

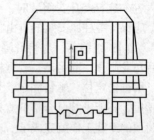

图 14-80 检验横梁位置移动过程中的倾斜

表 14-12 横梁移置的倾斜

横梁行程 /m	≤ 2	>2 ～ 3	>3 ～ 4
倾斜不应超过 /（mm/mm）	0.03/1000	0.04/1000	0.05/1000

(6) 安装工作台

工作台放在床身之前，应取出通往导轨油孔的油塞，并试验主要传动的润滑是否良好，再将床身导轨经过仔细擦洗、清扫和用机油润滑。安装时应注意要使床身和工作台的导轨互相吻合，工作台的齿条应搭在蜗杆上，并对工作台的各项安装精度进行检测。

① 对检验工作台直线度误差和工作台移动倾斜时的要求。检验工作台移动在垂直平面内的直线度误差和工作台移动的倾斜时，应符合下列要求。

a. 在工作台面中央按纵、横各放一个水平仪，移动工作台，在全行程上每隔 500mm 测量一次。

b. 直线度误差以纵向水平仪读数画运动曲线进行计算，并应符合表 14-13 的规定。

表 14-13　工作台移动在垂直平面内和水平面内的直线度误差

工作台行程 /m	≤ 2	>2 ～ 3	>3 ～ 4	>4 ～ 6	>6 ～ 8	>8 ～ 10	>10 ～ 12	>12 ～ 16	>16 ～ 22
每米行程内直线度误差不应超过 / mm	0.015								
全行程内直线度误差不应超过 /mm	0.02	0.03	0.04	0.05	0.06	0.08	0.10	0.14	0.20

c. 倾斜以每米行程内横向水平仪读数的最大代数差计，并应符合表 14-14 的规定。

表 14-14　工作台移动时的倾斜

工作台行程 /m	≤ 2	>2 ～ 3	>3 ～ 4	>4 ～ 6	>6 ～ 8	>8 ～ 10	>10 ～ 12	>12 ～ 16	>16 ～ 22
每米行程内倾斜度误差不应超过 /mm	0.02								
全行程内倾斜不应超过 /mm	0.02	0.03	0.04	0.05	0.06	0.07	0.08	0.10	0.14

② 检验工作台直线度误差。检验工作台移动在水平面内的直线度误差时，应用光学准直仪或拉钢丝、显微镜方法，测量直线度应符合表 14-12 的规定。

③ 检验工作台面（只检验拼合型工作台的刨床）对工作台移动的平行度误差。如图 14-81 所示，应在刀架上固定百分表，测头顶在工作台面上，移动工作台，在全行程上测量，平行度误差以百分表读数的最大差计，并应符合表 14-15 的规定（在工作台宽度方向的两边各检查一次）。

表 14-15　工作台面对工作台移动的平行度误差

工作台行程/m	>6～8	>8～10	>10～12	>12～16	>16～22
每米行程内平行度误差不应超过/mm	0.02				
全行程内平行度误差不应超过/mm	0.06	0.08	0.10	0.14	0.20

④ 调整床身导轨。工作台移动精度如不符合要求时，允许调整床身导轨。经调整后仍不能达到要求，应会同有关部门研究处理。

⑤ 检验垂直刀架水平移动时对工作台面的平行度误差。检验垂直刀架水平移动对工作台面的平行度误差时，如图 14-82 所示，应将横梁固定在距工作台面 300～500mm 高度处，工作台移在床身的中间位置，在垂直刀架上固定百分表、测头顶在工作台面上（或顶在放在工作台面上的等高垫块，平尺的检验面上）。移动刀架，在工作台全宽上测量，平行度误差以面分表读数的最大差计，并应符合表 14-16 的规定。

表 14-16　垂直刀架水平移动对工作台面的平行度误差

刀架行程/m	≤1	>1～2	>2～3	>3～4	>4～5
每米行程内平行度误差不应超过/mm	0.025				
全行程内平行度误差不应超过/mm	0.025	0.030	0.040	0.050	0.060

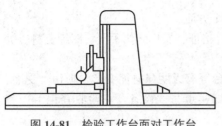

图 14-81 检验工作台面对工作台
移动的平行度误差

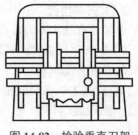

图 14-82 检验垂直刀架
水平移动时

（7）安装润滑系统

龙门刨床的润滑为强力机械润滑。在设备基础上有一平台，上面安放液压泵和滤油器，平台的槽内设有沉淀用的油箱，油管应接通下列部位：机身流油管与油箱，油箱的吸油器与液压泵，滤油器的排油管与沿床身的油管。

（8）安装电力设备

安装在机床外的电力设备和装置，机床电力的传导以及全部电线都要安设在适当位置，并符合电气安装验收规范要求的用电安全操作规程。

（9）试车

机床各部件安装完毕后，应进行一次全面检查，若各部件的安装无误，并均符合有关验收标准，即可进行空负荷试车。

14.3 数控机床的检测、调试与验收

14.3.1 数控机床的检测

数控机床的检测验收是一项复杂的工作。它包括对机床的机、电、液和整机综合性能及单项性能的检测，另外还需对机床进行刚度和热变形等一系列试验，检测手段和技术要求高，需要使用各种高精度仪器。对数控机床的用户，检测验收工作主要是根据订货合同和机床厂检验合格证上所规定的验收条件及实际可能提供的检测手段，全部或部分地检测机床合格证上的各项技术指标，并将数据记入设备技术档案中，以作为日后维修时的依据。机床验收中的主要工作有以下几个方面。

（1）开箱检查

开箱检查的主要内容有以下几个方面。

① 检查随机资料：装箱单、合格证、操作维修手册、图纸资料、机床参数清单及软盘等。

② 检查主机、控制柜、操作台等有无明显碰撞变形、损伤、受潮、锈蚀、油漆脱落等现象，并逐项如实填写"设备开箱验收登记卡"和入档。

③ 对照购置合同及装箱单清点附件、备件、工具的数量、规格及完好状况。如发现上述有短缺、规格不符或严重质量问题，应及时向有关部门汇报，并及时进行查询，取证或索赔等紧急处理。

（2）机床几何精度检查

数控机床的几何精度综合反映了该机床各关键部件精度及其装配质量与精度，是数控机床验收的主要依据之一。数控机床的几何精度检查与普通机床的几何精度检查基本类似，使用的检测工具和方法也很相似，只是检查要求更高，主要依据是厂家提供的合格证（精度检验单）。

① 常用的检测工具有：精密水平仪、直角尺、精密方箱、平尺、平行光管、千分表、测微仪、高精度主轴检验芯棒。检测工具和仪器必须比所测几何精度高一个等级。

② 各项几何精度的检测方法按各机床的检测条件规定方法进行。表14-17是数控机床几何精度检验项目及方法，供维修检测时参考。

表14-17　数控车床几何精度检验项目及方法

序号	检验项目		示意图	检验方法
G1	导轨精度	纵向：导轨在垂直面内的直线度		在溜板上靠近前导轨处，纵向放一水平仪等距离移动溜板，在全长内检测
		横向：导轨的平行度		将水平仪横向放置在溜板上，等距离移动溜板进行检测

序号	检验项目	示意图	检验方法
G2	溜板运动在水平面内的直线度		将指示器固定在溜板箱上,使测头触及主轴和尾座顶尖之间的检验棒表面,调整尾座,使指示器在检验棒两端读数相等
G3	尾座移动对溜板移动的平行度		将指示器固定在溜板箱上,使测头分别触及尾座的套筒表面,使溜板与尾座一起移动,在溜板全程上检验(a—垂直平面内误差;b—水平平面内误差)
G4	主轴端部的跳动		固定指示器,使其测头触及固定在主轴端部的检验棒中心孔内的钢球上和主轴轴肩支承面上。沿主轴轴线施加力F(100N),低速旋转主轴检验
G5	主轴定心轴颈的径向跳动		固定指示器,使其测头垂直触及主轴定心轴颈上,沿主轴轴线施加力F(100N),旋转主轴检验
G6	主轴锥孔轴线的径向跳动		在主轴锥孔中插入检验棒,固定指示器,使其测头触及检验棒表面,分别在a、b两处旋转主轴检验
G7	溜板移动对主轴轴线的平行度		将指示器固定在溜板上,使其测头分别触及固定在主轴上的检验棒表面和水平平面内移动溜板检验,将主轴旋转180°,再同样检验一次

序号	检验项目	示意图	检验方法
G8	主轴顶尖的跳动		将顶尖插入主轴锥孔内，固定指示器，使其测头垂直触及在顶尖锥面上，沿主轴轴线施加力 F（100N），旋转主轴检验
G9	主轴与尾座两顶尖的等高度		在主轴和尾座顶尖间装入检验棒，将指示器固定在溜板上，使其测头在垂直面内触及检验棒，移动溜板在检验棒的两端极限位置上检验，指示器在检验棒两端读数的差值就是等高度误差
G10	尾座套筒轴线对溜板移动的平行度		尾座位置同 G9，尾座套筒伸出至最大工作长度的一半并锁紧，指示器固定在溜板上，使其测头触及套筒表面，移动溜板检验
G11	尾座套筒锥孔轴线对溜板移动的平行度		尾座位置同 G9，套筒退入尾座孔中并锁紧，将指示器固定在溜板上，其测头分别触及插入套筒锥孔中的检验棒表面，移动溜板检验
G12	横刀架横向移动对主轴轴线的垂直度	平盘直径为300mm	将平盘装在主轴上，指示器装在横滑板上，使其测头触及平盘，移动横滑板在工作行程上进行检验

序号	检验项目	示意图	检验方法
G13	回转刀架工具孔轴线与主轴轴线的同轴度	*b* *b′* *a* *a′*	检验棒装在主轴端部的专用检具上，使其测头触及刀架工具孔表面或触及紧密插入工具孔中的检验棒表面，旋转主轴，分别在垂直平面内和水平平面内检验（刀架依次转动） 检验时刀架尽量接近主轴端部，触头尽量靠近刀架，每个工具孔均需检验
G14	回转刀架附具安装基面对主轴轴线的垂直度	*b* *b′* *a* *a′*	将指示器固定在主轴的专用检具上，使其测头触及刀架附具安装基面。分别在垂直平面内和水平平面内，旋转主轴检验
G15	回转刀架工具孔轴线对溜板移动的平行度	100	将检验棒插入工具孔中，固定指示器，使其测头触及检验棒表面。移动溜板，分别在垂直平面内和水平平面内检验。将检验棒转过180°，再同样检验一次，误差以指示器二次读数和的一半计
G16	安装附具定位面的精度	*a* *b*	固定指示器，使其测头分别触及安装基面和定位槽的定位面上 ①移动溜板检验，安装基面和定位面的误差以指示器读数的最大差值计 ②刀架转位检验，安装基面和定位面的误差以指示器在各面的同一位置上读数的最大差值计 每个工位均需检验

③ 需要注意，几何精度必须在机床精调后一次完成，不允许调整一项检测一项，因为有些几何精度是相互联系、相互影响的。另外，几何精度检测必须在地基及地脚螺钉的混凝土完全固化以后进行。考虑地基的稳定时间过程，一般要求数月到半年后再对机床精调一次水平。

（3）机床定位精度检查

数控机床的定位精度是指机床各坐标轴在数控系统的控制下运动所能达到位置精度。因此，根据实测的定位精度数值，可判断出该机床自动加工过程中能达到最好的零件加工精度。

定位精度的主要检测内容如下：

① 各直线运动轴的定位精度和重复定位精度；

② 各直线运动轴参考点的返回精度；

③ 各直线运动轴的反向误差；

④ 旋转轴的旋转定位精度和重复定位精度；

⑤ 旋转轴的反向误差；

⑥ 旋转轴参考点的返回精度。

测量直线运动的检测工具有：测微仪、成组块规、标准长度刻线尺、光学读数显微镜及双频激光干涉仪等。标准长度测量以双频激光干涉仪为准。旋转运动检测工具有：360 齿精密分度的标准转台或角度多面体、高精度圆光栅及平行光管等。

（4）机床切削精度检查

机床切削精度检查是在切削加工条件下对机床几何精度和定位精度的综合检查。一般分为单项加工精度检查和加工一个综合性试件检查两种。对于卧式加工中心，其切削精度检查的主要内容是形状精度、位置精度和表面粗糙度。

被切削加工试件的材料除特殊要求外，一般都采用一级铸铁，使用硬质合金刀具按标准切削用量切削。

（5）数控机床功能检查

数控机床功能检查包括机床性能检查和数控功能检查两个方面。

1）机床性能检查

与普通机床基本一样，数控机床性能的检查主要是通过"耳闻目睹"和试运转的方式，检查各运动部件及辅助装置在起动、停止和运行中有无异常现象及噪声，润滑系统、冷却系统以及各风扇等工作是否正常，其主要项目内容如表 14-18 所示。

表 14-18　数控机床性能要求

序号	检查项目	具体要求
1	机床床身水平调整	在机床摆放粗调的基础上，用地脚螺栓、垫铁等对机床床身的水平进行精调。找正水平后移动机床上的立柱、溜板和工作台等部件，观察各坐标全行程内机床的水平变化情况，并相应调整机床几何精度在公差范围内。在调整时，主要以调整垫铁为主，必要时可稍微改变导轨上的镶条和预紧滚轮等
2	主轴性能检查	①手动操作。选择低、中、高三挡转速，主轴连续进行 5 次正反转起动，然后停止操作，检验其动作的灵活性和可靠性，同时检查负载表上的功率显示是否符合要求 ②手动数据输入方式（MDI）操作。使主轴由低速开始，逐步提高到允许的最高速度。检查转速是否正常，一般允许误差不能超过 ±10%。在检查主轴转速的同时，观察主轴的噪声、振动、温升是否正常，机床的总噪声不能超过 80dB，主轴在高速运转 2h 后温升为 15℃ ③主轴准停。连续操作 5 次以上，检查其动作的灵活性和可靠性
3	进给轴的检查	①手动操作。对各进给轴进行低、中、高速进给和快速移动，检查移动比例是否正确，在移动时是否平稳、顺畅，有无噪声存在 ②手动数据输入方式（MDI）操作。通过 G00 和 G01 指令功能，检测快速移动和进给速度是否正常，其允许误差为 ±5%
4	换刀装置的检查	用手动方式分步进行刀具交换动作，检查抓刀、装刀、拔刀等动作是否准确恰当。调整中采用校对检验方法进行检测。有误差时，可调整机械手的行程、移动机械手支座或更换刀库的位置等 对于带自动交换工作台（APC）的机床，要把工作台运动到交换位置，调整托盘沿与交换台面的相对位置，使工作台自动交换时动作平稳、可靠、准确。然后，在工作台面上装上 70%～80% 的允许负载，进行多次启动交换动作，达到准确无误后再紧固各有关螺钉
5	机械零点检查	①机床软硬限位可靠性检查。软限位一般由系统参数确定，软限位可靠性可以通过检查系统参数完成；硬限位由设置在各进给轴的极限位置的行程开关确定，硬限位可靠性由行程开关的可靠性决定 ②回机械零点。可靠性和准确性检查采用回原点方式，检查各进给轴的回零性能
6	辅助装置检查	对于润滑、液压、气动、冷却、照明等辅助装置，可通过观察指示灯等方式检查其是否正常工作

下面以立式加工中心为例介绍机床性能检查内容。

① 主轴系统性能。用手动方式试验主轴动作的灵活性和可靠性；用数据输入方法，使主轴从低速到高速旋转，实现各级转速，同时观察机床的振动和主轴的温升；试验主轴准停装置的可靠性和灵活性。

② 进给系统性能。分别对各坐标轴进行手动操作，试验正反方向不同进给速度和快速移动的起动、停止、点动等动作的平衡性和可靠性；用数据输入方式或 MDI 方式测定点定位和直线插补下的各种进给速度。

③ 自动换刀系统性能。检查自动换刀系统的可靠性和灵活性，测定自动交换刀具的时间。

④ 机床噪声。机床空转时总噪声不得超过标准规定的 80dB。机床噪声主要来自于主轴电机的冷却风扇和液压系统液压泵等处。

除了上述的机床性能检查项目外，还有电气装置（绝缘检查、接地检查）、安全装置（操作安全性和机床保护可靠性检查）、润滑装置（如定时润滑装置可靠性、油路有无渗漏等检查）、气 - 液装置（密封、调压功能等）和各附属装置的性能检查。

2）数控功能检查

数控功能检查要按照订货合同和说明书的规定，用手动方式或自动方式，逐项检查数控系统的主要功能和选择功能。检查的最好方法是自己编一个检验程序，让机床在空载下自动运行 8 ～ 16h。检查程序中要尽可能把机床应有的全部数控功能、主轴各种转速、各轴的各种进给速度、换刀装置的每个刀位、台板转换等全部包含进去。对于有些选择功能要专门检查，如图形显示、自动编程、参数设定、诊断程序、参数编程、通信功能等。

数控功能主要检验项目如下：

① 检验快速移动指令和直线插补、圆弧插补指令的准确性。

② 检验坐标系选择、平面选择、暂停、刀具长度补偿、刀具半径补偿、螺距误差补偿、反向间隙补偿、镜像功能、自动加减速、固定循环及用户宏程序等指令的准确性。

③ 检验回原点、单程序段、程序段跳读、主轴和进给倍率调整、进给保持、紧急停止、三轴和切削液的起动和停止等功能的准确性。

④ 检验编辑修改功能的准确性。

14.3.2 数控机床的调试与验收

（1）数控机床的试车

1）通电前的检查

① 机床电气检查。打开机床电控箱，检查继电器、接触器、熔断器、伺服电动机速度控制单元插座、主轴电动机速度控制单元插座等有无松动。有锁紧机构的接插件一定要锁紧，有转接盒的机床一定要检查转接盒上的插座、接线有无松动。

② CNC 电箱检查。打开 CNC 电箱门，检查各类接口插座，如有松动要重新插好。按照说明书检查各个印制线路板上的短路端子的设置情况，一定要符合机床生产厂设定的状态，确实有误的应重新设置，一般情况下无需重新设置，但用户一定要对短路端子的设置状态做好原始记录。

③ 接线质量检查。检查所有的接线端子，包括强弱电部分在装配时机床生产厂自行接线的端子及各电动机电源线的接线端子，每个端子都要用旋具紧固一次，各电动机插座一定要拧紧。

④ 电磁阀检查。所有电磁阀都要用手推动数次，以防止长时间不通电造成的动作不良，如发现异常，应做好记录，以备通电后确认修理或更换。

⑤ 限位开关检查。检查所有限位开关动作的灵活及固定性是否牢固，发现动作不良或固定不牢的应立即处理。

⑥ 操作面板上按钮及开关检查。检查操作面板上所有按钮、开关、指示灯的接线，发现有误应立即处理，检查 CRT 单元上的插座及接线。

⑦ 地线检查。要求有良好的接地，测量机床地线，接地电阻不能大于 1Ω。

⑧ 电源相序检查。用相序表检查输入电源的相序，确认输入电源的相序与机床上各处标定的电源相序绝对一致。

有二次接线的设备，如电源变压器等，必须确认二次接线相序的一致性。要保证各处相序的绝对正确。此时应测量电源电压，做好记录。

2）通电试车

接通电源供电，对于大型设备，为了安全起见，采用分别供电。通电后无异常现象后可采取如下步骤供电。

① 在接通电源时，要做好按压紧急按钮的准备，以准备切断电源。

在通电过程中，一旦发现明显的有危害异常现象，应立即切断电源。

② 接通强电柜交流电源。对机床上的各交流电动机进行通电试验。如冷却风扇、液压泵电动机、冷却液泵电动机等辅助设备进行通电试验，检查各电动机运转是否正常。检查冷却液流出是否正常，液压泵的压力是否正常，手动控制各个液压驱动部件是否正常。如发现异常现象，应及时排除后才能进行下一步的试车。

③ 向数控装置供电。在接通数控系统的电源之前，先暂时切断伺服驱动电源，数控（NC）装置通电后，先观察 CRT 上显示数据及有无报警信息，并检查各有关指示灯信号是否正常，检查装置有无异味、冒烟、火花等，若有故障报警，可按"Reset"复位键，看报警是否消除，如不能消除要修复。

④ 确认数控装置基本正常后，可开始核对各项参数、确认和设定，并做好记录。

⑤ 伺服系统和主轴控制系统通电。经以上检查一切正常后，可进行伺服系统通电。检查各机床坐标轴是否正常，进行连续进给、增量进给、回参考点等各功能方式操作试验检查运动方向是否正确，有无爬行等不正常现象。

检查主轴正反转、停车制动、调速等控制程序能否正常进行。辅助装置，如换刀、工作台回转、工件的夹紧和放松、排屑装置等是否正常。

⑥ 数控机床安装调试后，要在一定的负载或空载下进行一段较长时间的自动运行考验。国家标准 GB/T 9061—2006《金属切削机床　通用技术条件》中规定：自动运行考验时间，数控机床为连续运行 16h，加工中心为连续运行 32h。在自动运行期间，不应发生除操作引起以外的任何故障。如达不到规定时间，则应调整后再次重新进行运行考验。

（2）数控机床的调试

1）数控机床几何精度的调试

在机床摆放粗调的基础上，还要对机床进行进一步的微调。这方面主要是精调机床床身的水平，找正水平后移动机床各部件，观察各部件在全行程内机床水平的变化，并相应调整机床，保证机床的几何精度在允许范围之内。

在机床运行一段时间后，还要进行一次机床几何精度的复检，验证安装固定装置有无松动，机床精度有无变化等。

2）数控机床的基本性能调试

① 机床数控系统参数的调试。主要根据机床的性能和特点去调整。其内容如下：

a. 各进给轴快速移动速度和进给速度参数调整。

b. 主轴控制参数调整。

c. 换刀装置的参数调整。

d. 其他辅助装置的参数调整。如液压系统、气压系统。

② 主轴功能调试。

a. 手动操作选择低、高挡转速，主轴连续进行五次正转反转的起动、停止，试验其动作的灵活性和可靠性，同时检查负载表上的功率显示是否符合要求。

b. 手动数据输入方式（MDI）使主轴由低速开始，逐步提高到允许的最高速度。检查转速是否正常，一般允许误差不能超过机床所示转速的 ±10%，在检查主轴转速的同时观察主轴噪声、振动、温度是否正常。

c. 主轴准确停车，连续操作五次以上，检查其动作的灵活性和可靠性。

③ 各进给轴的检查与调试。

a. 手动操作对各进给轴的低、中、高进给和快速移动，移动比例是否正确，在移动时是否平稳、顺畅，有无杂音颤动现象存在。

b. 手动数据输入方式（MDI）通过 G00 和 G01F 指令功能，检测快速移动和各进给速度。

④ 换刀装置的检查。检查换刀装置在手动和自动换刀的过程中是否准确、灵活和牢固。手动换刀与自动换刀操作，检查换刀装置过程中是否灵活、牢固。

⑤ 限位、机械零点检查。

a. 检查机床的软硬限位的可靠性。软限位一般由系统参数来确定；硬限位是通过行程开关来确定，行程开关一般安装在各进给轴的极限位置，因此，行程开关的可靠性就决定了硬限位的可靠性。

b. 回转机械回原点方式，检查各进给轴回原点的准确性和可靠性。

⑥ 其他辅助装置检查。其他辅助装置检查包括润滑系统、液压系统、气动系统、冷却系统、照明电路等是否正常工作。

（3）数控机床的验收

机床的验收工作必须十分重视，新机检验的主要目的是为了判别机床是否符合其技术指标，判别机床能否按照预定的目标精密地加工零件。在许多时候，新机验收都是通过加工一个有代表性的典型零件决定机床能否通过验收。当该机床是用于专门加工某一种零件时，这种验收方法是可以接受的。但是对于更具有通用性的数控机床，这种切削零件的检验方法显然不能提供足够信息来精确地判断机床的整体精度指标。只有通过对机床的几何精度和位置精度进行检验，才能反映出机床本身的制造精度。在这两项精度检验合格的基础上，然后再进行零件加工检验，以此来考核机床的加工性能。对于安置在生产线上的新机，还需通过对工序能力和生产节拍的考核来评判机床的工作能力，所以验收时必须全面评估，严格按验收标准与程序进行。

1）数控机床验收标准

数控机床调试和验收应当遵循一定的规范进行，数控机床验收的标准有很多，通常按性质可以分为两大类，即通用类标准和产品类标准。

① 通用类标准。这类标准规定了数控机床调试验收的检验方法，测量工具的使用，相关公差的定义，机床设计、制造、验收的基本要求等。如我国的标准 GB/T 17421.1—1998《机床检验通则　第 1 部分：在无负荷或精加工条件下机床的几何精度》、GB/T 17421.2—2016《机床检验通则　第 2 部分：数控轴线的定位精度和重复定位精度的确定》、GB/T 17421.4—2016《机床检验通则　第 4 部分：数控机床的圆检验》。这些标准等同于 ISO 230-4：2005 标准。

② 产品类标准。这类标准规定具体型式机床的几何精度和工作精度的检验方法，以及机床制造和调试验收的具体要求。如我国的 JB/T 8801—2007《加工中心　技术条件》、GB/T 18400.1—2010《加工中心检验条件　第 1 部分：卧式和带附加主轴头机床几何精度检验（水平 Z 轴）》、GB/T 18400.6—2001《加工中心检验条件　第 6 部分：进给率、速度和插补精度检验》等。具体型式的机床应当参照合同约定和相关的中外标准进行具体的调试验收。

实际的验收过程中，也有许多的设备采购方按照德国 VDI/DGQ 3441 标准或日本的 JIS B6201、JIS B6336、JIS B6338 标准或国际标准 ISO 230。不管采用什么样的标准需要非常注意的是不同标准对"精度"的定义差异很大，验收时一定要弄清各个标准精度指标的定义及计算方法。

2）数控机床验收程序

就验收过程而言，数控机床验收可以分为以下两个环节。

① 在制造厂商工厂的预验收。预验收的目的是为了检查、验证机床能否满足用户的加工质量及生产率，检查供应商提供的资料、备件。其主要工作包括：检验机床主要零部件是否按合同要求制造；各机床参数是否达到合同要求；检验机床几何精度及位置精度是否合格；机床各动作是否正确；对合同未要求部分检验，如发现不满意处可向生产厂家提出，以便及时改进；对试件进行加工，检查是否达到精度要求；做好预验收记录，包括精度检验及要求改进之处，并由生产厂家签字。

② 在设备采购方的最终验收。最终验收工作主要根据机床出厂合格证上规定的验收标准及用户实际能提供的检测手段，测定机床合格证上各项指标。检测结果作为该机床的原始资料存入技术档案中，作为今后维修时的技术指标依据。

不管是预验收还是最终验收，根据 GB/T 9061—2006《金属切削机床　通用技术条件》标准中的规定，调试验收应该包括的内容为：

a. 外观质量。

b. 附件和工具的检验。

c. 机床的空运转试验。

d. 机床实际加工的负荷实验。

e. 机床的精度检验。

f. 机床的工作实验。

g. 机床的寿命实验。

h. 其他。

第15章

机床电气维修技术

15.1　机床电气维修的工具与仪表

在机床电气维修日常工作或查找故障的过程中，不仅需要有高超的操作技能与熟练的技巧，而且还离不开工具、量具与仪器、仪表正确合理的使用。

15.1.1　常用电工工具和量具

（1）常用电工工具

常用电工工具分为电工安全用具和电工常用工具。电工安全用具分为绝缘安全用具和一般防护安全用具。绝缘安全用具又分为基本安全用具和辅助安全用具。

① 电工常用工具有电工钳、电工刀、螺钉旋具、活扳手、电烙铁、手电钻、喷灯及梯子等，其中电工钳、电工刀、螺钉旋具是电工的基本工具。

a. 钳子。钳子的种类很多，有克丝钳子、斜嘴钳子、平嘴钳子、扁嘴钳子、鹰嘴钳子、鸭嘴钳子、尖嘴钳子、剥线钳子等。无论哪种钳子，钳把上都有绝缘套（绝缘套用橡胶或塑料等制成），用它们接触带电体时，千万注意无论是哪一种绝缘体的钳把，都要保证它的绝缘绝对良好，并且不要碰到其他物体及接地。而克丝钳子、尖嘴钳子和剥线钳子则是一般电工常用的主要工具。

b. 螺钉旋具。螺钉旋具（俗称螺丝刀、改锥）的种类较多，机床电气维修时主要用来拆、装螺钉。常用的有：一字螺钉旋具和十字螺钉旋具。

一字螺钉旋具和十字螺钉旋具主要用于紧固或拆卸一字槽或十字螺钉、木螺钉。它的柄有木制、塑料、带橡胶套等。按其旋杆与旋柄的装配方式，分为普通式（用 P 表示）和穿心式（用 C 表示）。穿心式可承受较大的扭矩，并可在尾部用手锤敲击。

无论哪一种螺钉旋具，在工作中都要停电后再使用。如果要在实在不能停电的工作场合，一定要注意柄部绝缘的可靠性。千万注意在工作中不能碰到其他物体，以防造成短路，损坏其他设备或危及人身安全。

② 电工常用的高压绝缘安全用具中，属于基本安全用具的有：绝缘棒、绝缘夹钳、高压验电器等；属于辅助安全用具的有：绝缘手套、绝缘靴、绝缘鞋、绝缘站台、绝缘毯等。

③ 电工常用低压绝缘安全用具中，属于基本安全用具的有：绝缘手套、装有绝缘柄的工具及低压验电器；而绝缘台、绝缘垫、绝缘鞋、绝缘靴属于辅助安全用具。

④ 电工一般防护安全用具有：携带型接地线、临时遮栏、标示牌、防护眼镜、登高安全用具等。

（2）电工常用量具

① 游标卡尺。是一种中等精度的量具，可以直接量出工件的外径、孔径、长度、宽度、深度和孔距等。

② 千分尺。是一种精密的量具，它的精度比游标卡尺高，而且比较灵敏，因此，对于加工精度要求较高的工件尺寸，要用千分尺来测量。

③ 百分表。是应用很广的万能量具，用它可以检验机床精度和测量工件的尺寸、形状和位置误差。

④ 塞尺。又叫厚薄规，是用来检验两个相结合面之间间隙大小的片状量规。

15.1.2　维修电工常用测量器具与仪表的使用

（1）试电笔

试电笔是电气维修最常用的工具之一。用它可以试明被测物体是否带电，也可用它做简单的电路检测。

试电笔的组成如图 15-1 所示，由笔杆与探头、后盖（导流体）、弹簧、氖管、电阻等组成。试电笔的用法：用手拿住笔杆（注意千万不要碰到探头部位），并与后盖及导流体部分接触好，用探头去触向被测部位。在使用前需先找一确信带电物体，验证一下试电笔状况，确无故障，好用，再去测被测物体。不要因试电笔失灵，误认为被测带电物体或电线无电，造成伤人。

试电笔的工作原理是：当用试电笔测试带电物体时，电流经带电物体、试电笔的限流电阻和氖管、人体到大地形成通电回路。只要带电体与大地之间的电位差超过 60V 时，试电笔中的氖管就会发光。电压的高低不同，发光的亮度也不一样。所以，可根据氖管的亮度程度，来估计被测物体电压的高与低。低压试电笔的电压测试范围 60～500V。它还可以区分直流与交流电。电流通过试电笔时，如果是交流电，氖管两端同时亮。如果是直流电，氖管只有一端亮。而且可以看出如果一端亮的试电笔，再去测极性，把试电笔串接在正负极之间氖管发亮端为正极，不亮端即为负极。

在检查照明回路中，测量中性线与相线两根线时，如果两根线都亮，说明中性线断了。

如果两根线都不亮，说明相线断。只有两根线一根亮，一根不亮才为正常。

如果用试电笔测试电气设备的外壳时，若发现试电笔亮，说明相线碰壳了。而且设备外壳没有很好的接地与接中性线保护。

（2）钳形电流表

使用普通电流表测量电流时，必须先停电，然后将电流表串接在电路中，方可进行电流的测量。为了测量方便，不需停电或不能停电进行电流测量场，必须使用钳形电流表。例如：为了监测电动机的工作电流，用钳形电流表可以不间断地、不需停电地测量运行电动机的各项工作电流。

钳形电流表可以了解电动机的负载情况，以及随时监测负载的变化；了解电动机内部情况三相电流是否平衡，也可以了解线路情况，根据电动机是否偏流过大判断电源是否缺相等。

1）钳形电流表的分类

钳形电流表分互感器式钳形电流表和电磁系钳形电流表。

① 互感器式钳形电流表。互感器式钳形电流表由电流互感器和带有整流装置的磁电系表头组成，如图 15-2 所示。电流互感器铁芯呈钳口形，为了测量被测导线的电流，捏紧钳形电流表的手柄，使其铁芯张开。从铁芯张开的缺口钳入被测载流导线。然后松开手将钳形电流表的钳口闭合。被测导线电流在铁芯中产生了磁通。像互感器一样，被测导线就成为电流

互感器的一次绕组，使绕在铁芯上的二次绕组中产生感应电动势。测量电路中就有电流 I_2 流过，这个电流按不同的分流比，再经过整流后流入表头。表盘上标尺的刻度是按一次电流 I_1 而定，所以表的读数就是被测导线的电流。量程的改变由转换开关的改变分流电阻来实现。

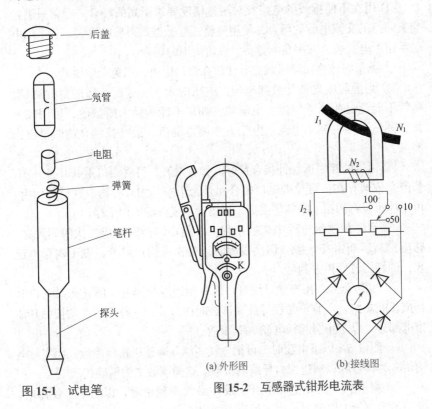

图 15-1 试电笔

（a）外形图　　（b）接线图

图 15-2 互感器式钳形电流表

② 电磁系钳形电流表。目前国产的 MG20 型、MG21 型电磁系钳形电流表可以测交、直流两用，其结构如图 15-3 所示。

这种表采用电磁系测量机构，卡在铁芯钳口中的被测电流导线相当于电磁系机构中的线圈，测量机构的可动铁片位于铁芯缺口中央。被测电流在铁芯中产生磁场，使动铁片被磁化产生电磁推力，从而带动仪表可动部分偏转，带动指针转动，指针即指出被测电流数值。由于电磁系仪表可动部分的偏转与电流的极性结构无关，因此它可以交、直流两用。特别是测量运行中绕线式异步电动机的转子电流，因为转子电流频率很低且随负载变化而变化，若用互感器式钳形电流表则无法测出其具体数据，而采用电磁系钳形电流表则可测出转子电流。因此，电磁系钳形电流表已广泛得到使用。

2）钳形电流表的使用方法

① 用在不便拆线的电路及对测量精度要求不高的场合。经常只测量交流回路的交流电流的场合，使用整流式互感器式钳形电流表。若采用电磁系钳形电流表，常用在测量交、直流两用的场合。

② 测量时应将被测量载流导线放在钳口中央，以免产生误差。

③ 测量前应先估计被测电流、电压的大小，选择合适的量程测量，指针不能超过所测的电流、电压值。如果不能确认大概数值，可用较大量程测试，再视被测电流、电压大小调整旋钮，最终找到合适的量程去测量。

④ 钳口两接触面保证接合良好。如有杂音，可将钳口重新开合一次，若声音依然存在，可检查钳口接合面是否干净。如有异物，铁锈等污垢，可用纱布等将污垢、铁锈等去掉，再用酒精或汽油等擦干净。

⑤ 不要在测量过程中切换量程，以免在切换时造成二次瞬间开路，感应出高压而击穿绝缘。切换量程时，要先将钳口打开，取下钳形电流表，调好挡位后再去测量。

⑥ 注意安全。在测量母线时，最好用绝缘板隔开，防止张口钳口时造成相间短路。不宜测量裸导线。读数时钳口放入、移出时，勿接触其他带电部分，以防止引起触电或短路事故。

⑦ 测量 5A 以下电流时，可把导线多绕几圈放进钳口测量，而实际电流值应为读数除以放进钳口导线的根数。这样读数更为精确些。

⑧ 测量后一定要把调节开关放在最大量程位置，以防下次使用时，使用不当测量大电流时，由于量程限制烧毁仪表。

（3）兆欧表

兆欧表的外形如图 15-4 所示。测量电气设备的绝缘电阻一般使用专用的工具兆欧表来测量，由于其表盘上的刻度尺单位是"兆欧"而称为兆欧表。又因它内部有一台手摇发电机，也有旧称为摇表。由于多数电气设备要求其绝缘材料在高压（几百伏、几万伏左右）情况下满足规定的绝缘要求。因此，测量绝缘电阻应在规定的耐压条件下进行。这就是必须采用备有高压电源的绝缘电表，而不能采用普通测量大电阻的方法进行测量的原因。一般绝缘材料的电阻都在 $10^6\Omega$ 以上，所以绝缘电阻表的标度尺的单位为兆欧（MΩ）。

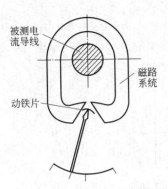

被测电
流导线

磁路
系统

动铁片

图 15-3　交、直流两用电磁
系钳形电流表结构

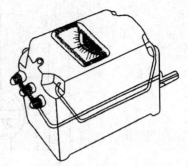

图 15-4　兆欧表的外形图

目前大多数绝缘电阻表都采用磁电系比率表的结构。

1）兆欧表的结构

兆欧表的基本结构是一台手摇发电机和一只磁电系比率表。手摇发电机（直流或交流与整流电路配合的装置）的容量很小，而输出的电压很高。兆欧表就是根据发电机能发出的最高电压来分类的。电压越高，测量的绝缘电阻就越大。磁电系比率表是一种特殊形式的磁电系测量机构。它的形式有几种，但基本结构和工作原理是一样的。与电动系比率表的结构相似。磁电系比率表也有两动圈，没有产生反作用力矩的游丝。动圈的电流是通过"导丝"引入的。两动圈彼此间成一角度α，并连同指针固定于同一轴上。此外，动圈内是开有一个缺口的圆柱形铁芯。所以，磁路系统的空气隙内的磁场是不均匀的。磁电系比率表基本结构如图 15-5 所示。测量时，两个动圈中的电流相反。

2）兆欧表的使用方法

① 测量前应切断被测设备的电源，对于电容量较大的设备应接地进行放电，消除设备的残存电荷，防止发生人身和设备事故及保证测量精度。

② 测量前将兆欧表进行一次开路和短路试验，若开路时指针不指"∞"处，短路时指针不指在"0"处，说明表不准，需要调换或检修后再进行测量。若采用半导体型兆欧表，不宜用短路进行校验。

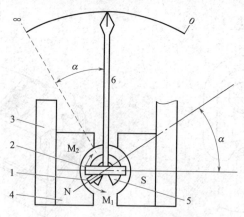

图 15-5 磁电系比率表基本结构

1,2—动圈；3—永久磁铁；4—极掌；5—开有缺口的圆柱形铁芯；6—指针

③ 从兆欧表到被测设备的引线，应使用绝缘良好的单芯导线，不得使用双股线，两根连接线不得交缠在一起。

④ 测量时要由慢逐渐转快，摇动手柄。如发现指针为零，表明被测绝缘物存在短路现象。这时不得继续摇动手柄，以免表内动圈因发热而损坏。摇动手柄时，不得时快时慢，以免指针摇动过大而引起误差。手柄摇动指针稳定为止，时间约 1min，摇动速度一般为 120r/ min 左右。

⑤ 测量电容性电气设备的绝缘电阻时，应在取得稳定读数后，先取下测量线，再停止摇动手柄，测量完后立即将被测设备进行放电。

⑥ 在兆欧表未停止转动和被测设备未放电之前，不得用于触摸测量部分和兆欧表的接线柱进行拆除导线，以免发生触电事故。

⑦ 将被测设备表面擦干净，以免造成测量误差。

⑧ 有可能感应出高电压的设备，在这种可能未消除之前，不可进行测量。

⑨ 放置地点应远离大电流的导体和有外磁场的场合，并放在平稳的地方，以免摇动手柄时影响读数。

⑩ 兆欧表一般有三个接线柱，分别为"L"（线路）、"E"（接地）、"G"（屏蔽）。测量电力线路的绝缘电阻时，L 接被测线路，E 接地线；测量电缆的绝缘电阻时，还应将 G 接到电缆的绝缘纸上，以得到准确结果。

3）兆欧表的检查

① 检查兆欧表的外壳、摇柄、接线柱、提手、玻璃、表面和指针等有无损坏。

② 将兆欧表置于水平位置，使两接线柱 L 和 E 开路，以 120r/min 的额定转速摇动发电机，观察指针是否指在"∞"位置（如有"∞"调节装置，应用时摇动的调节器），并检查发电机有无抖动、卡涩、声音不正常和指针卡阻等现象。

③ 仍以 120r/min 的速度摇动发电机，将兆欧表两接线柱 L、E 迅速短接，观察指针是否指到"0"位置。

④ 将兆欧表向任一方向倾斜 10°，摇动发电机，使指针指在"∞"位置，这时可动部分的平衡附加误差不得超过规定值。

⑤ 以额定转速摇动发电机，使两接线柱 L 和 E 之间的端电压，不应超过额定电压的 20%。

4）兆欧表的调整

根据检查结果，如果发现有不正常现象，应进行修复。调整中要注意两个测量线圈及指针和线圈间的相对位置是否准确，如仪表内部测量机构和发电机无问题，可按下列方法进行调整：

① 当兆欧表不连接任何导线或仅接一根"地线"时，转动手柄观察指针能否在"∞"位置，若不到"∞"时应减少电压回路的电阻；若超出"∞"，应增大电阻。对有"∞"调节器或磁分路片的可改变电位器或磁分路片的位置。

② 短接"L"与"E"两接线柱，转动手柄观察指针是否指到"0"位置（一般缓慢转动可指 0），若不到"0"位，应减小电流回路电阻，若超出"0"位，应增大电阻。若指针少许不到"0"或超出"0"位，可用镊子扳动指针进行调整。

③ 若指针少许不到"∞"位置，可用镊子扳动一下导丝，利用残余力矩使指针指到"∞"位置。

④ 当兆欧表"0"和"∞"都已调好，而前半段和后半段误差较大，可将导丝重新焊接，少许伸长或缩短导丝，利用导丝的残余力矩来改变刻度特性。

⑤ 当刻度特性改变，产生较大误差时，经检查可调整指针与线框夹角或两线框的夹角，或调整底座位置和线框偏斜情况，可消除或减小误差。

⑥当"0"和"∞"两点或其附近的刻度点都已调好，但中间部分误差较大，又无法调好时，只能重对刻度，重新校对。

（4）万用表

常用的万用表有指针模拟式万用表和数字式万用表两种类型。

万用表一般都能测量直流电流，直流电压；交流电流，交流电压。有的万用表还能测量温度、频率、电容、电感及晶体管参数等。它还可根据测量范围大小分出许多量程，所以它是多测量、多量程的便携式电测仪表。

1）模拟式万用表

如图 15-6 所示，万用表主要是由表头（测量机构）、测量线路和转换开关组成。表头用以指示被测量的数值；测量线路用来将各种被测量转换成适合表头测量用的直流较小电流；转换开关用以对不同测量线路进行选

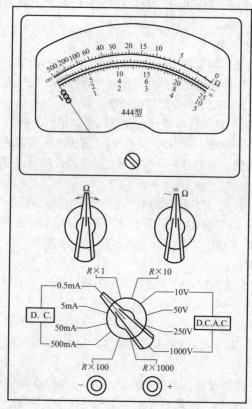

图 15-6　模拟式万用表外形

择，以适应各种测量项目和量限的要求。不同型号的万用表表面结构不完全一样，但下面几部分是每种万用表都有的，即带有多条标尺的表盘，有转换开关的旋钮，有在测量电阻时实现零欧姆调节的电位器的手柄，有供接线用的接线柱（或插孔）等。

2）数字式万用表

传统的模拟式万用表已有近百年的发展历史，虽经不断改进，仍远远不能满足电子与电工测量的需要。随着单片 CMOS A/D 转换器的广泛应用，新型袖珍式数字万用表 DMM 迅速得到推广和普及，显示出强大的生命力，并在许多情况下正逐步取代模拟式万用表。与此同时，数字万用表还向着高、精、尖的方向发展，具有高分辨率和高准确度的智能化数字万用表，也竞相进入电子市场。

数字万用表具有很高的灵敏度和准确度，显示清晰直观，功能齐全，性能稳定，过载能力强，便于携带。显示器数字式万用表外形如图 15-7 所示。

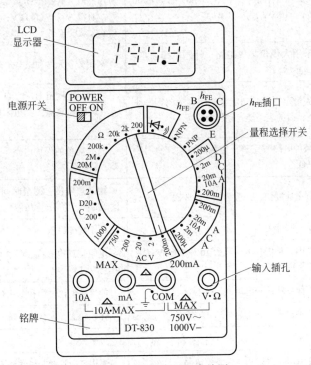

图 15-7　数字式万用表外形

表 15-1 列出了 $3\frac{1}{2}$ 位袖珍式数字万用表与模拟式万用表的主要性能比较。

表 15-1 $3\frac{1}{2}$ 位袖珍式数字万用表与模拟式万用表主要性能比较

序号	$3\frac{1}{2}$ 位数字万用表 DMM	模拟式万用表 VOM
1	数字显示，读数直观，没有视差	表针指示，读数不方便，有读数误差
2	测量准确度高，分辨力 100mV	测量准确度低，灵敏度为一百至几百毫伏
3	各电压挡的输入电阻为 10MΩ，但各挡电压灵敏度不相等，例如 200mV 挡高达 50 MΩ/V，1000V 挡为 10kΩ/V	各电压挡的输入电阻不等，量程越高，输入电阻越大，500V 挡一般为几兆欧。各挡电压灵敏度基本相等，通常为 4～20kΩ/V；直流电压挡的灵敏度较高
4	采用大规模集成电路，外围电路简单，LCD 显示	采用分立元件和磁电式表头
5	测量范围广，功能全，能自动调零操作简便，有的表还能自动转换量程	一般只能测量 U、I、Ω（三用表）需要调机械零点，测电阻时还要调 Ω 零点
6	保护电路较完善，过载能力强，使用故障率低	只有简单的保护电路，过载能力差，易损坏
7	测量速度快，一般为 2.5～3 次/s	测量速度慢，测量时间（不包括读数时间）需 1s 至几秒
8	抗干扰能力强	抗干扰能力差
9	省电，整机耗电一般为 10～30mW（液晶显示）	电阻挡耗电较大，但在电压挡和电流挡均不耗电
10	不能反映被测电量的连续变化	能反映变化过程和变化趋势
11	体积很小，通常为袖珍式或笔式	体积较大，通常为便携式
12	价格偏高	价格较低
13	交流电压挡采用线性整流电路	采用二极管做非线性整流

数字式仪表（包括数字万用表）的许多优点是传统的模拟式仪表所望尘莫及的。但是，数字仪表也有不足之处，主要表现为：

① 它不能反映被测电量的连续变化过程以及变化的趋势。例如用来观察电解电容器的充、放电过程，就不如模拟式电压表方便直观，它也不适于做电桥调平衡用的零位指示器。

② 价格偏高。目前袖珍式 $3\frac{1}{2}$ 位数字万用表的售价略高于模拟式万用表。当然，随着国内电子工业的发展，数字万用表的成本还将不断降低。目前，市场上已有大量低价位的数字万用表。

综上所述，尽管数字仪表具有许多优点，但它不可能完全取代模拟式仪表，因为在有些情况下，人们正是需要观察连续变化的量（例如观察电机转速的瞬间变化和变化过程）。另外，模拟式仪表并未停步不前，它也正向集成化、小型化、自动化和数字化的方向发展。尤其近年来又出现一种采用模拟和数字电路的混合式仪表，既采用指针显示，又采用数字显示，已不属于纯粹的模拟式仪表了。因此可以预料，在今后相当长的时期，数字仪表与模拟式仪表还将互相促进，互为补充，共同发展。目前国内市场上销售的数字万用表大部分是国内组装或仿制的，极少部分是进口原装机。

15.2 机床电气故障的检查与诊断方法

工厂常用机床设备电气线路出现的故障，由于控制电路的种类不同而具有不同的特点，因此，对于各类机床电气故障，要运用不同检修方法进行检修。这些方法包括直观法、火花法、测量电压法（分阶测量法、分段测量法、点测法）、测量电阻法（分阶测量法、分段测量法）、对比法、置换元件法、逐步开路法、逐步接入法、强迫闭合法、短接法（局部短接法、长短接法）等。这套方法的特点是很少使用仪表或不使用仪表。但在实际检修时，也可综合运用上述方法，并根据检修经验，对故障现象进行分析，快速准确地找到故障部位，采取适当方法加以排除。

15.2.1 直观法

直观法是根据电气故障的外部表现，通过问询、目测、鼻闻、耳听和手摸等手段、技巧与诀窍，来检查、诊断故障的方法。直观法是检查电气故障的重要一步，也是排除电气故障的第一步。

（1）常用方法

1）问

① 问清发生故障时的外部表现，包括故障在什么状态下出现的，有无"放炮"、冒烟、杂音、振动等特殊情况，发生故障的部位，故障后设备的异常现象等。

② 认真询问交接班记录。问明上班修理的情况，修理的部位，电器损坏情况，检查方法，更换的电器、导线等。

③ 仔细询问设备平时的运行情况，有无短时失灵、出现异常现象等。

维修电工问明情况的过程，也是分析故障的过程，只有故障情况基本问清了，对故障的范围心中也就大致有数了。

2）看

① 根据别人提供的情况和自己分析的部位，查看有无明显的故障点。

② 观察有无违章作业的情况，短时或断续工作的电机、电器有无连续运转，工作负载是否超过电气设备的额定值，操作频率是否太高等。

③ 查看各种开关的位置有无变动，电机的转速是否过高、过低，各种电器动作程序是否正确。

3）听

① 听电机的声音。电机在两相运转和一相匝间发生短路故障时，都会发出一种"嗡嗡"声且转速慢，但两相运转的声音低而沉闷，一相短路的声音高而杂。

直流电机电刷压力过大时发出一种尖叫声。当电刷下出现环火时，发出强烈的放电声音，同时伴有闪光。

② 听电器的声音。一般电器在运行时不应有响声（除吸合断开外），如出现响声可视为故障。但要根据不同的声音分清不同的故障。例如，接触器的噪声较小可判断为电路的故障，声音过大可判断为磁路或机械上的故障。

4）嗅

嗅就是用鼻子分辨电机、电器在正常情况下和烧毁时的不同气味。气味主要是电机和电器在温度过高时产生的，有四种物质的气味最强烈：绝缘漆、塑料、橡胶及油污。维修电工要善于从不同气味中辨别高温时电机和电器损坏的程度及不同物质。例如，发现一台电动机冒烟，若有强烈的绝缘漆烧毁的焦臭味，且时间较长，可判断为绕组烧毁。若嗅到的是塑料或橡胶烧毁时的气味而无绝缘漆的焦臭味，可判为电机引线短路，这种气味时间较短。拆开电机检查后并未发现绕组变色，可更换引线继续使用。若发现电机冒烟，但只有油污的气味，说明电机绕组上有油污，是电机产生高温时蒸发所致，一般拆开电机，排除引起电机发热的因素后，可继续使用。

另外还有一种情况：电机冒白烟，其温升不高，又无异常气味。大致可以判断白烟是长期存放后开始使用时从电机内吹出的灰尘，可视为电机无故障。

5）摸

摸主要是用手的触觉来感觉一下电机、电器的温度、振动，以及某些继电器和部件的压力线头是否松动等，从而判断有无故障。

温度过高是常见的电气故障，维修时经常使用温度计或其他工具测量，既不方便又费时间，而人手的触觉是一个很好的感温计，正常人的体温是基本恒定的，可以用手触摸的方法判断温度是否过高。手的触觉不可能准确到丝毫不差的程度，要根据经验定出自己的标准。下面仅以额定温升为 60℃ 的电机为例，说明人体温度与电机温升的关系。

① 电机运行时的三个范围。手感很凉或稍有温感，电机是良好状态。手感温度较高，但手放到机壳上烫感不强，一般可以继续使用。当手碰到机壳上烫得立即拿开，并闻到一种绝缘漆在高温下发出的气味时，一般属于电机故障，不能继续使用。

② 环境温度、电机温度、人体温度的关系。不同环境、季节，对电机的手感温度要能正确识别。例如，一台电机，在天气炎热（周围温度在35℃左右）时，手感温度在 70℃ 左右，若周围温度在 0℃ 时，也是同样的温度。尽管天冷时电机温度低，但也有可能属于故障温度；虽然天热时电机温度高，但也可能是正常温度。

③ 工作时间和电机温度的关系。有两台同型号、同负载的电机，一台工作了 3h，达到了额定温升，一台电机工作了 0.5h，就达到了额定温升，则后者应判断为故障温度。

④ 负载和电机温度的关系。在正常情况下，电机超载会引起温升过

高。如果电机处于轻载而温度过高，则说明电机有故障。

（2）适用范围

本方法适用于继电接触控制电路，同时也适用于微电子电路。如接触器、继电器线圈是否变黑、起泡，接线柱之间表面是否有发乌和烧焦的痕迹，电子电路中的电阻外表是否变色，玻璃管熔断器是否发黑等。

（3）检查步骤

① 调查情况。向机床操作者和故障发生时的在场人员询问故障情况，包括故障外部表现、大致部位、发生故障时的环境情况（如有无异常气体、明火，热源是否靠近电气设备，有无腐蚀性气体侵蚀，有无漏水等）、是否有人修理过、修理的内容等。通过以上的调查，可把故障的范围缩小。如经调查，故障发生前电器工作正常，故障发生后尚无人修理过，说明接错线的故障是不存在的。有火球说明是短路故障或接地故障，熔断器熔断说明短路或过载等。

② 初步检查。根据调查的情况，看有关电器外部有无损坏，连线有无断路、松动，绝缘有无烧焦，螺旋熔断器的熔断指示器是否跳出，电器有无进水、油垢，开关位置是否正确等。

③ 试车。通过初步检查，确认不会使故障进一步扩大和造成人身、设备事故后，可进行试车检查。试车中要注意有无严重跳火、冒火、异常气味、异常声音等现象，一经发现应立即停车，切断电源。注意检查电机的温升及电器的动作程序是否符合电气原理图的要求，从而发现故障部位。

（4）诊断实例

① 火花诊断法。火花诊断法就是用观察火花的方法诊断故障。电器的触点在闭合、分断电路或导线线头松动时会产生火花，因此可以根据火花的有无、大小等现象来检查故障。例如，正常固紧的导线与螺钉间不应有火花产生，当发现该处有火花时，说明线头松动或接触不良。电器的触点在闭合、分断电路时跳火，说明电路是通路，不跳火说明电路不通。当观察到控制电动机的接触器主触点两相有火花，一相无火花时，说明无火花的触点接触不良或这一相电路断路，其他控制电路是正常的；三相中有两相的火花比正常大，另一相比正常小，可初步判断为电动机相间短路或接地；三相火花都有比正常大，可能是电动机过载或机械部分卡住。在辅助电路中，接触器线圈电路通电后，衔铁不吸合，

要分清是电路断路，还是接触器机械部分卡住造成的。可按一下起动按钮，如按钮动合触点在闭合位置，断开时有轻微的火花，说明电路通路，故障原因是接触器本身机械部分卡住等；如触点间无火花，说明电路是断路。

② 从电器的动作程序来诊断故障。机床电器的工作程序应符合说明书和图纸的要求。如某一电路上的电器动作过早、过晚或不动作，说明该电路或电器有故障。另外，还可以根据电器发出的声音、温度、压力、气味等分析、诊断断故障。运用直观法，不但可以确定简单的故障，还可以把较复杂的故障缩小到较小的范围。

(5) **注意事项**

① 当电气元件已经损坏时，应进一步查明故障原因后再更换，不然会造成元件的连续烧坏。

② 试车时，手不能离开电源开关，以便随时切断电源。

③ 直观法的缺点是准确性差，所以不经进一步检查不要盲目拆卸导线和元件，以免延误时机。

15.2.2 测量电压法

(1) **基本原理**

测量电压法简称电压法，其主要理论依据就是电位原理。众所周知，同电位的两点之间是没有电压的，只有两点间不同电位才有电压。在继电接触电路的一条辅助回路中，只有其线圈有电压降，所以线圈的两端存在电位差故有电压，其他部分如连接导线、控制用的按钮触点、行程开关、接触器和继电器的触点，都可视为一根可以控制接通和分断的导线。电流在通过一根不长的导线时，是没有电压降的（从实际角度看虽然有微小的电压降，但可忽略不计，也就没有电压）。在正常工作（除线圈的两个接线柱以外）中，从线圈的一个接线柱到电源的一极，线圈的另一个接线柱到电源的另一个极的任何两点，都不应该有电压。如果这两段电路有断路故障，那么这两点之间就有电压，而且是电源的额定电压。这就是电压法中要测量连线两端、行程开关两端等的原因。

(2) **检查方法与步骤**

① 分阶测量法。分阶测量法如图15-8所示，该电路是从一般继电器接触电路中摘出的一条普通的辅助电路。

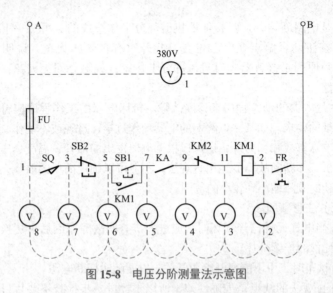

图 15-8　电压分阶测量法示意图

当电路中的行程开关 SQ 和中间继电器的动合触点 KA 闭合时,按起动按钮 SB1,接触器 KM1 不吸合,说明电路有故障。检查时,把万用表拨到交流电压 500V 挡位上（或用电压表）,首先测量电压线 A、B 两点电压,正常值为 380V。然后按起动按钮不放,同时将黑色测试棒接到 B 点上,红色测试棒按标号依次向前移动,分别测量标号 2、11、9、7、5、3、1 各点的电压。电路正常情况下,B 与 2 两点之间无电压,B 与 11、9、7、5、3、1 各点电压均为 380V。如 B 与 11 间无电压,说明是电路故障,可将红色测试棒前移。当移至某点时电压正常,说明该点前开关触点是完好的。此点以后的开关触点或接线断路。一般是此后第一个触点（即刚刚跨过的触点）或连线断路。例如,测量到 9 时电压正常,说明接触器 KM2 的动断触点或 9 所连导线接触不良或断路。究竟是触点故障还是连线断路,可将红色测试棒接在 KM2 动断触点的接线柱上,如电压正常,则故障在 KM2 的触点上；如没有电压,说明连线断路。根据电压值来检查故障的具体方法见表 15-2。

这种方法和上、下台阶一样,所以命名为分阶测量法。这种测量方法有一个缺点,就是万用表的一根测量线要很长。因为行程开关、按钮等安在控制电盘以外,尤其是大型设备,可能离电盘较远,所以测量起来很不方便。

表 15-2　分阶测量法所测电压值及故障原因　　　　　　　V

故障现象	测试状态	B-2	B-11	B-9	B-7	B-5	B-3	B-1	故障原因
SB1按下时KM1不吸合	SB1按下	380	380	380	380	380	380	380	FR 接触不良
		0	380	380	380	380	380	380	KM1 本身故障
		0	0	380	380	380	380	380	KM2 接触不良
		0	0	0	380	380	380	380	KA 接触不良
		0	0	0	0	380	380	380	SB1 接触不良
		0	0	0	0	0	380	380	SB2 接触不良
		0	0	0	0	0	0	380	SQ 接触不良

② 分段测量法。这种方法就克服了上一方法的缺点，在大数情况下，不用加长的测量导线，有时只在电盘内即可检查出电路故障。触点闭合时，各电器之间的导线在通电时电压降接近于零。而用电器、各类电阻、线圈通电时，其电压降等于或接近于外加电压。根据这一特点，采用分段测量法检查电路故障更为方便。电压的分段测量法如图 15-9 所示。

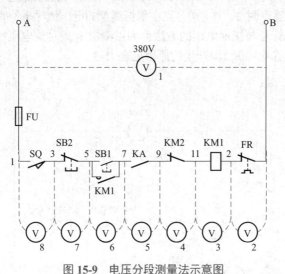

图 15-9　电压分段测量法示意图

按下按钮 SB1 时，如接触器 KM1 不吸合，按住按钮 SB1 不放，先测 A、B 两点的电源电压，电压在 380V，而接触器不吸合说明电路有断路之处。可将红、黑两测试棒逐段或者说重点测相邻两标号的电压。如电路正常，除 11 与 2 两标号间的电压等于电源电压 380V 外，其他相邻两点间的电压都应为零。如测量某相邻两点电压为 380V，说明该两点所包括的触点或连接导线接触不良或断路。例如，标号 3 与 5 两点间电压为 380V，说明停止按钮接触不良。当测电路电压无异常，11 与 2 间电压正好等于电源电压时，接触器 KM1 仍不吸合，说明线圈断路或机械部分卡住。

对于设备上电器开关及电器相互间距离较大、分布面较广的设备，由于万用表的测试棒连线长度有限，用分段测量法检查故障比较方便。例如，只在电盘中检查该线路故障的方法。现分析一下电路，因为 A、B 两点是电源，肯定电盘内有接点，线号 3 可能在电盘外，线号 5 因在接触器 KM1 有自锁触点，所以在电盘内有接点，其他线号 7、9、11 均在电盘中有接点。测量行程开关或停止按钮时，只要测量线号 1 和 5，如有电压，说明行程开关和停止按钮中有一个有故障，然后再单独检查这两个触点，就省事多了。

③ 点测法。机床电气的辅助电路电压为 220V 且中性线接地，可采用点测法来检查电路故障，如图 15-10 所示。把万用表的黑色测试棒接地，红色测试棒逐点测 2、11、9 等点，根据测量的电压情况来检查电气故障，这种测量某标号与接地电压的方法称为点测法（或对地电压法）。用点测法测量电压值及判断故障产生的原因见表 15-3。

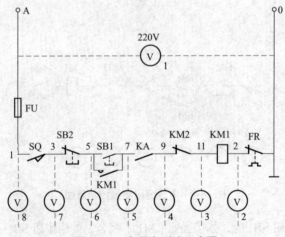

图 15-10　电压点测法示意图

表 15-3　点测法所测电压值及故障原因　　　　　　　　V

故障现象	测试状态	2	11	9	7	5	3	1	故障原因
SB1 按下时 KM1 不吸合	SB1 按下	220	220	220	220	220	220	220	FR 接触不良
		0	220	220	220	220	220	220	接触器 KM1 本身有故障
		0	0	220	220	220	220	220	KM2 接触不良
		0	0	0	220	220	220	220	KA 接触不良
		0	0	0	0	220	220	220	SB1 接触不良
		0	0	0	0	0	220	220	SB2 接触不良
		0	0	0	0	0	0	220	SQ 接触不良
		0	0	0	0	0	0	0	FU 熔断

（3）适用范围

电压法既适用于继电器接触电路，也适用于电子电路，现以共射电路为例介绍一下用电压法检查电路故障的方法，如图 15-11 所示。这是一个晶体管开关电路的实验电路，调节偏置电阻 RB，从最大值开始，逐步减小，每调一次就把三个电表上的读数记录下来，见表 15-4。

表 15-4　电表读数记录表

基极电流 I_B/mA	0	15	20	30	40	50	60	70	80	90	100	120
集电极电流 I_c/mA	0.1	1	1.4	2.3	3.2	4	4.7	5.2	5.8	6	6	6
集电极和发射极间电压 U_c/V	11.8	10	9.2	7.4	5.6	4	2.6	1.4	0.4	0.1	0.1	0.1

从表 15-4 和图 15-11 中可以看到，无基极电流时，三极管的集电极和发射极是关断状态，可视为开关打开，其电压近似为电源电压。基极电流在 90mA 以上时，三极管处于导通状态，可视为开关关闭，其两极的电压近似为零。如果三极管导通时，其集电极与发射极之间仍为电源电压，则说明三极已损坏。如三极管集电极与发射极间的电压为零，但没有集电极电

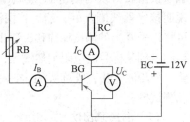

图 15-11　晶体管开关电路（实验电路）

流，则有可能是电阻断路、集电极与电阻间的连线虚焊、引脚断路等。可测量集电极引脚与电阻 RC 之间的电压，如电压等于电源电压，说明连线断路。三极管在关断状态下，集电极与发射极的电压为零，说明三极管的集电极与发射极之间击穿。

（4）注意事项

① 用分阶测量法时，标号 11 以前各点对 B 点应为 220V，如低于该电压（相差 20% 以上，不包括仪表误差）时，可视为电路故障。

② 分段或分阶测量接触器线圈两端 11 与 2 时，电压等于电源电压，可判断为电路正常，如接触器不吸合，说明接触器本身有故障。

③ 电压的三种检查方法可以灵活运用，测量步骤也不必过于死板，除点测法在 220V 电路上应用外，其他两种方法是通用的，也可以在检查一条电路时用两种方法。在运用以上三种方法时，必须将起动按钮按住不放或用导线将动合触点短接起来，才能测量。

15.2.3 测量电阻法

测量电阻法简称电阻法，可分为分阶测量法和分段测量法两种。

（1）分阶测量法

分阶测量法如图 15-12 所示。当确定电路中的行程开关 SQ、中间继电器触点 KA 闭合时，按起动按钮 SB1，接触器 KM1 不吸合，说明该电路有故障。检查时先将电源断开，将 KA 和 SQ 触点用线短接或按压使其闭合，把万用表拨到电阻挡位上，测量 A、B 两点电阻（注意，测量时要一直按下按钮 SB1）。如电阻为无穷大，说明电路断路。为了进一步检查故障点，将 A 点上的测试棒移至标号 2 上，如果电阻为零，说明热继电器触点接触良好。再测量 B 与 11 两点间电阻，若接近接触器线圈电阻值，说明接触器线圈良好。然后将两测试棒移至 9 与 11 两点，若电阻为零，可将标号 9 上的测试棒前移，逐步测量 7-11、5-11、3-11、1-11 的电阻值。当测量到某标号时电阻突然增大，则说明测试棒刚刚跨过的触点或导线断路。分阶测量法，既可从 11 向 1 方向移动测试棒，也可从 1 向 11 方向移动测试棒。

（2）分段测量法

分段测量法如图 15-13 所示。前提条件与分阶测量法相同。先切断电源，按下起动按钮，两测试棒逐段或重点测试相邻两标号（除 2-11 外）的电阻。如两点间电阻很大，说明该触点接触不良或导线断路。例如，当测得 1 与 3 两点间电阻很大时，说明行程开关触点接触不良。这两种方法适用于开关、电器在机床上分布距离较大的电气设备。

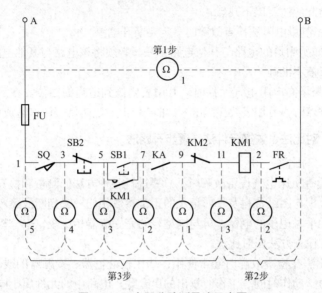

图 15-12　电阻分阶测量法示意图

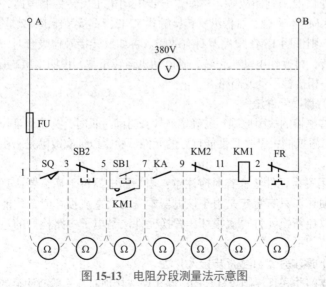

图 15-13　电阻分段测量法示意图

（3）注意事项

测量电阻法的优点是安全，缺点是测量电阻值不准确时容易造成判断错误。为此应注意以下几点：

① 用测量电阻法检查故障时一定要断开电源。

② 如所测量的电路与其他电路并联，必须将该电路与其他电路断开，否则电阻值不准确。

③ 测量高电阻电气元件时，万用表要拨到适当的挡位。在测量连接导线或触点时，万用表要拨到 R×1 的挡位上，以防仪表误差造成误判。

15.2.4　对比法、置换元件法、逐步开路法

（1）对比法

在检查机床电气设备故障时，总要进行各种方法的测量和检查，把已得到的数据与图纸资料及平时记录的正常参数相比较来判断故障。对既无资料又无平时记录的电器，可与同型号的完好电器相比较，来分析检查故障，这种检查方法叫对比法。

对比法在检查故障时经常使用，如比较继电器、接触器的线圈电阻、弹簧压力、动作时间、工作时发出的声音等。电路中的元件属于同样控制性质或多个元件共同控制同一设备时，可以利用其他相似的或同一电源的元件动作情况来判断故障。例如，异步电动机正反转控制电路，若正转接触器 KM1 不吸合，可操纵反转接触器 KM2，看接触器 KM2 是否吸合，如吸合，则证明 KM1 电路本身有故障。再如反转接触器吸合时，电动机两相运转，可操作电动机正转，若电动机运转正常，说明 KM2 主触点或连线有一相接触不良或断路。

（2）置换元件法

某些电器的故障原因不易确定或检查时间过长时，为了保证设备的利用率，可置换同一型号且性能良好的元件试验，以证实故障是否由此电器引起。

运用置换元件法检查时应注意：当把原电器拆下后，要认真检查是否已经损坏，只有肯定是由于该电器本身因素造成损坏时，才能换上新电器，以免新换元件再次损坏。置换元件法是电子电路检修的重要方法之一。

（3）逐步开路（或逐步接入）法

多支路并联且控制较复杂的电路短路或接地时，一般有明显的外部表

现，如冒烟、有火花等。电动机内部或带有护罩的电路短路、接地时，除熔断器熔断外，不易发现其他外部现象。这种情况可采用逐步开路（或逐步接入）法检查。

① 逐步开路法。遇到难以检查的短路或接地故障，可重新更换熔体，把多支路并联电路，一路一路逐步或重点地从电路中断开，然后通电试验。若熔断器不再熔断，则故障就在刚刚断开的这条支路上。然后再将这条支路分成几段，逐段地接入电路。当接入某段电路时熔断器又熔断，则故障就在这段电路及其电气元件上。这种方法简单，但容易把损坏不严重的电气元件彻底烧毁。为了不发生这种现象，可采用逐步接入法。

② 逐步接入法。电路出现短路或接地故障时，换上新熔断器，逐步或重点地将各支路一条一条地接入电源，重新试验。当接到某段电路时熔断器又熔断，则故障就在这条电路及其所包含的元件上。这种方法叫逐步接入法。

逐步接入（或逐步开路）法是检查故障时较少用的一种方法。它有可能使有故障的电器损坏得更厉害，而且拆卸的线头特别多，很费力，只在遇到较难排除的故障时才用这种方法。在用逐步接入法排除故障时，因大多数并联支路已经拆除，为了保护电器，可用较小容量的熔断器接入电路进行试验。某些不易购买且尚能修复的元件出现故障时，可用欧姆表或绝缘电阻表进行接入或开路检查。

15.2.5 强迫闭合法

在排除机床电气故障时，经过直观检查后没有找到故障点而手下也没有适当的仪表进行测量，可用一根绝缘棒将有关继电器、接触器、电磁铁等用外力强行按下，使其动合触点或衔铁闭合，然后观察机床电气部分或机械部分出现的各种现象，如电动机从不转到转动，机床相应的部分从不动到正常运行等。利用这些外部现象的变化来判断故障点的方法叫强迫闭合法。

（1）检查一条回路的故障

在异步电动机单向起动控制电路（见图15-14）中，若按下起动按钮SB1，接触器KM不吸合，可用一根细绝缘棒或绝缘良好的螺钉旋具（注意手不能碰金属部分），从接触器灭弧罩的中间孔（小型接触器用两根绝缘棒对准两侧的触点支架）快速按下然后迅速松开，可能有如下情况出现：

①电动机起动，接触器不再释放，说明起动按钮 SB1 接触不良。

②电动机不转但有"嗡嗡"的声音，松开时看到三个触点都有火花，且亮度均匀。其原因是电动机过载或辅助电路中的热继电器 FR 动断触点跳开。

③电动机运转正常，松开后电动机停转，同时接触器也随之跳开。一般是辅助电路中的熔断器 FU 熔断或停止，起动按钮接触不良或接触器 KM 的自锁触点接触不良等。

④电动机不转但有"嗡嗡"声，松开接触器的主触点时只有两触点有火花。说明电动机主电路一相断路，接触器一个主触点接触不良。

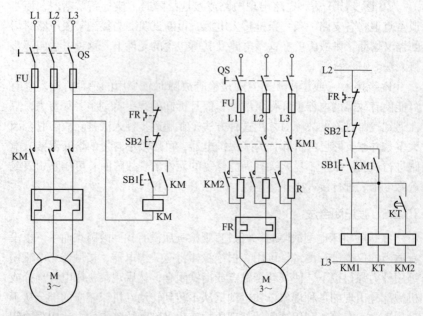

图 15-14　异步电动机单向
　　　　起动控制电路

图 15-15　时间继电器自动
　　　　控制降压起动电路

（2）检查多支路自动控制电路的故障

在多支路自动控制降压起动电路（见图 15-15）起动时，定子绕组上串联电阻 R，限制了起动电流。在电动机转速上升到一定数值时，时间继电器 KT 动作，它的动合触点闭合，接通 KM2 电路，起动电阻 R 自动短接，电动机正常运行。如果按下起动按钮 SB1，接触器不闭合，可将 KM1 强迫闭合，松开后看 KM1 是否保持在吸合位置，电动机在强迫闭合瞬间是否起动。如果 KM1 随绝缘棒松开而释放，但电动机转动，则故障在停止按钮 SB2、热继电器 FR 触点或 KM1 本身。如电动机不转，则故障在主电路熔断器上或电源无电压等。如 KM1 不再释放，电动机正常运转，故障在起动按钮 SB1 动合触点。

当按下起动按钮 SB1，KM1 吸合，时间继电器 KT 不吸合。故障在时间继电器线圈电路或它的机械部分。如时间继电器 KT 吸合，但 KM2 不吸合，可用小螺钉旋具按压 KT 上的微动开关触杆，注意听是否有开关动作的声音，如有声音且电动机正常运行，说明微动开关装配不正确。

（3）注意事项

用强迫闭合法检查电路故障，如运用得当，比较简单易行，但运用不好也容易出现人身和设备事故，所以应注意以下几点：

① 运用强迫闭合法时，应对机床电路控制程序比较熟悉，对要强迫闭合的电器与机床机械间部分的传动关系比较明确。

② 用强迫闭合法前，必须对整个故障的电气设备、电器做仔细的外部检查，如发现以下情况，不得用强迫闭合法检查。

a. 具有联锁保护的正反转控制电路中，两个接触器中有一个未释放，不得强迫闭合另一个接触器。

b. Y-△起动控制电路中，当接触器 KM △没有释放时，不能强迫闭合其他接触器。

c. 机械设备的运动部件部分已达到极限位置，又弄不清反向控制关系时，不要随便采用强迫闭合法。

d. 当强迫闭合某电器可能造成机械部分（机床夹紧装置等）严重损坏时，不得用强迫闭合法检查。

e. 用强迫闭合法时，所用的工具必须有良好的绝缘性能，否则会出现比较严重的触电事故。

15.2.6 短接法

机床电气故障大致归纳为短路、过载、断路、接地、接线错误、电磁及机械部分故障等六类。诸类故障中出现较多的为断路故障。它包括导线断路、虚连、松动、触点接触不良、虚焊、假焊、熔断器熔断等。对这类故障除用电阻法、电压法检查外，还有一种更为简单可靠的方法，就是短接法。短接法是用一根绝缘良好的导线，将所怀疑的断路部位短接起来，如短接到某处，电路工作恢复正常，说明该处断路。

（1）局部短接法

局部短接法如图15-16所示。当确定电路中的行程开关 SQ 和中间继电器动合触点 KA 闭合时，按下起动按钮 SB1，接触器 KM1 不吸合，说明该电路有故障。检查时，可首先测量 A、B 两点电压，若电压正常，可将按钮 SB1 按住不放，分别短接 1-3、3-5、7-9、9-11 和 B-2。当短接到某点，接触器吸合，说明故障就在这两点之间。具体短接部位及故障产生的原因见表15-5。

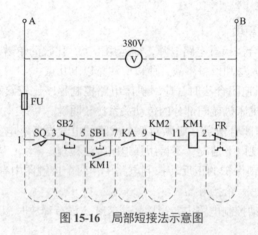

图15-16　局部短接法示意图

表15-5　短接部位及故障原因

故障现象	短接标号	接触器 KM1 的动作情况	故障原因
按下起动按钮 SB1 时接触器 KM1 不吸合	B-2	KM1 吸合	FR 接触不良
	11-9	KM1 吸合	KM2 动断触点接触不良
	9-7	KM1 吸合	KA 动合触点接触不良
	7-5	KM1 吸合	SB1 触点接触不良
	5-3	KM1 吸合	SB2 触点接触不良
	3-1	KM1 吸合	SQ 触点接触不良
	1-A	KM1 吸合	熔断器 FU 接触不良或熔断

（2）长短接法

长短接法如图 15-17 所示，它是指一次短接两个或多个触点或线段，用来检查故障的方法。这样做既节约时间，又可弥补局部短接法的某些缺陷。例如，两触点 SQ 和 KA 同时接触不良或导线断路（见图 15-17），局部短接法检查电路故障的结果可能出现错误的判断。而用长短接法一次可将 1-11 短接，如短接后接触器 KM1 吸合，说明 1-11 这段电路上一定有断路的地方，然后再用局部短接的方法来检查，就不会出现错误判断的现象。长短接法另一个作用是把故障点缩小到一个较小的范围之内。

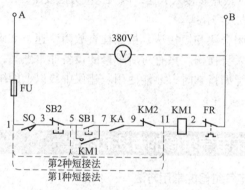

图 15-17　长短接法示意图

总之，应用短接法时，可把局部短接法与长短接法结合起来使用，这样就能加快排除故障的速度了。

（3）注意事项

① 应用短接法时是用手拿着绝缘导线带电操作的，所以一定要注意安全，避免发生触电事故。

② 只有在确认所检查的电路电压正常时，才能进行检查。

③ 短接法只适于压降极小的导线、电流不大的触点之类的短路故障。对于压降较大的电阻、线圈、绕组等断路故障，不得用短接法，否则就会出现短路故障。

④ 对设备的某些要害部位，要慎重行事，必须在保障电气设备或机械部位不出现故障的情况下才能使用短接法。

⑤ 在怀疑熔断器熔断或接触器的主触点断路时，先要估计一下电流，一般在 5A 以下时才能使用。否则容易产生较大的火花，烧伤人手。

在上述列举的故障检查方法中有一个突出特点，就是利用线号进行故障检查，这就对电气维修人员提出了一个要求：不论是平时维修还是大修都必须保护好线号，不能丢失，不能随便换号。对丢失的线号要及时补上。这样在检查故障时，才能得心应手。

在使用这些方法时，要灵活运用，一个电气设备出现故障，可以用一种方法，也可以用多种方法，哪种方法适于该设备，就用哪种方法。

在使用检查方法时，要根据自己的维修经验和理论基础，运用这些方法。为此，建议初级维修电工使用电压法、电阻法、对比法、置换元件法、逐步开路（或逐步接入）法。因为这些方法安全，既不会造成设备损坏，也不会造成人身伤害。

对于强迫闭合法和短接法，虽然检查故障快速、准确，但使用不当会造成设备和人身损伤。只有对所维修的设备非常熟悉，而且对设备当时的各种状态了如指掌时，才能使用。建议中级以上的维修电工使用这两种方法。

15.3 机床电气维修的方法和步骤

15.3.1 机床电气维修的常用方法

（1）逻辑检查分析法

所谓逻辑检查分析法就是根据机床电气控制线路的工作原理、控制环节的动作程序以及它们之间的联系，结合故障现象具体地分析，迅速地缩小检查范围，然后判断故障所在。

对于维修人员来说，要求故障排除快，才不致影响生产。但快的前提是准，只有判断准确，才能排除迅速。逻辑检查分析法就是以准为前提、以快为手段、以排除故障为目的的一种检查维修方法。

（2）试验法

当判断故障集中在个别控制环节，从外表又找不到故障所在，在考虑到不损伤电气和机械设备，并征得机床操作者同意的前提下，可开动机床试验。开动时，可先点动试验各控制环节的动作程序，看有关电器是否按规定的顺序动作。若发现某一电器动作不符合要求，即说明故障点在与此电器有关的电路中，于是可在这部分电路中进一步检查，便可发现故障所在。

检查各控制环节动作程序时，尽可能切断主电路，仅在控制电路中带电情况下进行试验。试验过程中，不得随意用外力使继电器或接触器动作，以防引起事故。

（3）测量法

利用试电笔、万用表、灯泡，以及其他自制设备等，测量线路中电压、电流及元件是否正常，是较有效的检查方法。随着技术的发展，测量手段也相应加强了。例如在采用晶闸管控制的机床中，利用示波器来观察晶闸管的输出波形，触发线路的脉冲波形，就能很快地判断线路故障所在。

15.3.2　机床电气维修的步骤

（1）熟悉机床电路

在接到机床现场出现故障要求排除的信息时，到现场后不要急于动手处理。要弄懂使用说明书、图纸资料、机床电路，分析清楚是主回路的故障还是控制回路的故障，是电气系统故障还是机械、液压系统故障，了解设备情况。由于大多数故障是有故障现象表现出来的，所以一般情况下，对照机床配套使用说明书，就可以大致列出产生该故障的多种可能原因。有的故障排除方法可能很简单，但有些故障则往往比较复杂，首先一定做好排除故障的准备。

（2）按电路环节功能缩小故障范围

弄懂使用说明书、图纸资料、机床电路后，认真询问调查故障现象。应要求操作者尽量保持现场故障状态，不做任何处理，这样更有利于迅速精确地分析故障原因。同时仔细询问故障指示情况、故障表象及故障产生的背景情况。首先要验证操作者提供的各种情况的准确性、完整性，对多种可能的原因进行排查，从中找出本次故障的真正原因。检查是否存在机械、液压故障。在许多电气设备中，电气元件的动作是由机械或液压来执行的，或与机械有着十分密切的联系，这时可与机修师傅协同工作，检查与共同排除机械故障和进行有关调整工作。根据已知的故障状况，按以前所述故障分类办法分析故障类型，从而确定排除故障原则。由于大多数故障是有迹象的，所以一般情况下，对照机床使用说明书，可以列出产生该故障的多种可能的原因。按电路环节功能尽量缩小故障范围。

(3) 了解、观察与分析现象

当机床出现故障后，维修电工到场后，在未检查之前，首先要向机床操作者询问情况。向操作者了解故障前的工作情况及故障后的症状，对处理故障具有十分重要的意义。因为多数操作者熟悉机床的性能，他们对经常发生的故障和处理方法有很多宝贵经验；同时，全面了解故障前后的情况，有利于根据电气设备的工作原理来分析和处理故障，所以必须重视这一工作。

首先要问故障发生时是怎样停机的，是自动停机的，还是操作者发现了异常情况后，操作者自己停的机；是全部停机还是局部停机，如果是局部，停的是哪一部分，怎样停的；出现故障后，操作者在停机前后都动了什么，动了哪个按钮等等；在停机前后又发现什么异常情况没有，以前是否发生过类似的故障，别的师傅是怎样处理的等问题。

问明情况后，应该切断该机床总电源。如果操作的师傅反映是电动机自动停机，要摸一下电动机的温度。如果电动机有温升，下一步检查时，要注意检查主接触器、热继电气、熔断器等元件。如果电动机已烫手，不敢碰了，说明电动机基本已经超过允许温升，除检查上述元件外，还要检查电动机的绝缘情况。打开电动机接线口，断开电源，将电动机出线的连片去掉，用兆欧表测量电动机相间绝缘，每项对地绝缘电阻情况。如果电动机没问题，可摸一下元件是否有温度变化的情况，各处接线情况，包括接线板处，接线是否牢固可靠。

在接到机床现场出现故障要求排除的信息时，首先应要求操作者尽量保持现场故障状态，不做任何处理，这样有利于迅速精确地分析故障原因。同时仔细询问故障指示情况、故障表现及故障产生的背景情况，依此做出初步判断，以便确定现场排故所应携带的工具、仪表、图纸资料、备件等，减少往返时间。

(4) 区别易损坏部位和不易损坏部位

注意总结哪些部位、元件、线段、用电设备及线路容易出现故障和容易损坏，这对提高排除电气故障的速度，提高设备的运行率也是较重要的一环。当遇到故障时一般要先检查易损坏的部位，而后检查不易损坏的部位。易损坏部位和不易损坏部位见表15-6，这是笔者在长期电气维修工作中总结的一套行之有效的电气故障检查顺序，会对读者学习和维修工作有所帮助。

表 15-6　易损坏部位和不易损坏部位

易损坏部位	不易损坏部位	易损坏部位	不易损坏部位
1. 常动部位	1. 不常动的部位	8. 导线的接头部位	8. 导线的中间部位
2. 温度高的部位	2. 温度低的部位	9. 铜铝接触的部位	9. 铜与铜、铝与铝接触部位
3. 电流大的部位	3. 电流小的部位	10. 电器外部①	10. 电器内部
4. 潮湿、油垢、粉尘多的部位	4. 干燥、清洁的部位	11. 电器上部②	11. 电器下部
5. 导线穿管的管口处	5. 管内导线	12. 构造复杂（零部件较多）的电器	12. 构造简单（零部件较少）的电器
6. 振动撞击大的部位	6. 振动撞击小的部位	13. 起动频繁的电器设备	13. 起动次数较少、负载较轻的电器设备
7. 腐蚀性有害气体浓度高的部位	7. 通风良好、空气清新的部位		

① 电器外部易损坏是因为经常受碰撞，拆卸比较频繁，易受腐蚀等。
② 电器上部易损坏是因铁屑、灰尘、油垢容易落在上面造成短路。

由表 15-6 中可以看出，不但排除电气故障时要遵照先外后内，先检查易损坏部位，后检查不易损坏部位，而且平时维护保养也要注意重点检查这些易损坏部位，变易损坏部位为不易损坏部位。例如，易氧化的接点、触点等处要经常擦拭，潮湿的部位采取防潮措施等，可把故障消灭在萌芽状态。

检查故障要先做外部检查，然后再做内部检查。很多故障都有其外部表现，主要特征之一是电器颜色和光泽的改变。例如，接触器、继电器线圈正常时最外层绝缘材料有的呈褐色，有的呈棕黄色，烧毁后变成黑色或深褐色。包扎的绝缘材料如果本来是黑色或深褐色，烧毁时就不容易从颜色辨别，但可以从外部光泽上来辨别：正常时有一定的光泽（浸漆所致），烧毁后呈乌色，用手轻轻一抠会有粉末脱落。

转换开关、接触器等电器外壳，是用塑料或胶木材料制成的，正常时平滑光亮；烧毁或局部短路后，光泽消失起泡，如用刀刮一刮，有粉末落下，说明烧焦了。弹簧变形、弹性减退是经常出现的故障。用弹簧秤调整触点压力或调整弹簧压力不太方便，只有在特殊情况下采用。平时的维修工作中，对于弹簧的弹力，气压、油压、继电器各弹簧的压力等，都应锻炼用手的感觉来调整或测定。用手的感觉来测出它们的准确值是相当困难的，但要注意积累经验，经过多次调整试验，一般都能达到技术要求所规定的范围。锻炼用手测定压力范围的方法如下：

① 比较法。如怀疑某电器的弹力减退或修理后弹力过大，可拿同型号的电器或同一电盘中正常工作的电器，对比按压试验，如有明显差异，说明故障或修理过的电器弹力不正常。

② 用仪表对照试验法。用仪表测量后，再用手试验，也是锻炼手测压力的好办法。例如，测试直流电动机的电刷压力，先用弹簧秤称一下弹簧压力的大小。再用手来测试几次，感觉一下弹簧力的大小。或估测一下大致数值，然后再用弹簧秤称一下，看自己感觉的误差。这样经过一段时间的锻炼，即可掌握手测方法。

(5) **排除故障的注意事项与操作禁忌**

通过以上故障的检查办法，初步诊断故障所在，就可着手排除，排除故障具体操作时应注意以下几点。

① 一定要注意人身安全，除非必须带电检查故障外，一定要切断电源，确认无误后方可进行工作。如果必须带电检查故障，一定要确保安全。

② 排除故障所用的仪器仪表、试验工具量程一定要准确，并且要与被测设备相符。

③ 注意设备安全。检查故障时尽量切断主回路，以防在故障未排除的情况下起动设备，造成不必要的设备损坏。

④ 故障排除后，进行试车时，一定要经操作者同意方可进行。试车时出现意外现象，一定要立即切断电源，以防事故扩大。

⑤ 故障排除后，及时清理现场。

(6) **不断总结经验、提高维修技能**

每次排除故障后，应及时总结，积累经验，为以后的维修工作奠定良好的基础。并做维修记录，以备以后维修工作时参考，通过对故障的分析和排除，并采取有效措施，防止类似事故再次发生。

机床电气设备的故障现象不是千篇一律的，即使是同一故障现象，发生的部位也会有所不同，所以在维修中，不可生搬硬套，而应理论与实践相结合灵活处理。在处理故障时，更不能侥幸行事，而是应该从根本上给予彻底解决。

15.4　机床电气设备的维护和保养

15.4.1　钻床电气维护保养

钻床电气维护保养参考标准见表 15-7。

表 15-7　钻床电气维护保养参考标准

项目	参考标准
钻床检修周期	①例行保养：每周一次 ②一级保养：每月一次 ③二级保养：三年一次 ④大修：与机床大修（机械）同时进行
钻床电气的例行保养	①向操作工了解设备运行状况 ②查看开关箱内及电动机是否有水或油污进入 ③查看导线、管线有否破裂现象
钻床电气的一级保养	①检查电线、管线有无过热现象和损伤之处 ②清洁电器及导线上的油污和灰尘 ③拧紧连接处的螺栓，要求接触良好 ④必要时更换损伤的电器及导线
钻床其他电气的一级保养	①检查电源线、限位开关、按钮等的工作状况，并清扫油污，打光触头，要求动作灵敏可靠 ②检查熔丝热继电器，安全灯，变压器等是否完好，并进行清扫 ③测量各电气设备和线路的绝缘电阻，检查接地线，要求接触良好 ④检查开关箱门是否完好，必要时要进行检修
钻床二级保养	①进行一级保养的全部项目 ②检查夹紧放松机构，要求接触良好，动作灵敏 ③检查总电源接触滑环接触良好，并清扫除尘 ④重新整定过流保护装置，要求动作灵敏可靠 ⑤更换个别损伤的元件和老化损伤的电线 ⑥核对图纸、提出对大修的要求
钻床电气大修内容	①进行一、二级保养的全部项目 ②拆开配电板进行清扫，更换不能用的电气元件及电线 ③重装全部管线及电气元件，并进行排线 ④重新整定过流保护元件 ⑤试车：要求开关动作灵敏可靠，电动机发热声音正常，三相电流平衡 ⑥核对图纸，油漆开关箱内外及附件

项目	参考标准
钻床电气完好标准	①电器线路整齐清洁，无损伤，电气元件完好 ②各接触点触头接触良好 ③各电气线路绝缘良好，床身接地良好 ④各保护装置齐全，动作符合要求 ⑤各开关动作灵敏可靠，电机、电器无异常声响，三相电流平衡 ⑥零部件完整无损 ⑦图纸资料齐全

15.4.2 车床电气维护保养

车床电气的维护保养参考标准见表 15-8。

表 15-8　车床电气的维护保养参考标准

项目	参考标准
车床检修周期	①例保：每周一次 ②一保：每月一次 ③二保：电动机（封闭式）三年一次，电动机（开启式）二年一次 ④大修：与机床大修同时进行
车床电气设备的修理例保	①检查电气设备是否运行正常 ②检查电气设备有没有不安全的因素 ③检查导线及管线有破裂 ④检查导线及控制变压器，电阻等有否过热 ⑤向操作工了解设备运行情况
车床线路的一保	①检查线路有无过热，电线的绝缘是否有老化及机械损伤。蛇皮管是否脱落或损伤 ②检查电线紧固情况，拧紧触点连接处 ③必要时更换个别损伤的电气元件和线路 ④电气箱等吹灰清扫
车床其他电气的一保	①检查电源线工作状况，并清除灰尘和油污，要求动作灵敏可靠 ②检查控制变压器和补偿器、磁放大器等线圈是否过热 ③检查信号过流装置是否完好，要求熔丝、过电流保护符合要求 ④检查铜鼻子是否有过热和熔化现象 ⑤更换不能用的电气部件 ⑥检查接地线接触情况 ⑦测量线路及各电器的绝缘电阻

续表

项目	参考标准
车床开关箱的一保	①检查配电箱的外壳及其密封性是否完好，是否有油污进入 ②门锁及开门的联锁机构是否能用
车床电气二保内容	①进行一保的全部项目 ②消除和更换损坏的配件 ③重新整定热保护过流保护及仪表装置，要求动作灵敏可靠 ④空试线路，要求各开关动作灵敏可靠 ⑤核对图纸，提出大修要求
车床电气大修内容	①进行二保和一保的全部项目 ②全部拆开配电箱，重装所有的配件 ③解体旧的电器开关，清扫各电气元件（包括熔丝，闸刀，接线端子等）的灰尘和油污，除去锈迹，并进行防腐工作，必要时更新 ④重新排线安装电气元件，消除缺陷 ⑤进行试车，要求各联锁装置、信号装置、仪表装置动作灵敏可靠，电动机、电器无异常声响、过热现象 ⑥油漆开关箱和其他附件 ⑦核对图纸，要求图纸编号符合要求
车床电气完好标准	①各电器开关线路清洁整齐并有编号，无损伤，接触点接触良好 ②电气开关箱门密封性能良好 ③电器线路及电动机绝缘电阻符合要求 ④具有电子及晶闸管线路的信号电压波形及参数符合要求 ⑤热保护、过电流保护、熔丝、信号装置符合要求 ⑥各电气设备动作灵敏可靠，电动机、电器无异常声响，各部温升正常 ⑦具有直流电动机的设备调整范围满足要求，电刷火花正常 ⑧零部件齐全，符合要求 ⑨图纸资料齐全

15.4.3 铣床电气维护保养

铣床电气维护保养参考标准见表15-9。

表15-9 铣床电气维护保养参考标准

项目	参考标准
铣床检修周期	①例行保养：每周一次 ②一级保养：每月一次 ③三级保养：三年一次 ④大修：与机械大修同时进行

项目	参考标准
铣床电气的例行保养	①向操作者了解设备运行情况 ②查看电气运行情况，看有没有影响设备运行的不安全因素 ③听听开关及电动机有无异常声响 ④查看电动机和线路有无过热现象
铣床电气线路一级保养	①检查电气线路是否有老化及绝缘损伤的地方 ②清扫电气线路的灰尘和油污 ③检查各线段接触点的螺栓接触是否良好
铣床其他电气的一级保养	①限位开关接触良好 ②拧紧螺栓，检查手柄，要求灵敏可靠 ③检查制动装置中的速度继电器、硅整流元件、变压器、电阻等是否完好，要求主轴电动机制动准确，速度继电器动作灵敏可靠 ④按钮、转换开关工作应正常，接触良好 ⑤检查快速电磁铁，要求工作准确 ⑥检查动作保护装置是否灵敏可靠
铣床电气的二级保养	①进行一级保养的全部项目 ②更换老化和损伤的电器，导线及不能用的电气元件 ③重新整定热继电器的数据，校验仪表 ④对制动二极管或电阻进行清扫和数据测量 ⑤测量绝缘电阻 ⑥试车中要求开关动作灵敏可靠 ⑦核对图纸，提出大修要求
铣床电气大修	①进行二级保养的全部项目 ②拆下配电板各元件并进行清扫 ③拆开旧的电器开关，清扫各电气元件的灰尘和油污 ④更换损伤的电器和不能用的电器及元件 ⑤更换老化和损伤的导线，重新排线 ⑥除去电器锈迹，并进行防腐处理 ⑦重新整定热继电器等保护装置 ⑧油漆开关箱，并对所有的附件进行防腐处理 ⑨核对图纸
铣床电气完好标准	①各电器开关线路整齐、清洁、无损伤，各保护装置信号装置完好 ②各接触点接触良好，床身接地良好，电机电器绝缘良好 ③试验中各开关动作灵敏可靠，符合图纸要求 ④开关和电机声音正常，无过热现象 ⑤零部件完整无损符合要求 ⑥图纸资料齐全

15.4.4 磨床电气维护保养

磨床电气维护保养参考标准见表 15-10。

表 15-10 磨床电气维护保养参考标准

项目	参考标准
磨床检修周期	①例行保养：每周一次 ②一级保养：每月一次 ③二级保养：三年一次 ④大修：与机床大修（机械）同时进行
磨床电气的例行保养	①检查电气设备各部分，并向操作工了解设备运行状况 ②查看开关箱内及电动机是否有水或油污进入，各部是否有异响，温升是否正常 ③查看导线、管线有否破裂现象
磨床电气的一级保养	①检查电线、管线有无过热现象和损伤之处 ②清洁电器及导线上的油污和灰尘 ③拧紧连接处的螺栓，要求接触良好 ④检查信号装置热保护、过流保护装置是否完好 ⑤检查电磁吸盘线圈的出线端绝缘和接触情况，并检查吸盘力情况 ⑥检查退磁机构是否完好 ⑦测量电动机、电器及线路的绝缘电阻 ⑧检查开关箱及门的联锁机构 ⑨必要时更换损伤的电器及导线
磨床其他电器的一级保养	①检查电源线、限位开关、按钮等电器工作状况，并清扫油污，打光触头，要求动作灵敏可靠 ②检查熔丝热继电器，照明灯，变压器等是否完好，并进行清扫 ③测量各电气设备和线路的绝缘电阻，检查接地线，要求接触良好 ④检查开关箱门是否完好，必要时要进行检修
磨床二级保养	①进行一级保养的全部项目 ②检查电磁吸盘线圈，要求接触良好，吸力大，动作灵敏 ③检查总电源接触滑环接触良好，并清扫除尘 ④重新整定过流保护装置，要求动作灵敏可靠 ⑤更换个别损伤的元件和老化损伤的电线 ⑥核对图纸，提出对大修的要求
磨床电气大修内容	①进行一、二级保养的全部项目 ②拆开配电板进行清扫，更换不能用的电气元件及电线 ③重装全部管线及电气元件，并进行排线 ④重新整定过流保护元件 ⑤试车：要求开关动作灵敏可靠，电动机发热声音正常，三相电流平衡 ⑥核对图纸，油漆开关箱内外及附件

项目	参考标准
磨床电气完好标准	①电器线路整齐清洁，无损伤，电气元件完好 ②各接触点触头接触良好 ③各电器线路绝缘良好，床身接地良好 ④各保护装置齐全，动作符合要求 ⑤各开关动作灵敏可靠，电机、电器无异常声响，三相电流平衡 ⑥零部件完整无损 ⑦图纸资料齐全

15.4.5　镗床电气维护保养

镗床电气维护保养参考标准见表 15-11。

表 15-11　镗床电气维护保养参考标准

项目	参考标准
镗床检修周期	①例行保养：每周一次 ②一级保养：每月一次 ③二级保养：三年一次 ④大修：与机床机械大修同时进行
镗床电气的例行保养	①检查电气设备各部分，并向操作工了解设备运行状况 ②查看开关箱内及电动机是否有水或油污进入 ③检查线路、开关的触头线圈有无烧焦的现象 ④听听电动机和开关是否有异响，并检查有无过热现象
镗床电气的一级保养	①检查电线、管线有无老化和损伤之处 ②清洁机床电器、配电箱及导线上的油污和灰尘 ③拧紧连接处的螺栓，要求接触良好 ④检查热继电器、过电流继电器是否灵敏可靠 ⑤检查电磁铁芯及触头在吸持和释放时是否存在障碍 ⑥检查接地线是否接触良好 ⑦测量电动机、电器及线路的绝缘电阻 ⑧检查开关箱及门的联锁机构是否完好 ⑨必要时更换损伤的电器及导线
镗床其他电气的一级保养	①检查电源线、限位开关、按钮等电器工作状况，并清扫油污，打光触头，要求动作灵敏可靠 ②检查熔丝热继电器、照明灯、变压器等是否完好，并进行清扫 ③测量各电气设备和线路的绝缘电阻，检查接地线，要求接触良好 ④检查开关箱门是否完好，必要时要进行检修

项目	参考标准
镗床二级保养	①进行一级保养的全部项目 ②检查电动机、电器及线路的绝缘电阻 ③重新整定过流继电器、热继电器的数据，要求动作灵敏可靠 ④更换个别损伤的元件和老化损伤的电线管、金属软管及塑料管 ⑤核对图纸，提出对大修的要求
镗床电气大修内容	①进行一、二级保养的全部项目 ②拆开开关板、配电板进行清扫，更换不能用的电气元件及电线 ③重装全部管线及电气元件，并进行排线 ④重新整定过热保护、过流保护元件的数据，并检验各仪表 ⑤重新排线，组装电器，要求各电器开关动作灵敏可靠 ⑥核对图纸，油漆开关箱内外及附件
镗床电气完好标准	①电器线路整齐清洁，无损伤，电气元件完好 ②各接触点触头接触良好 ③各电器线路绝缘良好，床身接地良好 ④各保护装置齐全，动作符合要求 ⑤各开关动作灵敏可靠，电机、电器无异常声响，三相电流平衡 ⑥零部件完整无损 ⑦图纸资料齐全

15.5 数控机床电气维修

15.5.1 数控机床电气系统概述

数控机床电气系统包括交流主电路、机床辅助功能控制电路和电子控制电路，一般将前一者称为强电，后两者称为弱电。强电是24V以上供电，以电气元件、电力电子功率器件为主组成的电路；弱电是24V以下供电，以半导体器件、集成电路为主组成的控制系统电路。数控机床的主要故障是电气系统的故障，电气系统故障又以机床本体上的低压电器故障为主。

（1）数控机床对电气系统的基本要求

① 高可靠性。数控机床是长时间连续运转的设备，本身要具有高可靠性。因此，在电气系统的设计和部件的选用上普遍应用了可靠性技术、容错技术及冗余技术。所有选用的部件是最成熟，而且符合有关国际标准并取得授权认证的新型产品。

② 紧跟新技术的发展。在保证可靠性的基础上，电气系统还要具有先进性，如新型组合功能电气元件的使用、新型电子电器及电力电子功率器件的使用等。

③ 稳定性。要在电气系统中采取一系列技术措施，使其适应较广泛的环境条件，如要能适应交流供电系统电压的波动，对电网系统内的噪声干扰有一定的抑制作用，同时还应符合电磁兼容的国家标准要求，系统内部既不相互干扰，还能抵抗外部干扰，也不向外部辐射破坏性干扰等。

④ 安全性。电气系统的联锁要有效；电气装置的绝缘要保证完好，防护要齐全，接地要牢靠，以使操作人员的安全有保证；电气部件的防护外壳要具有防尘、防水、防油污的功能；配电柜的封闭性要好，能防止外部的液体溅入配电柜内部，防止切屑、导电尘埃的进入；配电柜内的所有元件在正常供电电压下工作时不应出现被击穿的现象，并且应有预防雷电袭击的功能；经常移动的电缆要有护套或拖链防护，防止缆线磨断或短路而造成系统故障；要有抑制内部部件异常温升的措施，特别是在夏季，要有强迫风冷或制冷器冷却；要有防触电、防碰伤设施。

⑤ 方便的可维护性。易损部件要便于更换或替换。保护元器件的保护动作要灵敏，但也不能有误动作。一旦故障排除后，功能要能恢复。

⑥ 良好的控制特性。所有被控制的电动机起动要平稳、响应快速、特性硬、无冲击、无振动、无振荡、无异常噪声、无异常温升。

⑦ 运行状态明显的信息显示。电气系统要用指示灯作操作显示，电气元件要有状态指示、故障指示，有明显的安全操作标识。

⑧ 操作的宜人性。电气系统要体现人性化设计，如操作部位要适用人体工学，应与人体平均高度、距离相适应，体现操作方便、舒适、便于观察的特点，尤其是要能随时摸得到急停按钮，保证紧急情况下的快速操作动作；电器颜色不仅要符合标准，还要美观、明显。

(2) 电气系统的故障特点

① 电气系统故障的维修特点是故障原因明了，诊断也比较好做，但是故障率相对较高。

② 电气元件有使用寿命限制，非正常使用会大大降低其寿命，如开关触头经常过电流使用而烧损、粘连，会提前造成开关损坏。

③ 电气系统容易受外界影响而造成故障，如环境温度过热，配电柜

温升过高会致使有些电器损坏。甚至鼠害也会造成许多电气故障。

④ 操作人员非正常操作，会造成开关手柄损坏、限位开关被撞坏等人为故障。

⑤ 电线、电缆磨损造成断线或短路。蛇皮线管进冷却水、油液而受长期浸泡，橡胶电线膨胀、黏化，会使绝缘性能下降而造成短路。

⑥ 冷却泵、排屑器、电动刀架等的异步电动机进水，会导致轴承损坏而造成电动机故障。

15.5.2 数控机床电气原理图分析方法与步骤

数控机床电气控制电路一般由主回路、控制电路和辅助电路等部分组成。首先要了解电气控制系统的总体结构、电动机和电气元件的分布状况及控制要求等内容，然后阅读分析电气原理图。

（1）分析主回路

从主回路入手，根据伺服电动机、辅助机构电动机和电磁阀等执行电器的控制要求，分析它们的控制内容，包括起动、方向控制、调速和制动等。

（2）分析控制电路

根据主回路中各伺服电动机、辅助机构电动机和电磁间等执行电器的控制要求，逐一找出控制电路中的控制环节，按功能不同划分成若干个局部控制线路来进行分析。

（3）分析辅助电路

辅助电路包括电源显示、工作状态显示、照明和故障报警等部分，它们大多是由控制电路中的元件来控制的。在分析时，还要回过头来对照控制电路进行分析。

（4）分析联锁与保护环节

机床对于安全性和可靠性有很高的要求。要实现这些要求，除了合理地选择元器件和控制方案以外，在控制线路中还设置了一系列电气保护和必要的电气联锁。

（5）总体检查

经过"化整为零"，逐步分析了每一个局部电路的工作原理以及各部分之间的控制关系之后，还必须用"集零为整"的方法，检查整个控制线路，看是否有遗漏。特别要从整体角度去进一步检查和理解各控制环节之间的联系，理解电路中每个元器件所起的作用。

15.5.3 数控机床的正确使用和合理维护

数控机床使用寿命的长短和故障发生的高低，不仅取决于机床的精度和性能，很大程度上也取决于它的正确使用和维护。正确使用能防止设备非正常磨损，避免突发故障，精心维护可使设备保持良好的技术状态，延缓劣化进程，及时发现和消除隐患，从而保障安全运行，保证企业的经济效益，实现企业的经营目标。因此，机床的正确使用与精心维护是贯彻设备管理以防为主的重要环节。

数控机床具有机、电、液集于一体，技术密集和知识密集的特点。因此，数控机床的维护人员不仅要有机械加工工艺及液压、气动方面的知识，也要具备电子计算机、自动控制、驱动及测量技术等知识，这样才能全面了解、掌握数控机床以及做好机床的维护保养工作。维护人员在维修前应详细阅读数控机床有关说明书，对数控机床有一个详细的了解，包括机床结构特点，数控的工作原理及框图，以及它们的电缆连接。

对数控机床进行日常维护、保养的目的是延长元器件的使用寿命，延长机械部件的变换周期，防止发生意外的恶性事故，使机床始终保持良好的状态，并保持长时间的稳定工作。

具体的日常维护保养要求，在数控系统的使用、维修说明书中都有明确的规定，见表 15-12。概括起来，主要应注意以下几个方面。

表 15-12　数控机床维护检查内容

序号	检查部位	检查内容	周期
1	导轨润滑油箱	检查油标、油量，及时添加润滑油，润滑泵能定时起动打油及停止	每天
2	X、Y、Z 轴向导轨面	清除切屑及脏物，检查润滑油是否充分，导轨面有无划伤损坏	每天
3	压缩空气气源压力	检查气动控制系统压力，应在正常范围内	每天
4	气源自动分水滤水器，自动空气干燥器	及时清理分水器中滤出的水分，保证自动空气干燥器工作正常	每天
5	气液转换器和增压器油面	发现油面不够应及时补足油	每天
6	主轴润滑恒温油箱	工作正常，油量充足并调节温度范围	每天

续表

序号	检查部位	检查内容	周期
7	机床液压系统	油箱、油泵无异常噪声，压力表指示正常，管路及各接头无泄漏，工作油面高度正常	每天
8	液压平衡系统	平衡压力指示正常，快速移动平衡阀工作正常	每天
9	CNC 的输入/输出单元	如输入/输出设备清洁，机械结构润滑良好等	每天
10	各种电气柜散热通风装置	各电气柜冷却风扇工作正常，风道过滤网无堵塞	每天
11	各种防护装置	导轨、机床防护罩等应无松动、漏水	每天
12	各电气柜过滤网	清洗各电气柜过滤网	每周
13	滚珠丝杠	清洗丝杠上旧的润滑脂，涂上新油脂	每半年
14	液压油路	清洗溢流阀、减压阀、滤油器，清洗油箱箱底，更换或过滤液压油	每半年
15	主轴润滑油箱	清洗过滤器，更换液压油	每半年
16	检查并更换直流伺服电机碳刷	检查换向器表面，吹净碳粉，去除毛刺，更换长度过短的电刷，并应跑合后才能使用	每年
17	润滑油泵，滤油器清洗	清理润滑油池底，更换滤油器	每年
18	检查各轴导轨上镶条，压紧滚轮松紧状态	按机床说明书调整	不定期
19	冷却水箱	检查液面高度，冷却液太脏时需要更换并清理水箱底部，经常清洗过滤器	不定期
20	排屑器	经常清理切屑，检查有无卡住等	不定期
21	清理废油池	及时取走废油池中废油，以免外溢	不定期
22	调整主轴驱动带松紧	按机床说明书调整	不定期

（1）严格遵守操作规程和日常维护制度

操作规程是保证数控机床安全运行的重要措施之一，操作者一定要按操作规程操作。操作规程中要明确规定开机、关机的顺序和注意事项，例如开机后首先要手动或程序指令自动回参考点；非电修人员，包括操作者，不能随便动电器，不得随意修改参数；机床在正常运行时不允许开或关电气柜门，禁止按动"急停"按钮和"复位"按钮等。

数控系统编程、操作和维修人员必须经过专门的培训，熟悉所用数控机床数控系统的使用环境、条件等，能按机床和系统使用说明书的要求正确、合理地使用，应尽量避免因操作不当引起的故障。通常，首次采用数控机床或由不熟练工人来操作，在使用的第一年内，有一半以上的系统故障是由于操作不当引起的；同时，根据操作规程的要求，针对数控系统各种部件的特点，确定各自保养条例。例如，明文规定哪些地方需要天天清理（如数控系统的输入/输出单元——光电阅读机的清洁，检查机械结构部分是否润滑良好等），哪些部件要定期检查或更换。

（2）应尽量减少数控柜和强电配电柜的开门次数

因为在机械加工车间的空气中一般都含有油雾、灰尘甚至金属屑、粉末，一旦它们落在数控系统内的电路板或电子器件上，容易引起元器件间绝缘电阻下降，甚至导致元器件及电路板的损坏。有的用户在夏天为了使数控系统能超负荷长期工作，采取打开数控柜的门来散热，这是一种极不可取的方法，其最终将导致数控系统的加速损坏。正确的方法是降低数控系统的外部环境温度。因此，应该严格规定，除非进行必要的调整和维修，否则不允许随意开启柜门，更不允许在使用时敞开柜门。

一些已受外部尘埃、油雾污染的电路板和接插件，可采用专用电子清洁剂喷洗。在清洗接插件时可对插孔喷射足够的液雾后，将原插头或插脚插入，再拔出，即可将脏物带出，可反复进行，直至内部清洁为止。接插部件插好后，多余的喷射液会自然滴出，将其擦干即可，经过一段时间之后，自然干燥的喷射液会在非接触表面形成绝缘层，使其绝缘良好。在清洗受污染的电路板时，可用清洁剂对电路板进行喷洗，喷完后，将电路板竖放，使尘污随多余的液体一起流出，待晾干之后即可使用。

（3）定时清扫数控柜的散热通风系统

应每天检查数控柜上的各个冷却风扇工作是否正常。视工作环境的状况，每半年或每季度检查一次风道过滤器是否有堵塞现象。如果过滤网上灰尘积聚过多，需及时清理，否则将会引起数控柜内温度过高（一般不允许超过55℃），造成过热报警或数控系统工作不可靠。清扫的具体方法如下。

①拧下螺钉，拆下空气过滤器。

② 在轻轻振动过滤器的同时，用压缩空气由里向外吹掉空气过滤器内的灰尘。

③ 过滤器太脏时，可用中性清洁剂（清洁剂和水的配方为 5 ：95）冲洗（但不可揉搓），然后置于阴凉处晾干即可。

由于环境温度过高，造成数控柜内温度为 55 ～ 60℃时，应及时加装空调装置。安装空调后，数控系统的可靠性有明显提高。

（4）数控系统输入 / 输出装置的定期维护

目前使用的 20 世纪 80 年代的产品，绝大部分都带有光电式纸带阅读机，如果读带部分被污染，将导致读入信息出错。因此，应做到以下几点。

① 每天必须对光电阅读机的表面（包括发光体和受光体）、纸带压板以及纸带通道用蘸有酒精的纱布进行擦拭。

② 每周定时擦拭纸带阅读机的主动轮滚轴、压紧滚轴、导向滚轴等运动部件。

③ 每半年对导向滚轴、张紧臂滚轴等加注润滑油一次。

④ 纸带阅读机一旦使用完毕，就应将装有纸带的阅读机的小门关上，防止尘土落入。

（5）经常监视数控系统的电网电压

通常，数控系统允许的电网电压波动范围在额定值的 -15% ～ +10%，如果超出此范围，轻则使数控系统不能稳定工作，重则会造成重要电子部件损坏。因此，要经常注意电网电压的波动。对于电网质量比较恶劣的地区，应及时配置数控系统用的交流稳压装置，这将使故障率有比较明显的降低。

（6）定期更换存储用电池

存储器如采用 CMOS RAM 器件，为了在数控系统不通电期间能保持存储的内容，内部设有可充电电池维持电路。在正常电源供电时，由 +5V 电源经一个二极管向 CMOS RAM 供电，并对可充电电池进行充电。当数控系统切断电源时，则改为由电池供电来维持 CMOS RAM 内的信息。在一般情况下，即使电池尚未失效，也应每年更换一次电池，以便确保系统能正常地工作。另外，一定要注意，电池的更换应在数控系统供电状态下进行，这样才不会造成存储参数丢失。一旦参数丢失，在调换新电池后，必须将参数重新输入。

（7）数控系统长期不用时的维护

为提高数控系统的利用率和减少数控系统的故障，数控机床应满负荷使用，而不要长期闲置不用。由于某种原因造成数控系统长期闲置不用时，为了避免数控系统损坏，需注意以下两点。

① 要经常给数控系统通电，特别是在环境湿度较大的梅雨季节更应如此。在机床锁住不动（即伺服电动机不转）的情况下，让数控系统空运行，利用电气元件本身的发热来驱散数控系统内的潮气，保证电子器件性能稳定可靠。实践证明，在空气湿度较大的地区，经常通电是降低故障率的一个有效措施。

② 如果数控机床的进给轴和主轴采用直流电动机驱动，应将电刷从直流电动机中取出，以免由于化学腐蚀作用，使换向器表面腐蚀，造成换向性能变化，甚至使整台电动机损坏。

(8) 备用电路板的维护

印制电路板长期不用容易出故障，因此对所购的备用板应定期装到数控系统中通电运行一段时间，以防损坏。

(9) 做好维修前的准备工作

为了能及时排除故障，应在平时做好维修前的充分准备，主要有如下3个方面。

① 技术准备。维修人员应在平时充分了解系统的性能。为此，应熟读有关系统的操作说明书和维修说明书，掌握数控系统的框图、结构布置以及电路板上可供检测的测试点上正常的电平值或波形。维修人员应妥善保存好数控系统现场调试之后的系统参数文件和 PLC 参数文件，它们可以是参数表或参数纸带。另外，随机提供的 PLC 用户程序、报警文件、用户宏程序参数和刀具文件参数以及典型的零件程序、数控系统功能测试纸带等都与机床的性能和使用有关，应妥善保存。如有可能，维修人员还应备有系统所用的各种元器件手册（如 IC 手册等），以备随时查阅。

② 工具准备。作为最终用户，维修工具只需准备一些常用的仪器设备即可，如交流电压表、直流电压表，其测量误差在 ±2% 范围内即可。万用表应准备一块机械式的，可用它测量晶体管。

各种规格的螺钉旋具也是必备的，如有纸带阅读机，则还应准备清洁纸带阅读机用的清洁剂和润滑油等化学材料。如有条件，最好应具备一台带存储功能的双线示波器和逻辑分析仪，这样在查找故障时，可使故障范围缩小到某个器件、零件。无论使用何种工具，在进行维修时，都应确认系统是否通电，不要因仪器测头造成元器件短路从而引起系统更大故障。

③ 备件准备。一旦由于 CNC 系统的部件或元器件损坏，使系统发生故障，为了能及时排除故障，用户应准备一些常用的备件，如各种熔丝、晶体管模块以及直流电动机用电刷等。

15.5.4 数控机床故障维修

数控机床一般故障维修处理方法，见表 15-13，供维修时参考。

表 15-13 数控机床一般故障维修处理方法

序号	故障现象	故障原因	处理方法
1	CRT 无显示，机床不能工作	①主控制线路板故障 ②存储软件或 ROM 板故障	①修理或换新控制线路板 ②修理或换新 ROM 板
2	CRT 无显示，但机床能正常工作	CRT 控制部分故障	排除故障或换新
3	CRT 无灰度或无画面	①电缆故障 ②电缆电路故障	①检查电缆，重新连接 ②检查电流、电压、接头插件是否正常
4	送电后机床根本不动	①系统报警状态 ②紧急按钮在停止状态	①找出报警原因，解决后再送电 ②将按钮复位
5	机床不能返回基准点	①脉冲编码器断电 ②脉冲编码器插头松动	①检查电缆是否断线，修复或换新 ②重新连接
6	局部不工作	控制某运动伺服系统故障	修复或换新件
7	工作台 X、Y、Z 某方面不能移动	①坐标轴与丝杠联轴器松动 ②润滑不好	①拧紧联轴器上的螺钉 ②注油或改善润滑状态使润滑充足
8	移动有噪声	①润滑不好 ②电机换向器磨损 ③轴承压盖松动 ④电机轴向移动 ⑤轴承破损	①修复方法同序号 7 故障② ②修复或换新 ③将轴承压盖拧紧 ④修复 ⑤换新轴承
9	主轴发热	①轴承缺油 ②轴承损坏 ③轴承压盖破损	①加注 NBU15 润滑油 ②换新轴承 ③换新压盖

序号	故障现象	故障原因	处理方法
10	刀套不能夹紧工具	①增压器故障 ②刀具夹紧液压缸漏油	①找出故障点后排除 ②压紧调整螺母堵漏
11	刀具不能旋转	刀具上调整螺母松动	压紧调整螺母
12	刀具必须停留一段时间后方可拆卸	①拆卸气阀故障 ②气压不足	①修理气阀 ②调整气压
13	机床失控	①伺服电机故障 ②检测元件故障 ③反馈系统故障	①修复或换新电机 ②更换检测元件 ③找出故障点后排除或换件
14	机床振动	检测器、电位器或印刷线路板故障	修复或换新
15	机床快速移动时噪声过大	伺服电机或测速发电机电刷接触不良	换新电刷并调整好
16	高电压报警	①电流、电压超过额定值 ②电机绝缘能力降低 ③控制单元印刷线路板故障	①调整电流、电压 ②修复或换新电机 ③修理电路板
17	电压过低报警	①电源电压过低 ②电源接触不良	①找出原因，提高电流、电压 ②重新连接使其接触良好
18	大电流报警	速度控制单元上功率驱动元件损坏	找出故障点换新件
19	过载报警	①机械负载过重 ②永磁电机上永磁体脱落	①降低负载 ②修复或换新永磁电机
20	导轨得不到润滑或润滑不良	①供油器缺油 ②供油系统故障	①加润滑油 ②修复
21	保护开关动作	某控制部位及开关动作，则说明这一部位出现过流或短路故障	找出故障点修复或换新
22	机床润滑不良	①缺润滑油 ②供油系统故障	①加润滑油 ②找出故障点修复
23	强力切削时，失转或停转	①电机与主轴连接带过松 ②连接带使用过久 ③连接带表面有油	①重新调整锁紧 ②更换新带 ③用汽油清洗干净

第16章

机床的合理使用
与维护保养

16.1 机床的合理使用

16.1.1 机床设备使用规程

机床操作者必须经过安全知识方面和本职业（工种）专业知识和技能方面的培训，考试合格，持有本机床的设备操作证方可上岗操作本机床。

（1）工作前注意事项

① 仔细阅读交接班记录，了解上一班机床的运转情况和存在问题。

② 检查机床、工作台、导轨以及各主要滑动面，如有障碍物、工具、铁屑、杂质等，必须清理、擦拭干净，并上油保养。

③ 检查工作台，导轨及主要滑动面有无新的拉伤、研伤、碰伤等，如有应通知班组长或设备人员一起查看，并做好记录。

④ 检查安全防护、制动（止动）、限位和换向、信号显示、机械操纵等机构和装置应齐全完好。

⑤ 检查机械、液压、气动等操作手柄、阀门、开关等应处于非工作的位置上。

⑥ 机床开动前要观察设备周围是否存在不安全因素；检查各刀架应处于非工作位置。机床开动后，操作者应站在安全位置上，以避开机床运转的工作位置和切屑飞溅。

⑦ 检查机床设备电气线路、开关按钮、插头等电气装置，应完好无损，并安装合格；不准乱拉、乱接临时线；检查电器配电箱应关闭牢靠，电气接地良好，机床局部照明应采用36V以下的安全电压。

⑧ 检查润滑系统储油部位的油量应符合规定，封闭良好。油标、油窗、油杯、油嘴、油线、油毡、油管和分油器等应齐全完好，安装正确。按润滑指示图表规定，做人工加油或机动（手位）泵打油，查看油窗是否来油。然后低速、空载运转机床，确认机床无故障后，方能正式开始工作。

⑨ 停车一个班次以上的机床，应按说明书规定及液体静压装置使用注意事项的开车程序和要求作空动转试车 3 ～ 5min。检查：

a. 操纵手柄、阀门、开关等是否灵活、准确、可靠；

b. 安全防护、制动（止动）、联锁、夹紧机构等装置是否起作用；

c. 校对机构运动是否有足够行程，调整并固定限位、定程挡铁和换向碰块等；

d. 由机动泵或手拉泵润滑部位是否有油，润滑是否良好；

e. 机械、液压、静压、气动、靠模、仿形等装置的动作、工作循环、温升、声音等是否正常。压力（液压、气压）是否符合规定。确认一切正常后，方可开始工作。

凡连班交接班的设备，交接班人应一起按上述9条规定进行检查，待交接班清楚后，交班人方可离去。凡隔班接班的设备，如发现上一班有严重违犯操作规程现象，必须通知班组长或设备员一起查看，并做好记录，否则按本班违犯操作规程处理。

在设备检修或调整之后，也必须按上述9条规定详细检查设备，认为一切无误后方可开始工作。

（2）工作中注意事项

① 坚守岗位，精心操作，不做与工作无关的事。因事离开机床时要停车，关闭电源、气源。

② 按工艺规定进行加工。不准任意加大进给量、磨削量和切（磨）削速度。不准超规范、超负荷、超重量使用机床。不准精机粗用和大机小用。

③ 刀具、工件应装夹正确、紧固牢靠。装卸时不得碰伤机床。找正刀具、工件不准重锤敲打。不准用加长扳手柄增加力矩的方法紧固刀具、工件。

④ 不准在机床主轴锥孔、尾座套筒锥孔及其他工具安装孔内，安装与其锥度或孔径不符、表面有刻痕和不清洁的顶针、刀具、刀套等。

⑤ 传动及进给机构的机械变速、刀具与工件的装夹、调整以及工件的工序间的人工测量等均应在切削、磨削终止，刀具、模具退离工件后停车进行。

⑥ 应保持刀具、模具的锋利，如变钝或崩裂应及时磨锋或更换。

⑦ 切削、磨削中，刀具、模具未离开工件，不准停车。

⑧ 不准擅自拆卸机床上的安全防护装置，缺少安全防护装置的机床不准工作。

⑨ 液压系统除节流阀外，其他液压阀不准私自调整。

⑩ 机床上特别是导轨面和工作台面，不准直接放置工具、工件及其他杂物。

⑪ 经常清除机床上的铁屑、油污，保持导轨面、滑动面、转动面、定位基准面和工作台面清洁。

⑫ 密切注意机床运转情况，润滑情况，如发现动作失灵、振动、发热、爬行、噪声、异味、碰伤等异常现象，应立即停车检查，排除故障后，方可继续工作。

⑬ 机床发生事故时，应立即按总停按钮，及时抢救伤员，保持事故现场，报告有关部门分析处理。

⑭ 不准在机床上焊接和补焊工件。

(3) 工作后注意事项

① 将机械、液压、气动等操作手柄、阀门、开关等扳到非工作位置上。

② 停止机床运转，切断电源、气源。

③ 清除铁屑，清扫工作现场，认真擦净机床。导轨面、转动及滑动面、定位基准面、工作台面等处加油保养。

④ 认真将班中发现的机床问题，填到交接班记录本上，做好交班工作。

(4) 液体静压装置使用注意事项

液体静压装置（如静压轴承、静压导轨）使用注意事项如下。

① 先起动静压装置供油系统油泵，1min 后压力达到设计规定规定值，压力油使主轴或工作台浮起，才能开动机床运转。

② 静压装置在运转中，不准停止供油。只有在主轴或工作台完全停止运转时，才能停止供油。

③ 静压供油系统发生故障突然中断供油时，必须立即停止静压装置

运转。

④ 经常观察静压油箱和静压轴承或静压导轨上的油压表，保持油压的稳定。如油压不稳或发出不正常的噪声等异常现象时，必须立即停车检查，排除故障后再继续工作。

⑤ 注意检查静压油箱内油面下降情况，油面高度低于油箱高度的 2/3 时，必须及时补充。

⑥ 二班制工作的机床：静压油箱每年换油一次，静压装置每年拆洗一次。

16.1.2 机床安全隐患排查及防护装置

（1）机械加工常见安全事故

① 设备接地不良、漏电，照明没采用安全电压，发生触电事故。

② 旋转部位楔子、销子突出，没加防护罩，易绞缠人体造成伤害事故。

③ 清除切屑无专用工具，操作者未戴护目镜，发生刺割事故及崩伤眼球。

④ 加工细长杆、轴料时尾部无防弯装置或托架，导致长料甩击伤人。

⑤ 机床夹具或零部件装卡不牢，可飞出击伤人体。

⑥ 防护保险装置、防护栏、保护盖不全或维修不及时，造成绞伤、碾伤事故。

⑦ 砂轮有裂纹或装卡不合规定，发生砂轮碎片伤人事故。

⑧ 操作旋转机床戴手套，易发生绞手伤人事故。

（2）机械加工危险因素

1）机床设备的危险因素

① 静止状态的危险因素，包括：切削刀具的刀刃，尾座顶尖；突出较长的机械部分，如卧式铣床立柱后方突出的悬梁。

② 直线运动的危险因素，包括：纵向运动部分，如外圆磨床的往复工作台；横向运动部分，如升降台铣床的工作台；单纯直线运动部分，如运动中的皮带、链条；直线运动的凸起部分，如皮带连接接头；运动部分和静止部分的组合，如工作台与床身；直线运动的刀具，如带锯床的带锯条，刨刀、插齿刀等。如果操作者的手误入此作业范围，就有可能会造成伤害。这类机床设备有冲床、锯床、剪床、刨床

和插床等。

③ 回转运动的危险因素，包括：单纯回转运动部分，如轴、齿轮、车削的工件；回转运动的凸起部分，如手轮的手柄；运动部分和静止部分的组合，如手轮的轮辐与机床床身；回转部分的刀具，如各种铣刀、圆锯片。操作者的手套、上下衣摆、裤管、鞋带以及长发等，若与旋转部件接触，易被卷进或带入机器，或者被旋转部件凸出部件挂住而造成人身伤害。

④ 组合运动危险因素，包括：直线运动与回转运动的组合，如皮带与带轮、齿条与齿轮；回转运动与回转运动的组合，如相互啮合的齿轮、蜗轮蜗杆等。齿轮转动机构、螺旋输送机构、车床、钻床和铣床等，由于旋转部件有棱角或呈螺旋状，操作者的衣、裤和手、长发等极易被绞进机器，或因转动部件的挤压而造成伤害。

⑤ 飞出物击伤的危险，如：飞出的刀具、工件或切屑都具有很大的动能，都可能对人体造成伤害。做旋转运动的部件，在运动中产生离心力。旋转速度越快，产生的离心力越大。如果部件有裂纹等缺陷，不能承受巨大的离心力，便会破裂并高速飞出。操作者若被高速飞出的碎片击中，将会造成十分严重的伤害。

2）不安全行为引起的危险

不安全行为主要表现在以下方面：

① 忽视安全、忽视警告。

② 操作错误造成安全装置失效。

③ 使用不安全设备。

④ 手代替工具操作。

⑤ 物体存放不当。

⑥ 冒险进入危险场所。

⑦ 攀、坐不安全位置。

⑧ 在起吊物下作业、停留。

⑨ 机器运转时进行加油、修理、检查、调整、焊接、清扫等工作。

⑩ 注意力分散。

⑪ 未穿戴使用个人防护用品。

⑫ 穿着不安全装束。

⑬ 对易燃、易爆物处理不当。

（3）常用机械设备的安全防护通则

1）安全防护措施

① 密闭与隔离。对于传动装置，主要的防护方法是将它们密闭起来（如齿轮箱）或加防护罩，使人接触不到转动部件。防护装置的形式大致有整体、网状保护装备和保护罩等。

② 安全联锁。为了保证实习学生的安全，有设备应设联锁装置。当实习学生操作错误时，可使设备不动作或立即停机。

③ 紧急制动。为了排除危险而采取的紧急措施。

2）防止机械伤害通则

① 正确维护和使用防护设施。应安装而没有安装防护设施的设备，不能运行；不能随意拆卸防护装置、安全用具、安全设备，或使其无效。一旦修理和调整完毕后，应立即重新安装好这些防护装置和设备。

② 转动部件未停稳前，不得进行操作。由于机器在运转中有较大的离心力，如离心机、压缩机等。这时实习学生进行生产操作、拆卸零部件、清洁保养等工作是很危险的。

③ 正确穿戴防护用品。防护用品是保护实习学生安全和健康的必备用品，必须正确穿戴衣、帽、鞋等防护用具，工作服应做到三紧：袖口紧、下摆紧、裤口紧；酸碱岗位和机器高速运转岗位的实习学生，要坚持戴防护眼镜。

④ 站位得当。在使用砂轮机时，应站在砂轮机的侧面，以免万一砂轮破碎飞出时被打伤；另外，不允许在起重机吊臂或吊钩下行走或停留。

⑤ 转动部件上不得放置物品。特别是机床，在夹持工件过程中，不要将量具或其他物品顺手放在未旋转的部件上；否则，一旦机床起动，这些物件极易飞出而引发事故。

⑥ 不准跨越运转的机轴。机轴如处在人行道上，应加装跨桥；无防护设施的机轴，不准随便跨越。

⑦ 严格执行操作规程和操作方法。认真做好维护保养，严格执行有关企业规章制度和操作方法，是保证安全运行的重要条件。

3）防护装置主要设置

为防止不安全行为引起不必要的危险，机床通常设置如下防护装置。

① 防护罩。用于隔离外露的旋转部件，如带轮、链轮、齿轮、链条、旋转轴、法兰盘和轴头。

② 防护挡板。用于隔离磨屑、切屑和润滑冷却液，避免其飞溅伤人。一般用钢板、铝板和塑料板作材料。妨碍操作人员观察的挡板，可用透明的材料制作。

③ 防护栏杆。用于隔离机床运动部位或防跌落防护。不能在地面上操作的机床，操纵台周围应设高度不低于 0.8m 的栏杆，以防操作不慎跌落；容易伤人的大型机床运动部位，如龙门刨床床身两端也应加设栏杆，以防工作台往复运动时撞人。

④ 顺序联锁机构。在危险性很高的部位，防护装置应设计成顺序联锁结构，当取下或打开防护装置时，机床的动力源就被切断。有一种比较简单轻便的联锁结构——电锁，它可用于各种形式与尺寸的防护罩的门上。转动它的旋钮，安装在防护罩门上的锁体内的门闩就进入固定不动的插座内，关闭防护罩的门。与此同时，三个电源插片也伸出进入插孔而使机床三相电源接通。由于门闩与插片是联锁同时动作的，所以，打开防护罩门，插片退出插孔，机床电源也就被切断。

⑤ 其他防护设施。防护装置可以是固定式的（如防护栏杆），或平日固定，仅在机修、加油润滑或调整时才取下（如防护罩），也可以是活动式的（如防护挡板）。在需要时还可以用一些大尺寸的轻便挡板（如金属网）将不安全场地围起来。

16.1.3　数控机床的合理使用

随着机床数控化进程的加快，数控机床的应用日益广泛，正确、合理使用机床，不仅能够提高劳动生产率，还可延长机床使用寿命。下面就以数控机床的使用为例加以说明。

（1）安全文明生产

数控机床操作者除了掌握好数控机床的性能、精心操作外，一方面要管好、用好和维护好数控机床；另一方面还必须养成文明生产的良好工作习惯和严谨的工作作风，应具有较好的职业素质、责任心和良好的合作精神。为此，要从以下几个方面要求。

1）数控机床的管理

数控机床的管理要规范化、系统化并具有可操作性。

数控机床管理工作的任务概括为"三好"，即"管好、用好、修好"。

① 管好数控机床。企业经营者必须管好本企业所拥有的数控机床，

即掌握数控机床的数量、质量及其变动情况，合理配置数控机床。严格执行关于设备的移装、调拨、借用、出租、封存、报废、改装及更新的有关管理制度，保证财产的完整齐全，保持其完好和价值。操作工必须管好自己使用的机床，未经上级批准不准他人使用，杜绝无证操作现象。

② 用好数控机床。企业管理者应教育本企业员工正确使用和精心维护好数控机床，生产应依据机床的能力合理安排，不得有超性能使用和拼设备之类的行为。操作工必须严格遵守操作维护规程，不超负荷使用及采取不文明的操作方法，认真进行日常保养和定期维护，使数控机床保持"整齐、清洁、润滑、安全"的标准。

③ 修好数控机床。车间安排生产时应考虑和预留计划维修时间，防止机床带病运行。操作工要配合维修工修好设备，及时排除故障。要贯彻"预防为主，养为基础"的原则，实行计划预防修理制度，广泛采用新技术、新工艺，保证修理质量，缩短停机时间，降低修理费用，提高数控机床的各项技术经济指标。

2）数控机床的使用要求

① 技术培训。为了正确合理地使用数控机床，操作工在独立使用设备前，必须经过基本知识、技术理论及操作技能的培训，并且在熟练技师指导下，进行上机训练，达到一定的熟练程度。同时要参加国家职业资格的考核鉴定，经过鉴定合格并取得资格证后，方能独立操作和使用数控机床。严禁无证上岗操作。

技术培训、考核的内容包括数控机床结构性能、数控机床工作原理、传动装置、数控系统技术特性、金属加工技术规范、操作规程、安全操作要领、维护保养事项、安全防护措施、故障处理原则等。

② 实行定人定机持证操作。数控机床必须由持职业资格证书的操作工担任操作，严格实行定人定机和岗位责任制，以确保正确使用数控机床和落实日常维护工作。多人操作的数控机床应实行机长负责制，由机长对使用和维护工作负责。公用数控机床应由企业管理者指定专人负责维护保管。数控机床定人定机名单由使用部门提出，报设备管理部门审批，签发操作证；"精、大、稀"及关键设备定人定机名单，设备部门审核报企业管理者批准后签发。定人定机名单批准后，不得随意变动。对技术熟练能掌握多种数控机床操作技术的工人，经考试合格可签发操作多种数控机床的操作证。

3）建立使用数控机床的岗位责任制

① 数控机床操作工必须严格按"数控机床操作维护规程""四项要求""五项纪律"的规定正确使用与精心维护设备。

② 实行日常点检，认真记录。做到班前正确润滑设备，班中注意运转情况，班后清扫擦拭设备，保持清洁，涂油防锈。

③ 在做到"三好"要求下，练好"四会"基本功，搞好日常维护和定期维护工作；配合维修工人检查修理自己操作的设备；保管好设备附件和工具，并参加数控机床修后验收工作。

④ 认真执行交接班制度和填写好交接班及运行记录。

⑤ 发生设备事故时立即切断电源，保持现场，及时向生产工长和车间机械员（师）报告，听候处理。分析事故时应如实说明经过。对违反操作规程等造成的事故应负直接责任。

4）建立交接班制度

连续生产和多班制生产的设备必须实行交接班制度。交班人除完成设备日常维护作业外，必须把设备运行情况和发现的问题，详细记录在"交接班簿"上，并主动向接班人介绍清楚，双方当面检查，在交接班簿上签字。接班人如发现异常或情况不明、记录不清时，可拒绝接班。如交接不清，设备在接班后发生问题，由接班人负责。

企业对在用设备均需设"交接班簿"，不准涂改撕毁。区域维修部（站）和机械员（师）应及时收集分析，掌握交接班执行情况和数控机床技术状态信息，为数控机床状态管理提供资料。

（2）数控机床安全生产规程

1）操作工使用数控机床的基本功和操作纪律

① 数控机床操作工"四会"基本功。

a. 会使用数控机床。操作工应先学习数控机床操作规程，熟悉设备结构性能、传动装置，懂得加工工艺和工装工具在数控机床上的正确使用。

b. 会维护数控机床。能正确执行数控机床维护和润滑规定，按时清扫，保持设备清洁完好。

c. 会检查数控机床。了解设备易损零件部位，知道完好检查项目、标准和方法，并能按规定进行日常检查。

d. 会排除数控机床故障。熟悉设备特点，能鉴别设备正常与异常现象，懂得其零部件拆装注意事项，会做一般故障调整或协同维修人员进行排除。

②维护使用数控机床的"四项要求"。

a. 整齐。工具、工件、附件摆放整齐,设备零部件及安全防护装置齐全,线路管道完整。

b. 清洁。设备内外清洁,无"黄袍",各滑动面、丝杠、齿条、齿轮无油污,无损伤;各部位不漏油、漏水、漏气,铁屑清扫干净。

c. 润滑。按时加油、换油,油质符合要求;油枪、油壶、油杯、油嘴齐全,油毡、油线清洁,油窗明亮,油路畅通。

d. 安全。实行定人定机制度,遵守操作维护规程,合理使用,注意观察运行情况,不出安全事故。

③数控机床操作工的"五项纪律"。

a. 凭操作证使用设备,遵守安全操作维护规程。

b. 经常保持机床整洁,按规定加油,保证合理润滑。

c. 遵守交接班制度。

d. 管好工具、附件,不得遗失。

e. 发现异常立即通知有关人员检查处理。

2)数控机床安全生产规程

①数控机床的使用环境要避免光的直接照射和其他热辐射,要避免太潮湿或粉尘过多的场所,特别要避免有腐蚀气体的场所。

②为了避免电源不稳定给电子元件造成损坏,数控机床应采取专线供电或增设稳压装置。

③数控机床的开机、关机顺序,一定要按照机床说明书的规定操作。

④主轴启动开始切削之前一定要关好防护罩门,程序正常运行中严禁开启防护罩门。

⑤机床在正常运行时不允许开电气柜的门,禁止按动"急停""复位"按钮。

⑥机床发生事故,操作者要注意保留现场,并向维修人员如实说明事故发生前后的情况,以利于分析问题,查找事故原因。

⑦数控机床的使用一定要由专人负责,严禁其他人员随意动用数控设备。

⑧要认真填写数控机床的工作日志,做好交接工作,消除事故隐患。

⑨不得随意更改数控系统内制造厂设定的参数。

（3）金属切削数控机床的操作规程

大多数数控机床与数控铣床、加工中心的操作类似。以数控铣床、加工中心为例来说明金属切削数控机床的操作规程。

为了正确合理地使用数控铣床、加工中心，保证机床正常运转，必须制定比较完整的操作规程，通常应做到如下内容。

① 机床通电后，检查各开关、按钮和按键是否正常、灵活，机床有无异常现象。

② 检查电压、气压、油压是否正常，有手动润滑的部位要先进行手动润滑。

③ 各坐标轴手动回机床参考点，若某轴在回参考点前已在零位，必须先将该轴移动离参考点一段距离后，再手动回参考点。

④ 在进行工作台回转交换时，台面上、护罩上、导轨上不得有异物。

⑤ 机床空运转达 15min 以上，使机床达到热平衡状态。

⑥ 程序输入后，应认真核对，保证无误，其中包括对代码、指令、地址、数值、正负号、小数点及语法的查对。

⑦ 按工艺规程安装找正夹具。

⑧ 正确测量和计算工件坐标系，并对所得结果进行验证和验算。

⑨ 将工件坐标系输入到偏置页面，并对坐标、坐标值、正负号、小数点进行认真核对。

⑩ 未装工件以前，空运行一次程序，看程序能否顺利执行，刀具长度选取和夹具安装是否合理，有无超程现象。

⑪ 刀具补偿值（刀长、半径）输入偏置页面后，要对刀补号、补偿值、正负号、小数点进行认真核对。

⑫ 装夹工具时要注意螺钉压板是否妨碍刀具运动，检查零件毛坯和尺寸超常现象。

⑬ 检查各刀头的安装方向及各刀具旋转方向是否合乎程序要求。

⑭ 查看各刀杆前后部位的形状和尺寸是否合乎程序要求。

⑮ 镗刀头尾部露出刀杆直径的部分，必须小于刀尖露出刀杆直径部分。

⑯ 检查每把刀柄在主轴孔中是否都能拉紧。

⑰ 无论是首次加工的零件，还是周期性重复加工的零件，首件都必须对照图样工艺、程序和刀具调整卡，进行逐段程序的试切。

⑱ 单段试切时，快速倍率开关必须打到最低挡。

⑲ 每把刀首次使用时，必须先验证它的实际长度与所给刀补值是否

相符。

⑳ 在程序运行中，要观察数控系统上的坐标显示，可了解目前刀具运动点在机床坐标系及工件坐标系中的位置。了解程序段的位移量，还剩余多少位移量等。

㉑ 程序运行中也要观察数控系统上的工作寄存器和缓冲寄存器显示，查看正在执行的程序段各状态指令和下一个程序段的内容。

㉒ 在程序运行中要重点观察数控系统上的主程序和子程序，了解正在执行主程序段的具体内容。

㉓ 试切进刀时，在刀具运行至工件表面 30～50mm 处，必须在进给保持下，验证 Z 轴剩余坐标值和 X、Y 轴坐标值与图样是否一致。

㉔ 对一些有试刀要求的刀具，可采用"渐近"方法。如镗一小段长度，检测合格后，再镗到整个长度。使用刀具半径补偿功能的刀具数据，可由小到大，边试边修改。

㉕ 试切和加工中，刃磨刀具和更换刀具后，一定要重新测量刀长并修改好刀补值和刀补号。

㉖ 程序检索时应注意光标所指位置是否合理、准确，并观察刀具与机床运动方向坐标是否正确。

㉗ 程序修改后，对修改部分一定要仔细计算和认真核对。

㉘ 手摇进给和手动连续进给操作时，必须检查各种开关所选择的位置是否正确，弄清正、负方向，认准按键，然后再进行操作。

㉙ 全批零件加工完成后，应核对刀具号、刀补值，使程序、偏置页面、调整卡及工艺中的刀具号、刀补值完全一致。

㉚ 从刀库中卸下刀具，按调整卡或程序清理编号入库。

㉛ 卸下夹具，某些夹具应记录安装位置及方位号并做出记录、存档。

㉜ 清扫机床并将各坐标轴停在中间位置。

16.2 数控机床的维护和修理

16.2.1 数控机床维护保养的重要性

（1）数控机床保养的必要性

正确合理地使用数控机床，是数控机床管理工作的重要环节。数控机床的技术性能、工作效率、服务期限、维修费用与数控机床是否正确使用有密切的关系。正确地使用数控机床，还有助于发挥设备技术性能，延长两次修理的间隔，延长设备使用寿命，减少每次修理的劳动量，从而降低修理成本，提高数控机床的有效使用时间和使用效果。

数控机床操作工除了应正确合理地使用数控机床之外，还必须精心保养数控机床。数控机床在使用过程中，由于程序故障、电气故障、机械磨损或化学腐蚀等原因，不可避免地出现工作不正常现象，如松动、声响异常等。为了防止磨损过快、故障扩大，必须在日常操作中进行保养。

保养的内容主要有清洗、除尘、防腐及调整等工作，为此应供给数控机床操作工必要的技术文件（如操作规程、保养事项与指示图表等），配备必要的测量仪表与工具。数控机床上应安装防护、防潮、防腐、防尘、防振、降温装置与过载保护装置，为数控机床正常工作创造良好的工作条件。

为了加强保养，可以制定各种保养制度，根据不同的生产特点，可以对不同类别的数控机床规定适宜的保养制度。但是，无论制定何种保养制度，均应正确规定各种保养等级的工作范围和内容，尤其应区别"保养"与"修理"的界限。否则容易造成保养与修理的脱节或重复，或者由于范围过宽、内容过多，实际承担了属于修理范围的工作量，难以长期坚持，容易流于形式，而且带来定额管理上与计划管理的诸多不便。

一般来说，保养的主要任务在于为数控机床创造良好的工作条件。保养作业项目不多，简单易行。保养部位大多在数控机床外表，不必进行解体，可以在不停机、不影响运转的情况下完成，不必专门安排保养时间，每次保养作业所耗物资也很有限。

保养还是一种减少数控机床故障、延缓磨损的保护性措施，但通过保养作业并不能消除数控机床的磨耗损坏，不具有恢复数控机床原有效能的作用。

（2）数控机床预防性维护的重要性

延长元器件的使用寿命和机械零部件的磨损周期，防止故障，尤其是恶性事故的发生，从而延长数控机床的使用寿命，是对数控机床进行维护保养的宗旨。每台数控机床的维护保养要求，在其使用说明书上均有规定。这就要求机床的使用者要仔细阅读机床使用说明书，熟悉机械结构、控制系统及附件的维护保养要求。做好这些工作，将有利于大大减少机床的故障率。

此外，还需制订切实可行的维修保养制度，设备主管单位要定期检查制度执行情况，以确保机床始终处于良好的运行状态，避免和减少恶性事故的发生。

16.2.2　数控机床机械部件的维护

数控机床的机械结构较传统机床简单，但精度却提高了，对维护也提出了更高要求。同时，由于数控机床还有刀库及换刀机械手、液压和气动系统等，使得机械部件维护的面更广，工作量更大。数控机床机械部件的维护与传统机床不同的内容如下。

（1）主传动链的维护

① 熟悉数控机床主传动链的结构、性能和主轴调整方法，严禁超性能使用。出现不正常现象时，应立即停机排除故障。

② 使用带传动的主轴系统，需定期调整主轴驱动带的松紧程度，防止因带打滑造成的丢转现象。

③ 注意观察主轴箱温度，检查主轴润滑恒温油箱，调节温度范围，防止各种杂质进入油箱，及时补充油量。每年更换一次润滑油，并清洗过滤器。

④ 经常检查压缩空气气压，调整到标准要求值，足够的气压才能使主轴锥孔中的切屑和灰尘清理干净，保持主轴与刀柄连接部位的清洁。主轴中刀具夹紧装置长时间使用后，会产生间隙，影响刀具的夹紧，需及时调整液压缸活塞的位移量。

⑤ 对采用液压系统平衡主轴箱重量的结构，需定期观察液压系统的压力，油压低于要求值时，要及时调整。

⑥ 使用液压拨叉变速的主传动系统，必须在主轴停车后变速。

⑦ 每年对主轴润滑恒温油箱中的润滑油更换一次，并清洗过滤器。

⑧ 每年清理润滑油池底一次，并更换液压泵滤油器。

⑨ 每天检查主轴润滑恒温油箱，使其油量充足，工作正常。

⑩ 防止各种杂质进入润滑油箱，保持油液清洁。

⑪ 经常检查轴端及各处密封，防止润滑油液的泄漏。

（2）滚珠丝杠螺母副的维护

① 定期检查、调整丝杠螺母副的轴向间隙，保证反向传动精度和轴

向刚度。

② 定期检查丝杠支承与床身的连接是否有松动以及支承轴承是否损坏。如有以上问题，要及时紧固松动部位，更换支承轴承。

③ 采用润滑脂润滑的滚珠丝杠，每半年一次清洗丝杠上的旧润滑脂，换上新的润滑脂。用润滑油润滑的滚珠丝杠，每次机床工作前加油一次。

④ 注意避免硬质灰尘或切屑进入丝杠防护罩和工作中碰击防护罩，防护装置一有损坏要及时更换。

（3）刀库及换刀机械手的维护

① 用手动方式往刀库上装刀时，要确保装到位、装牢靠，检查刀座上的锁紧是否可靠。

② 严禁把超重、超长的刀具装入刀库，防止在机械手换刀时掉刀或刀具与工件、夹具等发生碰撞。

③ 采用顺序选刀方式须注意刀具放置在刀库上的顺序是否正确。其他选刀方式也要注意所换刀具号是否与所需刀具一致，防止换错刀具导致事故发生。

④ 注意保持刀具刀柄和刀套的清洁。

⑤ 经常检查刀库的回零位置是否正确，检查机床主轴回换刀点位置是否到位，并及时调整。否则不能完成换刀动作。

⑥ 开机时，应先使刀库和机械手空运行，检查各部分工作是否正常，特别是各行程开关和电磁阀能否正常动作。检查机械手液压系统的压力是否正常，刀具在机械手上锁紧是否可靠，发现不正常及时处理。

（4）液压系统的维护

① 定期对油箱内的油液进行取样化验，检查油液质量，定期过滤或更换油液。

② 定期检查冷却器和加热器的工作性能，控制液压系统中油液的温度在标准要求内。

③ 定期检查更换密封件，防止液压系统泄漏。

④ 防止液压系统振动与噪声。

⑤ 定期检查清洗或更换液压件、滤芯，定期检查清洗油箱和管路。

⑥ 严格执行日常点检制度，检查系统的泄漏、噪声、振动、压力、温度等是否正常，将故障排除在萌芽状态。

（5）导轨副的维护

① 定期调整压板的间隙。

② 定期调整镶条间隙。

③ 定期对导轨进行预紧。

④ 定期对导轨润滑。

⑤ 定期检查导轨的防护。定期清洗密封件。

(6) 气动系统的维护

① 选用合适的过滤器，清除压缩空气中的杂质和水分。

② 注意检查系统中油雾器的供油量，保证空气中含有适量的润滑油来润滑气动元件，防止生锈、磨损造成空气泄漏和元件动作失灵。

③ 定期检查更换密封件，保持系统的密封性。

④ 注意调节工作压力，保证气动装置具有合适的工作压力和运动速度。

⑤ 定期检查、清洗或更换气动元件、滤芯。

16.2.3 直流伺服电动机的维护

直流伺服电动机带有数对电刷，电动机旋转时，电刷与换向器摩擦而会逐渐磨损。电刷异常或过度磨损，会影响电动机工作性能，数控车床、铣床和加工中心中的直流伺服电动机应每年检查一次，频繁加、减速的机床（如冲床等）中的直流伺服电动机应每两个月检查一次，检查步骤如下。

① 在数控系统处于断电状态且电动机已经完全冷却的情况下进行检查。

② 取下橡胶刷帽，用螺钉旋具拧下刷盖取出电刷。

③ 测量电刷长度，如 FANUC 直流伺服电动机的电刷由 10mm 磨损到小于 5mm 时，必须更换同型号的新电刷。

④ 仔细检查电刷的弧形接触面是否有深沟或裂痕，以及电刷弹簧上有无打火痕迹。如有上述现象，则要考虑电动机的工作条件是否过分恶劣或电动机本身是否有问题。

⑤ 用不含金属粉末及水分的压缩空气导入装电刷的刷握孔，吹净粘在刷孔壁上的电粉末。如果难以吹净，可用螺钉旋具尖轻轻清理，直至孔壁全部干净为止，但要注意不要碰到换向器表面。

⑥ 重新装上电刷，拧紧刷盖。如果更换了新电刷，应使电动机空运行跑合一段时间，以使电刷表面和换向器表面相吻合。

16.2.4 位置检测元件的维护

位置检测元件的维护要求见表 16-1。

表 16-1 位置检测元件的维护

检测元件	维护	
	项目	说明
光栅	防污	①冷却液在使用过程中会产生轻微结晶。这种结晶在扫描头上形成一层薄膜且透光性差，不易清除，故在选用冷却液时要慎重 ②加工过程中，冷却液的压力不要太大，流量不要过大，以免形成大量的水雾进入光栅 ③光栅最好通入低压压缩空气（105Pa 左右），以免扫描头运动时形成的负压把污物吸入光栅。压缩空气必须净化，滤芯应保持清洁并定期更换 ④光栅上的污物可以用脱脂棉蘸无水酒精轻轻擦除
	防振	光栅拆装时要用静力，不能用硬物敲击，以免引起光学元件的损坏
光电脉冲编码器	防污	污染容易造成信号丢失
	防振	振动容易使编码器内的紧固件松动脱落，造成内部电源短路
	防止连接松动	①连接松动会影响位置控制精度 ②连接松动还会引起进给运动的不稳定，影响交流伺服电动机的换向控制，从而引起机床的振动
感应同步器		①保持定尺和滑尺相对平行 ②定尺固定螺栓不得超过尺面，调整间隙在 0.09～0.15mm 为宜 ③不要损坏定尺表面耐切削液涂层和滑尺表面一层带绝缘层的铝箔，否则会腐蚀厚度较小的电解铜箔 ④接线时要分清滑尺的 sin 绕组和 cos 绕组
旋转变压器		①接线时应分清定子绕组和转子绕组 ②碳刷磨损到一定程度后要更换
磁栅尺		①不能将磁性膜刮坏 ②防止铁屑和油污落在磁性标尺和磁头上 ③要用脱脂棉蘸酒精轻轻地擦其表面 ④不能用力拆装和撞击磁性标尺和磁头，否则会使磁性减弱或使磁场紊乱 ⑤接线时要分清磁头上励磁绕组和输出绕组，前者绕在磁路截面尺寸较小的横臂上，后者绕在磁路截面尺寸较大的竖杆上

16.3 机床的维护和保养

金属切削机床的维护与保养要求了解机床日常维护和定期维护的内容与要求；掌握机床的润滑、密封、治漏和常见故障的诊断及排除方法。

机床的正确使用和精心维护，是保障机床安全运转、生产出优质产品，提高企业经济效益的重要环节。机床使用期限的长短、生产效率和工作精度的高低，在很大程度上取决于对机床设备的维修与保养。

16.3.1 机床的日常检查与维护

机床的日常维护保养是在机床具有一定精度，尚能使用的情况下，按照规定所进行的一种预防性措施。它包括机床的日常检查、维护，按规定进行润滑以及定期清洗等内容。通过日常维护使机床处于良好技术状态，并使机床在开动过程中尽可能减轻磨损，避免不应有的碰撞和腐蚀，以保持机床正常生产的能力。因此，机床的日常维护是一项十分重要而且不允许间断的细致工作。

（1）日常检查

这项工作是由机床使用者随时对机床进行的检查，具体检查内容如下。

① 开车前的检查。开车前要重点检查机床各操纵手柄的位置，并看其是否可靠、灵活，用于转动各部机构，待确信所有机构正常后，才允许开车。

② 工作过程中的检查。在工作过程中，应随时观察机床的润滑、冷却是否正常，注意安全装置的可靠程度，查看机床外露的导轨、立柱和工作台面等的磨损情况。如果听到机床传动声音异常，就要立即停车，并即刻协同机床维修工进行检查。对轴承部位的温度也要经常检查，滑动轴承温度不得超过 60℃，滚动轴承应低于 75℃，一般可用手摸，就可判断是否过热（一般不应烫手）。

③ 经常性的检查。经常性的检查也是十分重要的，要经常对下述各部进行巡视检查：主轴间隙、齿轮、蜗轮等啮合情况，丝杠、丝杠螺母间隙，光杠、丝杠的弯曲度，离合器摩擦片、斜铁和压板的磨损情况。在检查中，应作必要的记载，以供分析。发现问题及时解决，以保持机床正常运转。

（2）日常维护

机床日常维护的关键在于润滑。应按规定进行润滑，加足润滑油，则可使运动副之间能形成油膜，使两个面接触的干摩擦变成液体摩擦，这样就可大大减少运动副的磨损并降低功率的消耗。

1）机床润滑方式及其选择

① 机床上常用的润滑方式。机床上常用的润滑方式见表16-2。

表16-2　机床上常用的润滑方式

分类	种类	概要	适用范围	特征
全损耗式润滑	手工加油（脂）润滑	用给油器按时向机床油孔加油	低、中速，低载荷间歇运转的轴承、滑动部位，开式齿轮、链等，及$d_n<0.6\times10^6$mm·r/min的滚动轴承	设备简单，需频繁加油，注意防止灰尘、杂物侵入
	滴油润滑	用滴油器，长时间以一定油量由微孔滴油	低、中载荷轴承，圆周速度为4～5m/s	比手工润滑可靠，可调整油量，根据温度、油面高度变化给油量
	灯芯润滑	由油杯灯芯的毛细管作用，进行长时间给油	低、中载荷轴承，圆周速度为4～5m/s	用灯芯数量来调节给油量，根据温度、油面高度、油的黏度变更给油量
	手动泵压油润滑	用手动泵间歇地将润滑油送入摩擦表面，用过的油一般不回收循环使用	需油量少，加油频率低的导轨	可按一定间隔时间给油，给油量随工作时间、载荷有所变化
	机力润滑	由机床本身的凸轮或电动机驱动的活塞泵作35MPa压力给油	高速、高载荷气缸、滑动面	能用高压适量正确给油，多达24处给油，但不能大量给油
	自动定时定量润滑	用油泵将润滑油抽起，并使其经定量阀周期地送到各润滑部位	数控机床等自动化程度较高的机床导轨等	在自动定时、定量润滑系统中，由于供油量小，润滑油不重复使用
	集中润滑	用1台油泵及分配阀、控制装置进行准确时间间隔、适量定压给油	低、中速，中等载荷	可实现集中自动化给油

分类	种类	概要	适用范围	特征
全损耗式润滑	喷雾润滑	用油雾器由压力使油雾化，与空气一同通过管道给油，或用油泵将高压油送给摩擦表面，经喷嘴喷射给润滑部位	高速滚动轴承（$d_n>1\times10^6$mm·r/min）、轻载中小型滚动轴承、滚珠丝杠副、齿形链、导轨、闭式齿轮	可实现集中自动化给油，能经常供给足够量的油，空气冷却。空气需过滤和保温。给油量受到限制。有油雾污染环境问题，不宜循环使用。利用压缩空气由油嘴喷油雾化后送入摩擦表面，并使其在饱和状态下析出，让摩擦表面黏附油膜，可起大幅度冷却润滑作用
	喷射润滑	用油泵，通过位于轴承内圈与保持架中心之间的一个或几个口径为$0.5\sim1$mm的喷嘴，以$0.1\sim0.5$MPa的压力，将流量大于500mL/min的润滑油喷到轴承内部，经轴承另一端流入油槽	轴承高速运转时，滚动体、保持架也高速运转，使周围空气形成气流，一般润滑油进不到轴承，必须用高压喷射润滑，用于$d_n>1.6\times10^6$mm·r/min的重负荷轴承	润滑油不宜循环使用，用一段时间后会变质，需适时更换
	油/气润滑	每隔$1\sim60$min，由定量柱塞分配器定量$0.01\sim0.06$mL的微量润滑油，与压缩空气$0.3\sim0.5$MPa于$20\sim50$L/min混合后，经内径为$2\sim4$mm的管子喷嘴喷入轴承	高速轴承	与油雾润滑的区别是供油未雾化，以滴状进入轴承，易留于轴承，不污染环境，并能冷却轴承，轴承温升较油雾润滑低，$d_n>10^6$mm·r/min润滑油的黏度$10\sim40$mm²/s，每次排油量$0.01\sim0.03$mL，排油间隔$1\sim6$min，喷嘴孔径$0.5\sim1$mm，润滑油不宜循环使用

分类	种类	概要	适用范围	特征
反复式润滑	油浴润滑	轴承一部分浸在油中，润滑油由旋转的轴承零件带起，再流回油槽	主要用于中、低速轴承	油面不应超过最低滚动体的中心位置，防止搅拌作用发热
	飞溅润滑	回转体带动搅拌润滑油，使油飞溅到润滑部位	中心型减速箱	有一定的冷却效果，不适用于低速或超高速
	油垫（绳）润滑	由油垫的毛细管作用，吸上润滑油进行涂布给油	中速，低、中载荷鼓形轴承，圆周速度小于4m/s的滑动轴承	可避免给油的复杂操作，注意防止因杂质侵入而发生堵塞
	油环润滑	轴上带有油环、油盘，借用旋转将油甩上给油	中速，低、中、高载荷，电动机、离心泵轴承	有较好的冷却效果，如果低速回转或使用高黏度油，会给油不足，不能用于立轴
	循环润滑	油箱、油泵、过滤装置、冷却装置管路系统带有强制性循环方式，可不断地给油	大型机床用（高速、高温、高载荷）	给油量、给油温度可以细调节，可靠性高，冷却效果好
	自吸润滑	用回转轴形成的负压，进行自吸润滑	圆周速度小于3m/s，轴承间隙小于0.01mm的精密主轴滑动轴承	
	离心润滑	在离心力作用下，润滑油沿着圆锥形表面连续地流向润滑点	装在立轴上的滚动轴承	
	压力循环润滑	使用油泵将压力送至各摩擦部位，用过的油返回油箱，经冷却过滤后循环使用	高速重载或精密摩擦副的润滑，如滚动轴承、滑动轴承、滚子链、齿轮链等	

注：d_n为转速特征值。

② 机床润滑方式的选择。影响机床主轴极限转速的因素除轴承本身，润滑方式也是一个重要因素。为了便于比较不同轴颈的主轴，其转速特性一般采用转速特征值来度量。其定义为：

转速特征值 = 轴颈 × 转速

表 16-3 是各种轴承在不同润滑条件下所能达到的特征值。

表 16-3　各种轴承不同润滑条件下的特征值　10^6mm·r/min

润滑种类	普通轴承	高速轴承	陶瓷滚动轴承
油脂润滑	0.8～1.0	1.1～1.3	1.3～1.5
油雾润滑	1.5～1.8	1.7～2.0	1.9～2.2
油气润滑	2.2～2.4	2.4～2.6	—

　　油脂润滑是一种使用最多的润滑方式。它的优点是结构简单，维护方便，可靠性高，造价低廉；缺点是轴承转速不能太高，要提高转速只有采用陶瓷滚动轴承。

　　润滑方式的选择参见表 16-4。

表 16-4　润滑方式的选择

润滑方式		润滑装置	润滑系统构造和措施	转速特征值 $d_n/($mm·r/min$)$	适用的轴承类型和运转特性
固体润滑剂	强化耐久润滑	—	—	约 1500	主要适用于有槽的球轴承
	加注油（脂）	—	—		
润滑脂	加注油脂	手动压力油脂泵	油脂通过孔道进入油脂流量控制器、润滑脂收容空间	约 0.5×10^6	所有轴承结构类型，主要用于有槽类轴承，除摆动轴承之外，均与其转速和润滑脂性能有关。噪声小，摩擦低
	强化耐油润滑	—	—	约 1×10^6	
	喷射润滑	喷射润滑系统	通过管孔、进入润滑脂收容空间	适用于特殊润滑	

润滑方式	润滑装置	润滑系统构造和措施	转速特征值 $d_n/(\text{mm} \cdot \text{r/min})$	适用的轴承类型和运转特性
润滑油（大油量） 油浴润滑	测量标尺、竖形管、水平控制器	机座有油池、排油孔道，并接近监测器	0.5×10^6	所有轴承结构类型。其抗噪声均与油的黏度、使用的高气压及轴承结构本身的摩擦大小有关 通过油路，可排出磨屑，例如用于循环润滑和飞溅的情况
浸油润滑	—	进油孔、轴承外壳、存油容器、催进剂 输油元件能调节转速和油的黏度	算出制冷作用的油量	
循环润滑	循环润滑装置	计算合适的大量给油和排油的孔径	1×10^6	
直接喷油润滑	带有喷管的循环润滑装置	选足够大的给油喷管	直到 4×10^6，通过试验确定	
润滑油（最小油量） 脉冲给油润滑、滴油润滑	脉冲给油润滑装置、滴油器、冲油装置	需排油孔道	约 1.5×10^6，与轴承类型、润滑油黏度、耗油量及操作熟练程度有关	所有轴承结构类型。降噪效果与润滑油黏度有关；润滑效果与油量、润滑油黏度有关
油雾润滑	油雾装置、油分离装置	根据具体情况确定油雾装置类型		
油气润滑	油气润滑装置			

2）机床日常维护规则

机床的日常维护应遵守下列规则：

① 在机床开动之前，应将机床上的灰尘和污物清除干净，并按照机床润滑图表进行加油，同时检查润滑系统和冷却系统内的油液量是否足够，如不足，应补足。

② 导轨、溜板、丝杠以及垂直轴等必须用机油加以润滑，并经常清油污，保持清洁。

③ 经常清洗油毡（例如溜板两端的油毡）。清洗的方法是，先用洗油把油毡洗净，并把黏附在油毡上的铁末、切屑等除净，然后换用机油清洗。对于油线，也按同样的方法清洗，以恢复油线的毛细管作用。油线应深入油沟和油管的孔中，以保证润滑油流向润滑部位。

④ 按规定时间并视油的污浊程度，更换废油。

⑤ 工作完毕下班之前，应进行较为细致的机床保养工作：清除机床上的切屑，并将导轨部位的油污清洗干净，然后在导轨面上涂抹机油，同时将机床周围环境进行整理，打扫干净。

⑥ 工作中还要注意保护导轨等滑动表面，不准在其上放置工具及零件等物件。

（3）定期清洗

① 清洗程序。首先对机床表面进行清洗，擦净床身各死角；随即将机床各部盖子、护罩打开，清洗机床的各个部件。

② 重点清洗。清洗的重点应放在润滑系统：认真清洗润滑油滤清器，并清除杂物，清洗分油器、油线及油毡；疏通油路；清洗各传动零部件，清除堵塞现象；消除润滑系统和冷却系统内的油污杂质及渗漏现象。

③ 仔细检查。清洗过程中应仔细检查各传动件的磨损情况，如果有轻微的毛刺、刻痕，应打磨修光，检查并调整导轨斜铁、交换齿轮的配合间隙，丝杠、丝杠螺母间隙，V形带的松紧程度，以及离合器的松紧程度；对于大型及精密机床，还应该定期检查和调整床身导轨的安装水平，如果发现问题必须调整至要求，以防机床永久变形。

④ 注意事项。机床的日常清洗，尤其是精密机床的日常清洗，应注意保护关键的精密零部件（如光学部件），不使清洗液溅入或渗入其中，尤其不准随便拆卸这些零件；所用的油料必须是符合要求的合格品；机床在非工作时间，应盖上防护罩，以免灰尘落入。

16.3.2 机床的定期维护

机床的定期维护，就是在机床工作一段时间后，对机床的一些部位进行适当调整、维护，使之恢复到正常技术状态所采取的一种积极措施。

机床经过使用一定时间后，各种运动零部件，因摩擦、碰撞等而被磨损较重。致使导轨、燕尾槽有拉伤，以及运动部件运转部位间隙增大等。机床到了此种技术状态，其工作性能将受到很大影响，如不及时进行维修，就会加重磨损。而机床日常维护由于维护内容所限，已不能使之恢复正常，因此，必须进行定期维护。

机床定期维护在一般情况下，如按两班制生产，以每半年左右进行一次为宜。对于受振动、冲击的机床，时间可适当缩短。

（1）机床定期维护主要内容

① 由操作者介绍机床的技术状态及存在问题。再空车运转 20 ～ 30min，检查各工作机构的运转情况。当它做旋转运动时，主要检查各运动部位有无噪声和振动现象。当它做滑动运动时，主要检查各滑动部位有无冲击和不平稳现象。

② 根据机床存在的问题，有目的地局部解体机床。如同时进行清洗，则对未解体部位也应进行清洗，擦净各死角。对润滑系统应全面清洗保养，修理或更换油毡、油线和油泵柱塞等。清洗冷却装置、修理或更换水管接头。消除润滑系统和冷却装置中的渗漏现象。

③ 检查解体部位各种零件。对"症"进行维护，对磨损严重，虽经维护也难以恢复其原有精度的零件，则可以更换新件。

④ 调整主轴轴承、离合器、链轮链条、丝杠螺母、导轨斜铁的间隙，以及调整 V 带松紧程度。

⑤ 检查、维护电气装置并更换损坏元件。

⑥ 检查安全装置并进行调整。

⑦ 更换润滑油，按润滑图表加注润滑油。

之后，空载运转机床，并与维护开始时的技术状态进行对照。在正常情况下，运转情况应有所改善。如果发现新的问题，应分析并予排除。最后加工一试件，并检验其几何精度与表面粗糙度，应符合工艺要求。

（2）卧式车床的定期维护

① 操作者介绍机床日常工作情况，进行空车运转，分析机床是否存在大的毛病。由于机床定期维护是在机床尚能工作的情况下进行的，因此

如没有特殊情况，空车运转时间不宜过长。

② 清洗主轴箱各部，疏通油路，清除滤油器内污物杂质；检查和更换磨损严重的摩擦片；检查齿轮，并修光毛刺。检查床头箱中所有轴的相对位置的正确性，要求轴向无窜动，不允许弯曲变形。调整主轴轴承间隙，调整离合器和刹车带；调整操纵手柄，并使灵活可靠。

③ 交换齿轮箱、进给箱部分，先清洗各部、检查所有传动轴的相对位置，检查和调整齿轮间隙；调整光杠、丝杠间隙，并调整操纵手柄使之灵活可靠；换新油。

④ 对溜板箱及大、小刀架清洗之后，还须重点清洗溜板导轨两端的防护油毡，检查各传动件磨损情况。清洗刀台，更换刀架固定刀具用螺钉；调整开合螺母，检查和调整斜铁间隙，维护手动手柄，使之无松动，摇动轻便。

⑤ 清洗尾座（丝杠、螺母与套筒），重点修理套筒内锥孔上的毛刺和刻痕。

⑥ 清洗床身、去除油污、消除死角。重点修复导轨面的拉伤、刻痕。

⑦ 维护润滑系统与冷却装置，消除堵塞和渗漏现象。

⑧ 调整和更换 V 带。

⑨ 检查和维护电气装置。检查并修理各电器的触点、接线，使之牢固安全。

⑩ 按规定油质，更换润滑油，并按润滑图表加注润滑油。

⑪ 机床空车运转，作进一步的调整；加工试件，其几何精度与表面粗糙度应满足工艺要求。

16.3.3 数控机床的日常维护与点检

（1）数控系统日常维护

数控系统日常维护要求见表 16-5。

表16-5 数控系统的日常维护

注意事项	说明
机床电气柜的散热通风	①通常安装于电柜门上的热交换器或轴流风扇，能对电控柜的内外进行空气循环，促使电控柜内的发热装置或元器件进行散热 ②定期检查控制柜上的热交换器或轴流风扇的工作状况，定期清洗防尘装置，以免风道堵塞。否则会引起柜内温度过高而使系统不能可靠运行，甚至引起过热报警

注意事项	说明
尽量少开电气控制柜门	①加工车间飘浮的灰尘、油雾和金属粉末落在电气柜上，容易造成元器件间绝缘下降，从而出现故障 ②除了定期维护和维修外，平时应尽量少开电气控制柜门
每天检查数控柜、电气柜	①查看各电气柜的冷却风扇工作是否正常，风道过滤网有否堵塞 ②如果工作不正常或过滤器灰尘过多，会引起柜内温度过高而使系统不能可靠工作，甚至引起过热报警 ③一般来说，每半年或每三个月应检查清理一次，具体应视车间环境状况而定
控制介质输入/输出装置的定期维护	① CNC 系统参数、零件程序等数据都可通过它输入到 CNC 系统的寄存器中 ②如果有污物，将会使读入的信息出现错误 ③定期对关键部件进行清洁
定期检查和清扫直流伺服电动机	①直流伺服电动机旋转时，电刷会与换向器摩擦而逐渐磨损 ②电刷的过度磨损会影响电动机的工作性能，甚至损坏。应定期检查电刷 a. NC 车床、NC 铣床和加工中心等机床，可每年检查一次 b. 频繁起动、制动的 NC 机床（如 CNC 冲床等）应每两个月检查一次
支持电池的定期更换	①数控系统存储参数用的存储器采用 CMOS 器件，其存储的内容在数控系统断电期间靠支持电池供电保持 ②在一般情况下，即使电池尚未消耗完，也应每年更换一次（注意是在通电的情况下更换），以确保系统能正常工作 ③电池的更换应在 CNC 系统通电状态下进行
备用印制线路板定期通电	对于已经购置的备用印制线路板，应定期装到 CNC 系统上通电运行。实践证明，印制线路板长期不用易出故障
数控系统长期不用时的维护保养	①数控系统处在长期闲置的情况下，要经常给系统通电。在机床锁住不动的情况下让系统空运行 ②空气湿度较大的梅雨季节尤其要注意。在空气湿度较大的地区，经常通电是降低故障的一个有效措施 ③数控机床闲置不用达半年以上，应将电刷从直流电动机中取出，以免由于化学作用使换向器表面腐蚀，引起换向性能变坏，甚至损坏整台电动机

（2）数控机床不定期点检

不同的数控机床，数控机床的不同部位，点检的要求也是不一样的。现仅以下面的液压及气动部位的点检说明。

1）液压系统的点检

①各液压阀、液压缸及管子接头处是否有外漏。

②液压泵或液压马达运转时是否有异常噪声等现象。

③液压缸移动时工作是否正常平稳。

④液压系统的各测压点压力是否在规定的范围内，压力是否稳定。

⑤油液的温度是否在允许的范围内。

⑥液压系统工作时有无高频振动。

⑦电气控制或撞块（凸轮）控制的换向阀工作是否灵敏可靠。

⑧油箱内油量是否在油标刻线范围内。

⑨行程开关或限位挡块的位置是否有变动。

⑩液压系统手动或自动工作循环时是否有异常现象。

⑪定期对油箱内的油液进行取样化验，检查油液质量，定期过滤或更换油液。

⑫定期检查蓄能器工作性能。

⑬定期检查冷却器和加热器的工作性能。

⑭定期检查和紧固重要部位的螺钉、螺母、接头和法兰螺钉。

⑮定期检查更换密封件。

⑯定期检查清洗或更换液压件。

⑰定期检查清洗或更换阀芯。

⑱定期检查清洗油箱和管道。

2）气动系统的点检

气动系统的点检要求见表16-6。

表16-6　气动元件的点检

元件名称	点检内容
气　缸	①活塞杆与端盖之间是否漏气 ②活塞杆是否划伤、变形 ③管接头、配管是否松动、损伤 ④气缸动作时有无异常声音 ⑤缓冲效果是否合乎要求

元件名称	点检内容
电磁阀	①电磁阀外壳温度是否过高 ②电磁阀动作时，阀芯工作是否正常 ③气缸行程到末端时，通过检查阀的排气口是否有漏气来确诊电磁阀是否漏气 ④紧固螺栓及管接头是否松动 ⑤电压是否正常，电线有否损伤 ⑥通过检查排气口是否被油润湿，或排气是否会在白纸上留下油雾斑点来判断润滑是否正常
油雾器	①油杯内油量是否足够，润滑油是否变色、混浊，油杯底部是否沉积有灰尘和水 ②滴油量是否适当
管路系统	①冷凝水的排放，一般应当在气动装置运行之前进行 ②温度低于0℃时，为防止冷凝水冻结，气动装置运行结束后，就应开启放水阀门将冷凝水排出

3）铣削加工中心的不定期点检

铣削加工中心的不定期点检要求见表16-7。

表16-7 铣削加工中心的不定期点检一览表

序号	检查周期	检查部位	检查内容及要求
1	每天	导轨润滑油箱	检查油量，及时添加润滑油，检查润滑油泵是否定时启动打油及停止
2	每天	主轴润滑恒温油箱	工作是否正常、油量是否充足，温度范围是否合适
3	每天	机床液压系统	油箱油泵有无异常噪声，工作油面高度是否合适，压力表指示是否正常，管路及各接头有无泄漏
4	每天	压缩空气气源压力	气动控制系统压力是否在正常范围之内
5	每天	气源自动分水滤气器，自动空气干燥器	及时清理分水器中滤出的水分，保证自动空气干燥器工作正常
6	每天	气液转换器和增压器油面	油量不够时要及时补足

序号	检查周期	检查部位	检查内容及要求
7	每天	X、Y、Z轴导轨面	清除切屑和脏物，检查导轨面有无划伤损坏，润滑油是否充足
8	每天	CNC输入、输出单元	如光电阅读机的清洁，机械润滑是否良好
9	每天	各防护装置	导轨、机床防护罩等是否齐全有效
10	每天	电气柜各散热通风装置	各电气柜中冷却风扇是否工作正常，风道过滤网有无堵塞；及时清洗过滤器
11	每周	各电气柜过滤网	清洗黏附的灰尘
12	不定期	切削油箱、水箱	随时检查液面高度，即时添加油（或水），太脏时要更换。清洗油箱（水箱）和过滤器
13	不定期	废油池	及时取走积存在废油池中的废油，以免溢出
14	不定期	排屑器	经常清理切屑，检查有无卡住等现象
15	半年	检查主轴驱动带	按机床说明书要求调整驱动带的松紧程度
16	半年	各轴导轨上镶条、压紧滚轮	按机床说明书要求调整松紧状态
17	一年	检查或更换电机碳刷	检查换向器表面，去除毛刺，吹净碳粉，磨损过短的碳刷及时更换
18	一年	液压油路	清洗溢流阀、减压阀、滤油器、油箱；过滤液压油或更换
19	一年	主轴润滑恒温油箱	清洗过滤器、油箱，更换润滑油
20	一年	润滑油泵，过滤器	清洗润滑油池，更换过滤器
21	一年	滚珠丝杠	清洗丝杠上旧的润滑脂，涂上新油脂

表 16-6 只列出了一些基本的检查内容，不同类型的数控机床不定期点检的内容不尽相同，检查的周期也不一样，可根据机床的类型和开机率等情况提前或推迟，例如加减速频繁的转塔冲床碳刷的检查周期要更短些。液压油的更换周期最好是按油的质量情况决定，可采取定期对液压油进行化验，油液确实变质了再换，这样既可保证油的质量，又可避免由于机床利用率不高等原因，油质并无多大变化就换掉造成的浪费。

4）数控车削加工中心的日常检查

数控车削加工中心的日常检查要求见表 16-8。

表 16-8　数控车削加工中心的日常检查

序号	检查部位	检查内容	备注
1	油箱	①油量是否适当 ②油液有无变质、污染	不足时补给
2	冷却泵	①水位是否适当，是否变质污染 ②水箱端部过滤网是否堵塞	不足时补给
3	导轨面	①润滑油供给是否充足 ②油擦板是否损坏	
4	压力表	①油压是否符合要求 ②气压是否符合要求	
5	传动带	①传动带张紧力是否符合要求 ②传动带表面有无损伤	
6	油气管路、机床周围	①是否漏油 ②是否漏水	
7	电机、齿轮箱	①有无异常声音振动 ②有无异常发热	
8	运动部件	①有无异常声音振动 ②动作是否正常、运动是否平滑	
9	操作面板	①操作开关手柄的功能是否正常 ② CRT 画面上有无报警信号	
10	安全装置	机能是否正常	
11	冷却风扇	各部位冷却风扇运转	
12	外部配线、电缆	是否有断线及表层破裂老化	
13	清洁	卡盘、刀架、导轨面上的铁屑是否清扫干净	工作后进行
14	润滑卡盘	按要求从卡盘爪外周的润滑嘴处向内供油	每周一次
15	润滑油排油	在排油管处排出废油	每周一次

5）数控车削加工中心的定期检查

数控车削加工中心的定期检查要求见表 16-9。

表 16-9　数控车削加工中心的定期检查

检查部位		检查内容	检查周期
液压系统	液压油箱	检查液压油，清洗过滤器和磁分离器	6个月
		检查漏油情况	6个月
润滑系统	润滑泵装置及管路	清洗滤油网、更换清洗滤油器	一年
		检查润滑管路状态	6个月
冷却系统	过滤网	清洗顶盘处的过滤板及过滤网	适时
	水箱	更换冷却水，清扫冷却水箱	适时
气动系统	气动过滤器	清洗过滤器	一年
传动系统	传动带	外观检查，张紧力检查	6个月
	传动带轮	清洁传动带轮槽部	6个月
主轴电机	声音、振动、发热、绝缘电阻	检查异常声音、振动、轴承温升	1个月
		检查测定绝缘电阻值是否合适	6个月
X/Z电机	声音、振动、发热、电缆插座	检查异常声音、振动、轴承温升	1个月
		检查插座有无松动	6个月
其他电机	声音、振动、发热	检查异常声音及轴承部位温升	1个月
液压卡盘	卡盘	分解、清洗除去卡盘内异物	6个月
	回转油缸	检查有无漏油现象	3个月
电箱、操作盘	电气件、端子螺钉	检查电气件接点的磨损，接线端子有无松动，清洁内部	6个月
安装在机械部件上的电气元件	极限开关、传感器、电磁阀	检查紧固螺钉和端子螺钉有无松动及动作的灵敏度	6个月
X/Z轴	反向间隙	用百分表检查间隙状况	6个月
地基	床身水平	用水平仪检查床身水平并进行修正	一年

（3）数控机床日常点检

1）数控车床的日常点检要点

①接通电前：

a. 检查切削液、液压油、润滑油的油量是否充足。

b. 检查工具、检测仪器等是否已准备好。

c. 切屑槽内的切屑是否已处理干净。

② 接通电源后：

a. 检查操作盘上的各指示灯是否正常，各按钮、开关是否处于正确位置。

b. CRT 显示屏上是否有任何报警显示，若有问题应及时予以处理。

c. 液压装置的压力表是否指示在所要求的范围内。

d. 各控制箱的冷却风扇是否正常运转。

e. 刀具是否正确夹紧在刀夹上；刀夹与回转刀台是否可靠夹紧；刀具有无损坏。

f. 若机床带有导套、夹簧，应确认其调整是否合适。

③ 机床运转中：

a. 运转中，主轴、滑板处是否有异常噪声。

b. 有无与平常不同的异常现象，如声音、温度、裂纹、气味等。

2）加工中心的日常点检要点

① 从工作台、基座等处清除污物和灰尘；擦去机床表面上的润滑油、切削液和切屑。清除没有罩盖的滑动表面上的一切东西；擦净丝杠的暴露部位。

② 清理、检查所有限位开关、接近开关及其周围表面。

③ 检查各润滑油箱及主轴润滑油箱的油面，使其保持在合理的油面上。

④ 确认各刀具在其应有的位置上更换。

⑤ 确保空气滤杯内的水完全排出。

⑥ 检查液压泵的压力是否符合要求。

⑦ 检查机床主液压系统是否漏油。

⑧ 检查切削液软管及液面、清理管内及切削液槽内的切屑等脏物。

⑨ 确保操作面板上所有指示灯为正常显示。

⑩ 检查各坐标轴是否处在原点上。

⑪ 检查主轴端面、刀夹及其他配件是否有毛刺、破裂或损坏现象。

(4) 数控机床每月检查要点

1）数控车床每月检查要点

① 检查主轴的运转情况。主轴以最高转速一半左右的转速旋转

30min，用手触摸壳体部分，若感觉温和即为正常。以此了解主轴轴承的工作情况。

② 检查 X、Z 轴的滚珠丝杠，若有污垢，应清理干净。若表面干燥，应涂润滑脂。

③ 检查 X、Z 轴超程限位开关、各急停开关是否动作正常。可用手按压行程开关的滑动轮，若 CRT 上有超程报警显示，说明限位开关正常。顺便将各接近开关擦拭干净。

④ 检查刀台的回转头、中心锥齿轮的润滑状态是否良好，齿面是否有伤痕等。

⑤ 检查导套内孔状况，看是否有裂纹、毛刺，导套前面盖帽内是否积存切屑。

⑥ 检查切削液槽内是否积压切屑。

⑦ 检查液压装置，如压力表状态、液压管路是否有损坏，各管接头是否有松动或漏油现象等。

⑧ 检查润滑油装置，如润滑泵的排油量是否合乎要求、润滑油管路是否损坏、管接头是否松动、漏油等。

2）加工中心每月检查要点

① 清理电气控制箱内部，使其保持干净。

② 校准工作台及床身基准的水平，必要时调整垫铁，拧紧螺母。

③ 清洗空气滤网，必要时予以更换。

④ 检查液压装置、管路及接头，确保无松动、无磨损。

⑤ 清理导轨滑动面上的刮垢板。

⑥ 检查各电磁阀、行程开关、接近开关，确保它们能正确工作。

⑦ 检查液压箱内的滤油器，必要时予以清洗。

⑧ 检查各电缆及接线端子是否接触良好。

⑨ 确保各联锁装置、时间继电器、继电器能正确工作。必要时予以修理或更换。

⑩ 确保数控装置能正确工作。

（5）数控机床半年检查要点

1）数控车床的半年检查要点

① 主轴检查项目。

a. 主轴孔的跳动。将千分表探头嵌入卡盘套筒的内壁，然后轻轻地将主轴旋转一周，指针的摆动量小于出厂时精度检查表的允许值即可。

b. 主轴传动用 V 带的张力及磨损情况。

c. 编码盘用同步带的张力及磨损情况。

② 检查刀台。主要看换刀时其换位动作的平顺性。以刀台夹紧、松开时无冲击为好。

③ 检查导套装置。主轴以最高转速的一半运转 30min。用手触摸壳体部分元异常发热、噪声。此外用手沿轴向拉导套，检查其间隙是否过大。

④ 加工装置检查内容。

a. 检查主轴分度用齿轮系的间隙。以规定的分度位置沿回转方向摇动主轴，以检查其间隙。若间隙过大应进行调整。

b. 检查刀具主轴驱动电动机侧的齿轮润滑状态。若表面干燥应涂敷润滑脂。

⑤ 润滑泵的检查。检查润滑泵装置浮子开关的动作状况。可从润滑泵装置中抽出润滑油，看浮子落至警戒线以下时，是否有报警指示以判断浮子开关的好坏。

⑥ 伺服电动机的检查。检查直流伺服系统的直流电动机。若换向器表面脏，应用白布蘸酒精予以清洗；若表面粗糙，用细金相砂纸予以修整；若电刷长度为 10mm 以下时，予以更换。

⑦ 接插件的检查。检查各插头、插座、电缆、各继电器的触点是否接触良好。检查各印制电路板是否干净。检查主电源变压器、各电动机的绝缘电阻应在 1MΩ 以上。

⑧ 断电检查。检查断电后保存机床参数、工作程序用的后备电池的电压值，看情况予以更换。

2）加工中心的半年检查要点

① 清理电气控制箱内部，使其保持干净。

② 更换液压装置内的液压油及润滑装置内的润滑油。

③ 检查各电动机轴承是否有噪声，必要时予以更换。

④ 检查机床的各有关精度。

⑤ 外观检查所有各电气部件及继电器等是否可靠工作。

16.3.4 机床的一级保养

（1）车床的一级保养

为了便于介绍，下面以普通卧式车床的一级保养为例加以说明。车床一级保养的要求如下：通常当车床运行 500h 后，需进行一级保养。其保养工作以操作工人为主，在维修工人的配合下进行。保养时，必须先切断电源，然后按下述顺序和要求进行。

1）主轴箱的保养

①清洗滤油器，使其无杂物。

②检查主轴锁紧螺母有无松动，紧定螺钉是否拧紧。

③调整制动器及离合器摩擦片间隙。

2）交换齿轮箱的保养

①清洗齿轮、轴套，并在油杯中注入新油脂。

②调整齿轮啮合间隙。

③检查轴套有无晃动现象。

3）滑板和刀架的保养

拆洗刀架和中、小滑板，洗净擦干后重新组装，并调整中、小滑板与镶条的间隙。

4）尾座的保养

摇出尾座套筒，并擦净涂油，以保持内外清洁。

5）润滑系统的保养

①清洗冷却泵、滤油器和盛液盘。

②保证油路畅通，油孔、油绳、油毡清洁无铁屑。

③检查油质，保持良好，油杯齐全，油标清晰。

6）机床电气的保养

①清扫电动机、电气箱上的尘屑。

②电气装置固定整齐。

7）机床外表的保养

①清洗车床外表面及各罩盖，保持其内、外清洁，无锈蚀、无油污。

②清洗"三杠"：清洗操纵杆、光杠和丝杠。

③检查并补齐各螺钉、手柄球、手柄。

④清洗擦净后，各部件进行必要的润滑。

（2）铣床的日常维护和一级保养

1）铣床一级保养的内容和要求

①铣床的日常维护。

a.严格遵守各项操作规程，工作前先检查各手柄是否放在规定位置，然后低速空车运转 2～3min，观察铣床是否有异常现象。

b. 工作台、导轨面上不准码放工、量具及工件。不能超负荷工作。

c. 工作完毕后要清除切屑，把导轨上的切削液、切屑等污物清扫干净，并注润滑油。做到每天一小擦，每周一大擦。

② 铣床的润滑。

铣床的各润滑点，平时要特别注意，必须按期、按油质要求根据说明书对铣床润滑点加油润滑，对铣床润滑系统添加润滑油和润滑脂。各润滑点润滑的油质应清洁无杂质，一般使用 L-AN32 机油。

③ 一级保养的内容和要求。

机床运转 500h 后，要进行一级保养。一级保养以操作工人为主，维修工人及时配合指导进行，其目的是使铣床保持良好的工作性能。其具体内容与要求见表 16-10。

表 16-10 铣床一级保养的内容和要求

序号	保养部位	保养的内容和要求
1	铣床外部	①铣床各外表面、死角及防护罩内外都必须擦洗干净、无锈蚀、无油垢 ②清洗机床附件，并上油 ③检查外部有无缺件，如螺钉、手柄等 ④清洗各部丝杠及滑动部位，并上油
2	铣床传动部分	①修去导轨面的毛刺，清洗塞铁（镶条）并调整松紧 ②对丝杠与螺母之间的间隙、丝杠两端轴承间隙进行适当调整 ③用 V 带传动的，应擦干净 V 带并做调整
3	铣床冷却系统	①清洗过滤网和切削液槽，要求无切屑、杂物 ②根据情况及时调换切削液
4	铣床润滑系统	①使油路畅通无阻，清洗油毡（不能留有切屑），要求油窗明亮 ②检查手动油泵的工作情况，泵周围应清洁无油污 ③检查油质，要求油质保持良好
5	铣床电器部分	①擦拭电器箱，擦干净电动机外部 ②检查电器装置是否牢固、整齐 ③检查限位装置等是否安全可靠

2）铣床一级保养的操作步骤

铣床进行一级保养时，必须做到安全生产，如切断电源，拆洗时要防止砸伤或损坏零部件等。其操作步骤大致如下。

① 切断电源，以防止触电或造成人身、设备事故。

② 擦洗床身上各部，包括横梁、交换齿轮架、横梁燕尾形导轨、主轴锥孔、主轴端面拨块后尾、垂直导轨等，并修光毛刺。

③ 拆卸工作台部分。

a. 拆卸左撞块，并向右摇动工作台至极限位置，如图16-1所示。

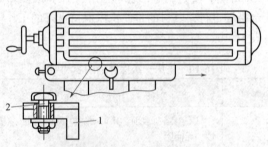

图16-1　拆卸左撞块

1—撞块；2—T形螺栓

b. 拆卸工作台左端，如图16-2所示，先将手轮1拆下，然后将紧固螺母2、刻度盘3拆下，再将离合器4、螺母5、止退垫圈6、垫7和推力球轴承8拆下。

c. 拆卸导轨楔铁。

d. 拆卸工作台右端，如图16-3所示，首先拆下端盖1，然后拆下锥销（或螺钉）3。再取下螺母2和推力球轴承4，最后拆下支架5。

e. 拆下右撞块。

f. 转动丝杠至最右端，取下丝杠。注意：取下丝杠时，防平键脱落。

g. 将工作台推至左端，取下工作台。注意：不要碰伤，要放在专用的木制垫板上。

④ 清洗卸下的各个零件，并修光毛刺。

⑤ 清洗工作台底座内部零件、油槽、油路、油管，并检查手拉油泵、油管等是否畅通。

⑥ 检查工作台各部无误后安装，其步骤与拆卸相反。

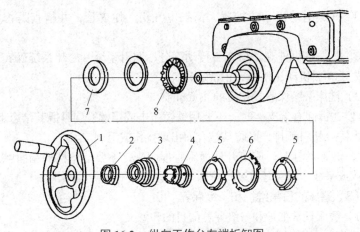

图 16-2 纵向工作台左端拆卸图

1—手轮；2—紧固螺母；3—刻度盘；4—离合器；5—螺母；
6—止退垫圈；7—垫；8—推力球轴承

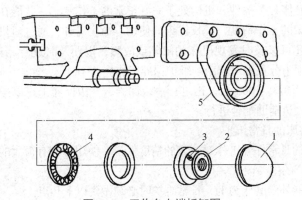

图 16-3 工作台右端拆卸图

1—端盖；2—螺母；3—锥销（或螺钉）；4—推力球轴承；5—支架

⑦ 调整楔铁的松紧和推力球轴承与丝杠之间的轴向间隙，以及丝杠与螺母之间的间隙，使其旋转正常。

⑧ 拆卸清洗横向工作台的油毡、楔铁、丝杠，并修光毛刺后涂油安装。使其楔铁松紧适当，横向工作台移动时应灵活、正常。

⑨ 上、下移动升降台，清洗垂直进给丝杠、导轨和楔铁，并修光毛刺，涂油调整，使其移动正常。

⑩ 拆擦电动机和防护罩，清扫电气箱、蛇皮管，并检查是否安全可靠。

⑪ 擦洗整机外观，检查各传动部分、润滑系统、冷却系统确实无误后，先手动后机动，使机床正常运转。

3）铣床一级保养操作时的注意事项

① 在拆卸右端支架时，不要用铁锤敲击或用螺钉旋具撬其结合部位。应用木锤或塑料锤打，以防其结合面出现撬伤或毛刺。

② 卸下丝杠时，应离开地面垂直挂起来，不要使丝杠的端面触及地面立放或平放，以免丝杠变形弯曲。

（3）磨床的日常维护和一级保养

1）磨床日常维护和一级保养的目的和意义

磨床是金属切削机床中属于加工精度高、适用范围比较广的机床。它的工作状况是否良好，将会直接影响零件的加工质量和生产效率。定期对磨床进行日常维护保养，尽可能减少不正常磨损，避免受锈蚀和其他意外损坏，使磨床各个部件和机构处于完好正常的工作状态，并能在较长时期内保持机床的工作精度，延长机床的使用寿命。另外，通过对机床进行一级保养，还可以及时发现机床的缺陷或故障，以便及时进行调整和修理。因此，必须十分重视对磨床的维护保养工作。

当磨床运转 500h 后，需进行一级保养，一级保养工作以操作人员为主，维修人员辅助配合进行。

2）磨床的日常维护

磨床的日常保养工作对磨床的精度保持、使用寿命有很大的影响，也是文明生产的主要内容。

以万能外圆磨床为例，日常维护时必须做到以下几点。

① 熟悉外圆磨床的性能、规格、各操纵手柄位置及其操作具体要求，正确合理地使用磨床。

② 工作前，应检查磨床各部位是否正常，若有异常现象，应及时修理，不能使机床"带病"工作。

③ 严禁在工作台上放置工具、量具、工件及其他物件，以防止工作台台面被损伤。不能用铁锤敲击机床各部件，以免损坏磨床，影响磨床精度。

④ 装卸体积或重量较大的工件时，应在工作台台面上放置木板，以防工件跌落时损坏工作台台面。

⑤ 移动头架和尾座时，应先擦干净工作台台面，并涂一层润滑油，以避免头架或尾座与工作台面干摩擦而磨损滑动面。

⑥ 启动砂轮前，应检查砂轮架主轴箱内的润滑油是否达到油标规定的位置。并检查砂轮是否有破损现象，检查无误，方可启动砂轮。

⑦ 启动工作台之前，应检查床身导轨面是否清洁，是否有适量的润滑油，如发现润滑油太少，应请修理工进行检查与调整。

⑧ 保持磨床外观的清洁，如有污渍应及时清除。

⑨ 离开机床必须停车和切断电源。

⑩ 按规定要求在机床的油孔内注入润滑油。

3）磨床一级保养的内容及要求

以万能外圆磨床保养为例，说明如下。

① 外保养的诀窍。

a. 清洗机床外表面及各罩壳，保持内外清洁、无锈蚀、无油痕。

b. 拆卸有关防护盖板进行清洗，做到清洁和安装牢固。

c. 检查和补齐手柄、手柄球、螺钉螺母。

② 砂轮架及头架、尾座的保养诀窍。

a. 拆洗砂轮的皮带罩壳。

b. 检查电动机及紧固用的螺钉、螺母是否松动。

c. 检查砂轮架传动带松紧是否合适。

d. 清洗头架及尾座套筒，保持内外清洁。

③ 液压系统和润滑系统的保养诀窍。

a. 检查液压系统压力情况，保持运行正常。

b. 清洗油泵过滤器。

c. 检查砂轮架主轴润滑油的油质及油量。

d. 清洗导轨，检查油质，保持油孔、油路的畅通；检查油管安装是否牢固，是否有断裂泄漏现象。

e. 清洗油窗，使油窗清洁明亮。

④ 冷却系统的保养诀窍。

a. 清洗切削液箱，调换切削液。

b. 检查冷却泵，清除杂质，保持电动机运转正常。

c. 清洗过滤器，拆洗冷却管，做到管路畅通，牢固整齐。

⑤ 电气系统的保养诀窍。

a. 清扫电气箱，箱内保持清洁、干燥。

b.清理电线及蛇皮管，对于裸露的电线及损坏的蛇皮管进行修复。

c.检查各电气装置，做到固定整齐，工作正常。

d.检查各发光装置，如照明灯、工作状态指示灯等，做到工作正常、发光明亮。

⑥随机附件的保养清洗诀窍。

磨床附件，如开式中心架、闭式中心架、砂轮修整器、三爪自定心卡盘、四爪单动卡盘等，做到清洁、整齐、无锈迹。

4）一级保养的操作步骤和方法、诀窍与禁忌

①首先要切断电源，然后才能进行一级保养。

②清扫机床垃圾比较多的部位，如水槽、切削液箱、保护罩壳等。

③用柴油清洗头架主轴、尾座套筒、油泵过滤器等。

④在维修人员指导配合下，检查砂轮架及床身油池内的油质情况、油路工作情况等，并根据实际情况调换或补充润滑油和液压油。

⑤在维修电工的指导配合下，进行电器检查和保养。

⑥进行机床油漆表面的保养，按从上到下、从后到前、从左到右的顺序进行，如有油痕，可用去污粉或碱水清洗。

⑦进行附件的清洁保养。

⑧缺件补齐（如手柄、手柄球、螺钉、螺母等）。

⑨调整机床，如调整传动带松紧程度、尾座弹簧压力、砂轮架主轴间隙等。

⑩装好各防护罩壳、盖板。

⑪按一级保养要求，全面检查，发现问题及时纠正。

5）容易产生的问题和注意事项

①学生或学徒进行一级保养时，应在维修人员和指导技师的指导下进行，以防乱拆乱装，损坏机床。

②一级保养前要充分做好准备工作，如拆装工具、清洗装置、放置机件的盘子、润滑油料、压力油料、必要备件等。

③进行保养时，必须一个部件保养好后再保养另一部件，防止机床零件的遗失和弄错。

④要重视文明操作和组织好工作位置。

⑤要注意安全，防止发生意外事故。

（4）牛头刨床的润滑和一级保养

1）牛头刨床的润滑

为使刨床能保持正常的运转和减少磨损，必须经常对牛头刨床所有的运动部分进行充分润滑。

牛头刨床上常用的润滑方式有以下几种。

① 浇油润滑。牛头刨床床身导轨面、横梁、滑板导轨面等外露部分的滑动表面，擦净后用油壶浇油润滑。

② 溅油润滑。牛头刨床上齿轮箱内的零件一般利用齿轮传动时将润滑油飞溅到箱内各处进行润滑。

③ 油绳、毛毡润滑。将毛线或毛毡浸放在油槽内，利用毛细管的作用把油引进所需润滑处［如图16-4（a）所示］，例如牛头刨床的滑枕导轨即采用这种方法润滑。

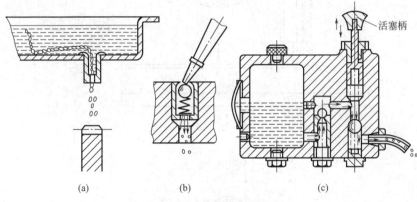

图 16-4　机床润滑的几种方法

④ 油杯润滑。油杯有弹子油杯和弹簧油杯两种。刀架、滑板升降、手摇丝杠轴承处，一般采用弹子油杯润滑。润滑时，用喷射油壶嘴将油杯弹簧揿下，再滴入润滑油［如图16-4（b）所示］。滑枕调节丝杠和曲柄大齿轮的轴承处，一般用弹簧油杯润滑。润滑时，将油杯的弹簧盖子拨开，将润滑油滴入该油杯空腔内。

⑤ 手压油泵润滑。有的牛头刨床利用手压式油泵供应充足的油量来润滑。润滑时，用油壶将储油腔灌油至油标中心线处，然后不断按动活塞柄，就可将润滑油打到各处进行润滑。

如图16-5所示是普通牛头刨床的润滑图，润滑部位依次用数字标出。

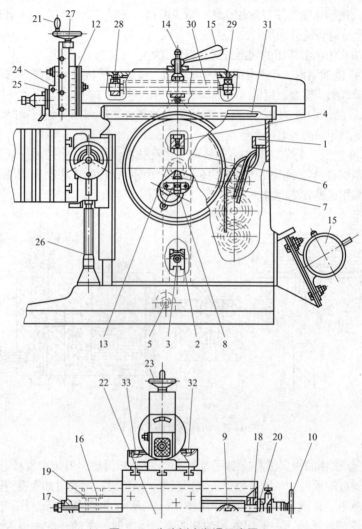

图 16-5　牛头刨床润滑示意图

1—润滑变速齿轮的加油点；2—摇杆下端滑块；3—摇杆下端滑块加油点；4—摇杆曲柄销的滑块；5,7～9,13,20——一般日常维护加油孔；6—摆杆机构；10,23—手轮；11—电动机；12—转盘；14,28,29—滑枕位置调节机构的润滑加油点；15—滑枕锁紧手柄；16,19—工作台升降机构的润滑加油点；17,18—工作台水平进给丝杠两端轴承的润滑加油点；21—刀架升降手轮；22—工作台水平进给机构；24,25—活折板润滑加油点；26—横梁升降丝杆；27—刀架滑板弹子油杯润滑加油点；30—滑枕；31—上部水平导轨；32,33—滑枕导轨润滑加油点

滑枕导轨润滑加油点是 32、33，滑枕位置调节机构的润滑加油点是 14、28、29。工作台升降机构的润滑依靠加油点 16，而工作台水平进给丝杠两端轴承的润滑加油点是 17、18。

1 是润滑变速齿轮的加油点，它有三根油管通到三挡变速齿轮位置上；2 是摇杆下端滑块，4 是摇杆曲柄销的滑块，三处都是通过油绳将润滑油引导到摩擦面之间进行润滑。

刀架滑板靠 27 处弹子油杯加油润滑。24、25 处用于活折板润滑，其他序号都是一般加油孔。牛头刨床的润滑主要靠操作者手工加油，通常加的是 30 号全耗损系统用油，一般每班加油 1 ~ 2 次。此外，床身垂直导轨、横梁水平导轨、刀架滑披导轨和丝杠在使用前后都必须擦净加油。

2）牛头刨床的一级保养

刨床保养工作做得好坏，直接影响零件的加工精度和生产效率及机床的使用寿命。刨工除了会熟悉地操作刨床以外，为了保证机床的工作精度和延长其使用寿命，还必须学会对刨床进行合理保养。

当机床运行 500h 后，需要进行一级保养，保养工作以操作者为主，维修工人配合进行。进行保养时，首先要切断电源，然后再进行保养工作，具体保养内容和要求如下。

① 外部保养。

a. 擦洗机床外表及各种罩盖，要求内外洁净，无锈蚀，无油污；

b. 清洗丝杠、光杠和操作杆；

c. 检查各部位，补齐丢缺的手柄、螺钉、螺帽等。

② 传动部分。

a. 拆卸滑枕，清洗刀架、滑板丝杠锥齿轮；

b. 检查进给机构齿轮和拨叉支头螺钉是否松动，并紧固；

c. 检查清洗各变速齿轮；

d. 调整传动带松紧度。

③ 刀架、工作台。

a. 拆洗刀架丝杠、螺母、调整镶条间隙；

b. 清洗工作台丝杠、螺母、检查紧固螺钉是否松动。

④ 润滑。

a. 检查油质，保持洁净；

b. 清洗各油孔，保持油毡、油线、油杯齐全干净。

⑤ 液压系统。

a. 检查油泵、滤油器、压力表是否灵敏可靠；

b. 清洗贮油池、保持清洁无杂物；

c. 保持管路畅通，整齐牢固。

⑥ 电气部分。

a. 清洗电动机、电气箱；

b. 电气装置应固定牢固可靠、清洁整齐。

(5) 龙门刨床的润滑和一级保养

1) 龙门刨床的润滑

为了使龙门刨床正常运转和减少磨损，必须对龙门刨床上所有相互摩擦及传动部位进行润滑。如图 16-6 所示是龙门刨床润滑示意图。龙门刨床各主要摩擦部位的润滑加油周期都已在图上标明。

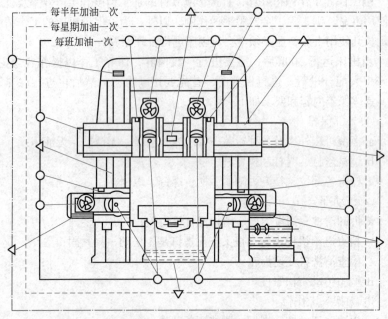

图 16-6 龙门刨床润滑示意图

龙门刨床的三个进给箱和一个工作台的两级变速箱内应有充分的润滑油，加润滑油一般保持到油标孔一半的位置。进给箱和变速箱内的齿轮是采用溅油法进行润滑，一般加 30 号全耗损系统用油。

垂直刀架上有两只储油槽,用来润滑横梁导轨。两个侧刀架也各有一只储油槽,用于润滑侧刀架的升降螺母和传动锥齿轮。油槽内分别有两根分油管通到这两个部位,它们都是采用油绳润滑。垂直刀架和侧刀架的手轮轴承处是用弹子油杯进行润滑。刀架活折板掀动处的润滑采用注油孔滴入润滑油进行润滑。

龙门顶的内腔有两只蜗轮减速箱,箱内需灌注较多的润滑油,以便横梁升降时使蜗轮蜗杆都浸在润滑油中转动,以减少磨损。

以上这些部位都使用 45 号全耗损系统用油进行润滑。此外,立柱导轨、横梁下导轨、刀架滑板导轨、丝杠等,在工作前后都须擦净加油。除了上述的润滑位置外,龙门刨床其他部位都有集中压力润滑系统进行自动润滑。

B2012 型龙门刨床的润滑系统如图 16-7 所示。包括齿轮泵 1、压力调节阀 2、滤油器 3、压力继电器 4、油压表 5、可调节流阀 6 和分配阀 7 组成。从分配阀 7 上接出油管,通向床身导轨、齿轮箱中的齿轮及轴承等要求润滑的部位,使各部位得到充分润滑。

压力继电器 4 的作用是只有当油压达到一定压力时,继电器才通电,才能起动机床,否则机床是无法起动的。这样,就保证机床只在充分润滑条件下才能工作,使机床不致损坏。

另外,在油路中装有液压安全器。液压安全器由油缸 9、活塞 11 和压缩弹簧 10 等组成。当工作台底部的撞块碰到液压安全器的活塞杆 8 端头时,油缸中的油液被压缩,经阻尼孔注入床身中部的油箱,工作台因受油的背压作用而制动停止,避免工作台冲击床身而造成事故。

2）龙门刨床的一级保养

龙门刨床的一级保养具体内容和要求如下。

① 外保养:

a. 拆擦洗罩壳,达到内外清洁;

b. 擦洗机床外表,使长丝杠、光杠、齿条无锈蚀,无油污;

c. 检查补齐各部位所缺失的手柄、螺钉、螺母。

② 擦拭刀架、横梁、立柱、导轨:

a. 清洗各导轨面及导架、横梁、丝杠、螺母;

b. 调整刀架、横梁镶条间隙;

c. 检查联轴器是否松动。

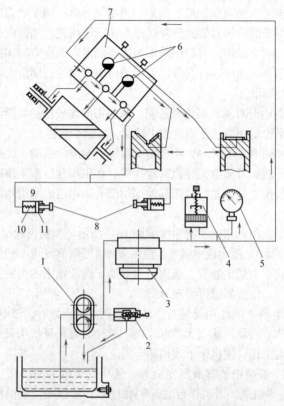

图 16-7　B2012A 型龙门刨床润滑系统

1—齿轮泵；2—压力调节阀；3—滤油器；4—压力继电器；5—油压表；
6—可调节流阀；7—分配阀；8—活塞杆；9—油缸；10—压缩弹簧；11—活塞

③ 机床润滑：

a. 检查清洗油管，使油孔、毛线、毛毡、油路畅通，油窗明亮；

b. 油管整齐、牢固、无泄漏；

c. 检查油压表压力；

d. 检查油质，油质应保持良好。

④ 电气部分：

a. 清洁电气箱、电动机；

b. 电气装置应固定整齐。

扫码在线答题练习

- 专业基础知识

- 工艺装备及零件加工知识

- 职业道德

- 综合练习：五级／初级工

- 综合练习：四级／中级工

- 综合练习：三级／高级工

参考文献

［1］ 黄祥成，邱言龙，尹述军. 钳工技师手册. 北京：机械工业出版社，1998.

［2］ 邱言龙，李文林，谭修炳. 工具钳工技师手册. 北京：机械工业出版社，1999.

［3］ 邱言龙，陈玉华. 钳工入门. 北京：机械工业出版社，2001.

［4］ 李文林，邱言龙，陈德全. 钳工实用技术问答. 北京：机械工业出版社，2001.

［5］ 邱言龙，王兵. 钳工实用技术手册. 北京：中国电力出版社，2007.

［6］ 邱言龙，陈玉华，张兵. 钳工入门.2 版. 北京：机械工业出版社，2008.

［7］ 邱言龙，李文林，雷振国. 机修钳工入门. 北京：机械工业出版社，2009.

［8］ 邱言龙，刘继福. 机修钳工实用技术手册. 北京：中国电力出版社，2009.

［9］ 邱言龙，李文菱，谭修炳. 工具钳工实用技术手册. 北京：中国电力出版社，2011.

［10］ 邱言龙. 装配钳工实用技术手册. 北京：中国电力出版社，2010.

［11］ 邱言龙. 巧学钳工技能. 北京：中国电力出版社，2012.

［12］ 邱言龙. 巧学机修钳工技能. 北京：中国电力出版社，2012.

［13］ 邱言龙，尹述军. 巧学装配钳工技能. 北京：中国电力出版社，2012.

［14］ 邱言龙. 装配钳工实用技术手册.2 版. 北京：中国电力出版社，2018.

［15］ 邱言龙，王兵. 钳工实用技术手册.2 版. 北京：中国电力出版社，2018.

［16］ 邱言龙. 机修钳工实用技术手册.2 版. 北京：中国电力出版社，2019.